工程材料速查手册

主编　周殿明

参编　李洪喜　张力男　张丽珍　季丽芳
周恩会　王　丽　周殿阁　吴　鹏
张艳萍　康广乐　王立岩　廖伟伟
王相华

机械工业出版社

全书以图表形式，根据国家和行业的最新标准，介绍了各种材料的品种、牌号、性能、应用，以及材料的选择等。书中涵盖了常用的数据资料、金属材料与型材、高分子材料与塑料制品、建筑用混凝土钢筋、水泥、木材、玻璃、耐火材料、涂料、橡胶及制品和石油制品等诸多内容。本书资料新、内容全，实用性强。

本书可供冶金、机械、矿山、农业、化工、轻工、建筑、运输等行业的生产、科研、计划、购销和管理人员使用。

前　言

随着改革开放的不断深入，国民经济得到了迅猛发展，为适应多种工程项目的开发需要，我们编写了《工程材料速查手册》。本书收编了常用数据资料，金属材料与型材，高分子材料与塑料制品，建筑用混凝土钢筋、水泥、木材、玻璃及各种辅助材料等内容。全书以图表形式，用简明的语言向读者介绍了各种材料的牌号、性能和用途等，书中涉及的标准均为现行最新标准。本书资料新，内容全，实用性强，方便查找，可供冶金、机械、建筑、塑料加工和轻工行业中的设计、计划、施工和购销人员在选择材料时参考使用。

本书由周殿明主编，李洪喜、周殿阁、张丽珍、季丽芳、张力男、周恩会、张艳萍、廖伟伟、王丽、王立岩、王相华、吴鹏和康广乐参加了编写工作。

书中内容涉及面较宽，由于编者水平有限、可能会存在不足之处，恳请读者批评指正。

编　者

目　录

第2篇　金属材料

第3篇 非金属材料

第1篇　常用数据资料

第1章　常用符号

1.1　拉丁字母

大写	小写	大写	小写
A	a	N	n
B	b	O	o
C	c	P	p
D	d	Q	q
E	e	R	r
F	f	S	s
G	g	T	t
H	h	U	u
I	i	V	v
J	j	W	w
K	k	X	x
L	l	Y	y
M	m	Z	z

1.2 希腊字母

大写	小写	读　音	大写	小写	读　音
Α	α	啊耳发	Ν	ν	纽
Β	β	贝塔	Ξ	ξ	克西
Γ	γ	格啊马	Ο	ο	奥密克戎
Δ	δ	得耳塔	Π	π	派
Ε	ε	衣普西龙	Ρ	ρ	洛
Ζ	ζ	截塔	Σ	σ	西格马
Η	η	衣塔	Τ	τ	滔
Θ	θ	西塔	Υ	υ	依普西龙
Ι	ι	约塔	Φ	φ	费衣
Κ	κ	卡帕	Χ	χ	喜
Λ	λ	兰姆达	Ψ	ψ	普西
Μ	μ	米由	Ω	ω	欧米嘎

1.3 俄语字母

大写	小写	字母名称	大写	小写	字母名称
А	а	啊	Ж	ж	日
Б	б	玻	З	з	滋
В	в	喔	И	и	衣
Г	г	格	Й	й	意(短音)
Д	д	德	К	к	客
Е	е	也	Л	л	乐
Ё	ё	呦	М	м	莫

（续）

大写	小写	字母名称	大写	小写	字母名称
Н	н	爱恩	Ч	ч	其
О	о	欧	Ш	ш	石
П	п	泼	Щ	щ	夏
Р	р	爱耳	Ъ	ъ	（硬音符号）
С	с	斯	Ы	ы	欸
Т	т	特	Ь	ь	（软音符号）
У	у	乌	Э	э	爱
Ф	ф	佛	Ю	ю	忧
Х	х	赫	Я	я	呀
Ц	ц	才			

1.4 罗马数字

罗马数字	表示意义	罗马数字	表示意义	罗马数字	表示意义
Ⅰ	1	Ⅶ	7	C	100
Ⅱ	2	Ⅷ	8	D	500
Ⅲ	3	Ⅸ	9	M	1000
Ⅳ	4	Ⅹ	10	$\overline{X}$	10000
Ⅴ	5	Ⅺ	11	$\overline{C}$	100000
Ⅵ	6	L	50	$\overline{M}$	1000000

例：ⅩⅥ = 16，XL = 40，XC = 90，MDCCC ⅩⅣ = 1814，MCML ⅩⅩⅦ = 1977。

1.5 主要化学元素、相对原子质量及密度

元素名称	化学符号	相对原子质量	密度/(g/cm^3)	元素名称	化学符号	相对原子质量	密度/(g/cm^3)
银	Ag	107.88	10.5	锰	Mn	54.93	7.3
铝	Al	26.97	2.7	钼	Mo	95.95	10.2
砷	As	74.91	5.73	钠	Na	22.997	0.97
金	Au	197.2	19.3	镍	Ni	58.69	8.9
硼	B	10.82	2.3	磷	P	30.98	1.82
钡	Ba	137.36	3.5	铅	Pb	207.21	11.34
铍	Be	9.02	1.9	铂	Pt	195.23	21.45
铋	Bi	209.00	9.8	镭	Ra	226.05	5.0
溴	Br	79.916	3.12	铷	Rb	85.48	1.53
碳	C	12.01	1.9~2.3	钌	Ru	101.7	12.2
钙	Ca	40.08	1.55	硫	S	32.06	2.07
铌	Nb	92.91	8.6	锑	Sb	121.76	6.67
镉	Cd	112.41	8.65	硒	Se	78.96	4.81
钴	Co	58.94	8.8	硅	Si	28.06	2.35
铬	Cr	52.01	7.19	锡	Sn	118.70	7.3
铜	Cu	63.54	8.93	锶	Sr	87.63	2.6
氟	F	19.00	1.11	钽	Ta	180.88	16.6
铁	Fe	55.85	7.87	钍	Th	232.12	11.5
锗	Ge	72.60	5.36	钛	Ti	47.90	4.54
汞	Hg	200.61	13.6	铀	U	238.07	18.7
碘	I	126.92	4.93	钒	V	50.95	5.6
铱	Ir	193.1	22.4	钨	W	183.92	19.15
钾	K	39.096	0.86	锌	Zn	65.38	7.17
镁	Mg	24.32	1.74				

1.6 常用数学符号(GB3102.1、3102.11—1993)

符号	意　义	符号	意　义
+	加、正号	a^n	a 的 n 次方
−	减、负号	$\sqrt{a}$	a 的平方根
±	加或减、正或负	$\sqrt[3]{a}$	a 的立方根
∓	减或加、负或正	$\sqrt[n]{a}$	a 的 n 次方根
×或·	乘($a\times b=a\cdot b$)	$\|a\|$	a 的绝对值
÷或/	除($a\div b=a/b$)	$\bar{a}$ 或 $\langle a\rangle$	a 的平均值
:	比($a:b$)		
(　)	圆括号、小括号	$n!$	n 的阶乘
[　]	方括号、中括号	⊥	垂直
{　}	花括号、大括号	//或∥	平行
〈　〉	角括号	∠	[平面]角
=	等于	△	三角形
≃	渐近等于	⊙	圆
≠	不等于	□*	正方形
≈	约等于	▱	平行四边形
≙	相当于	∽	相似
<	小于	≌	全等
>	大于	∞	无穷大
≪	远小于	%	百分率
≫	远大于	π	圆周率(≈3.1416)
≤	小于或等于(不大于)	e	自然对数的底
≥	大于或等于(不小于)		(≈2.7183)
a^2	a 的平方(二次方)	°	度
a^3	a 的立方(三次方)	′	[角]分

（续）

符号	意　　义	符号	意　　义
″	[角]秒	max	最大
lg	常用对数(以 10 为底)	min	最小
ln	自然对数(以 e 为底)	const	常数
sin	正弦	~	数字范围(自…至…)
cos	余弦	L 或 l	长
tan 或 tg	正切	B 或 b	宽
		H 或 h	高
cot	余切	d 或 δ	厚
sec	正割	R 或 r	半径
csc 或 cosec	余割	D、d 或 ϕ^*	直径

注:带 * 符号者为习惯应用的符号。

1.7　常用有色金属及合金符号

金属及合金名称	符号	金属及合金名称	符号
铜	Cu,T	银	Ag
镍	Ni,N	金	Au
铝	Al,L	硅	Si
镁	Mg,M	磷	P
锌	Zn	锰	Mn
铅	Pb	铍	Be
锡	Sn	铁	Fe
镉	Cd	铬	Cr

（续）

金属及合金名称	符号	金属及合金名称	符号
锑	Sb	稀土	Xt②
黄铜	H	钨钴硬质合金	YG
青铜	Q	钨钛钴硬质合金	YT
白铜	B	铸造碳化钨	YZ
无氧铜	TU	碳化钛（铁）镍钼硬质合金	YN
防锈铝	LF	多用途（万能）硬质合金	YW
锻铝	LD	钢结硬质合金	YE
硬铝	LY	金属粉末	F
超硬铝	LC	喷铝粉	FLP
特殊铝	LT	涂料铝粉	FLU
硬钎焊铝	LQ	细铝粉	FLX
镁合金（变形加工用）	MB	特细铝粉	FLT
阳极镍	NY	炼钢、化工用铝粉	FLG
钛及钛合金	T①	镁粉	FM
电池锌板	XD	铝镁粉	FLM
印刷合金	I		
印刷锌板	XI		
焊料合金	Hl		
轴承合金	Ch		

① 钛及钛合金符号，除字母 T 外，还要加上表示金属或合金组织类型的字母 A、B、C（分别表示 α 型、β 型、α + β 型钛合金）。例：TA、TB、TC。

② 稀土的符号 Xt，自 1987 年 6 月起改用 RE 表示；单一稀土元素仍用化学元素符号表示。

1.8 常用塑料助剂缩写代号

助剂名称	缩写代号
邻苯二甲酸二丁酯	DBP
邻苯二甲酸二异丁酯	DIBP
邻苯二甲酸二辛酯	DOP
邻苯二甲酸二(正)辛酯	DNOP
邻苯二甲酸二异辛酯	DIOP
邻苯二甲酸二仲辛酯	DCP
邻苯二甲酸 7-9 酯	D7-9 或 DAP
邻苯二甲酸二壬酯	DNP
邻苯二甲酸二己酯	DHP
磷酸三甲酚酯	TCP
磷酸三甲苯酯	TTP
磷酸三(二甲苯)酯	TXP
癸二酸二辛酯	DOS
癸二酸二丁酯	DBS
己二酸二辛酯	DOA
己二酸二异辛酯	DIOA
环氧大豆油	ESO
环氧硬脂酸辛酯	ED_3
烷基磺酸甲酚酯	M-50
磷酸三辛酯	TOP
偏苯三酸酯	TOTM

（续）

助剂名称	缩写代号
磷酸酯	TEB
石油酯	T-50
氯化石蜡	P-Cl
环氧树脂	EP
C-102 有机锡	DBTL
硬脂酸钡	BaSt
硬脂酸镉	CdSt
硬脂酸钙	CaSt
硬脂酸锌	ZnSt
硬脂酸	HSt
硫代二丙酸二月桂酯	DLTP
双水杨酸双酚 A 酯	BAD
硬脂酸铅	PbSt
六甲基磷酰三胺	HPT
亚磷酸三异癸酯	TIDP
氯化聚乙烯	CPE
磷酸三苯酯	TPP
三碱式硫酸铅	3PbO
二碱式亚磷酸铅	2PbO
月桂酸二丁基锡	DBTL
癸二酸二异辛酯	DIOS
邻苯二甲酸二异癸酯	DIDP

1.9 塑料名称、缩写代号和树脂英文全称(摘自 GB/T 1844.1—2008)

塑料名称	缩写代号	树脂英文全称
丙烯腈-丁二烯-苯乙烯共聚物	ABS	acrylonitrile-butadiene-styrene copolymer
丙烯腈-苯乙烯共聚物	A/S	acrylonitrile-styrene copolymer
丙烯腈-甲基丙烯酸甲酯共聚物	A/MMA	acrylonitrile-methyl methacrylate copolymer
丙烯腈-苯乙烯-丙烯酸酯共聚物	A/S/A	acrylonitrile-styrene-acrylate copolymer
乙酸纤维素	CA	cellulose acetate
乙酸-丁酸纤维素	CAB	cellulose acetate butyrate
乙酸-丙酸纤维素	CAP	cellulose acetate propionate
甲酚-甲醛树脂	CF	cresol-formaldehyde resin
羧甲基纤维素	CMC	carboxymethyl cellulose
硝酸纤维素	CN	cellulose nitrate
丙酸纤维素	CP	cellulose propionate
酪素塑料	CS	casein plastics
三乙酸纤维素	CTA	cellulose triacetate

（续）

塑料名称	缩写代号	树脂英文全称
乙基纤维素	EC	ethyl cellulose
环氧树脂	EP	epoxide resin
乙烯-丙烯共聚物	E/P	ethylene-propylene copolymer
乙烯-丙烯-二烯三元共聚物	E/P/D	ethylene-propylenediene terpolymer
乙烯-四氟乙烯共聚物	E/TFE	ethylene-tetrafluoroethylene copolymer
乙烯-乙酸乙烯酯共聚物	E/VAC	ethylene-vinylacetate copolymer
乙烯-乙烯醇共聚物	E/VAL	ethylene-vinylalcohol copolymer
全氟(乙烯-丙烯)共聚物;四氟乙烯-六氟丙烯共聚物	FEP	perfluorinated ethvlene-propylene copolymer
通用聚苯乙烯	GPS	general polystyrene
玻璃纤维增强塑料	GRP	glass fibre reinforced plastics
高密度聚乙烯	HDPE	high density polyethylene
高冲击强度聚苯乙烯	HIPS	high impact polystyrene

（续）

塑料名称	缩写代号	树脂英文全称
低密度聚乙烯	LDPE	low density polyethylene
甲基纤维素	MC	methyl cellulose
中密度聚乙烯	MDPE	middle density polyethylene
三聚氰胺-甲醛树脂	MF	melamine- formaldehyde resin
三聚氰胺-酚甲醛树脂	MPF	melamine-phenol-formaldehyde resin
聚酰胺	PA	polyamide
聚丙烯酸	PAA	poly(acrylic acid)
聚丙烯腈	PAN	polyacrylonitrile
聚(1-丁烯)	PB	poly(1-butene)
聚对苯二甲酸丁二(醇)酯	PBTP	poly (butylene terephthalate)
聚碳酸酯	PC	polycarbonate
聚三氟氯乙烯	PCTFE	polychlorotrifluoroethylene
聚邻苯二甲酸二烯丙酯	PDAP	poly(diallyl phthalate)

（续）

塑料名称	缩写代号	树脂英文全称
聚间苯二甲酸二烯丙酯	PDAIP	poly(diallyl isophthalate)
聚乙烯	PE	polyethylene
氯化聚乙烯	PEC	chlorinated polyethylene
聚氧化乙烯，聚环氧乙烷	PEOX	poly(ethylene oxide)
聚对苯二甲酸乙二(醇)酯	PETP	poly(ethylene terephthalate)
酚醛树脂	PF	phenol-formaldehyde resin
聚酰亚胺	PI	polyimide
聚 2-氯代丙烯酸甲酯	PMCA	poly(methyl 2-chloroacrylate)
聚甲基丙烯酰亚胺	PMI	polymethacrylimide
聚甲基丙烯酸甲酯	PMMA	poly(methyl methacrylate)
聚甲醛	POM	polyformaldehyde(polyoxymethylene)
聚丙烯	PP	polypropylene
氯化聚丙烯	PPC	chlorinated polypropylene

（续）

塑料名称	缩写代号	树脂英文全称
聚苯醚（聚2,6-二甲基苯醚）	PPO	poly(phenylene oxide)
聚氧化丙烯,聚环氧丙烷	PPOX	poly(propylene oxide)
聚苯硫醚	PPS	poly(phenylene sulfide)
聚苯砜	PPSU	poly(phenylene sulfone)
聚苯乙烯	PS	polystyrene
聚砜	PSU	polysulfone
聚四氟乙烯	PTFE	polytetrafluoroethylene
聚氨酯	PUR	polyurethane
聚乙酸乙烯酯	PVAC	poly(vinyl acetate)
聚乙烯醇	PVAL	poly(vinyl alcohol)
聚乙烯醇缩丁醛	PVB	poly(vinyl butyral)
聚氯乙烯	PVC	poly(vinyl chloride)

（续）

塑料名称	缩写代号	树脂英文全称
氯乙烯-乙酸乙烯酯共聚物	PVCA	poly(vinyl chloride-acetate)
氯化聚氯乙烯	PVCC	chlorinated poly(vinyl chloride)
聚偏二氯乙烯	PVDC	poly(vinylidene chloride)
聚偏二氟乙烯	PVDF	poly(vinylidene fluoride)
聚氟乙烯	PVF	poly(vinyl fluoride)
聚乙烯醇缩甲醛	PVFM	poly(vinyl formal)
聚乙烯基咔唑	PVK	poly(vinyl carbazole)
聚乙烯基吡咯烷酮	PVP	poly(vinyl pyrrolidone)
增强塑料	RP	reinforced plastics
间苯二酚-甲醛树脂	RF	resoreinol-formaldehyde resin
苯乙烯-丙烯腈共聚物	S/AN	styrene-acrylonitrile copolymer
聚硅氧烷	SI	silicone
苯乙烯-α-甲基苯乙烯共聚物	S/MS	styrene-α-methy lstyrene copolymer

（续）

塑料名称	缩写代号	树脂英文全称
脲甲醛树脂	UF	urea-formaldehyde resin
超高分子量聚乙烯	UHMWPE	ultra-high molecular weight polyethylene
不饱和聚酯	UP	unsaturated polyester
氯乙烯-乙烯共聚物	VC/E	vinylchloride-ethylene copolymer
氯乙烯-乙烯-丙烯酸甲酯共聚物	VC/E/MA	vinylchloride-ethylene-methylacrylate copolymer
氯乙烯-乙烯-乙酸乙烯酯共聚物	VC/E/VAC	vinylchloride-ethylene-vinylacetate copolymer
氯乙烯-丙烯酸甲酯共聚物	VC/MA	vinylchloride-methylacrylate copolaymer
氯乙烯-甲基丙烯酸甲酯共聚物	VC/MMA	vinylchloride-methyl methylacry late copolymer
氯乙烯-丙烯酸辛酯共聚物	VC/OA	vinylchloride-octylacrylate copolymer
氯乙烯-乙酸乙烯酯共聚物	VC/VAC	vinylchloride-vinylacetate copolymer
氯乙烯-偏二氯乙烯共聚物	VC/VDC	vinylchloride-vinylidene chloride copolymer

第 2 章　常用计量单位及换算

2.1　国际单位制的基本单位

量的名称	单位名称	单位符号
长度	米	m
质量	千克	kg
时间	秒	s
电流	安[培]	A
热力学温度	开[尔文]	K
物质的量	摩[尔]	mol
发光强度	坎[德拉]	cd

注:1. 方括号内的字,是在不致混淆的情况下,可以省略的字,下同。

2. 圆括号内的字为前者的同义语,下同。

3. 人民生活和贸易中,质量习惯称为重量。

2.2　国际单位制的辅助单位

量的名称	单位名称	单位符号
平面角	弧度	rad
立体角	球面度	sr

2.3 国际单位制中具有专门名称的导出单位

量的名称	单位名称	单位符号	其他表示式例
频率	赫[兹]	Hz	s^{-1}
力;重力	牛[顿]	N	$kg \cdot m/s^2$
压力,压强;应力	帕[斯卡]	Pa	N/m^2
能量;功;热量	焦[耳]	J	$N \cdot m$
功率;辐射通量	瓦[特]	W	J/s
电荷量	库[仑]	C	$A \cdot s$
电位;电压;电动势	伏[特]	V	W/A
电容	法(拉)	F	C/V
电阻	欧[姆]	Ω	V/A
电导	西[门子]	S	A/V
磁通量	韦[伯]	Wb	$V \cdot s$
磁通量密度,磁感应强度	特[斯拉]	T	Wb/m^2
电感	亨[利]	H	Wb/A
摄氏温度	摄氏度	℃	
光通量	流[明]	lm	$cd \cdot sr$
光照度	勒[克斯]	lx	lm/m^2
放射性活度	贝可[勒尔]	Bq	s^{-1}
吸收剂量	戈[瑞]	Gy	J/kg
剂量当量	希[沃特]	Sv	J/kg

2.4 国家选定的非国际单位制单位

量的名称	单位名称	单位符号	换算关系和说明
时间	分	min	1min = 60s
	[小]时	h	1h = 60min = 3 600s
	天,(日)	d	1d = 24 h = 86 400s
平面角	[角]秒	(″)	1″ = (π/648 000) rad (π 为圆周率)
	[角]分	(′)	1′ = 60″ = (π/10 800) rad
	度	(°)	1° = 60′ = (π/180) rad
旋转速度	转每分	r/min	1r/min = (1/60) s^{-1}
长度	海里	n mile	1n mile = 1 852m(只用于航程)
速度	节	kn	1kn = 1 n mile/h = (1 852/3 600) m/s (只用于航行)
质量	吨 原子质量单位	t u	1t = 10^3 kg 1u ≈ 1. 660 565 5 × 10^{-27} kg
体积	升	L,(l)	1L = 1dm^3 = 10^{-3} m^3
能	电子伏	eV	1eV ≈ 1. 602 189 2 × 10^{-19} J

（续）

量的名称	单位名称	单位符号	换算关系和说明
级差	分贝	dB	
线密度	特[克斯]	tex	1 tex = 1 g/km

注：1. 周、月、年（年的符号为 a）为一般常用时间单位。

2. 角度单位度、分、秒的符号不处于数字后时加圆括号。

3. 升的符号中，小写字母 l 为备用符号。

4. r 为“转”的符号。

2.5 长度单位及其换算

2.5.1 法定长度单位

单位名称	旧名称	符号	对基本单位的比
微米	公忽	μm	0.000001 米
毫米	公厘	mm	0.001 米
厘米	公分	cm	0.01 米
分米	公寸	dm	0.1 米
米	公尺	m	基本单位
十米	公丈	dam	10 米
百米	公引	hm	100 米
千米（公里）	公里	km	1000 米

注：过去曾沿用的忽米，丝米（1 忽米 = 0.00001 米，1 丝米 = 0.0001 米），均不符合法定计量单位规定，现已废除。

2.5.2 市制长度单位

1[市]里=150[市]丈　1[市]丈=10[市]尺　1[市]尺=10[市]寸
1[市]寸=10[市]分　1[市]分=10[市]厘　1[市]厘=10[市]毫

2.5.3 英制长度单位

1 英里(mile)=1760 码　　1 码(yd)=3 英尺
1 英尺(ft)=12 英寸　　1 英寸(in)=8 英分*
1 英寸=1000 密耳(英毫,mil)

注：1. 哩、呎、吋等旧名称属一字多音特造汉字。自 1977 年 7 月起，国家规定予以淘汰不用。
2. 在书写中，英尺和英寸两单位也可用符号表示，如 3 英尺 4 英寸，可写成 3′4″。
3. *英分（1/8 英寸）是我国工厂的习惯称呼，英制中无此长度计量单位。

2.5.4 长度单位换算

米 (m)	厘米 (cm)	毫米 (mm)	[市]尺	英尺 (ft)	英寸 (in)
1	100	1000	3	3.28084	39.3701
0.01	1	10	0.03	0.032808	0.393701
0.001	0.1	1	0.003	0.003281	0.03937
0.333333	33.3333	333.333	1	1.09361	13.1234
0.3048	30.48	304.8	0.9144	1	12
0.0254	2.54	25.4	0.0762	0.083333	1

注：1. 1 密耳=0.0254 毫米。
2. 1 码=0.9144 米。
3. 1 英里=5280 英尺=1609.34 米。
4. 1 海里(n mile)=1.15078 英里=1.852 千米。
5. 1 日尺=0.3030 米。
6. 1 俄尺=0.3048 米。

2.6 面积单位及其换算

2.6.1 法定面积单位

单位名称	旧名称	符　号	对基本单位的比
平方米	平方公尺	m^2	基本单位
平方厘米	平方公分	cm^2	0.0001 米^2
平方毫米	平方公厘	mm^2	0.000001 米^2
平方公里	平方公里	km^2	1000000 米^2
公　顷	公　顷	hm^2	10000 米^2

注:公顷(国际符号为 ha)、公亩(a)是国际计量大会认可的暂用单位。1992 年 11 月起,公顷列为我国法定单位,而公亩未予选用。1 公亩 = 100 米^2,1 公顷 = 100 公亩。

2.6.2 市制面积单位

1 平方[市]丈 = 100 平方[市]尺

1 平方[市]尺 = 100 平方[市]寸

1[市]亩 = 10[市]分 = 60 平方[市]丈 = 6000 平方[市]尺

1[市]分 = 10[市]厘 = 600 平方[市]尺

1[市]厘 = 60 平方[市]尺

2.6.3 英制面积单位

1 平方码(yd^2) = 9 平方英尺

1 平方英尺(ft^2) = 144 平方英寸(in^2)

1 英亩(acre) = 4840 平方码 = 43560 平方英尺

2.6.4 面积单位换算

平方米 (m^2)	平方厘米 (cm^2)	平方毫米 (mm^2)	平方[市]尺	平方英尺 (ft^2)	平方英寸 (in^2)
1	10000	1000000	9	10.7639	1550
0.0001	1	100	0.0009	0.001076	0.155
0.000001	0.01	1	0.000009	0.000011	0.00155
0.111111	1111.11	111111	1	1.19599	172.223
0.092903	929.03	92903	0.836127	1	144
0.000645	6.4516	645.16	0.005806	0.006944	1

公顷 (hm^2)	公亩 (a)	[市]亩	英亩 (acre)
1	100	15	2.47105
0.01	1	0.15	0.024711
0.066667	6.66667	1	0.164737
0.404686	40.4686	6.07029	1

注:1 市亩 =666.6 平方米。

2.7 体积单位及其换算

2.7.1 法定体积单位

单位名称	旧名称	符号	对基本单位的比
毫升	公撮	mL	0.001 升
厘升	公勺	cL	0.01 升
分升	公合	dL	0.1 升
升	公升	L(或 l)	基本单位
十升	公斗	daL	10 升
百升	公石	hL	100 升
千升	公秉	kL	1000 升

注:1. 1 升 = 1 分米^3(dm^3) = 1000 厘米^3。

2. 1 毫升 = 1 厘米^3(cm^3,旧时也写成 cc)。

2.7.2 市制体积单位

1[市]石 = 10[市]斗　1[市]斗 = 10[市]升

1[市]升 = 10[市]合　1[市]合 = 10[市]勺

1[市]勺 = 10[市]撮　1[市]升 = 1 升(法定单位)

2.7.3 英、美制体积单位

类别	单位名称	符号	进位	折合升或[市]升	
				英制	美制
干量	品脱	pt		0.568261	0.550610
	夸脱	qt	= 2 品脱	1.13652	1.10122
	加仑	gal	= 4 夸脱	4.54609	4.40488
	配克	pk	= 2 加仑	9.09218	8.80976
	蒲式耳	bu	= 4 配克	36.3687	35.2391

（续）

类别	单位名称	符号	进位	折合升或[市]升	
				英制	美制
液量	及耳	gi		0. 142065	0. 118294
	品脱	pt	=4 及耳	0. 568261	0. 473176
	夸脱	qt	=2 品脱	1. 13652	0. 946353
	加仑	gal	=4 夸脱	4. 54609	3. 78541

注：1. 1 美制（石油）桶（符号 bbl）=42 美液量加仑 = 158. 987 升。

2. 英制干量、液量的体积单位相同，可去掉“干”、“液”的前缀；美制则不同，一定要加以区分。

2.7.4 体积单位换算

立方米 (m^3)	升 (L)	立方英寸 (in^3)	英加仑 (UKgal)	美加仑(液量) (USgal)
1	1000	61023. 7	219. 969	264. 172
0. 001	1	61. 0237	0. 219969	0. 264172
0. 000016	0. 016387	1	0. 003605	0. 004329
0. 004546	4. 54609	277. 420	1	1. 20095
0. 003785	3. 78541	231	0. 832674	1

2.8 质量单位及其换算

2.8.1 法定质量单位

单位名称	旧名称	符　号	对基本单位的比
毫克	公丝	mg	0.000001 千克
厘克	公毫	cg	0.00001 千克
分克	公厘	dg	0.0001 千克
克	公分	g	0.001 千克
十克	公钱	dag	0.01 千克
百克	公两	hg	0.1 千克
千克(公斤)	公斤,千克	kg	基本单位
吨	公吨	t	1000 千克

注:1. 旧单位公担(q,100 千克)因不符合法定单位规定,现已废除不用。

2. 人民生活和贸易中,质量习惯称为重量。

2.8.2 市制质量单位

1[市]担 =100[市]斤　1[市]斤 =10[市]两

1[市]两 =10[市]钱　1[市]钱 =10[市]分

1[市]分 =10[市]厘

2.8.3 英、美制质量单位

1 英吨(长吨,ton) =2240 磅

1 美吨(短吨,sh ton) =2000 磅

1 磅(lb) =16 盎司(oz) =7000 格令(gr)

2.8.4 质量单位换算

吨 (t)	千克 (kg)	[市]担	[市]斤
1	1000	20	2000
0.001	1	0.02	2
0.05	50	1	100
0.0005	0.5	0.01	1
1.01605	1016.05	20.3209	2032.09
0.907185	907.185	18.1437	1814.37
0.000454	0.453592	0.009072	0.907185

英吨 (ton)	美吨 (sh ton)	磅 (lb)
0.984207	1.10231	2204.62
0.000984	0.001102	2.20462
0.049210	0.055116	110.231
0.000492	0.000551	1.10231
1	1.12	2240
0.892857	1	2000
0.000446	0.0005	1

注：1 盎司 =28.35 克，1 克 =0.0358 盎司。

2.9 密度、速度、流量单位及其换算

2.9.1 密度单位换算

千克/立方米 (kg/m^3)	吨/立方米 (t/m^3) 克/立方厘米 (g/cm^3)	磅/立方英寸 (lb/in^3)	磅/立方英尺 (lb/ft^3)	磅/英加仑 (lb/imp. gal)
1	0.001	3.6×10^{-5}	0.062	0.01
1000	1	0.036	62.43	10.017
27683	27.68	1	1728	277.27
16.019	0.016	5.78×10^{-4}	1	0.1605
99.83	0.1	0.0036	6.2305	1

2.9.2 速度单位换算

厘米/秒 (cm/s)	米/秒 (m/s)	千米/时 (km/h)	英尺/秒 (ft/s)	英尺/分 (ft/min)
1	0.01	0.036	0.03281	1.9686
100	1	3.6	3.281	196.86
27.78	0.2778	1	0.9113	54.678
30.48	0.3048	1.097	1	60
0.508	0.00508	0.01828	0.0167	1

2.9.3 流量单位换算

立方米/分 (m^3/min)	升/分 (L/min)	美加仑/分 (US gal/min)	美加仑/秒 (US gal/s)	立方英尺/分 (ft^3/min)
1	1000	264.17	4.4028	35.315
0.001	1	0.2642	0.0044	0.0353
0.0038	3.785	1	0.0167	0.1337
0.2271	227.12	60	1	8.022
0.0283	28.3	7.481	0.1247	1

2.10 力、力矩、强度、压力单位及其换算

2.10.1 力单位换算

牛 (N)	千克力 (kgf)	克力 (gf)	磅力 (lbf)	英吨力 (tonf)
1	0.101972	101.972	0.224809	0.0001
9.80665	1	1000	2.20462	0.000984
0.009807	0.001	1	0.002205	0.000001
4.44822	0.453592	453.592	1	0.000446
9964.02	1016.05	1016046	2240	1

注：1. 牛是法定单位，其余是非法定单位。

2. 我国过去也有将千克力（公斤力·kgf）、磅力（lbf）等单位的“力”（f）字省略，写成：千克（公斤，kg）、磅（lb）等。

2.10.2 力矩单位换算

牛·米 (N·m)	千克力·米 (kgf·m)	克力·厘米 (gf·cm)	磅力·英尺 (lbf·ft)	磅力·英寸 (lbf·in)
1	0.101972	10197.2	0.737562	8.85075
9.80665	1	100000	7.23301	86.7962
0.000098	0.00001	1	0.000072	0.000868
1.35582	0.138255	13825.5	1	12
0.112985	0.011521	1152.12	0.083333	1

注:牛·米是法定单位,其余是非法定单位。

2.10.3 强度(应力)及压力(压强)单位换算

牛/平方毫米 (N/mm^2) 或兆帕 (MPa)	千克力/平方毫米 (kgf/mm^2)	千克力/平方厘米 (kgf/cm^2)	千磅力/平方英寸 ($1000lbf/in^2$)	英吨力/平方英寸 ($tonf/in^2$)
1	0.101972	10.1972	0.145038	0.064749
9.80665	1	100	1.42233	0.634971
0.098067	0.01	1	0.014223	0.006350
6.89476	0.703070	70.3070	1	0.446429
15.4443	1.57488	157.488	2.24	1

（续）

帕(Pa) 或牛/平方米 (N/m^2)	千克力/ 平方厘米 (kgf/cm^2)	磅力/ 平方英寸 (lbf/in^2)	毫米水柱 (mmH_2O)	毫巴 (mbar)
1	0.00001	0.000145	0.101972	0.01
98066.5	1	14.2233	10000	980.665
6894.76	0.070307	1	703.070	68.9476
9.80665	0.000102	0.001422	1	0.098067
100	0.001020	0.014504	10.1972	1

注：1. 牛/平方毫米、帕是法定单位，其余是非法定单位。

2. 1帕=1牛/平方米；1兆帕（MPa）=1牛/平方毫米。

3. 1千克力/平方毫米=9.80665兆帕≈10兆帕。

4. 1巴（bar）=0.1兆帕。巴在国际单位制中允许使用。

5. 1标准大气压（atm）=101325帕≈0.1兆帕。

6. 1工程大气压（at）=1千克力/平方厘米=0.0980665兆帕≈0.1兆帕。

7. “磅力/平方英寸”符号也可以写成“psi”；“千磅力/平方英寸”符号也可以写成“ksi”。

8. 1毫米汞柱（mmHg）=133.322帕。

2.11 功、能、热量、功率单位及其换算

2.11.1 功率单位换算

千瓦 (kW)	米制马力 (PS)	英制马力 (hp)	千克力·米/秒 (kgf·m/s)	英尺·磅力/秒 (ft·lbf/s)
1	1.36	1.341	102	737.6
0.7355	1	0.9863	75	542.5
0.7457	1.014	1	76.04	550
9.807×10^{-3}	13.33×10^{-3}	13.15×10^{-3}	1	7.233
1.356×10^{-3}	1.843×10^{-3}	1.82×10^{-3}	0.1383	1

注：1. 瓦是法定单位，马力是非法定单位。

2. 1 瓦（W）=1 焦/秒（J/s）=10000000 尔格/秒（erg/s）。

3. 1 千瓦（kW）=0.239 千卡/秒（kcal/s）。

2.11.2 功、能及热量单位换算

焦 (J)	瓦·时 (W·h)	千克力·米 (kgf·m)	磅力·英尺 (lbf·ft)	卡 (cal, cal_{IT})	英热单位 (Btu)
1	0.000278	0.101972	0.737562	0.238846	0.000948
3600	1	367.098	2655.22	859.845	3.41214
9.80665	0.002724	1	7.23301	2.34228	0.009295
1.35582	0.000377	0.138255	1	0.323832	0.001285

（续）

焦 (J)	瓦·时 (W·h)	千克力·米 (kgf·m)	磅力·英尺 (lbf·ft)	卡 (cal, cal_{IT})	英热单位 (Btu)
4.1868	0.001163	0.426936	3.08803	1	0.003967
1055.06	0.293071	107.587	778.169	252.074	1

注：1. 焦、瓦·时是法定单位，其余是非法定单位。
2. 1 焦 =1 牛·米（N·m）=10000000 尔格（erg）。
3. 1 千瓦·时（kW·h）=3.6 兆焦（MJ）；
1 兆焦 =0.277778 千瓦·时。

2.11.3 温度单位换算

摄氏度(℃)	华氏度(℉)	兰氏[①]度(°R)	开尔文(K)
C	$\frac{9}{5}C+32$	$\frac{9}{5}C+491.67$	C +273.15[②]
$\frac{5}{9}(F-32)$	F	F +459.67	$\frac{5}{9}(F+459.67)$
$\frac{5}{9}(R-491.67)$	R −459.67	R	$\frac{5}{9}R$
K −273.15[②]	$\frac{9}{5}K-459.67$	$\frac{9}{5}K$	K

① 原文是 Rankine,故也叫兰金度。

② 摄氏温度的标定是以水的冰点为一个参照点作为 0℃,相对于开尔文温度上的 273.15K。开尔文温度的标定是以水的三相点为一个参照点作为 273.15K,相对于摄氏 0.01℃（即水的三相点高于水的冰点 0.01℃）。

2.11.4 比热容单位换算

焦/(千克·K)[①] (J/(kg·K))	焦/(克·K) (J/(g·K))	千卡/(千克·K) (kcal/(kg·K))	千卡(th)/(千克·K) ($kcal_{th}$/(kg·K))	千卡(15)/(千克·K) ($kcal_{15}$/(kg·K))
1	1×10^{-3}	0.238846×10^{-2}	0.239066×10^{-3}	0.238926×10^{-3}
1×10^{2}	1	0.238846	0.239066	0.23820
4186.8	4.1868	1	1.00067	1.00031
4184	4.184	0.999331	1	0.999642
4185.5	4.1855	0.999690	1.00036	1

注:1kcal/(kg·K)=1Btu/(lb·℉)=1CHU/(lb·℃)。

① J/(kg·K)常用(J/(kg·℃))表示。

2.11.5 热导率(导热系数)单位换算

瓦/(米·K) [W/(m·K)]	卡/(厘米·秒·℃) [cal/(m·h·℃)]	千卡/(米·时·℃) [kcal/(m·h·℃)]	焦/(厘米·秒·℃) [J/(cm·s·℃)]	英热单位/(英尺·时·F) [Btu/(ft·h·°F)]
1	2.388×10^{-3}	0.85985	0.01	0.5778
419.68	1	360	4.1868	241.91
1.163	2.778×10^{-3}	1	1.163×10^{-2}	0.672
100	0.2388	85.985	1	57.78
1.731	4.13×10^{-3}	1.488	1.731×10^{-2}	1

2.11.6 传热系数单位换算

卡/(平方厘米·秒·℃)[cal(cm^2·s·℃)]	瓦/(平方米·K)[W/(m^2·K)]	千卡/(平方米·时·℃)[kcal/(m^2·h·℃)]	焦/(平方厘米·秒·℃)[J/(cm^2·s·℃)]	英热单位/(平方英尺·时·F)[Btu/(ft^2·h·°F)]
1	41869	36000	4.1868	7373
2.388×10^{-5}	1	0.85985	10^{-4}	0.1761
2.778×10^{-5}	1.163	1	1.163×10^{-4}	0.2048
0.2388	10^4	8598.5	1	1761
1.356×10^{-4}	5.678	4.8828	5.678×10^{-4}	1

2.12 常用线规号与公称直径对照

线规号	SWG 英国线规		BWG 伯明翰线规		AWG 美国线规	
	in	mm	in	mm	in	mm
3	0.252	6.401	0.259	6.58	0.2294	5.83
4	0.232	5.893	0.238	6.05	0.2043	5.19
5	0.212	5.385	0.220	5.59	0.1819	4.62

（续）

线规号	SWG 英国线规		BWG 伯明翰线规		AWG 美国线规	
	in	mm	in	mm	in	mm
6	0. 192	4. 877	0. 203	5. 16	0. 1620	4.11
7	0. 176	4. 470	0. 180	4. 57	0. 1443	3. 67
8	0. 160	4. 064	0. 165	4. 19	0. 1285	3. 26
9	0. 144	3. 658	0. 148	3. 76	0. 1144	2. 91
10	0. 128	3. 251	0. 134	3. 40	0. 1019	2. 59
11	0. 116	2. 946	0. 120	3. 05	0. 09074	2. 30
12	0. 104	2. 642	0. 109	2. 77	0. 08081	2. 05
13	0. 092	2. 337	0. 095	2. 41	0. 07196	1. 83
14	0. 080	2. 032	0. 083	2. 11	0. 06408	1. 63
15	0. 072	1. 829	0. 072	1. 83	0. 05707	1. 45
16	0. 064	1. 626	0. 065	1. 65	0. 05082	1. 29
17	0. 056	1. 422	0. 058	1. 47	0. 04526	1. 15
18	0. 048	1. 219	0. 049	1. 24	0. 04030	1. 02
19	0. 040	1. 016	0. 042	1. 07	0. 03589	0. 91
20	0. 036	0. 914	0. 035	0. 89	0. 03196	0. 812
21	0. 032	0. 813	0. 032	0. 81	0. 02846	0. 723
22	0. 028	0. 711	0. 028	0. 71	0. 02535	0. 644

（续）

线规号	SWG 英国线规		BWG 伯明翰线规		AWG 美国线规	
	in	mm	in	mm	in	mm
23	0.024	0.610	0.025	0.64	0.02257	0.573
24	0.022	0.559	0.022	0.56	0.02010	0.511
25	0.020	0.508	0.020	0.51	0.01790	0.455
26	0.018	0.457	0.018	0.46	0.01594	0.405
27	0.0164	0.4166	0.016	0.41	0.01420	0.361
28	0.0148	0.3759	0.014	0.36	0.01264	0.321
29	0.0136	0.3454	0.013	0.33	0.01126	0.286
30	0.0124	0.3150	0.012	0.30	0.01003	0.255
31	0.0116	0.2946	0.010	0.25	0.008928	0.227
32	0.0108	0.2743	0.009	0.23	0.007950	0.202
33	0.0100	0.2540	0.008	0.20	0.007080	0.180
34	0.0092	0.2337	0.007	0.18	0.006304	0.160
35	0.0084	0.2134	0.005	0.13	0.005615	0.143
36	0.0076	0.1930	0.004	0.10	0.005000	0.127

2.13 水蒸气压力与饱和水温度对照

水蒸气压力/MPa	0.1	0.2	0.3	0.4
饱和水温度/℃	99.64	120.23	133.54	143.62

（续）

水蒸气压力/MPa	0.5	0.6	0.7	0.8
饱和水温度/℃	151.34	158.84	164.96	170.42
水蒸气压力/MPa	0.9	1.0	1.1	1.2
饱和水温度/℃	175.35	179.88	184.05	187.95
水蒸气压力/MPa	1.3	1.4	2.00	2.50
饱和水温度/℃	191.60	195.04	212.37	223.93

2.14 摄氏温度与华氏温度对照

摄氏(℃)	华氏(°F)	摄氏(℃)	华氏(°F)
-40	-40.0	14	57.2
-30	-22.0	16	60.8
-20	-4.0	18	64.4
-10	14.0	20	68.0
0	32.0	22	71.6
2	35.6	24	75.2
4	39.2	26	78.8
6	42.8	28	82.4
8	46.4	30	86.0
10	50.0	32	89.6
12	53.6	34	93.2

（续）

摄氏(℃)	华氏(°F)	摄氏(℃)	华氏(°F)
36	96.8	180	356.0
38	100.4	200	392.0
40	104.0	250	482.0
45	113.0	300	572.0
50	122.0	350	662.0
60	140.0	400	752.0
70	158.0	450	842.0
80	176.0	500	932.0
90	194.0	600	1112.0
100	212.0	700	1292.0
120	248.0	800	1472.0
140	284.0	900	1652.0
160	320.0	1000	1832.0

注：华氏温度 = 摄氏温度 ×9/5 + 32；摄氏温度 = （华氏温度 - 32） ×5/9

2.15 碳素钢、合金钢（不包括低碳钢）硬度及强度换算值（摘自 GB 1172—1999）

硬度							
洛氏		表面洛氏			维氏	布氏($F/D^2=30$)	
HRC	HRA	HR15N	HR30N	HR45N	HV	HBS	HBW
20.0	60.2	68.8	40.7	19.2	226	225	
20.5	60.4	69.0	41.2	19.8	228	227	
21.0	60.7	69.3	41.7	20.4	230	229	
21.5	61.0	69.5	42.2	21.0	233	232	
22.0	61.2	69.8	42.6	21.5	235	234	
22.5	61.5	70.0	43.1	22.1	238	237	
23.0	61.7	70.3	43.6	22.7	241	240	
23.5	62.0	70.6	44.0	23.3	244	242	
24.0	62.2	70.8	44.5	23.9	247	245	
24.5	62.5	71.1	45.0	24.5	250	248	
25.0	62.8	71.4	45.5	25.1	253	251	
25.5	63.0	71.6	45.9	25.7	256	254	
26.0	63.3	71.9	46.4	26.3	259	257	
26.5	63.5	72.2	46.9	26.9	262	260	
27.0	63.8	72.4	47.3	27.5	266	263	
27.5	64.0	72.7	47.8	28.1	269	266	
28.0	64.3	73.0	48.3	28.7	273	269	
28.5	64.6	73.3	48.7	29.3	276	273	
29.0	64.8	73.5	49.2	29.9	280	276	
29.5	65.1	73.8	49.7	30.5	284	280	

注:本节中硬度和抗拉强度的数据为一一对应,如第 41 页中

抗拉强度 σ_b,N/mm²								
碳钢	铬钢	铬钒钢	铬镍钢	铬钼钢	铬镍钼钢	铬锰硅钢	超高强度钢	不锈钢
774	742	736	782	747		781		740
784	751	744	787	753		788		749
793	760	753	792	760		794		758
803	769	761	797	767		801		767
813	779	770	803	774		809		777
823	788	779	809	781		816		786
833	798	788	815	789		824		796
843	808	797	822	797		832		806
854	818	807	829	805		840		816
864	828	816	836	813		848		826
875	838	826	843	822		856		837
886	848	837	851	831	850	865		847
897	859	847	859	840	859	874		858
908	870	858	867	850	869	883		868
919	880	869	876	860	879	893		879
930	891	880	885	870	890	902		890
942	902	892	894	880	901	912		901
954	914	903	904	891	912	922		913
965	925	915	914	902	923	933		924
977	937	928	924	913	935	943		936

的抗拉强度对应第 40 页的相应硬度。本节中以此类推。

硬度							
洛氏		表面洛氏			维氏	布氏($F/D^2=30$)	
HRC	HRA	HR15N	HR30N	HR45N	HV	HBS	HBW
30.0	65.3	74.1	50.2	31.1	288	283	
30.5	65.6	74.4	50.6	31.7	292	287	
31.0	65.8	74.7	51.1	32.3	296	291	
31.5	66.1	74.9	51.6	32.9	300	294	
32.0	66.4	75.2	52.0	33.5	304	298	
32.5	66.6	75.5	52.5	34.1	308	302	
33.0	66.9	75.8	53.0	34.7	313	306	
33.5	67.1	76.1	53.4	35.3	317	310	
34.0	67.4	76.4	53.9	35.9	321	314	
34.5	67.7	76.7	54.4	36.5	326	318	
35.0	67.9	77.0	54.8	37.0	331	323	
35.5	68.2	77.2	55.3	37.6	335	327	
36.0	68.4	77.5	55.8	38.2	340	332	
36.5	68.7	77.8	56.2	38.8	345	336	
37.0	69.0	78.1	56.7	39.4	350	341	
37.5	69.2	78.4	57.2	40.0	355	345	
38.0	69.5	78.7	57.6	40.6	360	350	
38.5	69.7	79.0	58.1	41.2	365	355	
39.0	70.0	79.3	58.6	41.8	371	360	
39.5	70.3	79.6	59.0	42.4	376	365	

（续）

抗拉强度σ_b,N/mm^2								
碳钢	铬钢	铬钒钢	铬镍钢	铬钼钢	铬镍钼钢	铬锰硅钢	超高强度钢	不锈钢
989	948	940	935	924	947	954		947
1002	960	953	946	936	959	965		959
1014	972	966	957	948	972	977		971
1027	984	980	969	961	985	989		983
1039	996	993	981	974	999	1001		996
1052	1009	1007	994	987	1012	1013		1008
1065	1022	1022	1007	1001	1027	1026		1021
1078	1034	1036	1020	1015	1041	1039		1034
1092	1048	1051	1034	1029	1056	1052		1047
1105	1061	1067	1048	1043	1071	1066		1060
1119	1074	1082	1063	1058	1087	1079		1074
1133	1088	1098	1078	1074	1103	1094		1087
1147	1102	1114	1093	1090	1119	1108		1101
1162	1116	1131	1109	1106	1136	1123		1116
1177	1131	1148	1125	1122	1153	1139		1130
1192	1146	1165	1142	1139	1171	1155		1145
1207	1161	1183	1159	1157	1189	1171		1161
1222	1176	1201	1177	1174	1207	1187	1170	1176
1238	1192	1219	1195	1192	1226	1204	1195	1193
1254	1208	1238	1214	1211	1245	1222	1219	1209

硬度							
洛氏		表面洛氏			维氏	布氏($F/D^2=30$)	
HRC	HRA	HR15N	HR30N	HR45N	HV	HBS	HBW
40.0	70.5	79.9	59.5	43.0	381	370	370
40.5	70.8	80.2	60.0	43.6	387	375	375
41.0	71.1	80.5	60.4	44.2	393	380	381
41.5	71.3	80.8	60.9	44.8	398	385	386
42.0	71.6	81.1	61.3	45.4	404	391	392
42.5	71.8	81.4	61.8	45.9	410	396	397
43.0	72.1	81.7	62.3	46.5	416	401	403
43.5	72.4	82.0	62.7	47.1	422	407	409
44.0	72.6	82.3	63.2	47.7	428	413	415
44.5	72.9	82.6	63.6	48.3	435	418	422
45.0	73.2	82.9	64.1	48.9	441	424	428
45.5	73.4	83.2	64.6	49.5	448	430	435
46.0	73.7	83.5	65.0	50.1	454	436	441
46.5	73.9	83.7	65.5	50.7	461	442	448
47.0	74.2	84.0	65.9	51.2	468	449	455
47.5	74.5	84.3	66.4	51.8	475		463
48.0	74.7	84.6	66.8	52.4	482		470
48.5	75.0	84.9	67.3	53.0	489		478
49.0	75.3	85.2	67.7	53.6	497		486
49.5	75.5	85.5	68.2	54.2	504		494

（续）

抗拉强度σ_b,N/mm^2								
碳钢	铬钢	铬钒钢	铬镍钢	铬钼钢	铬镍钼钢	铬锰硅钢	超高强度钢	不锈钢
1271	1225	1257	1233	1230	1265	1240	1243	1226
1288	1242	1276	1252	1249	1285	1258	1267	1244
1305	1260	1296	1273	1269	1306	1277	1290	1262
1322	1278	1317	1293	1289	1327	1296	1313	1280
1340	1296	1337	1314	1310	1348	1316	1336	1299
1359	1315	1358	1336	1331	1370	1336	1359	1319
1378	1335	1380	1358	1353	1392	1357	1381	1339
1397	1355	1401	1380	1375	1415	1378	1404	1361
1417	1376	1424	1404	1397	1439	1400	1427	1383
1438	1398	1446	1427	1420	1462	1422	1450	1405
1459	1420	1469	1451	1444	1487	1445	1473	1429
1481	1444	1493	1476	1468	1512	1469	1496	1453
1503	1468	1517	1502	1492	1537	1493	1520	1479
1526	1493	1541	1527	1517	1563	1517	1544	1505
1550	1519	1566	1554	1542	1589	1543	1569	1533
1575	1546	1591	1581	1568	1616	1569	1594	1562
1600	1574	1617	1608	1595	1643	1595	1620	1592
1626	1603	1643	1636	1622	1671	1623	1646	1623
1653	1633	1670	1665	1649	1699	1651	1674	1655
1681	1665	1697	1695	1677	1728	1679	1702	1689

硬度							
洛氏		表面洛氏			维氏	布氏($F/D^2=30$)	
HRC	HRA	HR15N	HR30N	HR45N	HV	HBS	HBW
50.0	75.8	85.7	68.6	54.7	512		502
50.5	76.1	86.0	69.1	55.3	520		510
51.0	76.3	86.3	69.5	55.9	527		518
51.5	76.6	86.6	70.0	56.5	535		527
52.0	76.9	86.8	70.4	57.1	544		535
52.5	77.1	87.1	70.9	57.6	552		544
53.0	77.4	87.4	71.3	58.2	561		552
53.5	77.7	87.6	71.8	58.8	569		561
54.0	77.9	87.9	72.2	59.4	578		569
54.5	78.2	88.1	72.6	59.9	587		577
55.0	78.5	88.4	73.1	60.5	596		585
55.5	78.7	88.6	73.5	61.1	606		593
56.0	79.0	88.9	73.9	61.7	615		601
56.5	79.3	89.1	74.4	62.2	625		608
57.0	79.5	89.4	74.8	62.8	635		616
57.5	79.8	89.6	75.2	63.4	645		622
58.0	80.1	89.8	75.6	63.9	655		628
58.5	80.3	90.0	76.1	64.5	666		634

（续）

抗拉强度σ_b,N/mm^2								
碳钢	铬钢	铬钒钢	铬镍钢	铬钼钢	铬镍钼钢	铬锰硅钢	超高强度钢	不锈钢
1710	1698	1724	1724	1706	1758	1709	1731	1725
	1732	1752	1755	1735	1788	1739	1761	
	1768	1780	1786	1764	1819	1770	1792	
	1806	1809	1818	1794	1850	1801	1824	
	1845	1839	1850	1825	1881	1834	1857	
		1869	1883	1856	1914	1867	1892	
		1899	1917	1888	1947	1901	1929	
		1930	1951			1936	1966	
		1961	1986			1971	2006	
		1993	2022			2008	2047	
		2026	2058			2045	2090	
							2135	
							2181	
							2230	
							2281	
							2334	
							2390	
							2448	

硬度							
洛氏		表面洛氏			维氏	布氏($F/D^2=30$)	
HRC	HRA	HR15N	HR30N	HR45N	HV	HBS	HBW
59.0	80.6	90.2	76.5	65.1	676		639
59.5	80.9	90.4	76.9	65.6	687		643
60.0	81.2	90.6	77.3	66.2	698		647
60.5	81.4	90.8	77.7	66.8	710		650
61.0	81.7	91.0	78.1	67.3	721		
61.5	82.0	91.2	78.6	67.9	733		
62.0	82.2	91.4	79.0	68.4	745		
62.5	82.5	91.5	79.4	69.0	757		
63.0	82.8	91.7	79.8	69.5	770		
63.5	83.1	91.8	80.2	70.1	782		
64.0	83.3	91.9	80.6	70.6	795		
64.5	83.6	92.1	81.0	71.2	809		
65.0	83.9	92.2	81.3	71.7	822		
65.5	84.1				836		
66.0	84.4				850		
66.5	84.7				865		
67.0	85.0				879		
67.5	85.2				894		
68.0	85.5				909		

（续）

抗拉强度σ_b,N/mm^2								
碳钢	铬钢	铬钒钢	铬镍钢	铬钼钢	铬镍钼钢	铬锰硅钢	超高强度钢	不锈钢
							2509	
							2572	
							2639	

2.16 标准筛常用网号与目数对照

网号(号)	目数(目)	孔/cm²	网号(号)	目数(目)	孔/cm²
5	4	2.56	0.18	85	—
4	5	4	0.17	90	1296
3.22	6	5.76	0.15	100	1600
2.5	8	10.24	0.14	110	1936
2	10	16	0.95	20	64
1.6	12	23.04	—	22	77.44
1.43	14	31.36	0.7	24	92.16
1.24	16	40.96	0.71	26	108.16
1	18	51.84	0.63	28	125.44
0.425	38	231	0.6	30	144
0.4	40	256	0.55	32	163.84
0.375	42	282	0.525	34	185
0.36	44	310	0.5	36	207
0.345	46	339	0.125	120	2304
—	48	369	0.12	130	2704
0.325	50	400	—	140	3136
—	55	484	0.1	150	3600
0.301	60	576	0.088	160	—
0.28	65	676	0.077	180	5184
0.261	70	784	—	190	5776
0.25	75	900	0.076	200	6400
0.2	80	1024	0.065	230	8464

（续）

网号（号）	目数（目）	孔/cm²	网号（号）	目数（目）	孔/cm²
—	240	9216	0.045	300	14400
0.06	250	10000	0.044	320	16384
0.052	275	12100	0.042	350	19600
—	280	12544	0.034	400	25600

注：1. 网号系指筛网的公称尺寸，单位为：mm。例如：1号网，即指正方形网孔每边长1mm。

2. 目数系指一英寸（in）长度上的孔眼数目，单位为：目/英寸（目/in）。例如：1in（25.4mm）长度上有20孔眼，即为20目。

第 3 章 常用公式及数值

3.1 常用截面面积计算公式

名称	截面图形	计 算 公 式
正方形	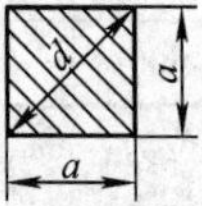	$A=a^2$；$a=0.7071d=\sqrt{A}$ $d=1.4142a=1.4142\sqrt{A}$
长方形	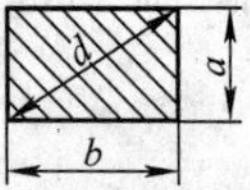	$A=ab=a\sqrt{d^2-a^2}=b\sqrt{d^2-b^2}$ $d=\sqrt{a^2+b^2}$；$a=\sqrt{d^2-b^2}=\dfrac{A}{b}$ $b=\sqrt{d^2-a^2}=\dfrac{A}{a}$
三角形	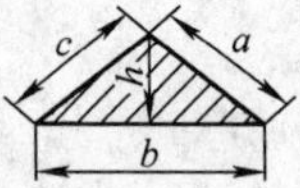	$A=\dfrac{bh}{2}=\dfrac{b}{2}\sqrt{a^2-\left(\dfrac{a^2+b^2-c^2}{2b}\right)^2}$ $P=\dfrac{1}{2}(a+b+c)$ $A=\sqrt{P(P-a)(P-b)(P-c)}$
平行四边形	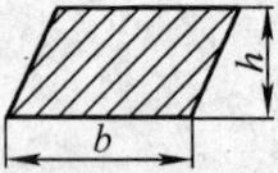	$A=bh$

（续）

名称	截面图形	计 算 公 式
梯形	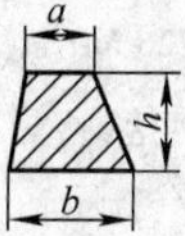	$A=\frac{(a+b)\ h}{2}$；$h=\frac{2A}{a+b}$ $a=\frac{2A}{h}-b$；$b=\frac{2A}{h}-a$
正六边形	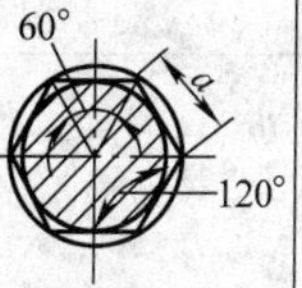	$A=2.598\ 1a^2=2.598\ 1R^2$ $=3.464\ 1r^2$ $R=a=1.154\ 7r$ $r=0.866\ 03a=0.866\ 03R$
圆	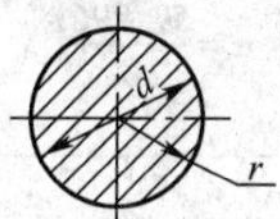	$A=\pi r^2=3.141\ 6r^2=0.785\ 4d^2$ $L=2\pi r=6.283\ 2r=3.141\ 6d$ $r=L/2\pi=0.159\ 15L=0.564\ 19\sqrt{A}$ $d=L/\pi=0.318\ 31L=1.128\ 4\sqrt{A}$
椭圆	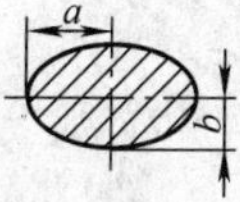	$A=\pi ab=3.141\ 6ab$ 周长的近似值： $2P=\pi\ \sqrt{2\ (a^2+b^2)}$ 比较精确的值： $2P=\pi\ [1.5\ (a+b)\ -\sqrt{ab}]$

（续）

名称	截面图形	计算公式
扇形	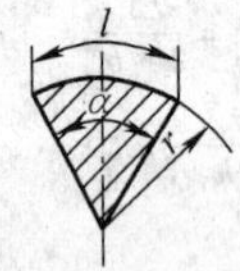	$A=\frac{1}{2}rl=0.008\,726\,6\alpha r^2$ $l=2A/r=0.017\,453\alpha r$ $r=2A/l=57.296l/\alpha$ $\alpha=\frac{180l}{\pi r}=\frac{57.296l}{r}$
弓形	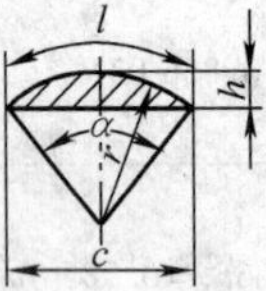	$A=\frac{1}{2}\left[rl-c\left(r-h\right)\right]$；$r=\frac{c^2+4h^2}{8h}$ $l=0.017\,453\alpha r$；$c=2\sqrt{h\left(2r-h\right)}$ $h=r-\frac{4r^2-c^2}{2}$；$\alpha=\frac{57.296l}{r}$
圆环	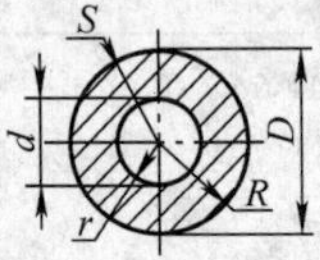	$A=\pi\left(R^2-r^2\right)$ $=3.141\,6\left(R^2-r^2\right)$ $=0.785\,4\left(D^2-d^2\right)$ $=3.141\,6\left(D-S\right)S$ $=3.141\,6\left(d+S\right)S$ $S=R-r=\left(D-d\right)/2$

（续）

名称	截面图形	计 算 公 式
部分圆环(环式扇形)	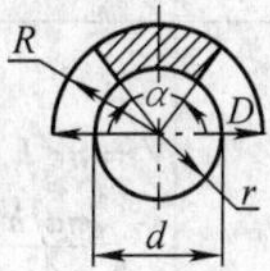	$A=\frac{\alpha\pi}{360}(R^2-r^2)$ $=0.008\ 727\alpha(R^2-r^2)$ $=\frac{\alpha\pi}{4\times360}(D^2-d^2)$ $=0.002\ 182\alpha(D^2-d^2)$

注：图中 A—面积；P—半周长；L—圆周长度；R—外接圆半径；r—内切圆半径；l—弧长。

3.2 常用表面积及体积计算公式

名称	图 形	计算公式	
		表面积 S 及侧表面积 M	体积 V
正立方体	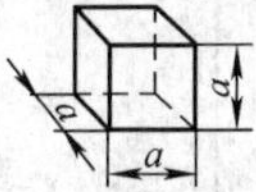	$S=6a^2$	$V=a^3$
长立方体	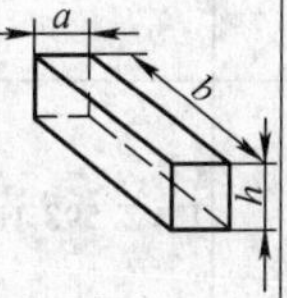	$S=2(ah+bh+ab)$	$V=abh$

（续）

名称	图形	计算公式	
		表面积 S 及侧表面积 M	体积 V
圆柱		$M=2\pi rh=\pi dh$	$V=\pi r^2h=\dfrac{\pi d^2h}{4}$
空心圆柱(管)		$M=$ 内侧表面积 + 外侧表面积 $=2\pi h(r+r_1)$	$V=\pi h(r^2-r_1^2)$
斜底截圆柱		$M=\pi r(h+h_1)$	$V=\dfrac{\pi r^2(h+h_1)}{2}$
正六角柱		$S=5.1962a^2+6ah$	$V=2.5981a^2h$

（续）

名称	图形	计算公式 表面积 S 及侧表面积 M	体积 V
正方角锥台	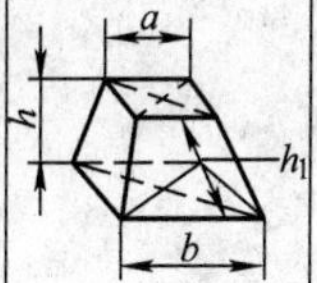	$S=a^2+b^2+2(a+b)h_1$	$V=\dfrac{(a^2+b^2+ab)h}{3}$
球		$S=4\pi r^2=\pi d^2$	$V=\dfrac{4\pi r^3}{3}=\dfrac{\pi d^3}{6}$
圆锥		$M=\pi rl=\pi r\sqrt{r^2+h^2}$	$V=\dfrac{\pi r^2 h}{3}$
截头圆锥	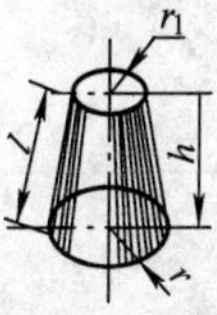	$M=\pi l(r+r_1)$	$V=\dfrac{\pi h(r^2+r_1^2+r_1 r)}{3}$

3.3 常用三角函数

名称	图　　形	计　算　公　式
直角三角形	A B C a b c α β	a 的正弦 $\sin\alpha=\frac{a}{c}$；a 的余弦 $\cos\alpha=\frac{b}{c}$ a 的正切 $\tan\alpha=\frac{a}{b}$；a 的余切 $\cot\alpha=\frac{b}{a}$ a 的正割 $\sec\alpha=\frac{c}{b}$；a 的余割 $\csc\alpha=\frac{c}{a}$ $\alpha+\beta=90°$　$c^2=a^2+b^2$

（续）

名称	图形	计算公式
直角三角形	A, B, C, a, b, c, α, β	或 $c=\sqrt{a^2+b^2}$；$a=\sqrt{c^2-b^2}$；$b=\sqrt{c^2-a^2}$ 余角函数：$\sin(90°-\alpha)=\cos\alpha$； $\cos(90°-\alpha)=\sin\alpha$ $\tan(90°-\alpha)=\cot\alpha$； $\cot(90°-\alpha)=\tan\alpha$ 反三角函数：当 $x=\sin\alpha$，反函数为 $\alpha=\arcsin x$ $x=\cos\alpha$，反函数为 $\alpha=\arccos x$ $x=\tan\alpha$，反函数为 $\alpha=\arctan x$ $x=\cot\alpha$，反函数为 $\alpha=\mathrm{arccot}\,x$

（续）

名称	图形	计算公式
锐角三角形		正弦定理：$\frac{a}{\sin A}=\frac{b}{\sin B}=\frac{c}{\sin C}$ 余弦定理：$a^2=b^2+c^2-2bc\cos A$，即 $\cos A=\frac{b^2+c^2-a^2}{2bc}$ $b^2=a^2+c^2-2ac\cos B$，即 $\cos B=\frac{a^2+c^2-b^2}{2ac}$ $c^2=a^2+b^2-2ab\cos C$ 即 $\cos C=\frac{a^2+b^2-c^2}{2ab}$
钝角三角形		

3.4 三角函数公式

	$\pm\alpha$	$90^\circ\pm\alpha$	$180^\circ\pm\alpha$	$270^\circ\pm\alpha$	$360^\circ\pm\alpha$
sin	$\pm\sin\alpha$	$+\cos\alpha$	$\mp\sin\alpha$	$-\cos\alpha$	$\sin(\pm\alpha)$
cos	$+\cos\alpha$	$\mp\sin\alpha$	$-\cos\alpha$	$\pm\sin\alpha$	$\cos(+\alpha)$
tan	$\pm\tan\alpha$	$\mp\cot\alpha$	$\pm\tan\alpha$	$\mp\cot\alpha$	$\tan(\pm\alpha)$
cot	$\pm\cot\alpha$	$\mp\tan\alpha$	$\pm\cot\alpha$	$\mp\tan\alpha$	$\cot(\pm\alpha)$
基本公式	$\sin\alpha\cdot\csc\alpha=1;\cos\alpha\cdot\sec\alpha=1$ $\tan\alpha\cdot\cot\alpha=1;\sin^2\alpha+\cos^2\alpha=1$ $\sec^2\alpha-\tan^2\alpha=1;\csc^2\alpha-\cot^2\alpha=1$ $\tan\alpha=\frac{\sin\alpha}{\cos\alpha};\quad\cot\alpha=\frac{\cos\alpha}{\sin\alpha}$				

（续）

	$\pm\alpha$	$90°\pm\alpha$	$180°\pm\alpha$	$270°\pm\alpha$	$360°\pm\alpha$
倍角公式	$\sin 2\alpha = 2\sin\alpha\cdot\cos\alpha$ $\cos 2\alpha = \cos^2\alpha - \sin^2\alpha = 1 - 2\sin^2\alpha = 2\cos^2\alpha - 1$ $\tan^2\alpha = \frac{2\tan\alpha}{1-\tan^2\alpha}$				
半角公式	$\sin\frac{\alpha}{2} = \sqrt{\frac{1-\cos\alpha}{2}}$ $\cos\frac{\alpha}{2} = \sqrt{\frac{1+\cos\alpha}{2}}$ $\tan\frac{\alpha}{2} = \sqrt{\frac{1-\cos\alpha}{1+\cos\alpha}} = \frac{\sin\alpha}{1+\cos\alpha} = \frac{1-\cos\alpha}{\sin\alpha}$				

3.5 常用型材理论质量的计算方法

3.5.1 基本公式

$$m(\text{质量},\mathrm{kg}) = A(\text{断面积},\mathrm{mm}^2) \times L(\text{长度},\mathrm{m}) \times \rho(\text{密度},\mathrm{g/cm^3}) \times 1/1000$$

注：1. 型材制造中有允许偏差值，故上式只作估算之用。

2. 关于 ρ 值，钢材通常取 7.85。

3.5.2 钢材断面积的计算公式

钢材类别	计算公式	代号说明
方钢	$A = a^2$	a—边宽
圆角方钢	$A = a^2 - 0.8584r^2$	a—边宽；r—圆角半径
钢板、扁钢、带钢	$A = a \times \delta$	a—宽度；δ—厚度
圆角扁钢	$A = a\delta - 0.8584r^2$	a—宽度；δ—厚度；r—圆角半径
圆钢、圆盘条、钢丝	$A = 0.7854d^2$	d—外径
六角钢	$A = 0.866a^2 = 2.598s^2$	a—对边距离；s—边宽
八角钢	$A = 0.8284a^2 = 4.8284s^2$	
钢管	$A = 3.1416\delta(D - \delta)$	D—外径；δ—壁厚

（续）

钢材类别	计算公式	代号说明
等边角钢	$A=d(2b-d)+0.2146\times(r^2-2r_1^2)$	d—边厚；b—边宽；r—内面圆角半径；r_1—端边圆角半径
不等边角钢	$A=d(B+b-d)+0.2146(r^2-2r_1^2)$	d—边厚；B—长边宽；b—短边宽；r—内面圆角半径；r_1—端边圆角半径
工字钢	$A=hd+2t(b-d)+0.8584(r^2-r_1^2)$	h—高度；b—腿宽；d—腰厚；t—平均腿厚；r—内面圆角半径；r_1—边端圆角半径
槽钢	$A=hd+2t(b-d)+0.4292(r^2-r_1^2)$	

注：铜、铝等型材断面积也可按上表计算。

3.5.3 钢材理论质量计算简式

钢材类别	理论质量/(kg/m)	备　注
圆钢、线材、钢丝	$W=0.00617\times$直径^2	1. 角钢、工字钢和槽钢的准确计算公式很繁，表列简式用于计算近似值
方钢	$W=0.00785\times$边长^2	
六角钢	$W=0.0068\times$对边距离^2	
八角钢	$W=0.0065\times$对边距离^2	

（续）

钢材类别	理论质量/(kg/m)	备　注
等边角钢	$W = 0.00785 \times$ 边厚(2 边宽 − 边厚)	2. f 值：一般型号及带 a 的为 3.34，带 b 的为 2.65，带 c 的为 2.26 3. e 值：一般型号及带 a 的为 3.26，带 b 的为 2.44，带 c 的为 2.24 4. 各长度单位均为 mm
不等边角钢	$W = 0.00785 \times$ 边厚(长边宽 + 短边宽 − 边厚)	
工字钢	$W = 0.00785 \times$ 腰厚[高 + f(腿宽 − 腰厚)]	
槽钢	$W = 0.00785 \times$ 腰厚[高 + e(腿宽 − 腰厚)]	
扁钢、钢板、钢带	$W = 0.00785 \times$ 宽 × 厚	
钢管	$W = 0.02466 \times$ 壁厚(外径 − 壁厚)	

第4章 常用数值

4.1 常用材料的密度

材料名称	密度/(g/cm^3)	材料名称	密度/(g/cm^3)
灰铸铁	6.6~7.4	工业铝	2.7
白口铸铁	7.4~7.7	铝镍合金	2.7
可锻铸铁	7.2~7.4	镁合金	1.74
工业纯铁	7.87	硅钢片	7.55~7.8
铸钢	7.8	锡基轴承合金	7.34~7.75
钢材	7.85	铅基轴承合金	9.33~10.67
低碳钢	7.85	硬质合金（钨钴）	14.4~14.9
中碳钢	7.82		
高碳钢	7.81	硬质合金（钨钴钛）	9.5~12.4
高速钢	8.3	铝板	2.73
不锈钢	7.75	锌板	7.20
黄铜	8.5~8.85	铅板	11.37
铜材（紫铜）	8.9	工业镍	8.9
锡青铜	8.8	合金钢	7.9
铝青铜	7.5~8.2	镍铬钢	7.9
冷拉青铜	8.8	汞	13.55

（续）

材料名称	密度/(g/cm³)	材料名称	密度/(g/cm³)
胶木板	1.3～1.4	碳化硅	3.10
纯橡胶	0.93	大理石	2.6～2.7
皮革	0.4～1.2	陶瓷	2.3～2.45
有机玻璃	1.18～1.19	硬橡胶	1.15
无填料电木	1.2	软木	0.1～0.40
赛璐珞	1.4	胶合板	0.56
各类机油	0.9～0.95	刨花板	0.40
酚醛层压板	1.3～1.45	竹材	0.90
橡胶夹布传动带	0.8～1.2	石墨	1.9～2.1
木材	0.4～0.72	石英	2.5～2.80
石灰石	2.4～2.6	滑石	2.60～2.80
花岗石	2.6～3	云母	2.7～3.1
砌砖	1.9～2.3	地沥青	0.9～1.50
混凝土	1.8～2.45	地蜡	0.96
生石灰	1.1	石蜡	0.90
熟石灰	1.2	石棉	2.2～3.20
水泥	1.2	纤维纸板	1.30
粘土耐火砖	2.10	平板玻璃	2.50
硅质耐火砖	1.8～1.9	耐高温玻璃	2.23
镁质耐火砖	2.6	石英玻璃	2.20
镁铬质耐火砖	2.2～2.5		

4.2 常用材料的线胀系数

材料名称	线胀系数/(10^{-6}/K)			
	20℃	20～100℃	20～200℃	20～300℃
铸铁	—	8.7～11.1	8.5～11.6	10.1～12.2
碳钢	—	10.6～12.2	11.3～13	12.1～13.5
铬钢	—	11.2	11.8	12.4
40CrSi	—	11.7	—	—
30CrMnSiA	—	11	—	—
3Cr13	—	10.2	11.1	11.6
1Cr18Ni9Ti	—	16.6	17.0	17.2
镍铬合金	—	14.5	—	—
工程用铜	—	16.6～17.1	17.1～17.2	17.6
纯铜	—	17.2	17.5	17.9
黄铜	—	17.8	18.8	20.9
锡青铜	—	17.6	17.9	18.2
铝青铜	—	17.6	17.9	19.2
砖	9.5	—	—	—
水泥、混凝土	10～14	—	—	—
胶木、硬橡皮	64～77	—	—	—
玻璃	—	4～11.5	—	—
赛璐珞	—	100	—	—
有机玻璃	—	130	—	—

4.3 表面粗糙度的特征及加工方法

表面粗糙度 $Ra/\mu m$	表面形状特征	加工方法
50	明显可见刀痕	粗车、镗、钻、刨
25	微见刀痕	粗车、刨、立铣、平铣、钻
12.5	可见加工痕迹	车、镗、刨、钻、平铣、立铣、锉、粗铰、磨、铣齿
6.3	微见加工痕迹	车、镗、刨、铣、刮 1 ~ 2 点/cm^2、拉、磨、锉、液压、铣齿
3.2	看不见的加工痕迹	车、镗、刨、铣、铰、拉、磨、滚压、刮 1 ~ 2 点/cm^2、铣齿
1.6	可辨加工痕迹的方向	车、镗、拉、磨、立、铣、铰、刮 3 ~ 10 点/cm^2 磨、滚压
0.8	微辨加工痕迹的方向	铰、磨、刮 3 ~ 10 点/cm^2、镗、拉、滚压
0.4	不可辨加工痕迹的方向	布轮磨、磨、研磨、超级加工

（续）

表面粗糙度 $Ra/\mu m$	表面形状特征	加工方法
0.2	暗光泽面	超级加工
0.1	亮光泽面	超级加工
0.05	镜状光泽面	
0.025	雾状镜面	
0.012	镜面	

4.4 零件加工方法及表面粗糙度值

加工方法		表面粗糙度数值 $Ra/\mu m$													
		100	50	25	12.5	6.3	3.2	1.6	0.8	0.4	0.2	0.1	0.05	0.025	0.012
磨削	粗					—	—	—	—						
	半精							—	—	—					
	精									—	—	—	—	—	

（续）

加工方法		100	50	25	12.5	6.3	3.2	1.6	0.8	0.4	0.2	0.1	0.05	0.025	0.012
珩磨	平面							━	━	━	━	━	━	━	
	圆柱									━	━	━	━	━	━
抛光	一般							━	━	━	━	━			
	精											━	━	━	━
滚压抛光							━	━	━	━	━	━	━		
超精加工	平面									━	━	━	━	━	━
	圆柱									━	━	━	━	━	━
锉				━	━	━	━	━	━	━					
刮削					━	━	━	━	━	━					
刨削	精			━	━	━									
	半精					━	━	━							
	精							━	━						
插削				━	━	━	━	━							
钻孔				━	━	━	━	━	━						

表面粗糙度数值 $Ra/\mu m$

（续）

加工方法		表面粗糙度数值 $Ra/\mu m$													
		100	50	25	12.5	6.3	3.2	1.6	0.8	0.4	0.2	0.1	0.05	0.025	0.012
扩孔	精														
	精														
金刚镗孔															
镗孔	精														
	半精														
	精														
铰孔	粗														
	精														
拉削	半精														
	精														
铣削	粗														
	半精														
	精														

加工方法		100	50	25	12.5	6.3	3.2	1.6	0.8	0.4	0.2	0.1	0.05	0.025	0.012
		表面粗糙度数值 $Ra/\mu m$													
车削	粗			━	━	━									
	半精				━	━	━	━							
	精							━	━	━	━				
螺纹加工	丝锥板牙					━	━	━	━						
	滚								━	━	━				
	车				━	━	━	━	━						
	搓丝					━	━	━	━						
	滚压						━	━	━	━					
	磨							━	━	━	━				
	研磨							━	━	━	━	━	━		
齿轮及花键加工	刨					━	━	━	━						
	滚					━	━	━	━						
	插					━	━	━	━						
	磨								━	━	━	━			
	剃							━	━	━	━				

注：本表适用于钢及有色金属。

4.5 松散物料的堆密度和安息角

物料名称	堆密度/ (t/m³)	安息角	
		运　动	静　止
无烟煤（干，小）	0.7～1.0	27°～30°	27°～45°
烟煤	0.8	30°	35°～45°
褐煤	0.6～0.8	35°	35°～50°
泥煤	0.29～0.5	40°	45°
泥煤（湿）	0.55～0.65	40°	45°
焦炭	0.36～0.53	35°	50°
木炭	0.2～0.4		
无烟煤粉	0.84～0.89		37°～45°
烟煤粉	0.4～0.7		37°～45°
粉状石墨	0.45		40°～45°
磁铁矿	2.5～3.5	30°～35°	40°～45°
赤铁矿	2.0～2.8	30°～35°	40°～45°
褐铁矿	1.2～2.1	30°～35°	40°～45°
硫铁矿（块）			45°
锰矿	1.7～1.9		35°～45°
镁砂（块）	2.2～2.5		40°～42°
粉状镁砂	2.1～2.2		45°～50°
铜矿	1.7～2.1		35°～45°
铜精矿	1.3～1.8		40°
铅精矿	1.9～2.4		40°

（续）

物料名称	堆密度/（t/m³）	安息角	
		运　动	静　止
锌精矿	1.3～1.7		40°
铅锌精矿	1.3～2.4		40°
铁烧结块	1.7～2.0		45°～50°
碎烧结块	1.4～1.6	35°	
铅烧结块	1.8～2.2		
铅锌烧结块	1.6～2.0		
锌烟尘	0.7～1.5		
黄铁矿烧渣	1.7～1.8		
铅锌团矿	1.3～1.8		
黄铁矿球团矿	1.2～1.4		
平炉渣（粗）	1.6～1.85		45°～50°
高炉渣	0.6～1.0	35°	50°
铅锌水碎渣（湿）	1.5～1.6		42°
干煤灰	0.64～0.72		35°～45°
煤灰	0.70		15°～20°
粗砂（干）	1.4～1.9		50°
细砂（干）	1.4～1.65	30°	
细砂（湿）	1.8～2.1		30°～35°
造型砂	0.8～1.3	30°	45°

（续）

物料名称	堆密度/(t/m³)	安息角	
		运　动	静　止
石灰石（大块）	1.6～2.0	30°～35°	40°～45°
石灰石（中块）	1.2～1.5	30°～35°	40°～45°
石灰石（小块）	1.2～1.5	30°～35°	40°～45°
生石灰	1.7～1.8	25°	45°～50°
碎石	1.32～2.0	35°	45°
白云石（块）	1.2～2.0	35°	
碎白云石	1.8～1.9	35°	
砾石	1.5～1.9	30°	30°～45°
粘土（小块）	0.7～1.5	40°	50°
粘土（湿）	1.7		27°～45°
水泥	0.9～1.7	35°	40°～45°
熟石灰（粉）	0.5		
熟石灰（块）	2.0		

第2篇 金属材料

第5章 黑色金属材料

5.1 黑色金属材料基本知识

5.1.1 铁

1. 生铁的分类

分类方式	名　　称	说　　明
按用途分类	炼钢生铁	是炼钢用的主要材料，一般含硅量不大于1.75%（质量分数），含硫量不大于0.07%（质量分数）。铁质硬而脆，断口呈白色，所以也称为白口铸铁
	铸造生铁	用于铸造各种生铁铸件的铁，一般硅含量达3.75%（质量分数）硫含量不大于0.06%（质量分数）。断口呈灰色，所以也称灰口铁
按化学成分分类	普通生铁	指不含其他合金元素的生铁。这类铁有炼钢生铁、铸造生铁

（续）

分类方式	名　　称	说　　明
按化学成分分类	特种生铁	天然合金生铁—将含有共生金属（如铜、钒、镍等）的铁矿石或精矿用还原剂还原而成的一种特种生铁。可用来炼钢，也可用于铸造 铁合金—是在炼铁时特意加入其他成分的元素、结果炼成含有多种合金元素的特种生铁、如锰铁、硅铁、铬铁等、此种铁用于炼钢、铸造均可

2. 铸铁的分类

分类方式	名　　称	说　　明
按断口的颜色分类	灰铸铁	铸铁中的碳大部分或全部以自由状态的片状石墨形式存在，其断口呈灰色。因其有一定的力学性能、易切削加工、所以应用普遍
	白口铸铁	白口铸铁是组织中几乎没有石墨的一种铁碳合金，其中碳全部以渗碳体形式存在，其断口呈白亮色。特点是：不能切削加工，很少用来铸造零件，只能用来铸造耐磨件，可用激冷法制造轧辊、轮圈、犁铧等表面硬度高和耐磨的零件。通常人们称其为冷硬铸铁
	麻口铁	麻口铁是介于灰铸铁和白口铸铁之间的一种铸铁，性能差，很少应用

（续）

分类方式	名　称	说　明
按化学成分分类	普通铸铁	是一种不含有合金元素的铸铁，其中有灰铸铁、可锻铸铁、球墨铸铁
	合金铸铁	为提高或改善铸铁的性能、在铸铁内加入一些合金元素而制成的具有某些特殊性能（如耐热、耐磨、耐腐蚀等）的铸铁
按生产方式和组织性能分类	普通灰铸铁	见灰铸铁
	孕育铸铁	是在普通铸铁中加入少量的孕育剂处理（如硅铁或硅钙合金）、而使铸铁的强度、塑性和韧性均好于灰铸铁，组织也较均匀。主要用于截面尺寸变化较大、力学性能要求较高的大型铸件
	可锻铸铁	可锻铸铁并不可锻造。它是一种由一定成分的白口铸铁经石墨化退火而成，其韧性高于灰铸铁。多用来铸造承受冲击载荷的铸件，如管接头等

（续）

分类方式	名　称	说　明
按生产方式和组织性能分类	球墨铸铁	铸铁在浇铸前往铁液中加入一定量的球化剂（如纯镁或其合金）和墨化剂（硅铁或硅钙合金）、以促进呈球状石墨结晶而制得。这种铸铁与钢相比，除塑性、韧性稍低外，其他性能均接近，是一种兼有钢和铸铁优点的材料、具有比灰铸铁好的焊接性和热处理工艺性
	特殊性能铸铁	这类铸铁多为合金铸铁，按用途的不同可分为耐磨铸铁、耐热铸铁耐腐蚀铸铁等。在机械零件制造中应用广泛

3. 铁的牌号表示方法

（1）生铁牌号表示方法（GB/T 221—2008）

产品名称	第一部分			第二部分	牌号示例
	采用汉字	汉语拼音	采用字母		
炼钢用生铁	炼	LIAN	L	硅的质量分数为0.85%~1.25%的炼钢用生铁，阿拉伯数字为10	L10

（续）

产品名称	第一部分			第二部分	牌号示例
	采用汉字	汉语拼音	采用字母		
铸造用生铁	铸	ZHU	Z	硅的质量分数为2.80%～3.20%的铸造用生铁，阿拉伯数字为30	Z30
球墨铸铁用生铁	球	QIU	Q	硅的质量分数为1.00%～1.40%的球墨铸铁用生铁，阿拉伯数字为12	Q12
耐磨生铁	耐磨	NAI MO	NM	硅的质量分数为1.60%～2.00%的耐磨生铁，阿拉伯数字为18	NM18
脱碳低磷粒铁	脱粒	TUO LI	TL	碳的质量分数为1.20%～1.60%的炼钢用脱碳低磷粒铁，阿拉伯数字为14	TL14
含钒生铁	钒	FAN	F	钒的质量分数不小于0.40%的含钒生铁，阿拉伯数字为04	F04

(2) 铁合金产品牌号表示方法（GB/T 7738—2008）

产品名称	第一部分	第二部分	第三部分	第四部分	牌号表示示例
硅铁		Fe	Si75	Al1.5-A	FeSi75Al1.5-A
金属锰	J		Mn97	A	JMn97-A
	JC		Mn98		JCMn98
金属铬	J		Cr99	A	JCr99-A
钛铁		Fe	Ti30	A	FeTi30-A
钨铁		Fe	W78	A	FeW78-A
钼铁		Fe	Mo60		FeMo60-A
锰铁		Fe	Mn68	C7.0	FeMn68C7.0
钒铁		Fe	V40	A	FeV40-A
硼铁		Fe	B23	C0.1	FeB23C0.1
铬铁		Fe	Cr65	C1.0	FeCr65C1.0
	ZK	Fe	Cr65	C0.010	ZKFeCr65C0.010
铌铁		Fe	Nb60	B	FeNb60-B

（续）

产品名称	第一部分	第二部分	第三部分	第四部分	牌号表示示例
锰硅合金		Fe	Mn64Si27		FeMn64Si27
硅铬合金		Fe	Cr30Si40	A	FeCr30Si40-A
稀土硅铁合金		Fe	SiRE23		FeSiRE23
稀土镁硅铁合金		Fe	SiMg8RE5		FeSiMg8RE5
硅钡合金		Fe	Ba30Si35		FeBa30Si35
硅铝合金		Fe	Al52Si5		FeAl52Si5
硅钡铝合金		Fe	Al34Ba6Si20		FeAl34Ba6Si20
硅钙钡铝合金		Fe	Al16Ba9Ca12Si30		FeAl16Ba9Ca12Si30
硅钙合金			Ca31Si60		Ca31Si60
磷铁		Fe	P24		FeP24
五氧化二钒			$V_2O_5$98		$V_2O_5$98
钒氮合金			VN12		VN12
电解金属锰	DJ		Mn	A	DJMn-A

（续）

产品名称	第一部分	第二部分	第三部分	第四部分	牌号表示示例
钒渣	FZ			1	FZ1
氧化钼块	Y		Mo55.0	A	YMo55.0-A
氮化金属锰	J		MnN	A	JMnN-A
氮化锰铁		Fe	MnN	A	FeMnN-A
氮化铬铁		Fe	NCr3	A	FeNCr3-A

（3）铸铁牌号表示方法（GB/T 5612—2008）

铸铁名称	代号	牌号表示方法实例	说明
灰铸铁	HT		
灰铸铁	HT	HT250，HTCr-300	数值250，300为抗拉强度（MPa）
奥氏体灰铸铁	HTA	HTA Ni20Cr2	

（续）

铸铁名称	代　号	牌号表示方法实例	说　明
冷硬灰铸铁	HTL	HTL Cr1Ni1Mo	
耐磨灰铸铁	HTM	HTM Cu1CrMo	Cu1CrMo 为耐磨铸铁的合金元素符号
耐热灰铸铁	HTR	HTR Cr	
耐蚀灰铸铁	HTS	HTS Ni2Cr	
球墨铸铁	QT		
球墨铸铁	QT	QT400-18	数值 400 为抗拉强度（MPa），18 为伸长率（%）
奥氏体球墨铸铁	QTA	QTA Ni30Cr3	
冷硬球墨铸铁	QTL	QTL Cr Mo	
抗磨球墨铸铁	QTM	QTM Mn8-30	
耐热球墨铸铁	QTR	QTR Si5	

（续）

铸铁名称	代　号	牌号表示方法实例	说　　明
耐蚀球墨铸铁	QTS	QTS Ni20Cr2	
蠕墨铸铁	RuT	RuT420	
可锻铸铁	KT		
白心可锻铸铁	KTB	KTB350-04	数值 350 为抗拉强度（MPa），04 为伸长率（%）
黑心可锻铸铁	KTH	KTH350-10	
珠光体可锻铸铁	KTZ	KTZ650-02	
白口铸铁	BT		
抗磨白口铸铁	BTM	BTM Cr15Mo	
耐热白口铸铁	BTR	BTRCr16	
耐蚀白口铸铁	BTS	BTSCr28	

5.1.2　钢

1. 钢的分类

分类方式	名　称	说　　明
按化学成分分类	碳素钢	碳素钢是除了含有铁、碳之外，还含有少量锰、硅、硫、磷等元素的铁合金，按含碳量不同，可将其分为： 1）低碳钢：w（C）≤0.25%； 2）中碳钢：w（C）>0.25%~0.60%； 3）高碳钢：w（C）>0.60%
	合金钢	为改善钢的性能，在冶炼钢时加入一些合金元素，（如铬、锰、镍等）即为合金钢。而得到的钢可分为： 1）低合金钢：合金元素总含量（质量分数）≤5% 2）中合金钢：合金元素总含量（质量分数）5%~10% 3）高合金钢：合金元素总含量（质量分数）>10%
按钢的品质分类	普通钢	钢中含杂质较多、一般 w（S）≤0.07%、w（P）≤0.07%，如碳素结构钢、低合金高强度钢等

（续）

分类方式	名　称	说　明
按钢的品质分类	优质钢	钢中含杂质元素较少，w（S）、w（P）≤0.04%、R_m = 290 ~ 785MPa，优质钢中包括：优质碳素结构钢、合金结构钢、碳素工具钢、合金工具钢、弹簧钢、轴承钢等
	高级优质钢	钢中含杂质元素极少、一般 w（S）≤0.04%、w（P）≤0.04%，其中包括合金结构钢和工具钢等。高级优质钢的牌号后面加“A”
按用途分类	结构钢	1）有碳素结构钢和低合金高强度钢。主要用于建筑、桥梁、船舶、锅炉等 2）优质碳素结构钢、合金结构钢、易切削结构钢、弹簧钢、滚动轴承钢等。主要用于机械设备中的结构零件
	工具钢	包括碳素工具钢、合金工具钢、高速工具钢等，用于制造各种工具的钢。按用途又可分为刃具钢、模具钢、量具钢等
	特殊钢	不锈耐酸钢、耐热不起皮钢、高电阻合金、耐磨钢、磁钢等，具有特殊性能

（续）

分类方式	名称	说明
按制造加工方式分类	铸钢	用铸造方法制造一些形状复杂、难以锻造和切削加工成形、有较高强度和塑性要求的制件
	锻钢	用锻造方法生产，能承受大的冲击载荷、其强度、耐冲击性、韧性都好于铸钢件
	热轧钢	用热轧方法成形的钢材，可用于生产型钢、钢管、钢板等
	冷轧钢	用冷轧方法成形的钢材，如薄钢板、钢管、钢带等，与热轧钢材比较、型材表面光洁、尺寸精确、力学性能好
	冷拔钢	用冷拔方法生产成形钢材、如钢丝、直径小于50mm的圆钢、六角钢和直径小于76mm的钢管。成形的钢材、精度高、表面质量好

2. 常用钢及其牌号表示方法

（1）碳素结构钢和低合金结构钢牌号表示方法（GB/T 221—2008）

产品名称	第一部分	第二部分	第三部分	第四部分	牌号示例
碳素结构钢	最小屈服强度 235N/mm^2	A 级	沸腾钢	—	Q235AF
低合金高强度结构钢	最小屈服强度 345N/mm^2	D 级	特殊镇静钢	—	Q345D
热轧光圆钢筋	屈服强度特征值 235N/mm^2	—	—	—	HPB235
热轧带肋钢筋	屈服强度特征值 335N/mm^2	—	—	—	HRB335
细晶粒热轧带肋钢筋	屈服强度特征值 335N/mm^2	—	—	—	HRBF335
冷轧带肋钢筋	最小抗拉强度 550N/mm^2	—	—	—	CRB550
预应力混凝土用螺纹钢筋	最小屈服强度 830N/mm^2	—	—	—	PSB830

（续）

产品名称	第一部分	第二部分	第三部分	第四部分	牌号示例
焊接气瓶用钢	最小屈服强度 $345N/mm^2$	—	—	—	HP345
管线用钢	最小规定总延伸强度 $415N/mm^2$	—	—	—	L415
船用锚链钢	最小抗拉强度 $370N/mm^2$	—	—	—	CM370
煤机用钢	最小抗拉强度 $510N/mm^2$	—	—	—	M510
锅炉和压力容器用钢	最小屈服强度 $345N/mm^2$	—	特殊镇静钢	压力容器“容”的汉语拼音首位字母“R”	Q345R

（2）优质碳素结构钢和优质碳素弹簧钢牌号表示方法（GB/T 221—2008）

产品名称	第一部分	第二部分	第三部分	第四部分	第五部分	牌号示例
优质碳素结构钢	碳的质量分数：0.05%～0.11%	锰的质量分数：0.25%～0.50%	优质钢	沸腾钢	—	08F
优质碳素结构钢	碳的质量分数：0.47%～0.55%	锰的质量分数：0.50%～0.80%	高级优质钢	镇静钢	—	50A
优质碳素结构钢	碳的质量分数：0.48%～0.56%	锰的质量分数：0.70%～1.00%	特级优质钢	镇静钢	—	50MnE
保证淬透性用钢	碳的质量分数：0.42%～0.50%	锰的质量分数：0.50%～0.85%	高级优质钢	镇静钢	保证淬透性钢表示符号“H”	45AH
优质碳素弹簧钢	碳的质量分数：0.62%～0.70%	锰的质量分数：0.90%～1.20%	优质钢	镇静钢	—	65Mn

（3）合金结构钢和合金弹簧钢牌号表示方法（GB/T 221—2008）

产品名称	第一部分	第二部分	第三部分	第四部分	牌号示例
合金结构钢	碳的质量分数：0.22%～0.29%	铬的质量分数：1.50%～1.80% 钼的质量分数：0.25%～0.35% 钒的质量分数：0.15%～0.30%	高级优质钢	—	25Cr2MoVA
锅炉和压力容器用钢	碳的质量分数：≤0.22%	锰的质量分数：1.20%～1.60% 钼的质量分数：0.45%～0.65% 铌的质量分数：0.025%～0.050%	特级优质钢	锅炉和压力容器用钢	18MnMoNbER

（续）

产品名称	第一部分	第二部分	第三部分	第四部分	牌号示例
优质弹簧钢	碳的质量分数：0.56%～0.64%	硅的质量分数：1.60%～2.00% 锰的质量分数：0.70%～1.00%	优质钢	—	60Si2Mn

（4）钢铁产品牌号表示方法（GB/T 221—2008）

产品名称	第一部分			第二部分
	汉字	汉语拼音	采用字母	
车辆车轴用钢	辆轴	LiANG ZHOU	LZ	碳的质量分数：0.40%～0.48%
机车车辆用钢	机轴	JI ZHOU	JZ	碳的质量分数：0.40%～0.48%
非调质机械结构钢	非	FEI	F	碳的质量分数：0.32%～0.39%

（续）

产品名称	第一部分			第二部分
	汉字	汉语拼音	采用字母	
碳素工具钢	碳	TAN	T	碳的质量分数：0.80%～0.90%
合金工具钢	碳的质量分数：0.85%～0.95%			硅的质量分数：1.20%～1.60% 铬的质量分数：0.95%～1.25%
高速工具钢	碳的质量分数：0.80%～0.90%			钨的质量分数：5.50%～6.75% 钼的质量分数：4.50%～5.50% 铬的质量分数：3.80%～4.40% 钒的质量分数：1.75%～2.20%

（续）

产品名称	第一部分			第二部分
	汉字	汉语拼音	采用字母	
高速工具钢	碳的质量分数：0.86%～0.94%			钨的质量分数：5.90%～6.70% 钼的质量分数：4.70%～5.20% 铬的质量分数：3.80%～4.50% 钒的质量分数：1.75%～2.10%
高碳铬轴承钢	滚	GUN	G	铬的质量分数：1.40%～1.65%
钢轨钢	轨	GUI	U	碳的质量分数：0.66%～0.74%
冷镦钢	铆螺	MAO LUO	ML	碳的质量分数：0.26%～0.34%

（续）

产品名称	第一部分			第二部分
	汉字	汉语拼音	采用字母	
焊接用钢	焊	HAN	H	碳的质量分数：≤0.10% 高级优质碳素结构钢
焊接用钢	焊	HAN	H	碳的质量分数：≤0.10% 铬的质量分数：0.80%～1.10% 钼的质量分数：0.40%～0.60% 高级优质合金结构钢
电磁纯铁	电铁	DIAN TIE	DT	顺序号 4
原料纯铁	原铁	YUAN TIE	YT	顺序号 1

（续）

产品名称	第三部分	第四部分	牌号示例
车辆车轴用钢	—	—	LZ45
机车车辆用钢	—	—	JZ45
非调质机械结构钢	钒的质量分数：0.06%～0.13%	硫的质量分数：0.035%～0.075%	F35VS
碳素工具钢	锰的质量分数：0.40%～0.60%	高级优质钢	T8MnA
合金工具钢	—	—	9SiCr
高速工具钢	—	—	W6Mo5Cr4V2
高速工具钢	—	—	CW6Mo5Cr4V2
高碳铬轴承钢	硅的质量分数：0.45%～0.75% 锰的质量分数：0.95%～1.25%	—	GCr15SiMn

(续)

产品名称	第三部分	第四部分	牌号示例
钢轨钢	硅的质量分数：0.85%～1.15% 锰的质量分数：0.85%～1.15%	—	U70MnSi
冷镦钢	铬的质量分数：0.80%～1.10% 钼的质量分数：0.15%～0.25%	—	ML30CrMo
焊接用钢	—	—	H08A
焊接用钢	—	—	H08CrMoA
电磁纯铁	磁性能 A 级	—	DT4A
原料纯铁	—	—	YT1

5.1.3 钢铁材料的性能

名称		代号	单位	含义说明
密度		ρ	g/cm^3	某种物质单位体积的质量。常用材料的密度见4.1
热性能	熔点		℃	材料由固体状态转变为液体状态时的温度。常用钢铁熔点见4.2
	比热容	C	J/(kg·K)	单位质量的某种物质在温度升高1℃时吸收的热量或温度降低1℃时所放出的热量
	热导率	λ	W/(m·K)	材料传递热量的能力
	线膨胀系数	α_l	$10^{-6}/K$	材料热膨胀性的大小
电性能	电阻率	ρ	Ω·m	是指1m长、横截面积为$1mm^2$的导线两端间的电阻，是表示物体导电性能的一个参数
	电导率	γ	s/m	材料导电的能力、在数值上是电阻率的倒数
磁性能	磁导率	μ	H/m	金属材料被磁铁磁化或吸引的性能。可分为 铁磁性材料—在外加磁场中、能强烈地被磁化 顺磁性材料—在外加磁场中、只是微弱地被磁化 抗磁性材料—能抗拒或削弱外加磁场对材料的磁化作用

（续）

名称	代号	单位	含义说明
（1）强度—在外力作用下抵抗变形和断裂的能力			
抗拉强度	R_{m}	MPa	受拉力时的极限强度
抗压强度	R_{mc}	MPa	受压力时的极限强度
抗弯强度	σ_{bb}	MPa	外力与材料轴线垂直、并在作用后使材料呈弯曲的极限强度
抗剪强度	τ_{b}	MPa	外力与材料轴线垂直、并对材料呈剪切作用的极限强度
疲劳强度	S	MPa	金属材料在无限多次交变载荷作用下而不破坏的最大应力
弹性极限	σ_{e}	MPa	材料能保持弹性形变不产生永久形变时所能承受的最大应力
（2）塑性—材料受力后产生永久变形而不破坏的能力			
伸长率	A	（%）	材料受拉力作用断裂时，伸长的长度与原有长度的百分比

（续）

名称	代号	单位	含义说明
断面收缩率	Z	（%）	材料受拉力作用断裂后，断面缩小面积与原有断面积的百分比
（3）冲击韧性—材料在冲击载荷作用下抵抗破坏的能力			
冲击韧度	α_k、α_{kv}	J/cm^2	将冲击吸收能量除以试样缺口底部处截面积所得的商
冲击吸收能量	KU_2 KV_2，KV_8	J	一定形状和尺寸的试样在冲击载荷作用下折断时所吸收的能量
（4）硬度—材料抵抗更硬物体压入其表面的能力。（不同硬度值换算见 2.15）			
布氏硬度	HBW	≤650	退火、正火和调质的钢、铸铁及有色金属用一定直径的硬质合金球压入其表面，保持规定的时间，卸除压力，测表面压痕直径计算的硬度值
洛氏硬度	HRA	20～88	用金刚石圆锥、588.4N 压力检测硬化钢、硬质金表面计算的硬度值

（续）

名称	代号	单位	含义说明
洛氏硬度	HRB	20～100	用1.5675mm钢球，980.7N压力、检测软钢、镍合金表面计算的硬度值
	HRC	20～70	用金刚石圆锥、1471N压力、检测淬火钢、调质钢表面计算的硬度值
	HRD	40～77	用金刚石圆锥、980.7N压力检测
	HRE	70～100	用3.175mm钢球、980.7N压力检测
	HRF	60～100	用1.5875mm钢球、588.4N压力检测软质薄钢板和铜合金
维氏硬度	HV	5～1000	用金刚石正四棱锥体，40.03～980N压力、检测金属材料硬度值（按压痕对角线长度计算的硬度值）
肖氏硬度	HS		用金刚石或钢球冲头，从一定高度落到被检测件（表面光滑的一些精密量具或零件）表面、冲头回弹高度计算硬度值

（续）

名称	代号	单位	含义说明
（5）减摩、耐磨性			
摩擦因数	μ		两个接触的物体、当作相对移动时就会引起摩擦，引起摩擦的阻力称为摩擦力。摩擦力（F）与施加在摩擦部位上的垂直载荷（N）的比值，即为摩擦因数 $\mu=\frac{F}{N}$
磨耗量	$W \cdot V$	g、cm^3	试样在规定条件下，经一定时间或一定距离摩擦后，试样失去的质量（g）或体积（cm^3）之量，称为磨耗量。W 表示磨耗质量，V 为体积磨耗
相对耐磨系数	ε		在模拟耐磨试验机上、采用 65Mn（52 ~ 53HRC）作为标准试样，在相同条件下，标准试样的绝对磨耗量与被测定材料的绝对磨耗量之比称为被测材料的相对耐磨系数

（续）

名称	代号	单位	含义说明
(6) 化学性能			
耐腐蚀性	是指金属材料抵抗周围环境介质(大气、水蒸气、有害气体、酸、碱、盐等)腐蚀作用的能力。如钢、铁生锈，铜产生铜绿等。金属的耐腐蚀能力与其化学成分、加工性质、热处理条件、组织状态以及介质、温度等多种因素有关		
抗氧性	金属材料在室温条件下抵抗氧化的能力		
化学稳定性	是金属材料耐腐蚀性和抗氧化性的总称。金属材料在高温下的化学稳定性称为热稳定性		
(7) 工艺性能			
工艺性能名称	含义说明		
铸造性	金属材料用铸造方法成形，获得合格铸件的能力称为铸造性。这种性能与其流动性、冷却定形收缩性和偏析倾向等性能有关。液态金属流动性越好，越容易铸造细、精、薄的精密铸件。收缩性是指铸件凝固时体积收缩的程度。偏析是指化学成分分布不均匀。偏析现象越严重，铸件各部位的性能越不均匀，质量的可靠性越差		

（续）

工艺性能名称	含义说明
可加工性	是指金属件被切削加工后，达到质量要求的难易程度。一般铸铁比钢的可加工性好；中碳钢比低碳钢的可加工性好
热处理性能	是指金属件经过退火、回火等处理后性能和组织的改变能力
焊接性	是指用焊接方法把金属构件焊合在一起的性能。一般是根据焊接时产生的裂纹敏感性和焊缝区力学性能的变化来判断
可锻性	是指金属材料经锻压、轧制、拉拔、挤压等后发生变形而不产生裂纹的性能。它是金属塑性好坏的一种表现，金属越塑性好、其变形的抗力越小，则它的可锻性也就越好
冷弯性	金属材料在室温环境下承受弯曲而不破裂的性能。出现裂纹前能承受的弯曲程度越大，说明材料的冷弯性能越好

5.1.4 钢材的涂色标记方法

	钢材名称	涂色标记
1. 普通碳素钢	Q195（1 号钢）	白色 + 黑色
	Q215（2 号钢）	黄色
	Q235（3 号钢）	红色
	Q255（4 号钢）	黑色
	Q275（5 号钢）	绿色
	6 号钢	蓝色
	7 号钢	红色 + 棕色
2. 优质碳素钢	08 ~ 15	白色
	20 ~ 25	棕色 + 绿色
	30 ~ 40	白色 + 蓝色
	45 ~ 85	白色 + 棕色
	15Mn ~ 40Mn	白色二条
	45Mn ~ 70Mn	绿色三条
3. 合金结构钢	锰钢	黄色 + 蓝色
	硅锰钢	红色 + 黑色
	锰钒钢	蓝色 + 绿色
	铬钢	绿色 + 黄色
	铬硅钢	蓝色 + 红色
	铬锰钢	蓝色 + 黑色
	铬锰硅钢	红色 + 紫色
	铬钒钢	绿色 + 黑色
	铬锰钛钢	黄色 + 黑色

（续）

	钢材名称	涂色标记
3. 合金结构钢	铬钨钒钢	棕色 + 黑色
	钼钢	紫色
	铬钼钢	绿色 + 紫色
	铬锰钼钢	紫色 + 白色
	铬钼钒钢	紫色 + 棕色
	铬铝钢	铝白色
	铬钼铝钢	黄色 + 紫色
	铬钨钒铝钢	黄色 + 红色
	硼钢	紫色 + 蓝色
	铬钼钨钒钢	紫色 + 黑色
4. 高速钢	W12Cr4V4Mo	棕色一条 + 黄色一条
	W18Cr4V	棕色一条 + 蓝色一条
	W9Cr4V2	棕色二条
	W9Cr4V	棕色一条
5. 不锈钢、耐酸钢和耐热不起皮钢及电热合金	铬钢	铝白色 + 黑色
	铬钛钢	铝白色 + 黄色
	铬锰钢	铝白色 + 绿色
	铬钼钢	铝白色 + 白色
	铬镍钢	铝白色 + 红色
	铬锰镍钢	铝白色 + 棕色
	铬镍钛钢	铝白色 + 蓝色
	铬镍铌钢	铝白色 + 蓝色
	铬钼钛钢	铝白色 + 白色 + 黄色
	铬镍钼钛钢	铝白色 + 红色 + 黄色

（续）

钢材名称		涂色标记
5. 不锈钢、耐酸钢和耐热不起皮钢及电热合金	铬钼钒钢	铝白色 + 紫色
	铬钼钒钴钢	铝白色 + 紫色
	铬镍钨钛钢	铝白色 + 白色 + 红色
	铬镍铜钛钢	铝白色 + 蓝色 + 白色
	铬镍钼铜钛钢	铝白色 + 黄色 + 绿色
	铬镍钼铜铌钢	铝白色 + 黄色 + 绿色
	铬硅钢	红色 + 白色
	铬钼钢	红色 + 绿色
	铬硅钼钢	红色 + 蓝色
	铬铝硅钢	红色 + 黑色
	铬硅钛钢	红色 + 黄色
	铬硅钼钛钢	红色 + 紫色
	铬硅钼钒钢	红色 + 紫色
	铬铝合金	红色 + 铝白色
	铬镍钨钼钢	红色 + 棕色
6. 滚珠轴承钢	GCr6	绿色一条 + 白色一条
	GCr9	白色一条 + 黄色一条
	GCr9SiMn	绿色二条
	GCr15	蓝色一条
	GCr15SiMn	绿色一条 + 蓝色一条

5.2 铸铁

5.2.1 灰铸铁（GB/T 9439—2010）

牌号	铸件壁厚/mm		最小抗拉强度 R_m（强制性值）(min)		应用举例
	>	≤	单铸试棒/MPa	附铸试棒或试块/MPa	
HT100	5	40	100	—	一般铸件，如手轮、支架、手把、盖等，一般不需机械切削加工，或仅简单加工的配合面
HT150	5	10	150	—	常用来制作机床底座、有相对运动和磨损的零件。如溜板、工作台、轴承座、减速箱体、齿面不加工的齿轮、链轮、排气管、进气管、速度 > 6 ~ 12m/s 的带轮等
	10	20		—	
	20	40		120	
	40	80		110	
	80	150		100	
	150	300		90	
HT200	5	10	200	—	机械设备中的一些较重要的零件，如气缸、齿轮、链轮、棘轮、机床床身、飞轮等；汽车、拖拉机的气缸体、气缸盖、活塞、飞轮、齿轮。箱体、泵体、阀体等；汽油机和柴油机的活塞环；圆周速度 > 12 ~ 20m/s 的带轮等
	10	20		—	
	20	40		170	
	40	80		150	
	80	150		140	
	150	300		130	

（续）

牌号	铸件壁厚/mm		最小抗拉强度 R_m（强制性值）(min)		应用举例
	>	≤	单铸试棒/MPa	附铸试棒或试块/MPa	
HT250	5	10	250	—	机械设备中的一些较重要的零件，如气缸、齿轮、链轮、棘轮、机床床身、飞轮等；汽车、拖拉机的气缸体、气缸盖、活塞、飞轮、齿轮。箱体、泵体、阀体等；汽油机和柴油机的活塞环；圆周速度 > 12 ~ 20m/s 的带轮等
	10	20		—	
	20	40		210	
	40	80		190	
	80	150		170	
	150	300		160	

（续）

牌号	铸件壁厚/mm		最小抗拉强度 R_m（强制性值）(min)		应用举例
	>	≤	单铸试棒/MPa	附铸试棒或试块/MPa	
HT300	10	20	300	—	机械设备中的重要零件，如剪床、压力机、自动车床和一些重型机床的床身、机座、机架、衬套、齿轮、凸轮；大型发动机的气缸体、缸套等；高压的液压缸、泵体、阀体等；圆周速度 > 20 ~ 25m/s 的带轮
	20	40		250	
	40	80		220	
	80	150		210	
	150	300		190	
HT350	10	20	350	—	
	20	40		290	
	40	80		260	
	80	150		230	
	150	300		210	

5.2.2 可锻铸铁（GB/T 9440—2010）

牌　号	抗拉强度	屈服强度	伸长率（%）≥	硬度 HBW	应用举例
	MPa≥				
KTH300-06	300	—	6	≤150	多用于管道上的弯头、三通、管件和中低压阀门等
KTH330-08	330	—	8		多用于机床辅件，如勾形扳手、螺钉扳手；铁道扣板；农机用的犁刀、犁柱、车轮壳、等
KTH350-10 KTH370-12	350	200	10		用于拖拉机上的前后轮壳、差速器壳；农机上的犁刀、犁柱；船用电动机壳、瓷瓶、铁帽等
KTZ450-06 KTZ550-04 KTZ650-02 KTZ2700-02	450 550 650 700	270 340 430 530	6 4 2 2	150～210 180～230 210～260 240～290	较重要零件，如曲轴、连杆、齿轮摇臂、凸轮轴、万向接头、活塞环轴套等

（续）

牌　号	抗拉强度	屈服强度	伸长率（%）≥	硬度 HBW	应用举例
	MPa≥				
KTB350-04	340	—	5	≤230	在机械制造中很少应用
	350	—	4		
	360	—	3		
KTB380-12	320	170	15	≤200	
	380	200	12		
	400	210	8		
KTB400-05	360	200	8	≤220	
	400	220	5		
	420	230	4		
KTB450-07	400	230	10	≤220	
	450	260	7		
	480	280	4		

5.2.3 球墨铸铁(GB/T 1348—2009)

牌　号	抗拉强度/MPa ≥	屈服强度/MPa ≥	伸长率(%) ≥	布氏硬度 HBW	应用举例
QT900-2A	900	600	2	280 ~ 360	制作内燃机中的凸轮轴、拖拉机用减速齿轮、汽车用的弧形锥齿轮、农机中的犁铧等
QT800-2A	800	480	2	245 ~ 335	制作机床主轴、泵的曲轴、缸套、矿车轮、小型水轮发电机主轴及柴油机中的曲轴、凸轮轴、小负荷齿轮等
QT700-2A	700	420	2	225 ~ 305	
QT600-3A	600	370	3	190 ~ 270	

（续）

牌　号	抗拉强度/MPa ≥	屈服强度/MPa ≥	伸长率（%）≥	布氏硬度 HBW	应用举例
QT500-7A	500	320	7	170～230	制作内燃机中的液压泵齿轮，汽轮机的中温气缸隔板，水轮机阀门体，机车的车轮、轴瓦等
QT450-10A	450	310	10	160～210	
QT400-15A	400	250	15	120～180	用于拖拉机中的牵引框、轮毂、壳体及农机中的犁铧和犁柱等 通用机械：1.6～6.4MPa 阀门的阀体、阀盖、支架；压缩机上承受一定温度的高低压气缸、输气管；另外也可制作电动机壳、齿轮箱体、气轮壳、铁路垫板
QT400-18A	400	250	18	130～180	

5.2.4 耐热铸铁（GB/T 9437—2009）

牌　号	最小抗拉强度 R_m /MPa≥	硬度 HBW	应用举例
HRTCr	200	189 ~ 288	适用于急冷急热的，薄壁，细长件。用于炉条、高炉支梁式水箱、金属型、玻璃模等
HRTCr2	150	207 ~ 288	适用于急冷急热的，薄壁，细长件。用于煤气炉内灰盆、矿山烧结车挡板等
HRTCr16	340	400 ~ 450	可在室温及高温下作抗磨件使用。用于退火罐、煤粉烧嘴、炉栅、水泥焙烧炉零件、化工机械等零件
HRTSi5	140	160 ~ 270	用于炉条、煤粉烧嘴、锅炉用梳形定位析、换热器针状管、二硫化碳反应瓶等
QTRSi4	420	143 ~ 187	用于玻璃窑烟道闸门、玻璃引上机墙板、加热炉两端管架等

（续）

牌　号	最小抗拉强度 R_m /MPa≥	硬度 HBW	应用举例
QTRSi4Mo	520	188～241	用于内燃机排气岐管、罩式退火炉导向器、烧结机中后热筛板、加热炉吊梁等
QTRSi4Mo1	550	200～240	用于内燃机排气岐管、罩式退火炉导向器、烧结机中后热筛板、加热炉吊梁等
QTRSi5	370	228～302	用于煤粉烧嘴、炉条、辐射管、烟道闸门、加热炉中间管架等
QTRAl4Si4	250	285～341	适用于高温轻载荷下工作的耐热件。用于烧结机篦条、炉用件等
QTRAl5Si5	200	302～363	
QTRAl22	300	241～364	适用于高温（1100℃）、载荷较小、温度变化较缓的工件。用于锅炉用侧密封块、链式加热炉炉爪、黄铁矿焙烧炉零件等

5.3 铸钢

5.3.1 一般工程用铸造碳钢(GB/T 11352—2009)

牌　号	室温下试样力学性能≥					应用举例
	屈服强度	抗拉强度	伸长率	断面收缩率	冲击吸收能量/J	
	MPa		(%)			
ZG200-400	200	400	25	40	30	用于承受力不大的机件，如机座、变速箱箱体
ZG230-450	230	450	22	32	25	用于负荷不大、有一定韧性的零件，如机座、轴承盖、箱体和阀体等
ZG270-500	270	500	18	25	22	用途较广，可制作箱体、缸体、曲轴、轧钢机机架等铸件
ZG310-570(ZG45)	310	570	15	21	15	用于重负荷零件，如大齿轮，缸体、气缸、机架、轴、辊等
ZG340-640(ZG55)	340	640	10	18	10	用于起重运输机齿轮、棘轮联轴器、车轮等

5.3.2 奥氏体锰钢铸件(GB/T 5680—2010)

牌号	力学性能			
	下屈服强度 R_{eL} MPa	抗拉强度 R_m MPa	断后伸长率 A %	冲击吸收能 K_{U2} J
ZG120Mn13	—	≥685	≥25	≥118
ZG120Mn13Cr2	≥390	≥735	≥20	—
ZG120Mn7Mo1	—	—	—	—
ZG110Mn13Mo1	—	—	—	—
ZG100Mn13	—	—	—	—
ZG120Mn13	—	—	—	—
ZG120Mn13Cr2	—	—	—	—
ZG120Mn13W1	—	—	—	—
ZG120Mn13Ni3	—	—	—	—
ZG90Mn14Mo1	—	—	—	—
ZG120Mn17	—	—	—	—
ZG120Mn17Cr2	—	—	—	—

5.3.3 大型低合金钢铸件(JB/T 6402—2006)

牌号	抗拉强度 R_m/MPa	屈服强度 R_{eL}/MPa	伸长率 A(%)	断面收缩率 Z(%)	应用举例
	≥				
ZG20Mn	510	295	14	30	铸造液压机缸、水轮机转子、叶片、阀体、弯头等
ZG30Mn	558	300	18	30	用于矿山机械中的大型齿轮
ZG40Mn	640	295	12	30	
ZG40Mn2	590	395	20	55	铸造耐磨损齿轮
ZG50Mn2	785	445	18	37	重型机械中的大齿轮
ZG35SiMnMo	570	345	12	20	用于工作平稳、中等负荷用零件
ZG35CrMnSi	690	343	14	30	用于要求强度高、能承受冲击载荷的大型齿轮及零件
ZG40Cr1	630	345	18	26	铸造大型齿轮毛坯
ZG34Cr1Mo	588	392	12	20	铸造大型齿轮毛坯、齿圈等

5.4 结构钢

5.4.1 碳素结构钢（GB/T 700—2006）

牌号	等级	屈服强度①R_{eH}/(N/mm^2)，不小于						抗拉强度② R_m /(N/mm^2)
		厚度（或直径）/mm						
		≤16	>16～40	>40～60	>60～100	>100～150	>150～200	
Q195	—	195	185	—	—	—	—	315～430
Q215	A	215	205	195	185	175	165	335～450
	B							
Q235	A	235	225	215	215	195	185	370～500
	B							
	C							
	D							
Q275	A	275	265	255	245	225	215	410～540
	B							
	C							
	D							

（续）

牌号	等级	断后伸长率 A(%)不小于					冲击试验（V型缺口）		应用举例
		厚度(或直径)/mm					温度/℃	冲击吸收能量（纵向）/J ≥	
		≤40	>40～60	>60～100	>100～150	>150～200			
Q195	—	33	—	—	—	—	—	—	制造螺栓、铆钉薄板、拉杆、钢丝及焊接件
Q215	A	31	30	29	27	26	—	—	
	B						+20	27	
Q235	A	26	25	24	22	21	—	—	用于一般机械零件，如销轴、螺钉、螺母、螺栓、连杆、机架、建筑用结构件、桥梁、齿轮等
	B						+20	27③	
	C						0		
	D						−20		

（续）

牌号	等级	断后伸长率 A(%)不小于					冲击试验（V 型缺口）		应用举例
		厚度(或直径)/mm					温度/℃	冲击吸收能量（纵向）/J ≥	
		≤40	>40~60	>60~100	>100~150	>150~200			
Q275	A	22	21	20	18	17	—	—	制造转轴、心轴、齿轮链轮、螺栓、螺母、键、机架、农机用型钢和异型钢等
	B						+20	27	
	C						0		
	D						-20		

① Q195 的屈服强度值仅供参考，不作交货条件。

② 厚度大于 100mm 的钢材，抗拉强度下限允许降低 $20N/mm^2$。宽带钢(包括剪切钢板)抗拉强度上限不作交货条件。

③ 厚度小于 25mm 的 Q235B 级钢材，如供方能保证冲击吸收功值合格，经需方同意，可不作检验。

5.4.2 优质碳素结构钢(GB/T 699—1999)

牌号	试样毛坯尺寸/mm	力学性能					钢材交货状态硬度HBW10/3000 ≤		应用举例
		抗拉强度 R_m/MPa	屈服强度 R_{eL}/MPa	伸长率 A(%)	断面收缩率 Z(%)	冲击吸收能量 KU_2/J	未热处理钢	退火钢	
		≥							
08F	25	295	175	35	60		131		用于制造深冲制品,如汽车车身、发动机罩,仪表板等;还可制作心部强度要求不高的渗碳件,如套筒、支架、套筒等
10F	25	315	185	33	55		137		
15F	25	355	205	29	55		143		用于制造心部强度不高的渗碳或氰化零件,如套筒、挡块等

（续）

牌号	试样毛坯尺寸/mm	力学性能					钢材交货状态硬度HBW10/3000 ≤		应用举例
		抗拉强度 R_m/MPa	屈服强度 R_{eL}/MPa	伸长率 A（%）	断面收缩率 Z（%）	冲击吸收能量 KU_2/J			
		≥					未热处理钢	退火钢	
08	25	325	195	33	60		131		轧制成高精度的灰度小于4mm的薄钢板或冷轧钢带
10	25	335	205	31	55		137		采用冷冲、热压等加工方法，制作各种韧性高、负荷小的零件，如摩擦片、深冲器皿等
15	25	375	225	27	55		143		用于制造受载不大、韧性要求交稿的零件，如螺栓、螺钉、起重钩等

20	25	410	245	25	55		156		用于制造负载不大，但韧性要求高的零件，如重型机械中杠杆、钩环等
25	25	450	275	23	50	71	170		用于制造经锻造、切削加工，且负载较小的零件，如辊子、螺钉、螺母等
30	25	490	295	21	50	63	179		用于制造受载不大、工作温度低于150℃的小截面零件，如丝杠、拉杆等
35	25	530	315	20	45	55	197		用于制造负载较大，但截面尺寸小的各种机械零件、热压件，如轴销、轴、曲轴等

（续）

牌号	试样毛坯尺寸/mm	力学性能					钢材交货状态硬度 HBW10/3000 ≤		应用举例
		抗拉强度 R_m/MPa	屈服强度 R_{eL}/MPa	伸长率 A（%）	断面收缩率 Z（%）	冲击吸收能量 KU_2/J			
		≥					未热处理钢	退火钢	
40	25	570	335	19	45	47	217	187	用于制造机器中的运动件等，如传动轴、曲轴、活塞杆等
45	25	600	355	16	40	39	229	197	用于制造较高强度的运动零件，如空压机、蜗杆、齿轮、传动轴等
50	25	630	375	14	40	31	241	207	用于制造动负载、耐磨性高的齿轮、轧辊、机床主轴、发动机曲轴等

55	25	645	380	13	35		255	217	用于制造耐磨、强度较高的机械零件，如齿轮、轮缘、轧辊等
60	25	675	400	12	35		255	229	用于制造耐磨、强度较高、受力较大的弹性零件，如轴、钢丝绳、离合器等
65	25	695	410	10	30		255	229	用于制造弹簧垫圈、受力不大的扁形弹簧、螺形弹簧，耐磨的凸轮轴、钢丝绳等
70	25	715	420	9	30		269	229	仅适用于强度不高、截面尺寸较小的扁形、圆形、方形弹簧、钢带、钢丝等

（续）

牌号	试样毛坯尺寸 /mm	力学性能					钢材交货状态硬度 HBW10/3000 ≤		应用举例
		抗拉强度 R_m /MPa	屈服强度 R_{eL} /MPa	伸长率 A（%）	断面收缩率 Z（%）	冲击吸收能量 KU_2 /J			
		≥					未热处理钢	退火钢	
75	试样	1080	880	7	30		285	241	用于制造强度不高、截面尺寸较小的板弹簧、螺旋弹簧；也用于制造承受摩擦的机械零件
80	试样	1080	930	6	30		285	241	
85	试样	1130	980	6	30		302	255	用于制造截面尺寸不大、强度不高的振动弹簧，如扁形弹簧、圆形螺旋弹簧等

15Mn	25	410	245	26	55		163		用于制造心部力学性能交稿的渗碳或氰化零件，如凸轮轴、曲柄轴、活塞销等
20Mn	25	450	275	24	50		197		
25Mn	25	490	295	22	50	71	207		用于制造渗碳件和焊接件，如连杆、销、凸轮轴等
30Mn	25	540	315	20	45	63	217	187	用于制造低负荷的各种零件，如杠杆、拉杆、小轴、螺栓等
35Mn	25	560	335	18	45	55	229	197	用于制造承受中等载荷的零件，如啮合杆、传动轴、螺栓等
40Mn	25	590	355	17	45	47	229	207	用于制造承受疲劳载荷的零件，如曲轴、连杆、辊子、高应力螺栓、螺钉等

（续）

牌号	试样毛坯尺寸/mm	力学性能					钢材交货状态硬度HBW10/3000 ≤		应用举例
		抗拉强度 R_m/MPa	屈服强度 R_{eL}/MPa	伸长率 A（%）	断面收缩率 Z（%）	冲击吸收能量 KU_2/J			
		≥					未热处理钢	退火钢	
45Mn	25	620	375	15	40	39	241	217	用于制造较大负载及承受磨损的零件，如曲轴、花键轴、齿轮、连杆等
50Mn	25	645	390	13	40	31	255	217	用于制造高耐磨性、高应力的零件，如齿轮轴、齿轮、摩擦盘等

60Mn	25	695	410	11	35		269	229	用于制造尺寸较大的螺旋弹簧、各种扁、圆弹簧、发条、冷拉钢丝等
65Mn	25	735	430	9	30		285	229	用于制造受摩擦、高弹性、高强度的机械零件，如机床主轴、机床丝杠、钢轨等
70Mn	25	785	450	8	30		285	229	用于制造耐磨、承受载荷较大的机械零件，如止推环、锁紧圈

5.4.3 合金结构钢(GB/T 3077—1999)

牌号	试样毛坯尺寸/mm	力学性能					钢材退火或高温回火供应状态布氏硬度HBW100/3000	应用举例
		抗拉强度 R_m/MPa	屈服强度 R_{eL}/MPa	断后伸长率 A(%)	断面收缩率 Z(%)	冲击吸收能量 KU_2/J		
		≥					≤	
20Mn2	15	785	590	10	40	47	187	用于截面尺寸小于50mm的渗碳件,如小齿轮、小轴、活塞销、气门顶杆钢套、制造正火的螺钉、螺母
30Mn2	25	785	635	12	45	63	207	制造汽车、拖拉机的车架、纵横梁变速箱齿轮、轴制造心部要求强度高的渗碳件

35Mn2	25	835	685	12	45	55	207	制造直径小于20mm零件、力学性能要求高的小轴、轴套、曲轴、小连杆
40Mn2	25	885	735	12	45	55	217	用于制造重载各零件，如曲轴车轴、杠杆、蜗杆、活塞杆、承载螺钉、螺栓，可代替40Cr制作小零件
45Mn2	25	885	735	10	45	47	217	用于制造直径小于60mm的高应力耐磨损件可代替40Cr、制造轴、车轴、蜗杆、重负荷机架

（续）

牌号	试样毛坯尺寸/mm	力学性能					钢材退火或高温回火供应状态布氏硬度HBW100/3000 ≤	应用举例
		抗拉强度 R_m/MPa	屈服强度 R_{eL}/MPa	断后伸长率 A（%）	断面收缩率 Z（%）	冲击吸收能量 KU_2/J		
		≥						
50Mn2	25	930	785	9	40	39	229	制作高应力、高磨损工作中的大型零件，如齿轮轴、蜗杆万向接头、汽车传动轴、花键轴、大型齿轮等

20MnV	15	785	590	10	40	55	187	制作高压容器、锅炉、大型高压管道，还用于制作冷轧、冷拉、冷冲压零件，如齿轮、链条等
27SiMn	25	980	835	12	40	39	217	制作高韧性、高耐磨性的热冲压件，不需要热处理或在正火状态下使用

（续）

牌号	试样毛坯尺寸/mm	力学性能					钢材退火或高温回火供应状态布氏硬度HBW100/3000 ≤	应用举例
		抗拉强度 R_m/MPa	屈服强度 R_{eL}/MPa	断后伸长率 A（%）	断面收缩率 Z（%）	冲击吸收能量 KU_2/J		
		≥						
35SiMn	25	885	735	15	45	47	229	在调质处理后，用于制造承受载荷为中等大小的中速零件；制造承受高负载、有冲击振动的零件时，表面应淬火后回火，还用于重要部位的紧固件，机械设备中传动轴、心轴连杆、齿轮、蜗杆及耐磨件

42SiMn	25	885	735	15	40	47	229	用途与35SiMn相同，淬火后经低中温回火，可制作中速承受重载的零件，如主轴齿轮、滑块等
20SiMn2MoV	试样	1380	—	10	45	55	269	可代替35CrMo、35CrNi3MoA、40CrNiMoA使用，用于制作应力状况复杂或低温状态下长期工作的零件，如石油机械中的吊卡、吊环、射孔器件

（续）

牌号	试样毛坯尺寸/mm	力学性能					钢材退火或高温回火供应状态布氏硬度HBW100/3000 ≤	应用举例
		抗拉强度 R_m /MPa	屈服强度 R_{eL} /MPa	断后伸长率 A (%)	断面收缩率 Z (%)	冲击吸收能量 KU_2 /J		
		≥						
25SiMn2MoV	试样	1470	—	10	40	47	269	用途同20SiMn2MoV，用于制作石油钻机吊环等零件，性能优于35CrNi3Mo、40CrNiMo钢制作的零件、且质量轻

37SiMn2MoV	25	980	835	12	50	63	269	经调质后，制作重载、大截面的重要零件，如重型机械中的齿轮、轴、连杆、高温条件下的大型紧固件和高压无缝钢管等
40B	25	785	635	12	45	55	207	制作要求性能高于 40 钢的零件，如轴齿轮、拉杆、拖拉机曲轴、可代替 40Cr 制作小型零件

（续）

牌号	试样毛坯尺寸/mm	力学性能					钢材退火或高温回火供应状态布氏硬度HBW100/3000	应用举例
		抗拉强度 R_m/MPa	屈服强度 R_{eL}/MPa	断后伸长率 A（%）	断面收缩率 Z（%）	冲击吸收能量 KU_2/J		
		≥					≤	
45B	25	835	685	12	45	47	217	制作强度要求高的拖拉机连杆曲轴、可代替40Cr制作小尺寸、要求不高的零件
50B	20	785	540	10	45	39	207	可代替50、50Mn钢制作强度较高、截面尺寸不大的零件，如凸轮轴、齿轮等

40MnB	25	980	785	10	45	47	207	制作中小型重要调质零件，如汽车半轴、机床主轴、齿轮轴、蜗杆、花键轴等
45MnB	25	1030	835	9	40	39	217	制作中小型耐磨件，如曲轴、机床齿轮、花键轴、轴套等
20MnMoB	15	1080	885	10	50	55	207	制作心部要求强度高、表面需经淬火提高硬度的中负荷汽车、拖拉机齿轮

（续）

牌号	试样毛坯尺寸/mm	力学性能					钢材退火或高温回火供应状态布氏硬度HBW100/3000	应用举例
		抗拉强度 R_m/MPa	屈服强度 R_{eL}/MPa	断后伸长率 A（%）	断面收缩率 Z（%）	冲击吸收能量 KU_2/J		
		≥					≤	
15MnVB	15	885	635	10	45	55	207	制作高强度、重要部位的螺栓，如连杆螺栓、汽车上的气缸盖螺栓等
20MnVB	15	1080	885	10	45	55	207	制作高载荷的中小型渗碳件，如大型齿轮、重型机床主轴等

40MnVB	25	980	785	10	45	47	207	代替 40CrMo、40CrNi 制作汽车、机床齿轮调质处理后使用
20MnTiB	15	1130	930	10	45	55	187	多用于汽车、拖拉机中的中载荷小型齿轮制造用钢及代替 20CrMnTi 渗碳件
25MnTiBRE	试样	1380	—	10	40	47	229	制作拖拉机、推土机、小汽车变速用中载齿轮和轴，多为渗碳、碳氮共渗件

（续）

牌号	试样毛坯尺寸/mm	力学性能					钢材退火或高温回火供应状态布氏硬度HBW100/3000	应用举例
		抗拉强度 R_m/MPa	屈服强度 R_{eL}/MPa	断后伸长率 A（%）	断面收缩率 Z（%）	冲击吸收能量 KU_2/J		
		≥					≤	
15Cr	15	735	490	11	45	55	179	主要制造心部强度好，表面耐磨的零件，在高速运行中的小型件，如小齿轮、小凸轮轴、衬套、螺钉、铆钉等
15CrA	15	685	490	12	45	55	179	

20Cr	15	835	540	10	40	47	179	制造转速高、形状简单、载荷小、耐磨、心部强度高的各种渗碳件，如小齿轮、小轴、阀、活塞销等零件
30Cr	25	885	685	11	45	47	187	多用于制造耐磨和受冲击载荷的零件，如齿轮、轴、杠杆、连杆、螺栓、螺母等
35Cr	25	930	735	11	45	47	207	制造齿轮、螺栓、滚子件，经调质后使用

（续）

牌号	试样毛坯尺寸/mm	力学性能					钢材退火或高温回火供应状态布氏硬度 HBW100/3000	应用举例
		抗拉强度 R_m/MPa	屈服强度 R_{eL}/MPa	断后伸长率 A（%）	断面收缩率 Z（%）	冲击吸收能量 KU_2/J		
		≥					≤	
40Cr	25	980	785	9	45	47	207	调质处理后用于制造中速、中载的零件，如机床用齿轮、轴、蜗杆、花键轴；经调质并表面淬火后制造曲轴、轴、主轴、销钉、螺母等；淬火及中温回火后用于制造重载、低冲击的零件，如油泵转子、滑块、齿轮等

45Cr	25	1030	835	9	40	39	217	与40Cr用途相同，制造表面经高频淬火的轴、齿轮、套筒等
50Cr	25	1080	930	9	40	39	229	制造重载、耐磨件，如热轧辊、传动轴、齿轮柴油机连杆、拖拉机、离合器重型矿山机械中的轴承套、齿轮等
38CrSi	25	980	835	12	50	55	255	制造要求强度高，耐磨的直径为30～40mm的拖拉机、汽车上的小齿轮、小轴、起重钩螺栓等

（续）

牌号	试样毛坯尺寸/mm	力学性能					钢材退火或高温回火供应状态布氏硬度HBW100/3000	应用举例
		抗拉强度 R_m /MPa	屈服强度 R_{eL} /MPa	断后伸长率 A (%)	断面收缩率 Z (%)	冲击吸收能量 KU_2 /J		
		≥					≤	
12CrMo	30	410	265	24	60	110	179	用于制造蒸汽温度为510℃的锅炉及汽轮机上的主汽管、温度不超过540℃的各种导管、淬火、回火后制造高温弹性件等

15CrMo	30	440	295	22	60	94	179	用于制造蒸汽温度至 510℃ 的锅炉过热器，中高压蒸汽管及联箱等
20CrMo	15	885	685	12	50	78	197	用于制造高压管和各种紧固件，锅炉、汽轮机中的叶片，隔板、轧制型材；齿轮轴件、也可代替 1Cr13 钢

（续）

牌号	试样毛坯尺寸/mm	力学性能					钢材退火或高温回火供应状态布氏硬度HBW100/3000	应用举例
		抗拉强度 R_m/MPa	屈服强度 R_{eL}/MPa	断后伸长率 A（%）	断面收缩率 Z（%）	冲击吸收能量 KU_2/J		
		≥					≤	
30CrMo	25	930	785	12	50	63	229	用于制造400℃以下工作的零件，如锅炉、汽轮机中的紧固件、法兰及通用机械中高载荷轴、齿轮、螺栓等
30CrMoA	15	930	735	12	50	71	229	

35CrMo	25	980	835	12	45	63	229	用于制造承受冲击、弯扭、高载荷的重要零件，如轧钢机人字齿轮、曲轴、连杆、紧固件，发动机主轴、大型电动机轴、高温（500℃）下工作的紧固件、高压无缝管，可代替40CrNi
42CrMo	25	1080	930	12	45	63	217	用于制造强度要求高于35CrMo的重要零件，如轴、齿轮发动机气缸、弹簧，一般要在调质后使用

（续）

牌号	试样毛坯尺寸/mm	力学性能					钢材退火或高温回火供应状态布氏硬度HBW100/3000	应用举例
		抗拉强度 R_m/MPa	屈服强度 R_{eL}/MPa	断后伸长率 A（%）	断面收缩率 Z（%）	冲击吸收能量 KU_2/J		
		≥					≤	
12CrMoV	30	440	225	22	50	78	241	用于制造高温输气管、隔板、过热器管、导管
35CrMoV	25	1080	930	10	50	71	241	用于制造高温（500℃）下工作的汽轮机叶轮、压缩机的转子、盖盘轴盘、发电机轴等

12Cr1MoV	30	490	245	22	50	71	179	用于制造温度不超过570℃的高压设备过热管、导管、散热器管及有关锻造件
25Cr2MoVA	25	930	785	14	55	63	241	用于制造工作温度低于500℃的螺母、螺柱紧固件、套筒、调节阀阀杆、齿轮等
25Cr2Mo1VA	25	735	590	16	50	47	241	

（续）

牌号	试样毛坯尺寸/mm	力学性能					钢材退火或高温回火供应状态布氏硬度HBW100/3000	应用举例
		抗拉强度 R_m/MPa	屈服强度 R_{eL}/MPa	断后伸长率 A(%)	断面收缩率 Z(%)	冲击吸收能量 KU_2/J		
		≥					≤	
38CrMoAl	30	980	835	14	50	71	229	用于制造高疲劳强度、高耐磨性、热处理变形小渗碳件，如气缸套、活塞螺栓、检验规、车床主轴、齿轮、蜗杆样板、仿模等

40CrV	25	885	735	10	50	71	241	用于制造高负荷、变载的重要零件，如不渗碳齿轮、曲轴、横梁、高压锅炉水泵轴等
50CrVA	25	1280	1130	10	40	—	255	用于制造工作温度低于210℃的各种弹簧和其他零件，如内燃机气门弹簧、喷油嘴弹簧、锅炉安全阀弹簧等
15CrMn	15	785	590	12	50	47	179	可代替15CrMo制造齿轮蜗杆、塑料模具等

（续）

牌号	试样毛坯尺寸/mm	力学性能					钢材退火或高温回火供应状态布氏硬度HBW100/3000	应用举例
		抗拉强度 R_m/MPa	屈服强度 R_{eL}/MPa	断后伸长率 A（%）	断面收缩率 Z（%）	冲击吸收能量 KU_2/J		
		≥					≤	
20CrMn	15	930	735	10	45	47	187	用于制造重载、大截面的调质件和小截面渗碳件，可代替20CrNi使用，如齿轮、轴、摩擦轮等

40CrMn	25	980	835	9	45	47	229	用于制造高速高弯曲负荷工作条件下的泵轴、连杆、无强力冲击负荷齿轮泵、转子、离合器等
20CrMnSi	25	785	635	12	45	55	207	用于制造强度要求高的焊接件、韧性较好的受拉力件，及薄板冲压件、冷拉、冷冲件，如链条、链环、螺栓等

（续）

牌号	试样毛坯尺寸/mm	力学性能					钢材退火或高温回火供应状态布氏硬度HBW100/3000	应用举例
		抗拉强度 R_m/MPa	屈服强度 R_{eL}/MPa	断后伸长率 A（%）	断面收缩率 Z（%）	冲击吸收能量 KU_2/J		
		≥					≤	
25CrMnSi	25	1080	885	10	40	39	217	用于制造拉杆、重要的焊接和冲压件、高强度的焊接构件
30CrMnSi	25	1080	885	10	45	39	229	用于制造高速、重载的重要零件，如齿轮轴、离合器、轴套螺栓、砂轮轴等

30CrMnSiA	25	1080	835	10	45	39	229	用于制造中速、重载、高强度零件,如高压风机的叶片等
35CrMnSiA	试样 试样	1620	1280	9	40	31	241	
20CrMnMo	15	1180	885	10	45	55	217	用于制造硬度、强度、韧性要求高的曲轴、凸轮轴、连杆、齿轮轴销轴、齿轮等,可代替12Cr2Ni4钢
40CrMnMo	25	980	785	10	45	63	217	用于制造重载、截面大的齿轮轴齿轮、连杆等

（续）

牌号	试样毛坯尺寸/mm	力学性能					钢材退火或高温回火供应状态布氏硬度HBW100/3000	应用举例
		抗拉强度 R_m /MPa	屈服强度 R_{eL} /MPa	断后伸长率 A（%）	断面收缩率 Z（%）	冲击吸收能量 KU_2 /J		
		≥					≤	
20CrMnTi	15	1080	850	10	45	55	217	用于制造汽车、拖拉机中小型中载或重载、耐冲击、耐磨且高速的齿轮轴、齿轮、十字轴、蜗杆、离合器等

30CrMnTi	试样	1470	—	9	40	47	229	用于制造要求心部强度高的渗碳件，如齿轮、蜗杆、齿轮轴等，较大型件，经调质后使用
20CrNi	25	785	590	10	50	63	197	用于制造大型、重要的渗碳件，如花键轴、轴、齿轮、活塞销等
40CrNi	25	980	785	10	45	55	241	用于制造大型、经调质处理的零件，如连杆、齿轮轴螺钉等
45CrNi	25	980	785	10	45	55	255	

（续）

牌号	试样毛坯尺寸/mm	力学性能					钢材退火或高温回火供应状态布氏硬度HBW100/3000	应用举例
		抗拉强度R_m/MPa	屈服强度R_{eL}/MPa	断后伸长率A（%）	断面收缩率Z（%）	冲击吸收能量KU_2/J		
		≥					≤	
50CrNi	25	1080	835	8	40	39	255	用于制造经调处理的较重要的各种传动轴
12CrNi2	15	785	590	12	50	63	207	用于制造心部要求韧性好的渗碳件，如活塞销、小轴、齿轮、轴套等

12CrNi3	15	930	685	11	50	71	217	用于制造心部韧性好，表面硬度高、耐磨、重负荷、受冲击载荷的零件，如各种传动轴、齿轮、轴套、滑轮、油泵转子、万向联轴器十字头等
20CrNi3	25	930	735	11	55	78	241	经调质后用于制造在高载荷条件下工作的齿轮、轴、蜗杆、销钉及紧固件

（续）

牌号	试样毛坯尺寸/mm	力学性能					钢材退火或高温回火供应状态布氏硬度HBW100/3000	应用举例
		抗拉强度 R_m/MPa	屈服强度 R_{eL}/MPa	断后伸长率 A（%）	断面收缩率 Z（%）	冲击吸收能量 KU_2/J		
		≥					≤	
30CrNi3	25	980	785	9	45	63	241	用于制造承受高载荷的大型制件，或锻造、热冲压、负荷高的零件，如各种传动轴、齿轮、键和紧固件等

37CrNi3	25	1130	980	10	50	47	269	用于制造在冲击、重载作用下的零件，如转子轴、叶轮、重要的紧固件等
12Cr2Ni4	15	1080	835	10	50	71	269	用于制造承受高载荷的大型渗碳件，如齿轮、蜗杆、轴等
20Cr2Ni4	15	1180	1080	10	45	63	269	用于制造要求高于12Cr2Ni4的大型渗碳件，如大型齿轴、轴等，也可用作强度、韧性均高的调质件

（续）

牌号	试样毛坯尺寸/mm	力学性能					钢材退火或高温回火供应状态布氏硬度HBW100/3000	应用举例
		抗拉强度 R_m/MPa	屈服强度 R_{eL}/MPa	断后伸长率 A（%）	断面收缩率 Z（%）	冲击吸收能量 KU_2/J		
		≥					≤	
20CrNiMo	15	980	785	9	40	47	197	多用于制造小型汽车、拖拉机中的齿轮，也可代替20CrNi4制造心部韧性好的渗碳件

40CrNiMoA	25	980	835	12	55	78	269	经调质后用于制造强度高、塑性好及大尺寸的重要零件，如直径大于250mm的汽轮机轴、齿轮、高载荷的传动件、曲轴及温度超过400℃的转子轴和叶片等
18CrMnNiMoA	15	1180	885	10	45	71	269	用于制造承受冲击载荷的耐磨件，如齿轮、重要传动轴

（续）

牌号	试样毛坯尺寸/mm	力学性能					钢材退火或高温回火供应状态布氏硬度HBW100/3000	应用举例
		抗拉强度 R_m/MPa	屈服强度 R_{eL}/MPa	断后伸长率 A（%）	断面收缩率 Z（%）	冲击吸收能量 KU_2/J		
		≥					≤	
45CrNiMoVA	试样	1470	1330	7	35	31	269	用于制造飞机发动机曲轴、大梁、起落架、压力容器和中小型火箭壳体等，在重型机械中制作重载荷的扭力轴、变速箱轴、摩擦离合器轴等

18Cr2Ni4WA	15	1180	835	10	45	78	269	制造要求比12Cr2Ni4性能更高的大型零件
25Cr2Ni4WA	25	1080	930	11	45	71	269	用于制造动负荷下工作的重要零件，如挖掘机上的轴齿轮

5.4.4 低合金高强度结构钢(GB/T 1591—2008)

牌号	不同公称厚度(或直径、长度、单位 mm)下屈服强度 R_{eL}/MPa≥						不同公称厚度(或直径、长度、单位 mm)下抗拉强度 R_m/MPa				
	≤16	16~40	40~63	63~80	80~100	100~150	≤40	40~63	63~80	80~100	100~150
Q390	≥390	≥370	≥350	≥330	≥330	≥310	490~650	490~650	490~650	490~650	470~620
Q420	≥420	≥400	≥380	≥360	≥360	≥340	520~680	520~680	520~680	520~680	500~650

（续）

牌号	不同公称厚度（或直径、长度、单位 mm）下屈服强度 R_{eL}/MPa≥						不同公称厚度（或直径、长度、单位 mm）下抗拉强度 R_m/MPa				
	≤16	16～40	40～63	63～80	80～100	100～150	≤40	40～63	63～80	80～100	100～150
Q460	≥460	≥440	≥420	≥400	≥400	≥380	550～720	550～720	550～720	550～720	530～700
Q500	≥500	≥480	≥470	≥450	≥440	—	610～770	600～760	590～750	540～730	—
Q550	≥550	≥530	≥520	≥500	≥490	—	670～830	620～810	600～790	590～780	—
Q620	≥620	≥600	≥590	≥570	—	—	710～880	690～880	670～860	—	—

（续）

<table>
<tr><td rowspan="2">牌号</td><td colspan="6">不同公称厚度（或直径、长度、单位 mm）
下屈服强度 R_{eL}/MPa≥</td><td colspan="5">不同公称厚度（或直径、长度、单位 mm）
下抗拉强度 R_m/MPa</td></tr>
<tr><td>≤16</td><td>16～40</td><td>40～63</td><td>63～80</td><td>80～100</td><td>100～150</td><td>≤40</td><td>40～63</td><td>63～80</td><td>80～100</td><td>100～150</td></tr>
<tr><td>Q690</td><td>≥690</td><td>≥670</td><td>≥660</td><td>≥640</td><td>—</td><td>—</td><td>770～940</td><td>750～920</td><td>730～900</td><td>—</td><td>—</td></tr>
<tr><td>用途</td><td colspan="11">1）牌号低的低合金高强度结构钢，制作工业厂房、低压锅炉、低、中压容器、油罐、管道等，对强度要求不高的一般工程结构件
2）低于 Q420 牌号的钢，可焊接组合船舶、锅炉、压力容器、石油储罐、桥梁等部件
3）高于 Q420 牌号的钢可焊接组合大型船舶、桥梁、中、高压锅炉、高压容器、机车车辆、矿山、起重机械等结构件
4）高牌号的低合金高强度结构钢用于各种大型工程结构，及强度要求高、载荷大的轻型结构件中</td></tr>
</table>

5.4.5 弹簧钢(GB/T 1222—2007)

牌号	力学性能,不小于					应用举例
	抗拉强度 R_m /MPa	屈服强度 R_{eL} /MPa	断后伸长率		断面收缩率 Z (%)	
			A(%)	$A_{11.3}$ (%)		
65	980	786	—	9	35	强度高,塑性及韧性适当,淬透性低,制造汽车、机车车辆、拖拉机及一般机械用的板弹簧及螺旋弹簧
70	1030	835	—	8	30	
85	1130	980	—	6	30	
65Mn	980	785	—	8	30	强度高,淬透性好,易产生淬火裂纹,有回火脆性,制作较大尺寸的扁弹簧,座垫弹簧、发条弹簧、弹簧环、气门簧、冷卷簧
55SiMnVB	1375	1225	—	5	30	高温回火可得到良好综合力学性能,用于制作汽车、拖拉机、机车车辆的板簧、螺旋弹簧,安全阀及止回阀用弹簧,工作温度低于250℃的耐热弹簧,高应力的重要弹簧
60Si2Mn	1275	1180	—	5	25	
60Si2MnA	1570	1375	—	5	20	

（续）

牌　号	力学性能，不小于					应用举例
	抗拉强度 R_m /MPa	屈服强度 R_{eL} /MPa	断后伸长率		断面收缩率 Z (%)	
			A(%)	$A_{11.3}$ (%)		
60Si2CrA	1765	1570	6	—	20	综合力学性能好，强度高，冲击韧度好，过热敏感性低，高温性能较稳定，制作高负荷、耐冲击的重要弹簧，工作温度低于250℃的耐热弹簧
60Si2CrVA	1860	1665	6	—	20	
55SiCrA	1450 ~ 1750	1300 ($R_{p0.2}$)	6	—	25	
55CrMnA	1225	1080 ($R_{p0.2}$)	9	—	20	淬透性好，综合性能好，制作大尺寸端面较重要的板弹簧、螺旋弹簧
60CrMnA	1225	1080 ($R_{p0.2}$)	9	—	20	

（续）

牌号	力学性能，不小于					应用举例
	抗拉强度 R_m /MPa	屈服强度 R_{eL} /MPa	断后伸长率		断面收缩率 Z (%)	
			A(%)	$A_{11.3}$ (%)		
50CrVA	1275	1130	10	—	40	综合力学性能较高，冲击韧性好，高温性能稳定，渗透性好，制作大截面(50mm)高应力螺旋弹簧，低于300℃工作温度的耐热弹簧
60CrMnBA	1225	1080 ($R_{p0.2}$)	9	—	20	与60CrMnA性能相近，制作大型弹簧、扭簧、推土机板簧
30W4Cr2VA①	1470	1325	7	—	40	高强度、耐热性好，滚透性高，540℃蒸汽电站用弹簧，锅炉安全阀用弹簧

① 30W4Cr2VA除抗拉强度外，其他力学性能检验结果供参考，不作为交货依据。

5.4.6 碳素工具钢（GB/T 1298—2008）

牌号	退火后的硬度 HBW ≤	淬火后的硬度 HRC ≥	淬火条件	性能特点	应用举例
T7 (T7A)	187	62	800~820℃ 水冷	强度较好，有一定塑性，但切削性能差	用于制造要求有较大塑性和一定硬度、但切削能力不高的工具、如錾子、冲子木工用锯、凿、压模、钳工工具锤、铆钉冲模、钻头、车床顶尖
T8 (T8A)			780~800℃ 水冷	强度、塑性较低，不宜受过大冲击，热处理后，有较高的硬度和耐磨性	用于制造工作中不变热的、硬度和耐磨性较高的工具，如加工木材用铣刀、斧、凿、手用锯、圆锯片、钳工装配工具
T8Mn (T8MnA)			780~800℃ 水冷	性能与 T8、T8A 接近，但淬透性较 T8、T8A 为好	用途与 T8、T8A 相似

（续）

牌号	退火后的硬度 HBW ≤	淬火后的硬度 HRC ≥	淬火条件	性能特点	应用举例
T9（T9A）	192	62	760～780℃水冷	性能与 T8、T8A 接近	用于制造韧性和硬度较高，但不受强烈冲击振动的工具，如冲模冲头，木工工具及作农机切割用刀片等
T10（T10A）	197	62	760～780℃水冷	韧性较好，强度较高，热处理后有较好的耐磨性	用于制造工作时不易变热的工具，如麻花钻、小型冲模丝锥、车刀、刨刀、板牙、铣刀、螺纹刀等
T11（T11A）	207	62	760～780℃水冷	硬度、耐磨性、韧性等综合力学性能较好	用于制造丝锥、锉刀、刮刀及木工工具等

（续）

牌号	退火后的硬度 HBW ≤	淬火后的硬度 HRC ≥	淬火条件	性能特点	应用举例
T12（T12A）	207	62	760～780℃水冷	耐磨性和硬度都高，但韧性低，适宜制造要求硬度极高，不受冲击的刀具和工具	用于制造车刀、铣刀、钻头、铰刀、扩孔钻、丝锥、板牙、量规冲孔模、金属锯条、铜用工具等
T13（T13A）	217	62	760～780℃水冷	硬度和耐磨性在碳素工具钢中为最好，韧性较差，不能承受冲击	用于制造剃刀、切削刀具、刮刀、拉丝工具、钻头、硬石加工用工具、雕刻用工具

5.4.7 合金工具钢（GB/T 1299—2000）

钢组	牌号	交货状态	试样淬火			应用举例
		硬度 HBW10 /3000	淬火温度 /℃	冷却剂	硬度 HRC ≥	
量具刃具用钢	9SiCr	241 ~ 197	820 ~ 860	油	62	用于制造板牙、丝锥、钻头、齿轮铣刀、冷冲模、冷轧辊、锯条
	8MnSi	≤229	800 ~ 820	油	60	用于制造木工凿子、锯条等
	Cr06	241 ~ 187	780 ~ 810	水	64	用于制造剃刀、刀片、外科手术刀、刮刀、锉刀、刻刀
	Cr2	229 ~ 179	830 ~ 860	油	62	用于制造切削刀具、车刀、铰刀、量具样板、冷轧辊、偏心轮

（续）

钢组	牌号	交货状态	试样淬火			应用举例
		硬度 HBW10/3000	淬火温度/℃	冷却剂	硬度 HRC ≥	
量具刃具用钢	9Cr2	217～179	820～850	油	62	用于制造冷轧辊、冲孔凿子、冷冲模、冲头、木工工具、钢印
	W	229～187	800～830	水	62	用于制造麻花钻、丝锥、铰刀、辊式刀具
耐冲击工具用钢	4CrW2Si	217～179	860～900	油	53	用于制造中等应力热锻模、压铸铜、镁合金及铝合金用附模
	5CrW2Si	255～207	860～900	油	55	用于制造手动或风动凿子、锅炉工具、冲头、切割器

（续）

钢组	牌号	交货状态	试样淬火			应用举例
		硬度 HBW10/3000	淬火温度/℃	冷却剂	硬度 HRC ≥	
耐冲击工具用钢	6CrW2Si	285～229	860～900	油	57	用于制造冷加工用冲模、压模；热锻模、生产螺钉用热铆冲头
	6CrMnSi2Mo1	≤229	677℃±15℃预热，885℃（盐浴）或900℃（炉控气氛）±6℃加热，保温5～15min油冷，58～204℃回火		58	用于制造耐冲击工具
	5Cr3Mn1SiMo1V		677℃±15℃预热，941℃（盐浴）或955℃（炉控气氛）±6℃加热，保温5～15min空冷，56～204℃回火		56	用于制造耐冲击工具

（续）

钢组	牌号	交货状态	试样淬火			应用举例
		硬度 HBW10 /3000	淬火温度 /℃	冷却剂	硬度 HRC ≥	
冷作模具钢	Cr12	269 ~ 217	950 ~ 1000	油	60	用于制造冷冲模、冲头、冷剪切刀、量规、螺纹滚模等
	Cr12Mo1V1	≤255	820℃ ±15℃预热，1000℃（盐浴）或1010℃（炉控气氛）±6℃加热，保温10 ~ 20 min 空冷，200℃ ±6℃回火		59	用于制造截面较大、形状复杂的冷冲模和工具，如冷压钢件、硬铝用冲头和凹模、切边模、冷镦模、拉丝模、螺纹搓丝板、量规
	Cr12MoV	255 ~ 207	950 ~ 1000	油	58	

（续）

钢组	牌号	交货状态	试样淬火			应用举例
		硬度 HBW10 /3000	淬火温度 /℃	冷却剂	硬度 HRC ≥	
冷作模具钢	Cr5Mo1V	≤255	790℃ ±15℃预热，940℃（盐浴）或950℃（炉控气氛）±6℃加热，保温5～15min空冷，200℃ ±6℃回火		60	用于重载、精度高的冷作模具
	9Mn2V	≤229	780～810	油	62	用于制造耐磨、变形小精密丝杆、磨床主轴、样板、块规、丝锥
	CrWMn	255～207	800～830	油	62	用于制造变形小长形切削工具，如拉刀、长铰刀、专用铣刀、量规等

（续）

钢组	牌号	交货状态	试样淬火			应用举例
		硬度 HBW10/3000	淬火温度/℃	冷却剂	硬度 HRC ≥	
冷作模具钢	9CrWMn	241～197	800～830	油	62	性能 CrWMn 接近、用于制造样板、量规
	Cr4W2MoV	≤269	960～980、1020～1040	油	60	用于制造电动机用硅钢片冲模、冷锻模、拉拔模、冷挤模、搓丝模
	6Cr4W3Mo2VNb	≤255	1100～1160	油	60	用于制造冷挤模冲头及温热挤压模具
	6W6Mo5Cr4V	≤269	1180～1200	油	60	用于制造冲头、模具、工作寿命比 W18Cr4V、Cr12MoV 钢长
	7CrSiMnMoV	≤235	淬火:870～900 回火:150±10	油冷或空冷 空冷	60	用于制造硬度高、耐磨、制造冷作模具

（续）

钢组	牌号	交货状态	试样淬火			应用举例
		硬度 HBW10 /3000	淬火温度 /℃	冷却剂	硬度 HRC ≥	
热作模具钢	5CrMnMo	241～197	820～850	油	60	有高的耐磨性和强度、用于制造边长不大于400mm的锻模
	5CrNiMo	241～197	830～860	油		用于制造受冲击载荷、形状复杂、边长大于400mm的锻模
	3Cr2W8V	≤255	1075～1125	油		用于制造高温下高应力，但不受冲击载荷的平锻凸凹模、压铸用模具
	5Cr4Mo3SiMnVAl	≤255	1090～1120	油		用于制造耐高温、耐磨损模具

（续）

钢组	牌号	交货状态	试样淬火			应用举例
		硬度 HBW10 /3000	淬火温度 /℃	冷却剂	硬度 HRC ≥	
热作模具钢	3Cr3Mo3W2V	≤255	1060～1130	油	60	用于制造铜合金，轻金属的热挤压模、压铸模
	5Cr4W5Mo2V	≤269	1100～1150	油		用于制造热挤压模、使用寿命长
	8Cr3	255～207	850～880	油		用于制造使用温度低于500℃、冲击载荷不大的模具
	4CrMnSiMoV	241～197	870～930	油		用于制造大、中型锻模、校正模、平锻模、弯曲模

（续）

钢组	牌号	交货状态	试样淬火			应用举例
		硬度 HBW10/3000	淬火温度/℃	冷却剂	硬度 HRC ≥	
热作模具钢	4Cr3Mo3SiV	≤229	790℃ ±15℃预热，1010℃（盐浴）或1020℃（炉控气氛），±6℃加热，保温5～15min空冷，550℃ ±6℃回火		60	用于制造压铸模
	4Cr5MoSiV	≤235	790℃ ±15℃预热，1000℃（盐浴）或1010℃（炉控气氛）±6℃加热，保温5～15min空冷，550℃ ±6℃回火		60	用于制造热锻模、热镦模、精密锻造、模压铸模和模套

（续）

钢组	牌号	交货状态	试样淬火			应用举例
		硬度 HBW10 /3000	淬火温度 /℃	冷却剂	硬度 HRC ≥	
热作模具钢	4Cr5MoSiV1	≤235	790℃ ±15℃ 预热，1000℃（盐浴）或 1010℃（炉控气氛），±6℃ 加热，保温 5 ~ 15min 空冷，550℃ ± 6℃ 回火		60	应用广泛的热作模具钢
热作模具钢	4Cr5W2VSi	≤229	1030 ~ 1050	油或空		用于制造高速锤用模具与冲头、热挤压用模具、芯棒等
无磁模具钢	7Mn15Cr2Al3-V2WMo	—	1170 ~ 1190 固溶 650 ~ 700 时效	水 空	45	用于制造在磁场中使用的无磁冷作模具、无磁轴承及在强磁场中不产生磁感应的结构件

（续）

钢组	牌号	交货状态	试样淬火			应用举例
		硬度 HBW10/3000	淬火温度/℃	冷却剂	硬度 HRC ≥	
塑料模具钢	3Cr2Mo	—	—	—	—	用于制造塑料模、低熔金属压铸模
	3Cr2MnNiMo	—	—	—	—	用于制造大型精密型塑料模具

注：1. 保温时间是指试样达到加热温度后保持的时间。

试样在盐浴中进行，在该温度保持时间为5min，对Cr12Mo1V1钢是10min。

试样在炉控气氛中进行，在该温度保持时间为：5～15min，对Cr12Mo1V1钢是10～20min。

2. 回火温度200℃时应一次回火2h，550℃时应二次回火，每次2h。

3. 7Mn15Cr2Al3V2WMo钢可以热轧状态供应，不作交货硬度检验。

4. 根据需方要求，经双方协议，制造螺纹刃具用退火状态交货的9SiCr钢材，其硬度为187～229HBW10/3000。

5.4.8 高速工具钢(GB/T 9943—2008)

牌号	交货硬度[①](退火态)HBW≤	试样热处理制度及淬、回火硬度					
		预热温度/℃	淬火温度/℃		淬火介质	回火温度[②]/℃	硬度[③]HRC≤
			盐浴炉	箱式炉			
W3Mo3Cr4V2	255	800~900	1180~1120	1180~1120	油或盐浴	540~560	63
W4Mo3Cr4VSi	255		1170~1190	1170~1190		540~560	63
W18Cr4V	255		1250~1270	1260~1280		550~570	63
W2Mo8Cr4V	255		1180~1120	1180~1120		550~570	63
W2Mo9Cr4V2	255		1190~1210	1200~1220		540~560	64
W6Mo5Cr4V2	255		1200~1220	1210~1230		540~560	64
CW6Mo5Cr4V2	255		1190~1210	1200~1220		540~560	64
W6Mo6Cr4V2	262		1190~1210	1190~1210		550~570	64
W9Mo3Cr4V	255		1200~1220	1220~1240		540~560	64
W6Mo5Cr4V3	262		1190~1210	1200~1220		540~560	64
CW6Mo5Cr4V3	262		1180~1200	1190~1210		540~560	64

（续）

牌号	交货硬度[①]（退火态）HBW≤	试样热处理制度及淬、回火硬度					
		预热温度/℃	淬火温度/℃		淬火介质	回火温度[②]/℃	硬度[③] HRC ≤
			盐浴炉	箱式炉			
W6Mo5Cr4V4	269	800~900	1200~1220	1200~1220	油或盐浴	550~570	64
W6Mo5Cr4V2Al	269		1200~1220	1230~1240		550~570	65
W12Cr4V5Co5	277		1220~1240	1230~1250		540~560	65
W6Mo5Cr4V2Co5	269		1190~1210	1200~1220		540~560	64
W6Mo5Cr4V3Co8	285		1170~1190	1170~1190		550~570	65
W7Mo4Cr4V2Co5	269		1180~1200	1190~1210		540~560	66
W2Mo9Cr4VCo8	269		1170~1190	1180~1200		540~560	66
W10Mo4Cr4V3Co10	285		1220~1240	1220~1240		550~570	66

① 退火+冷拉态的硬度，允许比退火态指标增加50HBW。

② 回火温度为550℃~570℃时，回火2次，每次1h；回火温度为540℃~560℃时，回火2次，每次2h。

③ 试样淬、回火硬度供方若能保证可不检验。

5.4.9 不锈钢（GB/T 20878—2007）

1. 奥氏体型不锈钢

新牌号	旧牌号	性能与用途
12Cr17Mn6Ni5N	1Cr17Mn6Ni5N	冷加工后有轻微磁性，用于制造旅馆装备、厨房用具、水池、交通工具等
12Cr18Mn9Ni5N	1Cr18Mn8Ni5N	有很好的抗氧化性，强度高，用于制造800℃以下经受弱介质腐蚀和承受载荷的零件，如炊具、餐具等
12Cr17Ni7	1Cr17Ni7	耐腐蚀、用于制造冷加工状态承受高负荷的不生锈设备和部件，如铁道车辆、装饰板、传送带、紧固件
12Cr18Ni9	1Cr18Ni9	用于制造耐腐蚀：强度要求不高的结构件和焊接件，如建筑物外表装饰材料，也可用于无磁部件和低温装置的部件
Y12Cr18Ni9	Y1Cr18Ni9	切削性能好。用于快速切削制作辊、轴、螺栓、螺母等

（续）

新牌号	旧牌号	性能与用途
Y12Cr18Ni9Se	Y1Cr18Ni9Se	切削性能改善。适合热加工或冷顶锻，如螺钉、铆钉等
06Cr19Ni10	0Cr18N9	耐蚀性优于12Cr18Ni9。适合制造薄截面焊接件、深冲成形部件、容器、结构件、无磁、低温设备
022Cr19Ni10	00Cr19Ni10	性能同06Cr18Ni9，但强度稍低。主要用于制造需焊接且焊后又不能进行固溶处理的耐蚀设备件
06Cr18Ni9Cu3	0Cr18Ni9Cu3	主要用于制造冷镦紧固件、深拉等冷成形的部件
06Cr19Ni10N	0Cr19Ni9N	用于制造有一定耐蚀性要求，并要求较高强度和减轻重量的设备或结构件
06Cr19Ni9NbN	0Cr19Ni10NbN	用途与06Cr19Ni10N相同
022Cr19Ni10N	00Cr18Ni10N	因06Cr19Ni10N钢在450～900℃加热后耐晶间腐蚀性能明显下降，此钢适合焊接设备构件用

（续）

新牌号	旧牌号	性能与用途
10Cr18Ni12	1Cr18Ni12	加工硬化性比 12Cr18Ni9 钢低，适合用于旋压加工、特殊拉拨、如做冷镦钢用
06Cr23Ni13	0Cr23Ni13	多作为耐热钢使用。耐蚀性比 06Cr19Ni10 钢好
06Cr25Ni20	0Cr25Ni20	有优良的耐蚀性和良好的高温力学性能，抗氧化性比 06Cr23Ni13 好。既可作为耐热钢使用，又可用于耐蚀部件
06Cr17Ni12Mo2	0Cr17Ni12Mo2	在海水中耐腐性优于 06Cr19Ni10，主要用于耐点蚀材料
022Cr17Ni12Mo2	00Cr17Ni14Mo2	适合制造耐蚀、厚截面尺寸的焊接件和设备，如石油化工、化肥、造纸及原子能工业用设备耐蚀性
06Cr17Ni12Mo2Ti	0Cr18Ni12Mo3Ti	有良好的耐晶间腐蚀性，其他性能与 06Cr17Ni12Mo2 接近。适合制作焊接件
06Cr17Ni12Mo2N	0Cr17Ni12Mo2N	用于耐蚀性好的高强度部件

（续）

新牌号	旧牌号	性能与用途
022Cr17Ni12Mo2N	00Cr17Ni13Mo2N	性能与022Cr17Ni12Mo2相同。用途与06Cr17Ni12Mo2N相同。主要用于化肥、造纸、制药高压设备件
06Cr18Ni12Mo2Cu2	0Cr18Ni12Mo2Cu2	耐腐蚀：点蚀性能好。主要用于制作耐硫酸材料、管道、容器及焊接结构件
022Cr18Ni14Mo2Cu2	00Cr18Ni14Mo2Cu2	用途与06Cr18Ni12Mo2Cu2钢相同
06Cr19Ni13Mo3	0Cr19Ni13Mo3	耐点蚀和抗蠕变能力优于06Cr17Ni12Mo2。用于制造造纸、印染设备及耐有机酸腐蚀件
022Cr19Ni13Mo3	00Cr19Ni13Mo3	用途与06Cr19Ni13Mo3钢相同
03Cr18Ni16Mo5	0Cr18Ni16Mo5	是一种高钼不锈钢，耐点蚀性能优于022Cr17Ni12Mo2。用于制造含氯离子溶液热交换器、磷酸设备
06Cr18Ni11Ti	0Cr18Ni10Ti	用于制造高温或抗氢腐蚀专用件

（续）

新牌号	旧牌号	性能与用途
06Cr18Ni11Nb	0Cr18Ni11Nb	焊接性好，既可做耐蚀材料，又可做耐热钢使用。用于制造火电厂、石油化工等领域，如容器、管道、轴类等
06Cr18Ni13Si4	0Cr18Ni13Si4	在06Cr19Ni10中增加Ni，添加Si，提高耐应力腐蚀断裂性能。用于含氯离子环境，如汽车排气净化装置等

2. 奥氏体-铁素体型不锈钢

新牌号	旧牌号	性能与用途
14Cr18Ni11Si4AlTi	1Cr18Ni11Si4AlTi	用于制造抗高温、浓硝酸介质的零件和设备，如排酸、阀门等
022Cr19Ni5Mo3Si2N	00Cr18Ni5Mo3Si2	适合用于含氯离子环境，用于制造炼油、化肥、造纸、石油、化工等领域的热交换器、冷凝器等

（续）

新牌号	旧牌号	性能与用途
022Cr22Ni5Mo3N		用于制造油井管、化工储罐、热交换器、冷凝冷却器等易产生点蚀和应力腐蚀的受压设备
022Cr23Ni5Mo3N		性能和用途与022Cr22Ni5Mo3N相同
022Cr25Ni6Mo2N		强度高、可焊接，是耐点蚀最好的钢，应用于化工、石油化工、化肥等工业领域，主要制作热交换器、蒸发器等
03Cr25Ni6Mo3Cu2N		适合做舰船用螺旋推进器、轴、潜艇密封件等，也用于化工、石油化工领域

3. 铁素体型不锈钢

新牌号	旧牌号	性能与用途
06Cr13Al	0Cr13Al	非淬硬性不锈钢、主要用于12Cr13或10Cr17由于空气可淬硬而不适用的地方，如压力容器衬里、复合钢板等

（续）

新牌号	旧牌号	性能与用途
022Cr12	00Cr12	焊接部位弯曲性能、加工性能、耐高温氧化性能好。可用于制造汽车排气处理装置、锅炉燃烧室、喷嘴等
10Cr17	1Cr17	是一种耐蚀、力学性能和导热率高的不锈钢。用于硝酸、硝铵的化工设备，如热交换器，薄板用于装饰件
Y10Cr17	Y1Cr17	切削性比 10Cr17 好，主要用于大切削量自动车床机加零件，如螺栓、螺母等
10Cr17Mo	1Cr17Mo	耐点蚀，强度比 10Cr17 好、抗盐溶液性强。用于制造汽车轮毂、紧固件及外装饰材料
008Cr27Mo	00Cr27Mo	适用于既要求耐蚀性又要求软磁性的用途
008Cr30Mo2	00Cr30Mo2	韧性、加工性和焊接性良好。主要用于化学加工工业（醋酸、乳酸等有机酸）成套设备、食品工业等用热交换器、压力容器

4. 马氏体型不锈钢

新牌号	旧牌号	性能与用途
12Cr12	1Cr12	是良好的不锈耐热钢。用来制造汽轮机叶片及高应力部件
06Cr13	0Cr13	主要用于有较高韧性及受冲击载荷的零件，如汽轮机叶片、结构架、衬里、螺栓、螺母
12Cr13	1Cr13	半马氏体型不锈钢，韧性要求较高，能承受冲击载荷的部件，如刃具、叶片、紧固件、水压机阀及耐弱腐蚀介质的设备和部件
Y12Cr13	Y1Cr13	在不锈钢中切削性能最好，自动车床用
20Cr13	2Cr13	强度、硬度比12Cr13高、韧性、耐蚀性略低。主要用于制造汽轮机叶片、热油泵、轴、轴套、叶轮及餐具、刀具等
30Cr13	3Cr13	强度、硬度比20Cr13高，淬透性更好。制作300℃以下的刃具、弹簧，400℃以下工作轴、螺栓、轴承、阀门等

（续）

新牌号	旧牌号	性能与用途
Y30Cr13	Y3Cr13	用途与30Cr13相似，但切削性能更好
40Cr13	4Cr13	强度、硬度高于30Cr13，而韧性和耐蚀性略低，主要用于医疗用具、轴承、阀门、弹簧、此钢焊接性差
14Cr17Ni2	1Cr17Ni2	制造高力学性能、可淬硬、又耐硝酸和有机酸腐蚀的轴类、活塞杆、泵、阀等，及弹簧、紧固件
17Cr16Ni2		加工性能比14Cr17Ni2明显改善、适合制作要求高强度、韧性和良好的耐蚀性的零部件及在潮湿介质中工作的承力件
68Cr17	7Cr17	在淬火回火状态下，具有高强度和硬度，并兼有耐蚀、不锈性能、一般用来制造耐有机酸、盐类腐蚀的刀具、量具、轴类、阀门等耐磨蚀的部件
85Cr17	8Cr17	与68Cr17性能、用途相似，但硬度更高，韧性好，用于制造刀具、阀座等

（续）

新牌号	旧牌号	性能与用途
108Cr17	11Cr17	不锈钢中硬度最高，性能与用途与 68Cr17 相似。主要制造喷嘴、轴承
Y108Cr17	Y11Cr17	切削性能比 108Cr17 好。自动车床用
95Cr18	9Cr18	制造高强度、耐腐蚀、耐磨损部件，如轴、泵、阀体、杆类、弹簧、紧固件等。需要注意由于钢中极易形成不均匀碳化物而影响钢的质量
13Cr13Mo	1Cr13Mo	强度高，比 12Cr3 耐蚀性高，用于制造高温部件、汽轮机叶片
32Cr13Mo	3Cr13Mo	用途与 30Cr13 相同、但耐蚀性更优
102Cr17Mo	9Cr18Mo	性能与用途与 95Cr18 接近，但热强度更高。用于制造受摩擦并在腐蚀介质中工作的部件，如量具、刀具
90Cr18MoV	9Cr18MoV	

5. 沉淀硬化型不锈钢

新牌号	旧牌号	性能与用途
05Cr15Ni5Cu4Nb	—	主要用于制造高强度、良好韧性、优良的耐蚀性的零件，如高强度锻件、高压系统阀门部件、飞机部件等
05Cr17Ni4Cu4Nb	0Cr17Ni4Cu4Nb	用于制造耐弱酸、碱、盐腐蚀的高强度部件，如汽轮机末级动叶片，以及在腐蚀环境下工作温度低于300℃的结构件等
07Cr17Ni7Al	0Cr17Ni7Al	冶金、制造加工工艺性能良好、但钢的热处理工艺复杂。用于制造长期在350℃以下工作的结构件、容器、管道、弹簧、垫圈等
07Cr15Ni7Mo2Al	0Cr15Ni7Mo2Al	综合性能优于07Cr17Ni7Al用于制造宇航、石油化工和能源领域的有一定耐蚀要求的高强度容器、零件及结构件

5.4.10 耐热钢

1. 奥氏体型耐热钢

新牌号	旧牌号	规定非比例延伸强度 R_p /MPa	抗拉强度 R_m /MPa ≥	硬度 HBW ≤	性能与用途
53Cr21Mn9Ni4N	5Cr21Mn9Ni4N	560	885	≥302	用于制造以经受高温强度为主的汽油及柴油机用排气阀
26Cr18Mn12Si2N	3Cr18Mn12Si2N	390	685	248	有较高的高温强度和一定的抗氧化性用于制造吊挂支架、渗碳炉构件、炉爪
22Cr20Mn10Ni2Si2N	2Cr20Mn9Ni2Si2N	390	635	248	与26Cr18Mn12Si2N的性能、用途相同。还可做盐浴炉坩埚、加热炉管道
06Cr19Ni10	0Cr18Ni9	205	520	187	通用耐氧化钢。可承受870℃以下反复加热

（续）

新牌号	旧牌号	规定非比例延伸强度 R_p /MPa	抗拉强度 R_m /MPa ≥	硬度 HBW ≤	性能与用途
22Cr21Ni12N	2Cr21Ni12N	430	820	269	用于制造以抗氧化为主的汽油及柴油机用排气阀
16Cr23Ni13	2Cr23Ni13	205	560	201	是一种承受980℃以下反复加热的抗氧化钢。用于制造加热炉部件等
06Cr23Ni13	0Cr23Ni13	205	520	187	耐腐蚀性比06Cr19Ni10好。可承受980℃以下反复加热。可做炉用材料
20Cr25Ni20	2Cr25Ni20	205	590	201	是一种可在1035℃以下反复加热的抗氧化钢。主要用于制作炉用部件、喷嘴等

（续）

新牌号	旧牌号	规定非比例延伸强度 R_p /MPa	抗拉强度 R_m /MPa ≥	硬度 HBW ≤	性能与用途
06Cr25Ni20	0Cr25Ni20	205	520	187	可承受1035℃以下反复加热抗氧化性比06Cr23Ni13好。用做炉用材料
06Cr17Ni12Mo2	0Cr17Ni12Mo2	205	520	187	高温具有优良的蠕变强度。做热交换部件、高温耐蚀螺栓
06Cr19Ni13Mo3	0Cr19Ni13Mo3	205	520	187	耐点蚀和抗蠕变能力优于06Cr17Ni12Mo2。用于制造造纸，印染石化的装备、热交换部件

（续）

新牌号	旧牌号	规定非比例延伸强度 R_p /MPa	抗拉强度 R_m /MPa ≥	硬度 HBW ≤	性能与用途
06Cr18Ni11Ti	0Cr18Ni10Ti	205	520	187	用于制造 400 ~ 900℃ 腐蚀条件下使用的部件、高温用焊接结构件
45Cr14Ni14W2Mo	4Cr14Ni14W2Mo	315	705	248	在 700℃ 以下有较高的热强性，800℃ 以下有良好的抗氧化性能。用于制造 700℃ 以下工作的内燃机、柴油机重负荷进、排气阀和紧固件
12Cr16Ni35	1Cr16Ni35	205	560	201	抗渗碳、易渗氮，可承受 1035℃ 以下反复加热。可做炉用钢料、石油裂解件

（续）

新牌号	旧牌号	规定非比例延伸强度 R_p /MPa	抗拉强度 R_m /MPa ≥	硬度 HBW ≤	性能与用途
06Cr18Ni11Nb	0Cr18Ni11Nb	205	520	187	用于制造 400～900℃ 腐蚀条件下使用的部件，高温用焊接结构件
06Cr18Ni13Si4	0Cr18Ni13Si4	205	520	207	抗氧化性与 06Cr25Ni20 相当。用于含氯离子环境，如汽车排气净化装置
16Cr20Ni14Si2	1Cr20Ni14Si2	295	590	187	高温强度和抗氧化性能高、对含硫气氛较敏感、在 600～800℃ 有析出相的脆化倾向。用于制造承受应力各种炉用件
16Cr25Ni20Si2	1Cr25Ni20Si2	295	590	187	

2. 铁素体型耐热钢

新牌号	旧牌号	规定非比例延伸强度 R_p /MPa	抗拉强度 R_m /MPa ≥	硬度 HBW ≤	性能与用途
022Cr12	00Cr12	195	360	183	焊接部位弯曲性能、加工性能、耐高温氧化性能好。用于制造汽车排气处理装置、锅炉燃烧室等
06Cr13Al	0Cr13Al	175	410	183	冷加工硬化少。用于制造燃气透平、压缩机叶片、退火箱、淬火台架等
10Cr17	1Cr17	205	450	183	用于制造 900℃ 以下耐氧化部件、散热器、炉用零件、油喷嘴等
16Cr25N	2Cr25N	275	510	201	耐高温腐蚀性强，1082℃ 以下不产生易剥落氧化皮。多用于燃烧室、退火箱、玻璃模具等

3. 马氏体型与沉淀硬化型耐热钢

类型	新牌号	旧牌号	规定非比例延伸强度 R_p /MPa	抗拉强度 R_m /MPa ≥	硬度 HBW ≤	性能与用途
马氏体型	12Cr13	1Cr13	345	540	200	用于制造800℃以下耐氧化部件
	20Cr13	2Cr13	440	640	223	淬火状态下硬度高、耐蚀性良好。用于制造汽轮机叶片
	14Cr17Ni2	1Cr17Ni2	—	1080	—	用于制造具有较高程度耐硝酸、有机酸腐蚀的轴类、活塞杆、泵、阀、弹簧、紧固件、容器等

马氏体型	17Cr16Ni2	—	600	800~950	295	改善14Cr17Ni2钢的性能、可代替其使用
	12Cr5Mo	1Cr5Mo	390	590	200	中、高温下力学性能好、耐石油裂化过程中产生的腐蚀。用于制造蒸汽管、石油裂解管、泵的零件、阀、紧固件

（续）

类型	新牌号	旧牌号	规定非比例延伸强度 R_p /MPa ≥	抗拉强度 R_m /MPa ≥	硬度 HBW ≤	性能与用途
马氏体型	12Cr12Mo	1Cr12Mo	550	685	255	铬钼马氏体耐热钢。用于制造汽轮机叶片
	13Cr13Mo	1Cr13Mo	490	690	200	耐蚀性高于12Cr13，强度高。用于制造汽轮机叶片，高温、高压蒸汽用机械部件等

马氏体型	14Cr11MoV	1Cr11MoV	490	685	200	强度较高、有良好的减振性及组织稳定性。用于制造透平叶片、导向叶片
	18Cr12MoVNbN	2Cr12MoVNbN	685	835	269	铬钼钒铌氮马氏体耐热钢。用于制造高温结构件，如汽轮机叶片、叶轮轴
	15Cr12WMoV	1Cr12WMoV	585	735	—	有较高的热强度、良好减振性及组织稳定性。用于制造透平叶片、紧固件、转子

（续）

类型	新牌号	旧牌号	规定非比例延伸强度 R_p /MPa	抗拉强度 R_m /MPa ≥	硬度 HBW ≤	性能与用途
马氏体型	22Cr12NiWMoV	2Cr12NiMoWV	735	885	269	性能与用途类似于13Cr11Ni2-W2MoV用于制造汽轮机叶片
	13Cr11Ni2W2MoV	1Cr11Ni12W2MoV	735	885	269	有良好的韧性和抗氧化性、在淡水和湿空气中有较好的耐蚀性

类型	新牌号	旧牌号	规定非比例延伸强度 R_p /MPa	抗拉强度 R_m /MPa ≥	硬度 HBW ≤	性能与用途
马氏体型	18Cr11NiMoNbVN	2Cr11NiMoNbVN	760	930	255	强韧性、抗蠕变性和抗松弛性良好。用于制造汽轮机高温紧固件、动叶片
	42Cr9Si2	4Cr9Si2	590	885	269	750℃以下耐氧化阀门钢。用于制造内燃机进气阀，轻负荷发动机的排气阀
	45Cr9Si3	—	685	930	—	

（续）

类型	新牌号	旧牌号	规定非比例延伸强度 R_p /MPa	抗拉强度 R_m /MPa ≥	硬度 HBW ≤	性能与用途
马氏体型	40Cr10Si2Mo	4Cr10Si2Mo	685	885	269	高温强度抗蠕变性能及抗氧化性能比 40Cr13 钢高。用于制造进、排气阀门、鱼雷、火箭部件等
	80Cr20Si2Ni	8Cr20Si2Ni	685	885	321	用于制造以耐磨性为主的进气阀、排气阀、阀座等

沉淀硬化型	05Cr17Ni4Cu4Nb	0Cr17Ni4Cu4Nb	865	1000	≥302	用于制造燃气透平压缩机叶片、燃气透平发动机周围材料等
	07Cr17Ni7Al	0Cr17Ni7Al	960	1140	≥363	用于制造高温弹簧、膜片、固定器、波纹管
	06Cr15Ni25Ti2MoAlVB	0Cr15Ni25Ti2MoAlVB	590	900	≥248	具有高的缺口强度。用于700℃以下的工作环境，要求具有高强度和优良耐蚀性的部件或设备，如汽轮机转子、叶片、骨架、螺栓等

5.4.11 轴承钢（GB/T 3203—1982）

牌　号	淬火回火后的力学性能			应用举例
	抗拉强度 R_m/MPa	伸长率 A（%）	冲击韧度 α_K/（KJ/m^2）	
G20CrNiMo	1175	9	800	用于制造汽车、拖拉机等承受冲击载荷的轴承套圈和滚动体
G20CrNi2Mo	980	13	800	用于制造承受冲击载荷较高的轴承，如发动机主轴承等
G20CrNi4	1175	10	800	用于制造高冲击载荷的特大型轴承，如轧钢机、矿山机械用轴承，也用于制造承受冲击载荷大、安全性要求高的中、小型轴承
G10CrNi3Mo	1080	9	800	用于制造承受冲击载荷大的大、中型轴承
G20Cr2Mn2Mo	1275	9	700	是一个新型钢种，用途与 G20CrNi4 相同

5.5 型钢

5.5.1 热轧圆钢和方钢（GB/T 702—2008）

d 或 *a*[①] /mm	理论质量/(kg/m)[②]		*d* 或 *a*[①] /mm	理论质量/(kg/m)[②]	
	圆钢	方钢		圆钢	方钢
5.5	0.186	0.237	22	2.98	3.80
6	0.222	0.283	23	3.26	4.15
6.5	0.260	0.332	24	3.55	4.52
7	0.302	0.385	25	3.85	4.91
8	0.395	0.502	26	4.17	5.31
9	0.499	0.636	27	4.49	5.72
10	0.617	0.785	28	4.83	6.15
11	0.746	0.950	29	5.18	6.60
12	0.888	1.13	30	5.55	7.06
13	1.04	1.33	31	5.92	7.54
14	1.21	1.54	32	6.31	8.04
15	1.39	1.77	33	6.71	8.55
16	1.58	2.01	34	7.13	9.07
17	1.78	2.27	35	7.55	9.62
18	2.00	2.54	36	7.99	10.2
19	2.23	2.83	38	8.90	11.3
20	2.47	3.14	40	9.86	12.6
21	2.72	3.46	42	10.9	13.8

（续）

d 或 a[①] /mm	理论质量/(kg/m)[②]		d 或 a[①] /mm	理论质量/(kg/m)[②]	
	圆钢	方钢		圆钢	方钢
45	12.5	15.9	110	74.6	95.0
48	14.2	18.1	115	81.5	104
50	15.4	19.6	120	88.8	113
53	17.3	22.0	125	96.3	123
55	18.6	23.7	130	104	133
56	19.3	24.6	135	112	143
58	20.7	26.4	140	121	154
60	22.2	28.3	145	130	165
63	24.5	31.2	150	139	177
65	26.0	33.2	155	148	189
68	28.5	36.3	160	158	201
70	30.2	38.5	165	168	214
75	34.7	44.2	170	178	227
80	39.5	50.2	180	200	254
85	44.5	56.7	190	223	283
90	49.9	63.6	200	247	314
95	55.6	70.8	210	272	—
100	61.7	78.5	220	298	—
105	68.0	86.5	230	326	—

（续）

d 或 a[1] /mm	理论质量/(kg/m)[2]		d 或 a[1] /mm	理论质量/(kg/m)[2]	
	圆钢	方钢		圆钢	方钢
240	355	—	280	483	—
250	385	—	290	518	—
260	417	—	300	555	—
270	449	—	310	592	—

注：1. 普通质量钢材长度：当 d 或 $a \leqslant 25$mm 时，为 4 ~ 12m；当 d 或 $a > 25$mm 时，为 3 ~ 12m；两者短尺长度，≥2.5m。优质及特殊质量钢材长度：全部规格，为 2 ~ 12m；碳素和工具钢，当 d 或 $a \leqslant 75$mm 时，为 2 ~ 12m，短尺长度为≥1.5m；当 d 或 $a > 75$mm 时为 1 ~ 8m，短尺长度≥0.5m（包括高速工具钢全部规格）。

2. 热轧圆钢和方钢以直条交货。经供需双方协商，亦可以盘卷交货。

① 表中 d—圆钢公称直径，a—方钢公称边长。

② 钢的理论质量是按密度为 7.85g/cm³ 计算。

5.5.2 热轧六角钢和八角钢（GB/T 702—2008）

a /mm	六角钢	八角钢	a /mm	六角钢	八角钢
	理论质量/(kg/m)			理论质量/(kg/m)	
8	0.435	—	9	0.551	—

（续）

a /mm	六角形	八角形	a /mm	六角形	八角形
	理论质量/(kg/m)			理论质量/(kg/m)	
10	0.680	—	30	6.12	5.85
11	0.823	—	32	6.96	6.66
12	0.979	—	34	7.86	7.51
13	1.15	—	36	8.81	8.42
14	1.33	—	38	9.82	9.39
15	1.53	—	40	10.88	10.40
16	1.74	1.66	42	11.99	—
17	1.96	—	45	13.77	—
18	2.20	2.16	48	15.66	—
19	2.45	—	50	17.00	—
20	2.72	2.60	53	19.10	—
21	3.00	—	56	21.32	—
22	3.29	3.15	58	22.87	—
23	3.60	—	60	24.50	—
24	3.92	—	63	26.98	—
25	4.25	4.06	65	28.72	—
26	4.60	—	68	31.43	—
27	4.96	—	70	33.30	—
28	5.33	5.10			

注：1. 理论质量按钢的密度 7.85g/cm^3 计算。

2. 钢材的通常长度：普通钢，3～8m；优质钢，2～6m。钢材的短尺长度；普通钢，≥2.5m；优质钢，≥1.5m。

5.5.3 钢板和钢带

1. 热轧扁钢（GB/T 702—2008）

公称宽度/mm	厚度/mm								
	3	4	5	6	7	8	9	10	11
	理论质量/(kg/m)								
10	0.24	0.31	0.39	0.47	0.55	0.63	—	—	—
12	0.28	0.38	0.47	0.57	0.66	0.75	—	—	—
14	0.33	0.44	0.55	0.66	0.77	0.88	—	—	—
16	0.38	0.50	0.63	0.75	0.88	1.00	1.15	1.26	—
18	0.42	0.57	0.71	0.85	0.99	1.13	1.27	1.41	—
20	0.47	0.63	0.78	0.94	1.10	1.26	1.41	1.57	1.73
22	0.52	0.69	0.86	1.04	1.21	1.38	1.55	1.73	1.90
25	0.59	0.78	0.98	1.18	1.37	1.57	1.77	1.96	2.16
28	0.66	0.88	1.10	1.32	1.54	1.76	1.98	2.20	2.42
30	0.71	0.94	1.18	1.41	1.65	1.88	2.12	2.36	2.59
32	0.75	1.00	1.26	1.51	1.76	2.01	2.26	2.55	2.76

（续）

公称宽度/mm	厚度/mm								
	3	4	5	6	7	8	9	10	11
	理论质量/(kg/m)								
35	0.82	1.10	1.37	1.65	1.92	2.20	2.47	2.75	3.02
40	0.94	1.26	1.57	1.88	2.20	2.51	2.83	3.14	3.45
45	1.06	1.41	1.77	2.12	2.47	2.83	3.18	3.53	3.89
50	1.18	1.57	1.96	2.36	2.75	3.14	3.53	3.93	4.32
55	—	1.73	2.16	2.59	3.02	3.45	3.89	4.32	4.75
60	—	1.88	2.36	2.83	3.30	3.77	4.24	4.71	5.18
65	—	2.04	2.55	3.06	3.57	4.08	4.59	5.10	5.61
70	—	2.20	2.75	3.30	3.85	4.40	4.95	5.50	6.04
75	—	2.36	2.94	3.53	4.12	4.71	5.30	5.89	6.48
80	—	2.51	3.14	3.77	4.40	5.02	5.65	6.28	6.91
85	—	—	3.34	4.00	4.67	5.34	6.01	6.67	7.34
90	—	—	3.53	4.24	4.95	5.65	6.36	7.07	7.77

（续）

公称宽度/mm	厚度/mm								
	3	4	5	6	7	8	9	10	11
	理论质量/(kg/m)								
95	—	—	3.73	4.47	5.22	5.97	6.71	7.46	8.20
100	—	—	3.92	4.71	5.50	6.28	7.06	7.85	8.64
105	—	—	4.12	4.95	5.77	6.59	7.42	8.24	9.07
110	—	—	4.32	5.18	6.04	6.91	7.77	8.64	9.50
120	—	—	4.71	5.65	6.59	7.54	8.48	9.42	10.36
125	—	—	—	5.89	6.87	7.85	8.83	9.81	10.79
130	—	—	—	6.12	7.14	8.16	9.18	10.20	11.23
140	—	—	—	—	7.69	8.79	9.89	10.99	12.09
150	—	—	—	—	8.24	9.42	10.60	11.78	12.95
160	—	—	—	—	8.79	10.05	11.30	12.56	13.82
180	—	—	—	—	9.89	11.30	12.72	14.13	15.54
200	—	—	—	—	10.99	12.56	14.13	15.70	17.27

（续）

公称宽度/mm	厚度/mm							
	12	14	16	18	20	22	25	28
	理论质量/(kg/m)							
20	1.88	—	—	—	—	—	—	—
22	2.07	—	—	—	—	—	—	—
25	2.36	2.75	3.14	—	—	—	—	—
28	2.64	3.08	3.53	—	—	—	—	—
30	2.83	3.30	3.77	4.24	4.71	—	—	—
32	3.01	3.52	4.02	4.52	5.02	—	—	—
35	3.30	3.85	4.40	4.95	5.50	6.04	6.87	7.69
40	3.77	4.40	5.02	5.65	6.28	6.91	7.85	8.79
45	4.24	4.95	5.65	6.36	7.07	7.77	8.83	9.89
50	4.71	5.50	6.28	7.06	7.85	8.64	9.81	10.99
55	5.18	6.04	6.91	7.77	8.64	9.50	10.79	12.09
60	5.65	6.59	7.54	8.48	9.42	10.36	11.78	13.19

（续）

公称宽度/mm	厚度/mm							
	12	14	16	18	20	22	25	28
	理论质量/(kg/m)							
65	6.12	7.14	8.16	9.18	10.20	11.23	12.76	14.29
70	6.59	7.69	8.79	9.89	10.99	12.09	13.74	15.39
75	7.07	8.24	9.42	10.60	11.78	12.95	14.72	16.48
80	7.54	8.79	10.05	11.30	12.56	13.82	15.70	17.58
85	8.01	9.34	10.68	12.01	13.34	14.68	16.68	18.68
90	8.48	9.89	11.30	12.72	14.13	15.54	17.66	19.78
95	8.95	10.44	11.93	13.42	14.92	16.41	18.64	20.88
100	9.42	10.99	12.56	14.13	15.70	17.27	19.62	21.98
105	9.89	11.54	13.19	14.84	16.48	18.13	20.61	23.08
110	10.36	12.09	13.82	15.54	17.27	19.00	21.59	24.18
120	11.30	13.19	15.07	16.96	18.84	20.72	23.55	26.38
125	11.78	13.74	15.70	17.66	19.62	21.58	24.53	27.48

（续）

公称宽度/mm	厚度/mm							
	12	14	16	18	20	22	25	28
	理论质量/(kg/m)							
130	12.25	14.29	16.33	18.37	20.41	22.45	25.51	28.57
140	13.19	15.39	17.58	19.78	21.98	24.18	27.48	30.77
150	14.13	16.48	18.84	21.20	23.55	25.90	29.44	32.97
160	15.07	17.58	20.10	22.61	25.12	27.63	31.40	35.17
180	16.98	19.78	22.61	25.43	28.26	31.09	35.32	39.56
200	18.84	21.98	25.12	28.26	31.40	34.54	39.25	43.96

公称宽度/mm	厚度/mm							
	30	32	36	40	45	50	56	60
	理论质量/(kg/m)							
45	10.60	11.30	12.72	—	—	—	—	—
50	11.78	12.56	14.13	—	—	—	—	—
55	12.95	13.82	15.54	—	—	—	—	—

（续）

公称宽度/mm	厚度/mm							
	30	32	36	40	45	50	56	60
	理论质量/(kg/m)							
60	14.13	15.07	16.96	18.84	21.20	—	—	—
65	15.31	16.33	18.37	20.41	22.96	—	—	—
70	16.49	17.58	19.78	21.98	24.73	—	—	—
75	17.66	18.84	21.20	23.56	26.49	—	—	—
80	18.84	20.10	22.61	25.12	28.26	31.40	35.17	—
85	20.02	21.35	24.02	26.69	30.03	33.36	37.37	40.04
90	21.20	22.61	25.43	28.26	31.79	35.32	39.56	42.39
95	22.37	23.86	26.85	29.83	33.56	37.29	41.76	44.74
100	23.55	25.12	28.26	31.40	35.32	39.25	43.96	47.10
105	24.73	26.38	29.67	32.97	37.09	41.21	46.16	49.46
110	25.90	27.63	31.09	34.54	38.86	43.18	48.36	51.81
120	28.26	30.14	33.91	37.68	42.39	47.10	52.75	56.52

（续）

公称宽度/mm	厚度/mm							
	30	32	36	40	45	50	56	60
	理论质量/(kg/m)							
125	29.44	31.40	35.32	39.25	44.16	49.06	54.95	58.88
130	30.62	32.66	36.74	40.82	45.92	51.02	57.15	61.23
140	32.97	35.17	39.56	43.96	49.46	54.95	61.54	65.94
150	35.32	37.68	42.39	47.10	52.99	58.88	65.94	70.65
160	37.68	40.19	45.22	50.24	56.52	62.80	70.34	75.36
180	42.39	45.22	50.87	56.52	63.58	70.65	79.13	84.78
200	47.10	50.24	56.52	62.80	70.65	78.50	87.92	94.20

注：1. 表中的粗线用以划分扁钢的组别

1 组—理论质量≤19kg/m；

2 组—理论质量＞19kg/m。

2. 表中的理论质量按密度 7.85g/cm^3 计算。

2. 钢板（钢带）理论质量

厚度/mm	理论质量/(kg/m²)	厚度/mm	理论质量/(kg/m²)	厚度/mm	理论质量/(kg/m²)
0.20	1.570	1.00	7.850	2.8	21.98
0.25	1.963	1.10	8.635	3.0	23.55
0.30	2.355	1.20	9.420	3.2	25.12
0.35	2.748	1.30	10.21	3.5	27.48
0.40	3.140	1.40	10.99	3.8	29.83
0.45	3.533	1.50	11.78	3.9	30.62
0.50	3.925	1.6	12.56	4.0	31.40
0.55	4.318	1.7	13.35	4.2	32.97
0.60	4.710	1.8	14.13	4.5	35.33
0.70	5.495	1.9	14.92	4.8	37.68
0.75	5.888	2.0	15.70	5.0	39.25
0.80	6.280	2.2	17.27	5.5	43.18
0.90	7.065	2.5	19.63	6.0	47.10

（续）

厚度 /mm	理论质量 /(kg/m^2)	厚度 /mm	理论质量 /(kg/m^2)	厚度 /mm	理论质量 /(kg/m^2)
6.5	51.03	18	141.3	38	298.3
7.0	54.95	19	149.2	40	314.0
8.0	62.80	20	157.0	42	329.7
9.0	70.65	21	164.9	45	353.3
10.0	78.50	24	188.4	48	376.8
11	86.35	25	196.3	50	392.5
12	94.20	26	204.1	52	408.2
13	102.1	28	219.8	55	431.8
14	109.9	30	235.5	60	471.0
15	117.8	32	251.2	65	510.3
16	125.6	34	266.9	70	549.7
17	133.5	36	282.6	75	588.8

（续）

厚度 /mm	理论质量 /(kg/m²)	厚度 /mm	理论质量 /(kg/m²)	厚度 /mm	理论质量 /(kg/m²)
80	628.0	120	942.0	170	1335
85	667.3	125	981.3	180	1413
90	706.5	130	1021	185	1452
95	745.8	140	1099	190	1492
100	785.0	150	1178	195	1531
105	824.3	160	1256	200	1570
110	863.5	165	1295		

3. 热轧钢板和钢带（GB/T 709—2006）

（1）钢板和钢带的尺寸范围

单轧钢板公称厚度：3 ~400mm

单轧钢板公称宽度：600 ~4800mm

（续）

钢板公称长度：2000～20000mm 钢带（包括连轧钢板）公称厚度：0.8～25.4mm 钢带（包括连轧钢板）公称宽度：600～2200mm 纵切钢带公称宽度：120～900mm
（2）钢板和钢带推荐的公称尺寸
1）单轨钢板的公称厚度在（1）所规定的范围内，厚度小于30mm的钢板按0.5mm倍数的任何尺寸；厚度不小于30mm的钢板按1mm倍数的任何尺寸 2）单轧钢板的公称宽度在（1）所规定的范围内，按10mm或50mm倍数的任何尺寸 3）钢带（包括连轧钢板）的公称厚度在（1）所规定的范围内，按0.1mm倍数的任何尺寸 4）钢带（包括连轧钢板）的公称宽度在（1）所规定的范围内，按10mm倍数的任何尺寸 5）钢板长度在（1）所规定的范围内，按50mm或100mm倍数的任何尺寸 6）根据需方要求，经供需双方协议，可以供应推荐公称尺寸以外的其他尺寸的钢板和钢带

4. 冷轧钢板和钢带（GB/T 708—2006）

（1）钢板和钢带的尺寸范围
钢板和钢带（包括纵切钢带）的公称厚度：0.30～4.00mm 钢板和钢带的公称宽度：600～2050mm 钢板的公称长度：1000～6000mm
（2）钢板和钢带推荐的公称尺寸
1）钢板和钢带（包括纵切钢带）的公称厚度在（1）所规定的范围内，公称厚度小于1mm的钢板和钢带按0.05mm倍数的任何尺寸；公称厚度不小于1mm的钢板和钢带按0.1mm倍数的任何尺寸 2）钢板和钢带（包括纵切钢带）的公称宽度在（1）所规定的范围内，按10mm倍数的任何尺寸 3）钢板的公称长度在（1）所规定的范围内，按50mm倍数的任何尺寸 4）根据需方要求，经供需双方协商，可以供应其他尺寸的钢板和钢带

5. 花纹钢板（GB/T 3277—1991）

(1) 用途：

用于制造厂房地板、扶梯、工作架踏板、汽车底板、船舶甲板等

(2) 结构图案

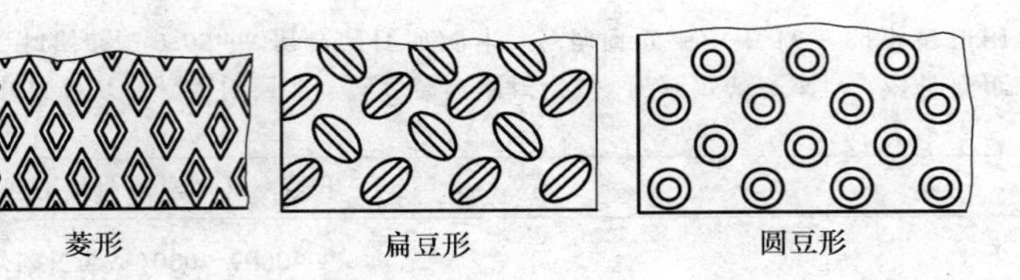

(3) 规格及理论质量

（续）

基本厚度/mm	理论质量/（kg/m^2）			基本厚度/mm	理论质量/（kg/m^2）		
	菱形	扁豆形	圆豆形		菱形	扁豆形	圆豆形
2.5	21.6	21.3	21.1	5.0	42.3	40.5	40.2
3.0	25.6	24.4	24.3	5.5	46.2	44.3	44.1
3.5	29.5	28.4	28.3	6.0	50.1	48.4	48.1
4.0	33.4	32.4	32.3	7.0	59.0	52.6	52.4
4.5	37.3	36.4	36.2	8.0	66.8	56.4	56.2

注：1. 钢板宽度为 600 ~ 1800mm，按 50mm 进级；长度为 2000 ~ 12000mm，按 100mm 进级。

2. 花纹纹高不小于基本厚度的 0.2 倍。

3. 钢板用钢的牌号按 GB/T 700、GB/T 712、GB/T 4171 的规定。

5.5.4 热轧等边角钢(GB/T 706—2008)

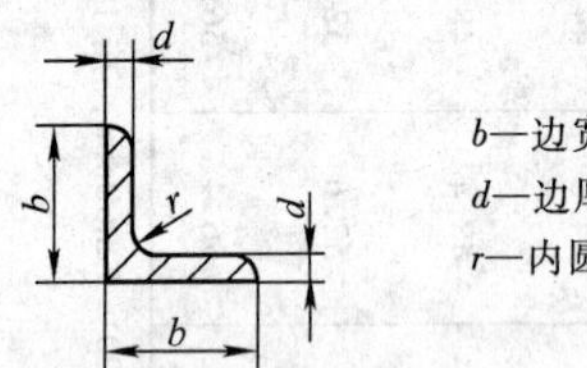

型号	截面尺寸/mm			理论质量/(kg/m)
	b	d	r	
2	20	3	3.5	0.889
		4		1.145
2.5	25	3	3.5	1.124
		4		1.459
3.0	30	3	4.5	1.373
		4		1.786
3.6	36	3	4.5	1.656
		4		2.163
		5		2.654
4	40	3	5	1.852
		4		2.422
		5		2.976
4.5	45	3	5	2.088
		4		2.736
		5		3.369
		6		3.985

（续）

型号	截面尺寸/mm			理论质量/(kg/m)
	b	d	r	
5	50	3	5.5	2.332
		4		3.059
		5		3.770
		6		4.465
5.6	56	3	6	2.624
		4		3.446
		5		4.251
		6		5.040
		7		5.812
		8		6.568
6	60	5	6.5	4.576
		6		5.427
		7		6.262
		8		7.081
6.3	63	4	7	3.907
		5		4.822
		6		5.721
		7		6.603
		8		7.469
		10		9.151
7	70	4	8	4.372
		5		5.397
		6		6.406

（续）

型号	截面尺寸/mm			理论质量/(kg/m)
	b	d	r	
7	70	7	8	7.398
		8		8.373
7.5	75	5	9	5.818
		6		6.905
		7		7.976
		8		9.030
		9		10.068
		10		11.089
8	80	5	9	6.211
		6		7.376
		7		8.525
		8		9.658
		9		10.774
		10		11.874
9	90	6	10	8.350
		7		9.656
		8		10.946
		9		12.219
		10		13.476
		12		15.940
10	100	6	12	9.366
		7		10.830
		8		12.276

（续）

型号	截面尺寸/mm			理论质量/(kg/m)
	b	d	r	
10	100	9	12	13.708
		10		15.120
		12		17.898
		14		20.611
		16		23.257
11	110	7	12	11.928
		8		13.535
		10		16.690
		12		19.782
		14		22.809
12.5	125	8	14	15.504
		10		19.133
		12		22.696
		14		26.193
		16		29.625
14	140	10	14	21.488
		12		25.522
		14		29.490
		16		33.393
15	150	8	14	18.644
		10		23.058
		12		27.406
		14		31.688

（续）

型号	截面尺寸/mm			理论质量/(kg/m)
	b	*d*	*r*	
15	150	15	14	33.804
		16		35.905
16	160	10	16	24.729
		12		29.391
		14		33.987
		16		38.518
18	180	12	16	33.159
		14		38.383
		16		43.542
		18		48.634
20	200	14	18	42.894
		16		48.680
		18		54.401
		20		60.056
		24		71.168
22	220	16	21	53.091
		18		60.250
		20		66.533
		22		72.751
		24		78.902
		26		84.987
25	250	18	24	68.956
		20		76.180

（续）

型号	截面尺寸/mm			理论质量/(kg/m)
	b	d	r	
25	250	24	24	90.433
		26		97.461
		28		104.422
		30		111.318
		32		118.149
		35		128.271

注：1. 理论质量按钢的密度 7.85g/cm³ 计算。

2. 角钢边宽、边厚的偏差及长度符合下表规定

边宽度/mm	边宽 b 偏差	边厚 d 偏差	长度
≤56	±0.8mm	±0.4mm	4~19m
>56~90	±1.2mm	±0.5mm	
>90~140	±1.8mm	±0.7mm	
>140~200	±2.5mm	±1.0mm	
>200	±3.5mm	±1.4mm	

5.5.5 热轧不等边角钢(GB/T 706—2008)

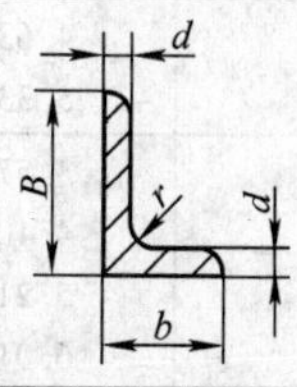

B—长边宽

b—短边宽

d—边厚

r—内圆弧半径

（续）

型号	尺寸/mm				理论质量/(kg/m)
	B	b	d	r	
2. 5/1. 6	25	16	3 4	3. 5	0. 912 1. 176
3. 2/2	32	20	3 4	3. 5	1. 171 1. 522
4/2. 5	40	25	3 4	4	1. 484 1. 936
4. 5/2. 8	45	28	3 4	5	1. 687 2. 203
5/3. 2	50	32	3 4	5. 5	1. 908 2. 494
5. 6/3. 6	56	36	3 4 5	6	2. 153 2. 818 3. 466
6. 3/4	63	40	4 5 6 7	7	3. 185 3. 920 4. 638 5. 339
7/4. 5	70	45	4 5 6 7	7. 5	3. 570 4. 403 5. 218 6. 011

（续）

型号	尺寸/mm				理论质量/(kg/m)
	B	b	d	r	
7.5/5	75	50	5	8	4.808
			6		5.699
			8		7.431
			10		9.098
8/5	80	50	5	8.5	5.005
			6		5.935
			7		6.848
			8		7.745
9/5.6	90	56	5	9	5.661
			6		6.717
			7		7.756
			8		8.779
10/6.3	100	63	6	10	7.550
			7		8.722
			8		9.878
			10		12.142
10/8	100	80	6	10	8.350
			7		9.656
			8		10.946
			10		13.476

（续）

型号	尺寸/mm				理论质量/(kg/m)
	B	b	d	r	
11/7	110	70	6	10	8.350
			7		9.656
			8		10.946
			10		13.476
12.5/8	125	80	7	11	11.066
			8		12.551
			10		15.474
			12		18.330
14/9	140	90	8	12	14.160
			10		17.475
			12		20.724
			14		23.908
15/9	150	90	8	12	14.788
			10		18.260
			12		21.666
			14		25.007
			15		26.652
			16		28.281
16/10	160	100	10	13	19.872
			12		23.592
			14		27.247
			16		30.835

（续）

型号	尺寸/mm				理论质量/(kg/m)
	B	b	d	r	
18/11	180	110	10	14	22.273
			12		26.440
			14		30.589
			16		34.649
20/12.5	200	125	12	14	29.761
			14		34.436
			16		39.045
			18		43.588

注:1. 理论质量按钢的密度 7.85g/cm³ 计算。

2. 角钢的边宽、边厚偏差及长度符合下表规定:

长边宽度/mm	边宽 B、b 偏差	边厚 d 偏差	长度
≤56	±0.8mm	±0.4mm	4~19m
>56~90	±1.5mm	±0.6mm	
>90~140	±2.0mm	±0.7mm	
>140~200	±2.5mm	±1.0mm	
>200	±3.5mm	±1.4mm	

5.5.6 热轧工字钢(GB/T 706—2008)

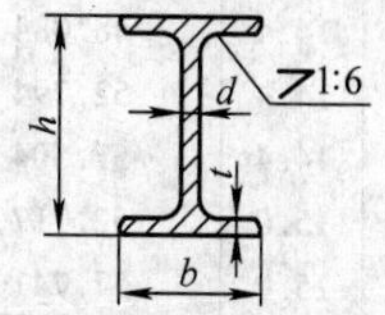

h—高度

b—腿宽

d—腰厚

t—平均腿厚度

（续）

型号	尺寸/mm				理论质量/(kg/m)
	h	*b*	*d*	*t*	
10	100	68	4.5	7.6	11.261
12	120	74	5.0	8.4	13.987
12.6	126	74	5.0	8.4	14.223
14	140	80	5.5	9.1	16.890
16	160	88	6.0	9.9	20.513
18	180	94	6.5	10.7	24.143
20a	200	100	7.0	11.4	27.929
20b	200	102	9.0	11.4	31.069
22a	220	110	7.5	12.3	33.070
22b	220	112	9.5	12.3	36.524
24a	240	116	8.0	13.0	37.477
24b	240	118	10.0	13.0	41.245
25a	250	116	8.0	13.0	38.105
25b	250	118	10.0	13.0	42.030
27a	270	122	8.5	13.7	42.825
27b	270	124	10.5	13.7	47.064
28a	280	122	8.5	13.7	43.492
28b	280	124	10.5	13.7	47.888
30a	300	126	9.0	14.4	48.084
30b	300	128	11.0	14.4	52.794
30c	300	130	13.0	14.4	57.504
32a	320	130	9.5	15.0	52.717
32b	320	132	11.5	15.0	57.741

（续）

型号	尺寸/mm				理论质量/(kg/m)
	h	*b*	*d*	*t*	
32c	320	134	13.5	15.0	62.765
36a	360	136	10.0	15.8	60.037
36b	360	138	12.0	15.8	65.689
36c	360	140	14.0	15.8	71.341
40a	400	142	10.5	16.5	67.598
40b	400	144	12.5	16.5	73.878
40c	400	146	14.5	16.5	80.158
45a	450	150	11.5	18.0	80.420
45b	450	152	13.5	18.0	87.485
45c	450	154	15.5	18.0	94.550
50a	500	158	12.0	20.0	93.654
50b	500	160	14.0	20.0	101.504
50c	500	162	16.0	20.0	109.354
55a	550	166	12.5	21.0	105.355
55b	550	168	14.5	21.0	113.970
55c	550	170	16.5	21.0	122.605
56a	560	166	12.5	21.0	106.316
56b	560	168	14.5	21.0	115.108
56c	560	170	16.5	21.0	123.900
63a	630	176	13.0	22.0	121.407
63b	630	178	15.0	22.0	131.298
63c	630	180	17.0	22.0	141.189

注：1. 理论质量按钢的密度 7.85g/cm³ 计算。

2. 工字钢长度：5～19m，根据需方要求也可供应其他长度的产品。

5.5.7 钢轨

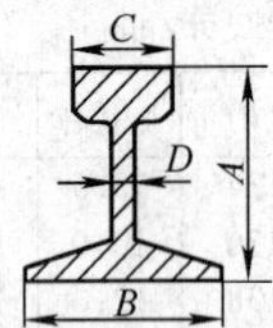

规格（型号）	截面尺寸/mm				理论质量/(kg/m)	长度/m
	A	*B*	*C*	*D*		
轻轨（GB/T 11264—1989）						
9kg/m	63.50	63.50	32.10	5.90	8.94	5~7
12kg/m	69.85	69.85	38.10	7.54	12.20	6~10
15kg/m	79.37	79.37	42.86	8.33	15.20	6~10
22kg/m	93.66	93.66	50.80	10.72	22.30	7~10
30kg/m	107.95	107.95	60.33	12.30	30.10	7~10
重轨（GB/T 2585—2007）						
38kg/m	134	114	68	13	38.73	12.5, 25, 50, 100
43kg/m	140	114	70	14.5	44.65	
50kg/m	152	132	70	15.5	51.51	
60kg/m	176	150	73	16.5	60.64	
起重机钢轨（YB/T 5055—1997）						
QU70	120	120	70	28	52.80	9,9.5, 10,10.5, 11,11.5, 12,12.5
QU80	130	130	80	32	63.69	
QU100	150	150	100	38	88.96	
QU120	170	170	120	44	118.10	

5.5.8 热轧槽钢(GB/T 706—2008)

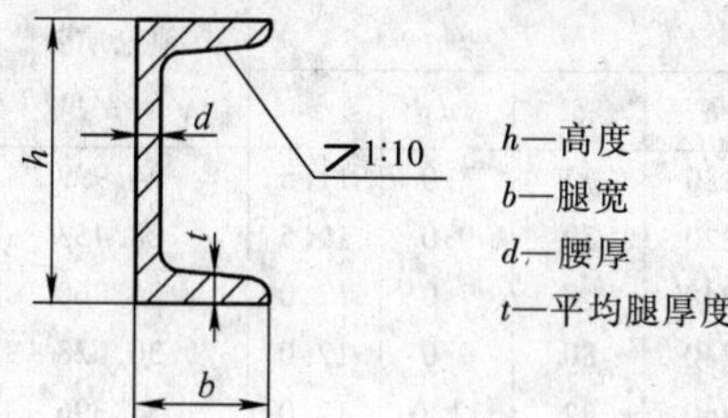

型号	尺寸/mm				理论质量/(kg/m)
	h	b	d	t	
5	50	37	4.5	7.0	5.438
6.3	63	40	4.8	7.5	6.634
6.5	65	40	4.8	7.5	6.709
8	80	43	5.0	8.0	8.045
10	100	48	5.3	8.5	10.007
12	120	53	5.5	9.0	12.059
12.6	126	53	5.5	9.0	12.318
14a	140	58	6.0	9.5	14.535
14b	140	60	8.0	9.5	16.733
16a	160	63	6.5	10.0	17.240
16b	160	65	8.5	10.0	19.752
18a	180	68	7.0	10.5	20.174
18b	180	70	9.0	10.5	23.000
20a	200	73	7.0	11.0	22.637
20b	200	75	9.0	11.0	25.777

（续）

型号	尺寸/mm				理论质量/(kg/m)
	h	b	d	t	
22a	220	77	7.0	11.5	24.999
22b	220	79	9.0	11.5	28.453
24a	240	78	7.0	12.0	26.860
24b	240	80	9.0	12.0	30.628
24c	240	82	11.0	12.0	34.396
25a	250	78	7.0	12.0	27.410
25b	250	80	9.0	12.0	31.335
25c	250	82	11.0	12.0	35.260
27a	270	82	7.5	12.5	30.838
27b	270	84	9.5	12.5	35.077
27c	270	86	11.5	12.5	39.316
28a	280	82	7.5	12.5	31.427
28b	280	84	9.5	12.5	35.823
28c	280	86	11.5	12.5	40.219
30a	300	85	7.5	13.5	34.463
30b	300	87	9.5	13.5	39.173
30c	300	89	11.5	13.5	43.883
32a	320	88	8.0	14.0	38.083
32b	320	90	10.0	14.0	43.107
32c	320	92	12.0	14.0	48.131
36a	360	96	9.0	16.0	47.814
36b	360	98	11.0	16.0	53.466
36c	360	100	13.0	16.0	59.118

（续）

型号	尺寸/mm				理论质量/(kg/m)
	h	b	d	t	
40a	400	100	10.5	18.0	58.928
40b	400	102	12.5	18.0	65.208
40c	400	104	14.5	18.0	71.488

注:1. 理论质量按钢的密度7.85g/cm^3 计算。

2. 槽钢长度:5～19m。根据需方要求也可供应其他长度的产品。

5.5.9 热轧盘条(GB/T 14981—2009)

直径/mm	横截面积/cm^2	理论质量/(kg/m)	直径/mm	横截面积/cm^2	理论质量/(kg/m)
5.5	23.8	0.187	10.0	78.5	0.617
6.0	28.3	0.222	10.5	86.6	0.680
6.5	33.2	0.260	11.0	95.0	0.746
7.0	38.5	0.302	11.5	103.9	0.815
7.5	44.2	0.347	12.0	113.1	0.888
8.0	50.3	0.395	12.5	122.7	0.963
8.5	56.7	0.445	13.0	132.7	1.042
9.0	63.6	0.499	13.5	143.1	1.124
9.5	70.9	0.556	14.0	153.9	1.208

5.5.10 钢筋混凝土用钢和预应力混凝土用钢棒

1. 钢筋混凝土用钢

品种及标准号		牌号	公称直径/mm	公称横截面积/mm^2	理论质量/(kg/m)
热轧光圆钢筋 GB 1499.1—2008		HPB235 HPB300	6	28.27	0.222
			8	50.27	0.395
			10	78.54	0.617
			12	113.1	0.888
			14	153.9	1.21
			16	201.1	1.58
			18	254.5	2.00
			20	314.2	2.47
			22	380.1	2.98
热轧带肋钢筋 GB 1499.2—2007	普通热轧带肋钢筋	HRB335 HRB400 HRB500	6	28.27	0.222
			8	50.27	0.395
			10	78.54	0.617
			12	113.1	0.888
			14	153.9	1.21
			16	201.1	1.58
			18	254.5	2.00
			20	314.2	2.47
	细晶粒热轧带肋钢筋	HRBF335 HRBF400 HRBF500	22	380.1	2.98
			25	490.9	3.85
			28	615.8	4.83
			32	804.2	6.31
			36	1018	7.99
			40	1257	9.87
			50	1964	15.42

2. 预应力混凝土用钢棒（GB/T 5223.3—2005）

（1）钢棒的规格与性能

表面形状类型	公称直径 D_n /mm	公称横截面积 S_n /mm²	横截面积 S/mm²		每米参考质量 /(g/m)	抗拉强度 R_m /MPa ≥	规定非比例延伸强度 $R_{p0.2}$ /MPa ≥	弯曲性能	
			最小	最大				性能要求	弯曲半径 /mm
光圆	6	28.3	26.8	29.0	222	对所有规格钢棒 1080 1230 1420 1570	对所有规格钢棒 930 1080 1280 1420	反复弯曲不小于 4 次/180°	15
	7	38.5	36.3	39.5	302				20
	8	50.3	47.5	51.5	394				20
	10	78.5	74.1	80.4	616				25
	11	95.0	93.1	97.4	746			弯曲 160°～180°后弯曲处无裂纹	弯芯直径为钢棒公称直径的 10 倍
	12	113	106.8	115.8	887				
	13	133	130.3	136.3	1044				
	14	154	145.6	157.8	1209				
	16	201	190.2	206.0	1578				

（续）

表面形状类型	公称直径 D_n /mm	公称横截面积 S_n /mm²	横截面积 S/mm²		每米参考质量 /(g/m)	抗拉强度 R_m /MPa ≥	规定非比例延伸强度 $R_{p0.2}$ /MPa ≥	弯曲性能	
			最小	最大				性能要求	弯曲半径 /mm
螺旋槽	7.1	40	39.0	41.7	314	对所有规格钢棒 1080 1230 1420 1570	对所有规格钢棒 930 1080 1280 1420	—	
	9	64	62.4	66.5	502				
	10.7	90	87.5	93.6	707				
	12.6	125	121.5	129.9	981				
螺旋肋	6	28.3	26.8	29.0	222			反复弯曲不小于4次/180°	15
	7	38.5	36.3	39.5	302				20
	8	50.3	47.5	51.5	394				20
	10	78.5	74.1	80.4	616				25

（续）

表面形状类型	公称直径 D_n /mm	公称横截面积 S_n /mm^2	横截面积 S/mm^2		每米参考质量 /(g/m)	抗拉强度 R_m /MPa ≥	规定非比例延伸强度 $R_{p0.2}$ /MPa ≥	弯曲性能	
			最小	最大				性能要求	弯曲半径 /mm
螺旋肋	12	113	106.8	115.8	888	对所有规格钢棒 1080 1230 1420 1570	对所有规格钢棒 930 1080 1280 1420	弯曲160°～180°后弯曲处无裂纹	弯芯直径为钢棒公称直径的10倍
	14	154	145.6	157.8	1209				
带肋	6	28.3	26.8	29.0	222			—	
	8	50.3	47.5	51.5	394				
	10	78.5	74.1	80.4	616				
	12	113	106.8	115.8	887				
	14	154	145.6	157.8	1209				
	16	201	190.2	206.0	1578				

（续）

(2)表面形状与尺寸

1)螺旋槽钢棒尺寸、偏差及外形

公称直径 D_n/mm	螺旋槽数量/(条)	外轮廓直径及偏差		螺旋槽尺寸				导程及偏差	
		直径 D/mm	偏差/mm	深度 a/mm	偏差/mm	宽度 b/mm	偏差/mm	导程/mm	偏差/mm
7.1	3	7.25	±0.15	0.20	±0.10	1.70	±0.10	公称直径的10倍	±10
9	6	9.15	±0.20	0.30		1.50			
10.7	6	11.10		0.30		2.00			
12.6	6	13.10		0.45	±0.15	2.20			

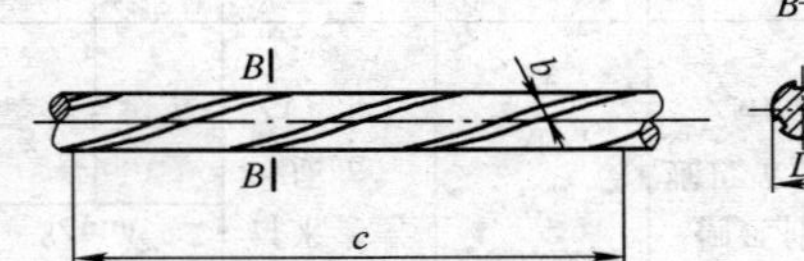

a)3 条螺旋槽钢棒外形示意图

（续）

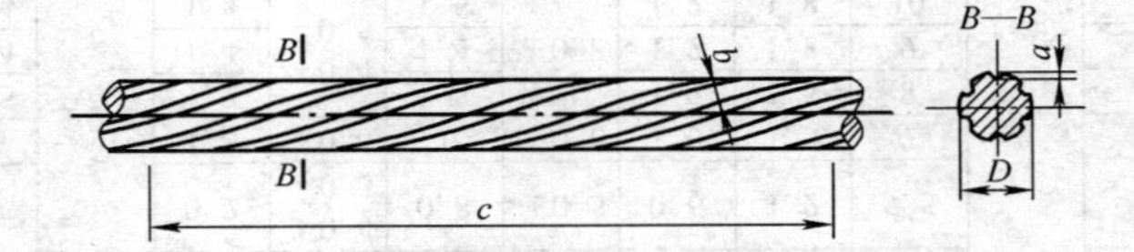

b)6 条螺旋槽钢棒外形示意图

2)螺旋肋钢棒的尺寸、偏差及外形

公称直径 D_n/mm	螺旋肋数量/(条)	基圆尺寸		外轮廓尺寸		单肋尺寸	螺旋肋导程 c/mm
		基圆直径 D_1/mm	偏差/mm	外轮廓直径 D/mm	偏差/mm	宽度 a/mm	
6	4	5.80	±0.10	6.30	±0.15	2.20～2.60	40～50
7		6.73		7.46		2.60～3.00	50～60
8		7.75		8.45		3.00～3.40	60～70
10		9.75		10.45	±0.20	3.60～4.20	70～85
12		11.70	±0.15	12.50		4.20～5.00	85～100
14		13.75		14.40		5.00～5.80	100～115

（续）

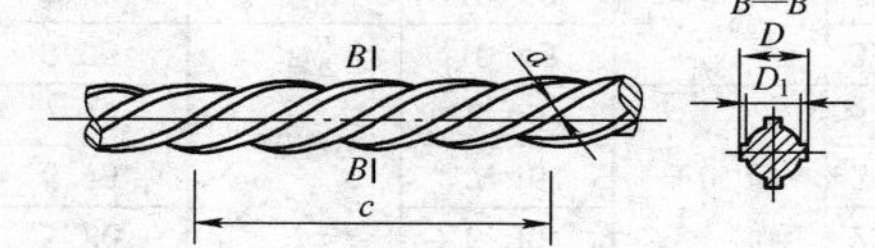

螺旋肋钢棒外形示意图

3）有纵肋带肋钢棒的外形、尺寸及偏差

公称直径 D_n /mm	内径 d		横肋高 h		纵肋高 h_1		横肋宽 b /mm	纵肋宽 a /mm	间距 L		横肋末端最大间隙（公称周长的10%弦长）/mm
	公称尺寸 /mm	偏差 /mm	公称尺寸 /mm	偏差 /mm	公称尺寸 /mm	偏差 /mm			公称尺寸 /mm	偏差 /mm	
6	5.8	±0.4	0.5	±0.3	0.6	±0.3	0.4	10	4	±0.5	1.8
8	7.7	±0.5	0.7	+0.4 −0.3	0.8	±0.5	0.6	1.2	5.5		2.5
10	9.6		1.0	±0.4	1	±0.6	1.0	1.5	7		3.1
12	11.5		1.2	+0.4 −0.5	1.2	±0.8	1.2	1.5	8		3.7
14	13.4		1.4		1.4		1.2	1.8	9		4.3
16	15.4		1.5		1.5		1.2	1.8	10		5.0

注：纵肋斜角为0°～30°。

（续）

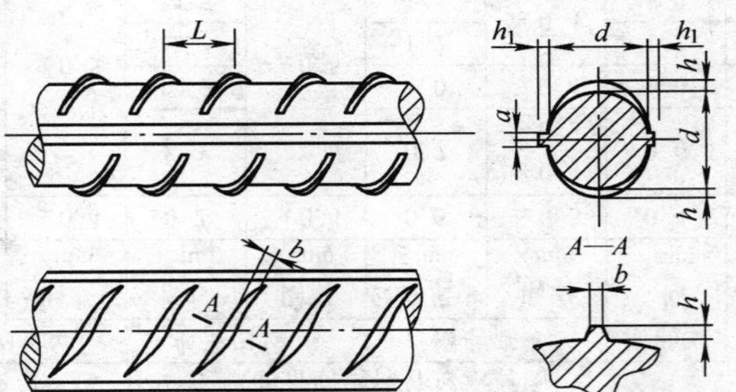

有纵肋带肋钢棒外形示意图

4）无纵肋带肋钢棒的外形、尺寸及偏差

（续）

无纵肋带肋钢棒外形示意图

公称直径 D_n /mm	垂直内径 d_1		水平内径 d_2		横肋高 h		横肋宽 b /mm	间距 L	
	公称尺寸 /mm	偏差 /mm	公称尺寸 /mm	偏差 /mm	公称尺寸 /mm	偏差 /mm		公称尺寸 /mm	偏差 /mm
6	5.7	±0.4	6.2	±0.4	0.5	±0.3	0.4	4	±0.5
8	7.5	±0.5	8.3	±0.5	0.7	+0.4 -0.3	0.6	5.5	
10	9.4		10.3		1.0	±0.4	1.0	7	
12	11.3		12.3		1.2	+0.4 -0.5	1.2	8	
14	13		14.3		1.4		1.2	9	
16	15		16.3		1.5		1.2	10	

注：1. 公称直径是指横截面积等同于光圆钢棒横截面积时，所对应的直径。

2. 尺寸 b 为参考数据。

5.5.11 结构用圆形冷弯空心型钢(GB/T 6728—2002)

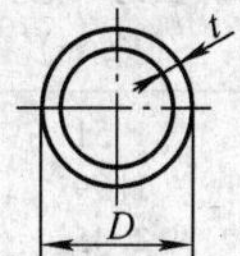

圆形空心钢代号 Y
D—外径　t—壁厚

外径 D /mm	允许偏差 /mm	壁厚 t /mm	理论质量 /(kg/m)
21.3	±0.5	1.2	0.59
		1.5	0.73
		1.75	0.84
		2.0	0.95
		2.5	1.16
		3.0	1.35
26.8	±0.5	1.2	0.76
		1.5	0.94
		1.75	1.08
		2.0	1.22
		2.5	1.50
		3.0	1.76
33.5	±0.5	1.5	1.18
		2.0	1.55
		2.5	1.91
		3.0	2.26
		3.5	2.59
		4.0	2.91

（续）

外径 *D* /mm	允许偏差 /mm	壁厚 *t* /mm	理论质量 /(kg/m)
42. 3	±0. 5	1. 5	1. 51
		2. 0	1. 99
		2. 5	2. 45
		3. 0	2. 91
		4. 0	3. 78
48	±0. 5	1. 5	1. 72
		2. 0	2. 27
		2. 5	2. 81
		3. 0	3. 33
		4. 0	4. 34
		5. 0	5. 30
60	±0. 6	2. 0	2. 86
		2. 5	3. 55
		3. 0	4. 22
		4. 0	5. 52
		5. 0	6. 78
75. 5	±0. 76	2. 5	4. 50
		3. 0	5. 36
		4. 0	7. 05
		5. 0	8. 69
88. 5	±0. 90	3. 0	6. 33
		4. 0	8. 34
		5. 0	10. 30
		6. 0	12. 21
114	±1. 15	4. 0	10. 85
		5. 0	13. 44
		6. 0	15. 98

（续）

外径 D /mm	允许偏差 /mm	壁厚 t /mm	理论质量 /(kg/m)
140	±1.40	4.0	13.42
		5.0	16.65
		6.0	19.83
165	±1.65	4.0	15.88
		5.0	19.73
		6.0	23.53
		8.0	30.97
219.1	±2.20	5.0	26.40
		6.0	31.53
		8.0	41.6
		10.0	51.6
273	±2.75	5.0	33.0
		6.0	39.5
		8.0	52.3
		10.0	64.9
325	±3.25	5.0	39.5
		6.0	47.2
		8.0	62.5
		10.0	77.7
		12.0	92.6
355.6	±3.55	6.0	51.7
		8.0	68.6
		10.0	85.2
		12.0	101.7
406.4	±4.10	8.0	78.6
		10.0	97.8
		12.0	116.7

（续）

外径 D /mm	允许偏差 /mm	壁厚 t /mm	理论质量 /(kg/m)
457	±4.60	8.0 10.0 12.0	88.6 110.0 131.7
508	±5.10	8.0 10.0 12.0	98.6 123.0 146.8
610	±6.10	8.0 10.0 12.5 16.0	118.8 148.0 184.2 234.4

5.5.12 结构用方形冷弯空心型钢（GB/T 6728—2002）

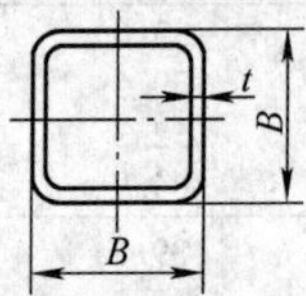

方形空心钢代号 F

B—边长　t—壁厚

边长 B /mm	允许偏差 /mm	壁厚 t /mm	理论质量 /(kg/m)
20	±0.5	1.2 1.5 1.75 2.0	0.679 0.826 0.941 1.050
25	±0.5	1.2 1.5 1.75 2.0	0.867 1.061 1.215 1.363

（续）

边长 B /mm	允许偏差 /mm	壁厚 t /mm	理论质量 /(kg/m)
30	±0.5	1.5	1.296
		1.75	1.490
		2.0	1.677
		2.5	2.032
		3.0	2.361
40	±0.5	1.5	1.767
		1.75	2.039
		2.0	2.305
		2.5	2.817
40	±0.5	3.0	3.303
		4.0	4.198
50	±0.5	1.5	2.238
		1.75	2.589
		2.0	2.933
		2.5	3.602
		3.0	4.245
		4.0	5.454
60	±0.6	2.0	3.560
		2.5	4.387
		3.0	5.187
		4.0	6.710
		5.0	8.129

（续）

边长 *B* /mm	允许偏差 /mm	壁厚 *t* /mm	理论质量 /(kg/m)
70	±0.65	2.5	5.170
		3.0	6.129
		4.0	7.966
		5.0	9.699
80	±0.70	2.5	5.957
		3.0	7.071
		4.0	9.222
		5.0	11.269
90	±0.75	3.0	8.013
		4.0	10.478
		5.0	12.839
		6.0	15.097
100	±0.80	4.0	11.734
		5.0	14.409
		6.0	16.981
110	±0.90	4.0	12.99
		5.0	15.98
		6.0	18.866
120	±0.90	4.0	14.246
		5.0	17.549
		6.0	20.749
		8.0	26.840

（续）

边长 *B* /mm	允许偏差 /mm	壁厚 *t* /mm	理论质量 /(kg/m)
130	±1.00	4.0	15.502
		5.0	19.120
		6.0	22.634
		8.0	28.921
140	±1.10	4.0	16.758
		5.0	20.689
		6.0	24.517
		8.0	31.864
150	±1.20	4.0	18.014
		5.0	22.26
		6.0	26.402
		8.0	33.945
160	±1.20	4.0	19.270
		5.0	23.829
		6.0	28.285
		8.0	36.888
170	±1.30	4.0	20.562
		5.0	25.400
		6.0	30.170
		8.0	38.969
180	±1.40	4.0	21.800
		5.0	27.000
		6.0	32.100
		8.0	41.500

（续）

边长 B /mm	允许偏差 /mm	壁厚 t /mm	理论质量 /(kg/m)
190	±1.50	4.0 5.0 6.0 8.0	23.00 28.50 33.90 44.00
200	±1.60	4.0 5.0 6.0 8.0 10.0	24.30 30.10 35.80 46.50 57.00
220	±1.80	5.0 6.0 8.0 10.0 12.0	33.2 39.6 51.5 63.2 73.5
250	±2.00	5.0 6.0 8.0 10.0 12.0	38.0 45.2 59.1 72.7 84.8
280	±2.20	5.0 6.0 8.0 10.0 12.0	42.7 50.9 66.6 82.1 96.1

（续）

边长 B /mm	允许偏差 /mm	壁厚 t /mm	理论质量 /(kg/m)
300	±2.40	6.0	54.7
		8.0	71.6
		10.0	88.4
		12.0	104
350	±2.80	6.0	64.1
		8.0	84.2
		10.0	104
		12.0	123
400	±3.20	8.0	96.7
		10.0	120
		12.0	141
		14.0	163
450	±3.60	8.0	109
		10.0	135
		12.0	160
		14.0	185
500	±4.00	8.0	122
		10.0	151
		12.0	179
		14.0	207
		16.0	235

5.5.13 结构用矩形冷弯空心型钢(GB/T 6728—2002)

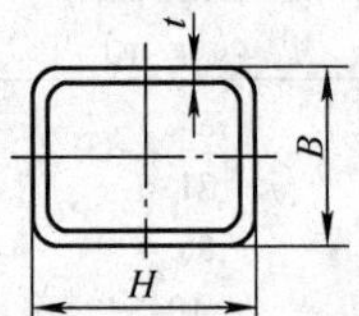

矩形空心钢代号 J

t—壁厚,*H*—长边长,*B*—短边长

边长/mm		允许偏差/mm	壁厚 *t*/mm	理论质量/(kg/m)
H	*B*			
30	20	±0.50	1.5	1.06
			1.75	1.22
			2.0	1.36
			2.5	1.64
40	20	±0.50	1.5	1.30
			1.75	1.49
			2.0	1.68
			2.5	2.03
			3.0	2.36
40	25	±0.50	1.5	1.41
			1.75	1.63
			2.0	1.83
			2.5	2.23
			3.0	2.60

（续）

边长/mm		允许偏差/mm	壁厚 *t* /mm	理论质量/(kg/m)
H	*B*			
40	30	±0.50	1.5	1.53
			1.75	1.77
			2.0	1.99
			2.5	2.42
			3.0	2.83
50	25	±0.50	1.5	1.65
			1.75	1.90
			2.0	2.15
			2.5	2.62
			3.0	3.07
50	30	±0.50	1.5	1.767
			1.75	2.039
			2.0	2.305
			2.5	2.817
			3.0	3.303
			4.0	4.198
50	40	±0.50	1.5	2.003
			1.75	2.314
			2.0	2.619
			2.5	3.210
			3.0	3.775
			4.0	4.826

（续）

边长/mm		允许偏差 /mm	壁厚 t /mm	理论质量 /(kg/m)
H	B			
55	25	±0.50	1.5	1.767
			1.75	2.039
			2.0	2.305
55	40	±0.50	1.5	2.121
			1.75	2.452
			2.0	2.776
55	50	±0.60	1.75	2.726
			2.0	3.090
60	30	±0.60	2.0	2.620
			2.5	3.209
			3.0	3.774
			4.0	4.826
60	40	±0.60	2.0	2.934
			2.5	3.602
			3.0	4.245
			4.0	5.451
70	50	±0.60	2.0	3.562
			2.5	5.187
			3.0	6.710
			4.0	8.129

（续）

边长/mm		允许偏差/mm	壁厚 t/mm	理论质量/(kg/m)
H	B			
80	40	±0.70	2.0	3.561
			2.5	4.387
			3.0	5.187
			4.0	6.710
			5.0	8.129
80	60	±0.70	3.0	6.129
			4.0	7.966
			5.0	9.699
90	40	±0.75	3.0	5.658
			4.0	7.338
			5.0	8.914
90	50	±0.75	2.0	4.190
			2.5	5.172
			3.0	6.129
			4.0	7.966
			5.0	9.699
90	55	±0.75	2.0	4.346
			2.5	5.368
90	60	±0.75	3.0	6.600
			4.0	8.594
			5.0	10.484

（续）

边长/mm		允许偏差/mm	壁厚 t /mm	理论质量/(kg/m)
H	B			
95	50	±0.75	2.0	4.347
			2.5	5.369
100	50	±0.80	3.0	6.600
			4.0	8.594
			5.0	10.484
120	50	±0.90	2.5	6.350
			3.0	7.543
120	60	±0.90	3.0	8.013
			4.0	10.478
			5.0	12.839
			6.0	15.097
120	80	±0.90	3.0	8.955
			4.0	11.734
			5.0	14.409
			6.0	16.981
140	80	±1.00	4.0	12.990
			5.0	15.979
			6.0	18.865
150	100	±1.20	4.0	14.874
			5.0	18.334
			6.0	21.691
			8.0	28.096

（续）

边长/mm		允许偏差/mm	壁厚 t /mm	理论质量/(kg/m)
H	B			
160	60	±1.20	3.0	9.898
			4.5	14.498
160	80	±1.20	4.0	14.216
			5.0	17.519
			6.0	20.749
			8.0	26.810
180	65	±1.20	3.0	11.075
			4.5	16.264
180	100	±1.30	4.0	16.758
			5.0	20.689
			6.0	24.517
			8.0	31.861
200	100	±1.30	4.0	18.014
			5.0	22.259
			6.0	26.101
			8.0	34.376
200	120	±1.40	4.0	19.3
			5.0	23.8
			6.0	28.3
			8.0	36.5
200	150	±1.50	4.0	21.2
			5.0	26.2
			6.0	31.1
			8.0	40.2

（续）

边长/mm		允许偏差/mm	壁厚 t /mm	理论质量/(kg/m)
H	B			
220	140	±1.50	4.0	21.8
			5.0	27.0
			6.0	32.1
			8.0	41.5
250	150	±1.60	4.0	24.3
			5.0	30.1
			6.0	35.8
			8.0	46.5
260	180	±1.80	5.0	33.2
			6.0	39.6
			8.0	51.5
			10.0	63.2
300	200	±2.00	5.0	38.0
			6.0	45.2
			8.0	59.1
			10.0	72.7
350	250	±2.20	5.0	45.8
			6.0	54.7
			8.0	71.6
			10.0	88.4

（续）

边长/mm		允许偏差/mm	壁厚 t/mm	理论质量/(kg/m)
H	B			
400	200	±2.40	5.0	45.8
			6.0	54.7
			8.0	71.6
			10.0	88.4
			12.0	104
400	250	±2.60	5.0	49.7
			6.0	59.4
			8.0	77.9
			10.0	96.2
			12.0	113
450	250	±2.80	6.0	64.1
			8.0	84.2
			10.0	104
			12.0	123
500	300	±3.20	6.0	73.5
			8.0	96.7
			10.0	120
			12.0	141
550	350	±3.60	8.0	109
			10.0	135
			12.0	160
			14.0	185

（续）

边长/mm		允许偏差/mm	壁厚 t/mm	理论质量/(kg/m)
H	B			
600	400	±4.00	8.0	122
			10.0	151
			12.0	179
			14.0	207
			16.0	235

5.5.14 冷弯等边角钢（GB/T 6723—2008）

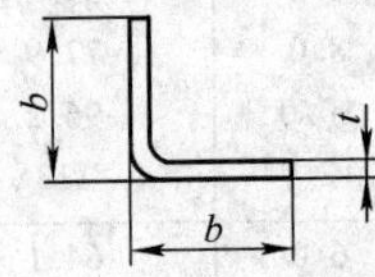

截面图
代号:JD

规格 (b×b×t)/mm	理论质量/(kg/m)	规格 (b×b×t)/mm	理论质量/(kg/m)
20×20×1.2	0.354	50×50×2.0	1.508
20×20×2.0	0.566	50×50×3.0	2.216
30×30×1.6	0.714	50×50×4.0	2.894
30×30×2.0	0.880	60×60×2.0	1.822
30×30×3.0	1.274	60×60×3.0	2.687
40×40×1.6	0.965	60×60×4.0	3.522
40×40×2.0	1.194	70×70×3.0	3.158
40×40×3.0	1.745	70×70×4.0	4.150

（续）

规格 $(b \times b \times t)$/mm	理论质量/(kg/m)	规格 $(b \times b \times t)$/mm	理论质量/(kg/m)
80×80×4.0	4.778	200×200×10	29.583
80×80×5.0	5.895	250×250×8.0	30.164
100×100×4.0	6.034	250×250×10	37.383
100×100×5.0	7.465	250×250×12	44.472
150×150×6.0	13.458	300×300×10	45.183
150×150×8.0	17.685	300×300×12	53.832
150×150×10	21.783	300×300×14	62.022
200×200×6.0	18.138	300×300×16	70.312
200×200×8.0	23.925		

5.5.15 冷弯不等边角钢(GB/T 6723—2008)

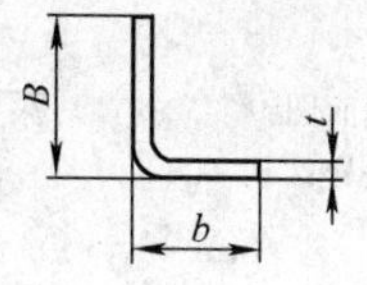

截面图
代号:JB

规格 $(B \times b \times t)$/mm	理论质量/(kg/m)	规格 $(B \times b \times t)$/mm	理论质量/(kg/m)
30×20×2.0	0.723	60×40×2.5	1.866
30×20×3.0	1.039	60×40×4.0	2.894
50×30×2.5	1.473	70×40×3.0	2.452
50×30×4.0	2.266	70×40×4.0	3.208

（续）

规格 $(B\times b\times t)$/mm	理论质量 /(kg/m)	规格 $(B\times b\times t)$/mm	理论质量 /(kg/m)
80×50×3.0	2.923	200×160×8.0	21.429
80×50×4.0	3.836	200×160×10	24.463
100×60×3.0	3.629	200×160×12	31.368
100×60×4.0	4.778	250×220×10	35.043
100×60×5.0	5.895	250×220×12	41.664
150×120×6.0	12.054	250×220×14	47.826
150×120×8.0	15.813	300×260×12	50.088
150×120×10	19.443	300×260×14	57.654
		300×260×16	65.320

5.5.16 冷弯等边槽钢（GB/T 6723—2008）

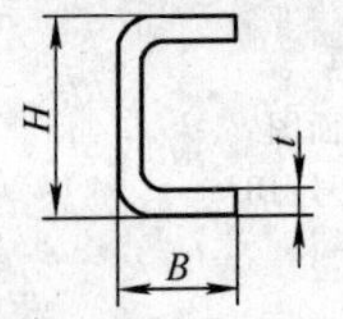

截面图
代号:CD

规格 $(H\times B\times t)$/mm	理论质量 /(kg/m)	规格 $(H\times B\times t)$/mm	理论质量 /(kg/m)
20×10×1.5	0.401	100×50×3.0	4.433
20×10×2.0	0.505	100×50×4.0	5.788
50×30×2.0	1.604	140×60×3.0	5.846
50×30×3.0	2.314	140×60×4.0	7.672
50×50×3.0	3.256	140×60×5.0	9.436

（续）

规格 (H×B×t)/mm	理论质量 /(kg/m)	规格 (H×B×t)/mm	理论质量 /(kg/m)
200×80×4.0	10.812	400×200×10	59.166
200×80×5.0	13.361	400×200×12	70.223
200×80×6.0	15.849	400×200×14	80.366
250×130×6.0	22.703	450×220×10	66.186
250×130×8.0	29.755	450×220×12	78.647
300×150×6.0	26.915	450×220×14	90.194
300×150×8.0	35.371	500×250×12	88.943
300×150×10	43.566	500×250×14	102.206
350×180×8.0	42.235	550×280×12	99.239
350×180×10	52.146	550×280×14	114.218
350×180×12	61.799	600×300×14	124.046
		600×300×16	140.624

5.5.17 冷弯不等边槽钢（GB/T 6723—2008）

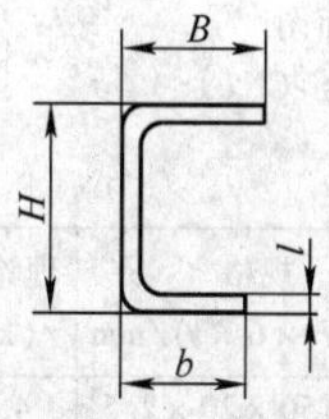

截面图
代号：CB

（续）

规格 $(H \times B \times b \times t)$/mm	理论质量 /(kg/m)	规格 $(H \times B \times b \times t)$/mm	理论质量 /(kg/m)
50×32×20×2.5	1.840	300×90×80×6.0	20.831
50×32×20×3.0	2.169	300×90×80×8.0	27.259
80×40×20×2.5	2.586	350×100×90×6.0	24.107
80×40×20×3.0	3.064	350×100×90×8.0	31.627
100×60×30×3.0	4.242	400×150×100×8.0	38.491
150×60×50×3.0	5.890	400×150×100×10	47.466
		450×200×150×10	59.166
200×70×60×4.0	9.832	450×200×150×12	70.223
200×70×60×5.0	12.061	500×250×200×12	84.263
		500×250×200×14	96.746
250×80×70×5.0	14.791	550×300×250×14	113.125
250×80×70×6.0	17.555	550×300×250×16	128.144

5.5.18 冷弯内卷边槽钢(GB/T 6723—2008)

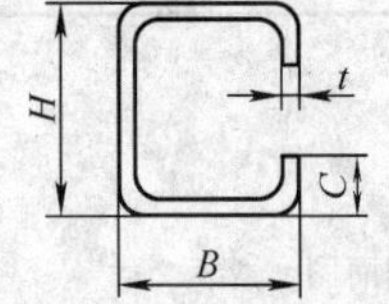

截面图

代号:CN

规格 $(H \times B \times C \times t)$/mm	理论质量 /(kg/m)	规格 $(H \times B \times C \times t)$/mm	理论质量 /(kg/m)
60×30×10×2.5	2.363	100×50×20×2.5	4.325
60×30×10×3.0	2.743	100×50×20×3.0	5.098

（续）

规格 $(H\times B\times C\times t)$/mm	理论质量 /(kg/m)
140×60×20×2.5	5.503
140×60×20×3.0	6.511
180×60×20×3.0	7.453
180×70×20×3.0	7.924
200×60×20×3.0	7.924
200×70×20×3.0	8.395
250×40×15×3.0	7.924
300×40×15×3.0	9.102
400×50×15×3.0	11.928
450×70×30×6.0	28.092
450×70×30×8.0	36.421
500×100×40×6.0	34.176
500×100×40×8.0	44.533
500×100×40×10	54.372
550×120×50×8.0	51.397
550×120×50×10	62.952
550×120×50×12	73.990
600×150×60×12	86.158
600×150×60×14	97.395
600×150×60×16	109.025

5.5.19 冷弯外卷边槽钢(GB/T 6723—2008)

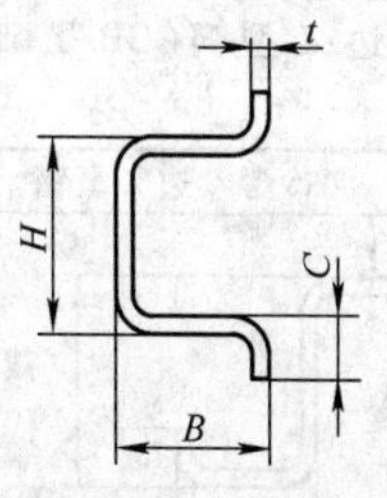

截面图

代号:CW

（续）

规格 $(H\times B\times C\times t)$/mm	理论质量/(kg/m)	规格 $(H\times B\times C\times t)$/mm	理论质量/(kg/m)
30×30×16×2.5	2.009	300×70×50×6.0	22.944
50×20×15×3.0	2.272	350×70×50×8.0	29.557
60×25×32×2.5	3.030	350×80×60×6.0	27.156
60×25×32×3.0	3.544	350×80×60×8.0	35.173
80×40×20×4.0	5.296	400×90×70×8.0	40.789
100×30×15×3.0	3.921	400×90×70×10	49.692
150×40×20×4.0	7.497	450×100×80×8.0	46.405
150×40×20×5.0	8.913	450×100×80×10	56.712
200×50×30×4.0	10.305	500×150×90×10	69.972
200×50×30×5.0	12.423	500×150×90×12	82.414
250×60×40×5.0	15.933	550×200×100×12	98.326
250×60×40×6.0	18.732	550×200×100×14	111.591
		600×250×150×14	138.891
		600×250×150×16	156.449

5.5.20 冷弯 Z 型钢和冷弯卷边 Z 型钢（GB/T 6723—2008）

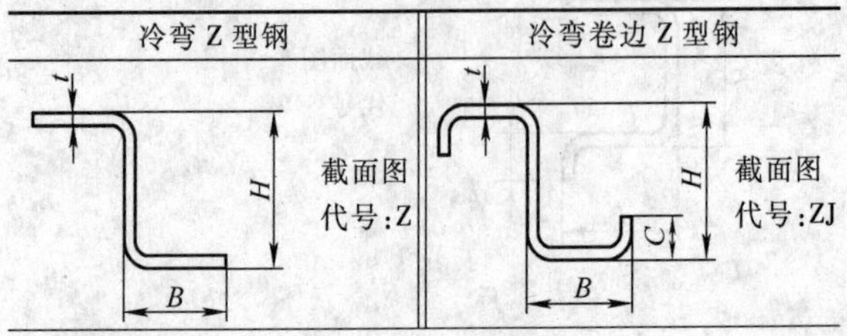

（续）

规格 $(H \times B \times t)$/mm	理论质量 /(kg/m)	规格 $(H \times B \times C \times t)$/mm	理论质量 /(kg/m)
80×40×2.5	2.947	100×40×20×2.0	3.208
80×40×3.0	3.491	100×40×20×2.5	3.933
100×50×2.5	3.732	140×50×20×2.5	5.110
100×50×3.0	4.433	140×50×20×3.0	6.040
140×70×3.0	6.291	180×70×20×2.5	6.680
140×70×4.0	8.272	180×70×20×3.0	7.924
200×100×3.0	9.099	230×75×25×3.0	9.573
200×100×4.0	12.016	230×75×25×4.0	12.518
300×120×4.0	16.384	250×75×25×3.0	10.044
300×120×5.0	20.251	250×75×25×4.0	13.146
400×150×6.0	31.595	300×100×30×4.0	16.545
400×150×8.0	41.611	300×100×30×6.0	23.880
		400×120×40×8.0	40.789
		400×120×40×10	49.692

5.6 钢管

5.6.1 无缝钢管(GB/T 17395—2008)

（1）普通钢管的外径和壁厚/mm

系列1外径	壁厚	系列1外径	壁厚
10(10.2)	0.25~3.5(3.6)	13.5	0.25~4.0

（续）

(1) 普通钢管的外径和壁厚/mm

系列 1 外径	壁厚	系列 1 外径	壁厚
17(17.2)	0.25～5.0	813	20～120
21(21.3)	0.40～6.0	914	25～120
27(26.9)	0.40～7.0(7.1)	1016	25～120
34(33.7)	0.40～8.0	—	—
42(42.4)	1.0～10	系列 2 外径	壁厚
48(48.3)	1.0～12(12.5)	6	0.25～2.0
60(60.3)	1.0～16	7	0.25～2.5(2.6)
76(76.1)	1.0～20	8	0.25～2.5(2.6)
89(88.9)	1.4～24	9	0.25～2.8
114(114.3)	1.5～30	11	0.25～3.5(3.6)
140(139.7)	(2.9)3.0～36	12	0.25～4.0
168(168.3)	3.5(3.6)～45	13(12.7)	0.25～4.0
219(219.1)	6.0～55	16	0.25～5.0
273	(6.3)6.5～85	19	0.25～6.0
325(323.9)	7.5～100	20	0.25～6.0
356(355.6)	(8.8)9.0～100	25	0.40～7.0(7.1)
406(406.4)	(8.8)9.0～100	28	0.40～7.0(7.1)
457	(8.8)9.0～100	32(31.8)	0.40～8.0
508	(8.8)9.0～110	38	0.40～10
610	(8.8)9.0～120	40	0.40～10
711	12(12.5)～120	51	1.0～12(12.5)
		57	1.0～14(14.2)

（续）

（1）普通钢管的外径和壁厚/mm

系列 2 外径	壁厚	系列 2 外径	壁厚
63(63.5)	1.0～16	480	(8.8)9.0～100
65	1.0～16	500	(8.8)9.0～110
68	1.0～16	530	(8.8)9.0～120
70	1.0～17(17.5)	630	9.0～120
77	1.4～20	720	12(12.5)～120
80	1.4～20	760	20～120
85	1.4～22(22.2)	系列 3 外径	壁厚
95	1.4～24	14	0.25～4.0
102(101.6)	1.4～28	18	0.25～5.0
121	1.5～32	22	0.40～6.0
127	1.8～32	25.4	0.40～7.0(7.1)
133	2.5(2.6)～36	30	0.40～8.0
146	(2.9)3.0～40	35	0.40～8.8(9.0)
203	3.5(3.6)～55	45(44.5)	1.0～12(12.5)
299(298.5)	7.5～100	54	1.0～14(14.2)
340(339.7)	8.0～100	73	1.0～19
351	8.0～100	83(82.5)	1.4～22(22.2)
377	(8.8)9.0～100	108	1.4～30
402	(8.8)9.0～100	142(141.3)	(2.9)3.0～36
426	(8.8)9.0～100	152(152.4)	(2.9)3.0～40
450	(8.8)9.0～100	159	(3.5)3.6～45
473	(8.8)9.0～100	180(177.8)	(3.5)3.6～50

（续）

（1）普通钢管的外径和壁厚/mm

系列3外径	壁厚	系列3外径	壁厚
194(193.7)	(3.5)3.6~50	419	(8.8)9.0~100
232	6.0~65	560(559)	(8.8)9.0~120
245(244.5)	6.0~65	660	9.0~120
267(267.4)	6.0~65	699	12(12.5)~120
302	7.5~100	788.5	20~120
318.5	7.5~100	864	20~120
368	(8.8)9.0~100	965	25~120
壁厚系列/mm	0.25,0.30,0.40,0.50,0.60,0.80,1.0,1.2,1.4,1.5,1.6,1.8,2.0,2.2(2.3),2.5(2.6),2.8,(2.9)3.0,3.2,3.5(3.6),4.0,4.5,5.0,(5.4)5.5,6.0,(6.3)6.5,7.0(7.1),7.5,8.0,8.5,(8.8)9.0,9.5,10,11,12(12.5),13,14(14.2),15,16,17(17.5),18,19,20,22(22.2),24,25,26,28,30,32,34,36,38,40,42,45,48,50,55,60,65,70,75,80,85,90,95,100,110,120		

（2）精密钢管的外径和壁厚/mm

系列2外径	壁厚	系列2外径	壁厚
4	0.5~(1.2)	12.7	0.5~3.0
5	0.5~(1.2)	16	0.5~4
6	0.5~2.0	20	0.5~5
8	0.5~2.5	25	0.5~6
10	0.5~2.5	32	0.5~8
12	0.5~3.0	38	0.5~10

（续）

（2）精密钢管的外径和壁厚/mm

系列 2 外径	壁厚	系列 3 外径	壁厚
40	0.5～10	—	—
42	(0.8)～10	14	0.5～(3.5)
48	(0.8)～12.5	18	0.5～(4.5)
50	(0.8)～12.5	22	0.5～5
60	(0.8)～16	28	0.5～8
63	(0.8)～16	30	0.5～8
70	(0.8)～16	35	0.5～8
76	(0.8)～16	45	(0.8)～12.5
80	(0.8)～(18)	55	(0.8)～(14)
100	(1.2)～25	90	(1.2)～(22)
120	(1.8)～25	110	(1.2)～25
130	(1.8)～25	140	(1.8)～25
150	(1.8)～25	180	5～25
160	(1.8)～25	220	(7)～25
170	(3.5)～25	240	(7)～25
190	(5.5)～25	260	(7)～25
200	6～25		

壁厚系列/mm	0.5,(0.8),1.0,(1.2),1.5,(1.8),2.0,(2.2),2.5,(2.8),3.0,(3.5),4,(4.5),5,(5.5),6,(7),8,(9),10,(11),12.5,(14),16,(18),20,(22),25

（续）

(3)不锈钢管的外径和壁厚/mm

系列1外径	壁厚
10(10.2)	0.5~2.0
13(13.5)	0.5~3.2
17(17.2)	0.5~4.0
21(21.3)	0.5~5.0
27(26.9)	1.0~6.0
34(33.7)	1.0~(6.3)6.5
42(42.4)	1.0~7.5
48(48.3)	1.0~8.5
60(60.3)	1.6~10
76(76.1)	1.6~12(12.5)
89(88.9)	1.6~14(14.2)
114(114.3)	1.6~14(4.2)
140(139.7)	1.6~16
168(168.3)	1.6~18
219(219.1)	2.0~5.5(5.6) (6.3)6.5~28
273	2.0~5.5(5.6) (6.3)6.5~28
325(323.9)	2.5(2.6)~ 5.5(5.6) (6.3)6.5~28
356(355.6)	2.5(2.6)~ 5.5(5.6) (6.3)6.5~28
406(406.4)	2.5(2.6)~28
—	—

系列2直径	壁厚
6	0.5~1.2
7	0.5~1.2
8	0.5~1.2
9	0.5~1.2
12	0.5~2.0
12.7	0.5~3.2
16	0.5~4.0
19	0.5~4.5
20	0.5~4.5
24	0.5~5.0
25	0.5~6.0
32(31.8)	1.0~(6.3)6.5

（续）

(3)不锈钢管的外径和壁厚/mm

系列2直径	壁厚	系列2直径	壁厚
38	1.0~(6.3)6.5	194	2.0~5.5(5.6) (6.3)6.5~18
40	1.0~(6.3)6.5		
51	1.0~(8.8)9.0	245	2.0~5.5(5.6) (6.3)6.5~28
57	1.6~10		
64(63.5)	1.6~10	351	2.0~5.5(5.6) (6.3)6.5~28
68	1.6~12(12.5)		
70	1.6~12(12.5)	377	2.0~5.5(5.6) (6.3)6.5~28
73	1.6~12(12.5)	426	3.2~20
95	1.6~14(14.2)	系列3直径	壁厚
102(101.6)	1.6~14(14.2)	14	0.5~3.5(3.6)
108	1.6~14(14.2)	18	0.5~4.5
127	1.6~14(14.2)	22	0.5~5.0
133	1.6~14(14.2)	25.4	1.0~6.0
146	1.6~16	30	1.0~(6.3)6.5
152	1.6~16	35	1.0~(6.3)6.5
159	1.6~16	45(44.5)	1.0~8.5
180	2.0~18	54	1.6~10
		83(82.5)	1.6~14(14.2)

（续）

壁厚系列/mm	0.5,0.6,0.7,0.8,0.9,1.0,1.2,1.4,1.5,1.6,2.0,2.2(2.3),2.5(2.6),2.8(2.9),3.0,3.2,3.5(3.6),4.0,4.5,5.0,5.5(5.6),6.0,(6.3)6.5,7.0(7.1),7.5,8.0,8.5,(8.8)9.0,9.5,10,11,12(12.5),14(14.2),15,16,17(17.5),18,20,22(22.2),24,25,26,28

注:1. 钢管的理论质量计算公式:

$$W = \pi\rho(D - S)S/1000$$

式中:W——钢管的理论质量(kg/m);

ρ——钢的密度(kg/dm^3),钢管的密度为 $7.85kg/dm^3$;

D——钢管的公称外径(mm);

S——钢管的公称壁厚(mm)。

2. 表中括号内尺寸为相应的英制单位,不推荐使用。
3. 钢管的通常长度为 3000~12500mm。
定尺长度和倍尺长度应在通常长度范围内。每个倍尺长度按以下规定留出切口余量:外径≤159mm 为 5~10mm;外径>159mm 为 10~15mm。

5.6.2 结构用无缝钢管(GB/T 8162—2008)

(1)钢管的外径、壁厚和长度应符合 GB/T 17395 标准规定

(2)外径和壁厚允许偏差

热轧(挤压、扩)钢管外径允许偏差:±1% D 或 ±0.50,取其中较大者。

冷拔(轧)钢管外径允许偏差:±1% D 或 ±0.30,取其中较大者。

热轧(挤压、扩)钢管壁厚允许偏差

（续）

<table>
<tr><th>钢管种类</th><th>公称外径</th><th>S/D①</th><th>允许偏差</th></tr>
<tr><td rowspan="4">热轧（挤压）钢管</td><td>≤102</td><td>—</td><td>±12.5% S 或 ±0.40，取其中较大者</td></tr>
<tr><td rowspan="3">>102</td><td>≤0.05</td><td>±15% S 或 ±0.40，取其中较大者</td></tr>
<tr><td>>0.05 ~0.10</td><td>+12.5% S 或 ±0.40，取其中较大者</td></tr>
<tr><td>>0.10</td><td>+12.5% S
−10% S</td></tr>
<tr><td>热扩钢管</td><td colspan="2">—</td><td>±15% S</td></tr>
</table>

冷拔（轧）钢管壁厚允许偏差

<table>
<tr><th>钢管种类</th><th>钢管公称壁厚</th><th>允许偏差</th></tr>
<tr><td rowspan="2">冷拔（轧）</td><td>≤3</td><td>+15% S
−10% S 或 ±0.15，取其中较大者</td></tr>
<tr><td>>3</td><td>+12.5% S
−10% S</td></tr>
</table>

① S 为钢管的公称壁厚；D 为钢管的公称外径。

5.6.3 输送流体用无缝钢管（GB/T 8163—2008）

（1）钢管的制造材料

钢管由 10、20、Q295、Q345、Q390、Q420、Q460 牌号的钢制造。牌号为 10、20 钢的化学成分（熔炼分析）应符合 GB/T 699 的规定；牌号为 Q295、Q345、Q390、Q420、Q460 钢的化学成分（熔炼分析）应符合 GB/T 1591 的规定，其中质量等级为 A、B、C 级钢的磷、硫质量分数均应不大于 0.030%

（续）

（2）钢管的规格

钢管的外径、壁厚应符合 GB/T 17935 规定，其公差与 GB/T 8162 标准规定一致（见表 5-61），长度为 3000～12500mm

（3）钢管的力学性能

牌号	质量等级	拉伸性能				断后伸长率 A（%）	冲击试验	
		抗拉强度 R_m /MPa	下屈服强度 R_{eL}/MPa				温度/℃	冲击吸收能量 KV_2/J
			壁厚/mm					
			≤16	>16～30	>30	≥		
10	—	335～475	≥204	≥195	≥185	24	—	—
20	—	410～530	≥245	≥235	≥225	20	—	—
Q295	A	390～570	≥295	≥275	≥255	22	—	—
	B						+20	≥34
Q345	A	470～630	≥345	≥325	≥295	20	—	—
	B						+20	≥34
	C					21	0	
	D						-20	
	E						-40	≥27
Q390	A	490～650	≥390	≥370	≥350	18	—	—
	B						+20	≥34
	C					19	0	
	D						-20	
	E						-40	≥27

（续）

(3)钢管的力学性能

牌号	质量等级	拉伸性能				断后伸长率 A(%)	冲击试验	
		抗拉强度 R_m /MPa	下屈服强度 R_{eL}/MPa 壁厚/mm				温度 /℃	冲击吸收能量 KV_2/J
			≤16	>16~30	>30	≥		
Q420	A	520~680	≥420	≥400	≥380	18	—	—
	B						+20	≥34
	C					19	0	
	D						-20	
	E						-40	≥27
Q460	C	550~720	≥460	≥440	≥420	17	0	≥34
	D						-20	
	E						-40	≥27

拉伸试验时，如不能测定屈服强度，可测定规定非比例延伸强度代替

5.6.4 冷拔或冷轧精密无缝钢管(GB/T 3639—2009)

外径	壁厚	外径	壁厚
4、5	0.5~1.2	15	0.5~5
6、7	0.5~2	16、18	0.5~6
8	0.5~2.5	20、22	0.5~7
9	0.5~2.8	25、26、28	0.5~8
10	0.5~3	30、32、35、38、40、42、45、48、50	0.5~10
12	0.5~4		
14	0.5~4.5		

（续）

外径	壁厚	外径	壁厚
55、60	0.5～12	110、120、130、140	0.5～18
65、70	0.5～14		
75、80、85、90	0.5～16	150、160、170、180	0.5～20
95、100		190、200	0.5～22

钢管的力学性能

牌号	交货状态②						
	+C①		+LC①		+SR		
	抗拉强度 R_m /MPa	断后伸长率 A（%）	抗拉强度 R_m /MPa	断后伸长率 A（%）	抗拉强度 R_m /MPa	上屈服强度 R_{eU} /MPa	断后伸长率 A（%）
	不小于						
10	430	8	380	10	400	300	16
20	550	5	520	8	520	375	12
35	590	5	550	7	—	—	—
45	645	4	630	6	—	—	—
Q345B	640	4	580	7	580	450	10

（续）

牌号	交货状态②				
	+A②		+N		
	抗拉强度 R_m /MPa	断后伸长率 A (%)	抗拉强度 R_m /MPa	上屈服强度 R_{eU} /MPa	断后伸长率 A (%)
	不小于				
10	335	24	320~450	215	27
20	390	21	440~570	255	21
35	510	17	≥460	280	21
45	590	14	≥540	340	18
Q345B	450	22	490~630	355	22

① 受冷加工变形程度的影响，屈服强度非常接近抗拉强度，因此，推荐下列关系式计算：

——+C 状态；$R_{eU} \geqslant 0.8R_m$；——+LC 状态；$R_{eU} \geqslant 0.7R_m$。

② 推荐下列关系式计算：$R_{eU} \geqslant 0.5R_m$。

③ 外径不大于 30mm 且壁厚不大于 3mm 的钢管，其最小上屈服强度可降低 10MPa。

5.6.5 低中压锅炉用无缝钢管（GB 3087—2008）

（1）钢管的规格

钢管的外径、壁厚及理论质量应符合 GB/T 17395 的规定。也可经供需双方协商供应其他外径和壁厚的钢管。管的长度为 4000~12500mm

（续）

（2）钢管的制造材料

钢管由10、20钢制造。钢管的化学成分(熔炼分析)应符合GB/T 699的规定。当需方要求做成品分析时,应在合同中注明。成品钢管的化学成分允许偏差应符合GB/T 222的规定

（3）钢管的纵向力学性能

牌号	壁厚 /mm	抗拉强度 R_m /MPa	下屈服强度 R_{eL} /MPa	断后伸长率 A (%)
10	≤16	335～475	≥205	≥24
	>16		≥195	
20	≤16	410～550	≥245	≥20
	>16		≥235	

5.6.6 低压流体输送用焊接钢管(GB/T 3091—2008)

（1）钢管的规格

1)钢管的外径(D)和壁厚(t)应符合GB/T 21835的规定,其中管端用螺纹和沟槽连接的钢管尺寸见(2)

2)外径和壁厚的允许偏差： （单位:mm）

外径	外径允许偏差		壁厚允许偏差
	管体	管端（距管端100 mm范围内）	
D≤48.3	±0.5	—	±10% t
48.3<D≤273.1	±1% D	—	
273.1<D≤508	±0.75% D	+2.4 -0.8	
D>508	±1% D 或 ±10.0,两者取较小值	+3.2 -0.8	

（续）

3）钢管的通常长度为3000～12000mm

4）钢管的两端面应与钢管的轴线垂直切割，且不应有切口毛刺。

5）钢管按理论重量交货，也可按实际重量交货。理论计算公式为：$W = 0.0246615(D - t)t$，W为单位长度理论质量（kg/m），D为钢管外径（mm），t为钢管壁厚（mm），钢的密度按7.85kg/dm^{3}计算

（2）管端用螺纹和沟槽连接的钢管尺寸/mm

公称口径	外径	壁厚		公称口径	外径	壁厚	
		普通钢管	加厚钢管			普通钢管	加厚钢管
6	10.2	2.0	2.5	40	48.3	3.5	4.5
8	13.5	2.5	2.8	50	60.3	3.8	4.5
10	17.2	2.5	2.8	65	76.1	4.0	4.5
15	21.3	2.8	3.5	80	88.9	4.0	5.0
20	26.9	2.8	3.5	100	114.3	4.0	5.0
25	33.7	3.2	4.0	125	139.7	4.0	5.5
32	42.4	3.5	4.0	150	168.3	4.5	6.0

(续)

（3）钢管的力学性能

牌号	下屈服强度 R_{eL}/MPa 不小于		抗拉强度 R_m/MPa 不小于	断后伸长率 A(%) 不小于	
	$t \leqslant$ 16mm	$t >$ 16mm		$D \leqslant$ 168.3mm	$D >$ 168.3mm
Q195	195	185	315	15	20
Q215A、Q215B	215	205	335		
Q235A、Q235B	235	225	370		
Q295A、Q295B	295	275	390	13	18
Q345A、Q345B	345	325	470		

5.6.7 碳素结构钢电线套管（YB/T 5305—2008）

（1）钢管外径和壁厚的允许偏差

公称外径 D/mm	公称外径允许偏差/mm	公称壁厚允许偏差/mm
$12.7 \leqslant D \leqslant 48.3$	±0.3	±10.0%t①
$48.3 < D \leqslant 88.9$	±0.5	
$88.9 < D \leqslant 168.3$	±0.75%D	

① t 为壁厚。

（2）钢管质量

钢管按理论质量交货，也可按实际质量交货。非镀锌钢管理论质量按公式(1)计算（钢的密度按 7.85kg/dm³）。

$$W = 0.0246615(D - t)t \qquad (1)$$

式中：W——钢管的单位长度理论质量(kg/m)；

（续）

（2）钢管质量

D——钢管的外径(mm)；

t——钢管的壁厚(mm)

钢管镀锌后单位长度理论质量按公式(2)计算。

$$W' = cW \quad (2)$$

式中：W'——钢管镀锌后的单位长度理论质量(kg/m)；

c——镀锌钢管的质量系数；

W——钢管镀锌前的单位长度理论质量(kg/m)。

镀锌钢管的质量系数 c

公称壁厚/mm	0.5	0.6	0.8	1.0	1.2	1.4
系数 c	1.255	1.112	1.159	1.127	1.106	1.091
公称壁厚/mm	1.6	1.8	2.0	2.3	2.6	2.9
系数 c	1.080	1.071	1.064	1.055	1.049	1.044
公称壁厚/mm	3.2	3.6	4.0	4.5	5.0	5.4
系数 c	1.040	1.035	1.032	1.028	1.025	0.021
公称壁厚/mm	5.6	6.3	7.1	8.0	8.8	10
系数 c	1.023	1.020	1.018	1.016	1.014	1.013
公称壁厚/mm	11	12.5	14.2	16	17.5	20
系数 c	1.012	1.010	1.009	1.008	1.009	1.006

5.6.8 结构用和流体输送用不锈钢无缝钢管(GB/T 14975—2002、GB/T 14976—2002)

(1) 钢管的牌号与应用

牌号	结构用	输送用	牌号	结构用	输送用
奥氏体型钢			奥氏体型钢		
0Cr18Ni9	○	○	0Cr23Ni13	—	○
1Cr18Ni9	○	○	0Cr25Ni20	—	○
00Cr19Ni10	○	○	00Cr17Ni13Mo2N	○	○
0Cr18Ni10Ti	○	○	0Cr17Ni12Mo2N	○	○
0Cr18Ni11Nb	○	○	0Cr18Ni12Mo2Cu2	—	○
0Cr17Ni12Mo2	○	○	00Cr18Ni14Mo2Cu2	—	○
00Cr17Ni14Mo2	○	○	铁素体型钢		
0Cr18Ni12Mo2Ti	○	○	1Cr17	○	○
1Cr18Ni12Mo2Ti	○	○	马氏体型钢		
0Cr18Ni12Mo3Ti	○	○	0Cr13	○	○
1Cr18Ni12Mo3Ti	○	○	1Cr13	○	—
1Cr18Ni9Ti	○	○	2Cr13	○	—
0Cr19Ni13Mo3	○	○	奥氏体—铁素体型钢		
00Cr19Ni13Mo3	○	○	0Cr26Ni5Mo2	—	○
00Cr18Ni10N	○	○	00Cr18Ni5Mo3Si2	○	○
0Cr19Ni9N	○	○			
0Cr19Ni10NbN	—	○			

（续）

（2）钢管的性能

牌号	推荐热处理制度/℃	力学性能			密度 ρ/(kg/dm³)
		抗拉强度 R_m	规定非比例伸长强度 R_p	断后伸长率 A (%)	
		MPa			
1）奥氏体型钢					
0Cr18Ni9	1010～1150 急冷	≥520	≥205	≥35	7.93
1Cr18Ni9	1010～1150 急冷	≥520	≥205	≥35	7.90
00Cr19Ni10	1010～1150 急冷	≥480	≥175	≥35	7.93
0Cr18Ni10Ti	920～1150 急冷	≥520	≥205	≥35	7.95
0Cr18Ni11Nb	980～1150 急冷	≥520	≥205	≥35	7.98
0Cr17Ni12Mo2	1010～1150 急冷	≥520	≥205	≥35	7.98
00Cr17Ni14Mo2	1010～1150 急冷	≥480	≥175	≥35	7.98
0Cr18Ni12Mo2Ti	1000～1100 急冷	≥530	≥205	≥35	8.00

（续）

牌号	推荐热处理制度/℃	力学性能			密度 ρ/(kg/dm^3)
		抗拉强度 R_m	规定非比例伸长强度 R_p	断后伸长率 A(%)	
		MPa			
1）奥氏体型钢					
1Cr18Ni12Mo2Ti	1000～1100 急冷	≥530	≥205	≥35	8.00
0Cr18Ni12Mo3Ti	1000～1100 急冷	≥530	≥205	≥35	8.10
1Cr18Ni12Mo3Ti	1000～1100 急冷	≥530	≥205	≥35	8.10
1Cr18Ni9Ti	1000～1100 急冷	≥520	≥205	≥35	7.90
0Cr19Ni13Mo3	1010～1150 急冷	≥520	≥205	≥35	7.98
00Cr19Ni13Mo3	1010～1150 急冷	≥480	≥175	≥35	7.98
00Cr18Ni10N	1010～1150 急冷	≥550	≥245	≥40	7.90
0Cr19Ni9N	1010～1150 急冷	≥550	≥275	≥35	7.90

（续）

牌号	推荐热处理制度/℃	力学性能			密度 ρ/(kg/dm^3)
		抗拉强度 R_m	规定非比例伸长强度 R_p	断后伸长率 A(%)	
		MPa			
1）奥氏体型钢					
0Cr19Ni10NbN	1010～1150 急冷	≥685	≥345	≥35	7.98
0Cr23Ni13	1030～1150 急冷	≥520	≥205	≥40	7.98
0Cr25Ni20	1030～1180 急冷	≥520	≥205	40	7.98
00Cr17Ni13Mo2N	1010～1150 急冷	≥550	≥245	40	8.00
0Cr17Ni12Mo2N	1010～1150 急冷	≥550	≥275	35	7.80
0Cr18Ni12Mo2Cu2	1010～1150 急冷	≥520	≥205	35	7.98
00Cr18Ni14Mo2Cu2	1010～1150 急冷	≥480	≥180	35	7.98

（续）

2）铁素体型钢					
1Cr17	780~850 空冷或 缓冷	410	245	20	7.70
3）马氏体型钢					
0Cr13	800~900 缓冷或 750 快冷	≥370	≥180	22	7.70
1Cr13	800~ 900 缓冷	≥410	≥205	20	7.70
2Cr13	800~ 900 缓冷	≥470	≥215	19	7.70
4）奥氏体-铁素体型钢					
0Cr26Ni5Mo2	≥950 急冷	≥590	≥390	≥18	7.80
00Cr18Ni5Mo3Si2	920~1150 急冷	≥590	≥390	≥20	7.98

注：1. 热挤压管的抗拉强度允许降低 20MPa。

2. 根据需方要求并在合同中注明可测定钢管的规定非比例伸长应力 $R_{p0.2}$，其值应符合表中规定。

（续）

（3）钢管的分类和代号

1）钢管按产品加工方式分：

热轧（挤、扩）钢管，代号为 WH

冷拔（轧）钢管，代号为 WC

2）钢管按尺寸精度分：

普通级，代号为 PA

高级，代号为 PC

（4）钢管的外径和壁厚的允许偏差

热轧（挤、扩）钢管				冷拔（轧）钢管			
尺寸		允许偏差		尺寸		允许偏差	
		普通级	高级			普通级	高级
公称外径 D	68～159 >159～426	±1.25% D ±1.5% D	±1.0% D	公称外径 D	10～30 >30～50 >50	±0.30 ±0.40 ±0.9% D	±0.20 ±0.30 ±0.8% D
公称壁厚 S	<15	+15% S -12.5% S	±12.5% S	公称壁厚 S	≤3	±14% S	+12.5% S -10% S
	≥15	+20% S -15% S			>3	+12.5% S -10% S	±10% S

（5）钢管长度

热轧钢管为 2000～12000mm；冷拔（轧）钢管为 1000～10500mm。

5.6.9 不锈钢小直径无缝钢管(GB/T 3090—2000)

(1) 钢管的外径和壁厚　　(单位:mm)

外径	壁厚														
	0.10	0.15	0.20	0.25	0.30	0.35	0.40	0.45	0.50	0.55	0.60	0.70	0.80	0.90	1.00
0.30	×														
0.35	×														
0.40	×	×													
0.45	×	×													
0.50	×	×													
0.55	×	×													
0.60	×	×	×												
0.70	×	×	×	×											
0.80	×	×	×	×											
0.90	×	×	×	×	×										
1.00	×	×	×	×	×	×									
1.20	×	×	×	×	×	×	×	×							
1.60	×	×	×	×	×	×	×	×	×	×					

（续）

外径	壁厚														
	0. 10	0. 15	0. 20	0. 25	0. 30	0. 35	0. 40	0. 45	0. 50	0. 55	0. 60	0. 70	0. 80	0. 90	1. 00
2. 00	×	×	×	×	×	×	×	×	×	×	×	×			
2. 20	×	×	×	×	×	×	×	×	×	×	×	×	×		
2. 50	×	×	×	×	×	×	×	×	×	×	×	×	×	×	×
2. 80	×	×	×	×	×	×	×	×	×	×	×	×	×	×	×
3. 00	×	×	×	×	×	×	×	×	×	×	×	×	×	×	×
3. 20	×	×	×	×	×	×	×	×	×	×	×	×	×	×	×
3. 40	×	×	×	×	×	×	×	×	×	×	×	×	×	×	×
3. 60	×	×	×	×	×	×	×	×	×	×	×	×	×	×	×
3. 80	×	×	×	×	×	×	×	×	×	×	×	×	×	×	×
4. 00	×	×	×	×	×	×	×	×	×	×	×	×	×	×	×
4. 20	×	×	×	×	×	×	×	×	×	×	×	×	×	×	×
4. 50	×	×	×	×	×	×	×	×	×	×	×	×	×	×	×
4. 80	×	×	×	×	×	×	×	×	×	×	×	×	×	×	×

（续）

<table>
<tr><td rowspan="2">外径</td><td colspan="15">壁厚</td></tr>
<tr><td>0. 10</td><td>0. 15</td><td>0. 20</td><td>0. 25</td><td>0. 30</td><td>0. 35</td><td>0. 40</td><td>0. 45</td><td>0. 50</td><td>0. 55</td><td>0. 60</td><td>0. 70</td><td>0. 80</td><td>0. 90</td><td>1. 00</td></tr>
<tr><td>5. 00</td><td></td><td>×</td><td>×</td><td>×</td><td>×</td><td>×</td><td>×</td><td>×</td><td>×</td><td>×</td><td>×</td><td>×</td><td>×</td><td>×</td><td>×</td></tr>
<tr><td>5. 50</td><td></td><td>×</td><td>×</td><td>×</td><td>×</td><td>×</td><td>×</td><td>×</td><td>×</td><td>×</td><td>×</td><td>×</td><td>×</td><td>×</td><td>×</td></tr>
<tr><td>6. 00</td><td></td><td>×</td><td>×</td><td>×</td><td>×</td><td>×</td><td>×</td><td>×</td><td></td><td></td><td></td><td></td><td></td><td></td><td></td></tr>
</table>

注：表中×部位为常用管规格。

（2）钢管外径和壁厚的允许偏差　　（单位：mm）

<table>
<tr><td colspan="2" rowspan="2">尺寸</td><td colspan="2">允许偏差</td></tr>
<tr><td>普通级</td><td>高级</td></tr>
<tr><td rowspan="3">外径</td><td>≤1. 0</td><td>±0. 03</td><td>±0. 02</td></tr>
<tr><td>>1. 0 ~ 2. 0</td><td>±0. 04</td><td>±0. 02</td></tr>
<tr><td>>2. 0</td><td>±0. 05</td><td>±0. 03</td></tr>
<tr><td rowspan="3">壁厚</td><td><0. 2</td><td>+0. 03
−0. 02</td><td>+0. 02
−0. 01</td></tr>
<tr><td>0. 2 ~ 0. 5</td><td>±0. 04</td><td>±0. 03</td></tr>
<tr><td>>0. 5</td><td>±10%</td><td>±7. 5%</td></tr>
</table>

（续）

（3）钢管的长度

长度	要　求
通常长度	钢管的通常长度为 500 ~ 4000mm。每批允许交付质量不超过该批订货钢管总质量 10%、长度不小于 300mm 的短尺钢管
定尺长度和倍尺长度	定尺长度应在通常长度范围内，全长允许偏差为 $^{+15}_{0}$ mm 倍尺总长度应在通常长度范围内，全长允许偏差为 $^{+20}_{0}$ mm，每个倍尺长度应留 0 ~ 5mm 切口余量

（4）不锈钢小直径无缝钢管用钢的力学性能

旧牌号	新牌号	推荐热处理制度	抗拉强度 R_m /MPa	断后伸长率 A (%)	密度 ρ /(kg/dm^3)
			不小于		
0Cr18Ni9	06Cr18Ni10	1010 ~ 1150℃，急冷	520	35	7.93
00Cr19Ni10	022Cr19Ni10	1010 ~ 1150℃，急冷	480	35	7.93
0Cr18Ni10Ti	06Cr18Ni11Ti	920 ~ 1150℃，急冷	520	35	7.95
0Cr17Ni12Mo2	06Cr17Ni12Mo2	1010 ~ 1150℃，急冷	520	35	7.90

（续）

旧牌号	新牌号	推荐热处理制度	抗拉强度 R_m /MPa	断后伸长率 A（%）	密度 ρ /（kg/dm³）
			不小于		
00Cr17Ni14Mo2	022Cr17Ni12Mo2	1010～1150℃，急冷	480	35	7.98
1Cr18Ni9Ti		1000～1100℃，急冷	520	35	7.90

注：对于外径小于3.2mm，或壁厚小于0.30mm的较小直径和较薄壁厚的钢管断后伸长率不小于25%。

5.6.10 不锈钢极薄壁无缝钢管（GB/T 3089—2008）

（1）公称外径和公称壁厚 （单位：mm）

公称外径×公称壁厚				
10.3×0.15	12.4×0.20	15.4×0.20	18.4×0.20	20.4×0.20
24.4×0.20	26.4×0.20	32.4×0.20	35.0×0.50	40.4×0.20
40.6×0.30	41.0×0.50	41.2×0.60	48.0×0.25	50.5×0.25
53.2×0.60	55.0×0.50	59.6×0.30	60.0×0.25	60.0×0.50

（续）

公称外径×公称壁厚				
61.0×0.35	61.0×0.50	61.2×0.60	67.6×0.30	67.8×0.40
70.2×0.60	74.0×0.50	75.5×0.25	75.6×0.30	82.8×0.40
83.0×0.50	89.6×0.30	89.8×0.40	90.2×0.40	90.5×0.25
90.6×0.30	90.8×0.40	95.6×0.30	101.0×0.50	102.6×0.30
110.9×0.45	125.7×0.35	150.8×0.40	250.8×0.40	

（2）公称外径允许偏差 （单位：mm）

公称外径 D	公称外径允许偏差	
	普通级	高级
≤32.4	±0.15	±0.10
>32.4～60.0	±0.35	±0.25
>60.0	±1% D	±0.75% D

（3）公称壁厚允许偏差 （单位：mm）

钢管尺寸		公称壁厚允许偏差	
公称外径 D	公称壁厚 S	普通级	高级
≤60.0	≤0.20	±0.03	+0.03 -0.01

（续）

钢管尺寸		公称壁厚允许偏差	
公称外径 D	公称壁厚 S	普通级	高级
≤60.0	0.25	+0.04 -0.03	+0.03 -0.02
	0.30	±0.04	±0.03
	0.35	+0.05 -0.04	+0.04 -0.03
	0.40	±0.05	±0.04
	0.50	±0.06	+0.05 -0.04
	0.60	±0.08	±0.05
>60.0	≤0.25	±0.04	±0.03
	0.30	±0.04	+0.04 -0.03
	0.36	±0.05	±0.04

（续）

钢管尺寸		公称壁厚允许偏差	
公称外径 D	公称壁厚 S	普通级	高级
>60.0	0.40	±0.05	+0.05 -0.04
	0.46	±0.06	±0.05
	0.50	±0.06	±0.05
	0.60	±0.08	±0.05

（4）长度及其他尺寸

长度一般为 800～6000mm；定尺长度应在长度尺寸范围内，允许偏差为 $^{+10}_{-0}$ mm。

（5）不锈钢管的理论质量计算

1）计算公式

$$W = \frac{\pi}{1000} S(D - S)\rho$$

式中 W——钢管的理论质量（kg/m）；

π——圆周率，取 3.1416；

S——钢管的公称壁厚（mm）；

D——钢管的公称外径（mm）；

ρ——钢的密度（kg/dm^3）。

（续）

2）不同牌号不锈钢管理论质量的简化计算			
新牌号	旧牌号	密度/(kg/dm³)	换算后的公式
12Cr18Ni9	1Cr18Ni9	7.93	$W=0.02491S(D-S)$
06Cr19Ni10	0Cr18Ni9		
022Cr19Ni10	00Cr19Ni10	7.90	$W=0.02482S(D-S)$
06Cr18Ni11Ti	0Cr18Ni10Ti	8.03	$W=0.02523S(D-S)$
06Cr25Ni20	0Cr25Ni20	7.98	$W=0.02507S(D-S)$
06Cr17Ni12Mo2	0Cr17Ni12Mo2	8.00	$W=0.02513S(D-S)$
022Cr17Ni12Mo2	00Cr17Ni14Mo2		
06Cr18Ni11Nb	0Cr18Ni11Nb	8.03	$W=0.02523S(D-S)$
022Cr18Ti	00Cr17	7.70	$W=0.02419S(D-S)$
022Cr11Ti	—	7.75	$W=0.02435S(D-S)$
06Cr13Al	0Cr13Al		
019Cr19Mo2NbTi	00Cr18Mo2		
022Cr12Ni	—		
06Cr13	0Cr13		

5.6.11 高压锅炉用无缝钢管(GB 5310—2008)

(1) 钢管公称外径和公称壁厚允许偏差　　(单位:mm)

分类代号	制造方式	钢管尺寸			允许偏差	
					普通级	高级
W-H	热轧(挤压)钢管	公称外径 D	≤54		±0.40	±0.30
			>54~325	S≤35	±0.75% D	±0.5% D
				S>35	±1% D	±0.75% D
			>325		±1% D	±0.75% D
		公称壁厚 S	≤4.0		±0.45	±0.35
			>4.0~20		+12.5% S -10% S	±10% S
			>20	D<219	±10% S	±7.5% S
				D≥219	+12.5% S -10% S	±10% S
W-H	热扩钢管	公称外径 D	全部		±1% D	±0.75% D
		公称壁厚 S	全部		+20% S -10% S	+15% S -10% S

（续）

分类代号	制造方式	钢管尺寸		允许偏差	
				普通级	高级
W-C	冷拔(轧)钢管	公称外径 D	≤25.4	±0.15	—
			>25.4～40	±0.20	—
			>40～50	±0.25	—
			>50～60	±0.30	—
			>60	±0.5%D	—
		公称壁厚 S	≤3.0	±0.3	±0.2
			>3.0	±10%S	±7.5%S

注：其他尺寸要求见 GB 5310—2008。

（2）钢管最小壁厚允许偏差（单位：mm）

分类代号	制造方式	壁厚范围	允许偏差	
			普通级	高级
W-H	热轧(挤压)钢管	S_{min}≤4.0	$^{+0.90}_{0}$	$^{+0.70}_{0}$

（续）

分类代号	制造方式	壁厚范围	允许偏差	
			普通级	高级
W-H	热轧（挤压）钢管	$S_{min}>4.0$	$^{+25\% S_{min}}_{0}$	$^{+22\% S_{min}}_{0}$
W-C	冷拔（轧）钢管	$S_{min}\leqslant 3.0$	$^{+0.6}_{0}$	$^{+0.4}_{0}$
		$S_{min}>3.0$	$^{+20\% S_{min}}_{0}$	$^{+15\% S_{min}}_{0}$

（3）钢管的外形尺寸

1）钢管的长度为4000～12000mm

2）钢管的弯曲度

① 钢管的每米弯曲度应符合如下规定：

$S\leqslant 15$mm时，弯曲度不大于1.5mm/m

$S>15\sim 30$mm时，弯曲度不大于2.0mm/m

$S>30$mm时，弯曲度不大于3.0mm/m

② $D\geqslant 127$mm的钢管，其全长弯曲度应不大于钢管长度的0.10%。

（续）

3）钢管的圆度和壁厚不均度应分别不超过外径和壁厚公差的 80%
4）钢管的定尺长度允许偏差为 $^{+15}_{0}$ mm。每个倍尺长度应按下述规定留出切口余量：$D \leqslant$ 159mm 时，切口余量为 5 ~ 10mm；$D > 159$mm 时，切口余量为 10 ~ 15mm

（4）钢管的力学性能

牌号	拉伸性能				冲击吸收能量 KV_2/J		硬度		
	抗拉强度 R_m/MPa	下屈服强度或规定非比例延伸强度 R_{eL} 或 $R_{p0.2}$ /MPa	断后伸长率 A(%)		纵向	横向	HBW	HV	HRC 或 HRB
			纵向	横向					
		≥					≤		
20G	410 ~ 550	245	24	22	40	27	—	—	—
20MnG	415 ~ 560	240	22	20	40	27	—	—	—

（续）

牌号	拉伸性能				冲击吸收能量 KV_2/J		硬度		
	抗拉强度 R_m/MPa	下屈服强度或规定非比例延伸强度 R_{eL}或 $R_{p0.2}$ /MPa	断后伸长率 A(%)		纵向	横向	HBW	HV	HRC 或 HRB
			纵向	横向					
		≥					≤		
25MnG	485 ~ 640	275	20	18	40	27	—	—	—
15MoG	450 ~ 600	270	22	20	40	27	—	—	—
20MoG	415 ~ 665	220	22	20	40	27	—	—	—
12CrMoG	410 ~ 560	205	21	19	40	27	—	—	—
15CrMoG	440 ~ 640	295	21	19	40	27	—	—	—
12Cr2MoG	450 ~ 600	280	22	20	40	27	—	—	—
12Cr1MoVG	470 ~ 640	255	21	19	40	27	—	—	—

（续）

牌号	拉伸性能				冲击吸收能量 KV_2/J		硬度		
	抗拉强度 R_m/MPa	下屈服强度或规定非比例延伸强度 R_{eL}或$R_{p0.2}$/MPa	断后伸长率 A(%)		纵向	横向	HBW	HV	HRC 或 HRB
			纵向	横向					
		≥					≤		
12Cr2MoWVTiB	540～735	345	18	—	40	—	—	—	—
07Cr2MoW2VNbB	≥510	400	22	18	40	27	220	230	97HRB
12Cr3MoVSiTiB	610～805	440	16	—	40	—	—	—	—
15Ni1MnMoNbCu	620～780	440	19	17	40	27	—	—	—
10Cr9Mo1VNbN	≥585	415	20	16	40	27	250	265	25HRC
10Cr9MoW2VNbBN	≥620	440	20	16	40	27	250	265	25HRC
10Cr11MoW2VNbCu1BN	≥620	400	20	16	40	27	250	265	25HRC

（续）

牌号	拉伸性能				冲击吸收能量 KV_2/J		硬度		
	抗拉强度 R_m/MPa	下屈服强度或规定非比例延伸强度 R_{eL} 或 $R_{p0.2}$ /MPa	断后伸长率 A(%)		纵向	横向	HBW	HV	HRC 或 HRB
			纵向	横向					
	≥						≤		
11Cr9Mo1W1VNbBN	≥620	440	20	16	40	27	238	250	23HRC
07Cr19Ni10	≥515	205	35	—	—	—	192	200	90HRB
10Cr18Ni9NbCu3BN	≥590	235	35	—	—	—	219	230	95HRB
07Cr25Ni21NbN	≥655	295	30	—	—	—	256	—	100HRB
07Cr19Ni11Ti	≥515	205	35	—	—	—	192	200	90HRB
07Cr18Ni11Nb	≥520	205	35	—	—	—	192	200	90HRB
08Cr18Ni11NbFG	≥550	205	35	—	—	—	192	200	90HRB

5.6.12 钢塑复合压力管（CJ/T 183—2008）

（1）钢塑复合压力管的分类

用途	用途代号	塑料代号	长期工作温度/℃	公称压力/(N/mm²)			
				1.25	1.60	2.00	2.50
				最大允许工作压力/(N/mm²)			
冷水、饮用水	L	PE	≤40	1.25	1.60	2.00	2.50
热水、供暖	R	PE-RT;PE-X;PPR	≤80	1.00	1.25	1.60	2.00
燃气	Q	PE	≤40	0.50	0.60	0.80	1.00
特种流体[①]	T	PE	≤40	1.25	1.60	2.00	2.50
		PE-RT;PE-X;PPR	≤80	1.00	1.25	1.60	2.00
排水	P	PE	≤65[②]	1.25	1.60	2.00	2.50
保护套管	B	PE;PE-RT;PE-X	—	—	—	—	—

① 是指和复合管所采用塑料所接触传输介质抗化学药品性能相一致的特种流体。

② 瞬时排水温度不超过95℃。

（续）

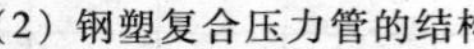

（2）钢塑复合压力管的结构

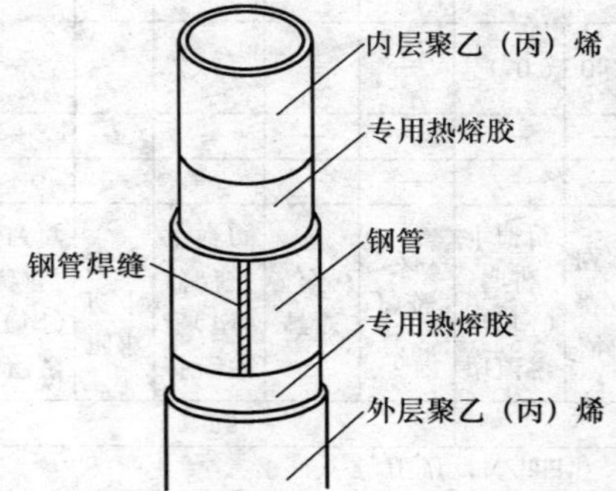

（续）

（3）钢塑复合压力管规格 （单位：mm）

公称外径	最小平均外径	最大平均外径	公称压力/(N/mm²)									
			1.25					1.6				
			内层聚乙(丙)烯最小厚度	钢带最小厚度	外层聚乙(丙)烯最小厚度	管壁厚	管壁厚偏差	内层聚乙(丙)烯最小厚度	钢带最小厚度	外层聚乙(丙)烯最小厚度	管壁厚	管壁厚偏差
16	16.0	16.3	—	—	—	—	—	—	—	—	—	—
20	20.0	20.3	—	—	—	—	—	—	—	—	—	—
25	25.0	25.3	—	—	—	—	—	1.0	0.2	0.6	2.5	+0.4 -0.2
32	32.0	32.3	—	—	—	—	—	1.2	0.3	0.7	3.0	+0.4 -0.2
40	40.0	40.4	—	—	—	—	—	1.3	0.3	0.8	3.5	+0.5 -0.2
50	50.0	50.5	1.4	0.3	1.0	3.5	+0.5 -0.2	1.4	0.4	1.1	4.0	+0.8 -0.2

(续)

公称外径	最小平均外径	最大平均外径	公称压力/(N/mm²)									
			1.25					1.6				
			内层聚乙(丙)烯最小厚度	钢带最小厚度	外层聚乙(丙)烯最小厚度	管壁厚	管壁厚偏差	内层聚乙(丙)烯最小厚度	钢带最小厚度	外层聚乙(丙)烯最小厚度	管壁厚	管壁厚偏差
63	63.0	63.6	1.6	0.4	1.1	4.0	+0.7 -0.2	1.6	0.5	1.2	4.5	+0.9 -0.2
75	75.0	75.7	1.6	0.5	1.1	4.0	+0.7 -0.2	1.7	0.6	1.4	5.0	+1.0 -0.2
90	90.0	90.8	1.7	0.6	1.2	4.5	+0.8 -0.2	1.8	0.7	1.5	5.5	+1.2 -0.2
100	100.0	100.8	1.7	0.6	1.2	5.0	+0.8 -0.2	—	—	—	—	—
110	110.0	110.9	1.8	0.7	1.3	5.0	+0.9 -0.2	1.9	0.8	1.7	6.0	+1.4 -0.2

（续）

公称外径	最小平均外径	最大平均外径	公称压力/(N/mm²)									
			1.25					1.6				
			内层聚乙(丙)烯最小厚度	钢带最小厚度	外层聚乙(丙)烯最小厚度	管壁厚	管壁厚偏差	内层聚乙(丙)烯最小厚度	钢带最小厚度	外层聚乙(丙)烯最小厚度	管壁厚	管壁厚偏差
160	160.0	161.6	1.8	1.0	1.5	5.5	+1.0 -0.2	1.9	1.3	1.7	6.5	+1.6 -0.2
200	200.0	202.0	1.8	1.3	1.7	6.0	+1.2 -0.2	2.0	1.7	1.7	7.0	+1.8 -0.2
250	250.0	252.4	1.8	1.6	1.9	6.5	+1.4 -0.2	2.0	2.1	1.9	8.0	+2.2 -0.2
315	315.0	317.6	1.8	2.0	1.9	7.0	+1.6 -0.2	2.0	2.7	1.9	8.5	+2.4 -0.2
400	400.0	403.0	1.8	2.6	2.0	7.5	+1.8 -0.2	2.0	3.4	2.0	9.5	+2.8 -0.2

（续）

公称外径	最小平均外径	最大平均外径	公称压力/(N/mm²)									
			2.0					2.5				
			内层聚乙(丙)烯最小厚度	钢带最小厚度	外层聚乙(丙)烯最小厚度	管壁厚	管壁厚偏差	内层聚乙(丙)烯最小厚度	钢带最小厚度	外层聚乙(丙)烯最小厚度	管壁厚	管壁厚偏差
16	16.0	16.3	0.8	0.2	0.4	2.0	+0.4 -0.2	0.8	0.3	0.4	2.0	+0.4 -0.2
20	20.0	20.3	0.8	0.2	0.4	2.0	+0.4 -0.2	0.8	0.3	0.4	2.0	+0.4 -0.2
25	25.0	25.3	1.0	0.3	0.6	2.5	+0.4 -0.2	1.0	0.4	0.6	2.5	+0.4 -0.2
32	32.0	32.3	1.2	0.3	0.7	3.0	+0.4 -0.2	1.2	0.4	0.7	3.0	+0.4 -0.2
40	40.0	40.4	1.3	0.4	0.8	3.5	+0.5 -0.2	1.3	0.5	0.8	3.5	+0.5 -0.2

（续）

公称外径	最小平均外径	最大平均外径	公称压力/(N/mm²)									
			2.0					2.5				
			内层聚乙(丙)烯最小厚度	钢带最小厚度	外层聚乙(丙)烯最小厚度	管壁厚	管壁厚偏差	内层聚乙(丙)烯最小厚度	钢带最小厚度	外层聚乙(丙)烯最小厚度	管壁厚	管壁厚偏差
50	50.0	50.5	1.4	0.5	1.5	4.5	+0.8 -0.2	1.4	0.6	1.5	4.5	+0.8 -0.2
63	63.0	63.6	1.7	0.6	1.7	5.0	+0.9 -0.2	—	—	—	—	—
75	75.0	75.7	1.9	0.6	1.9	5.5	+1.0 -0.2	—	—	—	—	—
90	90.0	90.8	2.0	0.8	2.0	6.0	+1.2 -0.2	—	—	—	—	—
100	100.0	100.8	—	—	—	—	—	—	—	—	—	—

（续）

公称外径	最小平均外径	最大平均外径	公称压力/(N/mm²)									
			2.0					2.5				
			内层聚乙(丙)烯最小厚度	钢带最小厚度	外层聚乙(丙)烯最小厚度	管壁厚	管壁厚偏差	内层聚乙(丙)烯最小厚度	钢带最小厚度	外层聚乙(丙)烯最小厚度	管壁厚	管壁厚偏差
110	110.0	110.9	2.0	1.0	2.2	6.5	+1.4 -0.2	—	—	—	—	—
160	160.0	161.6	2.0	1.6	2.2	7.0	+1.6 -0.2	—	—	—	—	—
200	200.0	202.0	2.0	2.0	2.2	7.5	+1.8 -0.2	—	—	—	—	—
250	250.0	252.4	2.0	2.6	2.3	8.5	+2.2 -0.2	—	—	—	—	—
315	315.0	317.6	2.0	3.3	2.3	9.0	+2.4 -0.2	—	—	—	—	—
400	400.0	403.0	2.0	4.3	2.3	10.0	+2.8 -0.2	—	—	—	—	—

（续）

（4）钢塑复合压力管的外层颜色

用途	颜色
冷水、饮用水	白色或黑色，黑色管上应有蓝色色条
热水、供暖	白色或黑色，黑色管上应有橙红色色条
燃气	黄色或黑色，黑色管上应有黄色色条
特种流体	白色或黑色，黑色管上应有红色色条
排水	白色或黑色
保护套管	白色或黑色

5.6.13 不锈钢塑料复合管（CJ/T 184—2003）

（1）不锈钢塑料复合管的结构

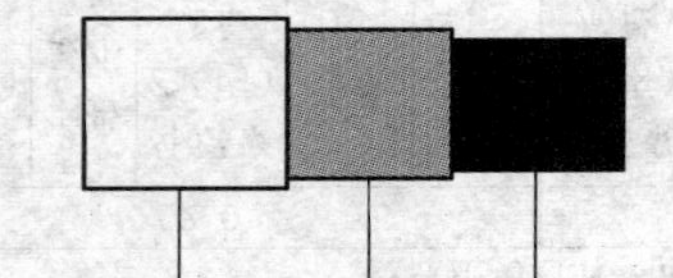

（续）

（2）不锈钢塑料复合管的尺寸　　（单位：mm）

外径		总壁厚		不锈钢层	
公称外径	允许偏差	总壁厚	允许偏差	壁厚	允许偏差
16	+0.20 -0.10	2.0	+0.30 0	0.30	±0.02
20	+0.20 -0.10	2.0	+0.30 0	0.30	±0.02
（22）	+0.20 -0.10	2.5	+0.30 0	0.30	±0.02
25	+0.20 -0.10	2.5	+0.30 0	0.30	±0.02
（28）	+0.20 -0.10	3.0	+0.30 0	0.40	±0.02
32	+0.20 -0.10	3.0	+0.30 0	0.40	±0.02
40	+0.22 -0.10	3.5	+0.40 0	0.40	±0.02

（续）

外径		总壁厚		不锈钢层	
公称外径	允许偏差	总壁厚	允许偏差	壁厚	允许偏差
50	+0.25 -0.10	4.0	+0.40 0	0.40	±0.02
63	+0.25 -0.10	5.0	+0.50 0	0.50	±0.02
75	+0.30 -0.15	6.0	+0.50 0	0.50	±0.02
90	+0.40 -0.20	7.0	+0.60 0	0.60	±0.02
110	+0.50 -0.20	8.0	+0.60 0	0.60	±0.02
125	+0.60 -0.20	9.0	+0.70 0	0.80	±0.02
160	+0.70 -0.30	10.0	+0.80 0	0.80	±0.02

注:尽量不采用括号内的规格。

（续）

（3）不锈钢塑料复合管内层塑料管的颜色（GB/T 18997.1—2003）

用途	冷水	热水	燃气	其他流体
颜色	白色	橙红色	黄色	红色

5.7 钢丝

5.7.1 一般用途低碳钢丝（YB//T 5294—2009）

（1）分类

类型	代号	按用途分
冷拉钢丝	WCD	普通用
退火钢丝	TA	制钉用
镀锌钢丝	SZ	建筑用

（2）钢丝的尺寸、捆重和捆内径

钢丝直径/mm		≤0.3	>0.3～0.5	>0.5～1.0	>1.0～1.2	>1.2～3.0	>3.0～4.5	>4.5～6.0
标准捆	捆重/kg	5	10	25	25	50	50	50
	每捆根数≤	6	5	4	3	3	3	2
	单根质量/kg≥	0.5	1	2	3	4	6	6

（续）

钢丝直径/mm	≤0.3	>0.3~0.5	>0.5~1.0	>1.0~1.2	>1.2~3.0	>3.0~4.5	>4.5~6.0
非标准捆重/kg≥	0.5	1	2	3	4	10	12
钢丝捆内径/mm	100~300			250~560		400~700	
注：钢丝直径大于6mm的由供需双方协议							

（3）钢丝的力学性能

直径/mm	抗拉强度 R_m/MPa			180°弯曲试验(次)		伸长率 A(%)	
	冷拉普通用	制钉用	建筑用	冷拉普通用	建筑用	建筑用	镀锌钢丝
≤0.3	≤980	—	—	*	—	—	≥10
>0.3~0.8	≤980	—	—		—	—	≥10
>0.8~1.2 >1.2~1.8 >1.8~2.5	≤980 ≤1060 ≤1010	880~1320 785~1220 735~1170	—	≥6	—	—	≥12

（续）

（4）钢丝的力学性能

直径/mm	抗拉强度 R_m/MPa			180°弯曲试验(次)		伸长率 A(%)	
	冷拉普通用	制钉用	建筑用	冷拉普通用	建筑用	建筑用	镀锌钢丝
>2.5~3.5	≤960	685~1120	≥550	≥4	≥4	≥2	≥12
>3.5~5.0	≤890	590~1030	≥550				
>5.0~6.0	≤790	540~930	≥550				
>6.0	≤690	—	—	—	—	—	≥12

（5）用途　冷拉钢丝也称光面钢丝，主要用于轻工和建筑行业，如制钉、制作钢筋、焊接骨架、焊接钢、水泥船织网、小五金等。退火钢丝又称黑铁丝，主要用于一般捆扎、牵拉、编织，以及经镀锌制成镀锌低碳钢丝。镀锌钢丝也称铅丝，用于需要耐腐蚀的捆绑、牵拉、编织等

注：退火钢丝和镀锌钢丝的抗拉强度为295~540MPa。

5.7.2 重要用途低碳钢丝(YB/T 5032—2006)

(1) 重要用途低碳钢丝的规格尺寸及性能

公称直径/mm	直径允许偏差		抗拉强度 R_m/MPa		扭转次数/360°	弯曲次数/180°	锌层质量/(g/m²)	每盘质量/kg
	光面	镀锌	光面	镀锌				
0.30, 0.40	±0.02	+0.04 −0.02	≥395	≥365	≥30	*	≥10	≥0.3
0.50, 0.60					≥30	*	≥12	≥0.5
0.80	±0.03	+0.06 −0.02			≥30	*	≥15	≥1
1.00					≥25	≥22	≥25	≥1
1.20					≥25	≥18	≥25	≥5
1.40					≥20	≥14	≥25	≥5
1.60					≥20	≥12	≥45	≥5
1.80	±0.04	+0.08 −0.06	≥395	≥365	≥18	≥12	≥45	≥10
2.00					≥18	≥10	≥45	≥10
2.30					≥15	≥10	≥65	≥10
2.60					≥15	≥8	≥65	≥10
3.00					≥12	≥10	≥80	≥10
3.50	±0.05	+0.09 −0.07			≥12	≥10	≥80	≥10
4.00					≥10	≥8	≥95	≥20
4.50					≥10	≥8	≥95	≥20
5.00					≥8	≥6	≥110	≥20
6.00					≥6	≥3	≥110	≥20

(2) 用途　用于机器制造中重要零部件的制作

5.7.3 冷拉圆钢丝、方钢丝、六角钢丝(GB/T 342—1997)

(1) 冷拉圆钢丝的尺寸和理论质量

直径 d /mm	理论质量/(kg/km)	直径 d /mm	理论质量/(kg/km)	直径 d /mm	理论质量/(kg/km)	直径 d /mm	理论质量/(kg/km)
0.050	0.016	0.25	0.385	1.00	6.162	4.50	124.8
0.053	0.019	0.28	0.484	1.10	7.458	5.00	154.2
0.063	0.024	0.30	0.555	1.20	8.878	5.50	186.5
0.070	0.030	0.32	0.631	1.40	12.08	6.00	221.9
0.080	0.039	0.35	0.754	1.60	15.79	6.30	244.7
0.090	0.050	0.40	0.989	1.80	19.98	7.00	302.1
0.10	0.062	0.45	1.248	2.00	24.66	8.00	394.6
0.11	0.075	0.50	1.539	2.20	29.84	9.00	499.4
0.12	0.089	0.55	1.868	2.50	38.54	10.0	616.5
0.14	0.121	0.60	2.220	2.80	48.34	11.0	746.0
0.16	0.158	0.63	2.447	3.00	55.49	12.0	887.8
0.18	0.199	0.70	3.021	3.20	63.13	14.0	1208.1
0.20	0.246	0.80	3.948	3.50	75.52	16.0	1578.6
0.22	0.298	0.90	4.993	4.00	98.67		

(2) 冷拉方钢丝的尺寸和理论质量

边长 a /mm	理论质量/(kg/km)	边长 a /mm	理论质量/(kg/km)	边长 a /mm	理论质量/(kg/km)	边长 a /mm	理论质量/(kg/km)
0.50	1.962	0.60	2.826	0.70	3.846	0.90	6.358
0.55	2.375	0.63	3.116	0.80	5.024	1.00	7.850

（续）

边长 a /mm	理论质量/(kg/km)	边长 a /mm	理论质量/(kg/km)	边长 a /mm	理论质量/(kg/km)	边长 a /mm	理论质量/(kg/km)
1.10	9.498	2.20	37.99	4.00	125.6	7.00	384.6
1.20	11.30	2.50	49.06	4.50	159.0	8.00	502.4
1.40	15.39	2.80	61.54	5.00	196.2	9.00	635.8
1.60	20.10	3.00	70.65	5.50	237.5	10.0	785.0
1.80	25.43	3.20	80.38	6.00	282.6		
2.00	31.40	3.50	96.16	6.30	311.6		

（3）冷拉六角钢丝的尺寸和理论质量

对边距离 S/mm	理论质量/(kg/km)	对边距离 S/mm	理论质量/(kg/km)	对边距离 S/mm	理论质量/(kg/km)
1.60	17.40	3.20	69.62	6.00	244.8
1.80	22.03	3.50	83.29	6.30	269.9
2.00	27.20	4.00	108.8	7.00	333.2
2.20	32.91	4.50	137.7	8.00	435.1
2.50	42.49	5.00	170.0	9.00	550.7
2.80	53.30	5.50	205.7	10.0	679.7
3.00	61.19				

5.7.4 棉花打包用镀锌钢丝（YB/T 5033—2001）

公称直径/mm	A级			B级			锌层质量/(g/m²)	
	抗拉强度 R_m/MPa	伸长率 $A_{1\text{-}13}$(%)	反复弯曲次(180°)	抗拉强度 R_m/MPa	伸长率 δ_{25}(%)	反复弯曲次(180°)	热镀锌	电镀锌
2.50	400~500	≥15	≥14	≥1400	≥4.0	≥8	≥55	≥25
2.80	400~500	≥15	≥14	—	—	—	≥65	≥25
3.00	—	—	—	≥1400	≥4.0	≥8	≥70	≥25
3.20	—	—	—	≥1400	≥4.0	≥8	≥80	≥25
3.40	—	—	—	≥1400	≥4.0	≥8	≥80	≥30
3.80	—	—	—	≥1400	≥4.0	≥8	≥85	≥30
4.00	400~500	≥15	≥14	≥1400	≥4.0	≥8	≥85	≥30
4.50	400~500	≥15	≥14	—	—	—	≥95	≥40

注:1. 钢丝分热镀锌棉包丝(HZ)和电镀锌棉包丝(EZ)。又分为A级(低强度)和B级(高强度)。

2. 钢丝的缠绕试验心轴直径均为钢丝直径的7倍。缠绕圈数≥6。

5.7.5 冷拉碳素弹簧钢丝(GB/T 4357—2009)

(1) 分类和尺寸规格　钢丝按照抗拉强度分类为低抗拉强度、中等抗拉强度和高抗拉强度，分别用符号 L、M 和 H 代表。按照弹簧载荷特点分类为静载荷和动载荷，分别用 S 和 D 代表。

强度级别、载荷类型与直径范围

强度等级	静载荷	公称直径范围/mm	动载荷	公称直径范围/mm
低抗拉强度	SL 型	1.00 ~ 10.00	—	—
中等抗拉强度	SM 型	0.30 ~ 13.00	DM 型	0.08 ~ 13.00
高抗拉强度	SH 型	0.30 ~ 13.00	DH 型	0.05 ~ 13.00

(2) 尺寸及允许偏差　（单位：mm）

钢丝公称直径 d	钢丝直径及允许偏差	
	SH 型、DM 型和 DH 型	SL 型和 SM 型
$0.05 \leqslant d < 0.09$	±0.003	—
$0.09 \leqslant d < 0.17$	±0.004	—
$0.17 \leqslant d < 0.26$	±0.005	—
$0.26 \leqslant d < 0.37$	±0.006	±0.010
$0.37 \leqslant d < 0.65$	±0.008	±0.012
$0.65 \leqslant d < 0.80$	±0.010	±0.015
$0.80 \leqslant d < 1.01$	±0.015	±0.020
$1.01 \leqslant d < 1.78$	±0.020	±0.025
$1.78 \leqslant d < 2.78$	±0.025	±0.030
$2.78 \leqslant d < 4.00$	±0.030	±0.030
$4.00 \leqslant d < 5.45$	±0.035	±0.035
$5.45 \leqslant d < 7.10$	±0.040	±0.040
$7.10 \leqslant d < 9.00$	±0.045	±0.045
$9.00 \leqslant d < 10.00$	±0.050	±0.050
$10.00 \leqslant d < 11.00$	±0.060	±0.060
$11.10 \leqslant d < 13.00$	±0.060	±0.070

（续）

直条定尺钢丝直径允许偏差		
钢丝公称直径 d	直径允许偏差	
$0.26 \leqslant d < 0.37$	−0.010	+0.015
$0.37 \leqslant d < 0.50$	−0.012	+0.018
$0.50 \leqslant d < 0.65$	−0.012	+0.020
$0.65 \leqslant d < 0.70$	−0.015	+0.025
$0.70 \leqslant d < 0.80$	−0.015	+0.030
$0.80 \leqslant d < 1.01$	−0.020	+0.035
$1.01 \leqslant d < 1.35$	−0.025	+0.045
$1.35 \leqslant d < 1.78$	−0.025	+0.050
$1.78 \leqslant d < 2.60$	−0.030	+0.060
$2.60 \leqslant d < 2.78$	−0.030	+0.070
$2.78 \leqslant d < 3.01$	−0.030	+0.075
$3.01 \leqslant d < 3.35$	−0.030	+0.080
$3.35 \leqslant d < 4.01$	−0.030	+0.090
$4.01 \leqslant d < 4.35$	−0.035	+0.100
$4.35 \leqslant d < 5.00$	−0.035	+0.110
$5.00 \leqslant d < 5.45$	−0.035	+0.120
$5.45 \leqslant d < 6.01$	−0.040	+0.130
$6.01 \leqslant d < 7.10$	−0.040	+0.150
$7.10 \leqslant d < 7.65$	−0.045	+0.160
$7.65 \leqslant d < 9.00$	−0.045	+0.180
$9.00 \leqslant d < 10.00$	−0.050	+0.200
$10.00 \leqslant d < 11.00$	−0.070	+0.240
$11.00 \leqslant d < 12.00$	−0.080	+0.260
$12.00 \leqslant d < 13.00$	−0.080	+0.300

（续）

（3）定尺长度允许偏差　　（单位:mm）

公称长度	长度允许偏差	
	1 级	2 级
$0 < L \leqslant 300$	+1.0 0	+0.01L −0
$300 < L \leqslant 1000$	+2.0 0	
$L > 1000$	+0.002L 0	

（4）抗拉强度要求

钢丝公称直径[①] /mm	抗拉强度[②] /MPa				
	SL 型	SM 型	DM 型	SH 型	DH[③] 型
0.05	—	—		—	2800 ~ 3520
0.06					2800 ~ 3520
0.07					2800 ~ 3520
0.08			2780 ~ 3100		2800 ~ 3480
0.09			2740 ~ 3060		2800 ~ 3430
0.10			2710 ~ 3020		2800 ~ 3380

（续）

钢丝公称直径[①]/mm	抗拉强度[②]/MPa				
	SL 型	SM 型	DM 型	SH 型	DH[③]型
0.11	—	—	2690 ~ 3000	—	2800 ~ 3350
0.12			2660 ~ 2960		2800 ~ 3320
0.14			2620 ~ 2910		2800 ~ 3250
0.16			2570 ~ 2860		2800 ~ 3200
0.18			2530 ~ 2820		2800 ~ 3160
0.20			2500 ~ 2790		2800 ~ 3110
0.22			2470 ~ 2760		2770 ~ 3080
0.25			2420 ~ 2710		2720 ~ 3010
0.28			2390 ~ 2670		2680 ~ 2970
0.30		2370 ~ 2650	2370 ~ 2650	2660 ~ 2940	2660 ~ 2940
0.32		2350 ~ 2630	2350 ~ 2630	2640 ~ 2920	2640 ~ 2920

（续）

钢丝公称直径[①] /mm	抗拉强度[②]/MPa				
	SL 型	SM 型	DM 型	SH 型	DH[③]型
0.34	—	2330 ~ 2600	2330 ~ 2600	2610 ~ 2890	2610 ~ 2890
0.36		2310 ~ 2580	2310 ~ 2580	2590 ~ 2890	2590 ~ 2890
0.38		2290 ~ 2560	2290 ~ 2560	2570 ~ 2850	2570 ~ 2850
0.40		2270 ~ 2550	2270 ~ 2550	2560 ~ 2830	2570 ~ 2830
0.43		2250 ~ 2520	2250 ~ 2520	2530 ~ 2800	2570 ~ 2800
0.45		2240 ~ 2500	2240 ~ 2500	2510 ~ 2780	2570 ~ 2780
0.48		2220 ~ 2480	2240 ~ 2500	2490 ~ 2760	2570 ~ 2760
0.50		2200 ~ 2470	2200 ~ 2470	2480 ~ 2740	2480 ~ 2740
0.53		2180 ~ 2450	2180 ~ 2450	2460 ~ 2720	2460 ~ 2720
0.56		2170 ~ 2430	2170 ~ 2430	2440 ~ 2700	2440 ~ 2700
0.60		2140 ~ 2400	2140 ~ 2400	2410 ~ 2670	2410 ~ 2670

(续)

钢丝公称直径[1]/mm	抗拉强度[2]/MPa				
	SL 型	SM 型	DM 型	SH 型	DH[3] 型
0.63	—	2130 ~ 2380	2130 ~ 2380	2390 ~ 2650	2390 ~ 2650
0.65	—	2120 ~ 2370	2120 ~ 2370	2380 ~ 2640	2380 ~ 2640
0.70	—	2090 ~ 2350	2090 ~ 2350	2360 ~ 2610	2360 ~ 2610
0.80	—	2050 ~ 2300	2050 ~ 2300	2310 ~ 2560	2310 ~ 2560
0.85	—	2030 ~ 2280	2030 ~ 2280	2290 ~ 2530	2290 ~ 2530
0.90	—	2010 ~ 2260	2010 ~ 2260	2270 ~ 2510	2270 ~ 2510
0.95	—	2000 ~ 2240	2000 ~ 2240	2250 ~ 2490	2250 ~ 2490
1.00	1720 ~ 1970	1980 ~ 2220	1980 ~ 2220	2230 ~ 2470	2230 ~ 2470
1.05	1710 ~ 1950	1960 ~ 2220	1960 ~ 2220	2210 ~ 2450	2210 ~ 2450
1.10	1690 ~ 1940	1950 ~ 2190	1950 ~ 2190	2200 ~ 2430	2200 ~ 2430
1.20	1670 ~ 1910	1920 ~ 2160	1920 ~ 2160	2170 ~ 2400	2170 ~ 2400

（续）

钢丝公称直径[1]/mm	抗拉强度[2]/MPa				
	SL 型	SM 型	DM 型	SH 型	DH[3] 型
1.25	1660 ~ 1900	1910 ~ 2130	1910 ~ 2130	2140 ~ 2380	2140 ~ 2380
1.30	1640 ~ 1890	1900 ~ 2130	1900 ~ 2130	2140 ~ 2370	2140 ~ 2370
1.40	1620 ~ 1860	1870 ~ 2100	1870 ~ 2100	2110 ~ 2340	2110 ~ 2340
1.50	1600 ~ 1840	1850 ~ 2080	1850 ~ 2080	2090 ~ 2310	2090 ~ 2310
1.60	1590 ~ 1820	1830 ~ 2050	1830 ~ 2050	2060 ~ 2290	2060 ~ 2290
1.70	1570 ~ 1800	1810 ~ 2030	1810 ~ 2030	2040 ~ 2260	2040 ~ 2260
1.80	1550 ~ 1780	1790 ~ 2010	1790 ~ 2010	2020 ~ 2240	2020 ~ 2240
1.90	1540 ~ 1760	1770 ~ 1990	1770 ~ 1990	2000 ~ 2220	2000 ~ 2220
2.00	1520 ~ 1750	1760 ~ 1970	1760 ~ 1970	1980 ~ 2200	1980 ~ 2200
2.10	1510 ~ 1730	1740 ~ 1960	1740 ~ 1960	1970 ~ 2180	1970 ~ 2180
2.25	1490 ~ 1710	1720 ~ 1930	1720 ~ 1930	1940 ~ 2150	1940 ~ 2150

（续）

钢丝公称直径[1]/mm	抗拉强度[2]/MPa				
	SL 型	SM 型	DM 型	SH 型	DH[3]型
2.40	1470～1690	1700～1910	1700～1910	1920～2130	1920～2130
2.50	1460～1680	1690～1890	1690～1890	1900～2110	1900～2110
2.60	1450～1660	1670～1880	1670～1880	1890～2100	1890～2100
2.80	1420～1640	1650～1850	1650～1850	1860～2070	1860～2070
3.00	1410～1620	1630～1830	1630～1830	1840～2040	1840～2040
3.20	1390～1600	1610～1810	1610～1810	1820～2020	1820～2020
3.40	1370～1580	1590～1780	1590～1780	1790～1990	1790～1990
3.60	1350～1560	1570～1760	1570～1760	1770～1970	1770～1970
3.80	1340～1540	1550～1740	1550～1740	1750～1950	1750～1950
4.00	1320～1520	1530～1730	1530～1730	1740～1930	1740～1930
4.25	1310～1500	1510～1700	1510～1700	1710～1900	1710～1900

（续）

钢丝公称直径[1]/mm	抗拉强度[2]/MPa				
	SL 型	SM 型	DM 型	SH 型	DH[3]型
4.50	1290 ~ 1490	1500 ~ 1680	1500 ~ 1680	1690 ~ 1880	1690 ~ 1880
4.75	1270 ~ 1470	1480 ~ 1670	1480 ~ 1670	1680 ~ 1840	1680 ~ 1840
5.00	1260 ~ 1450	1460 ~ 1650	1460 ~ 1650	1660 ~ 1830	1660 ~ 1830
5.30	1240 ~ 1430	1440 ~ 1630	1440 ~ 1630	1640 ~ 1820	1640 ~ 1820
5.60	1230 ~ 1420	1430 ~ 1610	1430 ~ 1610	1620 ~ 1800	1620 ~ 1800
6.00	1210 ~ 1390	1400 ~ 1580	1400 ~ 1580	1590 ~ 1770	1590 ~ 1770
6.30	1190 ~ 1380	1390 ~ 1560	1390 ~ 1560	1570 ~ 1750	1570 ~ 1750
6.50	1180 ~ 1370	1380 ~ 1550	1380 ~ 1550	1560 ~ 1740	1560 ~ 1740
7.00	1160 ~ 1340	1350 ~ 1530	1350 ~ 1530	1540 ~ 1710	1540 ~ 1710
7.50	1140 ~ 1320	1330 ~ 1500	1330 ~ 1500	1510 ~ 1680	1510 ~ 1680
8.00	1120 ~ 1300	1310 ~ 1480	1310 ~ 1480	1490 ~ 1660	1490 ~ 1660
8.50	1110 ~ 1280	1290 ~ 1460	1290 ~ 1460	1470 ~ 1630	1470 ~ 1630

（续）

钢丝公称直径[①]/mm	抗拉强度[②]/MPa				
	SL 型	SM 型	DM 型	SH 型	DH[③]型
9.00	1090 ~ 1260	1270 ~ 1440	1270 ~ 1440	1450 ~ 1610	1450 ~ 1610
9.50	1070 ~ 1250	1260 ~ 1420	1260 ~ 1420	1430 ~ 1590	1430 ~ 1590
10.00	1060 ~ 1230	1240 ~ 1400	1240 ~ 1400	1410 ~ 1570	1410 ~ 1570
10.50	—	1220 ~ 1380	1220 ~ 1380	1390 ~ 1550	1390 ~ 1550
11.00		1210 ~ 1370	1210 ~ 1370	1380 ~ 1530	1380 ~ 1530
12.00		1180 ~ 1340	1180 ~ 1340	1350 ~ 1500	1350 ~ 1500
12.50		1170 ~ 1320	1170 ~ 1320	1330 ~ 1480	1330 ~ 1480
13.00		1160 ~ 1310	1160 ~ 1310	1320 ~ 1470	1320 ~ 1470

注：直条定尺钢丝的极限强度最多可能低 10%；校直和切断作业也会降低扭转值。

① 中间尺寸钢丝抗拉强度值按表中相邻较大钢丝的规定执行。

② 对特殊用途的钢丝，可商定其他抗拉强度。

③ 对直径为 0.08 ~ 0.18mm 的 DH 型钢丝，经供需双方协商，其抗拉强度波动值范围可规定为 300MPa。

5.7.6 重要用途碳素弹簧钢丝(YB/T 5311—2010)

(1) 钢丝的尺寸规格、性质试验、牌号、化学成分及每盘重

钢丝按用途分为 E 组、F 组、G 组；直径范围：E 组—0.08～6.00mm；F 组—0.08～6.00mm；G 组—1.00～6.00mm

钢丝直径/mm		≤2.00	>2.00～3.00	>3.00～4.00	>4.00～5.00	>5.00～6.00
扭转次数≥	E 组	25	20	16	12	8
	F 组	8	13	10	6	4
	G 组	20	18	15	10	6

缠绕试验(D—心轴直径，d—钢丝直径)	$d<4mm, D=d$	钢丝在心轴上缠绕 5 圈
	$d\geqslant 4mm, D=2d$	

钢丝材料牌号	化学成分(质量分数,%)							
	碳	锰	硅	磷	硫	铬	镍	铜
				≤				
65Mn	0.62～0.69	0.70～1.00	0.17～0.37	0.025	0.020	0.10	0.15	0.20
70	0.67～0.74	0.30～0.60	0.17～0.37	0.025	0.020	0.10	0.15	0.20
T9A	0.85～0.93	≤0.40	≤0.35	0.025	0.020	0.10	0.12	0.20
T8MnA	0.80～0.89	0.40～0.60	≤0.35	0.025	0.020	0.10	0.12	0.20

钢丝直径/mm	≤0.10	>0.10～0.20	>0.20～0.30	>0.30～0.80	>0.80～1.80	>1.80～3.00	>3.00～6.00
最小盘重/kg	0.1	0.2	0.4	0.5	2.0	5.0	8.0

（续）

(2) 钢丝的力学性能

直径/mm	抗拉强度/MPa		
	E 组	F 组	G 组
0.08	2330 ~ 2710	2710 ~ 3060	—
0.09	2320 ~ 2700	2700 ~ 3050	—
0.10	2310 ~ 2690	2690 ~ 3040	—
0.12	2300 ~ 2680	2680 ~ 3030	—
0.14	2290 ~ 2670	2670 ~ 3020	—
0.16	2280 ~ 2660	2660 ~ 3010	—
0.18	2270 ~ 2650	2650 ~ 3000	—
0.20	2260 ~ 2640	2640 ~ 2990	—
0.22	2240 ~ 2620	2620 ~ 2970	—
0.25	2220 ~ 2600	2600 ~ 2950	—
0.28	2220 ~ 2600	2600 ~ 2950	—
0.30	2210 ~ 2600	2600 ~ 2950	—
0.32	2210 ~ 2590	2590 ~ 2940	—
0.35	2210 ~ 2590	2590 ~ 2940	—
0.40	2200 ~ 2580	2580 ~ 2930	—
0.45	2190 ~ 2570	2570 ~ 2920	—
0.50	2180 ~ 2560	2560 ~ 2910	—
0.55	2170 ~ 2550	2550 ~ 2900	—
0.60	2160 ~ 2540	2540 ~ 2890	—
0.63	2140 ~ 2520	2520 ~ 2870	—

（续）

直径/mm	抗拉强度/MPa		
	E 组	F 组	G 组
0.70	2120～2500	2500～2850	—
0.80	2110～2490	2490～2840	—
0.90	2060～2390	2390～2690	—
1.00	2020～2350	2350～2650	1850～2110
1.20	1920～2270	2270～2570	1820～2080
1.40	1870～2200	2200～2500	1780～2040
1.60	1830～2140	2160～2480	1750～2010
1.80	1800～2130	2060～2360	1700～1960
2.00	1760～2090	1970～2230	1670～1910
2.20	1720～2000	1870～2130	1620～1860
2.50	1680～1960	1770～2030	1620～1860
2.80	1630～1910	1720～1980	1570～1810
3.00	1610～1890	1690～1950	1570～1810
3.20	1560～1840	1670～1930	1570～1810
3.50	1520～1750	1620～1840	1470～1710
4.00	1480～1710	1570～1790	1470～1710
4.50	1410～1640	1500～1720	1470～1710
5.00	1380～1610	1480～1700	1420～1660
5.50	1330～1560	1440～1660	1400～1640
6.00	1320～1550	1420～1660	1350～1590

注：钢丝化学成分在保证力学性能的前提下，65Mn、70 钢的锰含量可分别调整为 0.90%～1.20%，0.50%～0.80%。

(3) 用途　用于制造具有高应力、阀门弹簧等重要用途的不经热处理或经低温回火的弹簧

5.7.7 不锈钢丝(GB/T 4240—2009)

(1) 不锈钢丝的分类、牌号和交货状态

序号	牌号	交货状态	序号	牌号	交货状态
1）奥氏体型			2）铁素体型		
1	06Cr17Ni12Mo2	冷拉、轻拉或软态	15	10Cr17	轻拉
2	12Cr18Ni9		16	Y10Cr17	
3	12Cr18Ni9Ti		3）马氏体型		
4	06Cr18Ni10				
5	06Cr18Ni10N		17	12Cr13	轻拉
6	022Cr17Ni12Mo2	轻拉或软态	18	Y12Cr13	
7	Y12Cr18Ni9		19	20Cr13	
8	Y12Cr18Ni9Se		20	30Cr13	
9	10Cr18Ni12				
10	07Cr19Ni11Ti				
11	06Cr18Ni11Nb		21	40Cr13	软态
12	022Cr19Ni11	软态	22	14Cr17Ni2	
13	06Cr23Ni13		23	95Cr18	
14	20Cr25Ni20				

(2) 不锈钢丝的力学性能

钢丝直径/mm	抗拉强度 R_m/MPa	断后伸长率 A(%)
软态(R) (适用钢丝牌号:序号 1~14)		
0.05~0.10	690~1030	≥15
>0.10~0.30	640~980	≥20
>0.30~0.60	590~930	≥20

（续）

钢丝直径/mm	抗拉强度 R_m/MPa	断后伸长率 A(%)
软态(R) (适用钢丝牌号:序号1~14)		
>0.60~1.00	540~880	≥25
>1.00~3.00	490~830	≥25
>3.00~6.00	490~830	≥30
>6.00~14.00	490~790	≥30
轻拉(Q) (适用钢丝牌号:序号1~8,11~14)		
>6.00~14.00	730~1030	—
轻拉(Q) (适用钢丝牌号:序号16、18~20)		
0.50~3.00	640~930	—
>3.00~6.00	590~880	—
>6.00~14.00	590~840	—
软态(R) (适用钢丝牌号:序号21~23)		
0.05~14.00	590~830	—
轻拉(Q) (适用钢丝牌号:序号1~8,11~14)		
0.50~1.00	830~1180	—
>1.00~3.00	780~1130	—
>3.00~6.00	730~1080	—
轻拉(Q) (适用钢丝牌号:序号15、17)		
0.50~6.00	540~790	—
>6.00~14.00	490~740	—

(续)

冷拉(L) (适用钢丝牌号:序号 1~5)		
0.50~1.00	1180~1520	—
>1.00~3.00	1130~1470	—
>3.00~6.00	1080~1420	—

5.7.8 焊接钢丝

(1) 熔化焊用钢丝(GB/T 14957—1994)

公称直径 /mm	碳素结构钢		合金结构钢		捆(盘)的内径 /mm
	一般	最小	一般	最小	
	每捆(盘)重量/kg≥				≥
1.6,2.0,2.5,3.0	30	15	10	5	350
3.2,4.0,5.0,6.0	40	20	15	8	400

注:1. 钢丝制造精度分为普通精度和较高精度。

2. 钢丝的牌号、化学成分应符合 GB/T 14957—1994 中的规定。

3. 钢丝适用于电弧焊、埋弧自动焊和半自动焊、电渣焊和气焊等。

(2) 焊接用不锈钢丝(YB/T 5092—2005)

1) 钢丝的直径参见表 5-73(GB/T 342—1997)

2) 钢丝的牌号、化学成分应符合 YB/T 5092—2005 标准中的规定

3) 钢丝适用于电弧焊、气焊、埋弧自动焊、电渣焊和气体保护焊

（续）

（3）焊接用不锈钢丝牌号及主要用途

牌号	主要用途
H05Cr22Ni11Mn6Mo3VN	多用于同牌号的不锈钢焊接，也可以用于不同种类合金及低碳钢与不锈钢的焊接
H10Cr17Ni8Mn8Si4N H05Cr20Ni6Mn9N H05Cr18Ni5Mn12N	常用于同牌号的不锈钢焊接，也可用于低碳钢与不锈钢等不同钢种的焊接
H10Cr2Ni10Mn6	用途与H05Cr22Ni11Mn6Mo3相同。有良好的强韧性和抗磨性，主要用于高锰钢的焊接和碳钢的表面堆焊
H09Cr21Ni9Mn4Mo	可用于不同种钢的焊接、焊缝强度适中、有良好的抗裂性能
H12Cr24Ni13Si H12Cr24Ni13	用于焊接成分相似的锻件和铸件，也可以用于不同种金属的焊接，如08Cr19Ni9不锈钢与碳钢的焊接；常用于08Cr19Ni9复合钢板的复层焊接，以及碳钢壳体内衬不锈钢薄板的焊接
H12Cr24Ni13Mo2	该焊丝主要用于钢材表面堆焊，作为H08Cr19Ni12Mo2或H08Cr19-Ni14Mo3填充金属多层堆焊的第一层堆焊，用于含钼不锈钢复合钢板与碳钢或08Cr19Ni9不锈钢的连接

（续）

牌号	主要用途
H12Cr24Ni13Si1 H03Cr24Ni13Si1	除硅含量提高到 0.65% ~1.00%（质量分数）外，其他成分与 H12Cr24Ni13Si 和 H03Cr24Ni13Si 相同。在气体保护焊接时，Si 能改善焊缝钢水的流动性和浸润性，使焊缝光滑、平整
H08Cr19Ni12Mo2Si H08Cr19Ni12Mo2	常用于焊接在高温下工作或在含有氯离子气氛中工作的 07Cr17Ni12Mo 不锈钢
H06Cr19Ni12Mo2	成分与 H08Cr19Ni12Mo2 接近，但其高温抗拉强度略高，用于 07Cr17Ni12Mo2 钢的焊接
H03Cr19Ni12Mo2Si H03Cr19Ni12Mo2	除碳含量较低外，其他成分与 H08Cr19Ni12Mo2 相同，主要用于超低碳含钼奥氏体不锈钢及合金的焊接
H03Cr19Ni12Mo2Cu2	该料中含有 1.0% ~2.5%（质量分数）的铜，其耐腐蚀和耐点蚀性能优于 H03Cr19Ni12Mo2 主要用于耐硫酸腐蚀的容器、管道及结构件的焊接
H08Cr19Ni14Mo3	用于焊接 08Cr19Ni13Mo3 不锈钢和成分相似的合金，在点蚀比较严重环境中工作
H07Cr20Ni34Mo2Cu3Nb	多用于焊接在腐蚀性较强的环境或介质中（如硫酸、亚硫酸及盐类介质中）工作的零部件，焊接后的铸件或锻件可进行热处理

（续）

牌号	主要用途
H02Cr20Ni34Mo2Cu3Nb	用于成分相似的合金的钨极气体保护焊、熔化极气体保护焊及埋弧焊，但采用埋弧焊时，焊缝容易产生热裂纹
H08Cr19Ni10Ti	用于焊接成分相似的不锈钢，应采用惰性气体保护焊，不宜用埋弧焊
H21Cr16Ni35	用于焊接在980℃以上工作的耐热和抗氧化部件，多用于焊接成分相似的铸、锻件
H02Cr27Ni32Mo3Cu	用于焊接铁镍基高温合金和成分相似的不锈钢，通常在硫酸和磷酸介质中使用
H02Cr20Ni25Mo4Cu	主要用来焊接装运硫酸或装运含有氯化物介质的容器，也可用于03Cr19Ni4Mo3型不锈钢的焊接
H10Cr16Ni8Mo2	用于08Cr16Ni8Mo2、07Cr17-Ni12Mo2和08Cr18Ni12Nb型高温、高压不锈钢管的焊接
H03Cr22Ni8Mo3N	主要用于焊接03Cr22Ni6Mo3N等含有22%（质量分数）铬的双相不锈钢
H04Cr25Ni5Mo3Cu2N	焊接含有25%（质量分数）铬的双相不锈钢

（续）

牌号	主要用途
H15Cr30Ni9	焊接成分相似的铸造合金，也可用于碳钢和不锈钢（特别是高镍不锈钢）的焊接
H12Cr13	常用于焊接成分相似的合金，也可用于碳钢表面堆焊，以得到耐腐蚀的耐磨层
H06Cr12Ni4Mo	主要用于焊接08Cr13Ni4Mo铸件和各种规格的15Cr13、08Cr13和08Cr13Al不锈钢
H06Cr14	用于焊接08Cr13型不锈钢、焊缝韧性好、有一定的耐蚀性能、焊接前后不用预热和热处理
H10Cr17	用于焊接12Cr17，焊前应预热，焊后应热处理，焊缝有良好的抗蚀性和足够的韧性
H01Cr26Mo	主要用于超纯铁素体不锈钢的惰性气体保护焊，应注意焊接件部位的清洁和保护气体的有效使用，防止焊缝被氧和氮污染
H08Cr11Ti	用于焊接同类不锈钢或不同种类的低碳钢材，目前主要用于焊接汽车尾气排放部件
H08Cr11Nb	以铌代铁，用途同H08Cr11Ti。因为铌在电弧下氧化烧损很少，可以更精确地控制焊缝的成分

（续）

牌号	主要用途
H05Cr17Ni4Cu4Nb	用于焊接07Cr17Ni4Cu4Nb和其他类型的沉淀硬化型不锈钢，焊丝成分经调整后可以防止焊缝中产生有害的网状铁素体组织。根据焊缝尺寸和使用条件，焊件可在焊态、焊态加沉淀硬化态或焊态加固溶处理加沉淀硬化态下使用

5.7.9 合金弹簧钢丝（YB/T 5318—2010）

（1）合金弹簧钢丝的规格尺寸要求

项目	指标
尺寸规格	1）钢丝的直径为0.50～14.0mm 2）冷拉或热处理钢丝直径及直径允许偏差应符合GB/T 342—1997的规定 3）银亮钢丝直径及直径允许偏差应符合GB/T 3207—2008的规定 4）钢丝直径允许偏差级别应在合同中注明，未注明时银亮钢丝按10级、其他钢丝按11级供货
外形	1）钢丝的圆度不得大于钢丝直径公差之半 2）钢丝盘应规整，打开钢丝盘时不得散乱或呈现“∞”字形 3）按直条交货的钢丝，其长度一般为2000～4000mm

（2）钢丝盘重

钢丝直径/mm	最小盘重/kg	钢丝直径/mm	最小盘重/kg
0.50～1.00	1.0	>6.00～9.00	15.0
>1.00～3.00	5.0	>9.00～14.0	30.0
>3.00～6.00	10.0		

（3）用途　用于制造承受中、高应力的机械合金弹簧

5.7.10 热处理型冷镦钢丝(GB/T 5953.1—2009)

(1) 规格 钢丝直径为1.00～45.00mm

1) 直径小于16mm的钢丝、直径允许偏差应符合GB/T 342—1997中的10级；直径大于16～25mm的钢丝，直径允许偏差应符合GB/T 905—1994中的11级

2) 磨光钢丝直径小于16mm时的尺寸偏差应符合GB/T 3207—2008中的10级；直径大于16～25mm时的尺寸偏差应符合GB/T 3207—2008中的11级

3) 钢丝的圆度误差应不大于直径公差之半

4) 钢丝直径大于25mm的直径尺寸精度由供需双方协

(2) 盘重

钢丝公称直径 d/mm	最小盘重/kg	钢丝公称直径 d/mm	最小盘重/kg
1.00～2.00	10	>4.00～9.00	30
>2.00～4.00	15	>9.00	50

注：每盘钢丝应由一根钢丝组成，不许有接头。最小盘重应符合表中规定，盘重允许偏差为±15%

(3) 力学性能

（续）

1）表面硬化型钢丝力学性能

牌号[①]	钢丝公称直径/mm	SALD			SA		
		抗拉强度 R_m/MPa	断面收缩率 Z(%)	洛氏硬度 HRB	抗拉强度 R_m/MPa	断面收缩率 Z(%)	硬度 HRB
ML10	≤6.00	420～620	≥55	—	300～450	≥60	≤75
	>6.00～12.00	380～560	≥55	—			
	>12.00～25.00	350～500	≥50	≤81			
ML15 ML15Mn ML18 ML18Mn ML20	≤6.00	440～640	≥55	—	350～500	≥60	≤80
	>6.00～12.00	400～580	≥55	—			
	>12.00～25.00	380～530	≥50	≤83			
ML20Mn ML16CrMn ML20MnA ML22Mn ML15Cr ML20Cr ML18CrMo	≤6.00	440～640	≥55	—	370～520	≥60	≤82
	>6.00～12.00	420～600	≥55	—			
	>12.00～25.00	400～550	≥50	≤85			

（续）

牌号①	钢丝公称直径/mm	SALD			SA		
		抗拉强度 R_m/MPa	断面收缩率 Z(%)	洛氏硬度 HRB	抗拉强度 R_m/MPa	断面收缩率 Z(%)	硬度 HRB
ML20CrMoA ML20CrNiMo	≤25.00	480～680	≥45	≤93	420～620	≥58	≤91

注：直径小于3.00mm的钢丝断面收缩率仅供参考。

① 牌号的化学成分可参考GB/T 6478—2000。

2）调质型碳素钢丝的力学性能

牌号①	钢丝公称直径/mm	SALD			SA		
		抗拉强度 R_m/MPa	断面收缩率 Z(%)	洛氏硬度 HRB	抗拉强度 R_m/MPa	断面收缩率 Z(%)	硬度 HRB
ML25 ML25Mn ML30Mn ML30 ML35	≤6.00	490～690	≥55	—	380～560	≥60	≤86
	>6.00～12.00	470～650	≥55	—			
	>12.00～25.00	450～600	≥50	≤89			

（续）

牌号①	钢丝公称直径/mm	SALD			SA		
		抗拉强度 R_m/MPa	断面收缩率 Z(%)	洛氏硬度 HRB	抗拉强度 R_m/MPa	断面收缩率 Z(%)	硬度 HRB
ML40 ML35Mn	≤6.00	550～730	≥55	—	430～580	≥60	≤87
	>6.00～12.00	500～670	≥55	—			
	>12.00～25.00	450～600	≥50	≤89			
ML45 ML42Mn	≤6.00	590～760	≥55	—	450～600	≥60	≤89
	>6.00～12.00	570～720	≥55	—			
	>12.00～25.00	470～620	≥50	≤96			

① 牌号的化学成分可参考 GB/T 6478—2000。

（续）

3）调质型合金钢丝的力学性能

牌号①	钢丝公称直径/mm	SALD			SA		
		抗拉强度 R_m/MPa	断面收缩率 Z(%)	洛氏硬度 HRB	抗拉强度 R_m/MPa	断面收缩率 Z(%)	硬度 HRB
ML30CrMnSi	≤6.00	600～750	—	≥50	460～660	≥55	≤93
	>6.00～12.00	580～730	—				
	>12.00～25.00	550～700	≤95				
ML38CrA ML40Cr	≤6.00	530～730	—	≥50	430～600	≥55	≤89
	>6.00～12.00	500～650	—				
	>12.00～25.00	480～630	≤91				
ML30CrMo ML35CrMo	≤6.00	580～780	—	≥40	450～620	≥55	≤91
	>6.00～12.00	540～700	—	≥35			
	>12.00～25.00	500～650	≤92	≥35			
ML42CrMo ML40CrNiMo	≤6.00	590～790	—	≥50	480～730	≥55	≤97
	>6.00～12.00	560～760	—				
	>12.00～25.00	540～690	≤95				

注：直径小于3.00mm的钢丝断面收缩率仅供参考。

① 牌号的化学成分可参考GB/T 6478—2000。

（续）

4）含硼钢丝的力学性能

牌号①	SALD			SA		
	抗拉强度 R_m/MPa	断面收缩率 Z(%)	硬度 HRB	抗拉强度 R_m/MPa	断面收缩率 Z(%)	硬度 HRB
ML20B	≤600	≥55	≤89	≤550	≥65	≤85
ML28B	≤620	≥55	≤90	≤570	≥65	≤87
ML35B	≤630	≥55	≤91	≤580	≥65	≤88
ML20MnB	≤630	≥55	≤91	≤580	≥65	≤88
ML30MnB	≤660	≥55	≤93	≤610	≥65	≤90
ML35MnB	≤680	≥55	≤94	≤630	≥65	≤91
ML40MnB	≤680	≥55	≤94	≤630	≥65	≤91
ML15MnVB	≤660	≥55	≤93	≤610	≥65	≤90
ML20MnVB	≤630	≥55	≤91	≤580	≥65	≤88
ML20MnTiB	≤630	≥55	≤91	≤580	≥65	≤88

注：直径小于3.00mm的钢丝断面收缩率仅供参考。

① 牌号的化学成分可参考GB/T 6478—2000。

（续）

(4) 用途　用于制造铆钉、螺栓、螺钉和螺柱等紧固件及冷镦或冷挤成型制件、产品成型后需进行表面渗碳、渗氮、调质处理。

5.7.11 非热处理型冷镦钢丝（GB/T 5953.2—2009）

（1）规格　钢丝的规格尺寸及精度要求与热处理型冷镦钢丝完全相同

（2）盘重

钢丝公称直径/mm	最小盘重/kg	钢丝公称直径/mm	最小盘重/kg
1.00～2.00	20	>5.00～6.50	50
>2.00～5.00	30	>6.50	100

注：每盘钢丝由一根钢丝组成，不允许出现任何形式接头。最小盘重应符合表中规定。盘重允许偏差为±15%。

（3）力学性能

1）SALD 工艺钢丝的力学性能

牌号[1]	抗拉强度 R_m/MPa	断面收缩率 Z（%）	硬度[2] HRB
ML04Al ML08Al ML10Al	300～450	≥70	≤76

（续）

牌号①	抗拉强度 R_m/MPa	断面收缩率 Z(%)	硬度② HRB
ML15Al ML15	340～500	≥65	≤81
ML18Mn ML20Al ML20 ML22Mn	450～570	≥65	≤90

2）HD 工艺钢丝的力学性能

牌号①	钢丝公称直径 d/mm	抗拉强度 R_m/MPa	断面收缩率 Z(%)	硬度② HRB
ML04Al ML08Al ML10Al	≤3.00	≥460	≥50	—
	>3.00～4.00	≥360	≥50	—
	>4.00～5.00	≥330	≥50	—
	>5.00～25.00	≥280	≥50	≤85

（续）

牌号[①]	钢丝公称直径 d/mm	抗拉强度 R_m/MPa	断面收缩率 Z(%)	硬度[②] HRB
ML15Al ML15	≤3.00	≥590	≥50	—
	>3.00～4.00	≥490	≥50	—
	>4.00～5.00	≥420	≥50	—
	>5.00～25.00	≥400	≥50	≤89
ML18MnAl ML20Al ML20 ML22MnAl	≤3.00	≥850	≥35	—
	>3.00～4.00	≥690	≥40	—
	>4.00～5.00	≥570	≥45	—
	>5.00～25.00	≥480	≥45	≤97

注：钢丝公称直径大于20mm时，断面收缩率可以降低5%。

① 牌号的化学成分可参考GB/T 6478—2000。

② 硬度值仅供参考。

（4）用途　用于制造铆钉、螺栓、螺钉和螺柱等紧固件，及冷镦或冷挤成形制件。成形制件一般不需进行热处理。

5.7.12 钢丝绳(GB/T 8918—2006)

(1) 6×7 类钢丝绳结构及抗拉强度

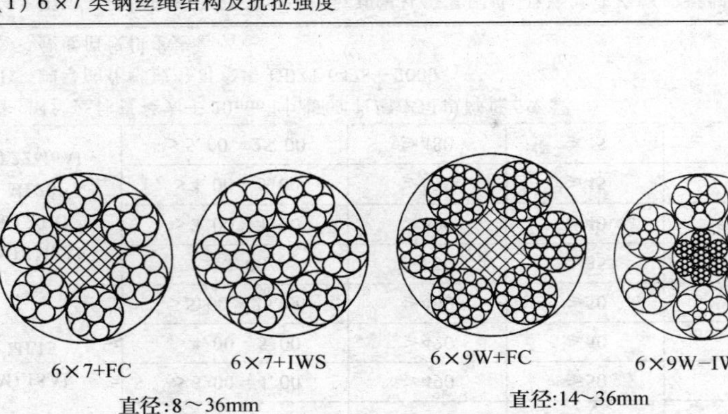

（续）

钢丝绳公称直径	钢丝绳参考质量/(kg/100m)			钢丝绳公称抗拉强度 R_m/MPa									
				1570		1670		1770		1870		1960	
				钢丝绳最小破断拉力/kN									
D/mm	天然纤维芯钢丝绳	合成纤维芯钢丝绳	钢芯钢丝绳	纤维芯钢丝绳	钢芯钢丝绳	纤维芯钢丝绳	钢芯钢丝绳	纤维芯钢丝绳	钢芯钢丝绳	纤维芯钢丝绳	钢芯钢丝绳	纤维芯钢丝绳	钢芯钢丝绳
8	22.5	22.0	24.8	33.4	36.1	35.5	38.4	37.6	40.7	39.7	43.0	41.6	45.0
9	28.4	27.9	31.3	42.2	45.7	44.9	48.6	47.6	51.5	50.3	54.4	52.7	57.0
10	35.1	34.4	38.7	52.1	56.4	55.4	60.0	58.8	63.5	62.1	67.1	65.1	70.4
11	42.5	41.6	46.8	63.1	68.2	67.1	72.5	71.1	76.9	75.1	81.2	78.7	85.1
12	50.5	49.5	55.7	75.1	81.2	79.8	86.3	84.6	91.5	89.4	96.7	93.7	101
13	59.3	58.1	65.4	88.1	95.3	93.7	101	99.3	107	105	113	110	119
14	68.8	67.4	75.9	102	110	109	118	115	125	122	132	128	138
16	89.9	88.1	99.1	133	144	142	153	150	163	159	172	167	180
18	114	111	125	169	183	180	194	190	206	201	218	211	228

（续）

钢丝绳公称直径	钢丝绳参考质量/(kg/100m)			钢丝绳公称抗拉强度 R_m/MPa									
				1570		1670		1770		1870		1960	
				钢丝绳最小破断拉力/kN									
D/mm	天然纤维芯钢丝绳	合成纤维芯钢丝绳	钢芯钢丝绳	纤维芯钢丝绳	钢芯钢丝绳	纤维芯钢丝绳	钢芯钢丝绳	纤维芯钢丝绳	钢芯钢丝绳	纤维芯钢丝绳	钢芯钢丝绳	纤维芯钢丝绳	钢芯钢丝绳
20	140	138	155	208	225	222	240	235	254	248	269	260	281
22	170	166	187	252	273	268	290	284	308	300	325	315	341
24	202	198	223	300	325	319	345	338	366	358	387	375	405
26	237	233	262	352	381	375	405	397	430	420	454	440	476
28	275	270	303	409	442	435	470	461	498	487	526	510	552
30	316	310	348	469	507	499	540	529	572	559	604	586	638
32	359	352	396	534	577	568	614	602	651	636	687	666	721
34	406	398	447	603	652	641	693	679	735	718	776	752	813
36	455	446	502	676	730	719	777	762	824	805	870	843	912

（续）

(2) 6×19 类钢丝绳结构及抗拉强度

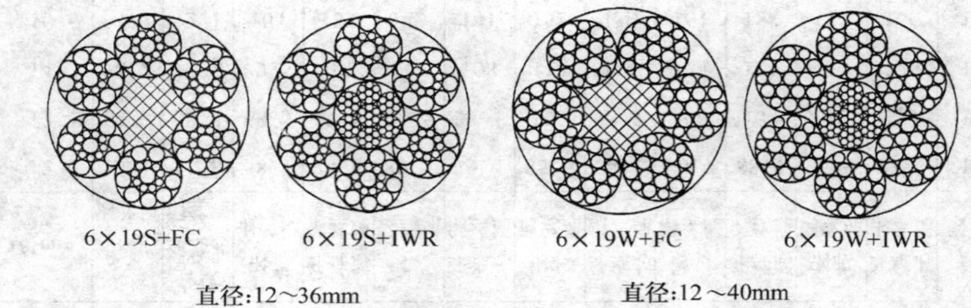

（续）

钢丝绳公称直径	钢丝绳参考质量/(kg/100m)			钢丝绳公称抗拉强度 R_m/MPa									
				1570		1670		1770		1870		1960	
				钢丝绳最小破断拉力/kN									
D/mm	天然纤维芯钢丝绳	合成纤维芯钢丝绳	钢芯钢丝绳	纤维芯钢丝绳	钢芯钢丝绳	纤维芯钢丝绳	钢芯钢丝绳	纤维芯钢丝绳	钢芯钢丝绳	纤维芯钢丝绳	钢芯钢丝绳	纤维芯钢丝绳	钢芯钢丝绳
12	53.1	51.8	58.4	74.6	80.5	79.4	85.6	84.1	90.7	88.9	95.9	93.1	100
13	62.3	60.8	68.5	87.6	94.5	93.1	100	98.7	106	104	113	109	118
14	72.2	70.5	79.5	102	110	108	117	114	124	121	130	127	137
16	94.4	92.1	104	133	143	141	152	150	161	158	170	166	179
18	119	117	131	168	181	179	193	189	204	200	216	210	226
20	147	144	162	207	224	220	238	234	252	247	266	259	279
22	178	174	196	251	271	267	288	283	304	299	322	313	338
24	212	207	234	298	322	317	342	336	363	355	383	373	402

（续）

钢丝绳公称直径	钢丝绳参考质量/(kg/100m)			钢丝绳公称抗拉强度 R_m/MPa									
				1570		1670		1770		1870		1960	
				钢丝绳最小破断拉力/kN									
D/mm	天然纤维芯钢丝绳	合成纤维芯钢丝绳	钢芯钢丝绳	纤维芯钢丝绳	钢芯钢丝绳	纤维芯钢丝绳	钢芯钢丝绳	纤维芯钢丝绳	钢芯钢丝绳	纤维芯钢丝绳	钢芯钢丝绳	纤维芯钢丝绳	钢芯钢丝绳
26	249	243	274	350	378	373	402	395	426	417	450	437	472
28	289	282	318	406	438	432	466	458	494	484	522	507	547
30	332	324	365	466	503	496	535	526	567	555	599	582	628
32	377	369	415	531	572	564	609	598	645	632	682	662	715
34	426	416	469	599	646	637	687	675	728	713	770	748	807
36	478	466	525	671	724	714	770	757	817	800	863	838	904
38	532	520	585	748	807	796	858	843	910	891	961	934	1010
40	590	576	649	829	894	882	951	935	1010	987	1070	1030	1120

(续)

(3) 8×19 类钢丝绳结构及抗拉强度

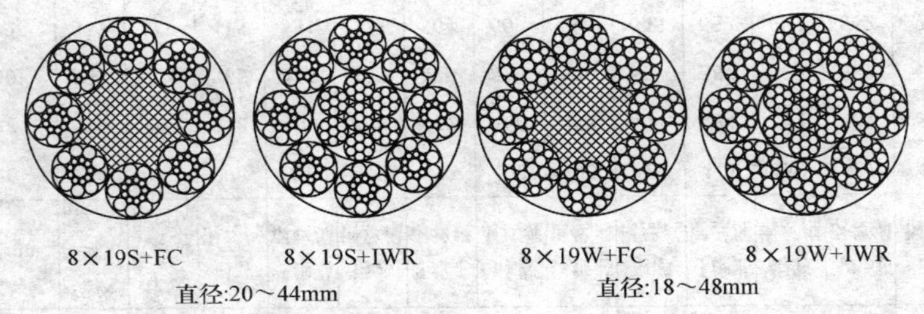

8×19S+FC　　8×19S+IWR

直径:20～44mm

8×19W+FC　　8×19W+IWR

直径:18～48mm

（续）

钢丝绳公称直径	钢丝绳参考质量/(kg/100m)			钢丝绳公称抗拉强度 R_m/MPa									
				1570		1670		1770		1870		1960	
				钢丝绳最小破断拉力/kN									
D/mm	天然纤维芯钢丝绳	合成纤维芯钢丝绳	钢芯钢丝绳	纤维芯钢丝绳	钢芯钢丝绳	纤维芯钢丝绳	钢芯钢丝绳	纤维芯钢丝绳	钢芯钢丝绳	纤维芯钢丝绳	钢芯钢丝绳	纤维芯钢丝绳	钢芯钢丝绳
18	112	108	137	149	176	159	187	168	198	178	210	186	220
20	139	133	169	184	217	196	231	207	245	219	259	230	271
22	168	162	204	223	263	237	280	251	296	265	313	278	328
24	199	192	243	265	313	282	333	299	353	316	373	331	391
26	234	226	285	311	367	331	391	351	414	370	437	388	458
28	271	262	331	361	426	384	453	407	480	430	507	450	532
30	312	300	380	414	489	440	520	467	551	493	582	517	610
32	355	342	432	471	556	501	592	531	627	561	663	588	694
34	400	386	488	532	628	566	668	600	708	633	748	664	784

（续）

钢丝绳公称直径	钢丝绳参考质量/(kg/100m)			钢丝绳公称抗拉强度 R_m/MPa									
				1570		1670		1770		1870		1960	
				钢丝绳最小破断拉力/kN									
D/mm	天然纤维芯钢丝绳	合成纤维芯钢丝绳	钢芯钢丝绳	纤维芯钢丝绳	钢芯钢丝绳	纤维芯钢丝绳	钢芯钢丝绳	纤维芯钢丝绳	钢芯钢丝绳	纤维芯钢丝绳	钢芯钢丝绳	纤维芯钢丝绳	钢芯钢丝绳
36	449	432	547	596	704	634	749	672	794	710	839	744	879
38	500	482	609	664	784	707	834	749	884	791	934	829	979
40	554	534	675	736	869	783	925	830	980	877	1040	919	1090
42	611	589	744	811	958	863	1020	915	1080	967	1140	1010	1200
44	670	646	817	891	1050	947	1120	1000	1190	1060	1250	1110	1310
46	733	706	893	973	1150	1040	1220	1100	1300	1160	1370	1220	1430
48	798	769	972	1060	1250	1130	1330	1190	1410	1260	1490	1320	1560

注：1. 钢丝绳公称直径允许偏差 ±5% mm。

2. 规格型号中的 FC 表示为纤维芯；WSC 为钢丝股芯；JWRC 为独立钢丝绳芯；WC 为钢芯。

（续）

（4）6×19、6×37 类钢丝绳结构及抗拉强度

钢丝绳公称直径	钢丝绳参考质量/(kg/100m)			钢丝绳公称抗拉强度 R_m/MPa									
				1570		1670		1770		1870		1960	
				钢丝绳最小破断拉力/kN									
D/mm	天然纤维芯钢丝绳	合成纤维芯钢丝绳	钢芯钢丝绳	纤维芯钢丝绳	钢芯钢丝绳	纤维芯钢丝绳	钢芯钢丝绳	纤维芯钢丝绳	钢芯钢丝绳	纤维芯钢丝绳	钢芯钢丝绳	纤维芯钢丝绳	钢芯钢丝绳
12	54.7	53.4	60.2	74.6	80.5	79.4	85.6	84.1	90.7	88.9	95.9	93.1	100
13	64.2	62.7	70.6	87.6	94.5	93.1	100	98.7	106	104	113	109	118
14	74.5	72.7	81.9	102	110	108	117	114	124	121	130	127	137
16	97.3	95.0	107	133	143	141	152	150	161	158	170	166	179
18	123	120	135	168	181	179	193	189	204	200	216	210	226
20	152	148	167	207	224	220	238	234	252	247	266	259	279
22	184	180	202	251	271	267	288	283	305	299	322	313	338
24	219	214	241	298	322	317	342	336	363	355	383	373	402
26	257	251	283	350	378	373	402	395	426	417	450	437	472

（续）

钢丝绳公称直径	钢丝绳参考质量/(kg/100m)			钢丝绳公称抗拉强度 R_m/MPa									
				1570		1670		1770		1870		1960	
				钢丝绳最小破断拉力/kN									
D/mm	天然纤维芯钢丝绳	合成纤维芯钢丝绳	钢芯钢丝绳	纤维芯钢丝绳	钢芯钢丝绳	纤维芯钢丝绳	钢芯钢丝绳	纤维芯钢丝绳	钢芯钢丝绳	纤维芯钢丝绳	钢芯钢丝绳	纤维芯钢丝绳	钢芯钢丝绳
28	298	291	328	406	438	432	466	458	494	484	522	507	547
30	342	334	376	466	503	496	535	526	567	555	599	582	628
32	389	380	428	531	572	564	609	598	645	632	682	662	715
34	439	429	483	599	646	637	687	675	728	713	770	748	807
36	492	481	542	671	724	714	770	757	817	800	863	838	904
38	549	536	604	748	807	796	858	843	910	891	961	934	1010
40	608	594	669	829	894	882	951	935	1010	987	1070	1030	1120
42	670	654	737	914	986	972	1050	1030	1110	1090	1170	1140	1230
44	736	718	809	1000	1080	1070	1150	1130	1220	1190	1290	1250	1350

（续）

钢丝绳公称直径	钢丝绳参考质量/(kg/100m)			钢丝绳公称抗拉强度 R_m/MPa									
				1570		1670		1770		1870		1960	
				钢丝绳最小破断拉力/kN									
D/mm	天然纤维芯钢丝绳	合成纤维芯钢丝绳	钢芯钢丝绳	纤维芯钢丝绳	钢芯钢丝绳	纤维芯钢丝绳	钢芯钢丝绳	纤维芯钢丝绳	钢芯钢丝绳	纤维芯钢丝绳	钢芯钢丝绳	纤维芯钢丝绳	钢芯钢丝绳
46	804	785	884	1100	1180	1170	1260	1240	1330	1310	1410	1370	1480
48	876	855	963	1190	1290	1270	1370	1350	1450	1420	1530	1490	1610
50	950	928	1040	1300	1400	1380	1490	1460	1580	1540	1660	1620	1740
52	1030	1000	1130	1400	1510	1490	1610	1580	1700	1670	1800	1750	1890
54	1110	1080	1220	1510	1630	1610	1730	1700	1840	1800	1940	1890	2030
56	1190	1160	1310	1620	1750	1730	1860	1830	1980	1940	2090	2030	2190
58	1280	1250	1410	1740	1880	1850	2000	1960	2120	2080	2240	2180	2350
60	1370	1340	1500	1870	2010	1980	2140	2100	2270	2220	2400	2330	2510
62	1460	1430	1610	1990	2150	2120	2290	2250	2420	2370	2560	2490	2680
64	1560	1520	1710	2120	2290	2260	2440	2390	2580	2530	2730	2650	2860

第6章　有色金属材料

6.1　有色金属材料基本知识

6.1.1　有色金属的主要性能特点

材料名称	主要性能特点
铜和铜合金	导电性、导热性优良，强度和塑性较高，耐腐蚀性较好，容易加工成形和铸造成形各种零件
铝和铝合金	密度小（$\rho=2.7g/cm^3$），导电性、导热性、反光性良好，比强度高，耐腐蚀性好，塑性好，容易加工成形和铸造成形各种零件
镁和镁合金	密度更小（$\rho=1.7g/cm^3$），比强度和比刚度高，能承受大的冲击载荷，加工成形性和抛光性良好，对有机酸、碱类和液体燃料有较好的耐腐蚀性
钛和钛合金	密度为$4.5g/cm^3$，硬度高，高温强度高，比强度高，耐腐蚀性良好
锌和锌合金	熔点较低，容易加工成形和压铸成形零件，力学性能较高
锡铅及其合金	耐磨，减摩性和耐腐蚀性好，熔点低，铅的抗χ射线和γ射线穿透力强
镍和镍合金	耐腐蚀性、耐热性好，力学性能高，具有特殊的电、磁和热膨胀性能

6.1.2 有色金属牌号、密度及产品形状

材料名称	品　种	牌号	密度/(g/cm³)	产品形状
纯铜	纯铜	T2	8.9	线、板、带、箔、管、棒
	无氧铜	TU1	8.9	板、带、箔、管、棒、线
黄铜	普通黄铜	H68	85	板、带、箔、管、棒、线
	铅黄铜	HPb59-1	8.5	板、带、管、棒、线
	锡黄铜	HSn90-1	88	板、带
	铝黄铜	HAl77-2	8.4 ~ 8.5	管
	锰黄铜	HMn58-2	8.5	板、带、棒、线、管
	铁黄铜	HFe59-1-1	8.5	板、棒、管
	镍黄铜	HNi65-5	8.5	板、棒、管
	硅黄铜	HSi80-3	8.6	棒
青铜	锡青铜	QSn6.5-0.1	8.8	板、带、箔、棒、线、管
	铝青铜	QAl10-3-1.5	7.5	管、棒、板、带
	铍青铜	QBe1.9	8.23	板、带
	硅青铜	QSi3-1	8.4	板、带、箔、棒、线、管
	锰青铜	QMn5	8.6	板　带
	镉青铜	QCd1	8.8	板、带、棒、线
	铬青铜	QCr0.5	8.9	板、棒、线、管

（续）

材料名称	品　种	牌号	密度/(g/cm³)	产品形状
白铜	普通白铜	B30	8.9	板、管、线、带
	锰白铜	BMn3-12	8.4	板、带、线
	铁白铜	BFe30-1-1	8.9	板、管
	锌白铜	BZn15-20	8.6	板、带、箔、管、棒、线
	铝白铜	BAl13-3	8.5	棒、板、带
铝及铝合金	工业纯铝	1035(L4)	2.73	箔、带、板、线、圆棒、方棒、六角棒、管
	防锈铝	5A02(LF2)	2.67	线、管、带、板、箔、锻件
	硬　铝	2A12(LY12)	2.8	无缝管、板、棒、线、箔
	锻　铝	6A02(LD2)	2.69	无缝管、带、板
	超硬铝	7A04(LC4)	2.8	无缝管、板、带、锻件
	特殊铝	5A66(LT66)	2.68	板、带、线、箔
镁合金		MB8	1.74	板、带、棒
钛及钛合金	工业纯钛	TA1	4.51	棒、板、管、线
	钛合金	TA5	—	板、带、管、棒
		TC4	—	板、线

（续）

材料名称	品　种	牌号	密度/(g/cm³)	产品形状
镍及镍合金	纯镍	N4	8.9	板、带、箔
	阳极镍	NY1	8.85	板、棒
	镍硅合金	NSi0.19	8.85	线、薄壁管、板、带
	镍镁合金	NMg0.1	8.85	线、薄壁管、板、棒
	镍锰合金	NMn2-2-1	8.85	板、带
	镍铜合金	NCu28-2.5-1.5	8.85	线、管、箔、板、带、棒
镍及镍合金	镍铬合金	NCr10	8.7	线
	镍钴合金	NCo17-2-2-1	—	
	镍铝合金	NAl3-1.5-1	—	
	镍钨合金	NW4-0.2	—	板、带
铅及铅合金	纯铅	Pb3	11.34	箔、板
	铅锑合金	PbSb2	11.25	管、线、板、棒
锌及锌合金	纯锌	Zn2	7.2	箔、带、板
	锌铜合金	ZnCu1.5	7.2	带、板
锡及锡合金	纯锡	Sn2	7.3	箔、板、管
	锡锑合金	SnSb2.5	—	
	锡铅合金	SnPb13.5-2.5	—	箔
镉	纯镉	Cd2	8.65	板
硬质合金	钨钴合金	YG6	14.6～15.0	
	钨钴钛合金	YT5	12.5～13.2	
	铸造碳化钨	YZ2	—	

（续）

材料名称	品　种	牌号	密度/(g/cm^3)	产品形状
轴承合金	锡基轴承合金	ChSnSb8-3	7.34~7.75	
		ChSnSb11-6	7.34~7.75	
	铅基轴承合金	ChPbSb0.25	0.933~10.67	
		ChPbSb2-0.2-0.15	0.933~10.67	

6.1.3　变形铝及铝合金的新旧牌号对照

新牌号	旧牌号	新牌号	旧牌号	新牌号	旧牌号	新牌号	旧牌号
1A99	LG5	1A60	—	2A12	LY12	2B25	—
1B99	—	1A50	LB2	2B12	LY9	2A39	—
1C99	—	1R50	—	2D12	—	2A40	—
1A97	LG4	1R35	—	2E12	—	2A49	149
1B97	—	1A30	L4-1	2A13	LY13	2A50	LD5
1A95	—	1B30	—	2A14	LD10	2B50	LD6
1B95	—	2A01	LY1	2A16	LY16	2A70	LD7
1A93	LG3	2A02	LY2	2B16	LY16-1	2B70	LD7-1
1B93	—	2A04	LY4	2A17	LY17	2D70	—
1A90	LG2	2A06	LY6	2A20	LY20	2A80	LD8
1B90	—	2B06	—	2A21	214	2A90	LD9
1A85	LG1	2A10	LY10	2A23	—	2A97	—
1A80	—	2A11	LY11	2A24	—	3A21	LF21
1A80A	—	2B11	LY8	2A25	225	4A01	LT1

（续）

新牌号	旧牌号	新牌号	旧牌号	新牌号	旧牌号	新牌号	旧牌号
4A11	LD11	5A30	2103、LF16	6A10	—	7A19	919、LC19
4A13	LT13	5A33	LF33	6A51	651	7A31	183-1
4A17	LT17	5A41	LT41	6A60	—	7A33	LB733
4A91	491	5A43	LF43	7A01	LB1	7B50	—
5A01	2102、LF15	5A56	—	7A03	LC3	7A52	LC52、5210
5A02	LF2	5A66	LT66	7A04	LC4	7A55	—
5B02	—	5A70	—	7B04	—	7A68	—
5A03	LF3	5B70	—	7C04	—	7B68	—
5A05	LF5	5A71	—	7D04	—	7D68	7A60
5B05	LF10	5B71	—	7A05	705	7A85	—
5A06	LF6	5A90	—	7B05	7N01	7A88	—
5B06	LF14	6A01	6N01	7A09	LC9	8A01	—
5A12	LF12	6A02	LD2	7A10	LC10	8A06	L6
5A13	LF13	6B02	LD2-1	7A12	—		
5A25	—	6R05	—	7A15	LC15、157		

6.1.4 有色金属材料的理论质量计算

计算公式：$m(\text{kg}) = A \times L \times \rho \times 1/1000$。式中，$A$——截面积($\text{mm}^2$)；$L$——长度(m)；$\rho$——密度($\text{g/cm}^3$)

型材名称	简化计算公式	计算举例
圆纯铜棒	$W = 0.00698 \times d^2$、d——直径(mm)	直径为 100mm 的圆纯铜棒，每米质量：$0.00698 \times 100^2 = 69.8\text{kg}$
六角纯铜棒	$W = 0.0077 \times d^2$、d——对边距离(mm)	对边距离为 10mm 的六角纯铜棒每米质量：$0.0077 \times 10^2 = 0.77\text{kg}$
纯铜板	$W = 8.89 \times b$、b——板厚(mm)	纯铜板厚为 10mm，每平方米质量：$8.89 \times 10 = 88.9\text{kg}$
纯铜管	$W = 0.02794 \times s(D - s)$、$D$——外径(mm) s——壁厚(mm)	外径为 100mm，壁厚为 4mm 的纯铜管，每米质量：$0.02794 \times 4 \times (100 - 4) = 10.731\text{kg}$
圆黄铜棒	$W = 0.00668 \times d^2$，d——直径(mm)	直径为 10mm 的圆黄铜棒，每米质量：$0.00668 \times 10^2 = 0.668\text{kg}$
六角黄铜棒	$W = 0.00736 \times d^2$，d——对边距离(mm)	对边距离为 10mm 的六角黄铜棒，每米质量：$0.00736 \times 100^2 = 73.6\text{kg}$
黄铜板	$W = 8.5b$，b——厚度(mm)	厚 10mm 的黄铜板，每平方米质量：$8.5 \times 10 = 85\text{kg}$

（续）

型材名称	简化计算公式	计算举例
黄铜管	$W=0.0267\times s(D-s)$ D——外径(mm) s——壁厚(mm)	外径为100mm,厚为4mm的黄铜管,每米质量:$0.0267\times4\times(100-4)=10.2528$kg
铝棒	$W=0.0022\times d^2$, d——直径(mm)	直径为100mm的圆铝棒,每米质量:$0.0022\times100^2=22$kg
铝板	$W=2.71\times b$, b——板厚度(mm)	厚度为5mm的铝板,每平方米质量:$2.71\times5=13.55$kg
铝管	$W=0.008796\times s\times(D-s)$ D——外径(mm) s——壁厚(mm)	外径为100mm、壁厚为5mm的铝管,每米质量:$0.008796\times5\times(100-5)=4.18$kg
铅板	$W=11.37\times b$ b——板厚(mm)	厚10mm的铅板,每平方米质量:$11.37\times10=113.7$kg
铅管	$W=0.355\times s\times(D-s)$ D——外径(mm) s——壁厚(mm)	外径100mm、壁厚为4mm的铅管,每米质量: $0.355\times4\times(100-4)=13.63$kg

6.2 铜与铜合金

6.2.1 加工铜的性能与应用

组别	牌号	产品形状	抗拉强度/MPa≥	硬度	应用举例
纯铜	T1	板、带、箔、管	205	≤70HV	用于制造导电、导热、耐蚀器材，如电线、电缆、导电螺钉、化工用蒸发器、贮藏器及各种管道
	T2	板、带、箔、管、棒、线型	205	≤70HV	
	T3	板、带、箔、管、线、棒	205	≤70HV	用于制造一般铜材，如电器开关、垫片、垫圈、铆钉、油管及管道
无氧铜	TU0 TU1	板、带、箔管棒、线、型	205	≤70HV	主要用于制造真空仪器、仪表器件等
	TU2	板、带、管线棒	205	≤70HV	

（续）

组别	牌号	产品形状	抗拉强度 /MPa≥	硬度	应用举例
磷脱氧铜	TP1	板、带、管	215	60 ~ 90HV	主要制造输送汽油、气体、排水的管材，也用制造冷凝管、热交换器等
	TP2	板、带、管	215	60 ~ 90HV	
银铜	TAg0.1	板、管、线	—	95HBW	用耐热、导电器材，如电动机换向片、点焊电极、通信线、导线
普通黄铜	H96	板、带、管、线、棒	320	90HV	用于制造一般机械中导管、冷凝管、散热器管，以及导电零件等
	H90	板、带、管、箔、线、棒	220	95HV	用于制造供水及排水管、散热器，以及双金属片等
	H85	管	240	40 ~ 70HV	用于制造冷凝和散热用管、蛇形管、冷却设备制件
	H80	板、带、管、线、棒	240	40 ~ 70HV	用于制造薄壁管、波纹管、造纸网及房屋建筑用品

（续）

组别	牌号	产品形状	抗拉强度/MPa≥	硬度	应用举例
普通黄铜	H70	板、带、管线 棒	280	50 ~ 80HV	用于制造复杂的冷冲件和深冲件，如散热器外壳、导管、波纹管、弹壳、垫片、雷管等
	H68	板、带、管线、箔	290	≤90HV	
	H65	板、带、线	290	≤90HV	用于制造小五金、日用品、小弹簧、螺钉、铆钉和机器零件
	H63	管、箔型	300	55 ~ 85HV	各种拉深和弯曲制造的受力零件，如销钉、铆钉、垫圈、螺母、导管、气压表弹簧、筛网、散热器零件等
	H62		290	≤90HV	
	H59		300	55 ~ 85HV	用于制造一般机器零件、焊接件、热冲及热轧零件

（续）

组别	牌号	产品形状	抗拉强度/MPa≥	硬度	应用举例
镍黄铜	HNi65-5	板、棒、管	290	—	用于制造压力表管、造纸网、船舶用冷凝管等，可代替锡磷青铜使用
	HNi56-3	棒、管	440	—	
铁黄铜	HFe59-1-1	板、棒、管	430	—	用于制造在摩擦和受海水腐蚀条件下工作的结构件
	HFe58-1-1	棒	295	—	适于用热压和切削加工法制作的高强度耐蚀零件
铅黄铜	HPb89-2	棒	—	—	用于制造对可加工性要求极高的钟表结构零件及汽车、拖拉机用零件
	HPb66-0.5	管	360	75～110HV	
	HPb63-3	板、带、线	360	—	

（续）

组别	牌号	产品形状	抗拉强度/MPa≥	硬度	应用举例
铅黄铜	HPb63-0.1	管棒	340	—	用于制造一般机械设备中的结构零件
	HPb62-0.8	线	410	—	
	HPb62-3	棒	—	—	
	HPb62-2	板、带、棒	—	—	
	HPb61-1	板、带、棒、线	390	—	用于制造高强度、高切削性的结构件
	HPb60-2	板、带	—	75～92HV	
	HPb59-3	板、带、管、棒、线	360	—	适合以热冲压和切削加工制造的多种机械设备用结构件，如螺钉、垫圈、垫片、衬套、喷嘴及螺母等
	HPb59-1	板、带、管、棒、线	365	—	

（续）

组别	牌号	产品形状	抗拉强度/MPa≥	硬度	应用举例
铝黄铜	HAl77-2	管	245	—	用于制造船舶和海滨热电站用冷凝管等耐蚀件
	HAl67-2.5	板棒	395	—	用于制造海船用抗蚀件
	HAl66-6-3-2	板棒	735	—	用于制造重负荷工作中的螺母、大型蜗杆，可代替铝青铜QAl10-4-4
	HAl61-4-3-1	管	—	—	用于制造耐腐蚀件，如齿轮、蜗轮、衬套、轴等
	HAl60-1-1	板棒	440	—	
	HAl59-3-2	板管棒	—	—	用于制造发动机、船舶业及其他常温下工作的高强度耐蚀件

（续）

组别	牌号	产品形状	抗拉强度/MPa≥	硬度	应用举例
锰黄铜	HMn62-3-3-0.7	管	—	—	用于制造耐腐蚀的重要零件及弱电流工作条件下的零件
	HMn58-2	板、带、管、线、棒	380	—	
	HMn57-3-1	板、棒	440	—	用于制造耐腐蚀结构件
	HMn55-3-1	板、带	490	—	
锡黄铜	HSn90-1	板、带	—	—	用于制造汽车、拖拉机中的弹性套管及其耐蚀减磨零件
	HSn70-1	管	245	—	用于制造与海水蒸汽、油类接触的导管和热工设备零件
	HSn62-1	板带、棒、线、管	290	—	
	HSn60-1	线、管	295	—	

（续）

组别	牌号	产品形状	抗拉强度 /MPa≥	硬度	应用举例
加砷黄铜	H85A	管	245	—	用于制造冷凝、散热管、虹吸管、蛇形管、冷却设备用管
	H70A		320	—	用于制造导管、波纹管、雷管、散热管等
	H68A		295	—	
硅黄铜	HSi80-3	棒	295	—	用于制造船舶用零件、蒸汽管、水管中配件
锡青铜	QSn1.5-0.2	管	—	—	用于制造压力计弹簧用的各种规格的管材
	QSn4-0.3		540～690	—	
	QSn4-3	板、带、箔、棒、线	350～410	—	用于制造各种形状(扁、圆形)的弹簧及弹性元件、耐蚀、耐磨，如化工设备件
	QSn4-4-2.5	板、带	290	65～85HRB	用于制造在摩擦条件下工作的轴承、衬套等。QSn4-4-4 制件可在不高于 300℃ 的温度下工作，是一种热强性较好的锡青铜
	QSn4-4-4		420		

（续）

组别	牌号	产品形状	抗拉强度/MPa≥	硬度	应用举例
锡青铜	QSn6.5-0.1	板、带、箔、棒线、管	460	170～200HV	用于制造弹簧和导电性好的弹簧接触片，如精密仪器中的耐磨件和抗磁件，齿轮、电刷盒、接触器等
	QSn6.5-0.4		460	—	
	QSn7-0.2	板、带、箔、棒、线	460	130～200HV	用于制造中等负荷、中等滑动速度下承受摩擦的零件，如耐磨垫圈、轴承、轴套、蜗轮、弹簧、弹簧片等
	QSn8-0.3	板、带	345	150～205HV	
铝青铜	QAl5	板、带	275	—	用于制造耐蚀弹簧和弹性元件，如摩擦轮、涡轮传动机构等，可代替QSn6.5-4、QSn4-3、QSn4-4-4
	QAl7	板、带	550	—	
	QAl9-2	板、带、箔、棒、线	440	—	用于制造在不大于250℃蒸汽介质中工作的强度高的耐蚀管件
	QAl9-4	管、棒	450	110～190HV	用于制造高负荷下工作的抗磨、耐蚀件，如轴承、齿轮、蜗轮

（续）

组别	牌号	产品形状	抗拉强度 /MPa≥	硬度	应用举例
铝青铜	QAl9-5-1-1	棒	720	—	用于制造高温条件下工作的耐磨件及各种标准件，如齿轮、衬套、螺母等
	QAl10-3-1.5	管、棒	590	130～190HV	
	QAl10-4-4	管、棒	590	170～240HV	用于制造强度高、在不大于400℃高温条件工作的耐磨件，如轴衬、轴套、齿轮、螺母及各种重要的耐蚀、耐磨件
	QAl10-5-5	棒	—	—	
	QAl11-6-6	棒	635	—	用于制造500℃以下条件中应用的耐磨、耐蚀、强度高零件
铍青铜	QBe2	板、带、棒	1000～1300	30～40HRC	用于制造精密仪表、仪器中的弹簧和弹性元件，各种在高速、高温、高压条件下工作的耐磨件，如轴承、轴套和深冲件

（续）

组别	牌号	产品形状	抗拉强度 /MPa≥	硬度	应用举例
铍青铜	QBe1.9	板、带	1200～1500	35～45HRC	制作用于重要部位的弹簧，精密仪表的弹性元件及承受高变向载荷的弹性元件，也可代替QBe2使用
	QBe1.9-0.1	带	1000～1380	30～40HRC	
	QBe1.7	板、带	1000～1380	30～40HRC	
	QBe0.6-2.5	板、带	690～895	90～100HRC	用于制造各种仪表、设备中的重要部位的弹性元件
	QBe0.4-1.8	带	690～895	90～100HRC	
	QBe0.3-1.5	板、带	760～965	95～102HRC	
硅青铜	QSi3-1	板、带、箔、棒、线、管	340	—	用于制造弹簧和蜗轮、齿轮、轴承、可代替重要的锡青铜
	QSi1-3	棒	490	—	用于制造在300℃以下、润滑条件差、单位压力不大条件下的工作的摩擦零件，如发动机排气和进气门的导向套
	QSi3.5-3-1.5	管	360	—	用于制造高温下工作的轴套材料

（续）

组别	牌号	产品形状	抗拉强度/MPa≥	硬度	应用举例
锰青铜	QMn5	板、带	290	—	用于制造高温耐蚀的管接头和蒸汽阀门等
	QMn1.5	板、带	205	—	用于制造电子仪表零件，也可作蒸汽锅炉管配件等
	QMn2	板、带	—	—	
锆青铜	QZr0.2	棒	—	—	用于制造高导电、高强度电极材料及电阻焊接材料，如制作工作温度不超过350℃的开关零件、导线点焊电极等
	QZr0.4	棒	—	—	
铬青铜	QCr0.5	板、棒、线、管	—	≥110HV	用于制造工作温度不超过350℃的电焊机电极，及要求有一定硬度、强度高、导电、导热性好的零件
	QCr0.6-0.4-0.05	棒	—	—	
	QCr1	棒、线、管	420	—	
	QCr0.5-0.2-0.1	板、棒、线	—	≥110HV	用于制造点焊、滚动焊机上的电极等

（续）

组别	牌号	产品形状	抗拉强度/MPa≥	硬度	应用举例
镉青铜	QCd1	板、带、棒、线	196	≤75HBW	用于制造温度不超过250℃的电动机整流子片、电话软线及电焊机电极
镁青铜	QMg0.8	线	—	—	用于制造电缆线芯及其他导线
铁青铜	QFe2.5	带	—	—	用于制造高强度、耐蚀件
碲青铜	QTe0.5	棒	—	—	用于制造耐磨、抗磁零件
普通白铜	B0.6	线	—	—	用于制造特殊温差电偶（铂-铂铑热电偶）的补偿导线
	B5	管、棒	—	—	用于制造船舶耐蚀件
	B19	板、带	295	—	用于制造在蒸汽、淡水和海水中工作的精密仪表零件、金属网及医疗器具、钱币
	B25	板	—	—	用于制造在蒸汽、海水中工作的抗蚀件及在高温、高压下工作的金属管和冷凝管等
	B30	板、管、线	—	—	

（续）

组别	牌号	产品形状	抗拉强度/MPa≥	硬度	应用举例
铁白铜	BFe30-1-1	板、管	345	135HV	用于制造海船制造业中工作于高温、高压和高速条件下的冷凝器和恒温器管
	BFe10-1-1	板、管	275	105HV	代替 BFe30-1-1 制作冷凝器及抗蚀零件
	BFe5-1.5-0.5	管	—	—	用于制造具有较高塑性的冷凝管及其他金属管
锰白铜	BMn3-12	板、带、线	350	—	用于制造工作温度不超过100℃的电阻仪器及精密电工测量仪器
	BMn40-1.5	板、带、箔、棒、线、管	345	—	用于制造工作温度为900℃以下的热电偶和500℃以下的加热器（电炉的电阻丝）和变阻器
	BMn43-0.5	线	—	—	用于制造高温测量中的补偿导线和热电偶的负极，及在600℃以下环境下工作的电热仪器

（续）

组别	牌号	产品形状	抗拉强度/MPa≥	硬度	应用举例
锌白铜	BZn18-18	板、带	340	120～180HV	用于制造在潮湿条件下和强腐蚀介质中工作的仪表零件，以及医疗器械、工业器皿、蒸汽配件和管道配件、日用品以及弹簧管和弹簧片等
	BZn18-26	板、带	—	—	
	BZn15-20	板、带、箔、管、棒、线	340	—	
	BZn15-21-1.8	棒	—	—	用于制造手表工业中的精细零件
	BZn15-24-1.5	棒	295	—	
铝白铜	BAl13-3	棒、带	685	—	用于制造高强度耐蚀零件
	BAl6-1.5	板	600	—	用于制造重要用途的扁弹簧

6.2.2 铜及铜合金棒的理论质量

(1) 纯铜棒理论(密度按 8.9g/cm^3 计算)

d(a) /mm	圆(d)	方(a)	六角(a)	d(a) /mm	圆(d)	方(a)	六角(a)
	理论质量/(kg/m)				理论质量/(kg/m)		
5	0.175	0.223	0.193	19	2.52	3.21	2.78
5.5	0.211	0.269	0.233	20	2.80	3.56	3.08
6	0.252	0.320	0.278	21	3.08	3.92	3.40
6.5	0.295	0.376	0.326	22	3.38	4.31	3.73
7	0.343	0.436	0.378	23	3.70	4.71	4.08
7.5	0.393	0.501	0.434	24	4.03	5.13	4.44
8	0.447	0.570	0.493	25	4.37	5.56	4.82
8.5	0.505	0.643	0.557	26	4.73	6.02	5.21
9	0.566	0.721	0.644	27	5.10	6.49	5.62
9.5	0.631	0.803	0.696	28	5.48	6.98	6.04
10	0.699	0.890	0.771	29	5.88	7.48	6.48
11	0.846	1.08	0.933	30	6.29	8.01	6.94
12	1.01	1.28	1.11	32	7.16	9.11	7.89
13	1.18	1.50	1.30	34	8.08	10.29	8.91
14	1.37	1.74	1.51	35	8.56	10.90	9.44
15	1.57	2.00	1.73	36	9.06	11.53	9.99
16	1.79	2.28	1.97	38	10.10	12.85	11.13
17	2.02	2.57	2.23	40	11.18	14.24	12.33
18	2.26	2.88	2.50	42	12.33	15.70	13.60

（续）

d(a) /mm	圆 d	方 a	六角 a	d(a) /mm	圆 d	方 a	六角 a
	理论质量/(kg/m)				理论质量/(kg/m)		
45	14.15	18.02	15.61	70	34.25	43.61	37.77
46	14.79	18.83	16.30	75	39.32	50.06	43.36
48	16.11	20.51	17.76	80	44.74	56.96	49.33
50	17.48	22.25	19.27	85	50.50	64.30	55.69
52	18.90	24.07	20.84	90	56.62	72.09	64.43
54	20.38	25.95	22.48	95	63.08	80.32	69.56
55	21.14	26.92	23.32	100	69.90	89.00	77.08
56	21.92	27.91	24.17	105	77.07	98.12	84.98
58	23.51	29.94	25.93	110	84.58	107.69	93.26
60	25.16	32.04	27.75	115	92.44	117.70	101.93
65	29.53	37.60	32.56	120	100.66	128.16	110.99

(2)黄铜棒理论质量(密度按 8.5g/cm³ 计算)

d(a) /mm	圆 d	方 a	六角 a	d(a) /mm	圆 d	方 a	六角 a
	理论质量/(kg/m)				理论质量/(kg/m)		
5	0.169	0.213	0.184	7.5	0.376	0.478	0.414
5.5	0.202	0.257	0.223	8	0.427	0.544	0.471
6	0.240	0.304	0.265	8.5	0.482	0.614	0.532
6.5	0.282	0.359	0.311	9	0.541	0.688	0.596
7	0.327	0.417	0.361	9.5	0.603	0.767	0.664

（续）

d(a) /mm	 d	 a	 a	d(a) /mm	 d	 a	 a
	理论质量/(kg/m)				理论质量/(kg/m)		
10	0.668	0.850	0.736	40	10.68	13.60	11.78
11	0.808	1.03	0.891	42	11.78	14.99	12.99
12	0.961	1.22	1.06	44	12.92	16.46	14.25
13	1.13	1.44	1.24	45	13.52	17.21	14.91
14	1.31	1.67	1.44	46	14.13	17.99	15.57
15	1.50	1.91	1.66	48	15.33	19.58	16.96
16	1.71	2.18	1.88	50	16.69	21.25	18.40
17	1.93	2.46	2.13	52	18.05	22.98	19.90
18	2.16	2.75	2.39	54	19.47	24.79	21.47
19	2.41	3.07	2.66	55	20.19	25.71	22.27
20	2.67	3.40	2.94	56	20.94	26.66	23.08
21	2.94	3.75	3.25	58	22.46	28.59	24.79
22	3.23	4.11	3.56	60	24.03	30.60	26.50
23	3.53	4.50	3.89	65	28.21	35.91	31.10
24	3.85	4.90	4.24	70	32.71	41.65	36.07
25	4.17	5.31	4.60	75	37.55	47.81	41.40
26	4.51	5.75	4.98	80	42.73	54.40	47.11
27	4.87	6.20	5.36	85	48.23	61.41	53.18
28	5.23	6.66	5.79	90	54.07	68.85	59.63
29	5.61	7.15	6.19	95	60.25	76.71	66.43
30	6.01	7.65	6.63	100	66.76	85.00	73.61
32	6.84	8.70	7.54	105	73.60	86.71	81.16
34	3.72	9.83	8.51	110	80.78	102.85	89.07
35	8.18	10.41	9.02	115	88.29	112.41	97.35
36	8.65	11.02	9.54	120	96.13	122.40	106.00
38	9.64	12.27	10.63				

（续）

d(a) /mm	圆	方	六角	d(a) /mm	圆	方	六角
	理论质量/(kg/m)				理论质量/(kg/m)		
130	112.82	143.65	124.40	150	150.21	191.25	165.63
140	130.85	166.60	144.28	160	170.90	217.60	188.45

注：1. 黄铜牌号密度为8.5g/cm³的棒材的理论质量，可直接引用表中黄铜棒理论质量。黄铜牌号密度不是8.5g/cm³的棒材的理论质量，需将上述理论质量，再乘以相应的“理论质量换算系数”。各种黄铜牌号的“密度（g/cm³）/理论质量换算系数”如下：

H96：8.85/1.041　H80：8.6/1.012　H68：8.5/1.000
H65：8.5/1.000　H63：8.5/1.000　H62：8.5/1.000
H59：8.4/0.988　HPb63-3：8.5/1.000
HPb63-0.1：8.5/1.000　HPb59-1：8.5/1.000
HSn70-1：8.54/1.005　HSn62-1：8.5/1.000
HMn58-2：8.5/1.000　HMn55-3-1：8.5/1.000
HMn57-3-1：8.5/1.000　HSi80-3：8.6/1.012
HFe59-1-1：8.5/1.000　HFe58-1-1：8.5/1.000
HAl77-2：8.6/1.012　HAl67-2.5：8.5/1.000
HAl66-6-3-2：8.5/1.000　HNi65-5：8.5/1.000

2. 青铜和白铜棒材的理论质量，则是将表中纯铜棒理论质量（按密度8.98g/cm³计算），乘以相应的“理论质量换算系数”。各种青铜和白铜牌号的“密度（g/cm³）/理论质量换算系数”如下：

QSn4-3：8.8/0.989　QSn6.5-0.1：8.8/0.989
QSn6.5-0.4：8.8/0.989　QSn7-0.2：8.8/0.989
QSn4-0.3：8.9/1.000　QCr0.5：8.9/1.000
QCd1：8.8/0.989　QSi3-1：8.4/0.844
QSi1-3：8.6/0.966　QSi3.5-3-1.5：8.8/0.989
QAl9-2：7.6/0.853　QAl9-4：7.5/0.843
QAl10-3-1.5：7.5/0.843　QAl10-4-4：7.5/0.843
QAl11-6-6：7.5/0.843　QBe2：8.3/0.933
QBe1.9：8.3/0.933　QBe1.7：8.3/0.933
BZn15-20：8.6/0.966　BZn15-24-1.5：8.6/0.966
BMn40-1.5：8.9/1.000　BFe30-1-1：8.9/1.000

6.2.3 铜及铜合金拉制棒(GB/T 4423—2007)

品种	牌　　号	供应状态	直径(或对边距离)/mm	
			圆形棒、方形棒、六角形棒	矩形棒
纯铜棒	T2、T3、TP2、TU1、TU2	Y、M	3 ~ 80	3 ~ 80
黄铜棒	H96	Y、M	3 ~ 80	3 ~ 80
	H90	Y	3 ~ 40	—
	H80、H85	Y、M	3 ~ 40	—
	H68	Y_2	3 ~ 80	—
		M	13 ~ 35	—
	H62	Y_2	3 ~ 80	3 ~ 80
	HPb59-1	Y_2	3 ~ 80	3 ~ 80
	H63、HPb63-0.1	Y_2	3 ~ 40	—
	HPb63-3	Y	3 ~ 30	3 ~ 80
		Y_2	3 ~ 60	
	HPb61-1	Y_2	3 ~ 20	—
	HFe59-1-1、HFe58-1-1、HSn62-1、HMn58-2	Y	4 ~ 60	—

（续）

品种	牌　号	供应状态	直径（或对边距离）/mm	
			圆形棒、方形棒、六角形棒	矩形棒
青铜棒	QSn6.5-0.1、QSn6.5-0.4、QSn4-3、QSn4-0.3、QSi3-1、QAl9-2、QAl9-4、QAl10-3-1.5、QZr0.2、QZr0.4	Y	4～40	—
	QSn7-0.2	Y、T	4～40	—
	QCd1	Y、M	4～60	—
	QCr0.5	Y、M	4～60	—
	QSi1.8	Y	4～15	—
白铜棒	BZn15-20	Y、M	4～40	—
	BZn15-24-1.5	T、Y、M	3～18	—
	BFe30-1-1	Y、M	16～50	—
	BMn40-1.5	Y	7～40	—

直径（或对边距离）/mm	3～50	50～80	≤10
供应长度/mm	1000～5000	500～5000	可成盘（卷）供应，长度≥4000

注：1. 经双方协商，可供其他规格棒材，具体要求在合同中注明。

2. 供应状态：M—软，Y_2—半硬，Y—硬，T—特硬。

6.2.4 铜及铜合金挤制棒(YS/T 649—2007)

牌 号	状态	直径或长边对边距/mm		
		圆形棒	矩形棒	方形、六角形棒
T2、T3	挤制(R)	30~300	20~120	20~120
TU1、TU2、TP2		16~300	—	16~120
H96、HFe58-1-1、HAl60-1-1		10~160	—	10~120
HSn62-1、HMn58-2、HFe59-1-1		10~220	—	10~120
H80、H68、H59		16~120	—	16~120
H62、HPb59-1		10~220	5~50	10~120
HSn70-1、HAl77-2		10~160	—	10~120
HMn55-3-1、HMn57-3-1 HAl66-6-3-2、HAl67-2.5		10~160	—	10~120
QAl9-2		10~200	—	30~60
QAl9-4、QAl10-3-1.5 QAl10-4-4、QAl10-5-5		10~200	—	—
QAl11-6-6、HSi80-3 HNi56-3		10~160	—	—
QSi1-3		20~100	—	—
QSi3-1		20~160	—	—
QSi3.5-3-1.5、BFe10-1-1、BFe30-1-1 BAl13-3、BMn40-1.5		40~120	—	—
QCd1		20~120	—	—

（续）

牌号	状态	直径或长边对边距/mm		
		圆形棒	矩形棒	方形、六角形棒
QSn4-0.3	挤制(R)	60～180	—	—
QSn4-3、QSn7-0.2		40～180	—	40～120
QSn6.5-0.1、QSn6.5-0.4		40～180	—	30～120
QCr0.5		18～160	—	—
BZn15-20		25～120	—	—

直径或对边距/mm	10～50	>50～75	>75～120	>120
供应长度/mm	1000～5000	500～5000	500～4000	300～4000

6.2.5 铍青铜圆形棒材（YS/T 334—2009）

牌号	制造方法	供货状态	直径/mm	长度/m
QBe2 QBe1.9 QBe1.9-0.1 QBe1.7	拉制	M（软）、Y（硬） Y_2（半硬）	5～10 >10～20 >20～40	1.5～4 1～4 0.5～3
		TF00（软时效） TH04（硬时效）	5～40	0.3～2
QBe0.6-2.5 QBe0.4～1.8 QBe0.3～1.5	挤制	R（热挤）	20～50 >50～120	0.5～3 0.5～2.5
	锻造	D（锻造）	35～100	>0.3

6.2.6 铜及铜合金拉制管

(1)铜及铜合金拉制管的牌号、状态、规格(GB/T 1527—2006)

牌号	状态	圆形/mm		矩(方)形/mm	
		外径	壁厚	对边距	壁厚
T2、T3、TU1、TU2、TP1、TP2	M、M_2、Y、T	3 ~ 360	0.5 ~ 15	3 ~ 100	1 ~ 10
	Y_2	3 ~ 100			
H96、H90	M、M_2、Y_2、Y	3 ~ 200	0.2 ~ 10		0.2 ~ 7
H85、H80、H85A					
H70、H68、H59、HPb59-1、HSn62-1、HSn70-1、H70A、H68A		3 ~ 100			
H65、H63、H62、HPb66-0.5、H65A		3 ~ 200			
HPb63-0.1	Y_2	18 ~ 31	6.5 ~ 13	—	—
	Y_3	8 ~ 31	3.0 ~ 13	—	—
BZn15 ~ 20	Y、Y_2、M	4 ~ 40	0.5 ~ 8	—	—
BFe10-1-1	Y、Y_2、M	6 ~ 160	0.5 ~ 8	—	—
BFe30-1-1	Y_2、M	8 ~ 80	0.5 ~ 8	—	—

(2)拉制铜及铜合金圆形管规格(GB/T 16866—2006)

公称外径/mm	公称壁厚/mm
3,4	0.2 ~ 1.25
5,6,7	0.2 ~ 1.5

（续）

公称外径/mm	公称壁厚/mm
8,9,10,11,12,13,14,15	0.2~3.0
16,17,18,19,20	0.3~4.5
21,22,23,24,25,26,27,28,29,30	0.4~5.0
31,32,33,34,35,36,37,38,39,40	0.4~5.0
42,44,45,46,48,49,50	0.75~6.0
52,54,55,56,58,60	0.75~8.0
62,64,65,66,68,70	1.0~11.0
72,74,75,76,78,80	2.0~13.0
82,84,85,86,88,90,92,94,96,100	2.0~15.0
105,110,115,120,125,130,135,140,145,150	2.0~15.0
155,160,165,170,175,180,185,190,195,200	3.0~15.0
210,220,230,240,250	3.0~15.0
260,270,280,290,300,310,320,330,340,350,360	4.0~5.0
壁厚系列/mm：0.2，0.3，0.4，0.5，0.6，0.75，1.0，1.25，1.5，2.0，2.5，3.0，3.5，4.0，4.5，5.0，6.0，7.0，8.0，9.0，10.0，11.0，12.0，13.0，14.0，15.0	

注：1. 状态栏：M—软，M_2—轻软，Y_2—半硬，Y_3—1/3 硬，Y—硬。

2. 供应长度：外径≤100mm 的拉制圆形管材，供应长度为 1000~7000mm；其他圆形管材供应长度为 500~6000mm。外径不大于 30mm、壁厚不大于 3mm 的拉制圆形铜管，可供应长度不短于 6000mm 的盘管。矩（方）形管材，长度在 12000mm 以下的一般采用直条状供货，长度＞12000mm 的盘状供货。

6.2.7 铜及铜合金挤制管

(1)铜及铜合金挤制管的牌号、状态和规格(YS/T 662—2007)

牌号	状态	规格/mm		
		外径	壁厚	长度
TU1、TU2、T2、T3、TP1、TP2	挤制(R)	30~300	5~65	300~6000
H96、H62、HPb59-1、HFe59-1-1		20~300	1.5~42.5	
H80、H65、H68、HSn62-1、HSi80-3、HMg58-2、HMn57-3-1		60~220	7.5~30	
QAl9-2、QAl9-4、QAl10-3-1.5、QAl10-4-4		20~250	3~50	500~6000
QSi3.5-3-1.5		80~200	10~30	
QCr0.5		100~220	17.5~37.5	500~3000
BFe10-1-1		70~250	10~25	300~3000
BFe30-1-1		80~120	10~25	

(2)挤制铜及铜合金圆形管规格(GB/T 16866—2006)

公称外径/mm	公称壁厚/mm
20,21,22	1.5~3.0,4.0
23,24,25,26	1.5~4.0
27,28,29,30,32,34,35,36	2.5~6.0
38,40,42,44,45,46,48	2.5~10.0
50,52,54,55	2.5~17.5
56,58,60	4.0~17.5

（续）

公称外径/mm	公称壁厚/mm
62,64,65,68,70	4.0～20.0
72,74,75,78,80	4.0～25.0
85,90,95,100	7.5,10.0～30.0
105,110	10.0～30.0
115,120	10.0～37.5
125,130	10.0～35.0
135,140	10.0～37.5
145,150	10.0～35.0
155,160,165,170,175,180	10.0～42.5
185,190,195,200,210,220	10.0～45.0
230,240,250	10.0～15.0,20.0,25.0～50.0
260,280	10.0～15.0,20.0,25.0,30.0
290,300	20.0,25.0,30.0

壁厚系列/mm:1.5,2.0,2.5,3.0,3.5,4.0,4.5,5.0,6.0,7.5,9.0,10.0,12.5,15.0,17.5,20.0,22.5,25.0,27.5,30.0,32.5,35.0,37.5,40.0,42.5,45.0,50.0

注:供应长度:500～6000mm。

6.2.8 铜及铜合金毛细管(GB/T 1531—2009)

(1)牌号、状态和规格

牌号	供应状态	规格/mm 外径×内径	长度/mm	
			盘管	直管
T2、TP1、TP2、H85、H80、H70、H68、H65、H63、H62	Y Y_2 M	(φ0.5~φ6.10)×(φ0.3~φ4.45)	≥3000	50~6000
H96、H90 QSn4-0.3、QSn6.5-0.1	Y M			

注:根据用户需要,可供应其他牌号、状态和规格的管材。

(2)高精级管材的外径、内径及其允许偏差

(单位:mm)

外径		内径	
公称尺寸	允许偏差	公称尺寸	允许偏差
<1.60	±0.02	<0.60[a]	±0.015[a]
≥1.60	⊥0.03	≥0.60	+0.02

[a] 内径小于0.60mm的毛细管,内径及其允许偏差可以不测,但必须用流量或压力差试验来保证。

(3)普通级管材的外径、内径及其允许偏差

(单位:mm)

外径		内径
公称尺寸	允许偏差	允许偏差
≤3.0	±0.03	±0.05
>3.0	±0.05	

（续）

(4)管材的室温力学性能

牌　　号	状态	拉伸试验		硬度试验
		抗拉强度 R_m/(N/mm²)	断后伸长度 A (%)	维氏硬度 HV
TP2、T2、TP1	M	≥205	≥40	—
	Y_2	245～370	—	—
	Y	≥345	—	
H96	M	≥205	≥42	45～70
	Y	≥320	—	≥90
H90	M	≥220	≥42	40～70
	Y	≥360		≥95
H85	M	≥240	≥43	40～70
	Y_2	≥310	≥18	75～105
	Y	≥370	—	≥100
H80	M	≥240	≥43	40～70
	Y_2	≥320	≥25	80～115
	Y	≥390	—	≥110
H70、H68	M	≥280	≥43	50～80
	Y_2	≥370	≥18	90～120
	Y	≥420	—	≥110

（续）

牌　　号	状态	拉伸试验		硬度试验
		抗拉强度 R_m/(N/mm²)	断后伸长度 A(%)	维氏硬度 HV
H65	M	≥290	≥43	50～80
	Y_2	≥370	≥18	85～115
	Y	≥430	—	≥105
H63、H62	M	≥300	≥43	55～85
	Y_2	≥370	≥18	70～105
	Y	≥440	—	≥110
QSn4-0.3 QSn6.5-0.1	M	≥325	≥30	≥90
	Y	≥490	—	≥120

注：1. 外径与内径之差小于 0.30mm 的毛细管不作拉伸试验。有特殊要求者，由供需双方协商解决。

2. 状态栏：M—软，Y_2—半硬，Y—硬。

6.2.9　无缝铜水管和铜气管（GB/T 18033—2007）

（1）牌号、状态和规格/mm

牌号	状态	种类	外径	壁厚	长度
TP2 TU2	Y	直管	6～325	0.6～8	≤6000
	Y_2		6～159		
	M		6～108		
	M	盘管	≤28		≥15000

（续）

（2）管材的外形尺寸系列

公称尺寸 DN/mm	公称外径 /mm	壁厚/mm			理论质量/(kg/m)		
		A 型	B 型	C 型	A 型	B 型	C 型
4	6	1.0	0.8	0.6	0.140	0.117	0.091
6	8	1.0	0.8	0.6	0.197	0.162	0.125
8	10	1.0	0.8	0.6	0.253	0.207	0.158
10	12	1.2	0.8	0.6	0.364	0.252	0.192
15	15	1.2	1.0	0.7	0.465	0.393	0.281
—	18	1.2	1.0	0.8	0.566	0.477	0.386
20	22	1.5	1.2	0.9	0.864	0.701	0.535
25	28	1.5	1.2	0.9	1.116	0.903	0.685
32	35	2.0	1.5	1.2	1.854	1.411	1.140
40	42	2.0	1.5	1.2	2.247	1.706	1.375
50	54	2.5	2.0	1.2	3.616	2.921	1.780
65	67	2.5	2.0	1.5	4.529	3.652	2.759
—	76	2.5	2.0	1.5	5.161	4.157	3.140
80	89	2.5	2.0	1.5	6.074	4.887	3.696
100	108	3.5	2.5	1.5	10.274	7.408	4.487
125	133	3.5	2.5	1.5	12.731	9.164	5.540
150	159	4.0	3.5	2.0	17.415	15.287	8.820
200	219	6.0	5.0	4.0	35.898	30.055	24.156
250	267	7.0	5.5	4.5	51.122	40.399	33.180

（续）

公称尺寸 DN/mm	公称外径 /mm	壁厚/mm			理论质量/(kg/m)		
		A 型	B 型	C 型	A 型	B 型	C 型
—	273	7.5	5.8	5.0	55.932	43.531	37.640
300	325	8.0	6.5	5.5	71.234	58.151	49.359

注：1. 壁厚≤3.5 的管材壁厚允许偏差为 ±10%；壁厚 >3.5mm的管材壁厚允许偏差为 ±15%。

2. M—软，Y_2—半硬，Y—硬。

（3）管材的用途

适用于输送饮用水、生活冷热供水、民用天然气、煤气及对铜无腐蚀作用的其他介质的铜管；也适用供热系统用铜管

6.2.10 热交换器用铜合金无缝管（GB/T 8890—2007）

牌号	种类	供应状态	规格/mm		
			外径	壁厚	长度
BFe10-1-1	盘管	M、Y_2、Y	3~20	0.3~1.5	—
	直管	M	4~160	0.5~4.5	<6000
		Y_2、Y	6~76	0.5~4.5	<18000
BFe30-1-1	直管	M、Y_2	6~76	0.5~4.5	<18000
HAl77-2，HSn70-1，HSn70-1B，HSn70-1AB，H68A，H70A，H85A	直管	M、Y_2	6~76	0.5~4.5	<18000

注：M—软，Y_2—半硬，Y—硬。

6.2.11 铜及铜合金散热扁管(GB/T 8891—2000)

(1)牌号和规格/mm

牌号	供应状态	宽度×高度×壁厚	长度
T2、H96	Y	(16~25)×(1.9~6.0)×(0.2~0.7)	250~1500
H85	Y_2		
HSn70-1	M		

(2)扁管的尺寸规格/mm

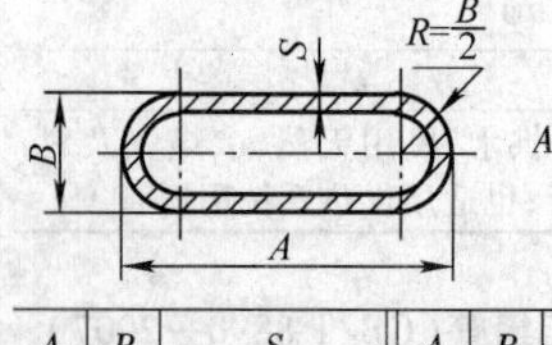

A—宽度,*B*—高度,*S*—壁厚

A	*B*	*S*	*A*	*B*	*S*	*A*	*B*	*S*
16	3.7	0.2~0.70	19	2.0	0.20~0.25	21	5.0	0.30~0.70
17	3.5	0.2~0.70	19	2.2	0.20~0.30	22	3.0	0.20~0.50
17	5.0	0.25~0.70	19	2.4	0.20~0.30	22	6.0	0.30~0.70
18	1.9	0.20~0.25	19	4.5	0.20~0.70	25	4.0	0.20~0.70
18.5	2.5	0.20~0.40	21	3.0	0.20~0.50	25	6.0	0.50~0.70
18.5	3.5	0.20~0.70	21	4.0	0.20~0.70			

壁厚系列:0.20,0.25,0.30,0.40,0.50,0.60,0.70

(3)扁管的用途

用于坦克、汽车、机车、拖拉机的散热器

注:M—软,Y_2—半硬,Y—硬。

6.2.12 压力表用铜合金管(GB/T 8892—2005)

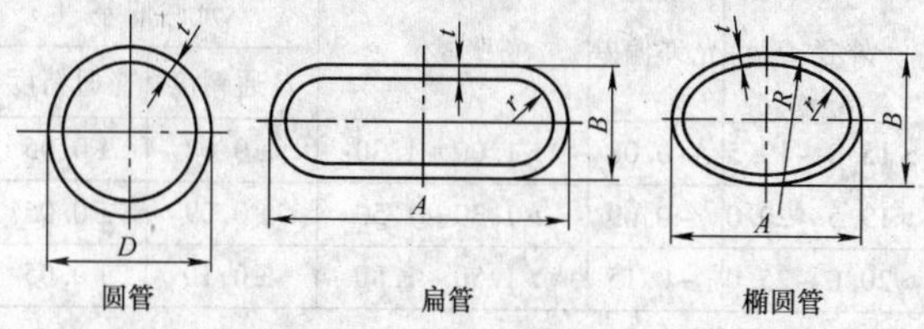

(1)管材的牌号、状态、形状及规格

牌号	状态	形状及规格
QSn4-0.3 QSn6.5-0.1	M Y_2 Y	圆管($D \times t$):(ϕ2~ϕ25)×(0.11~1.80)
		椭圆管($A \times B \times t$):(5~15)×(2.5~6)×(0.15~1.0)
H68	Y_2 Y	扁管($A \times B \times t$):(7.5~20)×(5~7)×(0.15~1.0)

(2)圆管外径、壁厚及允许偏差

(单位:mm)

外径 D	允许偏差	壁厚 t	允许偏差	
			普通精度	普通精度
≥2~4	-0.020	≥0.11~0.15	±0.020	±0.010
>4~5.56	-0.035	>0.15~0.30	±0.025	±0.020
>5.56~9.52	-0.045	>0.30~0.50	±0.035	±0.030
>9.52~12.6	-0.055	>0.50~0.80	±0.045	±0.040
>12.6~15.0	-0.07	>0.80~1.00	±0.06	±0.05

（续）

外径 D	允许偏差	壁厚 t	允许偏差	
			普通精度	普通精度
>15.0～19.5	−0.08	>1.00～1.30	±0.07	±0.05
>19.5～20.0	−0.09	>1.30～1.50	±0.09	±0.05
>20.0～25.0	−0.15	>1.50～1.80	±0.10	±0.05

（3）扁管和椭圆的外形尺寸及允许偏差

（单位：mm）

形状	长轴 A 范围	允许偏差	短轴 B 范围	允许偏差	壁厚允许偏差		
					尺寸	普通精度	较高精度
扁管	7.5～20.0	±0.20	5.0～7.0	±0.20	≥0.15～0.25	±0.02	±0.015
					>0.25～0.40	±0.03	±0.02
椭圆管	5.0～15.0	±0.20	2.5～6.0	±0.20	>0.40～0.60	±0.04	±0.03
					>0.60～0.80	±0.05	±0.04
					>0.80～1.00	±0.06	±0.04

注：M—软，Y_2—半硬，Y—硬。

6.2.13 铜及铜合金圆线

直径/mm	铜及铜合金密度/(g/cm³)						
	8.2	8.3	8.4	8.5	8.6	8.8	8.9
	圆线理论质量/(kg/km)						
0.02	0.00258	0.00261	0.00264	0.00267	0.00270	0.00276	0.00280
0.03	0.00580	0.00587	0.00594	0.00602	0.00608	0.00623	0.00629
0.035	0.00789	0.00799	0.00808	0.00818	0.00827	0.00847	0.00856
0.04	0.01020	0.01043	0.01056	0.01068	0.01081	0.01106	0.01118
0.045	0.01304	0.01320	0.01337	0.01352	0.01368	0.01400	0.01416
0.05	0.01610	0.01630	0.01650	0.01669	0.01689	0.01727	0.02225
0.06	0.02320	0.02346	0.02380	0.02403	0.02431	0.02488	0.02516
0.07	0.03155	0.03195	0.03230	0.03271	0.03309	0.03387	0.03425
0.08	0.04122	0.04172	0.04223	0.04273	0.04323	0.04424	0.04474
0.09	0.05217	0.05280	0.05344	0.05408	0.05471	0.05598	0.05662
0.10	0.06440	0.06519	0.06597	0.06676	0.06754	0.06912	0.06990
0.11	0.07793	0.07887	0.07983	0.08078	0.08173	0.08363	0.08458
0.12	0.09274	0.09387	0.09500	0.09614	0.09727	0.09953	0.1007
0.13	0.1088	0.1101	0.1115	0.1129	0.1141	0.1168	0.1180
0.14	0.1262	0.1278	0.1293	0.1308	0.1324	0.1353	0.1370
0.15	0.1449	0.1467	0.1484	0.1502	0.1520	0.1555	0.1573
0.16	0.1649	0.1669	0.1689	0.1709	0.1729	0.1769	0.1789
0.17	0.1860	0.1884	0.1905	0.1929	0.1952	0.1997	0.2020

（续）

直径/mm	铜及铜合金密度/(g/cm³)						
	8.2	8.3	8.4	8.5	8.6	8.8	8.9
	圆线理论质量/(kg/km)						
0.18	0.2087	0.2112	0.2138	0.2163	0.2189	0.2240	0.2265
0.19	0.2325	0.2353	0.2381	0.2410	0.2438	0.2495	0.2523
0.20	0.2576	0.2608	0.2639	0.2671	0.2702	0.2765	0.2796
0.21	0.2840	0.2875	0.2910	0.2944	0.2979	0.3048	0.3083
0.22	0.3117	0.3155	0.3193	0.3231	0.3269	0.3345	0.3383
0.23	0.3405	0.3447	0.3489	0.3530	0.3572	0.3655	0.3696
0.24	0.3710	0.3755	0.3800	0.3845	0.3891	0.3981	0.4026
0.25	0.4025	0.4074	0.4124	0.4173	0.4222	0.4320	0.4369
0.26	0.4354	0.4406	0.4460	0.4513	0.4566	0.4672	0.4725
0.27	0.4695	0.4753	0.4810	0.4867	0.4924	0.5039	0.5096
0.28	0.5050	0.5111	0.5173	0.5234	0.5296	0.5419	0.5481
0.29	0.5412	0.5478	0.5544	0.5610	0.5676	0.5808	0.5874
0.30	0.5797	0.5867	0.5938	0.6009	0.6079	0.6221	0.6291
0.32	0.6595	0.6675	0.6756	0.6836	0.6917	0.7077	0.7158
0.34	0.7445	0.7536	0.7627	0.7717	0.7808	0.7890	0.8080
0.35	0.7889	0.7986	0.8082	0.8180	0.8274	0.8467	0.8563
0.36	0.8347	0.8449	0.8550	0.8652	0.8754	0.8958	0.9059
0.38	0.9300	0.9413	0.9526	0.9640	0.9753	0.9980	1.009
0.40	1.030	1.043	1.056	1.068	1.081	1.106	1.118

（续）

直径/mm	铜及铜合金密度/(g/cm³)						
	8.2	8.3	8.4	8.5	8.6	8.8	8.9
	圆线理论质量/(kg/km)						
0.42	1.136	1.150	1.164	1.178	1.191	1.219	1.233
0.45	1.304	1.320	1.336	1.352	1.368	1.400	1.415
0.48	1.484	1.502	1.520	1.538	1.556	1.592	1.611
0.50	1.610	1.630	1.649	1.669	1.689	1.728	1.748
0.53	1.809	1.831	1.853	1.875	1.897	1.941	1.964
0.55	1.948	1.972	1.996	2.019	2.043	2.091	2.114
0.56	2.020	2.044	2.069	2.094	2.118	2.167	2.192
0.60	2.318	2.347	2.375	2.403	2.432	2.488	2.516
0.63	2.556	2.587	2.618	2.650	2.681	2.743	2.774
0.65	2.721	2.754	2.787	2.821	2.854	2.920	2.953
0.67	3.137	3.175	3.214	3.252	3.290	3.367	3.405
0.70	3.156	3.194	3.233	3.271	3.310	3.387	3.425
0.75	3.623	3.667	3.711	3.755	3.799	3.888	3.932
0.80	4.122	4.172	4.222	4.273	4.323	4.424	4.474
0.85	4.653	4.710	4.767	4.823	4.880	4.994	5.050
0.90	5.217	5.280	5.344	5.407	5.471	5.598	5.662
0.95	5.812	5.883	5.954	6.025	6.096	6.238	6.309
1.00	6.440	6.519	6.597	6.676	6.754	6.912	6.990
1.05	7.100	7.187	7.274	7.310	7.447	7.620	7.707

（续）

直径/mm	铜及铜合金密度/(g/cm³)						
	8.2	8.3	8.4	8.5	8.6	8.8	8.9
	圆线理论质量/(kg/km)						
1.10	7.793	7.888	7.983	8.078	8.173	8.363	8.458
1.15	8.517	8.621	8.725	8.829	8.933	9.140	9.244
1.20	9.274	9.387	9.500	9.613	9.726	9.953	10.07
1.30	10.88	11.02	11.15	11.28	11.41	11.68	11.81
1.40	12.62	12.78	12.93	13.08	13.24	13.55	13.70
1.50	14.49	14.67	14.84	15.02	15.20	15.55	15.73
1.60	16.49	16.69	16.89	17.09	17.29	17.69	17.89
1.70	18.61	18.84	19.07	19.29	19.52	19.97	20.20
1.80	20.87	21.12	21.38	21.63	21.88	22.39	22.65
1.90	23.25	23.53	23.82	24.10	24.38	24.95	25.23
2.00	25.76	26.08	26.39	26.70	27.02	27.65	27.96
2.10	28.40	28.75	29.09	29.44	29.79	30.48	30.83
2.20	31.17	31.55	31.93	32.31	32.69	33.45	33.83
2.30	34.07	34.48	34.90	35.32	35.73	36.56	36.98
2.40	37.10	37.55	38.00	38.45	38.91	39.81	40.26
2.50	40.25	40.74	41.23	41.72	42.21	43.20	43.69
2.60	43.54	44.07	44.60	45.13	45.66	46.72	47.25
2.70	46.95	47.52	48.10	48.67	49.24	50.39	50.96
2.80	50.49	51.11	51.72	52.34	52.95	54.19	54.80

（续）

直径/mm	铜及铜合金密度/(g/cm^3)						
	8.2	8.3	8.4	8.5	8.6	8.8	8.9
	圆线理论质量/(kg/km)						
2.90	54.16	54.82	55.48	56.14	56.80	58.13	58.79
3.00	57.96	58.67	59.38	60.08	60.79	62.20	62.91
3.20	65.95	66.75	67.56	68.36	69.17	70.77	71.58
3.40	74.45	75.36	76.27	77.17	78.08	78.90	80.80
3.50	78.89	79.86	80.82	81.78	82.74	84.67	85.63
3.80	93.00	94.13	95.26	96.40	97.53	99.80	100.9
4.00	103.0	104.3	105.6	106.8	108.1	110.6	111.8
4.20	113.6	115.0	116.4	117.8	119.1	121.9	123.3
4.50	130.4	132.0	133.6	135.2	136.8	140.0	141.5
4.80	148.4	150.2	152.0	153.8	155.6	159.2	161.1
5.00	161.0	163.0	164.9	166.9	168.9	172.8	174.8
5.30	180.9	183.1	185.3	187.5	189.7	194.1	196.4
5.50	194.8	197.2	199.6	201.9	204.3	209.1	211.4
5.60	202.0	204.4	206.9	209.4	211.8	216.7	219.2
6.00	231.8	234.7	237.5	240.3	243.2	248.8	251.6

6.2.14 铜及铜合金线材（GB/T 21652—2008）

类别	牌号	状态	直径（对边距）/mm
纯铜线	T2、T3	M、Y_2、Y	0.05～8.0
	TU1、TU2	M、Y	0.05～8.0
黄铜线	H62、H63、H65	M、Y_8、Y_4、Y_2、Y_1、Y	0.05～13.0
		T	0.05～4.0
	H68、H70	M、Y_8、Y_4、Y_2、Y_1、Y	0.05～8.5
		T	0.1～6.0
黄铜线	H80、H85、H90、H96	M、Y_2、Y	0.05～12.0
	HSn60-1、HSn62-1	M、Y	0.5～6.0
	HPb63-3、HPb59-1	M、Y_2、Y	0.5～6.0
	HPb59-3	Y_2、Y	1.0～8.5
	HPb61-1	Y_2、Y	0.5～8.5
	HPb62-0.8	Y_2、Y	0.5～6.0
	HSb60-0.9、HBi60-1.3 HSb61-0.8-0.5	Y_2、Y	0.8～12.0
	HMn62-13	M、Y_4、Y_2、Y_1、Y	0.5～6.0
青铜线	QSn6.5-0.1、QSn6.5-0.4、 QSn7-0.2、QSn5-0.2、QSi3-1	M、Y_4、Y_2、Y_1、Y	0.1～8.5
	QSn4-3	M、Y_4、Y_2、Y_1	0.1～8.5
		Y	0.1～6.0
	QSn4-4-4	Y_2、Y	0.1～8.5

（续）

类别	牌号	状态	直径（对边距）/mm
青铜线	QSn15-1-1	M、Y_4、Y_2、Y_1、Y	0.5~6.0
	QAl7	Y_2、Y	1.0~6.0
	QAl9-2	Y	0.6~6.0
	QCr1、QCr1-0.18	CYS、CSY	1.0~12.0
	QCr4.5-2.5-0.6	CYS、CSY	0.5~6.0
	QCd1	M、Y	0.1~6.0
白铜线	B19	M、Y	0.1~6.0
	BFe10-1-1、BFe30-1-1	M、Y	0.1~6.0
	BMn3-12	M、Y	0.05~6.0
	BMn40-1.5	M、Y	0.05~6.0
	BZn9-29、BZn12-26 BZn15-20、BZn18-20	M、Y_8、Y_4、Y_2、Y_1、Y	0.1~8.0
		T	0.5~4.0
	BZn22-16、BZn25-18	M、Y_8、Y_4、Y_2、Y_1、Y	0.1~8.0
		T	0.1~4.0
	BZn40-20	M、Y_4、Y_2、Y_1、Y	1.0~6.0

注：状态栏：M—软；Y_8—1/8 硬；Y_4—1/4 硬；Y_2—半硬；Y_1—3/4 硬；Y—硬；T—特硬；CYS—固溶+冷加工+时效；CSY—固溶+时效+冷加工。

6.2.15 铜及铜合金扁线(GB/T 3114—2010)

牌 号	状态	规格(厚度×宽度)/mm
T2	M、Y	(0.5~6.0)×(0.5~15.0)
H62、H65、H68	M、Y_2、Y	(0.5~6.0)×(0.5~12.0)
QSn6.5-0.1、QSn6.5-0.4	M、Y_2、Y	(0.5~6.0)×(0.5~12.0)
QSn4-3、QSi3-1	Y	(0.5~6.0)×(0.5~12.0)

扁线宽度/mm		0.5~5.0	>5.0
每卷质量/kg≥	标准卷	3	5
	较轻卷	1.5	2.5

注:M—软,Y_2—半硬,Y—硬。

6.2.16 铍青铜线(YS/T 571—2009)

牌 号	状 态	直径/mm
QBe2	M、Y_2、Y	0.03~6.00

线材直径/mm	0.03~0.05	>0.05~0.10	>0.10~0.20	>0.20~0.30	>0.30~0.40
每卷质量/kg≥	0.0005	0.002	0.010	0.025	0.050
线材直径/mm	>0.40~0.60	>0.60~0.80	>0.80~2.00	>2.00~4.00	>4.00~6.00
每卷质量/kg≥	0.100	0.150	0.300	1.000	2.000

注:M—软,Y_2—半硬,Y—硬。

6.2.17 铜及黄铜板(带、箔)

厚度 /mm	理论质量 /(kg/m²)		厚度 /mm	理论质量 /(kg/m²)	
	铜板	黄铜板		铜板	黄铜板
0.005	0.0445	0.0425	0.30	2.67	2.55
0.008	0.0712	0.0680	0.32	—	2.72
0.010	0.0890	0.0850	0.34	—	2.89
0.012	0.107	0.102	0.35	3.12	2.98
0.015	0.134	0.128	0.40	3.56	3.40
0.02	0.178	0.170	0.45	4.01	3.83
0.03	0.267	0.255	0.50	4.45	4.25
0.04	0.356	0.340	0.52	—	4.42
0.05	0.445	0.425	0.55	4.90	4.68
0.06	0.534	0.510	0.57	—	4.85
0.07	0.623	0.595	0.60	5.34	5.10
0.08	0.712	0.680	0.65	5.79	5.53
0.09	0.801	0.765	0.70	6.23	5.95
0.10	0.890	0.850	0.72	—	6.12
0.12	1.07	1.02	0.75	6.68	6.38
0.15	1.34	1.28	0.80	7.12	6.80
0.18	1.60	1.53	0.85	7.57	7.23
0.20	1.78	1.70	0.90	8.01	7.65
0.22	1.96	1.87	0.93	—	7.91
0.25	2.23	2.13	1.00	8.90	8.50

（续）

厚度/mm	理论质量/(kg/m^2)		厚度/mm	理论质量/(kg/m^2)	
	铜板	黄铜板		铜板	黄铜板
1.10	9.79	9.35	3.00	26.70	25.50
1.13	—	9.61	3.5	31.15	29.75
1.20	10.68	10.20	4.0	35.60	34.00
1.22	—	10.37	4.5	40.05	38.25
1.30	11.57	11.05	5.0	44.50	42.50
1.35	12.02	11.48	5.5	48.95	46.75
1.40	12.46	11.90	6.0	53.40	51.00
1.45	—	12.33	6.5	57.85	55.25
1.50	13.35	12.75	7.0	62.30	59.50
1.60	14.24	13.60	7.5	66.75	63.75
1.65	14.69	14.03	8.0	71.20	68.0
1.80	16.02	15.30	9.0	80.10	76.50
2.00	17.80	17.00	10	89.00	85.00
2.20	19.58	18.70	11	97.90	93.50
2.25	20.03	19.13	12	106.8	102.0
2.50	22.25	21.25	13	115.7	110.5
2.75	24.48	23.38	14	124.6	119.0
2.80	24.92	23.80	15	133.5	127.5

（续）

厚度 /mm	理论质量 /(kg/m²)		厚度 /mm	理论质量 /(kg/m²)	
	铜板	黄铜板		铜板	黄铜板
16	142.4	136.0	35	311.5	297.5
17	151.3	144.5	36	320.4	306.0
18	160.2	153.0	38	338.2	323.0
19	169.1	161.5	40	356.0	340.0
20	178.0	170.0	42	373.8	357.0
21	186.9	178.5	44	391.6	374.0
22	195.8	187.0	45	400.5	382.5
23	204.7	195.5	46	409.3	391.0
24	213.6	204.0	48	427.2	408.0
25	222.5	212.5	50	445.0	425.0
26	231.4	221.0	52	462.8	442.0
27	240.3	229.8	54	480.6	459.0
28	249.2	238.0	55	489.5	467.5
29	258.1	246.5	56	498.4	476.0
30	267.0	255.0	58	516.2	493.0
32	284.8	272.0	60	534.0	510.0
34	302.6	289.0			

注：1. 用于计算理论质量的密度（g/cm³）：铜板为8.9；黄铜板为8.5。其他密度的黄铜板牌号的理论质量，需将本表中的黄铜板理论质量乘上相应的换算系数。

2. 各种牌号黄铜的密度和理论质量换算系数见下表：

（续）

黄铜牌号	密度/（g/cm³）	理论质量换算系数
H68、H65、H62 HPb63-3、HPb59-1 HAl67-2.5、HAl66-6-3-2 HMn58-2 HMn57-3-1、HMn55-3-1	8.5	1
H59、HAl60-1-1	8.4	0.9882
HSn62-1	8.45	0.9941
HAl77-2、HSi80-3	8.6	1.0118
HNi65-5	8.66	1.0188
H90	8.8	1.0353
H96	8.85	1.0412

6.2.18 铜及铜合金板材（GB/T 2040—2008）

牌号	状态	规格/mm		
		厚度	宽度	长度
T2、T3、TP1、 TP2、TU1、 TU2	R	4～60	≤3000	≤6000
	M、Y_4、 Y_2、Y、T	0.2～12	≤3000	≤6000
H96、H80	M、Y	0.2～10	≤3000	≤6000
H90、H85	M、Y_2、Y			
H65	M、Y_1、Y_2、 Y、T、TY			

（续）

牌　号	状　态	规格/mm		
		厚度	宽度	长度
H70、H68	R	4~60	≤3000	≤6000
	M、Y_4、Y_2、Y、T、TY	0.2~10		
H63、H62	R	4~60		
	M、Y_2、Y、T	0.2~10		
H59	R			
	M、Y	0.2~10		
HPb59-1	R	4~60		
	M、Y_2、Y	0.2~10		
HPb60-2	Y、T	0.5~10		
HMn68-2	M、Y_2、Y	0.2~10		
HSn62-1	R	4~60		
	M、Y_2、Y	0.2~10		
HMn55-3-1、HMn57-3-1 HAl60-1-1、HAl67-2.5 HAl66-6-3-2、HNi65-5	R	4~40	≤1000	≤2000
QSn6.5-0.1	R	9~50	≤600	≤2000
	M、Y_4、Y_2、Y、T、TY	0.2~12		

（续）

牌　号	状　态	规格/mm		
		厚度	宽度	长度
QSn6.5-0.4、QSn4-3 QSn4-0.3、QSn7-0.2	M、Y、T	0.2～12	≤600	≤2000
QSn8-0.3	M、Y_4、Y_2、Y、T	0.2～5	≤600	≤2000
BAl6-1.5	Y	0.5～12	≤600	≤1500
BAl13-3	CYS			
BZn15-20	M、Y_2、Y_1、T	0.5～10	≤600	≤1500
BZn18-17	M、Y_2、Y	0.5～5	≤600	≤1500
B5、B19 BFe10-1-1、 BFe30-1-1	R	7～60	≤2000	≤4000
	M、Y	0.5～10	≤600	≤1500
QAl5	M、Y	0.4～12	≤1000	≤2000
QAl7	Y_2、Y			
QAl9-2	M、Y			
QAl9-4	Y			
QCd1	Y	0.5～10	200～300	800～1500
QCr0.5、 QCr0.5-0.2-0.1	Y	0.5～15	100～600	≥300
QMn1.5	M	0.5～5	100～600	≤1500
QMn5	M、Y			

（续）

牌号	状态	规格/mm		
		厚度	宽度	长度
QSi3-1	M、Y、T	0.5~10	100~1000	≥500
QSn4-4-2.5、QSn4-4-4	M、Y_3、Y_2、Y	0.8~5	200~600	800~2000
BMn40-1.5	M、Y	0.5~10	100~600	800~1500
BMn3-12	M			

注：状态栏：R—热轧，M—软，Y_4—1/4 硬，Y_3—1/3 硬，Y_2—半硬，Y—硬，T—特硬，TY—强硬，CYS—淬火+冷加工+人工时效。

6.2.19 铜及铜合金带材(GB/T 2059—2008)

牌号	状态	厚度/mm	宽度/mm
T2、T3、TU1、TU2、TP1、TP2	M、Y_4、Y_2、Y、T	>0.15~<0.50	≤600
		0.50~3.0	≤1200
H96、H80、H59	M、Y	>0.15~<0.50	≤600
		0.50~3.0	≤1200
H85、H90	M、Y_2、Y	>0.15~<0.50	≤600
		0.50~3.0	≤1200
H70、H68、H65	M、Y_4、Y_2、Y、T、TY	>0.15~<0.50	≤600
		0.50~3.0	≤1200

(续)

牌　　号	状　　态	厚度/mm	宽度/mm
H63、H62	M、Y_2、Y、T	>0.15 ~ <0.50	≤600
		0.50 ~ 3.0	≤1200
HPb59-1、HMn58-2	M、Y_2、Y	>0.15 ~ 0.20	≤300
		>0.20 ~ 2.0	≤550
HPb59-1	T	0.32 ~ 1.5	≤200
HSn62-1	Y	>0.15 ~ 0.20	≤300
		>0.20 ~ 2.0	≤550
QAl5	M、Y	>0.15 ~ 1.2	≤300
QAl7	Y_2、Y		
QAl9-2	M、Y、T		
QAl9-4	Y		
QSn6.5-0.1	M、Y_4、Y_2、Y、T、TY	>0.15 ~ 2.0	≤610
QSn7-0.2、QSn6.5-0.4 QSn4-3、QSn4-0.3	M、Y、T	>0.15 ~ 2.0	≤610
QSn8-0.3	M、Y_4、Y_2、Y、T	>0.15 ~ 2.6	≤610
QSn4-4-4、 QSn4-4-2.5	M、Y_3、Y_2、Y	0.80 ~ 1.2	≤200
QCd1	Y	>0.15 ~ 1.2	≤300
QMn1.5	M	>0.15 ~ 1.2	
QMn5	M、Y		
QSi3-1	M、Y、T	>0.15 ~ 1.2	≤300

（续）

牌　　号	状　　态	厚度/mm	宽度/mm
BZn18-27	M、Y_2、Y	>0.15~1.2	≤610
BZn15-20	M、Y_2、Y、T	>0.15~1.2	≤400
B5、B19、BFe10-1-1、BFe30-1-1、BMn40-1.5、BMn3-12	M、Y		
BAl13-3	CYS	>0.15~1.2	≤300
BAl6-1.5	Y		

注：状态栏：M—软，Y_4—1/4 硬，Y_3—1/3 硬，Y_2—半硬，Y—硬，T—特硬，TY—强硬，CYS—淬火＋冷加工＋人工时效。

6.2.20 其他纯铜及黄铜板（带）

牌号		状态	规格/mm		
			厚度	宽度	长度
（1）电镀用铜阳极板（GB/T 2056—2005）					
T2、T3		Y	2.0~15.0	100~1000	300~2000
		R	6.0~20.0		
（2）导电用铜板和条（GB/T 2529—2005）					
T2	板	R	4~100	50~650	≤8000
		M、Y_8、Y_2、Y	4~20		
	条	R	10~60	10~400	
		M、Y_8、Y_2、Y	3~30		

（续）

牌号	状态	规格/mm		
		厚度	宽度	长度
（3）照相制版用铜板（GB/T 2530—1989）				
TAg0. 1	Y	0. 7,0. 8,1, 1. 12,1. 2, 1. 4,1. 5,2	400、600	550 ~ 1200
（4）无氧铜板、带（GB/T 14594—1993）				
TU1 TU2	板 M、Y	0. 40 ~ 10	200 ~ 600	800 ~ 1500
	带 M、Y	0. 05 ~ 0. 45 >0. 45 ~ 0. 85 >0. 85 ~ 1. 20	20 ~ 300	≥8000 ≥6000 ≥4000
（5）散热器散热片专用钝铜及黄铜带、箔材（GB/T 2061—2004）				
T3	Y T	0. 07 ~ 0. 15 0. 035 ~ 0. 06	20 ~ 200 12 ~ 150	
H90	Y	0. 035 ~ 0. 06	12 ~ 150	
H65、H62	Y	0. 07 ~ 0. 15	20 ~ 200	
（6）散热器冷却管专用黄铜带（GB/T 11087—2001）				
H90、H70、H70A、 H68、H68A	Y_1、Y_2、Y_3	0. 08 ~ 0. 18	20 ~ 100	
（7）电容器专用黄铜带（YS/T 29—1992）				
H62	Y_2、Y	0. 10 ~ 0. 53 >0. 53 ~ 1. 00	100 ~ 130	≥20000 ≥10000

注：状态栏：Y—硬（冷轧），Y_8—1/8 硬，Y_3—1/3 硬，Y_2—半硬，Y_1—3/4 硬，T—特硬，R—热轧，M—软。

6.2.21 铍青铜板材和带材(YS/T 323—2002)

牌号	状态		规格/mm		
			厚度	宽度	长度
QBe2 QBe1.9 QBe1.7	C	板材	0.45~6.0	30~200	200~1500
	CY_4 CY_2 CY	带材	0.05~1.0	20~200	状态 C≥1500 其他状态≥2000

注:1. 状态栏:C—淬火,CY_4—淬火、1/4 硬,CY_2—淬火、半硬,CY—淬火、硬。

2. 厚度允许偏差:板材只有普通级,带材则有普通级和较高级两种。

6.3 铝与铝合金

6.3.1 铝及铝合金的性能与应用

铝材品种	牌 号	抗拉强度 R_m/MPa	产品形状	应用
工业用高纯铝	1A85	60	板、带、箔管	用于制造各种电解电容器用箔材和抗酸容器等
	1A90	60		
	1A93、1A97、1A99	—		
工业用纯铝	1060	60~135	板、箔管、线、棒	用于制造铝箔垫片、电容器、电子管、隔离网、电线,电缆防护套、网、线芯及装饰件
	1050A	60~160		
	1035	60~100		
	8A06	—		

（续）

铝材品种	牌　　号	抗拉强度 R_m/MPa	产品形状	应用
工业用纯铝	1A30	—	板、带、箔	用于制造航天工业和兵器工业纯铝膜片等处的板材
	1100	75～165	板、带、管	用于制造管材和各种深冲压制件
防锈铝	5A02	≤245	板、带、管、棒、线	用于制造焊条、铆钉、输油导管、中等载荷的零件装饰件
	5A03	180	板、棒、管	用于制造液体介质中工作的中等负载零件、焊件、冷冲件
	5A05	165～255	板、棒、管	用于制造输送液体的管道和容器
	5B05	—	线材	制作铆钉、连接铝合金、镁合金、铆钉应进行退火、阳极氧化处理
	5A06	135～315	板、棒、管、模锻	用于制造焊接容器、航空工业的骨架、飞机蒙皮等
	5A12	—	厚板、棒、型材	用于制造航天工业和无线电工业中

（续）

铝材品种	牌　　号	抗拉强度 R_m/MPa	产品形状	应用
防锈铝	5B06、5A13	—	线、棒	用于制造焊条
	5A43	—	板	用于制造餐品、用具等生活用品
	3A21	135	板、带、箔管	用于制造油箱、导管及各种容器
	5083	270～420	板、带	用于制造车辆体结构件及汽车、飞机等方面和自行车、挡泥板
	5056	—	板、管	用于制造车架结构件、管件
硬铝	2A01	—	线材	用于制造工作温度不超过100℃、中等强度结构用铆钉
	2A04	—	线材	用于制造在125～250℃环境中应用的铆钉
	2A10	—	线材	用于制造在100℃以下环境工作、但要求有较高强度铆钉

（续）

铝材品种	牌　　号	抗拉强度 R_m/MPa	产品形状	应用
硬铝	2B11、2B12	—	线材	用于制造中等强度、但必须在淬火后2h内使用的铆钉
	2A02	—	板、带、冲压、叶片	用于制造在200～300℃环境下工作的承载结构件、如叶轮及锻件
	2A11	285～390	板、棒、管、箔	用于制造中等强度要求件、如空气螺旋桨叶片、螺栓、铆钉
	2A12	390～410	板、棒、管、箔、线	用于制造不超过150℃，高负荷件、如飞机骨架、框隔、翼肋、蒙皮等
	2A06	—	板	用于制造在150～250℃环境中的结构板材
	2A16	—	板、带、锻件	用于制造在250～350℃环境中工作件、如焊接件、容器
	2A17	—	板、棒、锻件	用于制造不超过300℃、强度高的锻件和冲压件

（续）

铝材品种	牌　　号	抗拉强度 R_m/MPa	产品形状	应用
锻铝	6A02	180～295	板、棒、管、锻件	用于制造高塑性、高耐蚀、形状复杂、承受中等负荷锻件或模锻件、如直升机桨叶、发动机曲轴箱
	6B02	—	板、带	用于制造各种壳体
	6070	—	板、型材	用于制造大型焊接结构件及高级跳水板
	2A50、2B50	—	棒、锻件	用于制造中等强度、形状复杂锻件
	2A70、2A80、2A90	—	棒、锻件	用于制造高温下工作的锻件、如内燃机活塞、叶片；2A70板材可用于制造高温下的焊接、冲压结构件
	2A14	—	棒、锻件	用于制造承受高载荷、形状复杂的锻件
	4A11	—	棒、锻件	用于制造蒸汽机活塞及汽缸

（续）

铝材品种	牌　　号	抗拉强度 R_m/MPa	产品形状	应用
锻铝	6061	180～290	型材、板、带、管	广泛用在建筑用门、窗、台架等结构件及车辆、船舶、机械等方面
	6063	130～195		
超硬铝	7A03	—	—	用于制造工作温度在125℃以下、承力结构的铆钉，也可代替2A10使用
	7A04	500～560	板、棒、管、型材、锻件	用于制造主要承力结构件，如飞机大梁、桁条、加强框、蒙皮、翼肋等
	7A09	—	板、棒、管、型材	
	7A10	—	板、管、锻件	用于纺织工业及防弹材料
	7003	310～340	型材	用于制造车辆结构件及自行车的车圈等
特殊铝	4A01	—	线材	用于制造焊条、焊棒
	4A13、4A17	—	板、带、箔、线材	用于制造钎接板、包覆板、焊线等
	5A41	—	板	用于制造飞机座仓的防弹板等
	5A66	—	板、带	用于制造高级饰品，如标牌、笔套等

6.3.2 铝及铝合金棒的理论质量

直径/mm	理论质量/(kg/m)			直径/mm	理论质量/(kg/m)		
	圆棒	方棒	六角棒		圆棒	方棒	六角棒
5	0.055	0.070	0.061	21	0.970	1.235	1.070
5.5	0.067	0.085	0.073	22	1.064	1.355	1.174
6	0.079	0.101	0.087	24	1.267	1.613	1.397
6.5	0.093	0.118	0.103	25	1.374	1.750	1.516
7	0.108	0.137	0.119	26	1.487	1.893	1.639
7.5	0.124	0.158	0.136	27	1.603	2.041	1.768
8	0.141	0.179	0.155	28	1.724	2.195	1.901
8.5	0.159	0.202	0.175	30	1.979	2.520	2.182
9	0.178	0.227	0.196	32	2.252	2.867	2.483
9.5	0.199	0.253	0.219	34	2.542	3.237	2.803
10	0.220	0.280	0.242	35	2.694	3.430	2.970
10.5	0.243	0.309	0.267	36	2.850	3.629	3.143
11	0.266	0.339	0.293	38	3.176	4.043	3.502
11.5	0.291	0.370	0.321	40	3.519	4.480	3.880
12	0.317	0.403	0.349	41	3.697	4.707	4.076
13	0.372	0.473	0.410	42	3.879	4.939	4.277
14	0.431	0.549	0.475	45	4.453	5.670	4.910
15	0.495	0.630	0.546	46	4.653	5.925	5.131
16	0.563	0.717	0.621	48	5.067	6.451	5.587
17	0.636	0.809	0.701	50	5.498	7.000	6.062
18	0.718	0.907	0.786	51	5.720	7.283	6.307
19	0.794	1.011	0.875	52	5.940	7.571	6.556
20	0.880	1.120	0.970	53	6.117	7.865	6.811

（续）

直径/mm	理论质量/(kg/m)			直径/mm	理论质量/(kg/m)		
	圆棒	方棒	六角棒		圆棒	方棒	六角棒
59	7.655	—	—	125	34.36	43.75	37.89
60	7.917	10.08	8.730	130	37.16	47.32	40.98
62	8.453	—	—	135	40.08	51.03	44.19
63	8.728	—	—	140	43.10	54.88	47.53
65	9.291	11.83	10.25	145	46.24	58.87	50.98
70	10.78	13.72	11.88	150	49.48	63.00	54.56
75	12.37	15.75	13.64	160	56.30	71.68	62.07
80	14.07	17.92	15.52	170	63.55	80.92	70.08
85	15.89	20.23	17.52	180	71.25	90.72	78.56
90	17.81	22.68	19.64	190	79.39	101.1	87.54
95	19.85	25.27	21.88	200	87.96	112.0	96.99
100	21.99	28.00	24.25	210	96.98	—	—
105	24.25	30.87	26.73	220	106.4	—	—
110	26.61	33.88	29.34	230	116.3	—	—
115	29.08	37.03	32.07	240	126.7	—	—
120	31.67	40.32	34.92	250	137.4	—	—

注：表中理论质量是按2B11、2A11、2A12、2A70、2A14等牌号的密度2.8g/cm³计算。其他密度不是2.8g/cm³的牌号理论质量，应乘以相应的“理论质量换算系数”。其他牌号的“密度(g/cm³)/理论质量换算系数”如下：

7A04、7A09：2.85/1.018
2A16：2.84/1.014
2A06：2.76/0.985
2A02：2.75/0.982
2A50、2B50：2.75/0.982
3A21：2.73/0.975
1070A、1060：2.71/0.968
1A30、1100：2.71/0.968
1200、8A06：2.71/0.968
6A02：2.70/0.964
6061、6063：2.70/0.964
5A02：2.68/0.957
5A03、5083：2.67/0.954
5A05：2.65/0.946

6.3.3 铝及铝合金挤压棒材(GB/T 3191—2010)

牌号		供货状态	试样状态	规格
Ⅱ类 (2×××系、7×××系合金及含镁量平均值大于或等于3%的5×××系合金的棒材)	Ⅰ类 (除Ⅱ类外的其他棒材)			
—	1070A	H112	H112	圆棒直径:5mm~600mm;方棒、六角棒对边距离:5mm~200mm;长度:1m~6m
—	1060	O	O	
		H112	H112	
—	1050A	H112	H112	
—	1350	H112	H112	
—	1035	O	O	
		H112	H112	
—	1200	H112	H112	
2A02	—	T1、T6	T62、T6	
2A06	—	T1、T6	T62、T6	
2A11	—	T1、T4	T42、T4	
2A12	—	T1、T4	T42、T4	
2A13	—	T1、T4	T42、T4	
2A14	—	T1、T6、T6511	T62、T6、T6511	
2A16	—	T1、T6、T6511	T62、T6、T6511	
2A50	—	T1、T6	T62、T6	
2A70	—	T1、T6	T62、T6	
2A80	—	T1、T6	T62、T6	
2A90	—	T1、T6	T62、T6	

（续）

<table>
<tr><th colspan="2">牌　号</th><th rowspan="2">供货状态</th><th rowspan="2">试样状态</th><th rowspan="2">规　格</th></tr>
<tr><th>Ⅱ类
（2×××系、7×××系合金及含镁量平均值大于或等于3%的5×××系合金的棒材）</th><th>Ⅰ类
（除Ⅱ类外的其他棒材）</th></tr>
<tr><td rowspan="2">2014、2014A</td><td rowspan="2">—</td><td>T4、T4510、T4511</td><td>T4、T4510、T4511</td><td rowspan="17">圆棒直径：5mm～600mm；方棒、六角棒对边距离：5mm～200mm；长度：1m～6m</td></tr>
<tr><td>T6、T6510、T6511</td><td>T6、T6510、T6511</td></tr>
<tr><td>2017</td><td>—</td><td>T4</td><td>T42、T4</td></tr>
<tr><td>2017A</td><td>—</td><td>T4、T4510、T4511</td><td>T4、T4510、T4511</td></tr>
<tr><td rowspan="2">2024</td><td rowspan="2">—</td><td>O</td><td>O</td></tr>
<tr><td>T3、T3510、T3511</td><td>T3、T3510、T3511</td></tr>
<tr><td rowspan="2">—</td><td rowspan="2">3A21</td><td>O</td><td>O</td></tr>
<tr><td>H112</td><td>H112</td></tr>
<tr><td>—</td><td>3102</td><td>H112</td><td>H112</td></tr>
<tr><td rowspan="2">—</td><td rowspan="2">3003、3103</td><td>O</td><td>O</td></tr>
<tr><td>H112</td><td>H112</td></tr>
<tr><td>—</td><td>4A11</td><td>T1</td><td>T62</td></tr>
<tr><td>—</td><td>4032</td><td>T1</td><td>T62</td></tr>
<tr><td rowspan="2">—</td><td rowspan="2">5A02</td><td>O</td><td>O</td></tr>
<tr><td>H112</td><td>H112</td></tr>
<tr><td>5A03</td><td>—</td><td>H112</td><td>H112</td></tr>
</table>

（续）

牌号		供货状态	试样状态	规　格
Ⅱ类 （2×××系、7×××系合金及含镁量平均值大于或等于3%的5×××系合金的棒材）	Ⅰ类 （除Ⅱ类外的其他棒材）			
5A05	—	H112	H112	圆棒直径：5mm～600mm；方棒、六角棒对边距离：5mm～200mm；长度：1m～6m
5A06	—	H112	H112	
5A12	—	H112	H112	
—	5005、5005A	H112	H112	
		O	O	
5019	—	H112	H112	
		O	O	
5049	—	H112	H112	
—	5251	H112	H112	
		O	O	
—	5052	H112	H112	
		O	O	
5154A	—	H112	H112	
		O	O	
—	5454	H112	H112	
		O	O	

（续）

牌号		供货状态	试样状态	规格
Ⅱ类 （2×××系、7×××系合金及含镁量平均值大于或等于3%的5×××系合金的棒材）	Ⅰ类 （除Ⅱ类外的其他棒材）			
5754	—	H112	H112	圆棒直径：5mm～600mm；方棒、六角棒对边距离：5mm～200mm；长度：1m～6m
		O	O	
5083	—	H112	H112	
		O	O	
5086	—	H112	H112	
		O	O	
—	6A02	T1、T6	T62、T6	
—	6101A	T6	T6	
—	6005、6005A	T5	T5	
		T6	T6	
7A04	—	T1、T6	T62、T6	
7A09	—	T1、T6	T62、T6	
7A15	—	T1、T6	T62、T6	
7003	—	T5	T5	
		T6	T6	
7005	—	T6	T6	

（续）

<table>
<tr><th colspan="2">牌　号</th><th rowspan="2">供货状态</th><th rowspan="2">试样状态</th><th rowspan="2">规　格</th></tr>
<tr><th>Ⅱ类
（2×××系、7×××系合金及含镁量平均值大于或等于3%的5×××系合金的棒材）</th><th>Ⅰ类
（除Ⅱ类外的其他棒材）</th></tr>
<tr><td>7020</td><td>—</td><td>T6</td><td>T6</td><td rowspan="9">圆棒直径：5mm～600mm；方棒、六角棒对边距离：5mm～200mm；长度：1m～6m</td></tr>
<tr><td>7021</td><td>—</td><td>T6</td><td>T6</td></tr>
<tr><td>7022</td><td>—</td><td>T6</td><td>T6</td></tr>
<tr><td>7049A</td><td>—</td><td>T6、T6510、T6511</td><td>T6、T6510、T6511</td></tr>
<tr><td rowspan="2">7075</td><td rowspan="2">—</td><td>O</td><td>O</td></tr>
<tr><td>T6、T6510、T6511</td><td>T6、T6510、T6511</td></tr>
<tr><td rowspan="2">—</td><td rowspan="2">8A06</td><td>O</td><td>O</td></tr>
<tr><td>H112</td><td>H112</td></tr>
</table>

6.3.4 铝及铝合金管材(GB/T 4436—1995)

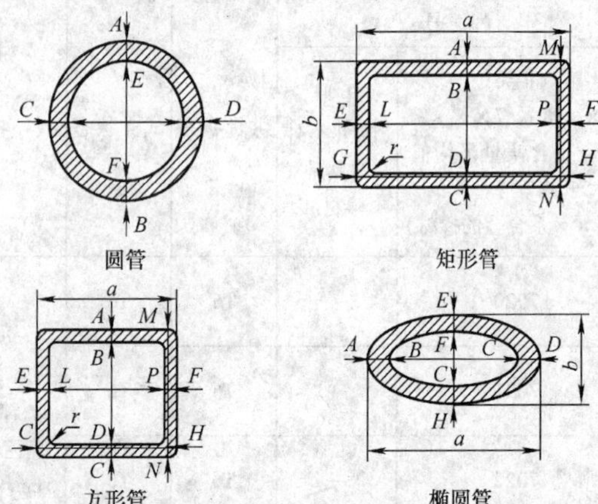

(1)挤压圆管的尺寸规格　　　　　　　　　　(单位:mm)

外径	壁厚	外径	壁厚	外径	壁厚
25	5.0	60,62	5.0~12.5	105~115	5.0~32.5
28	5.0,6.0	65,70	5.0~20.0	120~130	7.5~32.5
30,32	5.0~8.0	75,80	5.0~22.5	135~145	10.0~32.5
34~38	5.0~10.0	85,90	5.0~25.0	150,155	10.0~35.0
40,42	5.0~12.5	95	5.0~27.5	160~200	10.0~40.0
45~58	5.0~15.0	100	5.0~30.0	205~400	10.0~50.0

外径系列:25,28,30,32,34,36,38,40,42,45,48,50,52,55,58,60,62,65,70,75,80,85,90,95,100,105,110,115,120,125,130,135,140,145,150,155,160,165,170,175,180,185,190,195,200,205,210,215,220,225,230,235,240,245,250,260,270,280,290,300,310,320,330,340,350,360,370,380,390,400

壁厚系列:5.0,6.0,7.0,7.5,8.0,9.0,10.0,12.5,15.0,17.5,20.0,22.5,25.0,27.5,30.0,32.5,35.0,40.0,42.5,45.0,47.5,50.0

长度范围:300~5800

（续）

（2）冷拉（轧）圆管的尺寸规格　　（单位：mm）

外径	壁厚	外径	壁厚	外径	壁厚
6	0.5~1.0	20	0.5~4.0	100~110	2.5~5.0
8	0.5~2.0	22~25	0.5~5.0	115	3.0~5.0
10	0.5~2.5	26~60	0.75~5.0	120	3.5~5.0
12~15	0.5~3.0	65~75	1.5~5.0		
16,18	0.5~3.5	80~95	2.0~5.0		

外径系列：6,8,10,12,14,15,16,18,20,22,24,25,26,28,30,32,34,35,36,38,40,42,45,48,50,52,55,58,60,65,70,75,80,85,90,95,100,105,110,115,120

壁厚系列：0.5,0.75,1.0,1.5,2.0,2.5,3.0,3.5,4.0,4.5,5.0

（3）冷拉正方形管的尺寸规格　　（单位：mm）

公称边长 a	10,12	14,16	18,20	22,25	28,32 36,40	42,45 50	55,60 65,70
壁厚	1.0 1.5	1.0~ 2.0	1.0~ 2.5	1.5~ 3.0	1.5~ 4.5	1.5~ 5.0	2.0~ 5.0

壁厚系列：1.0,1.5,2.0,2.5,3.0,4.5,5.0

（4）冷拉矩形管的尺寸规格　　（单位：mm）

公称边长（$a \times b$）	壁厚	公称边长（$a \times b$）	壁厚
14×10,16×12,18×10	1.0~2.0	32×25,36×20,36×28	1.0~5.0
18×14,20×12,22×14	1.0~2.5	40×25,40×30,45×30	1.5~5.0
25×15,28×16	1.0~3.0	50×30,55×40	1.5~5.0
28×22,32×18	1.0~4.0	60×40,70×50	2.0~5.0

壁厚系列：1.0,1.5,2.0,2.5,3.0,4.0,5.0

（续）

(5)冷拉椭圆形管的尺寸规格　（单位:mm）

长轴 a	27.0	33.5	40.5	40.5	47.0	47.0	54.0	54.0	60.5	60.5	67.5
短轴 b	11.5	14.5	17.0	17.0	20.0	20.0	23.0	23.0	25.5	25.5	28.5
壁厚	1.0	1.0	1.0	1.5	1.0	1.5	1.5	2.0	1.5	2.0	1.5
长轴 a	67.5	74.0	74.0	81.0	81.0	87.5	87.5	94.5	101.0	108.0	114.5
短轴 b	28.5	31.5	31.5	34.0	34.0	37.0	40.0	40.0	43.0	45.5	48.5
壁厚	2.0	1.5	2.0	2.0	2.5	2.0	2.5	2.5	2.5	2.5	2.5

注:挤压圆管外其余管材供货长度:1000～5500mm。

6.3.5 铝管搭接焊式铝塑管(GB/T 18997.1—2003)

(1)铝管搭接焊式铝塑管的分类

液体类别		用途代号	铝塑管代号	长期工作温度/℃	允许工作压力/(N/mm^2)
水	冷水	L	PAP	40	1.25
	冷热水	R	PAP	60	1.00
				75①	0.82
				82①	0.69
			XPAP	75	1.00
				82	0.86
燃气②	天然气	Q	PAP	35	0.40
	液化石油气				0.40
	人工煤气③				0.20
特种流体④		T		40	0.50

注:在输送易在管内产生相变的流体时,在管道系统中因相变产生的膨胀力不应超过最大允许工作压力,或者在管道系统中采取防止相变的措施。

① 系指采用中密度聚乙烯(乙烯与辛烯共聚物)材料生产的复合管。

② 输送燃气时应符合燃气安装的安全规定。

③ 在输送人工煤气时应注意到冷凝剂中芳香烃对管材的不利影响,工程中应考虑这一因素。

④ 系指和 HDPE 的抗化学药品性能相一致的特种流体。

（续）

（2）铝管搭接焊式铝塑管结构

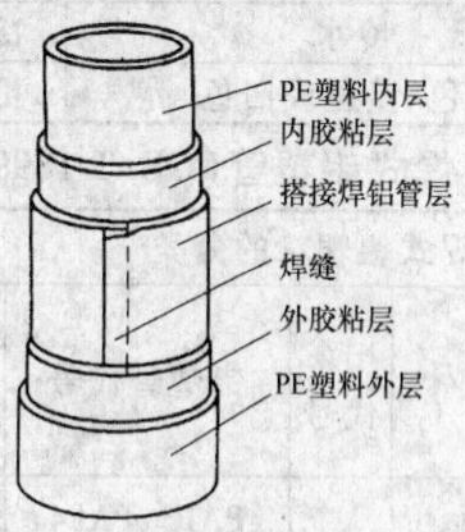

（3）铝管搭接焊式铝塑管规格　　　　（单位:mm）

<table>
<tr><th rowspan="2">公称外径</th><th rowspan="2">公称外径公差</th><th rowspan="2">参考内径</th><th colspan="2">圆度误差≤</th><th colspan="2">管壁厚</th><th rowspan="2">内层塑料最小壁厚</th><th rowspan="2">外层塑料最小壁厚</th><th rowspan="2">铝管层最小壁厚</th></tr>
<tr><th>盘管</th><th>直管</th><th>最小值</th><th>公差</th></tr>
<tr><td>12</td><td rowspan="7">+0.3
0</td><td>8.3</td><td>0.8</td><td>0.4</td><td>1.6</td><td rowspan="5">+0.5
0</td><td>0.7</td><td rowspan="9">0.4</td><td rowspan="2">0.18</td></tr>
<tr><td>16</td><td>12.1</td><td>1.0</td><td>0.5</td><td>1.7</td><td>0.9</td></tr>
<tr><td>20</td><td>15.7</td><td>1.2</td><td>0.6</td><td>1.9</td><td>1.0</td><td rowspan="2">0.23</td></tr>
<tr><td>25</td><td>19.9</td><td>1.5</td><td>0.8</td><td>2.3</td><td>1.1</td></tr>
<tr><td>32</td><td>25.7</td><td>2.0</td><td>1.0</td><td>2.9</td><td>1.2</td><td>0.28</td></tr>
<tr><td>40</td><td>31.6</td><td>2.4</td><td>1.2</td><td>3.9</td><td>+0.6
0</td><td>1.7</td><td>0.33</td></tr>
<tr><td>50</td><td>40.5</td><td>3.0</td><td>1.5</td><td>4.4</td><td>+0.7
0</td><td>1.7</td><td>0.47</td></tr>
<tr><td>63</td><td>+0.4
0</td><td>50.5</td><td>3.8</td><td>1.9</td><td>5.8</td><td>+0.9
0</td><td>2.1</td><td>0.57</td></tr>
<tr><td>75</td><td>+0.6
0</td><td>59.3</td><td>4.5</td><td>2.3</td><td>7.3</td><td>+1.1
0</td><td>2.8</td><td>0.67</td></tr>
</table>

（续）

(4)铝管搭接焊式铝塑管外层颜色

用途	冷水	冷热水	燃气
颜色	黑色、蓝色或白色	橙红色	黄色

6.3.6 铝管对接焊式铝塑管(GB/T 18997.2—2003)

(1)铝管对接焊式铝塑管的分类

流体类别		用途代号	铝塑管代号	长期工作温度/℃	允许工作压力/(N/mm²)
水	冷水	L	PAP3、PAP4	40	1.40
			XPAP1、XPAP2		2.00
	冷热水	R	PAP3、PAP4	60	1.00
			XPAP1、XPAP2	75	1.50
			XPAP1、XPAP2	95	1.25
燃气①	天然气	Q	PAP4	35	0.40
	液化石油气				0.40
	人工煤气②				0.20
特种流体③		T	PAP3	40	1.00

注:在输送易在管内产生相变的流体时,在管道系统中因相变产生的膨胀力不应超过最大允许工作压力,或者在管道系统中采取防止相变的措施。

① 输送燃气时应符合燃气安装的安全规定。

② 在输送人工煤气时应注意到冷凝剂中芳香烃对管材的不利影响,工程中应考虑这一因素。

③ 系指和 HDPE 的抗化学药品性能相一致的特种流体。

（续）

（2）铝管对接焊式铝塑管结构

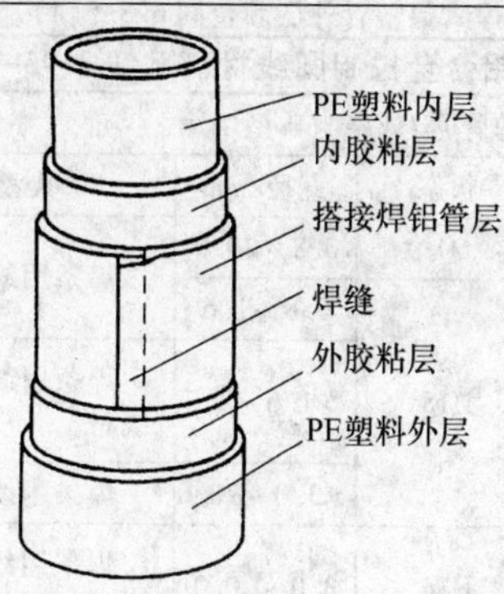

（3）铝管对接焊式铝塑管规格　　（单位：mm）

公称外径	公称外径公差	参考内径	圆度误差≤		管壁厚		内层塑料壁厚		外层塑料最小壁厚	铝管层壁厚	
			盘管	直管	公称值	公差	公称值	公差		公称值	公差
16	$^{+0.3}_{0}$	10.9	1.0	0.5	2.3	$^{+0.5}_{0}$	1.4	±0.1	0.3	0.28	±0.04
20		14.5	1.2	0.6	2.5		1.5			0.36	
25 (26)		18.5 (19.5)	1.5	0.8	3.0		1.7			0.44	
32		25.5	2.0	1.0			1.6			0.60	
40	$^{+0.4}_{0}$	32.4	2.4	1.2	3.5	$^{+0.6}_{0}$	1.9		0.4	0.75	
50	$^{+0.5}_{0}$	41.4	3.0	1.5	4.0		2.0			1.00	

（续）

(4)铝管对接焊式铝塑管外层颜色

铝管对接焊式铝塑管外层颜色同6.3.5(4)。

6.3.7 铝及铝合金拉制圆线材(GB/T 3195—2008)

(1)线材的牌号、规格与典型用途

牌号	状态	直径/mm	典型用途
1035	O	0.8~20.0	焊条用线材
	H18	0.8~1.6	
		>1.6~3.0	焊条用线材、铆钉用线材
		>3.0~20.0	焊条用线材
	H14	3.0~20.0	焊条用线材、铆钉用线材
1350	O	9.5~25.0	导体用线材
	H12、H22		
	H14、H24		
	H16、H26		
	H19	1.2~6.5	
1A50	O、H19	0.8~20.0	导体用线材
1050A、1060、1070A、1200	O、H18	0.8~20.0	焊条用线材
	H14	3.0~20.0	
1100	O	0.8~1.6	焊条用线材
		>1.6~20.0	焊条用线材、铆钉用线材
		>20.0~25.0	铆钉用线材

（续）

牌号	状态	直径/mm	典型用途
1100	H18	0.8～20.0	焊条用线材
	H14	3.0～20.0	
2A01、2A04 2B11、2B12 2A10	H14、T4	1.6～20.0	铆钉用线材
2A14、2A16、 2A20	O、H18	0.8～20.0	焊条用线材
	H14		
	H12	7.0～20.0	
3003	O、H14	1.6～25.0	铆钉用线材
3A21	O、H18	0.8～20.0	焊条用线材
	H14	0.8～1.6	
		>1.6～20.0	焊条用线材、铆钉用线材
	H12	7.0～20.0	焊条用线材
4A01、4043、 4047	O、H18	0.8～20.0	焊条用线材
	H14		
	H12	7.0～20.0	
5A02	O、H18	0.8～20.0	
	H14	0.8～1.6	
		>1.6～20.0	焊条用线材、铆钉用线材
	H12	7.0～20	

（续）

牌号	状态	直径/mm	典型用途
5A03	O、H18	0.8～20.0	焊条用线材
	H14		
	H12	7.0～20.0	
5A05	H18	0.8～7.0	焊条用线材、铆钉用线材
	O、H14	0.8～1.6	焊条用线材
		>1.6～7.0	焊条用线材、铆钉用线材
		>7.0～20.0	铆钉用线材
	H12	>7.0～20.0	焊条用线材
5B05、5A06	O	0.8～20.0	焊条用线材
	H18	0.8～7.0	
	H14	0.8～7.0	
	H12	1.6～7.0	铆钉用线材
		>7.0～20.0	焊条用线材、铆钉用线材
5005、5052 5056	O	1.6～25.0	铆钉用线材
5B06、5A33 5183、5356 5554、5A56	O	0.8～20.0	焊条用线材
	H18	0.8～7.0	
	H14		
	H12	>7.0～20.0	

（续）

牌号	状态	直径/mm	典型用途
6061	O	0.8～1.6	焊条用线材
		>1.6～20.0	焊条用线材、铆钉用线材
		>20.0～25.0	铆钉用线材
	H18	0.8～1.6	焊条用线材
		>1.6～20.0	焊条用线材、铆钉用线材
	H14	3.0～20.0	焊条用线材
	T6	1.6～20.0	焊条用线材、铆钉用线材
6A02	O、H18	0.8～20.0	焊条用线材
	H14	3.0～20.0	
7A03	H14、T6	1.6～20.0	铆钉用线材
8A06	O、H18	0.8～20.0	焊条用线材
	H14	3.0～20.0	

(2)线材盘重与单根质量

直径/mm	(Cu+Mg)的质量分数(%)	盘重/kg	单根质量/kg	
		≥	规定值	最小值
≤4.0	—	3～40	≥1.5	1.0
>4.0～10.0	>4	10～40	≥1.5	1.0
	≤4.0	15～40	≥3.0	1.5
>10.0～25.0	>4	20～40	≥1.5	1.0
	≤4.0	25～40	≥3.0	1.5

6.3.8 铝及铝合金板、带材的理论质量

厚度/mm	铝板	铝带	厚度/mm	铝板	铝带	厚度/mm	铝板	厚度/mm	铝板
	理论质量/(kg/m²)			理论质量/(kg/m²)			理论质量/(kg/m²)		理论质量/(kg/m²)
0.20	—	0.542	1.1	—	2.981	5.0	14.25	35	99.75
0.25	—	0.678	1.2	3.420	3.252	6.0	17.10	40	114.0
0.30	0.855	0.813	1.3	—	3.523	7.0	19.95	50	142.5
0.35	—	0.949	1.4	—	3.794	8.0	22.80	60	171.0
0.40	1.140	1.084	1.5	4.275	4.065	9.0	25.65	70	199.5
0.45	—	1.220	1.8	5.130	4.878	10	28.50	80	228.0
0.50	1.425	1.355	2.0	5.700	5.420	12	34.20	90	256.5
0.55	—	1.491	2.3	6.555	6.233	14	39.90	100	285.0
0.60	1.710	1.626	2.4	—	6.504	15	42.75	110	313.5
0.65	—	1.762	2.5	7.125	6.775	16	45.60	120	342.0
0.70	1.995	1.897	2.8	7.980	7.588	18	51.30	130	370.5
0.75	—	2.033	3.0	8.550	8.130	20	57.00	140	399.0
0.80	2.280	2.168	3.5	9.975	9.485	22	62.70	150	427.5
0.90	2.565	2.439	4.0	11.40	10.84	25	71.25		
1.0	2.850	2.710	4.5	—	12.20	30	85.50		

注:1. 板材理论质量按7A04、7A09、7075等牌号的密度2.85g/cm³计算。其他牌号的理论质量,须将表中的数值乘上相应的理论质量换算系数。部分密度不是2.85g/cm³的牌号的"密度(g/cm³)/换算系数"如下:

21A6:2.84/0.996　　2A11:2.80/0.982
2A14:2.80/0.982　　2A12:2.78/0.975
2A06:2.76/0.969　　LQ1、LQ2:2.74/0.960
3A21:2.73/0.958　　3003:2.73/0.958
1×××系(纯铝):2.71/0.951　　8A06:2.71/0.951
6A02:2.70/0.947　　5A02:2.68/0.940
5A43:2.68/0.940　　5A03:2.67/0.937
5083:2.67/0.937　　5A05:2.65/0.930
5A06:2.64/0.926　　5A41:2.64/0.926

2. 带材理论质量按纯铝的密度2.71g/cm³计算。其他牌号的"密度(g/cm³)/换算系数"如下:

5A02:2.68/0.989　　3A21:2.73/1.007

6.3.9 工业用铝及铝合金板、带材(GB/T 3880.1—2006)

(1)板、带材的牌号、相应的铝或铝合金类别、状态及厚度规格

牌号	类别	状态	板材厚度/mm	带材厚度/mm
1A97、1A93 1A90、1A85	A	F	>4.50~150.00	—
		H112	>4.50~80.00	—
1235	A	H12、H22	>0.20~4.50	>0.20~4.50
		H14、H24	>0.20~3.00	>0.20~3.00
		H16、H26	>0.20~4.00	>0.20~4.00
		H18	>0.20~3.00	>0.20~3.00
1070	A	F	>4.50~150.00	>2.50~8.00
		H112	>4.50~75.00	—
		O	>0.20~50.00	>0.20~6.00
		H12、H22、H14、H24	>0.20~6.00	>0.20~6.00
		H16、H26	>0.20~4.00	>0.20~4.00
		H18	>0.20~3.00	>0.20~3.00
1060	A	F	>4.50~150.00	>2.50~8.00
		H112	>4.50~80.00	—
		O	>0.20~80.00	>0.20~6.00
		H12、H22	>0.50~6.00	>0.50~6.00
		H14、H24	>0.20~6.00	>0.20~6.00
		H16、H26	>0.20~4.00	>0.20~4.00
		H18	>0.20~3.00	>0.20~3.00

（续）

牌号	类别	状态	板材厚度/mm	带材厚度/mm
1050、1050A	A	F	>4.50~150.00	>2.50~8.00
		H112	>4.50~75.00	—
		O	>0.20~50.00	>0.20~6.00
		H12、H22、H14、H24	>0.20~6.00	>0.20~6.00
		H16、H26	>0.20~4.00	>0.20~4.00
		H18	>0.20~3.00	>0.20~3.00
1145	A	F	>4.50~150.00	>2.50~8.00
		H112	>4.50~25.00	—
		O	>0.20~10.00	>0.20~6.00
		H12、H22、H14、H24、H16、H26、H18	>0.20~4.50	>0.20~4.50
1100	A	F	>4.50~150.00	>2.50~8.00
		H112	>6.00~80.00	—
		O	>0.20~80.00	>0.20~6.00
		H12、H22	>0.20~6.00	>0.20~6.00
		H14、H24、H16、H26	>0.20~4.00	>0.20~4.00
		H18	>0.20~3.00	>0.20~3.00
1200	A	F	>4.50~150.00	>2.50~8.00
		H112	>6.00~80.00	—
		O	>0.20~50.00	>0.20~6.00
		H111	>0.20~50.00	—
		H12、H22、H14、H24	>0.20~6.00	>0.20~6.00
		H16、H26	>0.20~4.00	>0.20~4.00
		H18	>0.20~3.00	>0.20~3.00
2017	B	F	>4.50~150.00	—
		H112	>4.50~80.00	—
		O	>0.50~25.00	>0.50~6.00
		T3、T4	>0.50~6.00	—

（续）

牌号	类别	状态	板材厚度/mm	带材厚度/mm
2A11	B	F	>4.50~150.00	—
		H112	>4.50~80.00	—
		O	>0.50~10.00	>0.50~6.00
		T3、T4	>0.50~10.00	—
2014	B	F	>4.50~150.00	—
		O	>0.50~25.00	—
		T6、T4	>0.50~12.50	—
		T3	>0.50~6.00	—
2024	B	F	>4.50~150.00	—
		O	>0.50~45.00	>0.50~6.00
		T3	>0.50~12.50	—
		T3（工艺包铝）	>4.00~12.50	—
		T4	>0.50~6.00	—
3003	A	F	>4.50~150.00	>2.50~8.00
		H112	>6.00~80.00	—
		O	>0.20~50.00	>0.20~6.00
		H12、H22、H14、H24	>0.20~6.00	>0.20~6.00
		H16、H26、H18	>0.20~4.00	>0.20~4.00
		H28	>0.20~3.00	>0.20~3.00

（续）

牌号	类别	状态	板材厚度/mm	带材厚度/mm
3004、3104	A	F	>6.30~80.00	>2.50~8.00
		H112	>6.00~80.00	—
		O	>0.20~50.00	>0.20~6.00
		H111	>0.20~50.00	—
		H12、H22、H32、H14	>0.20~6.00	>0.20~6.00
		H24、H34、H16、H26、H36、H18	>0.20~3.00	>0.20~3.00
		H28、H38	>0.20~1.50	>0.20~1.50
3005	A	O、H111、H12、H22、H14	>0.20~6.00	>0.20~6.00
		H111	>0.20~6.00	—
		H16	>0.20~4.00	>0.20~4.00
		H24、H26、H18、H28	>0.20~3.00	>0.20~3.00
3105	A	O、H12、H22、H14、H24、H16、H26、H18	>0.20~3.00	>0.20~3.00
		H111	>0.20~3.00	—
		H28	>0.20~1.50	>0.20~1.50
3102	A	H18	>0.20~3.00	>0.20~3.00
5182	B	O	>0.20~3.00	>0.20~3.00
		H111	>0.20~3.00	—
		H19	>0.20~1.50	>0.20~1.50

（续）

牌号	类别	状态	板材厚度/mm	带材厚度/mm
5A03	B	F	>4.50~150.00	—
		H112	>4.50~60.00	—
		O、H14、H24、H34	>0.50~4.50	>0.50~4.50
5A05、5A06	B	F	>4.50~150.00	—
		O	>0.50~4.50	>0.50~4.50
		H112	>4.50~50.00	—
5082	B	F	>4.50~150.00	—
		H18、H38、H19、H29	>0.20~0.50	>0.20~0.50
5005	A	F	>4.50~150.00	>2.50~8.00
		H112	>6.00~80.00	—
		O	>0.20~50.00	>0.20~6.00
		H111	>0.20~50.00	—
		H12、H22、H32、H14、H24、H34	>0.20~6.00	>0.20~6.00
		H16、H26、H36	>0.20~4.00	>0.20~4.00
		H18、H28、H38	>0.20~3.00	>0.20~3.00
5052	B	F	>4.50~150.00	>2.50~8.00
		H112	>6.00~80.00	—
		O	>0.20~50.00	>0.20~6.00
		H111	>0.20~50.00	—
		H12、H22、H32、H14、H24、H34	>0.20~6.00	>0.20~6.00
		H16、H26、H36	>0.20~4.00	>0.20~4.00
		H18、H38	>0.20~3.00	>0.20~3.00

（续）

牌号	类别	状态	板材厚度/mm	带材厚度/mm
5086	B	F	>4.50～150.00	—
		H112	>6.00～50.00	—
		O/H111	>0.20～80.00	—
		H12、H22、H32、H14、H24、H34	>0.20～6.00	—
		H16、H26、H36	>0.20～4.00	—
		H18	>0.20～3.00	—
5083	B	F	>4.50～150.00	—
		H112	>6.00～50.00	—
		O	>0.20～80.00	>0.50～4.00
		H111	>0.20～80.00	—
		H12、H14、H24、H34	>0.20～6.00	—
		H22、H32	>0.20～6.00	>0.50～4.00
		H16、H26、H36	>0.20～4.00	—
6061	B	F	>4.50～150.00	>2.50～8.00
		O	>0.40～40.00	>0.40～6.00
		T4、T6	>0.40～12.50	—
6063	B	O	>0.50～20.00	—
		T4、T6	0.50～10.00	—

（续）

牌号	类别	状态	板材厚度/mm	带材厚度/mm
6A02	B	F	>4.50~150.00	—
		H112	>4.50~80.00	—
		O、T4、T6	>0.50~10.00	—
6082	B	F	>4.50~150.00	—
		O	0.40~25.00	—
		T4、T6	0.40~12.50	—
7075	B	F	>6.00~100.00	—
		O（正常包铝）	>0.50~25.00	—
		O（不包铝或工艺包铝）	>0.50~50.00	—
		T6	>0.50~6.00	—
8A06	A	F	>4.50~150.00	>2.50~8.00
		H112	>4.50~80.00	—
		O	0.20~10.00	—
		H14、H24、H18	>0.20~4.50	—
8011A	A	O	>0.20~3.00	>0.20~3.00
		H111	>0.20~3.00	—
		H14、H24、H18	>0.20~3.00	>0.20~3.00

（续）

（2）板、带材厚度对应的宽度和长度　　（单位：mm）

板、带材厚度	板材的宽度和长度		带材的宽度和内径	
	板材的宽度	板材的长度	带材的宽度	带材的内径
>0.20~0.50	500~1660	1000~4000	1660	ϕ75、ϕ150 ϕ200、ϕ300 ϕ405、ϕ505 ϕ610、ϕ650 ϕ750
>0.50~0.80	500~2000	1000~10000	2000	
>0.80~1.20	500~2200	1000~10000	2200	
>1.20~8.00	500~2400	1000~10000	2400	
>1.20~150.00	500~2400	1000~10000	—	—

（3）板材进行双面包覆的各项规定

包铝分类	基体合金牌号	包覆材牌号	板材状态	板材厚度/mm	每面包覆层厚度占板材厚度的百分比不小于
正常包铝	2A11、2017、2024	1A50	O、T3、T4	0.50~1.60	4%
				>1.60~10.00	2%
正常包铝	7075	7A01	O、T6	0.50~1.60	4%
				>1.60~10.00	2%
工艺包铝	2A11、2014、2024、2017、5A06	1A50	所有	所有	≤1.5%
	7075	7A01	所有	所有	≤1.5%

6.3.10 表盘及装饰用铝及铝合金板(YS/T 242—2009)

<table>
<tr><th rowspan="2">牌　　号</th><th rowspan="2">状态</th><th colspan="3">典型规格/mm</th></tr>
<tr><th>厚度①</th><th>宽度</th><th>长度</th></tr>
<tr><td>1035、1050A、1060、1070A、1070、1100、1200</td><td>Q、H14、H24</td><td>0.30 ~ 4.00</td><td rowspan="2">1000、1200、1500</td><td rowspan="3">2000、2500
3000、3500
4000、4500</td></tr>
<tr><td>1035、1050A、1060、1070A、1070、1100、1200</td><td>H18</td><td>0.30 ~ 2.00</td></tr>
<tr><td rowspan="4">3003</td><td>O</td><td>0.60</td><td>1150</td></tr>
<tr><td>H14</td><td>0.15</td><td>450</td><td rowspan="7">2000、2500
3000、3500
4000、4500</td></tr>
<tr><td>H16</td><td>0.28、0.50、0.80</td><td>1575、1220</td></tr>
<tr><td>H18</td><td>0.30</td><td>1385</td></tr>
<tr><td rowspan="2">5052</td><td>H22、H32</td><td>0.20 ~ 1.00</td><td>1000 ~ 1500</td></tr>
<tr><td>H24</td><td>0.50 ~ 1.00</td><td>1000 ~ 1500</td></tr>
<tr><td rowspan="2">8011</td><td>H14</td><td>0.35</td><td>1750</td></tr>
<tr><td>H18</td><td>0.35</td><td>1570</td></tr>
</table>

① 0.3mm ~ 0.4mm 的厚度只供应宽 1000mm，长 2000mm 的板材。

6.3.11 瓶盖用铝及铝合金板、带材、箔材(YS/T 91—2009)

牌号	状态	规格/mm				
		厚度	宽度		板材长度	带材、箔材卷内径①
			板材	带材、箔材		
1060	O	0.15~0.50				
1060	H22	0.40~0.50				
1100	H14、H24	0.20~0.50				
1100	H16、H26、H18	0.15~0.50				
8011、8011A	H14、H24、H16、H26	0.15~0.50	500~1500	50~1500	500~2000	75、150 200、300 350、405 485、505
8011、8011A	H18	0.20~0.50				
3003	H14、H24	0.20~0.50				
3003	H16、H26、H18	0.15~0.50				
3105	H14、H24、H16、H26、H18	0.15~0.50				
5052	H18、H19	0.2~0.50				

① 对带材、箔材卷外径尺寸有要求时，供需双方协商，商定的尺寸须在合同中注明。

6.3.12 铝及铝合金花纹板(GB/T 3618—2006)

花纹图案	牌号	状态	底板厚度	筋高	宽度	长度
			mm			
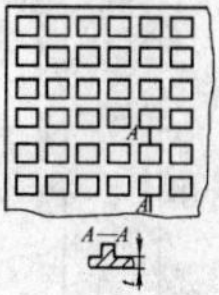 1 号花纹板（方格形）	2A12	T4	1.0 ~ 3.0	1.0		
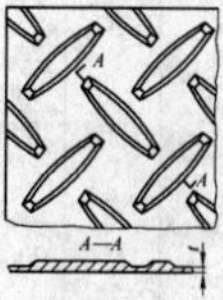 2 号花纹板（扁豆形）	2A11、5A02、5052	H234	2.0 ~ 4.0	1.0	1000 ~ 1600	2000 ~ 10000
	3105、3003	H194				
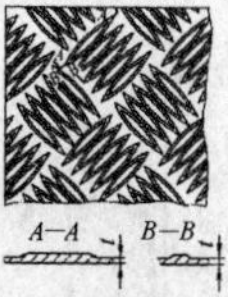 3 号花纹（五条形）	1×××、3003	H194	1.5 ~ 4.5	1.0		
	5A02、5052、3105、5A43、3003	O、H114				

（续）

花纹图案	牌号	状态	底板厚度	筋高	宽度	长度
			mm			
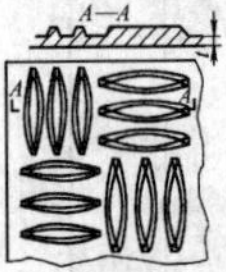 4号花纹板（三条形）	1×××、3003	H194	1.5~4.5	1.0		
	2A11、5A02、5052	H234				
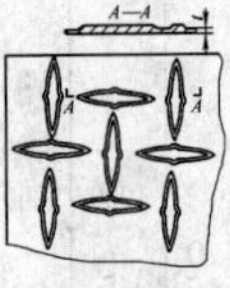 5号花纹板（指针形）	1×××	H194	1.5~4.5	1.0	1000~1600	2000~10000
	5A02、5052、5A43	O、H114				
 6号花纹板（菱形）	2A11	H234	3.0~8.0	0.9		

（续）

花纹图案	牌号	状态	底板厚度	筋高	宽度	长度
			mm			
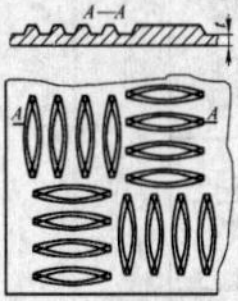 7 号花纹板（四条形）	6061	O	2.0～4.0	1.0	1000～1600	2000～10000
	5A02、5052	O、H234				
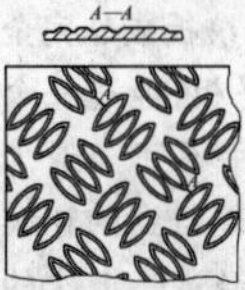 8 号花纹板（三条形）	1×××	H114、H234、H194	1.0～4.5	0.3		
	3003	H114、H194				
	5A02、5052	O、H114、H194				

（续）

<table>
<tr><th rowspan="2">花纹图案</th><th rowspan="2">牌号</th><th rowspan="2">状态</th><th>底板厚度</th><th>筋高</th><th>宽度</th><th>长度</th></tr>
<tr><th colspan="4">mm</th></tr>
<tr><td rowspan="5"> 9 号花纹板
（星月形）</td><td>1×××</td><td>H114、H234、H194</td><td rowspan="2">1.0～4.0</td><td rowspan="2">0.7</td><td rowspan="5"></td><td rowspan="5"></td></tr>
<tr><td>2A11</td><td>H194</td></tr>
<tr><td>2A12</td><td>T4</td><td>1.0～3.0</td><td>0.7</td></tr>
<tr><td>3003</td><td>H114、H234、H194</td><td rowspan="2">1.0～4.0</td><td rowspan="2">0.7</td></tr>
<tr><td>5A02、5052</td><td>H114、H234、H194</td></tr>
</table>

注：1. 要求其他合金、状态及规格时，应由供需双方协商并在合同中注明。

2. 状态：T4—花纹板淬火自然时效；O—花纹板成品完全退火；H114—用完全退火（O）状态的平板，经过一个道次的冷轧得到的花纹板材；H234—用不完全退火（H22）状态的平板，经过一个道次的冷轧得到的花纹板材；H194—用硬状态（H18）的平板，经过一道次的冷轧得到的花纹板材。

3. 2A11、2A12 合金花纹板双面可带有 1A50 合金包覆层，其每面包覆层平均厚度应不小于底板公称厚度的 4%。

6.3.13 铝及铝合金箔(GB/T 3198—2010)

(1)用途

适用于卷烟、食品、啤酒、饮料、装饰、医药、电容器、电声元件、电暖、电缆等行业

(2)铝箔的牌号、状态及规格尺寸

<table>
<tr><th rowspan="2">牌　号</th><th rowspan="2">状　态</th><th colspan="4">规格/mm</th></tr>
<tr><th>厚度(T)</th><th>宽度</th><th>管芯内径</th><th>卷外径</th></tr>
<tr><td rowspan="7">1050、1060、1070、1100、1145、1200、1235</td><td>O</td><td>0.0045 ~ 0.2000</td><td rowspan="7">50.0 ~ 1820.0</td><td rowspan="7">75.0、76.2、150.0、152.4、300.0、400.0、406.0</td><td rowspan="7">150 ~ 1200</td></tr>
<tr><td>H22</td><td>>0.0045 ~ 0.2000</td></tr>
<tr><td>H14、H24</td><td>0.0045 ~ 0.0060</td></tr>
<tr><td>H16、H26</td><td>0.0045 ~ 0.2000</td></tr>
<tr><td>H18</td><td>0.0045 ~ 0.2000</td></tr>
<tr><td>H19</td><td>>0.0060 ~ 0.2000</td></tr>
</table>

（续）

牌　　号	状　　诚	规格/mm			
		厚度（*T*）	宽度	管芯内径	卷外径
2A11、2A12	O、H18	0.0300～0.2000	50.0～1820.0	75.0、76.2、150.0、152.4、300.0、400.0、406.0	100～1500
3003	O	0.0090～0.0200			100～1500
	H22	0.0200～0.2000			
	H14、H24	0.0300～0.2000			
	H16、H26	0.1000～0.2000			
	H18	0.0100～0.2000			
	H19	0.0180～0.1000			
3A21	O	0.0300～0.0400			
	H22	>0.0400～0.2000			
	H24	0.1000～0.2000			
	H18	0.0300～0.2000			
4A13	O、H18	0.0300～0.2000			
5A02	O	0.0300～0.2000			
	H16、H26	0.1000～0.2000			
	H18	0.0200～0.2000			
5052	O	0.0300～0.2000			
	H14、H24	0.0500～0.2000			
	H16、H26	0.1000～0.2000			
	H18	0.0500～0.2000			

（续）

牌号	状态	规格/mm			
		厚度(*T*)	宽度	管芯内径	卷外径
5052	H19	>0.1000～0.2000	50.0～1820.0	75.0、76.2、150.0、152.4、300.0、400.0、406.0	100～1500
5082、5083	O、H18、H38	0.1000～0.2000			
8006	O	0.0060～0.2000			250～1200
	H22	0.0350～0.2000			
	H24	0.0350～0.2000			
	H26	0.0350～0.2000			
	H18	0.0180～0.2000			
8011、8011A、8079	O	0.0060～0.2000			
	H22	0.0350～0.2000			
	H24	0.0350～0.2000			
	H26	0.0350～0.2000			
	H18	0.0180～0.2000			
	H19	0.0350～0.2000			

6.3.14 空调器散热片用铝箔（YS/T 95.1～2—2009）

（1）用途

素铝箔用于表面无涂层的空调散热片用铝箔，亲水铝箔用于表面覆有耐腐蚀性和亲水性涂层的铝箔。

（2）箔材的牌号、状态和尺寸规格

（续）

牌　号	状　态	规格尺寸/mm	
		厚度	宽度
1100、1200、8011	O、H22、H24、H26、H18	0.080 ~ 0.200	≤1400

（3）箔材的室温力学性能

牌号	状态	厚度/mm	抗拉强度 R_m/MPa	规定非比例伸长应力 $R_{p0.2}$/MPa	伸长率 A(%)	杯突值/mm
1100 1200 8011	O	0.08 ~ 0.20	80 ~ 110	≥50	≥20	≥6.0
	H22	0.08 ~ 0.20	100 ~ 130	≥65	≥16	≥5.5
	H24	0.08 ~ 0.20	115 ~ 145	≥90	≥12	≥5.0
	H26	0.08 ~ 0.20	135 ~ 165	≥120	≥6	≥4.0
	H18	0.08 ~ 0.20	≥160	—	≥1	—

6.3.15 电解电容器用铝箔(GB/T 3615—2007)

产品类别	牌　　号	状态	规格/mm		
			厚度	宽度	卷内径
中高压阳极箔	1A99	0、H19	0.08～0.15	200～1000	75 76.2 150
低压阳极箔	1A85、1A90、1A93、1A95、1A97		0.05～0.15		
阴极箔	1070A、3003		0.02～0.08		

注:1. 需要其他牌号、状态、规格时,供需双方另行协商,并在合同中注明。

2. 0 状态为空气气氛退火,需方要求采用真空气氛退火时,应在合同中注明。

6.4 其他金属材料

6.4.1 镍及镍合金棒(GB/T 4435—2010)

牌号	制造方法和供货状态	直径/mm
N6	拉制:Y、M 挤制:R	5～40 32～60
NCu28-2.5-1.5	拉制:Y、Y_2、M 挤制:R	5～40 32～60
NCu40-2-1	拉制:Y、M 挤制:R	50～40 32～60

直径/mm	5～18	19～30	32～60
不定尺长度/m	1～4	0.5～3	0.5～2

注:M—软,Y_2—半硬,Y—硬,R—挤制

6.4.2 镍及镍合金线和拉制线坯(GB 21653—2008)

牌　　号	状　　态	直径(对边距)/mm
N4,N5,N6, N7,N8	Y(硬)、Y_2(半硬)、 M(软)	0.03~10.0
NCu28-2.5-1.5, NCu40-2-1 NCu30,NMn3,NMu5	Y(硬)、M(软)	0.05~10.0
NCu30-3-0.5	CYS(淬火、 冷加工、时效)	0.5~7.0
NMg0.1,NSi0.19, NSi3,DN	Y(硬)、Y_2(半硬)、 M(软)	0.03~10.0

6.4.3 镍及镍合金管(GB/T 2882—2005)

牌号	状态	规格/mm		
		外径	壁厚	长度
N2、N4、DN	M、Y	0.35~18	0.05~0.90	100~ 8000
N6	M、Y_2、Y	0.35~90	0.05~5.00	
NCu28-2.5 -1.5	M、Y	0.35~90	0.05~5.00	
	Y_2	0.35~18	0.05~0.90	
NCu40-2-1	M、Y	0.35~90	0.05~5.00	
	Y_2	0.35~18	0.05~0.90	
NSi0.19 NMg0.1	M、Y_2、Y	0.35~18	0.05~0.90	

注:M—软,Y_2—半硬,Y—硬。

6.4.4 镍及镍合金板(带)

牌号	制造方法和状态		规格/mm		
			厚度	宽度	长度
(1)镍及镍合金板(GB/T 2054—2005)					
N4、N5、N6、N7、NSi0.19 NMg0.1、NW4-0.15、 NW4-0.1 NW4-0.07、DN、 NCu28-2.5-1.5、NCu30	热轧	R M	4.1~ 50.0	300~ 3000	500~ 4500
	冷轧	Y Y_2 M	0.3~ 4.0	300~ 1000	500~ 4000
(2)镍及镍合金带材(GB/T 2072—2007)					
N4、N5、N6、N7、NMg0.1 DN、NSi0.19、 NCu40-2-1 NCu28-2.5-1.5、 NW4-0.15 NW4-0.1、NW4-0.07、 NCu30	M Y_2 Y		0.05~ 0.15	20~250	≥5000
			>0.15~ 0.55		≥3000
			>0.55~ 1.2		≥2000

注:状态栏:R—热加工态,M—软态,Y—硬,Y_2—半硬。

6.4.5 铅及铅锑合金棒和线材(YS/T 636—2007)

(1)棒、线材的牌号、状态、规格

牌号	状态	品种	规格/mm	
			直径	长度
Pb1、Pb2 PbSb0.5、PbSb2、 PbSb4、PbSb6	挤制(R)	盘线①	0.5~6.0	—
		盘棒	>6.0~<20	≥2500
		直棒	20~180	≥1000

注:经供需双方协商,可供应其他牌号、规格、形状的棒、线材。

① 一卷(轴)线的质量应不少于0.5kg。

(2)纯铅棒、线的理论质量

直径/mm	理论质量/(kg/m)	直径/mm	理论质量/(kg/m)
0.5	0.002	12	1.282
0.6	0.003	15	2.003
0.8	0.006	18	2.884
1.0	0.009	20	3.560
1.2	0.013	22	4.308
1.5	0.020	25	5.570
2.0	0.036	30	8.010
2.5	0.056	35	10.900
3.0	0.080	40	14.240
4.0	0.142	45	18.020
5.0	0.223	50	22.250
6	0.320	55	26.920
8	0.570	60	32.040
10	0.890	65	37.600

（续）

直径/mm	理论质量/(kg/m)	直径/mm	理论质量/(kg/m)
70	43.610	120	128.160
75	50.060	130	150.410
80	56.960	140	174.440
85	64.300	150	200.250
90	72.090	160	227.840
95	80.322	170	257.210
100	89.000	180	288.360
110	107.690		

(3)铅及铅锑合金的密度及换算系数

牌号	密度/(g/cm^3)	换算系数
Pb1　Pb2	11.34	1.0000
PbSb0.5	11.32	0.9982
PbSb2	11.25	0.9921
PbSb4	11.15	0.9850
PbSb6	11.06	0.9753

6.4.6　铅及铅锑合金管(GB/T 1472—2005)

(1)管材的牌号和规格/mm

牌　号	内径	壁厚	长度
Pb1、Pb2	5～230	2～12	直管:≤4000 卷状管:≥2500
PbSb0.5、PbSb2、PbSb4、PbSb6、PbSb8	10～200	3～14	

（续）

（2）管材的常用尺寸规格/mm

公称内径	公称壁厚
纯铅管的常用尺寸规格	
5、6、8、10、13、16、20	2、3、4、5、6、7、8、9、10、12
25、30、35、38、40、45、50	3、4、5、6、7、8、9、10、12
55、60、65、70、75、80、90、100	4、5、6、7、8、9、10、12
110	5、6、7、8、9、10、12
125、150	6、7、8、9、10、12
180、200、230	8、9、10、12
铅锑合金管的常用尺寸规格	
10、15、17、20、25、30、35、40、45、50	3、4、5、6、7、8、9、10、12、14
55、60、65、70	4、5、6、7、8、9、10、12、14
75、80、90、100	5、6、7、8、9、10、12、14
110	6、7、8、9、10、12、14
125、150	7、8、9、10、12、14
180、200	8、9、10、12、14

6.4.7 镁及镁合金板、带材（GB/T 5154—2010）

牌　号	供应状态	规格/mm			备注
		厚度	宽度	长度	
Mg99.00	H18	0.20	3.0～6.0	≥100.0	带材
M2M AZ40M	O	0.80～10.00	800.0～1200.0	1000.0～3500.0	板材
	H112、F	>10.00～32.00	800.0～1200.0	1000.0～3500.0	

6.5 铸造铜合金

6.5.1 铸造黄铜合金(GB/T 1176—1987)

(1)化学成分

合金牌号	合金名称	主要化学成分(质量分数,%)(余量为锌)				
		铜	铝	铁	锰	杂质总和≤
1)铸造黄铜						
ZCuZn38	38黄铜	60.0~63.0	—	—	—	1.5
2)铸造铝黄铜						
ZCuZn25Al6Fe3Mn3	25-6-3-3铝黄铜	60.0~66.0	4.5~7.0	2.0~4.0	1.5~4.0	2.0
ZCuZn26Al4Fe3Mn3	26-4-3-3铝黄铜	60.0~66.0	2.5~5.0	1.5~4.0	1.5~4.0	2.0
ZCuZn31Al2	31-2铝黄铜	60.0~68.0	2.0~3.0	—	—	1.5
ZCuZn35Al2Mn2Fe1	35-2-2-1铝黄铜	57.0~65.0	0.5~2.5	0.5~2.0	0.1~3.0	2.0

（续）

合金牌号	合金名称	主要化学成分(质量分数,%)(余量为锌)				
		铜	铝	铁	锰	杂质总和≤
3)铸造锰黄铜						
ZCuZn38Mn2Pb2	38-2-2 锰黄铜	57.0~60.0	铅 1.5~2.5	—	1.5~2.5	2.0
ZCuZn40Mn2	40-2 锰黄铜	57.0~60.0	—	—	1.0~2.0	2.0
ZCuZn40Mn3Fe1	40-3-1 锰黄铜	53.0~58.0	—	0.5~1.5	3.0~4.0	1.5
4)铸造铅黄铜						
ZCuZn33Pb2	33-2 铅黄铜	63.0~67.0	—	铅 1.0~3.0	—	1.5

（续）

合金牌号	合金名称	主要化学成分（质量分数，%）（余量为锌）				
		铜	铝	铁	锰	杂质总和≤
ZCuZn40Pb2	40-2 铅黄铜	58.0～63.0	0.2～0.8	铅 0.5～2.5	—	1.5

5）铸造硅黄铜

合金牌号	合金名称	铜	铝	铁	锰	杂质总和≤
ZCuZn16Si4	16-4 硅黄铜	79.0～81.0	硅 2.5～4.5	—	—	2.0

注：1. 40-3-1 锰黄铜用于船舶螺旋桨，w（Cu）允许为 50.0%～59.0%。

2. S—砂型铸造；J—金属型铸造；La—连续铸造；Li—离心铸造；* 为参考数值。布氏硬度试验力的单位是 N。

（续）

（2）力学性能

合金牌号	铸造方法	力学性能≥			
		抗拉强度 R_m/MPa	屈服强度 R_{eL}/MPa	断后伸长率 A(%)	硬度 HBW
ZCuZn38	S	295	—	30	590
	J	295	—	30	685
ZCuZn25Al6Fe3Mn3	S	725	380	10	1570*
	J	740	400*	7	1665*
	Li, La	740	400	7	1665*
ZCuZn26Al4Fe3Mn3	S	600	300	18	1175*
	J	600	300	18	1275*
	Li, La	600	300	18	1275*
ZCuZn31Al2	S	295	—	12	785
	J	390	—	15	885

（续）

合金牌号	铸造方法	力学性能≥			
		抗拉强度 R_m/MPa	屈服强度 R_{eL}/MPa	断后伸长率 A(%)	硬度 HBW
ZCuZn35Al2Mn2Fe1	S	450	170	20	980*
	J	475	200	18	1080*
	Li, La	475	200	18	1080*
ZCuZn38Mn2Pb2	S	245	—	10	685
	J	345	—	18	785
ZCuZn40Mn2	S	345	—	20	785
	J	390	—	25	885
ZCuZn40Mn3Fe1	S	440	—	18	980
	J	490	—	15	1080
ZCuZn33Pb2	S	180	70*	12	490*
ZCuZn40Pb2	S	220	—	15	785*
	J	280	120*	20	885*
ZCuZn16Si4	S	345	—	15	885
	J	390	—	20	980

6.5.2 压铸铜合金(GB/T 15116—1994)

合金牌号	合金名称	化学成分—主要成分(质量分数,%)(余量为锌)					化学成分—杂质含量(质量分数,%),≤									力学性能,≥		
		铜	铅	铝	锰	铁	硅	镍	锡	铅	铁	锑	锰	铝	总和	抗拉强度 R_m/MPa	断后伸长率/(%)	硬度 HBW
YZCuZn40Pb	YT40-1 铅黄铜	58.0~63.0	0.5~1.5	0.2~0.5	—	—	0.05	—	—	—	0.8	1.0	0.5	—	1.5	300	6	85
YZCuZn16Si4	YT16-4 硅黄铜	79.1~81.0	—	硅 2.5~4.5	—	—	—	—	0.3	0.5	0.6	0.1	0.5	0.1	2.0	345	25	85
YZCuZn30Al3	YT30-3 铝黄铜	66.0~68.0	—	2.0~3.0	—	—	—	—	1.0	1.0	0.8	—	0.5	—	3.0	400	15	110
YZCuZn35-Al2Mn2Fe	YT35-2-2-1 铝锰铁黄铜	57.0~65.0	—	0.5~2.5	0.1~3.0	0.5~2.0	0.1	3.0	1.0	0.5	锑+铅+砷0.4				2.0*	470	3	130

注:* 表示杂质总和中不含镍。

6.5.3 铸造青铜(GB/T 1176—1987)

(1)主要化学成分

组别	合金牌号	主要化学成分(质量分数,%)(余量为铜)				
		锡	锌	铅	铝	杂质总和≤
铸造锡青铜	ZCuSn3Zn8Pb6Ni1	2.0~4.0	6.0~9.0	4.0~7.0	镍0.5~1.5	1.0
	ZCuSn3Zn11Pb4	2.0~4.0	9.0~13.0	3.0~6.0	—	1.0
	ZCuSn5Pb5Zn5	4.0~6.0	4.0~6.0	4.0~6.0	—	1.0
	ZCuSn10P1	9.0~11.5	—	—	磷0.5~1.0	0.75
	ZCuSn10Pb5	9.0~11.0	—	4.0~6.0	—	1.0
	ZCuSn10Zn2	9.0~11.0	1.0~3.0	—	—	1.5

（续）

组别	合金牌号	主要化学成分(质量分数,%)(余量为铜)				
		锡	锌	铅	铝	杂质总和≤
铸造铅青铜	ZCuPb10Sn10	9.0～11.0	—	8.0～11.0	—	1.0
	ZCuPb15Sn8	7.0～9.0	—	13.0～17.0	—	1.0
	ZCuPb17Sn4Zn4	3.5～5.0	2.0～6.0	14.0～20.0	—	0.75
	ZCuPb20Sn5	4.0～6.0	—	18.0～23.0	—	1.0
	ZCuPb30	—	—	27.0～33.0	—	1.0

（续）

组别	合金牌号	主要化学成分（质量分数，%）（余量为铜）				
		锡	锌	铅	铝	杂质总和≤
铸造铝青铜	ZCuAl8Mn13Fe3	铁 2.0～4.0	锰 12.0～14.5	—	7.0～9.0	1.0
	ZCuAl8Mn13FeNi2	铁 2.5～4.0	锰 11.5～14.0	镍 1.8～2.5	7.0～8.5	1.0
	ZCuAl9Mn2	—	锰 1.5～2.5	—	8.0～10.0	1.0
	ZCuAl9Fe4Ni4Mn2	铁 4.0～5.0	锰 0.8～2.5	镍 4.0～5.0	8.5～10.0	1.0
	ZCuAl10Fe3	铁 2.0～4.0	—	—	8.5～11.0	1.0
	ZCuAl10Fe3Mn2	铁 2.0～4.0	锰 1.0～2.0	—	9.0～11.0	0.75

注：相应牌号的名称，例“ZCuSn3Zn8Pb6Ni1”的名称为“3-8-6-1 锡青铜”；“ZCuAl9Mn2”的名称为“9-2 铝青铜”；其余类推。

（续）

（2）力学性能

合金牌号	铸造方法	力学性能≥			
		抗拉强度 R_m/MPa	屈服强度 R_{eL}/MPa	断后伸长率 A(%)	硬度 HBW
ZCuSn3Zn8Pb6Ni1	S	175	—	8	590
	J	215	—	10	685
ZCuSn3Zn11Pb4	S	175	—	8	590
	J	215	—	10	590
ZCuSn5Pb5Zn5	S，J	200	90	13	590*
	Li，La	250	100*	13	635*
ZCuSn10P1	S	220	130	3	785*
	J	310	170	2	885*
	Li	330	170*	4	885*
	La	360	170*	6	885*
ZCuSn10Pb5	S	195	—	10	685
	J	245	—	10	685

（续）

合金牌号	铸造方法	力学性能≥			
		抗拉强度 R_m/MPa	屈服强度 R_{eL}/MPa	断后伸长率 A(%)	硬度 HBW
ZCuSn10Zn2	S	240	120	12	685*
	J	245	140*	6	785*
	Li，La	270	140*	7	785*
ZCuPb10Sn10	S	180	80	7	635*
	J	220	140	5	685*
	Li，La	220	110*	6	685*
ZCuPb15Sn8	S	170	80	5	590*
	J	200	100	6	635*
	Li，La	220	100*	8	635*
ZCuPb17Sn4Zn4	S	150	—	5	540
	J	175	—	7	590
ZCuPb20Sn5	S	150	60	5	440*
	J	150	70*	6	540*
	La	180	80*	7	540*

（续）

合金牌号	铸造方法	力学性能≥			
		抗拉强度 R_m/MPa	屈服强度 R_{eL}/MPa	断后伸长率 A(%)	硬度 HBW
ZCuPb30	J	—	—	—	245
ZCuAl8Mn13Fe3	S	600	270*	15	1570
	J	650	280*	10	1665
ZCuAl8Mn13Fe3Ni2	S	645	280	20	1570
	J	670	310*	18	1665
ZCuAl9Mn2	S	390	—	20	835
	J	440	—	20	930
ZCuAl9Fe4Ni4Mn2	S	630	250	16	1570
ZCuAl10Fe3	S	490	180	13	980*
	J	540	200	15	1080*
	Li, La	540	200	15	1080*
ZCuAl10Fe3Mn2	S	490	—	15	1080
	J	540	—	20	1175

注：1. S—砂型铸造；J—金属型铸造；La—连续铸造；Li—离心铸造。
2. * 为参考值。
3. 布氏硬度试验力的单位为 N。

6.5.4 压铸铝合金(GB/T 15115—2009)

压铸铝合金的化学成分

合金牌号	合金代号	化学成分(质量分数)/%										
		Si	Cu	Mn	Mg	Fe	Ni	Ti	Zn	Pb	Sn	Al
YZAlSi10Mg	YL101	9.0~10.0	≤0.6	≤0.35	0.45~0.65	≤1.0	≤0.50	—	≤0.40	≤0.10	≤0.15	余量
YZAlSi12	YL102	10.0~13.0	≤1.0	≤0.35	≤0.10	≤1.0	≤0.50	—	≤0.40	≤0.10	≤0.15	余量
YZAlSi10	YL104	8.0~10.5	≤0.3	0.2~0.5	0.30~0.50	0.5~0.8	≤0.10	—	≤0.30	≤0.05	≤0.01	余量
YZAlSi9Cu4	YL112	7.5~9.5	3.0~4.0	≤0.50	≤0.10	≤1.0	≤0.50	—	≤2.90	≤0.10	≤0.15	余量
YZAlSi11Cu3	YL113	9.5~11.5	2.0~3.0	≤0.50	≤0.10	≤1.0	≤0.30	—	≤2.90	≤0.10	—	余量
YZAlSi17Cu5Mg	YL117	16.0~18.0	4.0~5.0	≤0.50	0.50~0.70	≤1.0	≤0.10	≤0.20	≤1.40	≤0.10	—	余量
YZAlMg5Si1	YL302	≤0.35	≤0.25	≤0.35	7.60~8.60	≤1.1	≤0.15	—	≤0.15	≤0.10	≤0.15	余量

注:除有范围的元素和铁为必检元素外,其余元素在有要求时抽检。

6.5.5 铸造锌合金（GB/T 1175—1997）

合金牌号	合金代号	合金元素（质量分数，%）				杂质（质量分数，%）≤								铸造方法及状态	抗拉强度 R_m /MPa ≥	断后伸长率 A_e (%) ≥	布氏硬度 HBW ≥
		锌	铝	铜	镁	铁	锡	铅	镉	锰	铬	镍	总和				
ZZnAl4-Cu1Mg	ZA4-1	余量	3.5~4.5	0.75~1.25	0.03~0.08	0.1	0.003	0.015	0.005	—	—	—	0.2	JF	175	0.5	80
ZZnAl4-Cu3Mg	ZA4-3	余量	3.5~4.3	2.5~3.2	0.03~0.06	0.075	0.002	铅+镉 0.009			—	—	—	SF JF	220 240	0.5 1	90 100
ZZnAl6-Cu1	ZA6-1	余量	5.6~6.0	1.2~1.6	—	0.075	0.002	铅+镉 0.009			镁 0.005		—	SF JF	180 220	1 1.5	80 80
ZZnAl8-Cu1Mg	ZA8-1	余量	8.0~8.8	0.8~1.3	0.015~0.030	0.075	0.003	0.006	0.006	0.01	0.01	0.01	—	SF JF	250 225	1 1	80 85
ZZnAl9-Cu2Mg	ZA9-2	余量	8.0~10.0	1.0~2.0	0.03~0.06	0.2	0.01	0.03	0.02	—	硅 0.1		0.35	SF JF	275 315	0.7 1.5	90 105

（续）

合金牌号	合金代号	合金元素（质量分数，%）				杂质（质量分数，%）≤								铸造方法及状态	抗拉强度 R_m /MPa ≥	断后伸长率 A_e(%) ≥	布氏硬度 HBW ≥
		锌	铝	铜	镁	铁	锡	铅	镉	锰	铬	镍	总和				
ZZnAl11-Cu1Mg	ZA11-1	余量	10.5~11.5	0.5~1.2	0.015~0.030	0.075	0.003	0.006	0.006	0.01	0.01	0.01	—	SF JF	280 310	1 1	90 90
ZZnAl11-Cu5Mg	ZA11-5	余量	10.0~12.0	4.0~5.5	0.03~0.06	0.2	0.01	0.03	0.02	—	硅 0.1		0.35	SF JF	275 295	0.5 1.0	80 100
ZZnAl27-Cu2Mg	ZA27-2	余量	25.0~28.0	2.0~2.5	0.010~0.020	0.075	0.003	0.006	0.006	0.01	0.01	0.01	—	SF ST3 JF	400 310 420	3 8 1	110 90 110

注：1. 合金代号表示方法："ZA"，分别是锌、铝两个化学元素符号的第一个字母；其右边的第一组数字，表示该合金中的铝的平均质量分数；第二组数字，表示该合金中的铜的平均质量分数。

2. 合金代号的读法：如"ZA4-1"，读作"锌铝四一"，或"ZA 四一"（其中"ZA"各按英语字母发音）；"ZA27"，读作"锌铝二七"或"ZA 二七"。

3. 铸造方法及状态栏：S—砂型铸造，J—金属铸造，F—铸态，T3—均匀化处理。T3 工艺为 320℃、3h、炉冷。

6.5.6 压铸锌合金（GB/T 13818—2009）

合金牌号	合金代号	主要成分（质量分数，%）				杂质（质量分数，%）≤				
		铝	铜	镁	锌	铁	铅	锡	镉	镍
YZZnAl4A	YX040A	3.9～4.3	≤0.1	0.030～0.060	余量	0.035	0.004	0.0015	0.003	—
YZZnAl4B	YX040B	3.9～4.3	≤0.1	0.010～0.020	余量	0.075	0.003	0.0010	0.002	0.005～0.020
YZZnAl4Cu1	YX041	3.9～4.3	0.7～1.1	0.030～0.060	余量	0.035	0.004	0.0015	0.003	—
YZZnAl4Cu3	YX043	3.9～4.3	2.7～3.3	0.025～0.050	余量	0.035	0.004	0.0015	0.003	—
YZZnAl8Cu1	YX081	8.2～8.8	0.9～1.3	0.020～0.030	余量	0.035	0.005	0.0050	0.002	—
YZZnAl11Cu1	YX111	10.8～11.5	0.5～1.2	0.020～0.030	余量	0.050	0.005	0.0050	0.002	—
YZZnAl27Cu2	YX272	25.5～28.0	2.0～2.5	0.012～0.020	余量	0.070	0.005	0.0050	0.002	—

注：1. 合金牌号是由锌及主要合金元素的化学符号组成。主要合金元素后面跟有其名义百分数含量的数字（名义百分含量为该元素的平均百分含量的修约化整值）。在合金牌号前面以字母“Y”、“Z”（“压”、“铸”两字汉语拼音的第一字母）表示用于压力铸造。

2. 合金代号由字母“Y”、“X”（“压”、“锌”两字汉语拼音的第一字母）表示压铸锌合金。合金代号后面由三位阿拉伯数字以及一位字母组成。YX 后面前两位数字表示合金中化学元素铝的名义百分含量，第三个数字表示合金中化学元素铜的名义百分含量，末位字母用以区别成分略有不同的合金。

6.5.7 硬质合金(GB/T 18376.1—2008)

1. 切削金属材料用硬质合金的牌号、性能和应用

类别	组别	洛氏硬度 HRA	抗弯强度 R_m/MPa	被加工材料	切削加工条件
P	P01	92.3	700	钢、铸钢	高速切削、无振动条件下精车、精镗
	P10	91.7	1200	钢、铸钢	可高切削速度用于仿形车削、车螺纹、铣削
	P20	91.0	1400	钢、铸钢、长切削可锻铸铁	切削速度中等、小切削截面刨削、中等切削截面车、仿形车、铣削
	P30	90.2	1550	钢、铸钢、长切削可锻铸铁	切削速度中、低等,中或大切削截面车削、刨削
	P40	89.6	1750	钢、含砂眼和气孔铸钢件	低切削速度、大切削角、大切削截面条件下车削、刨削及自动车床切削

（续）

类别	组别	洛氏硬度 HRA	抗弯强度 R_m/MPa	被加工材料	切削加工条件
M	M01	92.3	1200	不锈钢、铸钢、铁素体钢	高速切削速度、小载荷、无振动条件下精车、精镗
	M10	91.0	1350	不锈钢、铸钢、锰钢、合金钢	中和高等切削速度、中、小切削截面条件下切削
	M20	90.2	1500	合金铸铁 可锻铸铁	中等切削速度、中等切削截面条件下车削、铣削
	M30	89.9	1650		中等和高等切削速度、中等或大切削截面条件下的车削、铣削、刨削
	M40	88.9	1800		车削、切断、强力铣削加工

（续）

类别	组别	洛氏硬度 HRA	抗弯强度 R_m/MPa	被加工材料	切削加工条件
K	K01	92.3	1350	铸铁、冷硬铸铁	车削、精车、铣削、镗削、刮削
	K10	91.7	1460	布氏硬度高于220铸铁	车削、铣削、镗削、刮削、拉削
	K20	91.0	1550	布氏硬度低于220灰铸铁	中等切削速度，轻载荷粗加工、半精加工车削、铣削、镗削
	K30	89.5	1650	铸铁、短切削的可锻铸铁	可采用大切削角的车削、铣削、刨削
	K40	88.5	1800		采用低切削速度、大的进给量、粗切削加工

（续）

类别	组别	洛氏硬度 HRA	抗弯强度 R_m/MPa	被加工材料	切削加工条件
N	N01	92.3	1450	有色金属、塑料、木材、玻璃	高速切削铝、铜、镁、塑料、木材等
	N10	91.7	1560		较高切削速度、精加工、半精加工、铝、铜、镁、塑料、木材
	N20	91.0	1650	有色金属、塑料	中等切削速度、半精加工、粗加工铝、铜、镁、塑料
	N30	90	1700		中等切削速度粗加工铝、铜、镁、塑料
S	S01	92.3	1500	耐热和优质合金：含镍、钴、钛的各类合金材料	中等切削速度，精加工耐热钢、钛合金钢
	S10	91.5	1580		低切削速度、半精加工、粗加工耐热钢、钛合金钢
	S20	91.0	1650		较低切削速度、半精加工、粗加工耐热钢、钛合金钢
	S30	90.5	1750		与 S20 切削条件相同

（续）

类别	组别	洛氏硬度 HRA	抗弯强度 R_m/MPa	被加工材料	切削加工条件
H	H01	92.3	1000	淬硬钢、冷硬铸铁	低切削速度下的淬硬钢、冷硬铸铁、适宜连续、轻载精加工或半精加工
	H10	91.7	1300		
	H20	91.0	1650		较低切削速度下的淬硬钢、冷硬铸铁的半精加工、粗加工
	H30	90.5	1500		

2. 地质、矿山工具用硬质合金(GB/T 18376.2—2001)

(1)地质、矿山工具用硬质合金牌号表示规则

地质、矿山工具用硬质合金牌号由分类代号和分组代号两部分组成。分类代号用“G”表示。分组代号用10、20、30…表示;根据需要,可在两个分组代号之间插入一个中间代号15、25、35…;若需再细分时,可在分组代号后加一位数字1、2…或英文字母作细分号,并用小数点“.”隔开,以区别组中不同牌号

(2)地质、矿山工具用硬质合金的基本组成和力学性能

分类分组代号		基本组成(参考值)(%)			力学性能		
		钴(Co)	碳化钨(WC)	其他	洛氏硬度 HRA≥	维氏硬度 HV≥	抗弯强度 /MPa≥
G	05	3~6	余	微量	88.0	1200	1600
	10	5~9	余	微量	87.0	1100	1700
	20	6~11	余	微量	86.5	1050	1800
	30	8~12	余	微量	86.0	1050	1900
	40	10~15	余	微量	85.5	1000	2000
	50	12~17	余	微量	85.0	950	2100

(3)地质、矿山工具用硬质合金的作业条件

分类分组代号	作业条件推荐	合金性能
G05	适应于单轴抗压强度小于60MPa的软岩或中硬岩	↑耐磨性 韧性↓
G10	适应于单轴抗压强度为60~120MPa的软岩或中硬岩	
G20	适应于单轴抗压强度为120~200MPa的中硬岩或硬岩	

（续）

<table>
<tr><th>分类分组代号</th><th>作业条件推荐</th><th>合金性能</th></tr>
<tr><td>G30</td><td>适应于单轴抗压强度为 120 ~ 200MPa 的中硬岩或硬岩</td><td rowspan="3">↑耐磨性 韧性↓</td></tr>
<tr><td>G40</td><td>适应于单轴抗压强度为 120 ~ 200MPa 的中硬岩或坚硬岩</td></tr>
<tr><td>G50</td><td>适应于单轴抗压强度大于 200MPa 的坚硬岩或极坚硬岩</td></tr>
</table>

(4)供方的地质、矿山工具用硬质合金牌号表示规则

供方不允许直接采用标准规定的地质、矿山工具用硬质合金牌号作为供方的(地质、矿山工具用)硬质合金牌号。供方的硬质合金牌号由供方的特征号(不多于两个英文字母或数字)、供方分类号、分组代号(10、20、30…)组成。根据需要,也可以在分组代号之间插入中间代号(15,25,35…);若需要再细分时,也可在分组代号后加一位数字(1,2…)或英文字母作细分号,并用小数点“.”隔开,以区别组中不同牌号。

例:某供方的地质、矿山工具用硬质合金牌号:YK20. J

说明:Y—某供方的特征号;K—某供方产品分类代号;20—分组代号;J—细分号

注:力学性能中两种硬度可任选其中一种。

第3篇　非金属材料

第7章　塑料及其制品

7.1　塑料的性能特点与产品

塑料名称	性能特点	产品及用途
低密度聚乙烯（LDPE）	低密度聚乙烯为乳白色，无味、无臭、无毒。化学性能稳定，耐酸、碱及盐料溶剂。耐60℃以下一般有机溶剂，耐寒性较好。导电率低，介电常数小，加工性能优良。但耐热、耐氧化性和光老化性差	可用挤出、注塑、吹塑、滚塑流延等方法成形薄膜、管材、片材、型材、涂层、电线护套、电缆及中空容器等
高密度聚乙烯（HDPE）	无味、无毒，有良好的耐热性和耐寒性，使用温度可达100℃。硬度、拉伸强度比LDPE高，耐磨性也较好，加工性能好。电绝缘性、韧性、耐寒性好，但略低于LDPE。化学稳定性好，耐酸、碱、盐类溶液的腐蚀，吸水性低，耐老化性能差	可用注塑、挤出、吹塑和旋转成型各种大小容器、日用杂品、工业零部件、薄膜、捆扎带、单丝、管材和低发泡制品

（续）

塑料名称	性能特点	产品及用途
线型低密度聚乙烯（LLDPE）	密度、结晶度、熔点比HDPE低、比LDPE高。其撕裂强度、拉伸强度、耐冲击和低温冲击性、耐穿刺性、耐环境应力开裂性能均优于LDPE	多用于注塑成型，对于挤塑和吹塑成型的适应性较差。可用挤塑、注塑、吹塑和旋转成型薄膜管材、中空制品
聚丙烯（PP）	无味、无毒，刚性、耐磨性好，硬度较高。连续使用温度可达120℃，耐腐蚀，电绝缘性能优良，化学稳定性能较好。抗曲挠疲劳和抗应力开裂性能较好，对铜敏感。耐光差，易老化，韧性好，耐寒性差	加工性能好，可用注塑、挤出、吹塑等方法成型管材、薄膜、扁丝、容器瓶及各种注塑件
聚苯乙烯（PS）	无色、无味，易成型，易着色，透明度好。性脆易裂，冲击强度低，可耐某些矿物油、有机酸、碱、盐及水溶液的作用，电性能优良	加工性能好，易着色，尺寸稳定性好。可用注塑、挤出、吹塑、发泡热成型制品，如机电工业、仪器仪表用外壳、光学零件、化工贮酸槽及日用品等

（续）

塑料名称	性能特点	产品及用途
丙烯腈-丁二烯-苯乙烯（ABS）	无毒、无味，耐热、耐冲击。电性能、耐磨性和化学稳定性好。耐水、无机盐、碱和酸类耐候性差	可用挤出、注塑、压延、吹塑、发泡、真空等方法成型电子电器、家用电器、仪器仪表、机械和汽车用配件，如家电外壳、叶片及饰件
聚氯乙烯（PVC）	硬度和刚性优于聚乙烯，难燃，有自熄性，介电性能优良，电绝缘性能好。热稳定性差，加工用料配方复杂，可制成软、硬不同制品，对光的稳定性差	可用压延、层压、挤出、注塑、吹塑、真空等方法成型薄膜、片、板、管材、型材、管件瓶等
聚酰胺（PA）	可自由着色，韧性、耐磨性和自润滑性好。刚性小，耐低温，耐细菌。能慢燃，离火后慢熄，成型性极好。耐油、吸水性强	可用注塑、挤出、浇铸和烧结等方法成型汽车、船舶、冶金、造纸、印刷、化工、仪表、食品等行业用轴承、轴瓦、轴套、滑轮、齿轮、密封圈等机械零件

（续）

塑料名称	性能特点	产品及用途
聚碳酸酯（PC）	无毒、无味、透明，有优良的力学、热及电综合性能，尤其是耐冲击性和韧性好。蠕变小，制品尺寸稳定，吸水性低，耐候性优良，着色性好。不耐碱、胺、酮、芳香烃	可用挤出、注塑、吹塑和真空成型等方法成型管、板材、容器和薄膜
聚对苯二甲酸乙二醇酯（PET）	长期使用温度可达120℃。膜的拉伸强度与铝膜相当，是PE膜的9倍，透光率为90%。电绝缘性优良，在高温、高频下，其电性能仍然较好。耐化学性良好，耐高浓度氢氟酸、磷酸和醋酸等，不耐碱，在热水中煮沸易水解	可拉伸成型薄膜、制造高强度绝缘材料
聚对苯二甲酸丁二醇酯（PBT）	吸水率低，力学强度高，自润滑性优良，摩擦系数小。电性能优良，刚性好、耐化学性能很好，除强氧化性酸如浓硝酸、浓硫酸及碱性物质对其产生分解作用外，对其他化学介质如有机溶剂、汽油、机油、一般清洁剂等稳定；尺寸较稳定	主要采用注塑成型构件及用挤出法成型薄膜。适宜制造阻燃、耐热、电绝缘耐化学品、广泛用于电气、电子、汽车、仪表等行业的结构件

（续）

塑料名称	性能特点	产品及用途
聚甲醛（POM）	乳白色、不透明，有良好的强度、刚度、耐冲击性能、耐蠕变性和耐磨性。耐磨性近似聚酰胺；耐疲劳性在热塑性塑料中为最佳。电性能优良，吸湿性小，除对强酸、强碱、酚类和有机卤化物外，对其他化学稳定、耐油、耐农药、着色性良好	可注塑、挤出、吹塑成型齿轮、叶轮、轴承、导轨等。在农机、汽车、电子电器、仪表、轻工行业可代替铜、铸锌钢、铝等金属制造多种配件
聚苯醚（PPO）	无毒、透明、相对密度小、有优良的力学性能，耐应力松弛。耐热性、耐水性、耐水蒸气性、尺寸稳定性好，吸湿性小。电性能优异，熔融粘度高。工艺性较差、成型困难	可采用注塑、挤出、吹塑、模压、发泡方法成型。但主要是注塑成型电子电器、汽车、家用电器及工业机械用配件
改性聚苯醚（MPPO）	难燃，具有优良的力学性能，尺寸稳定性好，蠕变性小。吸水率低，电绝缘性好，耐水解性好，使用温度在－40～150℃范围，成型收缩率低，耐化学腐蚀性好	主要用注塑法成型家电，汽车工业机械等配件

（续）

塑料名称	性能特点	产品及用途
聚苯硫醚（PPS）	是一种综合性能优异的热塑性结晶树脂。高温耐蚀性良好，力学性能好，刚性极强，表面硬度高，耐磨，尺寸稳定，抗蠕变性良好。吸水性小，电性能优良，阻燃，耐化学药品性优异，仅次于聚四氟乙烯。对各种辐射也很稳定	用途极广泛，可用注塑、挤出、压塑成型各种高温电器元件、汽车及机械零部件、耐酸碱阀门、管件、战斗机的机身和机翼、轴承、排气调节阀等
聚砜（PSU）	在高温下也能保持优良的力学性能。长期使用温度为160℃，热稳定性好，耐水解，成型收缩率小，无毒，耐辐射、耐燃、介电性能优良，韧性好。化学稳定性好，除浓硝酸、浓硫酸、卤代烃外，能耐一般酸、碱、盐。耐疲劳强度差，耐紫外线、耐候性较差	可用注塑、模压、挤出成型制品。原料投产前要进行干燥处理。适宜高温、高压成型制造电子电气、食品和日用品、汽车用及航空医疗和一般工业用结构件及绝缘制品

（续）

塑料名称	性能特点	产品及用途
聚甲基丙烯酸甲酯（PMMA）	无色、透明，透光率是塑料中最好的，比玻璃高，光的透过范围大、质轻、坚韧、常温下有较高的机械强度，且受温度影响小。表面光泽，着色力强，尺寸稳定性好，但表面硬度和抗刻痕性差，冲击强度较低。吸水性小，抗老化性好，无毒，耐水溶性无机盐，不耐碱、铬酸、芳烃、酮、醇和氯化烷烃，熔体流动性差	通常是将单体预聚后浇铸到模框制成透明板，也可挤出、注塑成型。主要用于航空、汽车、船舶的防弹玻璃，另外用于制造光学器具、仪表配件、放大镜、眼镜等
聚酰亚胺（PI）	目前产品有热固性、热塑性和改性聚酰亚胺。为褐色不透明固体，可在 -270 ~ 300℃ 间使用。冲击强度高，耐疲劳性好，有良好的自润性。耐磨耗，尺寸稳定性好，耐辐射和电绝缘性优良，阻燃，化学稳定性好，耐溶剂性好，但易受碱、吡啶侵蚀	成型困难，可模压、浸渍、流延成膜、浇铸成型。制造高低温密封圈、阀门、印制电路板、自润滑轴承、泡沫制品保温材料等

（续）

塑料名称	性能特点	产品及用途
聚四氟乙烯（PTFE）	为白色、无味、无毒、粉状物。相对密度为 2.1 ~ 2.3，耐高温性能好，可在 -250 ~ 260℃温度范围内使用。导热性差，自润滑性好，表面不黏性和耐应力开裂性好。动、静摩擦系数在塑料中最低。不吸水，有非常好的耐大气老化性和不燃性，电性能优秀。化学稳定性好，几乎所有强酸、碱、强氧化剂和有机溶剂对它都不起作用。熔融黏度大，所以成型困难	多采用粉末成型，冷压成料坯后烧结；也可用挤出（螺杆无压缩比）、推压成管、棒、异型材、再烧结。毛坯可机加工，可制造密封件、膜和绝缘材料
酚醛树脂酚醛塑料（PF）	原料价格便宜，工艺性好，成型容易。耐热性好，耐燃，可自熄。电绝缘性能好，但耐电弧性差。制品尺寸稳定，成型收缩率小。化学稳定性好，耐酸性强，但不耐碱	适合模塑成型，耐热、耐酸、在温热环境中工作的机电、仪器仪表零件及冲击强度较好的电工绝缘件和机械零件

7.2 常用塑料的性能参数

塑料名称	密度 /(t/m^3)	热变形温度/℃ (0.45MPa)	熔融温度 /℃	长期使用最高温度/℃	分解温度 /℃	脆化温度 /℃	吸水率 (%)
低密度聚乙烯(LDPE)	0.91 ~ 0.93	38 ~ 49	108 ~ 126	82 ~ 100	>300	-55 ~ -80	<0.01
高密度聚乙烯(HDPE)	0.941 ~ 0.965	66 ~ 82	125 ~ 136	80 ~ 121	>300	-70 ~ -100	<0.01
聚丙烯(PP)	0.90 ~ 0.91	105 ~ 110	164 ~ 170	107 ~ 149	—	-10	0.01 ~ 0.03
玻璃纤维增强聚丙烯	1.10 ~ 1.13	127	170 ~ 180	—	—	—	0.02 ~ 0.05
聚苯乙烯(PS)	1.04 ~ 1.07	65 ~ 90	150 ~ 180	60 ~ 80	300	-30	0.03 ~ 0.20
改性聚苯乙烯(HIPS)	1.04 ~ 1.06	70 ~ 84	—	—	—	—	0.05 ~ 0.22
硬聚氯乙烯(UPVC)	1.40 ~ 1.60	67 ~ 82	136 ~ 210	60 ~ 80	200 ~ 210	-50 ~ -60	0.03 ~ 0.04

（续）

塑料名称	密度/(t/m^3)	热变形温度/℃(0.45MPa)	熔融温度/℃	长期使用最高温度/℃	分解温度/℃	脆化温度/℃	吸水率(%)
软聚氯乙烯(SPVC)	1.20~1.40	—	110~160	65~80	—	—	0.2~1.0
丙烯腈-丁二烯-苯乙烯共聚物(ABS)	1.05	65~98	130~160	55~110	>250	-40	0.3~0.7
高抗冲(ABS)	1.07	98	128~155	—	—	-40	0.3
耐热型(ABS)	1.06~1.08	104~116	160~190	—	—	—	0.2
聚酰胺6(PA6)	1.13~1.15	140~176	215	79~121	—	-20~-30	1.9
聚酰胺66(PA66)	1.14~1.15	149~176	250~265	82~149	—	-25~-30	1.5
聚酰胺610(PA610)	1.08~1.13	148~185	210~220	82~120	—	-20	0.4~0.5

（续）

塑料名称	密度/(t/m^3)	热变形温度/℃(0.45MPa)	熔融温度/℃	长期使用最高温度/℃	分解温度/℃	脆化温度/℃	吸水率(%)
聚酰胺1010(PA1010)	1.04～1.06	148～150	200～210	80～120	—	-60	0.39
聚甲基丙烯酸甲酯(PMMA)	1.17～1.20	74～109	160	65～95	>270	90	0.40
均聚聚甲醛(POM)	1.43	124	175	90	约250	-40	0.25
共聚聚甲醛(POM)	1.41	110～157	165	100	约250	-60	0.22
聚碳酸酯(PC)	1.2	126～135	220～230	120	320～340	-100	0.2～0.3
聚苯醚(PPO)	1.06～1.10	180～204	257～300	120	>350	-170	0.03
聚对苯二甲酸乙二醇酯(PET)	1.2～1.38	85～115	250～255	120	>304	-70	0.13

（续）

塑料名称	密度 /(t/m^3)	热变形温度/℃ (0.45MPa)	熔融温度 /℃	长期使用最高温度/℃	分解温度 /℃	脆化温度 /℃	吸水率 (%)
聚对苯二甲酸丁二醇酯(PBT)	1.32 ~ 1.48	90 ~ 100	225 ~ 235	—	280	—	0.06 ~ 0.01
聚砜(PSU)	1.24	181	250 ~ 280	150	426	-101	0.3
聚醚砜(PES)	1.37	180 ~ 204	300	180	—	> -150	0.43
醋酸纤维素(CA)	1.29 ~ 1.34	51 ~ 91	160 ~ 252	—	—	—	12
丙烯腈-氯化聚乙烯-苯乙烯(ACS)	1.07 ~ 1.16	78 ~ 86	160 ~ 170	—	—	—	—
丙烯腈-苯乙烯共聚物(AS)	1.07	87 ~ 104	—	—	—	—	0.2
氯化聚醚(CPT)	1.4	141	178 ~ 182	—	—	—	0.01

（续）

塑料名称	密度/(t/m^3)	热变形温度/℃(0.45MPa)	熔融温度/℃	长期使用最高温度/℃	分解温度/℃	脆化温度/℃	吸水率(%)
玻璃纤维增强聚苯乙烯	1.20～1.33	103	—	—	—	—	0.05～0.07
玻璃纤维增强聚碳酸酯	1.25～1.30	128～145	220～230	130	—	—	0.1～0.2
乙酸丁酸纤维素(CAB)	1.2	45～95	140	—	—	—	—
玻璃纤维增强聚酰胺(PA6)	1.42	215	225	—	—	—	—
玻璃纤维增强聚酰胺(PA66)	1.35～1.54	250～265	260	—	—	—	0.8
玻璃纤维增强聚酰胺(PA1010)	1.25～1.35	185	204	—	—	—	—
玻璃纤维增强聚酰胺(PA610)	134～137	215～226	204	—	—	—	—

（续）

塑料名称	成型收缩率(%)	硬度 HRR	拉伸强度/MPa	拉伸弹性模量/GPa	抗弯强度/MPa	弯曲弹性模量/GPa
低密度聚乙烯(LDPE)	1.5 ~ 3.5	41 ~ 50HS	12 ~ 16	0.1 ~ 0.27	12 ~ 17	0.06 ~ 0.42
高密度聚乙烯(HDPE)	1.5 ~ 3.5	60 ~ 70HS	21 ~ 38	0.42 ~ 0.95	25 ~ 40	0.7 ~ 0.78
聚丙烯(PP)	1.0 ~ 2.5	95 ~ 105	30 ~ 40	1.1 ~ 1.6	40 ~ 56	—
玻璃纤维增强聚丙烯	0.4 ~ 0.8	105	68 ~ 80	—	120	4.5
聚苯乙烯(PS)	0.2 ~ 0.6	65 ~ 80	≥58.8	—	68.6 ~ 78.4	—
改性聚苯乙烯(HIPS)	0.02 ~ 0.06	65 ~ 75	27.44 ~ 35.28	2.06 ~ 2.74	—	39.2 ~ 51.94
硬聚氯乙烯(UPVC)	0.2 ~ 0.4	65 ~ 85	35 ~ 55	2.5 ~ 4.2	80 ~ 110	2.1 ~ 3.5

（续）

塑料名称	成型收缩率（%）	硬度 HRR	拉伸强度/MPa	拉伸弹性模量/GPa	抗弯强度/MPa	弯曲弹性模量/GPa
软聚氯乙烯（SPVC）	1.5～3.0	—	10～21	—	—	0.006～0.012
丙烯腈-丁二烯-苯乙烯共聚物（ABS）	0.03～0.08	100	35～49	1.8	80	1.4
高抗冲（ABS）	0.3～0.8	121	33～45	1.8～2.3	97	3.0
耐热型（ABS）	0.3～0.8	106～114	53～56	2.5	84	2.5
聚酰胺 6（PA6）	0.8～1.5	114	76	—	100	—
聚酰胺 66（PA66）	0.8～1.5	118	83	—	100～110	—
聚酰胺 610（PA610）	1.0～1.5	110	60	—	100	—
聚酰胺 1010（PA1010）	1.0～1.5	—	54	—	89	—
聚甲基丙烯酸甲酯（PMMA）	0.2～0.8	85～105	49～77	2.7～3.2	91～130	3.103

（续）

塑料名称	成型收缩率(%)	硬度 HRR	拉伸强度/MPa	拉伸弹性模量/GPa	抗弯强度/MPa	弯曲弹性模量/GPa
均聚聚甲醛(POM)	1.5~3.0	90	68.6	3.04	—	—
共聚聚甲醛(POM)	1.5~2.5	78	59.78	2.81	—	—
聚碳酸酯(PC)	0.5~0.8	95	58	2.2	91	1.6~1.7
聚苯醚(PPO)	0.02~0.04	119	65~68	2.5	95~116	2.63
聚对苯二甲酸乙二醇酯(PET)	0.7~1.0	83	80~98	2.9~3.5	104~117	—
聚对苯二甲酸丁二醇酯(PBT)	1.2~2.0	—	51~63	—	83~100	—
聚砜(PSU)	0.007	120	70.3	2.48	106	2.69
聚醚砜(PES)	0.6	110	91	2.6	>140	2.1
醋酸纤维素(CA)	0.5~0.8	23~110	17.2~46.9	—	—	0.93~2.79

（续）

塑料名称	成型收缩率(%)	硬度 HRR	拉伸强度/MPa	拉伸弹性模量/GPa	抗弯强度/MPa	弯曲弹性模量/GPa
丙烯腈-氯化聚乙烯-苯乙烯(ACS)	0.4	104	31.36～39.2	2.06	—	—
丙烯腈-苯乙烯共聚物(AS)	0.2～0.7	80	61.94～82.71	2.74～3.82	96.43～130.93	—
氯化聚醚(CPT)	0.4～0.8	100	41.36～54.88	—	52.92～60.76	—
玻璃纤维增强聚苯乙烯	—	70～95	75.75～103.39	—	103.39～130.93	—
玻璃纤维增强聚碳酸酯	0.1～0.5	92	80～110	3.5～4.0	100～130	3.3～8.0
乙酸丁酸纤维素(CAB)	1.0～1.5	100	16～72	0.5～2.0	18～101	0.9～3.0
玻璃纤维增强聚酰胺(PA6)	—	117	130～180	—	150～200	—

(续)

塑料名称	成型收缩率(%)	硬度 HRR	拉伸强度/MPa	拉伸弹性模量/GPa	抗弯强度/MPa	弯曲弹性模量/GPa
玻璃纤维增强聚酰胺(PA66)	0.1～0.3	115～125	120～232	—	195～310	—
玻璃纤维增强聚酰胺(PA1010)	0.3～0.7	—	104～120	—	155～160	—
玻璃纤维增强聚酰胺(PA610)	0.3～0.7	—	118～140	—	162～200	—

塑料名称	抗压强度/MPa	比热容/[J/(kg·K)]	热导率/[W/(m·K)]	线膨胀系数/(×10^{-5}/K)	介电常数/10^5Hz	体积电阻率/(Ω·cm)
低密度聚乙烯(LDPE)	12.5	2218	0.35	16～18	2.3～2.35	$>10^{16}$
高密度聚乙烯(HDPE)	22.5	1925	0.46～0.52	11～13	2.3～2.35	$>10^{16}$
聚丙烯(PP)	40～60	1883	0.17～0.19	6～10	2.15	$>10^{16}$

（续）

塑料名称	抗压强度/MPa	比热容/[J/(kg·K)]	热导率/[W/(m·K)]	线膨胀系数/($\times 10^{-5}$/K)	介电常数/10^5Hz	体积电阻率/(Ω·cm)
玻璃纤维增强聚丙烯	—	1883~2008	0.247	5	2.2	$10^{15}\sim10^{16}$
聚苯乙烯(PS)	—	1255	0.10~0.15	—	2.15~2.65	$10^{17}\sim10^{19}$
改性聚苯乙烯(HIPS)	—	1255	0.042~0.156	4~10	—	$>10^{16}$
硬聚氯乙烯(UPVC)	55~90	1046	0.12~0.29	5~18.5	2.8~3.1	$10^{12}\sim10^{16}$
软聚氯乙烯(SPVC)	6.2~11.7	1256~2093	0.12~0.16	7~25	3.3~4.5	$10^{11}\sim10^{13}$
丙烯腈-丁二烯-苯乙烯共聚物(ABS)	18~39	—	0.14~0.30	15.3	3.7(60Hz)	10^{13}
高抗冲(ABS)	—	—	—	—	2.4~5.0(60Hz)	10^{16}

（续）

塑料名称	抗压强度/MPa	比热容/[J/(kg·K)]	热导率/[W/(m·K)]	线膨胀系数/($\times10^{-5}$/K)	介电常数/10^5Hz	体积电阻率/(Ω·cm)
耐热型(ABS)	70	—	—	—	2.7~3.5(60Hz)	10^{13}
聚酰胺6(PA6)	90	1926	0.19	8	3.3	10^{12}
聚酰胺66(PA66)	120	1675	0.34	9	2.67	10^{14}
聚酰胺610(PA610)	90	1675	0.22	10	2.3	10^{12}
聚酰胺1010(PA1010)	79	—	0.16~0.46	14	2.5~3.0	10^{15}
聚甲基丙烯酸甲酯(PMMA)	—	1470	—	4.5~7	3.5~4.5(60Hz)	1.5×10^{15}
均聚聚甲醛(POM)	123.48	1464	0.22	7.45~10.8	3.8	13×10^{16}
共聚聚甲醛(POM)	109.76	1500	0.28	7.6~11	3.7	8×10^{13}

（续）

塑料名称	抗压强度/MPa	比热容/[J/(kg·K)]	热导率/[W/(m·K)]	线膨胀系数/(×10^{-5}/K)	介电常数/10^6Hz	体积电阻率/(Ω·cm)
聚碳酸酯(PC)	70~80	1090~1260	0.142	5~7	2.8~3.1	5×10^{16}
聚苯醚(PPO)	113~115	—	—	—	2.65~2.69	10^{16}
聚对苯二甲酸乙二醇酯(PET)	—	—	—	—	3.0	10^{18}
聚对苯二甲酸丁二醇酯(PBT)	95	—	—	—	3~4	3×10^{16}
聚砜(PSU)	96	1055	0.26	3.1	3.10	5×10^{16}
聚醚砜(PES)	150	1088	—	5.5	3.5	3×10^{16}
醋酸纤维素(CA)	—	—	—	—	3.5~7.0	$10^{10}\sim10^{14}$
丙烯腈-氯化聚乙烯-苯乙烯(ACS)	—	—	—	—	3.05~3.20	2×10^{15}

（续）

塑料名称	抗压强度 /MPa	比热容 /[J/(kg·K)]	热导率 /[W/(m·K)]	线膨胀系数/(×10^{-5}/K)	介电常数 /10^6Hz	体积电阻率 /(Ω·cm)
丙烯腈-苯乙烯共聚物(AS)	—	—	—	—	2.8~2.9	10^{16}
氯化聚醚(CPT)	85.26	—	—	12	—	10^{15}
玻璃纤维增强聚苯乙烯	96.43~117.11	962.96~1130.44	—	3.0~4.5	—	3.5×10^{16}
玻璃纤维增强聚碳酸酯	120~135	—	—	2~5	3~3.3	5×10^{16}
乙酸丁酸纤维素(CAB)	21~75	—	—	—	—	—
玻璃纤维增强聚酰胺(PA6)	—	—	—	—	—	10^{15}
玻璃纤维增强聚酰胺(PA66)	—	—	—	—	3.5	2.1×10^{14}
玻璃纤维增强聚酰胺(PA1010)	—	—	—	—	2.5	10^{12}

（续）

塑料名称	抗压强度/MPa	比热容/[J/(kg·K)]	热导率/[W/(m·K)]	线膨胀系数/(×10^{-5}/K)	介电常数/10^6Hz	体积电阻率/(Ω·cm)
玻璃纤维增强聚酰胺(PA610)	—	—	—	—	—	10^{15}

注：硬度值中 D 为邵氏硬度。

7.3 塑料品种的简单鉴别

7.3.1 常用塑料品种特征辨别比较

塑料名称		密度/(g·cm^3)	外观特征	燃烧特点	在溶液中	用途
聚乙烯(PE)	低密度	0.910～0.925	制品呈乳白色，半透明，蜡状，手触摸有柔韧滑腻感；稍能伸长	易燃烧，离火后继续燃烧，火焰上部为黄色，下部为蓝色；熔化流淌，无烟，气味与蜡烛相似	能浮于水面，在质量分数为 58.4% 的乙醇溶液中下沉	吹塑薄膜、中空注射制品、水管和日常生活用品
	中密度	0.926～0.940				
	高密度	0.941～0.965				

（续）

塑料名称		密度/($g \cdot cm^3$)	外观特征	燃烧特点	在溶液中	用途
聚丙烯（PP）		0.905（23℃）	白色、半透明、蜡状，比PE硬，比PE透明度好；透气性低	易燃烧，离火继续燃烧，火焰上部呈黄色，下部呈蓝色；料熔化流淌，冒黑烟，有石油味	能浮在质量分数为58.4%的乙醇溶液和水中	编织袋、绳、渔网、医疗器械、滤布、防水布、棉制品、法兰、自行车、汽车零件和生活日用品等
聚氯乙烯（PVC）	硬质	1.35～1.45	纯PVC制品为黄色透明状，透明度比PE、PP好，不如PS	不易燃烧，离火即灭，燃烧时火焰上部呈黄色，下部为绿色，有白烟；有一种刺激性酸味	在食盐饱和溶液和水中下沉	板、片、管、泵体和异型材等
	软质	1.16～1.35				薄膜、电线护套、鞋底和生活日用品等

（续）

塑料名称	密度/$(g \cdot cm^3)$	外观特征	燃烧特点	在溶液中	用途
聚苯乙烯（PS）	1.1～3.6	无色透明，类似玻璃制品，脆、易裂，落地发出类似金属声	易燃，离火后继续燃烧，火焰呈橙黄色；料软化时起泡冒黑烟	在水中下沉，能浮在氯化钙水溶液中	杯、盘等餐具类，文教用品，仪表、电器用零件

7.3.2 常用塑料制品的燃烧特点

塑料名称	燃烧性	试样的外形变化	分解出的气体的酸碱性	火焰的外表	分解出的气体的气味	其他
聚四氟乙烯	不燃烧	无变化	在火中分解出刺鼻的氟化氢	—	—	—
酚醛树脂	在火焰中很难燃烧，离火后自熄	保持原形，然后开裂分解	中性	发亮，冒烟	酚与甲醛味	—

（续）

塑料名称	燃烧性	试样的外形变化	分解出的气体的酸碱性	火焰的外表	分解出的气体的气味	其他
聚氯乙烯，聚偏氯乙烯	在火焰中能燃烧，离火后自熄	先变软，然后分解；样品变成褐色或黑色	强酸性	黄橙色，边缘发绿色	氯化氢味	—
氯化聚醚	火焰中能燃烧，离开火焰后自熄	变软，不淌滴	中性	绿色；起炱（冒黑烟）	—	—
氯乙烯-丙烯腈共聚物		收缩，变软，溶化	酸性	黄橙色，边缘发绿色	氯化氢味	—
氯乙烯-乙酸乙烯共聚物		变软		黄色，边缘发绿色	氯化氢味	—
聚碳酸酯		熔化，分解焦化	中性，开始时为弱酸性	明亮，起炱	无特殊味	—

（续）

塑料名称	燃烧性	试样的外形变化	分解出的气体的酸碱性	火焰的外表	分解出的气体的气味	其他
聚酰胺	火焰中能燃烧，离开火焰后自熄	熔化，淌滴，然后分解	碱性	黄橙色，边缘蓝色	烧头发味	—
层压酚醛树脂	火焰中能燃烧，离火后息熄	通常会焦化	中性	黄色	苯酚，焚纸味	—
聚乙烯醇		熔化，变软，变褐色，分解		明亮	刺激味	—
聚对苯二甲酸乙二醇酯	火焰中能燃烧，离开火焰后继续燃烧	变软熔化淌滴	—	黄橙色，起炱	甜香、芳香味	—
聚乙烯，聚丙烯		熔化，缩成滴	中性	明亮，中间发蓝色	石蜡味	淌下小滴继续燃烧

（续）

塑料名称	燃烧性	试样的外形变化	分解出的气体的酸碱性	火焰的外表	分解出的气体的气味	其他
聚酯	火焰中能燃烧，离开火焰后继续燃烧	熔化，缩成滴	中性	黄色，明亮，起炱	辛辣味	—
丙烯酸酯树脂				黄色，边缘发蓝色	酯味	—
聚苯乙烯，聚甲基苯乙烯	火焰中能燃烧，离开火源后继续燃烧	变软	中性	明亮，起炱	甜味（苯乙烯）	—
聚乙酸乙烯酯			酸性	深黄色，明亮，稍起炱	乙酸味	—
聚甲基丙烯酸甲酯		变软，稍有焦化	中性	黄色，边缘发蓝色，明亮；稍起炱；有破裂声	水果甜味	—

（续）

塑料名称	燃烧性	试样的外形变化	分解出的气体的酸碱性	火焰的外表	分解出的气体的气味	其他
聚甲醛	火焰中能燃烧，离开火源后继续燃烧	熔化，分解	中性	蓝色	甲醛味	—
聚氨酯		熔化、淌滴，燃烧迅速，焦化	—	黄橙色，冒灰烟	辛辣刺激味	—
聚丙烯酸酯		熔化，分解	中性	明亮；起炱	刺鼻味	—

7.3.3 常用塑料制品的溶解性

塑料名称	溶解	不溶解
聚乙烯	十氢萘、四氢萘、1-氯萘（均为130℃以上）	醇类、汽油酯类、环乙酮
聚丙烯		
聚苯乙烯	醋酸丁酯、苯、二甲基甲酰胺、氯仿、二氯甲烷、甲乙酮、吡啶	醇类、水、汽油

（续）

塑料名称	溶　　解	不溶解
聚酰胺	甲酸、苯酚、三氟乙醇、六甲基磷酰胺、苯酚、四氯乙烷	醇类、酯类、烃类
聚酯类	苄醇、硝基烃、苯酚类、六甲基磷酰胺	醇类、酯类、烃类
聚甲基苯乙烯	苯、甲苯	—
聚氨酯	二甲基甲酰胺、四氢呋喃、甲酸、乙酸乙酯、六甲基磷酰三胺	乙醚、醇类、汽油、苯、水、盐酸
醋酸纤维素	甲酸、冰醋酸、二氯甲烷-甲醇(9:1)	—
聚偏氯乙烯	醋酸丁酯、二氧六环、酮类、四氢呋喃、二甲基甲酰胺（热）、氯苯、六甲基磷酰三胺（热）	醇类、烃类
环氧树脂（未固化）	醇类、二氧六环、酯类、酮类	烃类、水
聚丙烯腈	二甲基甲酰胺、硝基苯、三氯甲烷、丁内酯、矿物酸、六甲基磷酰三胺	醇类、酯类、酮类、烃类、甲酸
聚氯乙烯	二甲基甲酰胺、四氢呋喃、环乙酮、氯苯、六甲基酰三胺、二氯乙烷	醇类、醋酸丁酯、烃类、二氧六环
聚碳酸酯	环乙酮、二氯甲烷、二甲基甲酰胺、甲酚	醇类、汽油、水

（续）

塑料名称	溶　解	不溶解
聚对苯二甲酸乙二醇酯	邻氯苯酚、苯酚-四氯乙烷、苯酚-二氯苯、二氯醋酸	—
聚苯醚	二甲基亚砜、二甲基甲酰胺、丁内酯	烃类、醇类
ABS	三氯甲烷	醇类、汽油、水
聚乙烯醇	甲酰胺、水、六甲基磷酰三胺	乙醚、醇类、汽油、苯、酯类、酮类
聚醋酸乙烯酯	芳香烃类、氯代烃类、酮类、甲醇、酯类	汽油
氯化聚醚	环已酮	醋酸乙酯、二甲基甲酰胺、甲苯
苯乙烯-丁二烯共聚物	醋酸乙酯、苯、三氯甲烷	醇类、水
氯乙烯-醋酸乙烯共聚物	三氯甲烷、四氢呋喃、环已烷	醇类、烃类
聚四氟乙烯	—	全部溶剂、沸腾的硫酸
聚甲基丙烯酸酯	芳香烃类、二氧六环、酯类、酮类、卤代烃类	醇类、脂肪烃类、醚类

7.4 给水塑料管

7.4.1 给水用硬聚氯乙烯管材(GB/T 10002.1—2006)

(1) 用途　适用于一定压力下输送温度不超过45℃的饮用水管

(2) 公称压力等级和规格尺寸

(单位: mm)

公称外径 d_n	管材S系列SDR系列和公称压力						
	S16 SDR33 PN0.63	S12.5 SDR26 PN0.8	S10 SDR21 PN1.0	S8 SDR17 PN1.25	S6.3 SDR13.6 PN1.6	S5 SDR11 PN2.0	S4 SDR9 PN2.5
	公称壁厚 e_n						
20	—	—	—	—	—	2.0	2.3
25	—	—	—	—	2.0	2.3	2.8
32	—	—	—	2.0	2.4	2.9	3.6
40	—	—	2.0	2.4	3.0	3.7	4.5
50	—	2.0	2.4	3.0	3.7	4.6	5.6
63	2.0	2.5	3.0	3.8	4.7	5.8	7.1
75	2.3	2.9	3.6	4.5	5.6	6.9	8.4
90	2.8	3.5	4.3	5.4	6.7	8.2	10.1
110	2.7	3.4	4.2	5.3	6.6	8.1	10.0
125	3.1	3.9	4.8	6.0	7.4	9.2	11.4
140	3.5	4.3	5.4	6.7	8.3	10.3	12.7
160	4.0	4.9	6.2	7.7	9.5	11.8	14.6
180	4.4	5.5	6.9	8.6	10.7	13.3	16.4
200	4.9	6.2	7.7	9.6	11.9	14.7	18.2

（续）

公称外径 d_n	管材S系列SDR系列和公称压力						
	S16 SDR33 PN0.63	S12.5 SDR26 PN0.8	S10 SDR21 PN1.0	S8 SDR17 PN1.25	S6.3 SDR13.6 PN1.6	S5 SDR11 PN2.0	S4 SDR9 PN2.5
	公称壁厚 e_n						
225	5.5	6.9	8.6	10.8	13.4	16.6	—
250	6.2	7.7	9.6	11.9	14.8	18.4	—
280	6.9	8.6	10.7	13.4	16.6	20.6	—
315	7.7	9.7	12.1	15.0	18.7	23.2	—
355	8.7	10.9	13.6	16.9	21.1	26.1	—
400	9.8	12.3	15.3	19.1	23.7	29.4	—
450	11.0	13.8	17.2	21.5	26.7	33.1	—
500	12.3	15.3	19.1	23.9	29.7	36.8	—
560	13.7	17.2	21.4	26.7	—	—	—
630	15.4	19.3	24.1	30.0	—	—	—
710	17.4	21.8	27.2	—	—	—	—
800	19.6	24.5	30.6	—	—	—	—
900	22.0	27.6	—	—	—	—	—
1000	24.5	30.6	—	—	—	—	—

注：公称壁厚（e_n）根据设计应力（σ_s）12.5MPa确定。

（3）壁厚及偏差（单位：mm）

壁厚 e_y	允许偏差	壁厚 e_y	允许偏差
$e \leqslant 2.0$	$^{+0.4}_{0}$	$2.0 < e \leqslant 3.0$	$^{+0.5}_{0}$

（续）

壁厚 e_y	允许偏差	壁厚 e_y	允许偏差
$3.0<e\leqslant4.0$	$^{+0.6}_{0}$	$13.3<e\leqslant14.0$	$^{+2.1}_{0}$
$4.0<e\leqslant4.6$	$^{+0.7}_{0}$	$14.0<e\leqslant14.6$	$^{+2.2}_{0}$
$4.6<e\leqslant5.3$	$^{+0.8}_{0}$	$14.6<e\leqslant15.3$	$^{+2.3}_{0}$
$5.3<e\leqslant6.0$	$^{+0.9}_{0}$	$15.3<e\leqslant16.0$	$^{+2.4}_{0}$
$6.0<e\leqslant6.6$	$^{+1.0}_{0}$	$16.0<e\leqslant16.6$	$^{+2.5}_{0}$
$6.6<e\leqslant7.3$	$^{+1.1}_{0}$	$16.6<e\leqslant17.3$	$^{+2.6}_{0}$
$7.3<e\leqslant8.0$	$^{+1.2}_{0}$	$17.3<e\leqslant18.0$	$^{+2.7}_{0}$
$8.0<e\leqslant8.6$	$^{+1.3}_{0}$	$18.0<e\leqslant18.6$	$^{+2.8}_{0}$
$8.6<e\leqslant9.3$	$^{+1.4}_{0}$	$18.6<e\leqslant19.3$	$^{+2.9}_{0}$
$9.3<e\leqslant10.0$	$^{+1.5}_{0}$	$19.3<e\leqslant20.0$	$^{+3.0}_{0}$
$10.0<e\leqslant10.6$	$^{+1.6}_{0}$	$20.0<e\leqslant20.6$	$^{+3.1}_{0}$
$10.6<e\leqslant11.3$	$^{+1.7}_{0}$	$20.6<e\leqslant21.3$	$^{+3.2}_{0}$
$11.3<e\leqslant12.0$	$^{+1.8}_{0}$	$21.3<e\leqslant22.0$	$^{+3.3}_{0}$

（续）

壁厚 e_y	允许偏差	壁厚 e_y	允许偏差
$22.0<e\leqslant 22.6$	+3.4 0	$30.6<e\leqslant 31.3$	+4.7 0
$22.6<e\leqslant 23.3$	+3.5 0	$31.3<e\leqslant 32.0$	+4.8 0
$23.3<e\leqslant 24.0$	+3.6 0	$32.0<e\leqslant 32.6$	+4.9 0
$24.0<e\leqslant 24.6$	+3.7 0	$32.6<e\leqslant 33.3$	+5.0 0
$24.6<e\leqslant 25.3$	+3.8 0	$33.3<e\leqslant 34.0$	+5.1 0
$25.3<e\leqslant 26.0$	+3.9 0	$34.0<e\leqslant 34.6$	+5.2 0
$26.0<e\leqslant 26.6$	+4.0 0	$34.6<e\leqslant 35.3$	+5.3 0
$26.6<e\leqslant 27.3$	+4.1 0	$35.3<e\leqslant 36.0$	+5.4 0
$27.3<e\leqslant 28.0$	+4.2 0	$36.0<e\leqslant 36.6$	+5.5 0
$28.0<e\leqslant 28.6$	+4.3 0	$36.6<e\leqslant 37.3$	+5.6 0
$28.6<e\leqslant 29.3$	+4.4 0	$37.3<e\leqslant 38.0$	+5.7 0
$29.3<e\leqslant 30.0$	+4.5 0	$38.0<e\leqslant 38.6$	+5.8 0
$30.0<e\leqslant 30.6$	+4.6 0	—	—

（续）

（4）物理性能

项　　目	技术指标	试验方法
密度/（kg/m^3）	1350～1460	按 GB 1033 规定测试
维卡软化温度/℃	≥80	按 GB 8802 规定测试
纵向回缩率（%）	≤	按 GB 6671.1 规定测试
二氯甲烷浸渍试验（15℃，15min）	表面无变化	按 GB/T 13526 规定测试

（5）力学性能

项　　目	技术指标	试验方法
落锤冲击试验（0℃）TIR	≤5%	按 GB/T 14152 规定
液压试验	无破裂，无渗漏	按 GB 6111 规定

（6）卫生性能

输送饮用水的管材的卫生性能应符合 GB/T 17219—1998 的规定。输送饮用水的管材的氯乙烯单体含量应不大于 1.0mg/kg。

7.4.2　给水用低密度聚乙烯管材（QB/T 1930—2006）

（1）用途　适用于公称压力不大于1MPa输水温度不超过40℃的饮用水管。

（2）管材规格及偏差

公称外径/mm	平均外径极限偏差	公称压力/MPa					
		PN0.4		PN0.6		PN1.0	
		管材系列					
		S-6.3		S-4		S-2.5	
		壁厚/mm					
		公称值	极限偏差	公称值	极限偏差	公称值	极限偏差
16	+0.3 0			2.3	+0.5 0	2.7	+0.5 0
20	+0.3 0	2.3	+0.5 0	2.3	+0.5 0	3.4	+0.6 0
25	+0.3 0	2.3	+0.5 0	2.8	+0.5 0	4.2	+0.7 0
32	+0.3 0	2.4	+0.5 0	3.6	+0.6 0	5.4	+0.8 0
40	+0.4 0	3.0	+0.5 0	4.5	+0.7 0	6.7	+0.9 0
50	+0.5 0	3.7	+0.6 0	5.6	+0.8 0	8.3	+1.1 0
63	+0.6 0	4.7	+0.7 0	7.1	+1.0 0	10.5	+1.3 0
75	+0.7 0	5.5	+0.8 0	8.4	+1.1 0	12.5	+1.5 0

（续）

<table>
<tr><td rowspan="6">公称外径/mm</td><td rowspan="6">平均外径极限偏差</td><td colspan="6">公称压力/MPa</td></tr>
<tr><td colspan="2">PN0.4</td><td colspan="2">PN0.6</td><td colspan="2">PN1.0</td></tr>
<tr><td colspan="6">管材系列</td></tr>
<tr><td colspan="2">S-6.3</td><td colspan="2">S-4</td><td colspan="2">S-2.5</td></tr>
<tr><td colspan="6">壁厚/mm</td></tr>
<tr><td>公称值</td><td>极限偏差</td><td>公称值</td><td>极限偏差</td><td>公称值</td><td>极限偏差</td></tr>
<tr><td>90</td><td>+0.9
0</td><td>6.6</td><td>+0.9
0</td><td>10.1</td><td>+1.3
0</td><td>15.0</td><td>+1.7
0</td></tr>
<tr><td>110</td><td>+1.0
0</td><td>8.1</td><td>+1.1
0</td><td>12.3</td><td>+1.5
0</td><td>18.3</td><td>+2.1
0</td></tr>
</table>

（3）物理力学性能

<table>
<tr><td colspan="3">项　目</td><td>指标</td><td>试验方法</td></tr>
<tr><td colspan="3">断裂伸长率</td><td>≥350%</td><td>按 GB 8804.2 规定测试</td></tr>
<tr><td colspan="3">纵向回缩率</td><td>≤3.0%</td><td>按 GB 6671.2 中方法 A 或 B 测试</td></tr>
<tr><td rowspan="2">液压试验</td><td>短期</td><td>温度:20℃
时间:1h
环应力:6.9MPa</td><td>不破裂
不渗漏</td><td>液压试验方法按 GB 6111 规定进行</td></tr>
<tr><td>长期</td><td>温度:70℃
时间:100h
环应力:2.5MPa</td><td>不破裂
不渗漏</td><td>液压试验方法按 GB 6111 规定进行</td></tr>
</table>

（4）卫生性能　应符合 GB 9687—1988

7.4.3 给水用聚乙烯管材（GB/T 13663—2000）

（1）用途　适用于 PE63、PE80 和 PE100 材料制造的一般用途压力输水及饮用水给水管。公称压力为 0.32 ~ 1.6MPa、直径为 16 ~ 1000mm，温度不超过 40℃。

（2）材料的命名

静液压强度 σ_{LPL}/MPa	最小要求强度 MRS/MPa	材料分级数（MRS × 10）	材料的命名
6.30 ~ 7.99	6.3	63	P 63
8.00 ~ 9.99	8.0	80	PE 80
10.00 ~ 11.19	10.0	100	PE 100

（3）材料的基本性能要求

项　　目	要　　求
炭黑含量①，（质量）(%)	2.5 ± 0.5
炭黑分散①	≤等级 3
颜料分散②	≤等级 3
氧化诱导时间（200℃）/min	≥20
熔体流动速率③（5kg，190℃）(g/10min)	与产品标称值的偏差不应超过 ±25%

① 仅适用于黑色管材

② 仅适用于蓝色管材料

③ 仅适用于混配料

（4）不同等级材料设计应力的最大允许值

（续）

材料的等级	设计应力的最大允许值/MPa
PE 63	5
PE 80	6.3
PE 100	8

（5）PE 63 级聚乙烯管材公称压力和规格尺寸

公称外径 d_n/mm	公称壁厚 e_n/mm				
	标准尺寸比				
	SDR33	SDR26	SDR17.6	SDR13.6	SDR11
	公称压力/MPa				
	0.32	0.4	0.6	0.8	1.0
16	—	—	—	—	2.3
20	—	—	—	2.3	2.3
25	—	—	2.3	2.3	2.3
32	—	—	2.3	2.4	2.9
40	—	2.3	2.3	3.0	3.7
50	—	2.3	2.9	3.7	4.6
63	2.3	2.5	3.6	4.7	5.8
75	2.3	2.9	4.3	5.6	6.8
90	2.8	3.5	5.1	6.7	8.2
110	3.4	4.2	6.3	8.1	10.0
125	3.9	4.8	7.1	9.2	11.4
140	4.3	5.4	8.0	10.3	12.7
160	4.9	6.2	9.1	11.8	14.6
180	5.5	6.9	10.2	13.3	16.4
200	6.2	7.7	11.4	14.7	18.2

（续）

公称外径 d_n/mm	公称壁厚 e_n/mm				
	标准尺寸比				
	SDR33	SDR26	SDR17.6	SDR13.6	SDR11
	公称压力/MPa				
	0.32	0.4	0.6	0.8	1.0
225	6.9	8.6	12.8	16.6	20.5
250	7.7	9.6	14.2	18.4	22.7
280	8.6	10.7	15.9	20.6	25.4
315	9.7	12.1	17.9	23.2	28.6
355	10.9	13.6	20.1	26.1	32.2
400	12.3	15.3	22.7	29.4	36.3
450	13.8	17.2	25.5	33.1	40.9
500	15.3	19.1	28.3	36.8	45.4
560	17.2	21.4	31.7	41.2	50.8
630	19.3	24.1	35.7	46.3	57.2
710	21.8	27.2	40.2	52.2	
800	24.5	30.6	45.3	58.8	
900	27.6	34.4	51.0		
1000	30.6	38.2	56.6		

（6）PE80 级聚乙烯管材公称压力和规格尺寸

公称外径 d_n/mm	公称壁厚 e_n/mm				
	标准尺寸比				
	SDR33	SDR21	SDR17	SDR13.6	SDR11
	公称压力/MPa				
	0.4	0.6	0.8	1.0	1.25
16	—	—	—	—	—
20	—	—	—	—	—

（续）

公称外径 d_n/mm	公称壁厚 e_n/mm				
	标准尺寸比				
	SDR33	SDR21	SDR17	SDR13.6	SDR11
	公称压力/MPa				
	0.4	0.6	0.8	1.0	1.25
25	—	—	—	—	2.3
32	—	—	—	—	3.0
40	—	—	—	—	3.7
50	—	—	—	—	4.6
63	—	—	—	4.7	5.8
75	—	—	4.5	5.6	6.8
90	—	4.3	5.4	6.7	8.2
110	—	5.3	6.6	8.1	10.0
125	—	6.0	7.4	9.2	11.4
140	4.3	6.7	8.3	10.3	12.7
160	4.9	7.7	9.5	11.8	14.6
180	5.5	8.6	10.7	13.3	16.4
200	6.2	9.6	11.9	14.7	18.2
225	6.9	10.8	13.4	16.6	20.5
250	7.7	11.9	14.8	18.4	22.7
280	8.6	13.4	16.6	20.6	25.4
315	9.7	15.0	18.7	23.2	28.6
355	10.9	16.9	21.1	26.1	32.2
400	12.3	19.1	23.7	29.4	36.3
450	13.8	21.5	26.7	33.1	40.9
500	15.3	23.9	29.7	36.8	45.4

（续）

公称外径 d_n/mm	公称壁厚 e_n/mm				
	标准尺寸比				
	SDR33	SDR21	SDR17	SDR13.6	SDR11
	公称压力/MPa				
	0.4	0.6	0.8	1.0	1.25
560	17.2	26.7	33.2	41.2	50.8
630	19.3	30.0	37.4	46.3	57.2
710	21.8	33.9	42.1	52.2	
800	24.5	38.1	47.4	58.8	
900	27.6	42.9	53.3		
1000	30.6	47.7	59.3		

（7）PE100级聚乙烯管材公称压力和规格尺寸

公称外径 d_n/mm	公称壁厚 e_n/mm				
	标准尺寸比				
	SDR26	SDR21	SDR17	SDR13.6	SDR11
	公称压力/MPa				
	0.6	0.8	1.0	1.25	1.6
32	—	—	—	—	3.0
40	—	—	—	—	3.7
50	—	—	—	—	4.6
63	—	—	—	4.7	5.8
75	—	—	4.5	5.6	6.8
90	—	4.3	5.4	6.7	8.2
110	4.2	5.3	6.6	8.1	10.0

（续）

公称外径 d_n/mm	公称壁厚 e_n/mm				
	标准尺寸比				
	SDR26	SDR21	SDR17	SDR13.6	SDR11
	公称压力/MPa				
	0.6	0.8	1.0	1.25	1.6
125	4.8	6.0	7.4	9.2	11.4
140	5.4	6.7	8.3	10.3	12.7
160	6.2	7.7	9.5	11.8	14.6
180	6.9	8.6	10.7	13.3	16.4
200	7.7	9.6	11.9	14.7	18.2
225	8.6	10.8	13.4	16.6	20.5
250	9.6	11.9	14.8	18.4	22.7
280	10.7	13.4	16.6	20.6	25.4
315	12.1	15.0	18.7	23.2	28.6
355	13.6	16.9	21.1	26.1	32.2
400	15.3	19.1	23.7	29.4	36.3
450	17.2	21.5	26.7	33.1	40.9
500	19.1	23.9	29.7	36.8	45.4
560	21.4	26.7	33.2	41.2	50.8
630	24.1	30.0	37.4	46.3	57.2
710	27.2	33.9	42.1	52.2	
800	30.6	38.1	47.4	58.8	
900	34.4	42.9	53.3		
1000	38.2	47.7	59.3		

（续）

（8）颜色

1）市政饮用水管材的颜色为蓝色或黑色，黑色管上应有共挤出蓝色色条。色条沿管材纵向至少有三条。

2）其他用途水管可以为蓝色或黑色。

3）暴露在阳光下的敷设管道（如地上管道）必须是黑色。

（9）外观质量

1）管材的内外表面应清洁、光滑，不允许有气泡、明显的划伤、凹陷、杂质、颜色不均等缺陷。管端头应切割平整，并与管轴线垂直。

2）直管长度一般为6m、9m、12m，也可由供需双方商定。长度的极限偏差为长度的+0.4%。

3）盘管盘架直径应不小于管材外径的18倍。盘管展开长度由供需双方商定。

（10）管材的静液压强度

项　目	环向应力/MPa			要　求
	PE63	PE80	PE100	
20℃静液压强度(100h)	8.0	9.0	12.4	不破裂,不渗漏
80℃静液压强度(165h)	3.5	4.6	5.5	不破裂,不渗漏
80℃静液压强度(1000h)	3.2	4.0	5.0	不破裂,不渗漏

（续）

（11）物理性能

<table>
<tr><th colspan="2">项　目</th><th>要　求</th></tr>
<tr><td colspan="2">断裂伸长率（%）</td><td>≥350</td></tr>
<tr><td colspan="2">纵向回缩率（110℃）（%）</td><td>≤3</td></tr>
<tr><td colspan="2">氧化诱导时间（200℃）/min</td><td>≥20</td></tr>
<tr><td rowspan="3">耐候性①
（管材累计接受≥3.5GJ/m²老化能量后）</td><td>80℃静液压强度（165h），试验条件同表10</td><td>不破裂，不渗漏</td></tr>
<tr><td>断裂伸长率（%）</td><td>≥350</td></tr>
<tr><td>氧化诱导时间（200℃）/min</td><td>≥10</td></tr>
</table>

注：当在混配料中加入回用料挤管时，对管材测定的熔体流动速率（MFR）（5kg，190℃）与对混配料测定值之差，不应超过25%。

① 仅适用于蓝色管材。

（12）卫生性能

用于饮用水输配的管材卫生性能应符合GB/T 17219的规定。

7.4.4 给水用聚丙烯管材（QB/T 1929—2006）

(1) 用途 适用于公称压力为 0.25MPa、0.4MPa、0.6MPa、1.0MPa、1.6MPa、2.0MPa，输水温度在 95℃以下埋地的给水用管材。

(2) 管材的最大连续工作压力随温度和使用寿命的变化关系

使用温度/℃	最长使用寿命/年	最大连续工作系数	使用温度/℃	最长使用寿命/年	最大连续工作系数
20	1	1.35	60	1	0.55
	5	1.24		5	0.48
	10	1.23		10	0.43
	25	1.16		25	0.35
	50	1.00		50	0.30
30	1	1.07	70	1	0.43
	5	1.00		5	0.33
	10	0.95		10	0.30
	25	0.90		25	0.23
	50	0.88		50	

（续）

使用温度/℃	最长使用寿命/年	最大连续工作系数	使用温度/℃	最长使用寿命/年	最大连续工作系数
40	1	0.83	80	1	0.33
	5	0.80		5	0.23
	10	0.75		10	0.20
	25	0.70		25	0.17
	50	0.64		50	
50	1	0.68	95	1	0.20
	5	0.60		5	0.14
	10	0.60		10	0.12
	25	0.50		25	
	50	0.44		50	

（续）

（3）给水（饮用水）用聚丙烯管的卫生理化指标（GB 9688—1988）

项　目		指标	项　目		指标
蒸发残渣/(mg/L)			重金属（以 Pb 计）/(mg/L)		
4% 乙酸，60℃ ×2h	≤	30	4% 乙酸，60℃ ×2h	≤	—
正己烷，20℃ ×2h	≤	30	脱色试验		
高锰酸钾消耗量/(mg/L)			冷餐油或无色油脂		阴性
			乙醇		阴性
水，60℃ ×2h	≤	10	浸泡液		阴性

（4）给水用聚丙烯管的工作压力、规格尺寸及其偏差

公称外径 d_n/mm	外径偏差 /mm	公称压力/MPa											
		PN0.25		PN0.4		PN0.6		PN1.0		PN1.6		PN2.0	
		管　系　列											
		S20		S12.5		S8.0		S5.0		S3.2		S2.5	
		壁厚 e/mm		壁厚 e/mm		壁厚 e/mm		壁厚 e/mm		壁厚 e/mm		壁厚 e/mm	
16	+0.3 0	—	—	—	—	—	—	1.8	+0.4 0	2.2	+0.5 0	2.7	+0.5 0

（续）

公称外径 d_n/mm	外径偏差/mm	公称压力/MPa											
		PN0.25		PN0.4		PN0.6		PN1.0		PN1.6		PN2.0	
		管系列											
		S20		S12.5		S8.0		S5.0		S3.2		S2.5	
		壁厚 e/mm		壁厚 e/mm		壁厚 e/mm		壁厚 e/mm		壁厚 e/mm		壁厚 e/mm	
20	+0.3 0	—	—	—	—	1.8	+0.4 0	1.9	+0.4 0	2.8	+0.5 0	3.4	+0.6 0
25	+0.3 0	—	—	—	—	1.8	+0.4 0	2.3	+0.5 0	3.5	+0.6 0	4.2	+0.7 0
32	+0.3 0	—	—	—	—	1.9	+0.4 0	2.9	+0.5 0	4.4	+0.7 0	5.4	+0.8 0
40	+0.4 0	—	—	1.8	+0.4 0	2.4	+0.5 0	3.7	+0.6 0	5.5	+0.8 0	6.7	+0.9 0
50	+0.5 0	1.8	+0.4 0	2.0	+0.4 0	3.0	+0.5 0	4.6	+0.7 0	6.9	+0.9 0	8.3	+1.1 0
63	+0.6 0	1.8	+0.4 0	2.4	+0.5 0	3.8	+0.6 0	5.8	+0.8 0	8.6	+1.1 0	10.5	+1.3 0

（续）

公称外径 d_n/mm	外径偏差/mm	公称压力/MPa											
		PN0.25		PN0.4		PN0.6		PN1.0		PN1.6		PN2.0	
		管系列											
		S20		S12.5		S8.0		S5.0		S3.2		S2.5	
		壁厚 e/mm		壁厚 e/mm		壁厚 e/mm		壁厚 e/mm		壁厚 e/mm		壁厚 e/mm	
75	$^{+0.7}_{0}$	1.9	$^{+0.4}_{0}$	2.9	$^{+0.5}_{0}$	4.5	$^{+0.7}_{0}$	6.8	$^{+0.9}_{0}$	10.3	$^{+1.3}_{0}$	12.5	$^{+1.5}_{0}$
90	$^{+0.9}_{0}$	2.2	$^{+0.5}_{0}$	3.5	$^{+0.6}_{0}$	5.4	$^{+0.8}_{0}$	8.2	$^{+1.1}_{0}$	12.3	$^{+1.5}_{0}$	15.0	$^{+1.7}_{0}$
110	$^{+1.0}_{0}$	2.7	$^{+0.5}_{0}$	4.2	$^{+0.7}_{0}$	6.6	$^{+0.9}_{0}$	10.0	$^{+1.2}_{0}$	15.1	$^{+1.8}_{0}$	18.3	$^{+2.1}_{0}$
125	$^{+1.2}_{0}$	3.1	$^{+0.6}_{0}$	4.8	$^{+0.7}_{0}$	7.4	$^{+1.0}_{0}$	11.4	$^{+1.4}_{0}$	17.1	$^{+2.0}_{0}$	20.8	$^{+2.3}_{0}$
140	$^{+1.3}_{0}$	3.5	$^{+0.6}_{0}$	5.4	$^{+0.8}_{0}$	8.3	$^{+1.1}_{0}$	12.7	$^{+1.5}_{0}$	19.2	$^{+2.2}_{0}$	23.3	$^{+2.6}_{0}$
160	$^{+1.5}_{0}$	4.0	$^{+0.6}_{0}$	6.2	$^{+0.9}_{0}$	9.5	$^{+1.2}_{0}$	14.6	$^{+1.7}_{0}$	21.9	$^{+2.4}_{0}$	26.6	$^{+2.9}_{0}$

（续）

公称外径 d_n/mm	外径偏差/mm	公称压力/MPa											
		PN0.25		PN0.4		PN0.6		PN1.0		PN1.6		PN2.0	
		管系列											
		S20		S12.5		S8.0		S5.0		S3.2		S2.5	
		壁厚 e/mm		壁厚 e/mm		壁厚 e/mm		壁厚 e/mm		壁厚 e/mm		壁厚 e/mm	
180	$^{+1.7}_{0}$	4.4	$^{+0.7}_{0}$	6.9	$^{+0.9}_{0}$	10.7	$^{+1.3}_{0}$	16.4	$^{+1.9}_{0}$	24.6	$^{+2.7}_{0}$	29.9	$^{+3.2}_{0}$
200	$^{+1.8}_{0}$	4.9	$^{+0.7}_{0}$	7.7	$^{+1.0}_{0}$	11.9	$^{+1.4}_{0}$	18.2	$^{+2.1}_{0}$	27.3	$^{+3.0}_{0}$	—	—
225	$^{+2.1}_{0}$	5.5	$^{+0.8}_{0}$	8.6	$^{+1.1}_{0}$	13.4	$^{+1.6}_{0}$	20.5	$^{+2.3}_{0}$	—	—	—	—
250	$^{+2.3}_{0}$	6.2	$^{+0.9}_{0}$	9.6	$^{+1.2}_{0}$	14.8	$^{+1.7}_{0}$	22.7	$^{+2.5}_{0}$	—	—	—	—
280	$^{+2.6}_{0}$	6.9	$^{+0.9}_{0}$	10.7	$^{+1.3}_{0}$	16.6	$^{+1.9}_{0}$	25.4	$^{+2.8}_{0}$	—	—	—	—
315	$^{+2.9}_{0}$	7.7	$^{+1.0}_{0}$	12.1	$^{+1.5}_{0}$	18.7	$^{+2.1}_{0}$	28.6	$^{+3.1}_{0}$	—	—	—	—

（续）

公称外径 d_n/mm	外径偏差/mm	公称压力/MPa											
		PN0.25		PN0.4		PN0.6		PN1.0		PN1.6		PN2.0	
		管系列											
		S20		S12.5		S8.0		S5.0		S3.2		S2.5	
		壁厚 e/mm		壁厚 e/mm		壁厚 e/mm		壁厚 e/mm		壁厚 e/mm		壁厚 e/mm	
355	$^{+3.2}_{0}$	8.6	$^{+1.1}_{0}$	13.6	$^{+1.6}_{0}$	21.1	$^{+2.4}_{0}$	—	—	—	—	—	—
400	$^{+3.6}_{0}$	9.8	$^{+1.7}_{0}$	15.3	$^{+2.5}_{0}$	23.7	$^{+3.8}_{0}$	—	—	—	—	—	—
450	$^{+4.1}_{0}$	11.0	$^{+1.9}_{0}$	17.2	$^{+2.8}_{0}$	26.7	$^{+4.3}_{0}$	—	—	—	—	—	—
500	$^{+4.5}_{0}$	12.3	$^{+2.1}_{0}$	19.1	$^{+3.1}_{0}$	22.6	$^{+4.7}_{0}$	—	—	—	—	—	—
560	$^{+5.1}_{0}$	13.7	$^{+2.3}_{0}$	21.4	$^{+3.4}_{0}$	—	—	—	—	—	—	—	—
630	$^{+5.7}_{0}$	15.4	$^{+2.6}_{0}$	24.1	$^{+3.9}_{0}$	—	—	—	—	—	—	—	—

（续）

（5）给水用聚丙烯管的物理力学性能指标

项目				指标	试验方法
纵向回缩率(%)				≤2.0	GB 6671.3，试验温度(110±2)℃
液压试验	短期	温度:20℃，时间:1h，环应力:16MPa		不渗漏	GB 6111
	长期	温度80℃	时间:48h，环应力:4.8MPa	不渗漏	
			时间:170h，环应力:4.2MPa	不渗漏	
落锤冲击试验	通过				GB/T 14152，试验温度0℃

（6）给水用聚丙烯管的冲击强度指标

公称直径/mm	锤头质量/kg		落锤高度/m	
	优等品	合格品	优等品	合格品
16～32	2.5	1.5	2	2
40～75	4	2	2	2
90～140	5	4	2	2
160～280	6	4	2	2
≥315	7.5	4	2	2

7.5 排水管和输液管

7.5.1 建筑排水用硬聚氯乙烯管材（GB/T 5836.1—2006）

（1）管材平均外径、壁厚（单位：mm）

公称外径 d_n	平均外径		壁厚	
	最小平均外径 $d_{em,min}$	最大平均外径 $d_{em,max}$	最小壁厚 e_{min}	最大壁厚 e_{max}
32	32.0	32.2	2.0	2.4
40	40.0	40.2	2.0	2.4
50	50.0	50.2	2.0	2.4
75	75.0	75.3	2.3	2.7
90	90.0	90.3	3.0	3.5
110	110.0	110.3	3.2	3.8
125	125.0	125.3	3.2	3.8
160	160.0	160.4	4.0	4.6
200	200.0	200.5	4.9	5.6
250	250.0	250.5	6.2	7.0
315	315.0	315.6	7.8	8.6

（2）管材物理力学性能

项目	要求	试验方法
密度/(kg/m^3)	1350 ~ 1550	6.4
维卡软化温度(VST)/℃	≥79	6.5

（续）

项　目	要　求	试验方法
纵向回缩率/(%)	≤5	6.6
二氯甲烷浸渍试验	表面变化不劣于4L	6.7
拉伸屈服强度/MPa	≥40	6.8
落锤冲击试验 TIR	TIR≤10%	6.9

7.5.2 无压埋地排污、排水用硬聚氯乙烯管材（GB/T 20221—2006）

(1) 管材平均外径与壁厚　　（单位：mm）

公称外径① d_n	平均外径 d_{em}		壁厚					
			SN2 SDR51		SN4 SDR41		SN8 SDR34	
	min.	max.	e min.	e_m max.	e min.	e_m max.	e min.	e_m max.
110	110.0	110.3	—	—	3.2	3.8	3.2	3.8
125	125.0	125.3	—	—	3.2	3.8	3.7	4.3
160	160.0	160.4	3.2	3.8	4.0	4.6	4.7	5.4
200	200.0	200.5	3.9	4.5	4.9	5.6	5.9	6.7
250	250.0	250.5	4.9	5.6	6.2	7.1	7.3	8.3
315	315.0	315.6	6.2	7.1	7.7	8.7	9.2	10.4
(355)	355.0	355.7	7.0	7.9	8.7	9.8	10.4	11.7
400	400.0	400.7	7.9	8.9	9.8	11.0	11.7	13.1
(450)	450.0	450.8	8.8	9.9	11.0	12.3	13.2	14.8

（续）

公称外径① d_n	平均外径 d_{em}		壁厚					
			SN2 SDR51		SN4 SDR41		SN8 SDR34	
	min.	max.	e min.	e_m max.	e min.	e_m max.	e min.	e_m max.
500	500.0	500.9	9.8	11.0	12.3	13.8	14.6	16.3
630	630.0	631.1	12.3	13.8	15.4	17.2	18.4	20.5
(710)	710.0	711.2	13.9	15.5	17.4	19.4	—	—
800	800.0	801.3	15.7	17.5	19.6	21.8	—	—
(900)	900.0	901.5	17.6	19.6	22.0	24.4	—	—
1000	1000.0	1001.6	19.6	21.8	24.5	27.2	—	—

① 括号内为非优选尺寸。

(2) 管材的物理力学性能要求

项　目		技术指标
密度/(g/cm^3)		≤1.55
环刚度/(kN/m^2)	SN2	≥2
	SN4	≥4
	SN8	≥8
落锤冲击(TIR)(%)		≤10
维卡软化温度/℃		≥79
纵向回缩率(%)		≤5,管材表面应无气泡和裂纹
二氯甲烷浸渍		表面无变化

7.5.3 埋地排水用硬聚氯乙烯双壁波纹管材（GB/T 18477.1—2007）

（1）结构

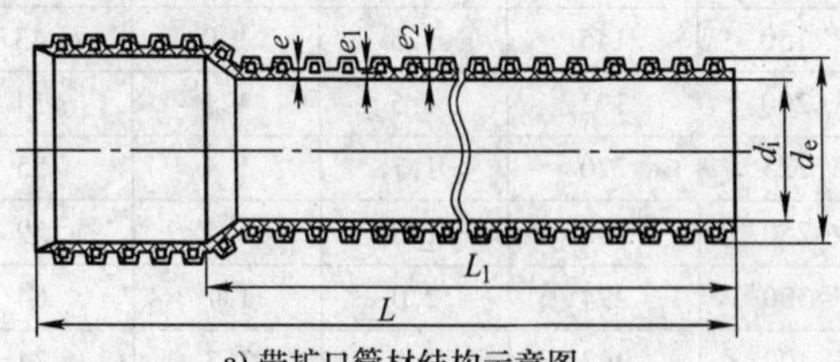

a) 带扩口管材结构示意图

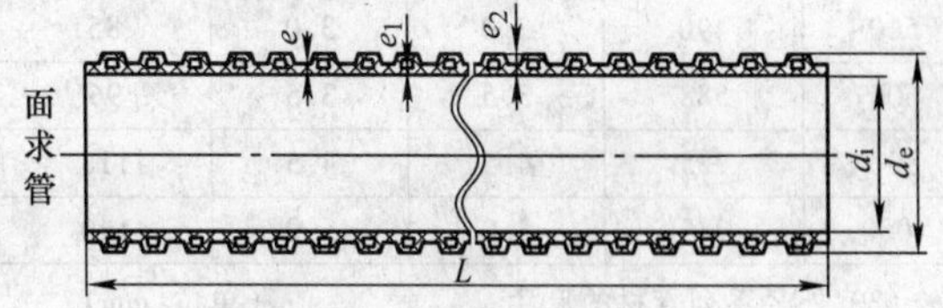

b) 不带扩口管材结构示意图

（2）内径系列管材的尺寸　　　　（单位：mm）

公称尺寸 DN/ID	最小平均内径 $d_{im,min}$	最小层压壁厚 $e_{min.}$	最小内层壁厚 $e_{1,min}$	最小承口接合长度 A_{min}
100	95	1.0	—	32
125	120	1.2	1.0	38

（续）

公称尺寸 DN/ID	最小平均内径 $d_{im,min}$	最小层压壁厚 $e_{min.}$	最小内层壁厚 $e_{1,min}$	最小承口接合长度 A_{min}
150	145	1.3	1.0	43
200	195	1.5	1.1	54
225	220	1.7	1.4	55
250	245	1.8	1.5	59
300	294	2.0	1.7	64
400	392	2.5	2.3	74
500	490	3.0	3.0	85
600	588	3.5	3.5	96
800	785	4.5	4.5	118
1000	985	5.0	5.0	140

（3）外径系列管材的尺寸　　（单位：mm）

公称尺寸 DN/OD	最小平均外径 $d_{em,min}$	最大平均外径 $d_{em,max}$	最小平均内径 $d_{im,min}$	最小层压壁厚 e_{min}	最小内层壁厚 $e_{1,min}$	最小承口接合长度 A_{min}
(100)	99.4	100.4	93	0.8	—	32
110	109.4	110.4	97	1.0	—	32
125	124.3	125.4	107	1.1	1.0	35
160	159.1	160.5	135	1.2	1.0	42
200	198.8	200.6	172	1.4	1.1	50

（续）

公称尺寸 DN/OD	最小平均外径 $d_{em,min}$	最大平均外径 $d_{em,max}$	最小平均内径 $d_{im,min}$	最小层压壁厚 e_{min}	最小内层壁厚 $e_{1,min}$	最小承口接合长度 A_{min}
250	248.5	250.8	216	1.7	1.4	55
280	278.3	280.9	243	1.8	1.5	58
315	313.2	316.0	270	1.9	1.6	62
400	397.6	401.2	340	2.3	2.0	70
450	447.3	451.4	383	2.5	2.4	75
500	497.0	501.5	432	2.8	2.8	80
630	626.3	631.9	540	3.3	3.3	93
710	705.7	712.2	614	3.8	3.8	101
800	795.2	802.4	680	4.1	4.1	110
1000	994.0	1003.0	854	5.0	5.0	130

（4）管材的物理力学性能

项目		要求
密度/(kg/m³)		≤1550
环刚度/(kN/m²)	SN2	≥2
	SN4	≥4
	SN8	≥8
	(SN12.5)	≥12.5
	SN16	≥16

（续）

项目	要求	
冲击性能	TIR≤10%	
环柔性	试样圆滑，无破裂，两壁无脱开	DN≤400 内外壁均无反向弯曲
		DN>400 波峰处不得出现超过波峰高度 10% 的反向弯曲
烘箱试验	无分层，无开裂	
蠕变比率	≤2.5	

7.5.4 排水用芯层发泡硬聚氯乙烯管材（GB/T 16800—2008）

（1）用途　适用于建筑物内外或埋地无压排水用管材。

（2）结构

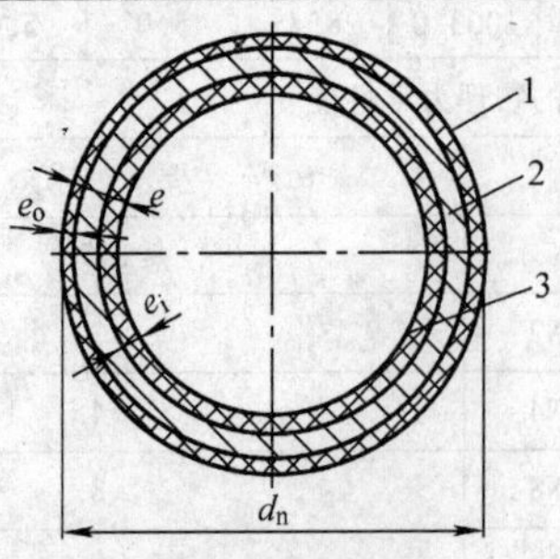

管材截面结构示意图

1、3—PVC 硬层　2—发泡层

（续）

（3）管材平均外径、壁厚　　（单位：mm）

平均外径及偏差	壁厚及偏差		
	S_2	S_4	S_8
$40.0^{+0.3}_{0}$	$2.0^{+0.4}_{0}$	—	—
$50.0^{+0.3}_{0}$	$2.0^{+0.4}_{0}$	—	—
$75.0^{+0.3}_{0}$	$2.5^{+0.4}_{0}$	$3.0^{+0.5}_{0}$	—
$90.0^{+0.3}_{0}$	$3.0^{+0.5}_{0}$	$3.0^{+0.5}_{0}$	—
$110.0^{+0.4}_{0}$	$3.0^{+0.5}_{0}$	$3.2^{+0.5}_{0}$	—
$125.0^{+0.4}_{0}$	$3.2^{+0.5}_{0}$	$3.2^{+0.5}_{0}$	$3.9^{+1.0}_{0}$
$160.0^{+0.5}_{0}$	$3.2^{+0.5}_{0}$	$4.0^{+0.6}_{0}$	$5.0^{+1.3}_{0}$
$200.0^{+0.6}_{0}$	$3.9^{+0.6}_{0}$	$4.9^{+0.7}_{0}$	$6.3^{+1.6}_{0}$
$250.0^{+0.8}_{0}$	$4.9^{+0.7}_{0}$	$6.2^{+0.9}_{0}$	$7.8^{+1.8}_{0}$
$315.0^{+1.0}_{0}$	$6.2^{+0.9}_{0}$	$7.7^{+1.0}_{0}$	$9.8^{+2.4}_{0}$
$400.0^{+1.2}_{0}$	—	$9.8^{+1.5}_{0}$	$12.3^{+3.2}_{0}$
$500.0^{+1.5}_{0}$	—	—	$15.0^{+4.2}_{0}$

（4）材料性能

性　　能	技术要求	试验方法
维卡软化温度/℃	≥79	GB 8802—2001

（续）

性　能	技术要求	试验方法
拉伸屈服强度/MPa	≥43	GB 8804.2—2003
断裂伸长率(%)	≥80	GB 8804.2—2003

（5）管材环刚度分级

级　别①	S_2	S_4	S_8
环刚度/kPa	2	4	8

① S_2 管材供建筑物排水选用；S_4、S_8 管材供埋地排水选用，也可用于建筑物排水。

（6）管材物理力学性能

项　目	要　求		
	S_2	S_4	S_8
环刚度/(kN/m^2)	≥2	≥4	≥8
表观密度/(g/cm^3)	0.90～1.20		
扁平试验	不破裂、不分脱		
落锤冲击试验 *TIR*	≤10%		
纵向回缩率%	≤9%，且不分脱、不破裂		
二氯甲烷浸渍	内外表面不劣于 4L		

7.5.5 普通输水用织物增强塑料软管（HG/T 3044—1999）

（1）软管的型别

1 型：在 23℃下最大工作压力为 0.6MPa（轻型）

（续）

2 型：在23℃下最大工作压力为1.0MPa（普通型）
3 型：在23℃下最大工作压力为2.5MPa（重型）

（2）软管的规格尺寸

公称内径/mm	公差/mm	最小壁厚/mm		
		1 型	2 型	3 型
10	±0.75	2.00	2.00	2.80
12.5	±0.75	2.00	2.50	3.00
16	±0.75	2.00	2.80	3.00
19	±0.75	2.20	3.00	3.50
25	±1.25	2.70	3.50	4.00
31.5	±1.25	3.40	4.00	
38	±1.50	4.00	4.50	
50	±1.50	5.00	5.50	

（3）软管的切割长度公差　　　　（单位：mm）

长度	公差	长度	公差
300 以下	±3	900～1200	±9
300～600	±4.5	1200～1800	±12
600～900	±6	1800 以上	±1%

（续）

（4）内衬层和外覆层的物理性能

1）拉伸强度和拉断伸长率的最小值

性　能	内衬层	外覆层
拉伸强度/MPa	10	10
拉断伸长率(%)	250	250

2）老化后拉伸强度和拉断伸长率的最大变化率

性　能	内衬层	外覆层
拉伸强度/MPa	10	10
拉断伸长率(%)	25	25

3）23℃下静液压要求

型别	最大工作压力/MPa	试验压力/MPa	最小爆破压力/MPa	在试验压力下最大尺寸变化(%)	
				长度	直径
1型	0.6	0.9	1.8	±8	±10
2型	1.0	1.5	3.0	±8	±10
3型	2.5	5.0	10.0	±8	±10

4）60℃下静液压要求

型别	最大工作压力/MPa	最小爆破压力/MPa
1型	0.36	1.1
2型	0.65	1.95

（续）

型别	最大工作压力/MPa	最小爆破压力/MPa
3 型	1.25	5.0

注：1. 在试验压力保持期间和之后，检查软管不应有泄漏、龟裂、显示材料或加工不均匀性的扭曲变形以及其他失效现象。

2. 三种型别软管的内衬层和外覆层的粘合强度不应小于1.5kN/m。

3. 外覆层和内衬层应是完全凝胶化的，不应有可见裂纹、砂眼、外来杂质和其他可能影响软管使用的缺陷。

7.5.6 压缩空气用织物增强热塑性塑料软管（HG/T 2301—2008）

（1）用途　用于工作温度在 -10 ~ 55℃范围内的压缩空气输送。

（2）分类、材料和结构

软管根据其在规定温度下的压力等级分为下列四种型别：

A 型：普通工业用—轻型——最大工作压力在 23℃下为 0.7MPa，在 60℃下为 0.45MPa

B 型：普通工业用—中型——最大工作压力在 23℃下为 1.0MPa，在 60℃下为 0.65MPa

C 型：重型——最大工作压力在 23℃下为 1.6MPa，在 60℃下为 1.1MPa

D 型：重型——采矿和户外工作用——最大工作压力在 23℃下为 2.5MPa，在 60℃下为 1.3MPa

（续）

这些软管不预定用于输送油用。然而，来自压缩机的压缩空气可能含有一些悬浮的油

塑料软管由下述部分组成：

1）由柔性热塑性塑料制成的内衬层

2）由天然或合成织物材料通过适当方法覆盖在内衬层上而制成的增强层

3）由柔性热塑性塑料制成的外覆层。

（3）公称内径、内径公差和最小壁厚

（单位：mm）

公称直径	内　径	公　差	最小壁厚			
			A型	B型	C型	D型
4	4	±0.25	1.5	1.5	1.5	2.0
5	5	±0.25	1.5	1.5	1.5	2.0
6.3	6.3	±0.25	1.5	1.5	1.5	2.3
8	8	±0.25	1.5	1.5	1.5	2.3
9	8.5	±0.25	1.5	1.5	1.5	2.3
10	9.5	±0.35	1.5	1.5	1.8	2.3
12.5	12.5	±0.35	2.0	2.0	2.3	2.8
16	16	±0.5	2.4	2.4	2.8	3.0
19	19	±0.7	2.4	2.4	2.8	3.5
25	25	±1.2	2.7	3.0	3.3	4.0
31.5	31.5	±1.2	3.0	3.3	3.5	4.5
38	38	±1.2	3.0	3.5	3.8	4.5
40	40	±1.5	3.3	3.5	4.1	5.0
50	50	±1.5	3.5	3.8	4.5	5.0

7.5.7 吸引和低压排输石油液体用塑料软管（HG/T 2799—1996）

（1）用途 用于排吸煤油、供暖用油、柴油和润滑油，使用温度在 -10 ~60℃

（2）吸引和低压排输石油液体用塑料软管的规格尺寸

公称内径/mm		允许公差/mm
轻 型	重 型	
12.5	12.5	±0.75
16	16	
20	20	
25	25	±1.25
31.5	31.5	
40	40	±1.50
50	50	
63	—	±2.00
80	—	
100	—	
125	—	

（3）软管切割长度公差

公称内径/mm	切割长度公差（%）	公称内径/mm	切割长度公差（%）
40 及 40 以下	±1	40 以上	±2

7.5.8 液压用织物增强型热塑性塑料软管（GB/T 15908—2009）

(1) 用途　用于石油基、水基和合成液压流体，在 -40 ~100℃范围内工作

(2) 分类

	分类方法	说　明
分类	按设计工作压力分	1 型软管，设计工作压力较低 2 型软管，设计工作压力较高
结构	软管应由一层耐液压流体的无缝的热塑性塑料内层、适宜的合成纤维增强层和一层耐液压流体耐天候的热塑性塑料外层组成	

(3) 规格尺寸

公称内径/mm	内径范围/mm				最大外径尺寸/mm	
	R7 型		R8 型		R7 型	R8 型
	最小	最大	最小	最大		
5	4.6	5.4	4.6	5.4	11.4	14.6
6.3	6.2	7.0	6.2	7.0	13.7	16.8
8	7.7	8.5	7.7	8.5	15.6	18.6
10	9.3	10.3	9.3	10.3	18.4	20.3
12.5	12.3	13.5	12.3	13.5	22.5	24.6
16	15.6	16.7	15.5	16.7	25.8	29.8
19	18.6	19.8	18.6	19.8	28.6	33.0
25	25.0	26.4	25.0	26.4	36.7	38.6

注:内径与 GB/T 2351 一致。

（续）

（4）技术指标

1）软管的同心度

公称内径/mm	内径与外径之间壁厚最大变化/mm
5～6.3	0.8
8～19	1.0
25	1.3

注：软管应当按买方规定的长度供货，长度公差应符合 GB/T 9575 的规定。

2）软管的设计工作压力、试验压力和最小爆破压力

公称内径/mm	最大工作压力/MPa		验证压力/MPa		最小爆破压力/MPa	
	R7 型	R8 型	R7 型	R8 型	R7 型	R8 型
5	21.0	35.0	42.0	70.0	84.0	138.0
6.3	19.2	35.0	38.5	70.0	77.0	138.0
8	17.5	—	35.0	—	70.0	—
10	15.8	28.0	31.5	56.0	63.0	112.0
12.5	14.0	24.5	28.0	49.0	56.0	98.0
16	10.5	19.2	21.0	38.5	42.0	77.0
19	8.8	15.8	17.5	31.5	35.0	63.0
25	7.0	4.0	4.0	8.0	8.0	56.0

（续）

3）软管的最小弯曲半径和长度变化率

公称内径/mm	最小弯曲半径/mm	长度变化率(%)
5	90	±3
6.3	100	±3
8	115	±3
10	125	±3
12.5	180	±3
16	205	±3
19	240	±3
25	300	±3

7.5.9 医用软聚氯乙烯管材（GB 10010—2009）

（1）管材的规格尺寸与极限偏差

项　目	极限偏差
外　径	±15%
内　径	
壁　厚	
长　度	±5%

注：1. 有特殊要求的，由供需双方商定。

2. 管材的规格尺寸由供需双方商定。

（2）管材的物理力学性能

项　目	指　标
拉伸强度/MPa	≥12.4

（续）

项　　目	指　　标
断裂拉伸应变（%）	≥300
压缩永久变形（%）	≤40
邵氏（A）硬度	$N\pm3$

注：不同管材所要求的邵氏硬度不同，*N* 为管材标称的邵氏（A）硬度。

（3）化学性能

项　　目	指　　标
重金属/（μg/mL）	≤1.0
氯乙烯单体/（μg/g）	≤1.0
酸碱度	pH 值差 <1.0

7.5.10 农用硬聚氯乙烯管材（JB/T 5125—2007）

（1）外观

管材的内、外壁应光滑，平整，不允许有气泡、裂口及明显的波纹、凹陷、杂质、颜色不均，分解变色线等

（2）颜色

颜色为灰色。可由供需双方协商确定

（3）直线度

管材外径 $d\leqslant32$mm 时，直线度不作规定；外径 $d\geqslant40$ ~ 200mm 时，直线度不得大于 2%；外径 $d\geqslant225$mm 时，直线度不大于 1%。

（续）

（4）管材的规格尺寸及质量　　（单位：mm）

外径	外径公差	工作压力等级/MPa					
		0.16		0.2		0.3	
		壁厚及公差	近似质量 kg/m	壁厚及公差	近似质量 kg/m	壁厚及公差	近似质量 kg/m
10	±0.2	—	—	—	—	—	—
12	±0.2	—	—	—	—	—	—
16	±0.2	—	—	—	—	—	—
20	±0.3	—	—	—	—	—	—
25	±0.3	—	—	—	—	—	—
32	±0.3	—	—	—	—	—	—
40	±0.4	—	—	—	—	—	—
50	±0.4	—	—	—	—	—	—
63	±0.5	—	—	—	—	$1.0^{+0.4}_{0}$	0.32
75	±0.5	—	—	$1.0^{+0.3}_{0}$	0.37	$1.2^{+0.4}_{0}$	0.45
90	±0.7	—	—	$1.2^{+0.4}_{0}$	0.45	$1.4^{+0.4}_{0}$	0.62
110	±0.8	$1.5^{+0.3}_{0}$	0.78	$1.5^{+0.4}_{0}$	0.81	$1.7^{+0.4}_{0}$	0.93
125	±1.0	$1.5^{+0.3}_{0}$	0.89	$1.5^{+0.4}_{0}$	0.92	$2.0^{+0.4}_{0}$	1.19
140	±1.0	$1.6^{+0.3}_{0}$	1.06	$1.7^{+0.4}_{0}$	1.21	$2.2^{+0.5}_{0}$	1.48

（续）

外径	外径公差	工作压力等级/MPa					
		0.16		0.2		0.3	
		壁厚及公差	近似质量 kg/m	壁厚及公差	近似质量 kg/m	壁厚及公差	近似质量 kg/m
160	±1.2	$1.7^{+0.4}_{0}$	1.28	$2.0^{+0.4}_{0}$	1.52	$2.5^{+0.5}_{0}$	1.90
180	±1.4	$1.8^{+0.4}_{0}$	1.56	$2.3^{+0.5}_{0}$	1.99	$2.8^{+0.5}_{0}$	2.37
200	±1.5	$2.0^{+0.4}_{0}$	1.91	$2.5^{+0.5}_{0}$	2.38	$3.1^{+0.6}_{0}$	2.94
225	±1.8	$2.2^{+0.4}_{0}$	2.34	$2.8^{+0.5}_{0}$	2.98	$3.5^{+0.7}_{0}$	2.67
250	±1.8	$2.6^{+0.5}_{0}$	3.09	$3.2^{+0.7}_{0}$	3.84	$4.2^{+1.0}_{0}$	5.07
280	±2.0	$3.2^{+0.7}_{0}$	4.31	$4.0^{+0.8}_{0}$	5.33	$5.4^{+1.1}_{0}$	7.17
315	±2.0	$3.9^{+0.7}_{0}$	5.81	$4.9^{+0.9}_{0}$	7.29	$7.3^{+1.2}_{0}$	10.67
400	±2.4	$5.0^{+0.9}_{0}$	9.46	$6.3^{+1.0}_{0}$	11.76	$9.3^{+1.5}_{0}$	17.24
560	±2.8	$7.0^{+1.2}_{0}$	18.46	$8.8^{+1.4}_{0}$	23.00	$1.1^{+1.7}_{0}$	28.56

外径	外径公差	工作压力等级/MPa					
		0.4		0.6		1.0	
		壁厚及公差	近似质量 kg/m	壁厚及公差	近似质量 kg/m	壁厚及公差	近似质量 kg/m
10	±0.2	—	—	—	—	—	—
12	±0.2	—	—	—	—	—	—

（续）

外径	外径公差	工作压力等级/MPa					
		0.4		0.6		1.0	
		壁厚及公差	近似质量 kg/m	壁厚及公差	近似质量 kg/m	壁厚及公差	近似质量 kg/m
16	±0.2	—	—	—	—	$1.0^{+0.3}_{0}$	0.07
20	±0.3	—	—	—	—	$1.0^{+0.3}_{0}$	0.09
25	±0.3	—	—	$1.0^{+0.4}_{0}$	0.12	$1.2^{+0.3}_{0}$	0.14
32	±0.3	—	—	$1.0^{+0.4}_{0}$	0.15	$1.5^{+0.4}_{0}$	0.22
40	±0.4	$1.0^{+0.4}_{0}$	0.19	$1.2^{+0.4}_{0}$	0.23	$1.9^{+0.4}_{0}$	0.35
50	±0.4	$1.2^{+0.4}_{0}$	0.29	$1.5^{+0.4}_{0}$	0.36	$2.4^{+0.5}_{0}$	0.55
63	±0.5	$1.4^{+0.4}_{0}$	0.43	$1.9^{+0.4}_{0}$	0.56	$3.0^{+0.5}_{0}$	0.86
75	±0.5	$1.7^{+0.4}_{0}$	0.61	$2.2^{+0.5}_{0}$	0.81	$3.6^{+0.7}_{0}$	1.23
90	±0.7	$2.0^{+0.4}_{0}$	0.85	$2.7^{+0.5}_{0}$	1.13	$4.2^{+0.8}_{0}$	1.74
110	±0.8	$2.5^{+0.5}_{0}$	1.30	$3.2^{+0.6}_{0}$	1.68	$5.2^{+0.9}_{0}$	2.59
125	±1.0	$2.9^{+0.6}_{0}$	1.71	$3.7^{+0.7}_{0}$	2.38	$6.0^{+1.1}_{0}$	3.41
140	±1.0	$3.2^{+0.6}_{0}$	2.10	$4.1^{+0.8}_{0}$	2.79	$6.7^{+1.1}_{0}$	4.23
160	±1.2	$3.7^{+0.7}_{0}$	2.78	$4.7^{+0.9}_{0}$	3.64	$7.7^{+1.2}_{0}$	5.53
180	±1.4	$4.1^{+0.8}_{0}$	3.47	$5.4^{+1.1}_{0}$	4.55	$8.7^{+1.4}_{0}$	7.05
200	±1.5	$4.6^{+0.8}_{0}$	4.29	$5.8^{+1.1}_{0}$	5.41	$9.6^{+1.5}_{0}$	8.63

（续）

外径	外径公差	工作压力等级/MPa					
		0.4		0.6		1.0	
		壁厚及公差	近似质量 kg/m	壁厚及公差	近似质量 kg/m	壁厚及公差	近似质量 kg/m
225	±1.8	$5.2^{+0.9}_{0}$	5.45	$6.6^{+1.1}_{0}$	6.85	$12.4^{+1.9}_{0}$	12.42
250	±1.8	$6.8^{+1.2}_{0}$	7.89	$9.4^{+1.5}_{0}$	10.70	—	—
280	±2.0	$8.2^{+1.3}_{0}$	10.55	$12.7^{+1.9}_{0}$	15.99	—	—
315	±2.0	—	—	—	—	—	—
400	±2.4	—	—	—	—	—	—
560	±2.8	—	—	—	—	—	—

注：管材的长度一般为4m±0.5m、6m±0.5m。可由供需双方可协商确定。

7.6 特殊用途塑料管

7.6.1 工业用氯化聚氯乙烯管材（GB/T 18998.2—2003）

（1）产品分类　管材按尺寸分为S10、S6.3、S5、S4四个管系列。管材规格用S××公称外径×公称壁厚表示，例，S5 $d_n50\times e_n5.6$。

（2）系列S，标准尺寸比SDR及管材规格尺寸

（单位：mm）（续）

公称外径 d_n	公称壁厚 e_n			
	管系列 S			
	S10	S6.3	S5	S4
	标准尺寸比 SDR			
	SDR21	SDR13.6	SDR11	SDR9
20	2.0(0.96)	2.0(1.5)	2.1(1.9)	2.3
25	2.0(1.2)	2.1(1.9)	2.3	2.8
32	2.0(1.6)	2.4	2.9	3.6
40	2.1(1.9)	3.0	3.7	4.5
50	2.4	3.7	4.6	5.6
63	3.0	4.7	5.8	7.1
75	3.6	5.6	6.8	8.4
90	4.3	6.7	8.2	10.1
110	5.3	8.1	10.0	12.3
125	6.0	9.2	11.4	14.0
140	6.7	10.3	12.7	15.7
160	7.7	11.8	14.6	17.9
180	8.6	13.3		
200	9.6	14.7		
225	10.8	16.6		

注：1. 带括号规格的管材做液压试验时按括号内壁厚进行计算试验。

2. 管材长度一般为4m或6m，也可按用户要求确定。长度允许偏差值为长度的±0.4%。

（续）

（3）管材的外观　管的内外表面应光滑平整，不允许有气泡、划伤、凹陷、杂质及颜色不均匀的缺陷。管端应切割平整，并与管中心线垂直

（4）管材壁不允许透光

（5）管材的平均外径及偏差、不圆度最大值

（单位：mm）

平均外径 d_{em}		不圆度最大值	平均外径 d_{em}		不圆度最大值
公称外径 d_n	允许偏差		公称外径 d_n	允许偏差	
20	+0.2 0	0.5	40	+0.2 0	0.5
25	+0.2 0	0.5	50	+0.2 0	0.6
32	+0.2 0	0.5	63	+0.3 0	0.8
75	+0.3 0	0.9	160	+0.5 0	2.0
90	+0.3 0	1.1	180	+0.6 0	2.2
110	+0.4 0	1.4	200	+0.6 0	2.4
125	+0.4 0	1.5	225	+0.7 0	2.7
140	+0.5 0	1.7			

（续）

（6）管材的任一点壁厚偏差　　（单位：mm）

公称壁厚 e_n	允许偏差	公称壁厚 e_n	允许偏差
$2.0 < e_n \leqslant 3.0$	$^{+0.5}_{0}$	$10.0 < e_n \leqslant 11.0$	$^{+0.13}_{0}$
$3.0 < e_n \leqslant 4.0$	$^{+0.6}_{0}$	$11.0 < e_n \leqslant 12.0$	$^{+0.14}_{0}$
$4.0 < e_n \leqslant 5.0$	$^{+0.7}_{0}$	$12.0 < e_n \leqslant 13.0$	$^{+0.15}_{0}$
$5.0 < e_n \leqslant 6.0$	$^{+0.8}_{0}$	$13.0 < e_n \leqslant 14.0$	$^{+0.16}_{0}$
$6.0 < e_n \leqslant 7.0$	$^{+0.9}_{0}$	$14.0 < e_n \leqslant 15.0$	$^{+0.17}_{0}$
$7.0 < e_n \leqslant 8.0$	$^{+0.10}_{0}$	$15.0 < e_n \leqslant 16.0$	$^{+0.18}_{0}$
$8.0 < e_n \leqslant 9.0$	$^{+0.11}_{0}$	$16.0 < e_n \leqslant 17.0$	$^{+0.19}_{0}$
$9.0 < e_n \leqslant 10.0$	$^{+0.12}_{0}$	$17.0 < e_n \leqslant 18.0$	$^{+0.20}_{0}$

注：壁厚 $e_n = 2\text{mm}$ 的偏差为 $^{+0.4\text{mm}}_{0\text{mm}}$。

（7）物理性能

项　目	指　标
密度/(kg/m³)	1450～1650

（续）

项　目	指　标
维卡软化温度/℃	≥110
纵向回缩率(%)	≤5
氯含量(质量分数)(%)	≥60

（8）力学性能

项　目	试验参数			要　求
	温度/℃	静液压应力/MPa	时间/h	
静液压试验	20	43	≥1	无破裂、无渗漏
	95	5.6	≥165	
	95	4.6	≥1000	
静液压状态下热稳定性试验	95	3.6	≥8760	
落锤冲击试验	试验温度(0±1)℃①			破损率 TIR≤10%

① 其他见 GB/T 18998.2—2003。

7.6.2 工业用硬聚氯乙烯管材(GB/T 4219.1—2008)

（1）用途　适合输送45℃以下某些具有腐蚀性的化学液体

（2）管材规格尺寸、壁厚及其偏差

（单位：mm）

公称外径 d_n	壁厚 e 及其偏差													
	管系列 S 和标准尺寸比 SDR													
	S20 SDR41		S16 SDR33		S12.5 SDR26		S10 SDR21		S8 SDR17		S6.3 SDR13.6		S5 SDR11	
	e_{min}	偏差	e_{min}	偏差	e_{min}	偏差	e_{min}	偏差	e_{min}	偏差	e_{min}	偏差	e_{min}	偏差
16	—	—	—	—	—	—	—	—	—	—	—	—	2.0	+0.4
20	—	—	—	—	—	—	—	—	—	—	—	—	2.0	+0.4
25	—	—	—	—	—	—	—	—	—	—	2.0	+0.4	2.3	+0.5
32	—	—	—	—	—	—	—	—	2.0	+0.4	2.4	+0.5	2.9	+0.5
40	—	—	—	—	—	—	2.0	+0.4	2.4	+0.5	3.0	+0.5	3.7	+0.6
50	—	—	—	—	2.0	+0.4	2.4	+0.5	3.0	+0.5	3.7	+0.6	4.6	+0.7

（续）

公称外径 d_n	壁厚 e 及其偏差													
	管系列 S 和标准尺寸比 SDR													
	S20 SDR41		S16 SDR33		S12.5 SDR26		S10 SDR21		S8 SDR17		S6.3 SDR13.6		S5 SDR11	
	e_{min}	偏差	e_{min}	偏差	e_{min}	偏差	e_{min}	偏差	e_{min}	偏差	e_{min}	偏差	e_{min}	偏差
63	—	—	2.0	+0.4	2.5	+0.5	3.0	+0.5	3.8	+0.6	4.7	+0.7	5.8	+0.8
75	—	—	2.3	+0.5	2.9	+0.5	3.6	+0.6	4.5	+0.7	5.6	+0.8	6.8	+0.9
90	—	—	2.8	+0.5	3.5	+0.6	4.3	+0.7	5.4	+0.8	6.7	+0.9	8.2	+1.1
110	—	—	3.4	+0.6	4.2	+0.7	5.3	+0.8	6.6	+0.9	8.1	+1.1	10.0	+1.2
125	—	—	3.9	+0.6	4.8	+0.7	6.0	+0.8	7.4	+1.0	9.2	+1.2	11.4	+1.4
140	—	—	4.3	+0.7	5.4	+0.8	6.7	+0.9	8.3	+1.1	10.3	+1.3	12.7	+1.5
160	4.0	+0.6	4.9	+0.7	6.2	+0.9	7.7	+1.0	9.5	+1.2	11.8	+1.4	14.6	+1.7
180	4.4	+0.7	5.5	+0.8	6.9	+0.9	8.6	+1.1	10.7	+1.3	13.3	+1.6	16.4	+1.9

（续）

公称外径 d_n	壁厚 e 及其偏差													
	管系列 S 和标准尺寸比 SDR													
	S20 SDR41		S16 SDR33		S12.5 SDR26		S10 SDR21		S8 SDR17		S6.3 SDR13.6		S5 SDR11	
	e_{min}	偏差	e_{min}	偏差	e_{min}	偏差	e_{min}	偏差	e_{min}	偏差	e_{min}	偏差	e_{min}	偏差
200	4.9	+0.7	6.2	+0.9	7.7	+1.0	9.6	+1.2	11.9	+1.4	14.7	+1.7	18.2	+2.1
225	5.5	+0.8	6.9	+0.9	8.6	+1.1	10.8	+1.3	13.4	+1.6	16.6	+1.9	—	—
250	6.2	+0.9	7.7	+1.0	9.6	+1.2	11.9	+1.4	14.8	+1.7	18.4	+2.1	—	—
280	6.9	+0.9	8.6	+1.1	10.8	+1.3	13.4	+1.6	16.6	+1.9	20.6	+2.3	—	—
315	7.7	+1.0	9.7	+1.2	11.9	+1.5	15.0	+1.7	18.7	+2.1	23.2	+2.6	—	—
355	8.7	+1.1	10.9	+1.3	13.6	+1.6	16.9	+1.9	21.1	+2.4	26.1	+2.9	—	—
400	9.8	+1.2	12.3	+1.5	15.3	+1.8	19.1	+2.2	23.7	+2.6	29.4	+3.2	—	—

注：1. 考虑到安全性，最小壁厚应不小于 2.0mm。

2. 除了其他规定之外，尺寸应与 GB/T 10798 一致。

（续）

（3）物理性能

项　　目	要　　求
密度 ρ/(kg/m^3)	1330～1460
维卡软化温度(VST)/℃	≥80
纵向回缩率/%	≤5
二氯甲烷浸渍试验	试样表面无破坏

（4）力学性能

项　　目	试验参数			要　　求
	温度/℃	环应力/MPa	时间/h	
静液压试验	20	40.0	1	无破裂、无渗漏
	20	34.0	100	
	20	30.0	1000	
	60	10.0	1000	
落锤冲击性能	0～ -5℃			TIR≤10%

7.6.3 埋地式高压电力电缆用氯化聚氯乙烯套管(QB/T 2479—2005)

(1) 用途

用于保护埋地下的高压及超高压电力电缆

(2) 规格尺寸及偏差

规格 $d_n \times e_n$/(mm×mm)	平均外径 d_n/mm		公称壁厚 e_n/mm	
	基本尺寸	极限偏差	基本尺寸	极限偏差
110×5.0	110	+0.8 -0.4	5.0	+0.5 0
139×6.0	139	+0.8 -0.4	6.0	+0.5 0
167×6.0	167	+0.8 -0.4	6.0	+0.5 0
167×8.0	167	+1.0 -0.5	8.0	+0.6 0
192×6.5	192	+1.0 -0.5	6.5	+0.5 0
192×8.5	192	+1.0 -0.5	8.5	+0.6 0
219×7.0	219	+1.0 -0.5	7.0	+0.5 0
219×9.5	219	+1.0 -0.5	9.5	+0.8 0

注：其他规格可按用户要求生产。

（续）

（3）物理力学性能

项　目			单位	指标
维卡软化温度		≥	℃	93
环段热压缩力	公称壁厚	8.0～48.0	kN	0.45
≥	e_n/mm	≥8.0		1.26
体积电阻率		≥	Ω·mm	1.0×10^{11}
落锤冲击试验				9/10 通过
纵向回缩率		≤		5%

7.6.4 燃气用埋地聚乙烯管材（GB 15558.1—2003）

（1）用途

用于输送温度 -20～40℃，最大工作压力≤0.4MPa，人工煤气和液化石油气时应选用 SDR11 系列管材（应注意：燃气中芳香烃冷凝液在一定浓度下对管材性能的影响）。

（2）外观质量

管材的颜色应为黄色或黑色，黑色管上应共挤出至少三条黄色色条。色条沿管材圆周方向均匀分布。

目测管材的内外表面应清洁、光滑，不允许有气泡、明显的划伤、凹陷、杂质和颜色不均等缺陷。

（3）常用 SDR17.6 和 SDR11 管材最小壁厚

（单位：mm）

公称外径 d_n	最小壁厚 $e_{y,min}$ SDR17.6	最小壁厚 $e_{y,min}$ SDR11
16	2.3	3.0

（续）

公称外径 d_n	最小壁厚 $e_{y,min}$	
	SDR17.6	SDR11
20	2.3	3.0
25	2.3	3.0
32	2.3	3.0
40	2.3	3.7
50	2.9	4.6
63	3.6	5.8
75	4.3	6.8
90	5.2	8.2
110	6.3	10.0
125	7.1	11.4
140	8.0	12.7
160	9.1	14.6
180	10.3	16.4
200	11.4	18.2
225	12.8	20.5
250	14.2	22.7
280	15.9	25.4
315	17.9	28.6

（续）

公称外径 d_n	最小壁厚 $e_{y,min}$	
	SDR17.6	SDR11
355	20.2	32.3
400	22.8	36.4
450	25.6	40.9
500	28.4	45.5
560	31.9	50.9
630	35.8	57.3

（4）管材的力学性能

性　　能	单位	要　求	试验参数	试验方法
静液压强度(HS)	h	破坏时间≥100	20℃(环应力) PE80 PE100 9.0MPa 12.4MPa	GB/T 6111—2003
		破坏时间≥165	80℃(环应力) PE80 PE100 4.5MPa① 5.4MPa⑤	
		破坏时间≥1000	80℃(环应力) FE80 PE100 4.0MPa 5.0MPa	

（续）

断裂伸长率	%	≥350		GB/T 8804.3—2003
耐候性（仅适用于非黑色管材）		气候老化后，以下性能应满足要求： 热稳定性[2] HS（165h/80℃）（本表） 断裂伸长率（本表）	$E \geqslant 3.5\text{GJ/m}^2$	GB/T 17391 1998 GB/T 6111—2003 GB/T 8804.3—2003
耐快速裂纹扩展（RCP）[3]				
全尺寸（FS）试验：$d_n \geqslant 250$mm 或	MPa	全尺寸试验的临界压力 $p_{e,FS} \geqslant 1.5 \times MOP$	0℃	ISO 13478:1997
S4 试验：适用于所有直径	MPa	S4 试验的临界压力 $p_{e,s4} \geqslant MOP/2.4 - 0.072$[4]	0℃	GB/T 19280—2003

（续）

耐慢速裂纹增长 $e_n > 5mm$	h	165	80℃，0.8MPa（试验压力）⑤ 80℃，0.92MPa（试验压力）⑥	GB/T 18476—2001

① 仅考虑脆性破坏。如果在165h前发生韧性破坏，则按表7选择较低的应力和相应的最小破坏时间重新试验。

② 热稳定性试验，试验前应去除外表面0.2mm厚的材料。

③ RCP试验适合于在以下条件下使用的PE管材：

最大工作压力MOP＞0.01MPa，$d_n \geqslant 250mm$的输配系统；

最大工作压力MOP＞0.4MPa，$d_n \geqslant 90mm$的输配系统。

对于恶劣的工作条件（如温度在0℃以下），也建议做RCP试验。

④ 如果S4试验结果不符合要求，可以按照全尺寸试验重新进行测试，以全尺寸试验的结果作为最终依据。

⑤ PE80，SDR11试验参数。

⑥ PE100，SDR11试验参数。

（5）管材的物理性能

项　　目	单位	性能要求	试验参数	试验方法
热稳定性（氧化锈导时间）	min	＞20	200℃	GB/T 17391—1998
熔体质量流动速率（MFR）	g/10min	加工前后MFR变化＜20%	190℃，5kg	GB/T 3682—2000
纵向回缩率	%	≤3	110℃	GB/T 6671—2001

7.6.5 冷热水用聚丙烯管材(GB/T 18742.2—2002)

(1) 用途　用于工业、民用冷热水、饮用水和采暖系统管路。

(2) 使用条件级别

应用等级	T_D ℃	在 T_D 下的时间 年	T_{max} ℃	在 T_{Dmax} 下的时间 年	T_{mai} ℃	在 T_{mai} 下的时间 h	典型应用范围
级别 1	60	49	80	1	95	100	供应热水 60℃
级别 2	70	49	80	1	95	100	供应热水 70℃
级别 4	20	2.5	70	2.5	100	100	地板采暖和低温散热器采暖
	40	20					
	60	25					
级别 5	20	14	90	1	100	100	高温散热器采暖
	60	25					
	80	10					

注:表中使用条件级别的管道系统应同时满足在20℃/MPa条件下输送冷水50年使用寿命要求。

(续)

(3) 按管成型用材料,使用条件级别和设计压力选择对应的 S 值

1) 均聚聚丙烯(PP-H)管管系列 S 的选择

设计压力 MPa	管系列 S			
	级别 1 $\sigma_d=2.90\text{MPa}$	级别 2 $\sigma_d=1.99\text{MPa}$	级别 4 $\sigma_d=3.24\text{MPa}$	级别 5 $\sigma_d=1.83\text{MPa}$
0.4	5	5	5	4
0.6	4	3.2	5	2.5
0.8	3.2	2.5	4	2
1.0	2.5	2	3.2	—

2) 嵌段共聚聚丙烯(PP-B)管管系列 S 的选择

设计压力 MPa	管系列 S			
	级别 1 $\sigma_d=1.67\text{MPa}$	级别 2 $\sigma_d=1.19\text{MPa}$	级别 4 $\sigma_d=1.95\text{MPa}$	级别 5 $\sigma_d=1.19\text{MPa}$
0.4	4	2.5	4	2.5

（续）

设计压力 MPa	管系列 S			
	级别 1 $\sigma_d = 1.67$MPa	级别 2 $\sigma_d = 1.19$MPa	级别 4 $\sigma_d = 1.95$MPa	级别 5 $\sigma_d = 1.19$MPa
0.6	2.5	2	3.2	2
0.8	2	—	2	—
1.0	—	—	2	—

3）无规共聚聚丙烯（PP-R）管管系列 S 的选择

设计压力 MPa	管系列 S			
	级别 1 $\sigma_d = 3.09$MPa	级别 2 $\sigma_d = 2.13$MPa	级别 4 $\sigma_d = 3.30$MPa	级别 5 $\sigma_d = 1.90$MPa
0.4	5	5	5	4
0.6	5	3.2	5	3.2
0.8	3.2	2.5	4	2
1.0	2.5	2	3.2	—

（续）

（4）管材管系列和规格尺寸　　单位：mm

公称外径 d_n	平均外径		管系列				
			S5	S4	S3.2	S2.5	S2
	$d_{em,min}$	$d_{em,max}$	公称壁厚 e_n				
12	12.0	12.3	—	—	—	2.0	2.4
16	16.0	16.3	—	2.0	2.2	2.7	3.3
20	20.0	20.3	2.0	2.3	2.8	3.4	4.1
25	25.0	25.3	2.3	2.8	3.5	4.2	5.1
32	32.0	32.3	2.9	3.6	4.4	5.4	6.5
40	40.0	40.4	3.7	4.5	5.5	6.7	8.1
50	50.0	50.5	4.6	5.6	6.9	8.3	10.1
63	63.0	63.6	5.8	7.1	8.6	10.5	12.7
75	75.0	75.7	6.8	8.4	10.3	12.5	15.1
90	90.0	90.9	8.2	10.1	12.3	15.0	18.1
110	110.0	111.0	10.0	12.3	15.1	18.3	22.1
125	125.0	126.2	11.4	14.0	17.1	20.8	25.1
140	140.0	141.3	12.7	15.7	19.2	23.3	28.1
160	160.0	161.5	14.6	17.9	21.9	26.6	32.1

（续）

（5）壁厚的偏差 单位：mm

公称壁厚 e_n	公许偏差	公称壁厚 e_n	公许偏差	公称壁厚 e_n	公许偏差
$1.0 < e_n \leqslant 2.0$	$^{+0.3}_{0}$	$12.0 < e_n \leqslant 13.0$	$^{+1.4}_{0}$	$23.0 < e_n \leqslant 24.0$	$^{+2.5}_{0}$
$2.0 < e_n \leqslant 3.0$	$^{+0.4}_{0}$	$13.0 < e_n \leqslant 14.0$	$^{+1.5}_{0}$	$24.0 < e_n \leqslant 25.0$	$^{+2.6}_{0}$
$3.0 < e_n \leqslant 4.0$	$^{+0.5}_{0}$	$14.0 < e_n \leqslant 15.0$	$^{+1.6}_{0}$	$25.0 < e_n \leqslant 26.0$	$^{+2.7}_{0}$
$4.0 < e_n \leqslant 5.0$	$^{+0.6}_{0}$	$15.0 < e_n \leqslant 16.0$	$^{+1.7}_{0}$	$26.0 < e_n \leqslant 27.0$	$^{+2.8}_{0}$
$5.0 < e_n \leqslant 6.0$	$^{+0.7}_{0}$	$16.0 < e_n \leqslant 17.0$	$^{+1.8}_{0}$	$27.0 < e_n \leqslant 28.0$	$^{+2.9}_{0}$
$6.0 < e_n \leqslant 7.0$	$^{+0.8}_{0}$	$17.0 < e_n \leqslant 18.0$	$^{+1.9}_{0}$	$28.0 < e_n \leqslant 29.0$	$^{+3.0}_{0}$
$7.0 < e_n \leqslant 8.0$	$^{+0.9}_{0}$	$18.0 < e_n \leqslant 19.0$	$^{+2.0}_{0}$	$29.0 < e_n \leqslant 30.0$	$^{+3.1}_{0}$
$8.0 < e_n \leqslant 9.0$	$^{+1.0}_{0}$	$19.0 < e_n \leqslant 20.0$	$^{+2.1}_{0}$	$30.0 < e_n \leqslant 31.0$	$^{+3.2}_{0}$
$9.0 < e_n \leqslant 10.0$	$^{+1.1}_{0}$	$20.0 < e_n \leqslant 21.0$	$^{+2.2}_{0}$	$31.0 < e_n \leqslant 32.0$	$^{+3.3}_{0}$
$10.0 < e_n \leqslant 11.0$	$^{+1.2}_{0}$	$21.0 < e_n \leqslant 22.0$	$^{+2.3}_{0}$	$32.0 < e_n \leqslant 33.0$	$^{+3.4}_{0}$
$11.0 < e_n \leqslant 12.0$	$^{+1.3}_{0}$	$22.0 < e_n \leqslant 23.0$	$^{+2.4}_{0}$		

（续）

（6）管材的物理力学性能

项　目	材料	试验参数			试样数量	指标
		试验温度/℃	试验时间/h	静液压应力/MPa		
纵向回缩率	PP-H	150 ±2	$e_n \leqslant 8mm$:1 $8mm < e_n \leqslant 16mm$:2 $e_n > 16mm$:4	—	3	≤2%
	PP-B	150 ±2		—		
	PP-R	150 ±2		—		
简支梁冲击试验	PP-H	23 ±2	—		10	破损率＜试样的10%
	PP-B	0 ±2				
	PP-R	0 ±2				
静液压试验	PP-H	20	1	21.0	3	无破裂无渗漏
		95	22	5.0		
		95	165	4.2		
		95	1000	3.5		

（续）

项　目	材料	试　验　参　数			试样数量	指标
		试验温度/℃	试验时间/h	静液压应力/MPa		
静液压试验	PP-B	20	1	16.0	3	无破裂 无渗漏
		95	22	3.4		
		95	165	3.0		
		95	1000	2.6		
	PP-R	20	1	16.0	3	
		95	22	4.2		
		95	165	3.8		
		95	1000	3.5		

（续）

（7）PP-R 管的性能要求与试验方法

项　　目	试验方法	试样数	指　　标
平均外径	GB/T 8806		允许偏差 0～10%
壁厚	GB/T 8806		允许偏差 0～10%
纵向回缩率	GB/T 6671—2001(B)	3	≤2%
简支梁冲击试验	GB/T 18743	10	破损率小于试样数的 10%
静压试验	GB/T 6111(a 形封头)	3	无破裂,无渗漏
熔体流动速率	GB/T 3682	3	变化率≤原料值的 30%

7.6.6　建筑用绝缘电工套管(JG 3050—1998)

（1）用途

用于建筑物或构筑物保护电线或电缆布线用管,使用环境温度 -15～60℃。

（续）

（2）聚氯乙烯电线套管性能指标

项目		指标	备注
抗压性能		载荷 1min 时 $D_f \leqslant 25\%$ 卸荷 1min 时 $D_f \leqslant 10\%$	外径变化率 $D_i = \frac{受压前外径-受压后外径}{受压前外径} \times 100\%$
冲击性能		12 个试件中至少 10 个不坏、不裂	
弯曲性能		无可见裂纹	
弯扁性能		量规自重通过	
跌落性能		无震裂、破碎	
耐热性能		$D_i \leqslant 2mm$	
阻燃性能	自熄时间	$t_t \leqslant 30s$	
	氧指数	OI≥32	按 GB/T 2406 规定测试
电气性能		15min 内不击穿，$R \geqslant 100M\Omega$	

（续）

（3）PVC 套管规格尺寸　　（单位：mm）

外径	外径极限偏差	最小内径		硬质套管最小壁厚	未制螺纹
		硬质套管	半硬质波纹套管		
16	0 -0.3	12.2	10.7	1.0	M16×1.5
20	0 -0.3	15.8	14.1	1.1	M20×1.5
25	0 -0.4	20.6	18.3	1.3	M25×1.5
32	0 -0.4	26.6	24.3	1.5	M32×1.5
40	0 -0.4	34.4	31.2	1.9	M40×1.5
50	0 -0.5	43.2	39.6	2.2	M50×1.5
63	0 -0.6	57.0	52.6	2.7	M63×1.5

注：1. 硬质套管长度 $4^{+0.005}_{0}$ m，也可按用户要求商定。

2. 半硬质或波纹管长度 25～100m。

7.6.7 丙烯腈-丁二烯-苯乙烯管(HG 21561—1994)

(1) 用途：

用于热空气导管、船舶行业的给水和排水管、以及输送有一定温度和压力的化学腐蚀性液体。应在环境温度 -20 ~ 70℃的室内使用。

(2) 管材的公称外径及壁厚尺寸

公称直径 d_n/mm	外径及公差 D/mm	PN=0.6MPa		PN=1.0MPa	
		壁厚及公差 δ/mm	近似质量 /(kg/m)	壁厚及公差 δ/mm	近似质量 /(kg/m)
15	20 ±0.2			2.0 ±0.4	0.12
20	25 ±0.2			2.0 ±0.4	0.15
25	32 ±0.2			2.4 ±0.5	0.23
32	40 ±0.2	2.0 ±0.4	0.25	3.0 ±0.5	0.37
40	50 ±0.2	2.4 ±0.5	0.38	3.7 ±0.6	0.57
50	63 ±0.2	3.0 ±0.5	0.59	4.7 ±0.7	0.90
65	75 ±0.3	3.6 ±0.6	0.85	5.5 ±0.8	1.26

（续）

公称直径 d_n/mm	外径及公差 D/mm	$PN=0.6$MPa		$PN=1.0$MPa	
		壁厚及公差 δ/mm	近似质量 /(kg/m)	壁厚及公差 δ/mm	近似质量 /(kg/m)
80	90 ±0.3	4.3 ±0.7	1.22	6.6 ±0.8	1.82
100	110 ±0.3	5.3 ±0.8	1.83	8.1 ±1.1	2.72
125	140 ±0.3	6.7 ±0.9	2.95	10.3 ±1.3	4.41
150	160 ±0.3	7.7 ±1.0	3.87	11.8 ±1.4	5.77
200	225 ±0.3	10.8 ±1.3	7.83	16.6 ±1.9	11.41

（3）管材和管件的工作压力与温度的关系

公称压力 PN/MPa	工作温度/℃						
	10	20	30	40	50	60	70
	工作压力/MPa						
0.6	0.6	0.6	0.6	0.54	0.49	0.44	0.35
1.0	1.0	1.0	1.0	0.91	0.81	0.74	0.66

（续）

（4）管材材质的物理、力学性能指标

项　　目	指标	试验方法	项　　目	指标	试验方法
平均密度/(g/cm^3)	1.03～1.07	GB 1033	洛氏硬度	98～108	GB 9342
拉伸强度/MPa	35～45	GB 1040	热变形温度/℃	≥86	GB 1634
弯曲强度/MPa	52～69	GB 9341	维卡软化温度/℃	≥94	GB 1633
冲击强度(缺口23℃)/(kJ/m^2)	9～30	GB 1843			

7.7　塑料薄膜

7.7.1　软聚氯乙烯压延薄膜和片材(GB/T 3830—2008)

（1）用途与分类

按用途分类	主　要　用　途
雨衣用薄膜	用于雨衣、雨具，也可加工成印花雨膜
民杂用薄膜	用于加工书皮、封套、票夹、购物手提袋及包装用膜
印花用薄膜	用于印花薄膜
农业用薄膜	用于农、盐田的覆盖或铺垫、地膜、大棚膜等
工业用薄膜	用于防水、防渗及各种普通工业品的包装
玩具用薄膜	加工充气塑料玩具等

（续）

（2）厚度及偏差　　（单位：mm）

膜厚度	极限偏差	膜厚度	极限偏差
0. 10 ~ 0. 19	±0. 02	0. 25 ~ 0. 39	±0. 03
0. 20 ~ 0. 24	±0. 03	0. 40 ~ 0. 45	±0. 04

（3）宽度及偏差　　（单位：mm）

幅度	极限偏差	幅度	极限偏差
<1000	±10	≥1000	±25

（4）外观

项　　目	指　　标	项　　目	指　　标
色泽	均匀	穿孔	不允许
花纹	清晰、均匀	永久性皱褶	不允许
冷疤	不明显	卷端面错位/mm	≤5
气泡	不明显	收卷	平整
喷霜	不明显		

（续）

（5）雨衣膜、民杂膜、民杂片、印花膜、玩具膜、农业膜、工业膜物理力学性能

项目		指标						
		雨衣膜	民杂膜	民杂片	印花膜	玩具膜	农业膜	工业膜
拉伸强度/MPa	纵向	≥13.0	≥13.0	≥15.0	≥11.0	≥16.0	≥16.0	≥16.0
	横向							
断裂伸长率/%	纵向	≥150	≥150	≥180	≥130	≥220	≥210	≥200
	横向							
低温伸长率/%	纵向	≥20	≥10	—	≥8	≥20	≥22	≥10
	横向							
直角撕裂强度/(kN/m)	纵向	≥30	≥40	≥45	≥30	≥45	≥40	≥40
	横向							

（续）

项目		指标						
		雨衣膜	民杂膜	民杂片	印花膜	玩具膜	农业膜	工业膜
尺寸变化率/%	纵向	≤7	≤7	≤5	≤7	≤6	—	—
	横向							
加热损失率/%		≤5.0	≤5.0	≤5.0	≤5.0	—	≤5.0	≤5.0
低温冲击性/%		—	≤20	≤20	—	—	—	—
水抽出率/%		—	—	—	—	—	≤1.0	—
耐油性		—	—	—	—	—	—	不破裂

注:低温冲击性属供需双方协商确定的项目,测试温度由供需双方协商确定,其试验方法见附录A。

7.7.2 软聚氯乙烯吹塑薄膜(QB/T 1257—1991(2009))

(1) 厚度及偏差 (单位:mm)

厚度	极限偏差			
	农业用		工业用	
	一等品	合格品	一等品	合格品
0.04	—	—	+0.020 -0.010	+0.025 -0.010
0.06	+0.020 -0.010	+0.025 -0.015	+0.020 -0.010	+0.025 -0.015
0.08	±0.020	+0.025 -0.020	±0.020	±0.025
0.10	±0.020	±0.025	±0.020	±0.025
0.12	±0.025	±0.030	±0.025	±0.030
0.14	—	—	±0.030	±0.035
0.16	—	—	±0.030	±0.035
0.18	—	—	±0.035	±0.040
0.22	—	—	±0.040	±0.045

（续）

（2）宽度及偏差　　（单位:mm）

幅宽（折径）	农业用		幅宽（折径）	工业用	
	一等品	合格品		一等品	合格品
700 ~ 1000	±15	±20	≤200	±3	—
>1000	±20	±25	201 ~ 300	±5	—
			30 ~ 400	±5	±8
			401 ~ 800	±10	±15
			801 ~ 1000	±15	±20
			>1000	±20	±25

（3）物理力学性能

项　目		工业用膜指标	农业用膜指标
拉伸强度（纵/横）/MPa	≥	18	18
断裂伸长率（纵/横）（%）	≥	180	200
低温伸长率（纵/横）（<15℃）（%）	≥	5	15
直角撕裂强度（纵/横）/（kN/m）	≥	40	50

（4）外观要求

指标名称	要　求
“水纹”和“云雾”	不允许有严重的“水纹”和“云雾”
气泡、穿孔及破裂	不允许

（续）

指标名称	要　求
黑点和杂质	不允许有 0.6mm 以上的黑点和杂质存在。0.3 ~0.6mm 的黑点和杂质的允许量不得超过 20 个/m^2，分散度不得超过 8 个/(10×10)cm^2
鱼眼和僵块	0.6mm 以上的鱼眼和僵块其分散度不得超过 25 个/(10×10)cm^2
分解线	不允许
挂料线	不允许有在室温下平撕成直线的挂料线存在
平整性	允许有少量活褶
厚道	不得多于两条，其超差数：厚度小于 0.06mm 的薄膜，不得超过 0.015mm；厚度大于 0.06mm 的薄膜，不得超过 0.025mm，每条厚道的宽度不得大于 20mm
端面错位	农业用薄膜端面错位不得超过 60mm，工业用薄膜端面基本齐整
“起霜”现象	不允许
粘闭性	能揭开

7.7.3 农业用聚乙烯吹塑棚膜(GB 4455—2006)

(1) 物理力学性能

项 目	A类		B、C类	
	$\delta<$ 0.060	$\delta\geq$ 0.060	$\delta\leq$ 0.080	$\delta>$ 0.080
拉伸强度(纵、横向)/MPa	≥14	≥14	≥16	≥16
断裂伸长率(纵、横向)/(%)	≥230	≥300	≥300	≥320
直角撕裂强度(纵、横向)/(kN/m)	≥55	≥55	≥60	≥60
人工加速老化后纵向断裂伸长率/(%)	—	—	≥200	≥220

(2) 宽度偏差

宽度/mm	宽度偏差/(%)
≤4000	+3.0, -2.0
4001~8000	+3.0, -1.0
>8000	+2.5, -1.0

(3) 厚度极限偏差及厚度平均偏差

项 目		$\delta\leq$ 0.040	0.040 < $\delta<$ 0.060	0.060 ≤ $\delta\leq$ 0.080	$\delta>$ 0.080
厚度极限偏差/(%)		±35	±30	±28	±25
厚度平均偏差/(%)	幅宽≤8000mm	±12		±10	
	幅宽>8000mm	±12			

注:δ为厚度。

7.7.4 包装用聚乙烯吹塑薄膜(GB/T 4456—2008)

(1) 分类

按原料种类不同分为 PE-LD 薄膜、PE-LLD 薄膜、PE-MD 薄膜、PE-LD/PE-LLD 薄膜

(2) 宽度偏差　　(单位:mm)

宽度(折径)	偏　差
<100	±4
100~500	±10
501~1000	±20
>1000	±25

(3) 厚度偏差

厚度/mm	厚度极限偏差/mm	厚度平均偏差(%)
<0.025	±0.008	±15
0.025~0.050	±0.015	±14
0.051~0.100	±0.025	±12
>0.100	±0.040	±10

(4) 物理力学性能

项　目	PE-LD 薄膜	PE-LLD 薄膜	PE-MD 薄膜	PE-HD 薄膜	PE-LD/PE-LLD 薄膜
拉伸强度(纵横向)/MPa	≥10	≥14	≥10	≥25	≥11

（续）

项目		PE-LD 薄膜	PE-LLD 薄膜	PE-MD 薄膜	PE-HD 薄膜	PE-LD/PE-LLD 薄膜
断裂标称应变（纵横向）（%）	厚度 <0.050mm	≥130	≥230	≥100	≥180	≥100
	厚度 ≥0.050mm	≥200	≥280	≥150	≥230	≥150
落镖冲击	不破裂样品数≥8 为合格，PE-MD 薄膜不要求					

注：其他共混材料的物理力学性能要求由供需双方协商。

（5）聚乙烯食品包装用膜的卫生标准理化指标（GB 9687—1988）

项目		指标
蒸发残渣/(mg/L)		
4%醋酸(60℃,2h)	≤	30
65%乙醇(20℃,2h)	≤	30
正己烷(20℃,2h)	≤	60
高锰酸钾消耗量/(mg/L)		
(60℃,2h)	≤	10
重金属(以 Pb 计)/(mg/L)		
4%醋酸(60℃,2h)	≤	1
脱色试验		
乙醇		阴性
冷餐油或无色油脂		阴性
浸泡液		阴性

7.7.5 液体包装用聚乙烯吹塑薄膜（QB 1231—1991（2009））

（1）用途

可用于各类自动灌装机包装牛奶、豆奶、酱油、豆腐、饮料，不宜用于食醋、油酯的包装

（2）规格尺寸

宽度		厚度						
基本尺寸/mm	极限偏差/mm	基本尺寸/mm	极限偏差（%）			平均偏差（%）		
			优等品	一等品	合格品	优等品	一等品	合格品
320	+2	0.07～0.09	±10	±12	±15	±6	±8	±10
240	+1							

（3）外观质量

项目		优等品	合格品
水纹及云雾		不明显	较明显
气泡穿孔及破裂		不允许	
表面划痕和污染		不允许	
条纹		不明显	较明显
鱼眼和僵块 个/m^2	>2mm	不允许	不允许
	0.6～2mm	≤15	≤20
	分散度，个/10cm×10cm	≤5	≤8
杂质 个/m^2	>0.6mm	不允许	不允许
	0.3～0.6mm	≤4	≤5
	分散度，个/10cm×10cm	≤2	≤3
平整度		膜表面不允许有明显活褶	

（续）

（4）物理力学性能

项　目		优等品	一等品	合格品
拉伸强度（纵、横向）/MPa		≥20	≥18	≥16
断裂伸长率（%）	纵向	≥450	≥400	≥340
	横向	≥700	≥600	≥500
热合强度/（N/15mm）			≥8	
动摩擦系数（内、外层）			≤0.35	
落镖冲击试验			合格	
水蒸气透过率/[g/（m^2·24h）]			≤8.0	
氧气透过率/[cm^3/（m^2·24h·0.1MPa）]			≤2500	

7.7.6　聚丙烯吹塑薄膜（QB/T 1956—1994（2009））

（1）薄膜厚度与偏差　　（单位：mm）

厚　度	极限偏差		
	优等品	一等品	合格品
≤0.010	+0.003 -0.002	±0.004	±0.005
0.011～0.020	+0.004 -0.003	±0.005	±0.007

（续）

厚　度	极　限　偏　差		
	优等品	一等品	合格品
0.021～0.030	±0.005	±0.007	±0.009
0.031～0.040	±0.006	±0.009	±0.012
0.041～0.050	±0.008	±0.011	±0.014
0.051～0.060	±0.009	±0.013	±0.016
0.061～0.080	±0.010	±0.015	±0.018
>0.080	±0.011	±0.018	±0.022

（2）薄膜幅宽及偏差要求　（单位：mm）

宽度（折径）	优等品	一等品	合格品
<100	±1	±2	±3
101～300	±2	±3	±3
301～500	±2	±3	±4
>500	±3	±4	±5

（3）物理力学性能

项　目		指　标
拉伸强度（纵/横）/MPa		≥20
断裂伸长率（纵/横）/%		≥350
直角撕裂强度（纵/横）/（N/mm）		≥80
雾度/%	厚度<0.03mm	≤5.5
	厚度0.03～0.05mm	≤6.0

（4）食品包装用聚丙烯薄膜卫生标准指标（GB 9688—1988）

项　目		指　标
蒸发残渣/（mg/L）		
4%乙酸，60℃，2h	≤	30
正乙烷，20℃，2h	≤	30

（续）

项　　目		指　　标
高锰酸钾消耗量/(mg/L)		
水,60℃,2h	≤	10
重金属(以 Pb 计)/(mg/L)		
4%乙酸,60℃,2h	≤	1
脱色试验		
冷餐油或无色油脂		阴性
乙醇		阴性
浸泡液		阴性

7.7.7 双向拉伸聚苯乙烯片材(GB/T 16719—2008)

(1) 产品规格:片材的厚度为0.100~0.700mm。特殊规格由供需双方商定。

(2) 厚度偏差

公称厚度/mm	偏差/%
0.100~0.250	±7
0.251~0.400	±6
0.401~0.700	±5

(3) 物理力学性能

项　　目	要求
拉伸强度(纵、横向)/MPa	≥55.0
断裂伸长率(纵、横向)/%	≥3.0
防雾性①/级	≥3
透光率②/%	≥90.0
雾度③/%	≤2.0
润湿张力③/(mN/m)	≥40.0

①适用于透明防雾片材。
②适用于透明片材。
③适用于经电晕处理未涂膜的片材。

（续）

（4）外观质量

项　　目		要　求
裂纹、折痕、划痕、穿孔		不允许
条纹、暴筋、变形		轻微，不影响使用
气泡 个/(30cm×30cm)	直径≤1mm	≤3
	直径>1mm	不允许
异点 个/(30cm×30cm)	粒径 0.5mm~1mm	≤3
	粒径>1mm	不允许
卷筒表观		表面光洁
每卷接头数		允许1个，每段长度不小于50m，每批有接头的卷数不超过10%
端面		平整度在±5mm内，且平缓过渡
卷筒管芯端部		不允许有影响使用的缺陷

7.7.8　包装用双向拉伸聚酯薄膜（GB/T 16958—2008）

（1）聚酯膜厚度偏差

公称厚度/μm	平均厚度偏差(%)		厚度偏差(%)	
	优等品	合格品	优等品	合格品
≤9	±3	±4	±6	±10
>9	±2	±3	±5	±10

（续）

（2）外观质量

项　目		要　求
裂纹、折痕、划痕、穿孔		不允许
条纹、暴筋、变形		轻微，不影响使用
气泡个/（30cm×30cm）	直径≤1mm	≤3
	直径>1mm	不允许
异点个/（30cm×30cm）	粒径 0.5mm～1mm	≤3
	粒径>1mm	不允许
卷筒表观		表面光洁
每卷接头数		允许1个，每段长度不小于50m，每批有接头的卷数不超过10%
端面		平整度在±5mm内，且平缓过渡
卷筒管芯端部		不允许有影响使用的缺陷

（3）物理力学性能

项　目		要　求	
		公称厚度/μm	
		<75	≥75
拉伸强度/MPa	纵向[①]	≥170	≥150
	横向[②]	≥170	≥150

（续）

<table>
<tr><td colspan="2" rowspan="3">项　目</td><td colspan="2">要　求</td></tr>
<tr><td colspan="2">公称厚度/μm</td></tr>
<tr><td><75</td><td>≥75</td></tr>
<tr><td rowspan="2">断裂伸长率(%)</td><td>纵向</td><td colspan="2">≤200</td></tr>
<tr><td>横向</td><td colspan="2">≤200</td></tr>
<tr><td rowspan="2">热收缩率(%)</td><td>纵向</td><td colspan="2">≤3.0</td></tr>
<tr><td>横向</td><td colspan="2">≤3.0</td></tr>
<tr><td colspan="2">灰度(%)</td><td colspan="2">≤8.0</td></tr>
<tr><td colspan="2">光泽度(%)</td><td colspan="2">≥100</td></tr>
<tr><td rowspan="2">摩擦系数</td><td>静</td><td colspan="2">≤0.65</td></tr>
<tr><td>动</td><td colspan="2">≤0.55</td></tr>
<tr><td colspan="2">润湿张力③/(mN/m)</td><td colspan="2">≥48</td></tr>
<tr><td colspan="2">氧气透过系数④(23℃,相对湿度0%)/[cm·cm(cm^2·S·Pa)]</td><td colspan="2">≤2.25×10^{-15}</td></tr>
<tr><td colspan="2">水蒸汽透过系数④(38℃,相对湿度90%)/[g·0.1mm/(m^2·24h)]</td><td colspan="2">≤6.6</td></tr>
</table>

①纵向同挤出方向，即机向。

②横向垂直于挤出方向。

③润湿张力项目仅适用于电晕薄膜。

④氧气透过系数水蒸气透过系数试验适用于有阻隔性聚酯膜。

7.8 其他塑料制品

7.8.1 硬质聚氯乙烯板材(GB/T 22789.1—2008)

(1) 厚度的极限偏差:一般用途(T_1)

厚度 d/mm	极限偏差(%)	
	层压板材	挤出板材
$1 \leqslant d \leqslant 5$	±15	±13
$5 \leqslant d \leqslant 20$	±10	±10
$20 < d$	±7	±7

注:压花板材厚度偏差由当事双方协商确定。

(2) 厚度的极限偏差:特殊用途(T_2)

名　称	极限偏差/mm
层压板材	±(0.1 +0.05 ×厚度)
挤出板材	±(0.1 +0.03 ×厚度)

注:压花板材厚度偏差由当事双方协商确定。

（续）

（3）基本性能

性　　能	试验方法	单位	层压板材				
			第 1 类 一般用途级	第 2 类 透明级	第 3 类 高模量级	第 4 类 高抗冲级	第 5 类 耐热级
拉伸屈服应力	GB/T 1040.2 Ⅰ B 型	MPa	≥50	≥45	≥60	≥45	≥50
拉伸断裂伸长率	GB/T 1040.2 Ⅰ B 型	%	≥5	≥5	≥8	≥10	≥8
拉伸弹性模量	GB/T 1040.2 Ⅰ B 型	MPa	≥2500	≥2500	≥3000	≥2000	≥2500
缺口冲击强度（厚度小于 4mm 的板材不做缺口冲击强度）	GB/T 1043.1 1epA 型	kJ/m^2	≥2	≥1	≥2	≥10	≥2

（续）

性　能	试验方法	单位	层压板材				
			第 1 类 一般用途级	第 2 类 透明级	第 3 类 高模量级	第 4 类 高抗冲级	第 5 类 耐热级
维卡软化温度	ISO 306:2004 方法 B50	℃	≥75	≥65	≥78	≥70	≥90
加热尺寸变化率	根据 6.5.2	%	-3 ~ +3				
层积性（层间剥离力）	根据 6.5.2		无气泡、破裂或剥落（分层剥离）				
总透光率（只适用于第 2 类）	ISO 13468-1	%	厚度：$d \leqslant 2.0$mm　≥82 $2.0\text{mm} < d \leqslant 6.0$mm：≥78 $6.0\text{mm} < d \leqslant 10.0$mm：≥75 $d > 10.0$mm：—				

（续）

性　能	试验方法	单位	挤出板材				
			第 1 类 一般用途级	第 2 类 透明级	第 3 类 高模量级	第 4 类 高抗冲级	第 5 类 耐热级
拉伸屈服应力	GB/T 1040.2 I B 型	MPa	≥50	≥45	≥60	≥45	≥50
拉伸断裂伸长率	GB/T 1040.2 I B 型	%	≥8	≥5	≥3	≥8	≥10
拉伸弹性模量	GB/T 1040.2 I B 型	MPa	≥2500	≥2000	≥3200	≥2300	≥2500
缺口冲击强度（厚度小于 4mm 的板材不做缺口冲击强度）	GB/T 1043.1 1epA 型	kJ/m^2	≥2	≥1	≥2	≥5	≥2
维卡软化温度	ISO 306:2004 方法 B50	℃	≥70	≥60	≥70	≥70	≥85

（续）

性能	试验方法	单位	挤出板材				
			第1类 一般用途级	第2类 透明级	第3类 高模量级	第4类 高抗冲级	第5类 耐热级
加热尺寸变化率	根据6.5.2	%	厚度：1.0mm≤d≤2.0mm −10～+10 2.0mm<d≤5.0mm：−5～+5 5.0mm<d≤10.0mm：−4～+4 d>10.0mm：−4～+4				
层积性（层间剥离力）	根据6.5.2		—				
总透光率（只适用于第2类）	ISO 13468-1	%	厚度：d≤2.0mm ≥82 2.0mm<d≤6.0mm：≥78 6.0mm<d≤10.0mm：≥75 d>10.0mm：—				

注：压花板材的基本性能由当事双方协商确定。

7.8.2 聚乙烯挤出板材(QB/T 2490—2000(2009))

(1) 板材的规格和极限偏差 (单位:mm)

项 目	规 格	极限偏差
厚度(s)	2~8	±(0.08+0.03s)
宽度	≥1000	±5
长度	≥2000	±10
对角线最大差值	每1000边长	≤5

注:卷状板材不测定对角线最大差值。

(2) 外观质量要求是:板材表面应光洁平整,不允许有气泡、裂纹、明显杂质、凹痕和色痕。

(3) 凡用于食具、包装容器及食品工业器具的聚乙烯板材,其卫生标准应符合GB 9687的规定。

(4) 聚乙烯板的力学性能指标

项 目	指 标			
密度/(g/cm^3)	0.919~0.925		0.940~0.960	
拉伸屈服强度(纵、横向)/MPa	≥7.00		≥22.00	
简支梁冲击强度(纵、横向)/(kJ/m^2)	无破裂		18.00	
板材厚度/mm	2	4	6	8
纵向尺寸变化率(%)	≤60	≤50	≤40	≤35

7.8.3 高抗冲聚苯乙烯挤出板材（QB/T 1869—1993（2009））

（1）规格尺寸

项目		极限偏差（%）		
		优等品	一等品	合格品
厚度/mm	<3.0	±5	±6	±10
	3.0～5.0	±4	±5	±7
	5.1～10.0	±3.5	±4.5	±6
长度和宽度/mm		±0.5	±1	±3
对角线差值/mm		2	3	5

（2）外观质量

项目	指标		
	优等品	一等品	合格品
气泡、凹凸、裂痕	不允许		
污点、亏料痕、划痕	不允许	轻微	
色差	色泽一致	基本一致	
表面	光滑平滑		
杂质、黑点	不影响使用		

注：一般为白色，其他颜色由供需双方商定。

（续）

（3）技术指标

项　　目	指　　标		
	优等品	一等品	合格品
拉伸屈服强度(纵、横向)/MPa	≥14	≥12	≥10
冲击韧度(纵、横向)/(J/m^2)	≥55	≥49	≥45
球压痕硬度/MPa	≥75	≥65	≥55
维卡软化点/℃	≥85	≥80	≥70
加热尺寸变化率(纵、横向)(%)	4～-15	4.5～-18	5～-20

7.8.4　丙烯腈-丁二烯-苯乙烯塑料挤出板材(GB/T 10009—1988)

（1）产品品种

级别	用　　途
通用级	用于真空成型加工的容器、外壳、家具等用途的材料
高冲级	用于加工高冲击性能的汽车零件、路灯标、机械零件等用途的材料
耐热级	用于加工要求耐热性的电机零件、浴室器件等用途的材料

（续）

（2）规格尺寸

长度/mm	≤500 ±0.5%　　>500 ±0.3%
厚度(h)/mm	1～10 ±(0.05 ±0.03h)
外观质量	板材表面应光滑平整，不允许有影响使用的波纹、亏料痕、划痕、黑点和杂质；不允许有气泡、裂纹

注：同一块板上对角线最大差值不允许超过5mm。

（3）技术指标

测试项目	通用级	高冲级	耐热级
拉伸屈服强度(纵、横)/MPa　≥	32	35	39
冲击强度(IZOD)/(J/m)(纵、横)　≥	88	118	59
球压痕硬度/MPa　≥	65	63	70
维卡软化温度/℃　≥	80	80	90
尺寸变化率(纵、横)(%)	-20.0～+5.00		

7.8.5 聚四氟乙烯板材(QB/T 3625—1999(2009))

（1）规格尺寸　　（单位：mm）

厚度	宽　度	长度
0.5 0.6	60,90,120,150,200,250,300,600,1000,1200,1500	≥500

（续）

厚度	宽　度	长度
0.7 0.8 0.9 1.0	60,90,120,150,200,250,300,600,1000,1200,1500	≥500
1.0	120	120
	160	160
	200	200
	250	250
1.2	60,90,120,150,200,250,300,600,1000,1500	≥500
	120	120
	160	160
	200	200
	250	250
1.5	60,90,120,150,200,250,300,600,1000,1200,1500	≥300
	120	120
	160	160
	200	200
	250	250
2.0	60,90,120,150,200,250,300	≥500
2.5	600,1000,1200,1500	

（续）

厚度	宽　　度	长度
2.0	120 160 200 250 300 400 450	120 160 200 250 300 400 450
2.5	120 160 200 250	120 160 200 250
3.0 4.0 5.0 6.0 7.0 8.0 9.0 10.0 11.0 12.0 13.0 14.0 15.0	120 160 200 300 400 450	120 160 200 300 400 450

（续）

厚度	宽　　度	长度
16,17 18,19 20,22 24,26 28,30 32,34 36,38 40,45 50,55 60,65 70,75	120 160 200 300 400 450	120 160 200 300 400 450
80 85 90 95 100	300 400 450	300 400 450

(2) 外观质量

项目	指　　标
颜色	板材的颜色为树脂本色
板材表面	1)板材表面应光滑,不允许有裂纹、气泡、分层,不允许有影响使用的机械损伤、板面刀痕等缺陷

（续）

项目	指　　标
板材表面	2)SFB-1:不允许夹带金属杂质,但允许在10cm×10cm的面积上存在直径为0.1~0.5mm非金属杂质不超过1个,直径为0.5~2mm的非金属杂质不超过1个
	3)SFB-2和SFB-3:板面允许在10cm×10cm的面积上存在直径为0.5mm金属杂质不超过1个,直径为0.5~2mm非金属杂质不超过3个,直径为2~3mm斑点不超过1个

（3）性能

项　　目	指　　标		
	SFB-1	SFB-2	SFB-3
密度/(g/cm^3)	2.10~2.30	2.10~2.30	2.10~2.30
拉伸强度/MPa　≥	15.0	15.0	15.0
断裂伸长率(%)　≤	150	150	30
耐电压/(kV/mm)	10	—	—
用　　途	用作电器绝缘	用作腐蚀介质中的衬垫、密封件及润滑材料	用作腐蚀介质中的隔膜与视镜

7.8.6 聚酰胺 1010 棒材

（1）用途　用于切削加工制作成螺母、轴套、垫圈、齿轮、密封圈等机械零件，以代替铜和其他金属制件。

（2）规格尺寸

<table>
<tr><th>棒材公称直径
/mm</th><th>允许偏差
/mm</th><th>棒材公称直径
/mm</th><th>允许偏差
/mm</th></tr>
<tr><td>10</td><td>+1.0
0</td><td>60</td><td rowspan="2">+3.0
0</td></tr>
<tr><td>12</td><td rowspan="2">+1.5
0</td><td>70</td></tr>
<tr><td>15</td><td>80</td><td rowspan="3">+4.0
0</td></tr>
<tr><td>20</td><td rowspan="2">+2.0
0</td><td>90</td></tr>
<tr><td>25</td><td>100</td></tr>
<tr><td>30</td><td rowspan="3">+3.0
0</td><td>120</td><td rowspan="3">+5.0
0</td></tr>
<tr><td>40</td><td>140</td></tr>
<tr><td>50</td><td>160</td></tr>
</table>

（3）技术指标

项　　目	指　　标
密度/(g/cm^3)	1.04 ~ 1.05
拉伸屈服强度/MPa　≥	49 ~ 59

（续）

项 目			指 标
断裂强度/MPa		≥	41 ~ 49
相对伸长率(%)		≥	160 ~ 320
拉伸弹性模量/MPa		≥	$0.18\times10^4 \sim 0.22\times10^4$
弯曲强度/MPa		≥	67 ~ 80
弯曲弹性模量/MPa		≥	$0.11\times10^4 \sim 0.14\times10^4$
压缩强度/MPa		≥	46 ~ 56
剪切强度/MPa		≥	39 ~ 41
布氏硬度 HBS		≥	7.3 ~ 8.5
冲击强度/(J/cm^2) ≥	缺口		1.47 ~ 2.45
	无缺口		不断

7.8.7 聚四氟乙烯棒材(QB/T 4041—2010)

（1）用途 用作各种腐蚀性介质中工作的衬垫、密封件和润滑材料，以及在各种频率下使用的电绝缘零件。

（2）棒材的外形尺寸及允许偏差 （单位:mm）

直径	直径的允许偏差	长度	长度的允许偏差
3.0	$^{+0.4}_{0}$	≥100	$^{+5}_{0}$
4.0			

（续）

直径	直径的允许偏差	长度	长度的允许偏差
5.0	+0.4 0	≥100	+5 0
6.0			
7.0	+0.6 0		
8.0			
9.0			
10.0			
11.0			
12.0			
13.0	+0.7 0		
14.0			
15.0			
16.0			
17.0			
18.0			
20.0	+1.0 0		
22.0			
25.0			
30.0	+1.5 0		

（续）

直径	直径的允许偏差	长度	长度的允许偏差
35.0	+1.5 0	≥100	+5 0
40.0			
45.0			
50.0			
55.0	+4.0 0		
60.0			
65.0			
70.0			
75.0			
80.0			
85.0			
90.0			
95.0			
100.0	+5.0 0		
110.0			
120.0			
130.0			
140.0			

（续）

直径	直径的允许偏差	长度	长度的允许偏差
150.0	+6.0 0	≥100	+5 0
160.0			
170.0			
180.0			
190.0			
200.0			

注：棒材长度可由供需双方协商。

（3）外观质量

项目	指　标
颜色	棒材的颜色一般应为树脂本色
表面	棒材表面应光滑，不应有裂纹、气泡、分层和任何其他对使用有影响外部夹杂和表面缺陷

（4）棒材的性能

试验项目	指　标　值		
	Ⅰ型-T	Ⅰ型-D	Ⅱ型
拉伸强度/MPa	≥15.0		≥10.0
断裂标称应变(%)	≥160		≥130
密度/(g/cm^3)	2.10～2.30		2.10～2.30
介电强度①/(kV/mm)	≥18.0	≥25.0	≥10.0

①直径小于10.0mm的棒材不考核介电强度。

7.8.8 绝热用挤塑聚苯乙烯泡沫塑料(GB/T 10801.2—2002)

(1) 规格尺寸　　(单位:mm)

长　度	宽　度	厚　度
L		h
1200,1250,2450,2500	600,900,1200	20,25,30,40,50,75,100

(2) 允许偏差　　(单位:mm)

长度和宽度 L		厚度 h		对角线差	
尺寸 L	允许偏差	尺寸 h	允许偏差	尺寸 T	对角线差
$L<1000$	±5	$h<50$	±2	$T<1000$	5
$1000\leqslant L<2000$	±7.5	$h\geqslant 50$	±3	$1000\leqslant T<2000$	7
$L\geqslant 2000$	±10			$T\geqslant 2000$	13

(3) 外观质量　产品表面平整,无夹杂物,颜色均匀。不应有明显影响使用的可见缺陷,如起泡、裂口、变形等。

(4) 物理力学性能

（续）

<table>
<tr><th colspan="2" rowspan="3">项　　目</th><th colspan="10">性能指标</th></tr>
<tr><th colspan="8">带表皮</th><th colspan="2">不带表皮</th></tr>
<tr><th>X150</th><th>X200</th><th>X250</th><th>X300</th><th>X350</th><th>X400</th><th>X450</th><th>X500</th><th>W200</th><th>W300</th></tr>
<tr><td colspan="2">压缩强度/kPa</td><td>≥150</td><td>≥200</td><td>≥250</td><td>≥300</td><td>≥350</td><td>≥400</td><td>≥450</td><td>≥500</td><td>≥200</td><td>≥300</td></tr>
<tr><td colspan="2">吸水率，浸水 96h（%）（体积分数）</td><td colspan="2">≤1.5</td><td colspan="6">≤1.0</td><td>≤2.0</td><td>≤1.5</td></tr>
<tr><td colspan="2">透湿系数，23℃ ±1℃，RH50% ±5%［ng/（m · s · Pa）］</td><td colspan="2">≤3.5</td><td colspan="3">≤3.0</td><td colspan="3">≤2.0</td><td>≤3.5</td><td>≤3.0</td></tr>
<tr><td rowspan="2">绝热性能</td><td>热阻厚度 25mm 时
/［（m² · K）/W］
平均温度　10℃
　　　　　25℃</td><td colspan="5">≥0.89
≥0.83</td><td colspan="3">≥0.93
≥0.86</td><td>≥0.76
≥0.71</td><td>≥0.83
≥0.78</td></tr>
<tr><td>导热系数
平均温度/［W/（m · K）］
10℃
25℃</td><td colspan="5">≤0.028
≤0.030</td><td colspan="3">≤0.027
≤0.029</td><td>≤0.033
≤0.035</td><td>≤0.030
≤0.032</td></tr>
<tr><td colspan="2">尺寸稳定性，70℃ ±2℃下，48h（%）</td><td colspan="2">≤2.0</td><td colspan="3">≤1.5</td><td colspan="3">≤1.0</td><td>≤2.0</td><td>≤1.5</td></tr>
</table>

7.8.9 建筑绝热用硬质聚氨酯泡沫塑料(GB/T 21558—2008)

(1) 分类

分类(按用途)	说明
Ⅰ类	适用于无承载要求的场合
Ⅱ类	适用于有一定承载要求,且有抗高温和抗压缩蠕变要求的场合,也可用于Ⅰ类产品的应用领域
Ⅲ类	适用于有更高承载要求,且有抗压、抗压缩蠕变要求的场合。也可用于Ⅰ类和Ⅱ类产品的应用领域

(2) 规格尺寸

1) 长度、宽度极限偏差 (单位:mm)

长度或宽度	尺寸偏差	对角线差
<1000	±8	5
≥1000	±10	5

2) 厚度极限偏差 (单位:mm)

厚度	偏差
≤50	+2
50~100	±3
>100	供需双方商定

(3) 物理力学性能

（续）

项　目	性能指标		
	Ⅰ类	Ⅱ类	Ⅲ类
芯密度/kg/m^2　≥	25	30	35
压缩强度或形变10%压缩应力/kPa　≥	80	120	180
导热系数			
初期导热系数			
平均温度10℃、28d或W/(m·K)　≤		0.022	0.022
平均温度28℃、28d/W/(m·K)　≤	0.026	0.024	0.024
长期热阻180d/(m^2·K)/W　≥	供需双方协商	供需双方协商	供需双方协商
尺寸稳定性(%)			
高温尺寸稳定性70℃、48h长、宽、厚　≤	3.0	2.0	2.0
低温尺寸稳定性30℃、48h长、宽、厚　≤	2.5	1.5	1.5
压缩蠕变(%)			
80℃、20kPa、48h压缩蠕变　≤		5	
70℃、40kPa、7d压缩蠕变　≤	—		5
水蒸气透过系数(23℃相对湿度梯度0～30%)/ng/(Pa·m·s)	8.5	6.5	6.5
吸水率(%)　≤	4	4	3

7.8.10 建筑用金属面绝热夹芯板(GB/T 23932—2009)

(1) 外观质量

项目	要求
板面	板面平整;无明显凹凸、翘曲、变形;表面清洁、色泽均匀;无胶痕、油污;无明显划痕、磕碰、伤痕等
切口	切口平直、切面整齐、无毛刺、面材与芯材之间粘结牢固、芯材密实
芯板	芯板切面应整齐,无大块剥落,块与块之间接缝无明显间隙

(2) 规格尺寸　　(单位:mm)

项目	聚苯乙烯夹芯板		硬质聚氨酯夹芯板	岩棉、矿渣棉夹芯板	玻璃棉夹芯板
	EPS	XPS			
厚度	50	50	50	50	50
	75	75	75	80	80
	100	100	100	100	100
	150			120	120
	200			150	150
宽度	900 ~ 1200				
长度	≤12000				

注:其他规格由供需双方商定。

（续）

（3）尺寸允许值

项　　目		尺寸/mm	允许偏差
厚度		≤100	±2mm
		>100	±2%
宽度		900～1200	±2mm
长度		≤3000	±5mm
		>3000	±10mm
对角线差	长度	≤3000	≤4mm
	长度	>3000	≤6mm

7.8.11　门、窗用未增塑聚氯乙烯型材（GB/T 8814—2004）

（1）分类

1）按老化时间分类

项　　目	M类	S类
老化试验时间/h	4000	6000

2）按主型材在－10℃时落锤冲击分类

项　　目	Ⅰ类	Ⅱ类
落锤质量/g	1000	1000
落锤高度/mm	1000	1500

（续）

3）按主型材壁厚分类

项目	A 类	B 类	C 类
可视面/mm	≥28	≥25	不规定
非可视面/mm	≥25	≥20	不规定

注：本标准适用于颜色范围在 $L^* \geq 82$，$-2.5 \leq a^* \leq 5$，$-5 \leq b^* \leq 15$ 内的未增塑聚氯乙烯型材。

（2）尺寸和偏差

1）外形尺寸和极限偏差 （单位：mm）

外形尺寸	极限偏差
厚度（D）≤80	±0.3
>80	±0.5
宽度（W）	±0.5

2）主型材的壁厚 （单位：mm）

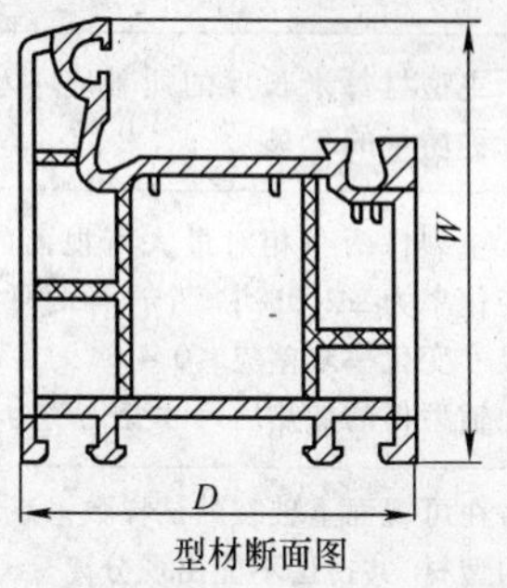

D——厚度
W——宽度

型材断面图

（续）

类型	名称	A类	B类	C类
（空白矩形）	可视面	≥28	≥25	不规定
（斜线矩形）	非可视面	≥25	≥20	不规定
注：长度为1m的主型材直线偏差应≤1mm。长度为1m的纱扇直线偏差应≤2mm。				

（3）外观质量

①型材可视面的颜色应均匀，表面应光滑、平整，无明显凹凸，无杂质。型材端部应清洁、无毛刺

②型材允许有由工艺引起不明显的收缩痕

（4）技术指标

项　目	指　标
主型材的质量	主型材每米长度的质量应不小于每米长度标称质量的95%
加热后尺寸变化率	主型材两个相对最大可视面的加热后尺寸变化率为±2.0%；每个试样两可视面的加热后尺寸变化率之差应≤0.4% 辅型材的加热后尺寸变化率为±3.0%
主型材的落锤冲击	在可视面上破裂的试样数≤1个。对于共挤的型材，共挤层不能出现分离

（续）

<table>
<tr><th colspan="2">项　目</th><th>指　　标</th></tr>
<tr><td colspan="2">150℃加热后状态</td><td>试样应无气泡、裂痕、麻点。对于共挤型材，共挤层不能出现分离</td></tr>
<tr><td rowspan="2">老化</td><td>（1）老化后冲击强度保留率</td><td>老化后冲击强度保留率≥60%</td></tr>
<tr><td>（2）颜色变化</td><td>老化前后试样的颜色变化用 ΔE^*、Δb^* 表示，$\Delta E^* \leqslant 5$，$\Delta b^* \leqslant 3$</td></tr>
<tr><td colspan="2">主型材的可焊接性</td><td>焊角的平均应力≥35MPa，试样的最小应力≥30MPa</td></tr>
</table>

7.8.12　室内装饰用硬聚氯乙烯挤出型材（QB/T 2133—1995（2009））

（1）用途　用于室内装饰、如天花板墙裙、折叠门和壁板等。

（2）规格尺寸

项　目	指　　标
长度偏差	长度不允许负偏差
壁厚	型材壁厚应≥0.7mm
直线度	型材侧边的弯曲应≤1.5mm/m

（续）

（3）外观质量

项　目	指　标
外观	型材表面不应有影响使用的凹凸、伤痕、变形、杂质、色差、光泽不匀等缺陷
颜色	由供需双方商定

（4）物理化学性能

序号	项　目	指　标
1	加热变化率(%)	≤3.0
2	加热后状态	气泡、裂纹、麻点等不允许
3	耐丙酮性	无可见缺陷
4	落锤冲击	通过
5	高低温尺寸变化率(%)	≤±0.2
6	耐钉性	不裂
7	氧指数(%)	≥40
8	水平燃烧/级	I
9	垂直燃烧/级	FV-0

注:1. 普通类型材不考核表中序号 7~9 的性能。

2. 装配使用时不需钉的型材不考核序号 6 的性能。

7.8.13 软聚氯乙烯装饰膜(片)(QB/T 2028—1994(2009))

(1) 用途 主要用于各种汽车内装饰及各种仪器。设备装饰和印刷书籍封面装饰

(2) 规格尺寸

1) 厚度、宽度及偏差 (单位:mm)

厚度	厚度极限偏差		宽度	宽度极限偏差	
	优等品、一等品	合格品		优等品、一等品	合格品
0.20~0.40	±0.030	±0.035	850~1430	±4	±6

2) 每卷长度、每卷段数及每段长度

(单位:mm)

每卷长度及偏差			每卷段数/段	每段长度/m	
长度	极限偏差				
	优等品、一等品	合格品		优等品、一等品	合格品
100.0	±5.0	±10.0	≤2	≥50.0	≥30.0
200.0	±10.0	±20.0	≤2	≥100.0	≥50.0

(3) 外观质量

项　目	指　　标
翘曲度	展开2m长其翘曲最高度应不大于10mm

（续）

项　目	指　　标
针孔	在3m长内小于或等于0.5mm的针孔不应超过一个，大于0.5mm的针孔不允许有
漏涂	不允许
料柱痕	不应有明显的料柱痕（指压延成型中料柱不均）
气痕	不应有明显的气痕（指压延、压花成型中因气泡产生的缺陷）
光泽斑	不应有明显的光泽斑（指涂饰、压花成型中出现光泽不一致的缺陷）
附着杂质	不允许有0.6mm以上杂质；0.3～0.6mm的杂质每平方米不得超过1个
卷取	卷取基本整齐；不应有严重的松懈、皱纹等缺陷

（4）物理力学性能

项　　目	指　　标
拉伸强度/MPa	≥12
断裂伸长率（%）	≥150
直角撕裂强度/（kN/m）	≥40
尺寸变化率（纵横）（%）	≤8.0/≤2.0
加热损失率（%）	≤2.0

（续）

项　　目		指　标
耐摩擦色牢度/级		≥4
压花保持性		花纹清晰
耐光性/级		≥3
热老化性能	拉伸强度/MPa	≥10
	伸长率(%)	≥120
耐寒性		无裂纹
光泽度(60°角)/光泽单位		≤4.0

7.8.14 塑料门窗用密封条(GB/T 12002—1989)

(1) 用途　本标准适用于塑料门窗安装玻璃和框扇间用的改性聚氯乙烯(PVC)或橡胶弹性密封条,也适用于钢、铝合金门窗用的弹性密封条。

(2) 分类

分类	说　明
按用途分类	安装玻璃用密封条,代号 GL;框扇间用密封条,代号 We
按使用范围分类	低层和中层建筑用密封条,代号Ⅰ;高层和寒冷地区建筑用密封条,代号Ⅱ
按材质分类	PVC 系列密封条,代号 V;橡胶系列密封条,代号 R

（续）

<table>
<tr><th>分类</th><th colspan="2">说　明</th></tr>
<tr><td rowspan="2">按形状分类</td><td>安装玻璃用密封条</td><td>槽型密封条,代号 U;棒型密封条,代号 J</td></tr>
<tr><td>框扇间用密封条</td><td>带中空部分密封条,代号 H;不带中空部分密封条,代号 S</td></tr>
<tr><td rowspan="2">按尺寸分类</td><td colspan="2">槽型密封条按安装玻璃槽宽尺寸 W 与所安玻璃厚度 G 的配合尺寸分类,其主要形状及配合尺寸如图 1 所示
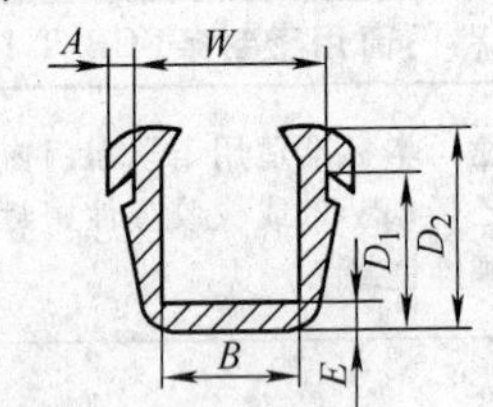

图 1　槽型
A_1—镶嵌边宽　B—玻璃槽宽　D_1—镶嵌深度
D_2—密封深度　E—槽底厚度　W—镶嵌宽度</td></tr>
<tr><td colspan="2">W 和 G 具有下列尺寸:
W:9,11,13,15,20,25(mm)
G:3.0,4.0,5.0,6.0,7.0,8.0,12.0,16.0,18.0(mm)
注:12.0,16.0,18.0mm 是夹层玻璃或中空玻璃</td></tr>
</table>

（续）

<table>
<tr><th>分类</th><th>说　明</th></tr>
<tr><td>按尺寸分类</td><td>棒型密封条按窗框与玻璃面的间隙尺寸 C 分类,其主要形状及间隙尺寸 C 如图 2 和表 1 所示
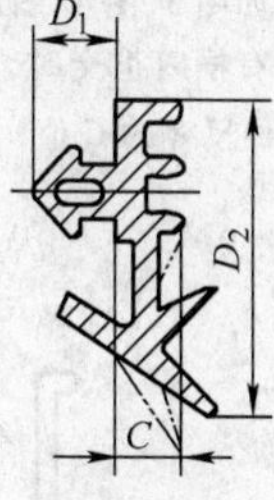

图 2　棒型
C—玻璃面与窗框间隙　D_1—镶嵌深度
D_2—密封深度</td></tr>
<tr><td></td><td>表 1　间隙尺寸 C 的范围
（单位:mm）
<table><tr><th>尺寸 C</th><th>范　围</th></tr><tr><td>2.5</td><td>$2.5 \leqslant C < 3.0$</td></tr><tr><td>3</td><td>$3.0 \leqslant C < 3.5$</td></tr><tr><td>3.5</td><td>$3.5 \leqslant C < 4.0$</td></tr><tr><td>4</td><td>$4.0 \leqslant C < 5.0$</td></tr><tr><td>5</td><td>$5.0 \leqslant C$</td></tr></table></td></tr>
</table>

（续）

分类	说　明
按尺寸分类	框扇间用密封条是按窗扇与窗边框间隙尺寸 C 分类，如图 3、图 4、图 5 和表 2 所示。但如图 4 所示，遇有框扇正交时，则间隙尺寸 C 应标明 C_1 和 C_2 两种尺寸的 C 值 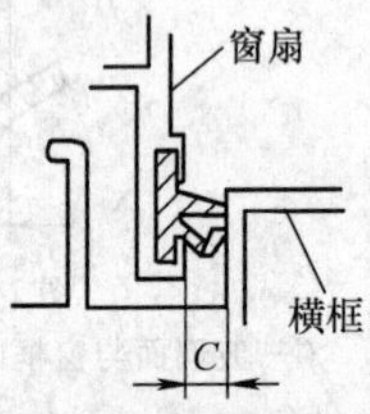 图 3　推拉窗扇与下框的间隙 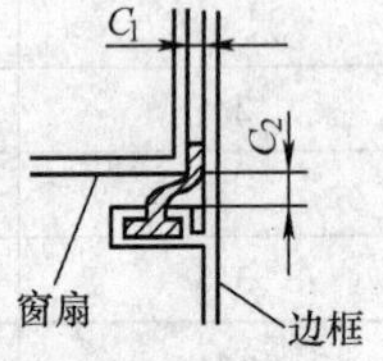 图 4　推拉窗扇与边框的间隙

（续）

分类	说　明
	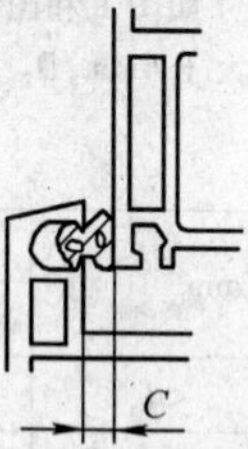 图5　平开窗扇与边框间隙
按尺寸分类	**表2　间隙尺寸 C 的范围** （mm）

尺寸 C/mm	范围/mm
1	$1 \leqslant C < 3$
3	$3 \leqslant C < 5$
5	$5 \leqslant C < 7$
7	$7 \leqslant C < 10$
10	$10 \leqslant C < 13$
13	$13 \leqslant C < 15$
15	$15 \leqslant C < 18$
18	$18 \leqslant C < 20$
20	$20 \leqslant C < 23$
23	$23 \leqslant C < 25$

（续）

（3）规格尺寸　截面形状和基本尺寸由制造厂与用户协商确定。其主要尺寸如图 1 和图 2 所示，要求 A 大于 1.2mm，B 大于玻璃厚度，D_1 大于 4mm，D_2 大于 10mm，E 大于 1.0mm。尺寸及公差如下：

基本尺寸/mm		允许公差/mm	
		V 系	R 系
	<1	±0.2	±0.3
>1 ~	<3	±0.3	±0.4
>3 ~	<5	±0.4	±0.5
>5 ~	<10	±0.5	±0.6
>10 ~	<15	±0.6	±0.7
>15 ~	<20	±0.8	±0.9
>20 ~	<30	±1.0	±1.0

（4）物理性能

项　目			安装玻璃用密封条		框扇间用密封条	
			GLⅠ	GLⅡ	WeⅠ	WeⅡ
硬度（邵尔 A 型）	23℃		65±5	60±5	60±5	60±5
	0℃	<	85	75	85	75
	40℃	<	50	45	45	45
	0℃与 40℃硬度差	<	30	15	30	15

（续）

项　目			安装玻璃用密封条		框扇间用密封条	
			GLⅠ	GLⅡ	WeⅠ	WeⅡ
100%定伸强度/MPa		≥	3.0	2.0	3.0	2.0
拉伸断裂强度/MPa		≥	7.5	10.0	7.5	10.0
拉伸断裂伸长率(%)			300	300	300	300
热空气老化性能100℃×72h	拉伸强度保留率(%)	≥	85	85	85	85
	伸长率保留率(%)	≥	70	70	70	70
	加热失重(%)	≤	3.0	3.0	3.0	3.0
加热收缩率70℃×24h(%)		≤	2.0	2.0	2.0	2.0
压缩永久变形(压缩率30%)70℃×24h(%)		<	75	75	75	75
脆性温度/℃		≤	-30	-40	-30	-40
耐臭氧性(50pphm,伸长20%)40℃×96h			不出现龟裂			

注：有要求时密封条按GB/T 7107进行气密性试验，按GB/T 7108进行水密性试验，并记录于报告中。

7.8.15 聚氯乙烯防水卷材(GB/T 12952—2003)

(1) 用途 适用于建筑防水工程用的以聚氯乙烯为主要原料制成的防水卷材,包括无复合层、用纤维单面复合及织物内增强的聚氯乙烯防水卷材。

(2) 分类

分 类	说 明
按有无复合层分类	无复合层的为N类、用纤维单面复合的为L类、织物内增强的为W类
每类产品按理化性能分	Ⅰ型和Ⅱ型

(3) 规格

名 称	规 格
长度	10m、15m、20m
厚度	1.2m、1.5m、2.0m

注:1. 其他长度、厚度规格可由供需双方商定,厚度规格不得小于1.2mm。

2. 尺寸偏差:长度、宽度不小于规定值的99.5%。

(4) 厚度偏差和最小单值 (单位:mm)

厚度/mm	允许偏差/mm	最小单值/mm
1.2	±0.10	1.00

（续）

厚度/mm	允许偏差/mm	最小单值/mm
1.5	±0.15	1.30
2.0	±0.20	1.70

（5）外观质量

序号	指　　标
1	卷材的接头不多于一处,其中较短的一段长度不少于1.5m,接头应剪切整齐,并加长150mm
2	卷材表面应平整,边缘整齐,无裂纹、孔洞、粘结、气泡和疤痕

（6）理化性能

1）N类卷材

项　　目		Ⅰ型	Ⅱ型
拉伸强度/MPa	≥	8.0	12.0
断裂伸长率(%)	≥	200	250
热处理尺寸变化率(%)	≤	3.0	2.0
低温弯折性		-20℃无裂纹	-25℃无裂纹
抗穿孔性		不渗水	
不透水性		不透水	
剪切状态下的粘合性/(N/mm)	≥	3.0或卷材破坏	

（续）

<table>
<tr><th colspan="2">项 目</th><th>Ⅰ型</th><th>Ⅱ型</th></tr>
<tr><td rowspan="4">热老化处理</td><td>外观</td><td colspan="2">无起泡、裂纹、粘结和孔洞</td></tr>
<tr><td>拉伸强度变化率(%)</td><td rowspan="2">±25</td><td rowspan="2">±20</td></tr>
<tr><td>断裂伸长率变化率(%)</td></tr>
<tr><td>低温弯折性</td><td>-15℃无裂纹</td><td>-20℃无裂纹</td></tr>
<tr><td rowspan="3">耐化学侵蚀</td><td>拉伸强度变化率(%)</td><td rowspan="2">±25</td><td rowspan="2">±20</td></tr>
<tr><td>断裂伸长率变化率(%)</td></tr>
<tr><td>低温弯折性</td><td>-15℃无裂纹</td><td>-20℃无裂纹</td></tr>
<tr><td rowspan="3">人工气候加速老化</td><td>拉伸强度变化率(%)</td><td rowspan="2">±25</td><td rowspan="2">±20</td></tr>
<tr><td>断裂伸长率变化率(%)</td></tr>
<tr><td>低温弯折性</td><td>-15℃无裂纹</td><td>-20℃无裂纹</td></tr>
</table>

2）L类及W类卷材

<table>
<tr><th>项 目</th><th>Ⅰ型</th><th>Ⅱ型</th></tr>
<tr><td>拉力/(N/cm) ≥</td><td>100</td><td>160</td></tr>
<tr><td>断裂伸长率(%) ≥</td><td>150</td><td>200</td></tr>
<tr><td>热处理尺寸变化率(%) ≤</td><td>1.5</td><td>1.0</td></tr>
<tr><td>低温弯折性</td><td>-20℃无裂纹</td><td>-25℃无裂纹</td></tr>
<tr><td>抗穿孔性</td><td colspan="2">不渗水</td></tr>
</table>

（续）

项　　目			Ⅰ型	Ⅱ型
不透水性			不透水	
剪切状态下的粘合性/(N/mm)　≥		L类	3.0或卷材破坏	
		W类	6.0或卷材破坏	
热老化处理	外观		无起泡、裂纹、粘结和孔洞	
	拉力变化率(%)		±25	±20
	断裂伸长率变化率(%)			
	低温弯折性		-15℃无裂纹	-20℃无裂纹
耐化学侵蚀	拉力变化率(%)		±25	±20
	断裂伸长率变化率(%)			
	低温弯折性		-15℃无裂纹	-20℃无裂纹
人工气候加速老化	拉力变化率(%)		±25	±20
	断裂伸长率变化率(%)			
	低温弯折性		-15℃无裂纹	-20℃无裂纹

7.8.16　金属缠绕垫用聚四氟乙烯带(JB/T 6618—2005)

技术指标

类别	指　标
规格尺寸	带厚度为(0.4~0.8)mm或根据客户要求，厚度偏差±0.05mm

（续）

类别	指　　标
外观质量	带的外观应边缘整齐，表面平滑，色泽均匀，无明显裂纹、划痕和杂质等缺陷

项　　目		指　　标	
		PTFE SM（不定向）	PTFE DE
物理力学性能	密度/(g/cm^3)	2.10～2.30	≥1.5
	抗拉强度/MPa	≥10	≥5.0
	断裂伸长率(%)	≥100	<120
	挥发份(300℃×1h)(%)	—	≤1.0

7.8.17　螺纹密封用聚四氟乙烯未烧结带（生料带）（QB/T 4008—2010）

（1）用途　适用于螺纹接头密封及接触强氧化剂和化工易燃易爆密封情况下使用的聚四氟乙烯生料带。

（2）产品分类

类　　别	工　　艺
$4FD_1$	未拉伸
$4FD_2$	拉伸

（续）

(3) 规格及偏差

项　目		规　格	偏　差
厚度/mm		<0.1	±0.015
		≥0.1	±0.020
宽度/mm		12,13,16,19,25,52	±0.5
长度①/m		5,10,12,15,20,25	不允许负偏差
表观密度/(g/cm^3)	$4FD_1$	≥1.40	—
	$4FD_2$	1.20,1.00,0.80,0.70,0.60,0.50,0.40,0.35,0.30,0.25	±15%

注:表中为推荐规格,其他规格可与客户协商生产。

① 长度为5m、10m、12m允许有一个断头,15m及以上不多于2个断头。

(4) 外观质量　白色,质地均匀,表面光滑、平整无裂纹、撕裂、异物和其他缺陷

(5) 物理力学性能

项　目		指　标	
		$4FD_1$	$4FD_2$
拉伸强度/MPa		7.0	
断裂拉伸应变(%)	≥	50	20
挥发减量(%)	≤	0.45	

7.8.18 塑料打包带(QB/T 3811—1999)

(1) 分类

按使用方法可分为机用带(J型)和手工用带(S型)两类。此制品是用聚乙烯或聚丙烯树脂为主要原料、用挤出单向拉伸成型。

(2) 规格与偏差

1) 规格(按宽度划分) (单位:mm)

序号	规格(宽度)	序号	规格(宽度)
1	12.0	4	15.5
2	13.5	5	19.0
3	15.0	6	22.0

2) 偏差 (单位:mm)

规格	宽度偏差		厚度偏差
	一等品	合格品	
12.0	±0.6	±0.8	±0.1
13.5			
15.0			
15.5			
19.0	±0.8	±1.0	
22.0			

（续）

3）单位质量

分类	宽度/mm	厚度/mm	单位质量/(g/m)	
			一等品	合格品
S 型	15.0	1.0	≤11.0	不作规定
		2.0	≤14.0	
	15.5	1.0	≤13.0	
		1.2	≤14.5	
	19.0	1.0	≤17.5	
		1.2	≤19.5	
	22.0	1.0	≤20	
		1.2	≤22	
J 型	12.0	0.6	≤5.5	
		0.8	≤6.0	
	13.5	0.6	≤6.5	
		0.8	≤8.5	
	15.0	0.6	≤7.5	
		0.8	≤9.5	
	15.5	0.6	≤8.0	
		0.8	≤10.0	

（续）

(3) 外观　外观应色泽均匀，花纹整齐清晰，无明显污染、杂质，不允许开裂、损伤、穿孔等缺陷。

(4) 物理力学性能

项目	规格	指标	
		一等品	合格品
断裂拉力/kN	12.0	≥1.10	≥1.00
	13.5	≥1.20	≥1.10
	15.0	≥1.40	≥1.20
	15.5	≥1.40	≥1.20
	19.0	≥2.50	≥1.80
	22.0	≥3.50	≥2.50
断裂伸长率(%)	≤25		
偏斜度/mm	≤30		

7.8.19　钙塑瓦楞箱(GB/T 6980—1995)

(1) 规格

1) 钙塑箱规格　　(单位:mm)

长×宽	极限偏差
600×400	+5 0
500×400	

（续）

长×宽	极限偏差
400×300	+5 0
400×200	
300×200	
200×200	

注:1. 高度由供需双方商定,极限偏差为+5mm。

2）钙塑板规格

项　目	指　标
钙塑板厚度/mm	≥4
瓦楞筋数/(根/100mm)	≥13

（2）外观　钙塑箱外观

项　目	指　标
箱体表面及色泽	外表面平整,同一规格同一批产品色泽基本一致
脱层面积	每平方米不大于 $15cm^2$,其中每处不大于 $4cm^2$
瓦楞筋歪斜	在边长为300mm的正方形面积内,瓦楞筋数上下差不超过1根
洞孔	外表面每平方米不超过10个直径1mm的洞孔,内表面每平方米不超过10个直径2mm的洞孔

（续）

项　目	指　标
箱盖底对口	缝隙不大于 5mm，左右参差不大于 10mm
印刷	图案标签应符合 GB/T 191 的规定，字迹清楚，无明显脱落
箱钉间距	单钉不大于 55mm，双钉不大于 75mm
头尾钉离压线痕距	(10 ± 5) mm

注：箱钉间距指相邻两钉间最近处的平行距离。

（3）物理力学性能

1）钙塑箱空箱抗压力

项　目	指　标		
	优等品	一等品	合格品
空箱抗压力/N	≥5000	≥4000	≥3000

2）钙塑板物理力学性能

项　目	指　标		
	优等品	一等品	合格品
拉断力/N	≥350	≥300	≥220
断裂伸长率(%)	≥10	≥8	≥8
平面压缩力/N	≥1200	≥900	≥700

（续）

项　　目	指　　标		
	优等品	一等品	合格品
垂直压缩力/N	≥700	≥550	≥450
撕裂力/N	≥80	≥70	≥60
低温耐折	-40℃不裂	-20℃不裂	-20℃不裂

7.8.20　聚乙烯吹塑桶(GB/T 13508—1992)

(1) 分类

分类代号	S	H	T
用途	食品、医药包装	化工产品包装	特殊包装

注:1. 化工产品包装指未列入危险品的化工产品包装。

2. 特殊包装指危险品包装,危险品的范围及分类(Ⅰ、Ⅱ、Ⅲ)见《国际海上危险货物运输规则(IMDG)》中危险货物总索引。

(2) 结构

名称	说　明
提手	分整体式、安装式及端手
口、盖	桶口可采用螺纹或其他结构,口、盖应配合适宜;采用螺纹结构时,盖从拧紧到脱扣必须旋转1圈以上
口径	分为大、小口径。不大于70mm为小口径,大于70mm为大口径。用于液体危险品的包装桶应采用小口径

（续）

（3）规格

1）尺寸偏差

规格/L	1～30		40～200	
项目	外径	高度	外径	高度
尺寸偏差/mm	±5		±10	

注:1. 方桶、扁方桶的外径按对角线长度计算。

2. 规格:1～5L 不予规定,10、15、20、25、30、40、50、60、70、80、100、120、140、150、160、200L 为优先采用的规格,特需规格可与用户商定。

3. 容量偏差:实际容量应大于公称容量 5%。

2）质量偏差

规格/L	1～30	40～100	120～200
质量偏差(%)	±8	±6	±5

（4）外观质量

<table>
<tr><th colspan="2" rowspan="2">规定 规格/L
项目</th><th colspan="4">一等品</th><th colspan="4">合格品</th></tr>
<tr><th>1～2.5</th><th>3～5</th><th>10～50</th><th>60～200</th><th>1～2.5</th><th>3～5</th><th>10～50</th><th>60～200</th></tr>
<tr><td rowspan="3">气泡</td><td>泡径/mm</td><td colspan="2" rowspan="3">不准有</td><td colspan="2">≤2</td><td>≤1</td><td>≤2</td><td>≤3</td><td>≤4</td></tr>
<tr><td>个数</td><td>≤2个</td><td>≤3个</td><td colspan="2">≤2个</td><td>≤3个</td><td>≤5个</td></tr>
<tr><td></td><td colspan="6">螺纹处和桶底部不得有间距小于 30mm 的气泡</td></tr>
</table>

（续）

<table>
<tr><td colspan="2" rowspan="2">规定 规格/L
项目</td><td colspan="4">一等品</td><td colspan="4">合格品</td></tr>
<tr><td>1 ~ 2.5</td><td>3 ~ 5</td><td>10 ~ 50</td><td>60 ~ 200</td><td>1 ~ 2.5</td><td>3 ~ 5</td><td>10 ~ 50</td><td>60 ~ 200</td></tr>
<tr><td rowspan="3">黑点杂质</td><td>个数</td><td>≤3 个</td><td>≤5 个</td><td colspan="2">≤8 个</td><td>≤5 个</td><td>≤8 个</td><td colspan="2">每 $100cm^2$ 表面中 ≤5 个</td></tr>
<tr><td rowspan="2">最大长度 l/mm</td><td colspan="2">$0.5 < l \leq 1.5$</td><td colspan="2">$0.5 < l \leq 4$</td><td colspan="2">$0.5 < l \leq 2$</td><td colspan="2">$0.5 < l \leq 4$
$4 < l \leq 6$ 的不多于 3 个</td></tr>
<tr><td colspan="8">分散分布、不影响使用；$l \leq 0.5$mm 不计；穿透状杂质不准有</td></tr>
<tr><td colspan="2">塑化不良</td><td colspan="8">不准有</td></tr>
<tr><td colspan="2">裂缝孔洞</td><td colspan="8">不准有</td></tr>
<tr><td colspan="2">变形</td><td colspan="8">不影响使用</td></tr>
<tr><td colspan="2">油污</td><td colspan="2">不准有</td><td colspan="6">轻度油污</td></tr>
<tr><td colspan="2">色差</td><td colspan="2">色泽均匀</td><td colspan="6">轻度色差</td></tr>
<tr><td colspan="2">粘把</td><td colspan="2">不准有</td><td colspan="6">中空把手内流通、不积液</td></tr>
<tr><td colspan="2">擦痕</td><td colspan="2">轻度，约小于表面积的 2%</td><td colspan="4">不严重，约小于表面积的 5%</td><td colspan="2">不严重，约小于表面积的 10%</td></tr>
</table>

（续）

（5）物理力学性能

项　　目	指　　标				
密封试验	不泄漏				
跌落试验	无破损、不蹦盖、撞击时允许桶口部有少量漏液，之后不得再有渗漏				
悬挂试验	公称容量/L	1～5	10～15	20～40	50～200
	残留变形量/mm	≤2	≤3	≤4	不裂
堆码试验	不倒塌				
应力开裂试验	开裂的试样数（桶体、盖）小于投入试验试样数50%				
耐内装液试验	符合本表第1、2、4、7项的规定				
液压试验	无破损、不泄漏				

注：耐内装液和液压试验只限于T类桶。

7.8.21　危险品包装用塑料桶（GB 18191—2008）

（1）用途　适用于盛装危险品。该塑料桶以高密度聚乙烯为主要原料，最大容积不大于450L，净含量不大于450kg。

（2）分类

分类代号	Ⅰ	Ⅱ	Ⅲ
用途	Ⅰ类危险品包装	Ⅱ类危险品包装	Ⅲ类危险品包装

（续）

（3）规格及尺寸偏差

规格/L	1～30				40～450			
项目	长度	宽度	高度	口径	长度	宽度	高度	口径
尺寸偏差/mm	±5			±2	±10			±2

（4）外观

项目	气泡		黑色杂质		塑化不良	裂缝空洞	粘把	擦痕	油污	色差	变形
	泡径/mm	个数	个数	长度[①]/mm							
要求	≤3	≤3	≤5	0.5～4	不准有	不准有	不积液	≤5%	轻度	轻度	不影响使用
			≤3	4～6							

注：危塑桶的外形结构应保证运输、贮存过程中堆码稳固。

① 每 $100cm^2$ 表面中。

（5）性能要求　当拟装的物质为固体或相对密度不超过1.2的液体时，跌落高度按下表。

项　目	闭口桶			开口桶		
	Ⅰ类	Ⅱ类	Ⅲ类	Ⅰ类	Ⅱ类	Ⅲ类
气密试验/kPa	30	20		—		

（续）

项　目	闭口桶			开口桶		
	Ⅰ类	Ⅱ类	Ⅲ类	Ⅰ类	Ⅱ类	Ⅲ类
液压试验/kPa	250	100		—		
堆码负载/kg	见 6.4.3 中的公式					
跌落高度/m	1.8	1.2	0.8	1.8	1.2	0.8

当拟装相对密度超过 1.2 的液体物质时，跌落高度按下表要求。

包装类别	Ⅰ类包装	Ⅱ类包装	Ⅲ类包装
跌落高度	$d \times 1.5$m	$d \times 1.0$m	$d \times 0.67$m

7.8.22　聚乙烯土工膜（GB/T 17643—1998）

（1）用途　适用于水库、堤坝、渠道、蓄水池、引水隧洞、水上娱乐设施、公路、铁路、隧道、机场、建筑物的基层防水及各种地下、水下工程的防渗漏衬垫和作为垃圾掩埋场、污水处理场、废水处理场等环保工程使用的聚乙烯土工膜。

（2）分类　分低密度聚乙烯土工膜

名　称		代号
低密度聚乙烯土工膜	普通低密度聚乙烯土工膜	GL
	柔性乙烯-乙酸乙烯共聚物（EUA）土工膜	
高（中）密度聚乙烯土工膜	普通高（中）密度聚乙烯土工膜	GH
	环保用高（中）密度聚乙烯土工膜	

（续）

(3) 规格 幅宽(mm):3000、3500、4000、6000、7000。

厚度(mm):0.50、0.75、1.00、1.50、2.00。

注:其他规格按有关规范或供需合同规定。

(4) 尺寸及偏差

1) 厚度及偏差

项目	指标				
厚度/mm	0.50	0.75	1.00	1.50	2.00
极限偏差/mm	±0.06	±0.09	±0.12	±0.18	±0.24
平均偏差(%)	±6				

2) 宽度及偏差

项目	指标			
宽度/mm	3000	3500	4000	6000以上
偏差/mm	±50	±60	±80	±100

注:产品单卷的长度偏差为±2%。

(5) 外观质量

项目	指标
切口	平直,无明显锯齿现象
穿孔修复点	每卷不超过2个
水纹、云雾和机械划痕	不明显

（续）

项　目	指　标
杂质和僵块	直径 0.6～2.0mm，每平方米20个以内 直径 2.0mm 以上，无
接头和断头	不允许

注：产品颜色一般为黑色，其他颜色可由供需双方商定

（6）物理力学性能

项　目	指　标			
	GL		GH	
	GL-1	GL-2	GH-1	GH-2
拉伸强度/MPa	≥14		≥17	≥25
断裂伸长率(%)	≥400		≥450	≥550
直角撕裂强度/(N/mm)	≥50		≥80	≥110
炭黑含量[①](%)	≥2			
耐环境应力开裂 F_{20}/h	—	—	—	≥1500
200℃时氧化诱导时间/min	—	—	—	≥20
水蒸气渗透系数/[g·cm/(cm²·s·Pa)]	≤1.0×10^{-13}			
-70℃低温冲击脆化性能	通过			
尺寸稳定性(%)	±3			

① 黑色土工膜要求。

7.8.23 聚氯乙烯土工膜(GB/T 17688—1999)

(1) 用途 适用于江河堤坝、水库、渠道、蓄水池引水隧道、公路、铁路、隧道、机场、水上娱乐设施、建筑物的基层防水及各种地下、水下工程的防渗漏衬垫和作为垃圾掩埋场、污水处理场废水处理场等环保工程使用。

(2) 分类

名 称	代号
单层聚氯乙烯土工膜	TGD
双层聚氯乙烯复合土工膜:由两层聚氯乙烯土工膜复合而成	TGSF
夹网聚氯乙烯复合土工膜:由两层聚氯乙烯土工膜与加强网复合而成	TGWF

(3) 规格尺寸

1) 单层聚氯乙烯土工膜的厚度及其偏差

项 目	指 标				
厚度/mm	0.30	0.50	0.80	1.00	1.50
极限偏差/mm	±0.03	±0.05	±0.08	±0.10	±0.15
平均偏差(%)	±6				

注:1. 其他规格的产品,由供需双方商定。

2. 产品单卷的长度偏差为+2%。

3. 单层聚氯乙烯土工膜和双层聚氯乙烯复合土工膜的平直度应小于30mm。

（续）

2）单层聚氯乙烯土工膜和双层聚氯乙烯复合土工膜的宽度及其偏差

项　目	指　标	
宽度/mm	2000	>2000
偏差/mm	+50	+60

注：其他规格的产品，由供需双方商定。

3）双层聚氯乙烯复合土工膜的厚度及其偏差

项　目	指　标				
厚度/mm	0.60	0.80	1.00	1.50	2.00
极限偏差/mm	±0.09	±0.12	±0.15	±0.23	±0.30
平均偏差(%)	±10				

注：1. 其他规格的产品，由供需双方商定。

2. 产品单卷的长度偏差为+2%。

4）夹网聚氯乙烯复合土工膜的厚度及其偏差

项　目	指　标				
厚度/mm	0.50	0.80	1.00	1.50	2.00
极限偏差/mm	±0.07	±0.12	±0.15	±0.22	±0.3
平均偏差(%)	±10				

注：1. 其他规格的产品，由供需双方商定。

2. 产品单卷的长度偏差为+2%。

3. 夹网聚氯乙烯复合土工膜的平直度应小于30m。

（续）

（4）外观质量

1）单层聚氯乙烯土工膜和双层聚氯乙烯复合土的外观质量

项　　目	指　　标
切口	平直，无明显锯齿现象
水纹、云雾及机械划痕	不明显
杂质和僵块	直径0.6～2.0mm的杂质和僵块，允许每平方米20个以内，直径2.0mm以上的不允许有
断头	单层聚氯乙烯土工膜不允许有断头；双层聚氯乙烯复合土工膜断头不超过1个
永久性皱褶	不允许
卷端面错位	≤10mm

注：单层聚氯乙烯土工膜和双层聚氯乙烯复合土工膜产品颜色一般为黑色，应色泽均匀，其他颜色可由供需双方商定。

2）夹网聚氯乙烯复合土木膜的外观质量

夹网聚氯乙烯复合土工膜产品颜色一般为黑色，应色泽均匀，其他颜色可由供需双方商定。外观质量应符合上表的要求，每卷复合用的网的接头不允许超过1个，断头不允许超过1个

（续）

(5) 技术指标

1) 单层聚氯乙烯土工膜和双层聚氯乙烯复合土工膜的物理力学性能

项　　目		指　　标
密度/(g/cm^3)		1.25～1.35
拉伸强度(纵/横)/MPa		≥15/13
断裂伸长率(纵/横)(%)		≥220/200
撕裂强度(纵、横)/(N/mm)		≥40
低温弯折性(-20℃)		无裂纹
尺寸变化率(纵、横)(%)		≤5
耐静水压/MPa		按表②、表③
渗透系数/(cm/s)		$\leq 10^{-11}$
透气系数/[($cm^3 \cdot cm$)/($cm^2 \cdot s \cdot cmHg$)]		按设计或合同规定
热老化处理	外观	无气泡,不粘结,无孔洞
	拉伸强度相对变化率(纵/横)(%)	≤25
	断裂伸长率相对变化率(纵/横)(%)	≤25
	低温弯折性(-20℃)	无裂纹

（续）

2）单层聚氯乙烯土工膜耐静水压规定值

项　目	指　标				
膜材厚度/mm	0.30	0.50	0.80	1.00	1.50
耐静水压/MPa　≥	0.50	0.50	0.80	1.00	1.50

3）双层聚氯乙烯复合土工膜耐静水压规定值

项　目	指　标				
膜材厚度/mm	0.60	0.80	1.00	1.50	2.00
耐静水压/MPa　≥	0.50	0.80	1.00	1.50	1.50

4）夹网聚氯乙烯复合土工膜的物理力学性能

项　目	指　标
密度/(g/cm^3)	1.20~1.30
断裂强力(纵、横向)/(kN/5cm)	0.5~2.0
低温弯折性(-20℃)	无裂纹
尺寸变化率(纵、横向)(%)	≤5
撕裂负荷(纵、横向)/N	≥80
耐静水压/MPa	按表10
CBR 顶破强力/kN	按设计或合同规定
渗透系数/(cm/s)	$\leq 10^{-11}$
透气系数/[($cm^3 \cdot cm$)/($cm^2 \cdot s \cdot cmHg$)]	按设计或合同规定

（续）

项目		指标
热老化处理	外观	无气泡,不粘结,无孔洞
	断裂强力相对变化率（纵/横）(%)	≤25
	低温弯折性(-20℃)	无裂纹

5）夹网聚氯乙烯复合土工膜耐静水压规定值

项目	指标				
膜材厚度/mm	0.50	0.80	1.00	1.50	2.00
耐静水压/MPa ≥	0.50	0.80	1.00	1.50	1.50

7.8.24 裂膜丝机织土工布(GB/T 17641—1998)

(1) 用途　广泛应用于水利、堤坝、筑路、机场、建筑、环保等许多领域。裂膜丝机织土工布是土工合成材料中的主要产品之一,在工程中可起防护、加强、隔离、过滤、排水等作用

(2) 产品分类

分类方法	品种
按原料分类	聚丙烯、聚乙烯等裂膜丝机织土工布
按用纱结构分类	切膜丝(纱)、裂膜丝(纱)等裂膜丝机织土工布

（续）

(3) 产品规格

产品主要规格以经向断裂强力表示，幅宽和单位面积质量表示辅助规格，推荐系列如下：

经向断裂强力(kN/m)：20、30、40、50、60、70、80、100、120、140、160、180 等

幅宽(m)：2.0、3.0、4.0、4.5、5.0、5.5、6.0 等

(4) 外观质量

疵点名称	轻缺陷	重缺陷	备注
断纱、缺纱	分散 1~2 根	并列 2 根及以上	
杂物	软质，粗≤5mm	硬质；软质，粗>5mm	
豁边、边不良	≤300cm 时，每 50cm 计一处	>300cm	
破损	≤0.5cm	>0.5cm；破洞	以疵点最大长度计
稀路	10cm 内少 2 根	10cm 内少 3 根	
其他	参照相似疵点评定		

注：在一卷土工布上不允许存在重缺陷，轻缺陷每 $200m^2$ 应不超过 5 个，否则外观质量为不合格。

（续）

（5）基本项技术要求

项目 \ 规格①	20	30	40	50	60	80	100	120	140	160	180	备注
经向断裂强力/(kN/m) ≥	20	30	40	50	60	80	100	120	140	160	180	
纬向断裂强力/(kN/m) ≥	由合同规定，如没有特殊要求，按经向强力的0.7~1											经纬向
断裂伸长率(%) ≤	25											
幅宽②偏差(%)	-1.0											
CBR顶破强力/kN ≥	1.6	2.4	3.2	4.0	4.8	6.0	7.5	9.0	10.5	12.0	13.5	
等效孔径 O_{90}(O_{95})/mm	0.07~0.5											
垂直渗透系数/(cm/s)	$K\times(10^{-1}\sim10^{-4})$											$K=1.0\sim9.9$
抗紫外线③(强度保持)(%) ≥	70(500h)											
撕破强力③/kN ≥	0.20	0.27	0.34	0.41	0.48	0.60	0.72	0.84	0.96	1.10	1.25	纵横向

7.8.25 塑料扁丝编织土工布(GB/T 17690—1999)

(1) 用途 广泛用于水利、水运、公路、铁路、机场、建筑和环保等多个领域、起到过滤、分隔、加筋、排水作用。

(2) 产品规格 产品规格以经、纬向断裂强力划分为 20-15、30-22、40-28、50-35、60-42、80-56、100-70。如规格 20-15 表示经向断裂强力为 20kN/m,纬向断裂强力为 15kN/m

(3) 尺寸及偏差

名称		偏差
单卷长度	≤500m	0 ~ 0.5%
	>500m	0 ~ 0.3%
宽度≥3m		-1% ~1%

(4) 外观质量

项目	指标
经、纬密度偏差	在 100mm 内与公称密度相比不允许缺 2 根以上
断丝	在同一处不允许有 2 根以上的断丝。同一处断丝 2 根以内(包括 2 根),100m² 内不超过 6 处
蛛网	不允许有大于 50mm² 的蛛网。小于 50mm² 的蛛网,100m² 内不超过 3 个
布边不良	整卷不允许连续出现长度大于 2000mm 的毛边、散边

（续）

（5）性能指标

项目	指标						
	20-15	30-22	40-28	50-35	60-42	80-56	100-70
经向断裂强力/(kN/m) ≥	20	30	40	50	60	80	100
纬向断裂强力/(kN/m) ≥	15	22	28	35	42	56	70
经纬向断裂伸长率(%) ≤	28						
梯形撕破强力(纵向)/kN ≥	0.3	0.45	0.5	0.6	0.75	1.0	1.2
顶破强力/kN ≥	1.6	2.4	3.2	4.0	4.8	6.0	7.5
垂直渗透系数/(cm/s)	$10^{-1} \sim 10^{-4}$						
等效孔径 O_{95}/mm	0.08～0.5						

（续）

项目	指标						
	20-15	30-22	40-28	50-35	60-42	80-56	100-70
单位面积质量/(g/m^2)	120	160	200	240	280	340	400
允许偏差值(%)	±10						
抗紫外线强力保持率①(%) ≥	按设计或合同要求						

① 用户要求时，按实际设计值考核。

7.8.26 难燃绝缘聚氯乙烯电线槽及配件（QB/T 1614—2000(2009)）

（1）用途 适用于建筑及其他装置安装电线（电缆）所用线槽及配件。

（2）分类

按力学性能分类

分类（标志码首位）	使用应力
1	轻型
2	中型
3	重型

（续）

按使用温度分类

分类（标志码二、三位）	贮运温度/℃	安装温度/℃	使用温度/℃
25	≥ -25	≥ -15	-15 ~ 60
15	≥ -15	≥ -5	-5 ~ 60
05	≥ -5	≥ -5	-5 ~ 60
00	≥0	≥0	0 ~ 60

（3）尺寸偏差　　（单位：mm）

项目	尺寸	尺寸偏差
槽宽或槽高	≤60	+0.5 -0.5
	>60	+0.7 -0.7
壁厚	≤1.5	+0.3 -0.3
	>1.5	+0.4 -0.4
长度	4000（也可根据运输及工程要求而定）	+10 0

注：配件壁厚不得小于线槽壁厚，配件壁厚偏差不得大于线槽壁厚的偏差。

（续）

（4）外观质量

序号	指　标
1	产品内外壁应平整、无气泡、无明显杂质及杂色和损伤电线的锐利部位
2	线槽的盖应在盖紧后用手或简单工具就能打开且不损坏线槽
3	配件应能在安装中与线槽配合,在使用中不脱
4	产品标志应清晰牢固

（5）线槽及配件性能

项　目		线　槽	配　件
力学性能	负载变形性能	$D_A \leqslant H/10$ 且 $D_A \leqslant 10\text{mm}$ $D_B \leqslant W/10$ 且 $D_B \leqslant 10\text{mm}$	配件与槽盖不脱落
	冲击性能	无可见破碎及裂痕	无可见破碎及裂痕
	外负载性能	与支架不脱开	—
	耐热性能	—	≤2.0mm

（续）

项目		线槽	配件
燃烧性能	氧指数	OI≥32	OI≥32
	水平燃烧性能	Ⅰ级	Ⅰ级
	垂直燃烧性能	FV-0	FV-0
	烟密度等级	SDR≤75	SDR≤75
电气性能	耐电压	1min 内不击穿	1min 内不击穿
	绝缘电阻	$R \geq 1.0 \times 10^8 \Omega$	$R \geq 1.0 \times 10^8 \Omega$

7.8.27 高密度聚乙烯单丝（QB/T 2356—1998(2009)）

（1）分类规格及用途　　（单位：mm）

类别	单丝细度	极限偏差	主要用途
A	0.17,0.19,0.21	±0.02	渔业用丝
B	0.15,0.18,0.19,0.20,0.21,0.23,0.25,0.27,0.28,0.30	±0.02	工业用丝（造纸网丝等）
C	0.18,0.19,0.20,0.21	±0.02	民用丝（窗纱丝等）

（2）单丝的外观要求是：丝表面光滑、柔软，无杂质，无明显色差，无明显压痕，丝缠绕轴面平整，不允许有未牵伸丝和乱丝，每轴丝250g重中不得超过5个结头。

（续）

（3）物理力学性能指标

规格		指标			
类别	细度 /mm	线密度 /tex	拉伸强度 /(N/tex)	伸长率 (%)	结节强度 /(N/tex)
A	0.17 0.19 0.21	22～35 27～40 32～44	≥0.50	12～26	≥0.33
B	0.15 0.18 0.19 0.20 0.21 0.23	19～32 24～37 27～40 30～42 32～44 38～50	≥0.49	10～28	—
	0.25 0.27 0.28 0.30	47～59 54～66 56～68 67～79	≥0.44	10～30	—
C	0.18 0.19 0.20 0.21	24～37 27～40 30～42 32～44	≥0.44	10～30	≥0.31

7.8.28 电线电缆用软聚氯乙烯塑料(GB/T 8815—2008)

(1) 电缆料的型号、导线芯最高允许工作温度及用途

型号	导线芯最高允许工作温度/℃	主要用途
J-70	70	仪表通信电缆、0.6/1kV 及以下电缆的绝缘层
JR-70	70	450/750V 及以下柔软电线电缆的绝缘层
H-70	70	450/750V 及以下电线电缆的护层
	80	26/35kV 及以下电力电缆的护层
HR-70	70	450/750V 及以下柔软电线电缆的护层
JGD-70	70	3.6/6kV 及以下电力电缆的绝缘层
HⅠ-90	90	35kV 及以下电力电缆及其他类似电缆护层
HⅡ-90	90	450/750V 及以下电线电缆的护层
J-90	90	450/750V 及以下耐热电线电缆的绝缘层

（续）

（2）外形颜色及外观要求

外形	4mm×4mm×3mm 方形粒状或是与其相当大小的圆柱状	
颜色	绝缘级电缆料	红色、黑色、蓝色、黄色、绿色、棕色等
	护层级电缆料	黑色、白色、灰色等
外观要求	应塑化良好、色泽一致，不应有明显的杂质	

聚氯乙烯电缆料的力学、物理性能与电性能

内　容		J-70	JR-70	H-70	HR-70
拉伸强度/MPa	≥	15.0	15.0	15.0	12.5
断裂伸长率（%）	>	150	180	180	200
热变形（%）	≤	10	50	50	65
冲击脆化性能	试验温度/℃	−15	−20	−25	−30
	冲击脆化性能	通过	通过	通过	通过

（续）

内　　容			J-70	JR-70	H-70	HR-70
200℃时热稳定时间/min		≥	60	60	50	60
20℃时体积电阻率/Ω · m		≥	1.0×10^{12}	1.0×10^{11}	1.0×10^{8}	—
介电强度/(MV/m)		≥	20	20	18	18
介电损耗角正切(50Hz)		≤	—	—	—	—
工作温度时体积电阻率	试验温度/℃		70 ±1	70 ±1	—	—
	体积电阻率/Ω · m	≥	1.0×10^{9}	1.0×10^{8}	—	—
内　　容			JGD-70	HⅠ-90	HⅡ-90	J-90
拉伸强度/MPa		≥	16.0	16.0	16.0	16.0
断裂伸长率(%)		>	150	180	180	150
热变形(%)		≤	30	40	40	30
冲击脆化性能	试验温度/℃		−15	−20	−20	−15
	冲击脆化性能		通过	通过	通过	通过

（续）

内　容			JGD-70	HⅠ-90	HⅡ-90	J-90
200℃时热稳定时间/min		≥	100	80	180	180
20℃时体积电阻率/Ω·m		≥	3.0×10^{12}	1.0×10^{9}	1.0×10^{9}	1.0×10^{12}
介电强度/(MV/m)		≥	25	18	18	20
介电损耗角正切(50Hz)		≤	0.1	—	—	—
工作温度时体积电阻率	试验温度/℃		70 ±1	—	—	95 ±1
	体积电阻率/Ω·m	≥	5.0×10^{9}	—	—	5.0×10^{8}

注：1. 相对密度指标由供需双方协商，一般相对密度不大于1.40。
2. 阻燃性能用氧指数指标考核，指标值由供需双方协商确定。
3. 根据用户要求，生产厂可提供产品长期耐热性评定报告。

老化后聚氯乙烯电缆料的力学、物理性能

项　目	J-70	JR-70	H-70	HR-70
试验温度/℃	100 ±2	100 ±2	100 ±2	100 ±2
试验时间/h	168	168	168	168

（续）

项　目			J-70	JR-70	H-70	HR-70
老化后拉伸强度/MPa		≥	15.0	15.0	15.0	12.5
拉伸强度最大变化率/%			±20	±20	±20	±20
老化后断裂伸长率/%		≥	150	180	180	200
断裂伸长率最大变化率/%			±20	±20	±20	±20
热老化质量损失	试验条件		100℃ ±2℃，168h	100℃ ±2℃，168h	100℃ ±2℃，168h	100℃ ±2℃，168h
	质量损失/(g/m^2)	≤	20	20	23	25
项　目			JGD-70	HⅠ-90	HⅡ-90	J-90
试验温度/℃			100 ±2	100 ±2	135 ±2	135 ±2
试验时间/h			168	240	240	240
老化后拉伸强度/MPa		≥	16.0	16.0	16.0	16.0
拉伸强度最大变化率/%			±20	±20	±20	±20
老化后断裂伸长率/%		≥	150	180	180	150
断裂伸长率最大变化率/%			±20	±20	±20	±20

（续）

项目		JGD-70	HⅠ-90	HⅡ-90	J-90
热老化质量损失	试验条件	100℃ ±2℃，168h	100℃ ±2℃，240h	115℃ ±2℃，240h	115℃ ±2℃，140h
	质量损失/(g/m^2) ≤	20	15	20	20

7.8.29 电线电缆用黑色聚乙烯塑料(GB 15065—2009)

产品分类、用途、规格及外观

类别	代号	产品名称	主要用途	规格	外观
护套料	NDH	黑色耐环境开裂低密度聚乙烯护套料	用于耐环境开裂要求较高的通信电缆、控制电缆、信号电缆和电力电缆的护层，最高工作温度70℃	产品为黑色圆柱形颗粒，直径为3～4mm，比度为2～4mm或体积相当的颗粒	颗粒均匀，表面光滑、无杂质，不应有3颗以上连粒
	LDH	黑色线性低密度聚乙烯护套料			
	MH	黑色中密度聚乙烯护套料	用于通讯电缆、光缆、海底电缆、电力电缆，最高工作温度90℃		
	GH	黑色高密度聚乙烯护套料			

（续）

类别	代号	产品名称	主要用途	规格	外观
绝缘料	NDJ	黑色耐候低密度聚乙烯绝缘料	用于1kV及以下架空电缆或其他类似场合，最高工作温度70℃	产品为黑色圆柱形颗粒，直径为3～4mm，比度为2～4mm或体积相当的颗粒	颗粒均匀，表面光滑、无杂质，不应有3颗以上连粒
	NLDJ	黑色耐候线性低密度聚乙烯绝缘料			
	NMJ	黑色耐候中密度聚乙烯绝缘料	用于10kV及以下架空电缆或其他类似场合，最高工作温度80℃		
	NGJ	黑色耐候高密度聚乙烯绝缘料			

物理力学性能及电性能

项　目	NDH	LDH	MH	GH	NDJ	NLDJ	NMJ	NGJ
熔体流动质量速率/(g/10min)　≤	2.0	2.0	2.0	2.0	0.4	1.0	1.5	0.4

（续）

项　　目		NDH	LDH	MH	GH	NDJ	NLDJ	NMJ	NGJ
密度/(g/cm³)		≤0.940	≤0.940	0.940 ~ 0.955	0.955 ~ 0.978	≤0.940	≤0.940	0.940 ~ 0.955	0.955 ~ 0.978
拉伸强度/MPa	≥	13.0	14.0	17.0	20.0	13.0	14.0	17.0	20.0
拉伸屈服应力/MPa	≥	—	—	—	16.0	—	—	—	16.0
断裂拉伸应变/%	≥	500	600	600	650	500	600	600	650
低温冲击脆化温度，-76℃		通过	通过	通过	通过	通过	通过	通过	通过
耐环境应力开裂 F_e/h	≥	96	500	500	500	96	500	500	500
200℃氧化诱导期/min	≥	30				—			
炭黑含量/%		2.60 ±0.25				—			
炭黑分散度/级	≤	3				—			
维卡软化点/℃	≥	—	—	110	110	—	—	110	110

（续）

项目		NDH	LDH	MH	GH	NDJ	NLDJ	NMJ	NGJ
空气烘箱热老化	拉伸强度/MPa ≥	—	13.0	16.0	20.0	12.0	13.0	16.0	20.0
	断裂拉伸应变/% ≥	—	500	500	650	400	500	500	650
低温断裂伸长率/% ≥		—	—	—	175	—	—	—	175
人工气候老化0～1008h	拉伸强度变化率/%	—	—	—	—	±25	±25	±25	±25
	断裂拉伸应变变化率/%	—	—	—	—	±25	±25	±25	±25

（续）

项目		NDH	LDH	MH	GH	NDJ	NLDJ	NMJ	NGJ
人工气候老化 504h ~1008h	拉伸强度变化率/%	—	—	—	—	±15	±15	±15	±15
	断裂拉伸应变变化率/%	—	—	—	—	±15	±15	±15	±15
耐热应力开裂 F_o/h ≥		—	—	—	—	—	—	—	96
介电强度 E_d/(kV/mm) ≥		25	25	25	25	25	25	35	35
体积电阻率 ρ_v/Ω·m ≥		1×10^{14}	1×10^{14}	1×10^{14}	1×10^{14}	1×10^{14}	1×10^{14}	1×10^{14}	1×10^{14}
介电常数 ε_r ≤		2.80	2.80	2.75	2.75	—	—	2.45	2.45
介质损耗因数 $\tan\delta$ ≤		—	—	0.005	0.005	—	—	0.001	0.001

第8章　橡胶及制品

8.1　橡胶的性能与应用

常用橡胶的性能与应用

名称	性能特点	应用举例
天然橡胶(NR)	弹性大，强度、抗振性和定伸强力高；电绝缘性和抗撕裂性优异；耐磨性、耐寒性和密封气密性好；成型加工容易，与其他材料粘合牢度高。不足之处是：耐氧及耐臭氧性、耐油性和耐溶剂性差，耐酸碱的腐蚀能力低，不宜在超过100℃环境下使用，易老化变质	用于制作轮胎、胶管、传送带、胶鞋、电线电缆绝缘层、护套及其他一些生活、工业用品
丁苯橡胶(SBR)	性能与天然橡胶接近，耐磨性、耐老化和耐热性好于天然橡胶；电绝缘性较好；也有一定的防振、耐水性。不足之处是：抗屈挠、抗撕裂性能差，自黏性极差，制品工作寿命较短	可代替天然橡胶制作胶管、胶板、胶鞋和轮胎等

（续）

名称	性能特点	应用举例
顺丁橡胶（BR）	有很好的弹性和防振性，耐水性优越，耐磨性、耐低温性和密封气密性良好。不足之处是：强度较低，抗撕裂性、可加工性和自黏性差	多采用与天然橡胶或丁苯橡胶混合使用。制作输送带和轮胎面
异戊橡胶（IR）	性能与天然橡胶接近。耐老化性比天然橡胶强，但弹性和强度比天然橡胶略低些，生产成本高，可加工性差	可代替天然橡胶制作胶管、轮胎、胶带、胶鞋等多种通用橡胶制品
氯丁橡胶（CR）	抗磁性、耐水性优越；耐燃、抗氧、抗臭氧性好；耐油、耐溶剂、耐酸碱、耐老化性较好。不足之处是：耐低温性能、电绝缘性及可加工性差	用于制作电线电缆护套、橡胶辊；输送油及腐蚀性液体用胶管、胶带、各种类型垫圈、密封圈等
丁基橡胶（IIR）	有很好的气密性、电绝缘性、耐臭氧性；耐热性和耐老化性好；能耐无机强酸（如硫酸、硝酸）和一般有机溶剂。不足之处是：弹性、可加工性差，黏着性和耐油性不好	用于制作内胎、水胎、气球、电线电缆绝缘保护层、防振制品及耐热传送带等

（续）

名称	性能特点	应用举例
丁腈橡胶（NBR）	耐汽油、耐脂肪烃油类性能优异，耐磨性、耐热性、耐水性和气密性较好，粘结力强。不足之处是：强度和弹性较低、耐寒性、耐酸性较差，电绝缘性能不好	制作输送多种油类用胶管、密封圈、储油槽用衬里及传送有一定温度用传送带
乙丙橡胶（EPM）	耐化学稳定性（仅不耐浓硝酸）和耐老化性能优异，有很好的电绝缘性、耐臭氧性和耐水性，耐热温度可达150℃，耐磨性、耐寒性和气密性较好。不足之处是粘着性差，硫化工艺时间较长	用于制作化工设备衬里、电线电缆用护套、绝缘层，及汽车用配件和其他工业用橡胶制品
聚氨酯橡胶（UR）	强度高，耐磨性很好，耐臭氧和抗振弹性较好、耐油性、耐老化性及气密性好。不足之处是耐低温性、耐水性和耐酸性差	制作轮胎、耐油性橡胶垫、圈，及防振性制品等
聚丙烯酸酯橡胶（AR）	有良好的耐热性和耐油性能。可在180℃以下的热油中使用；耐老化、耐氧、耐紫外光线和气密性均较好。不足之处是耐寒性较差，弹性、耐磨性和电绝缘性差，加工性能不好	可用制作耐油、耐热、耐老化的橡胶制品，如密封垫、圈及耐热油软管等

(续)

名称	性能特点	应用举例
硅橡胶(SR)	耐高温(最高可达300℃)、耐低温(最低-100℃)、耐臭氧和电绝缘性均很好，防振性和耐水性较好。不足之处是：机械强度低，耐油和耐酸碱性差，价格也较贵	主要用于制作耐高温、耐低温橡胶制品；制作耐高温电线电缆绝缘保护层；制作工业用胶辊等
氟橡胶(FPM)	耐热性好(可在300℃以下的环境中应用)，耐酸、碱腐蚀性、耐燃、耐臭氧和耐水性均很好，电绝缘性、气密性也很好。不足之处是：加工性差，弹性和透气性较低，耐寒性差，价格昂贵	用于制作飞机、火箭上的耐真空、耐高温、耐化学腐蚀的密封件、胶管或其他橡胶制品等
氯磺化聚乙烯橡胶(CSM)	耐臭氧、耐老化性能很好，不易燃，耐热、耐溶剂及耐酸碱性能和气密性均较好。不足之处是：抗撕裂性较差，可加工性能不好，价格较贵	可用来制作臭氧发生器上的密封材料；制作耐油垫圈等

8.2 橡胶管

8.2.1 普通橡胶管

(1) 用途

用于输送温度为 -5 ~ 45℃、低压条件下的液体和气体，如水、空气、沼气等

(2) 规格 （单位：mm）

内径	外径	壁厚	内径	外径	壁厚	内径	外径	壁厚
3	6	1.5	10	14	2	22	29	3.5
5	8	1.5	13	18	2.5	25	32	3.5
6	9	1.5	16	21	2.5	32	39	4.5
8	12	2	19	26	3.5	38	47	4.5

8.2.2 通用输水橡胶软管(HG/T 2184—2008)

(1) 用途

用于输送温度范围为 -25 ~ +70℃、最大工作压力为 2.5MPa 的水及中性液体

注：该软管不适用于输送饮用水、洗衣机进水和专用农业机械，也不可用做消防软管或可折叠式水管。可用于输送降低水的冰点的添加剂

(2) 软管的型号和级别

型号	类型	级别	工作压力范围
1 型	低压型	a 级	工作压力≤0.3MPa
		b 级	0.3MPa < 工作压力≤0.5MPa
		c 级	0.5MPa < 工作压力≤0.7MPa
2 型	中压型	d 型	0.7MPa < 工作压力≤1.0MPa
3 型	高压型	e 级	1.0MPa < 工作压力≤2.5MPa

（续）

（3）软管内径、公差及胶层厚度

<table>
<tr><th colspan="2">内　　径</th><th colspan="2">胶层厚度(≥)</th></tr>
<tr><th>公称尺寸</th><th>公差</th><th>内衬层</th><th>外覆层</th></tr>
<tr><td>10
12.5
16
19
20</td><td>±0.75</td><td>1.5</td><td>1.5</td></tr>
<tr><td>22
25
27
32</td><td>±1.25</td><td>2.0</td><td>1.5</td></tr>
<tr><td>38
40
50
63
76</td><td>±1.50</td><td>2.5</td><td>1.5</td></tr>
<tr><td>80
100</td><td>±2.00</td><td>3.0</td><td>2.0</td></tr>
</table>

注：未标注的软管内径、公差及胶层厚度，可比照临近软管的内径、公差及胶层厚度为准。

8.2.3 压缩空气用橡胶软管(GB 1186—2007)

(1) 软管的型别和类别

型别	最大工作压力/MPa	用　途
1	1.0	一般工业用空气软管
2	1.0	重型建筑用空气软管
3	1.0	具有良好耐油性能的重型建筑用空气软管
4	1.6	重型建筑用空气软管
5	1.6	具有良好耐油性能的重型建筑用空气软管
6	2.5	重型建筑用空气软管
7	2.5	具有良好耐油性能的重型建筑用空气软管

类别	工作温度/℃
A类	-25 ~ +70
B类	-40 ~ +70

(2) 结构和材料

软管应具有下列组成：

橡胶内衬层；采用任何适当技术铺放的一层或多层天然的或合成的织物；橡胶外覆层。

内衬层和外覆层应具有均匀的厚度，同心度符合规定的最小厚度，不应有孔洞、砂眼和其他缺陷。

（续）

（3）软管公称内径和公差（单位：mm）

公称内径	公　差
5	±0.5
6.3	±0.75
8	±0.75
10	±0.75
12.5	±0.75
16	±0.75
20(19)	±0.75
25	±1.25
31.5	±1.25
40(38)	±1.5
50	±1.5
63	±1.5
80(76)	±2.0
100(102)	±2.0

（4）拉伸强度和拉断伸长率

软管型别	软管组成	拉伸强度 /MPa	拉断伸长率 (%)
1	内衬层	5.0	200
	外覆层	7.0	250
2、3、4、5、6、7	内衬层	7.0	250
	外覆层	10.0	300

（续）

（5）软管的物理性能

性能	要求	试验方法
23℃下验证压力	1 型a 级：0.5MPa； b 级：0.8MPa； c 级：1.1MPa 2 型 d 级：1.6MPa 3 型 e 级：5.0MPa	GB/T 5563
验证压力下的长度变化	±7%	GB/T 5563
最小爆破压力	1 型a 级：0.9MPa； b 级：1.6MPa； c 级：2.2MPa 2 型 d 级：3.2MPa 3 型 e 级：10.0MPa	GB/T 5563
层间黏合强度	1.5kN/m(最小)	ISO 8033
耐臭氧性能	2 倍放大镜下未见龟裂	HG/T 2869—1997，内径≤25mm，方法 1 其他规格，方法 2 或 3
23℃下屈挠性	*T/D* 不小于 0.8	GB/T 5565—2006，方法 A
低温屈挠性	不应检测出龟裂，软管应通过上面规定的验证试验	GB/T 5564—2006，方法 B (-25±2)℃

8.2.4 饱和蒸汽用橡胶软管(HG/T 3036—2009)

(1) 分类及用途

型号	名称	最大工作压力/MPa	最高工作温度/℃	级别	用途
1型	低压蒸汽软管	0.6	164	A级:外覆层不耐油	用于输送饱和蒸汽和热冷
				B级:外覆层耐油	
2型	高压蒸汽软管	1.8	210	A级:外覆层不耐油	凝水
				B级:外覆层耐油	

(2) 材料和结构

软管应包括耐蒸汽和热冷凝水的质地均匀、无气泡、气孔、外来杂质以及其他缺陷的内衬层。1型和2型的增强层应分别为织物和钢丝的编织缠绕或帘线层结构。外覆层应具有防止机械损伤的作用,并应耐热、耐磨以及抵抗由天气和短期化学暴露造成的环境影响。软管外覆层应绕圆周以及沿着整个管体等距刺孔,以释放各层与外覆层之间累积的压力

（续）

（3）尺寸和公差 （单位：mm）

内径		外径		厚度（最小）		弯曲半径（最小）
数值	偏差范围	数值	偏差范围	内衬层	外覆层	
9.5	±0.5	21.5	±1.0	2.0	1.5	120
13	±0.5	25	±1.0	2.5	1.5	130
16	±0.5	30	±1.0	2.5	1.5	160
19	±0.5	33	±1.0	2.5	1.5	190
25	±0.5	40	±1.0	2.5	1.5	250
32	±0.5	48	±1.0	2.5	1.5	320
38	±0.5	54	±1.2	2.5	1.5	380
45	±0.7	61	±1.2	2.6	1.5	450
50	±0.7	68	±1.4	2.5	1.5	500
51	±0.7	69	±1.4	2.5	1.5	500
63	±0.8	81	±1.6	2.5	1.5	630
75	±0.8	93	±1.6	2.5	1.5	750
76	±0.8	94	±1.6	2.5	1.5	750
100	±0.8	120	±1.6	2.5	1.5	1000
102	±0.8	122	±1.6	2.5	1.5	1000

8.2.5 耐稀酸碱橡胶软管(HG/T 2183—1991(2009))

(1) 分类与用途

型号	结 构	用 途	使用压力/MPa	用 途
A	有增强层	输送酸碱液体	0.3、0.5、0.7	用于-20~45℃环境中输送浓度不高于40%的硫酸溶液及浓度不高于15%的氢氧化钠溶液,以及与上述浓度程度相当的酸碱溶液(硝酸除外)
B	有增强层和钢丝螺旋线	吸引酸碱液体	负压	
C	—	排吸酸碱液体	负压 0.3、0.5、0.7	

(2) 尺寸及公差 (单位: mm)

A 型		胶层厚度 不小于	
公称内径	公差	内胶层	外胶层
12.5 16 20 22	±0.75	2.2	1.2
25 31.5	±1.25		
40 45 50 63	±1.5	2.5	1.5
80	±2.0	2.8	

（续）

B 型及 C 型	
公称内径	公　差
31.5	±1.25
40 45 50 63	±1.5
80	±2.0

（3）软管的物理力学性能

性能项目			指标	
			内胶层	外胶层
拉伸强度/MPa		≥	6.0	
扯断伸长率(%)		≥	250	
硫酸（40%），室温×72h	拉伸强度变化率(%)	≥	-15	—
	扯断伸长率变化率(%)	≥	-20	—
盐酸（30%），室温×72h	拉伸强度变化率(%)	≥	-15	—
	扯断伸长率变化率(%)	≥	-20	—
氢氧化钠(15%)，室温×72h	拉伸强度变化率(%)	≥	-15	—
	扯断伸长率变化率(%)	≥	-20	—
热空气老化，70℃×72h	拉伸强度变化率(%)		-25～+25	
	扯断伸长率变化率(%)		-30～+10	
粘附强度/(kN/m)	各胶层与增强层间	>	1.5	
	各增强层与增强层间	>	1.5	

注：外胶层厚度达不到厚度要求，可用制造软管的配制成试样进行试验。

8.2.6 输送燃油用橡胶软管(HG/T 3041—2009)

(1) 分类及用途

组别	D组：输送软管，在某种条件下可用于低真空传输
	SD组：抽吸和输送软管，用螺旋线增强
用途	芳烃体积分数不超过50%，含氧化合物含量达到15%的燃油，工作温度范围为-30~+70℃，静态储存温度范围为-50~+70℃

(2) 材料和结构

软管应包括：耐烃类燃油的内衬层；圆织、编织或螺旋缠绕纺织材料构成的增强层；嵌入螺旋增强层(仅SD组)；两根或多根低阻值金属导线(仅M级)；耐磨、耐户外暴晒、耐烃类燃油的外覆橡胶层。

(3) 尺寸 (单位：mm)

公称内径	内径	内径公差	外径	外径公差	最小弯曲半径		工作中盘卷鼓的最小外径	
					D组	SD组	D组	SD组
19	19.0	±0.5	31.0	±1.0	125	100	250	250
25	25.0		37.0		150	125	300	300
32	32.0		44.0		200	150	400	350
38	38.0		51.0		250	175	500	400
50	50.0	±0.7	66.0	±1.2	300	225	600	500
51	51.0		67.0		300	225	600	500
63	63.0	±0.8	79.0		400	275	800	600
75	75.0		91.0		450	350	900	750
76	76.0		92.0		450	350	900	750
100	100.0		116.0	±1.6	600	450	N.A.	N.A.
101	101.0		118.0		600	450	N.A.	N.A.
150	150.0	±1.6	170.0	±2.0	900	750	N.A.	N.A.

8.2.7 气体焊接、切割和类似作业用橡胶软管(GB/T 2550—2007)

(1) 用途

用于输送焊接、切割金属所用的氧气、乙炔气等；工作温度：-20～+60℃。

(2) 尺寸及公差

公称内径	内径	公差
4	4	±0.55
5	5	±0.55
6.3	6.3	±0.55
8	8	±0.65
10	10	±0.65
12.5	12.5	±0.7
16	16	±0.7
20	20	±0.75
25	25	±0.75
32	32	±0.1
40	40	±1.25
50	50	±1.25

8.2.8 农业喷雾用橡胶软管(HG/T 3043—2009)

(1) 用途

安装在农业、林业、果园等使用的喷雾器械上作输送农药、化肥。

(2) 管规格及工作条件

公称内径/mm	6.3，8.0，10.0，12.5，16.0，20.0，25.0
工作压力/MPa	1～3

（续）

（3）喷雾胶管的尺寸及质量

胶管名称	公称内径/mm	工作压力/MPa	每米约重/kg
纤维编织喷雾胶管	6	1.0	0.17
	8	1.0	0.23
	10	1.0	0.25
	10	2.0	0.28
纤维编织机动喷雾胶管	8	2.5	0.23
		3.0	
	13	2.5	0.40
纤维缠绕机动喷雾胶管	13	2.0	0.50
		2.5	
纤维编织手动喷雾胶管	8	0.8	0.21

注：各种喷雾胶管外形图，参见输水胶管的外形图。

8.2.9 吸水和排水用橡胶软管（HG/T 3035—1999）

（1）分类

型别	压力可达/kPa		使用条件
	吸水	排水	
1型	-63	300	温和
2型	-80	500	苛刻

（2）尺寸和公差

软管内径尺寸范围为16～315mm

（3）材料和结构

（续）

内胶层	由适当配合的耐水天然或合成橡胶组成。其内表面应光滑，无影响使用的缺陷
增强层	由适当的织物材料组成，可以带有金属或其他适当材料的螺旋线
外胶层	由适当配合的天然或合成橡胶组成。外表面可以呈波纹状；还可选用外铠螺旋线，螺旋线既可以是金属的，也可以是其他的适当材料

8.2.10 钢丝编织增强液压橡胶软管（GB/T 3683.1—2006）

（1）用途

用于各种工程机械（如建筑、起重、注塑机、冶金、农业机械、矿山设备、船舶、机床等）中，输送高压液或液压传动工作。输送介质有矿物油、可溶性油、水、空气（蓖麻油和酯基液体除外）等，介质温度为 -40 ~ 100℃

（2）型别

型号	特　点
1ST 和 R1A 型	具有单层钢丝编织增强层和厚外覆层的软管
2ST 和 R2A 型	具有两层钢丝编织增强层和厚外覆层的软管
1SN 和 R1AT 型	具有单层钢丝编织增强层和薄外覆层的软管
2SN 和 R2AT 型	具有两层钢丝编织增强层和薄外覆层的软管

（3）材料和结构

软管应由耐液压流体橡胶内衬层、一层或两层高强度钢丝和耐油、耐天候橡胶外覆层构成。

（续）

(4) 软管的尺寸

公称内径	所有类别 内径 /mm		1ST/R1A 型 增强层外径 /mm		1ST/R1A 型 软管外径 /mm		1SN/R1AT 型 软管外径 /mm
	最小	最大	最小	最大	最小	最大	最大
5	4.6	5.4	8.9	10.1	11.9	13.5	12.5
6.3	6.2	7.0	10.6	11.7	15.1	16.7	14.1
8	7.7	8.5	12.1	13.3	16.7	18.3	15.7
10	9.3	10.1	14.5	15.7	19.0	20.6	18.1
12.5	12.3	13.5	17.5	19.1	22.0	23.8	21.5
16	15.5	16.7	20.6	22.2	25.4	27.0	24.7
19	18.6	19.8	24.6	26.2	29.4	31.0	28.6
25	25.0	26.4	32.5	34.1	36.9	39.3	36.6
31.5	31.4	33.0	39.3	41.7	44.4	47.6	44.8
38	37.7	39.3	45.6	48.0	50.8	54.0	52.1
51	50.4	52.0	58.7	61.9	65.1	68.3	65.9

公称内径	1SN/R1AT 型 外覆层厚度 /mm		2ST/R2A 型 增强层外径 /mm		2ST/R2A 型 软管外径 /mm		2SN/R2AT 型 软管外径 /mm	2SN/R2AT 型 外覆层厚度 /mm	
	最小	最大	最小	最大	最小	最大	最大	最小	最大
5	0.8	1.5	10.6	11.7	15.1	16.7	14.1	0.8	1.5
6.3	0.8	1.5	12.1	13.3	16.7	18.3	15.7	0.8	1.5
8	0.8	1.5	13.7	14.9	18.3	19.9	17.3	0.8	1.5
10	0.8	1.5	16.1	17.3	20.6	22.2	19.7	0.8	1.5
12.5	0.8	1.5	19.0	20.6	23.8	25.4	23.1	0.8	1.5
16	0.8	1.5	22.2	23.8	27.0	28.6	26.3	0.8	1.5
19	0.8	1.5	26.2	27.8	31.0	32.6	30.2	0.8	1.5
25	0.8	1.5	34.1	35.7	38.5	40.9	38.9	1.0	2.0
31.5	1.0	2.0	43.2	45.7	49.2	52.4	49.6	1.0	2.0
38	1.5	2.5	49.6	52.0	55.6	58.8	56.0	1.3	2.5
51	1.5	2.5	62.3	64.7	68.2	71.4	68.6	1.3	2.5

8.2.11 家用煤气软管(HG/T 2486—1993(2009))

(1) 用途

用于家用管道煤气、液化石油气、天然气减压装置的截流阀与燃烧器具之间连接的软管。由橡胶或热塑性材料制成。

(2) 品种与规格

品种	单层：黑色，表面光滑
	双层(内胶层，外胶层)：其外胶层为橘黄色并带有与轴线平行的凹槽花
	三层(内胶层，中胶层，外胶层)：其外胶层为橘黄色并带有与轴线平行的凹槽花

公称内径	壁厚	气体透过量	适用温度/℃		气密试验	耐压试验
/mm		/(ml/h)	树脂管	橡胶管	/MPa	
9	3	≤5	-10~70	-10~90	0.1	0.2
13	3.3	≤7				

8.2.12 打气胶管

(1) 用途

供轮胎、力车胎、自行车胎打气用。具有轻便柔软、曲挠性好的特点

(2) 规格与性能

公称内径/mm	5	6	8	编织层数	1
每米约重/kg	0.147	0.166	0.210	长度/m	30

工作压力为1.2MPa，爆破压力为4.8MPa

8.3 其他橡胶制品

8.3.1 普通 V 带和窄 V 带(GB/T 11544—1997)

(1) 用途

用于两轴中心距较大时的动力传动、传动比最大可达 5:1，振动较小、过载时可打滑

(2) 结构

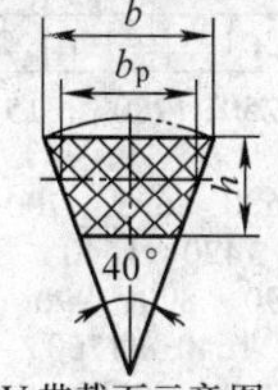

V 带截面示意图　　露出高度示意图

(3) 普通 V 带和窄 V 带的尺寸　　　　(单位：mm)

V 带截型		截面基本尺寸					基准长度 L_d
		节宽 b_p	顶宽 b	高度 h	露出高度 h_r		
					最大	最小	
普通 V 带	Y	5.3	6.0	4.0	+0.8	-0.8	200 ~ 500
	Z	8.5	10.0	6.0	+1.6	-1.6	405 ~ 1540
	A	11.0	13.0	8.0	+1.6	-1.6	630 ~ 2700
	B	14.0	17.0	11.0	+1.6	-1.6	930 ~ 6070
	C	19.0	22.0	14.0	+1.5	-2.0	1565 ~ 10700
	D	27.0	32.0	19.0	+1.6	-3.2	2740 ~ 15200
	E	32.0	38.0	25.0	+1.6	-3.2	4660 ~ 16800

（续）

<table>
<tr><td rowspan="3" colspan="2">V 带截型</td><td colspan="5">截面基本尺寸</td><td rowspan="3">基准长度 L_d</td></tr>
<tr><td rowspan="2">节宽 b_p</td><td rowspan="2">顶宽 b</td><td rowspan="2">高度 h</td><td colspan="2">露出高度 h_r</td></tr>
<tr><td>最大</td><td>最小</td></tr>
<tr><td rowspan="4">窄 V 带</td><td>SPZ</td><td>8.5</td><td>10.0</td><td>8.0</td><td>+1.1</td><td>-0.4</td><td>630 ~ 3550</td></tr>
<tr><td>SPA</td><td>11.0</td><td>13.0</td><td>10.0</td><td>+1.3</td><td>-0.6</td><td>800 ~ 4500</td></tr>
<tr><td>SPB</td><td>14.0</td><td>17.0</td><td>14.0</td><td>+1.4</td><td>-0.7</td><td>1250 ~ 8000</td></tr>
<tr><td>SPC</td><td>19.0</td><td>22.0</td><td>18.0</td><td>+1.5</td><td>-1.0</td><td>2000 ~ 12500</td></tr>
<tr><td rowspan="2">基准长度系列 L_d</td><td>普通 V 带</td><td colspan="6">Y 型：200、224、250、280、315、355、400、450、500
Z 型：405、475、530、625、700、780、820、1080、1330、1420、1540
A 型：630、700、790、890、990、1100、1250、1430、1550、1640、1750、1940、2050、2200、2300、2480、2700
B 型：930、1000、1100、1210、1370、1560、1760、1950、2180、2300、2500、2700、2870、3200、3600、4060、4430、4820、5370、6070
C 型：1565、1760、1950、2195、2420、2715、2880、3080、3520、4060、4600、5380、6100、6815、7600、9100、10700
D 型：2740、3100、3330、3730、4080、4620、5400、6100、6840、7620、9140、10700、12200、13700、15200
E 型：4660、5040、5420、6100、6850、7650、9150、12230、13750、15280、16800</td></tr>
<tr><td>窄 V 带</td><td colspan="6">630、710、800、900、1000、1120、1250、1400、1600、1800、2000、2240、2500、2800、3150、3550、4000、4500、5000、5600、6300、7100、8000、9000、10000、11200、12500</td></tr>
</table>

8.3.2 平型传动带(GB/T 524—2007)

(1) 结构与用途

平型传动带由橡胶和帆布或塑料等组成，有切边或包边型结构。用于两轴中心距离较大的动力传动中。传动中易打滑，工作速度小于25m/s

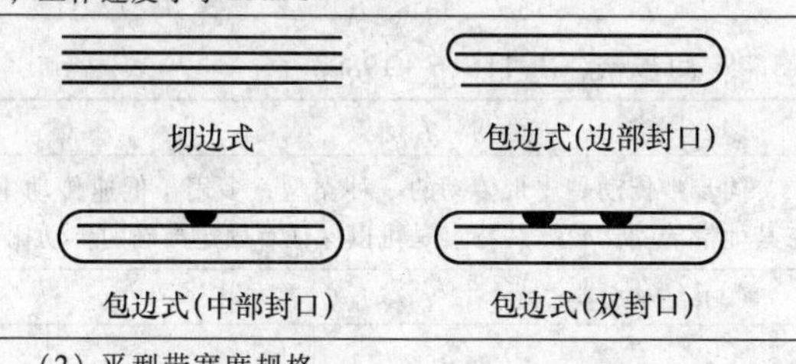

(2) 平型带宽度规格

宽度公称/mm							
	16	20	25	32	40	50	60
	71	80	90	100	112	125	140
	160	180	200	224	250	280	315
	355	400	450	500			

(3) 环形带的长度　　　　(单位：mm)

优选系列	第二系列	优选系列	第二系列
500	530	1800	1900
560	600	2000	
630	670	2240	
710	750	2500	
800	850	2800	
900	950	3150	
1000	1060	3550	
1120	1180	4000	
1250	1320	4500	
1400	1500	5000	
1600	1700		

8.3.3 织物芯输送带（GB/T 4490—2009）

公称宽度/mm								
	300	400	500	600	650	800	1000	1200
	1400	1600	1800	2000	2200	2400	2600	2800
	3000	3200						

8.3.4 同步带（GB 11616—1989）

（1）用途

同步带传动是皮带传动的一种类型，多用于低速传动中，与其他带传动比较，其特点是可以保证有固定准确的传动比

（2）结构分类

同步带的传动工作形式如图所示。带体的成型材料，可分为氯丁橡胶带和聚氨酯橡胶带；按其齿的形状，可分为梯形齿和圆弧齿形两种

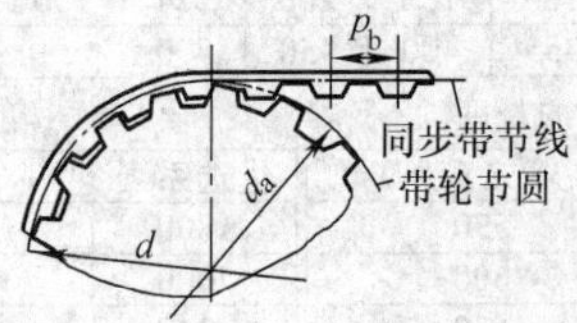

（3）同步带齿形尺寸

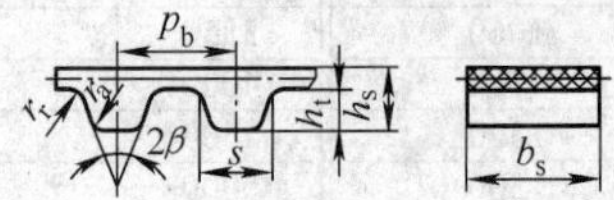

（续）

（单位：mm）

型号[①]	节距[③] p_b	齿形角 $2\beta(°)$	齿根厚 s	齿高 h_t	带高[②] h_s	齿根圆角半径 r_r
MXL	2.032	40	1.14	0.51	1.14	0.13
XXL	3.175	50	1.73	0.76	1.52	0.20
XL	5.080	50	2.57	1.27	2.3	0.38
L	9.525	40	4.65	1.91	3.6	0.51
H	12.700	40	6.12	2.29	4.3	1.02
XH	22.225	40	12.57	6.35	11.2	1.57
XXH	31.750	40	19.05	9.53	15.7	2.29

型号[①]	齿顶圆角半径 r_a	标准宽度	标准宽度系列 B 代号（宽度/代号）
MXL	0.13	3.2 ~ 6.4	3.2/012.4, 4.8/019.4, 6.4/
XXL	0.30	3.2 ~ 6.4	025, 7.9/031, 9.5/037, 12.7/
XL	0.38	6.4 ~ 9.5	050, 19.1/075, 25.4/100,
L	0.51	12.7 ~ 25.4	38.1/150, 50.8/200, 76.2/
H	1.02	19.1 ~ 76.2	300, 101.6/400, 127/500。
XH	1.19	50.8 ~ 101.6	XXL 系列：3.2/3.2, 4.8/4.8,
XXH	1.52	50.8 ~ 101.6	6.4/6.4

① 型号即节距代号，MXL—最轻型；XXL—超轻型；XL—特轻型；L—轻型；H—重型；XH—特重型；XXH—超重型。

② 系单面带的带高。

③ GB11616—89 中还同时列出英制系列，7 种型号的节距为：0.080、（0.125）、0.200、0.375、0.500、0.875、1.250in。

（续）

（4）同步带的节线长（即带长度）

长度代号	节线长/mm	齿数		
		XL	L	H
60	152.4	30	—	—
70	177.8	35	—	—
80	203.2	40	—	—
90	228.6	45	—	—
100	254	50	—	—
110	279.4	55	—	—
120	304.8	60	—	—
124	314.33	—	33	—
130	330.2	65	—	—
140	355.6	70	—	—
150	381	75	40	—
160	406.4	80	—	—
170	431.8	85	—	—
180	457.2	90	—	—
187	476.25	—	50	—
190	482.6	95	—	—
200	508	100	—	—
210	533.4	105	56	—
220	558.8	110	—	—
225	571.5	—	60	—
230	584.2	115	—	—
240	609.6	120	64	48
250	635	125	—	—
255	647.7	—	68	—
260	660.4	130	—	—

长度代号	节线长/mm	齿数		
		L	H	XH
270	685.8	72	54	—
285	723.9	76	—	—
300	762	80	60	—
322	819.15	86	—	—
330	838.2	—	66	—
345	876.3	92	—	—
360	914.4	—	72	—
367	933.45	98	—	—
390	990.6	104	78	—
420	1066.8	112	84	—
450	1143	120	90	—
480	1219.2	128	96	—
507	1289.05	—	—	58
510	1295.4	136	102	—
540	1371.6	144	108	—
560	1422.4	—	—	64
570	1447.8	—	114	—
600	1524	160	120	—
630	1600.2	—	126	72
660	1676.4	—	132	—

（续）

长度代号	节线长/mm	齿数		
		H	XH	XXH
700	1778	140	80	56
750	1905	150	—	—
770	1955.8	—	88	—
800	2032	160	—	64
840	2133.6	—	96	—
850	2159	170	—	—
900	2286	180	—	72
980	2489.2	—	112	—
1000	2540	200	—	80
1100	2794	220	—	—
1120	2844.8	—	128	—
1200	3048	—	—	96
1250	3175	250	—	—
1260	3200.4	—	144	—
1400	3556	280	160	112
1540	3911.6	—	176	—
1600	4064	—	—	128
1700	4318	340	—	—
1750	4445	—	200	—
1800	4572	—	—	144

长度代号	节线长/mm	齿数 MXL
36.0	91.44	45
40.0	101.6	50
44.0	111.76	55
48.0	121.92	60
56.0	142.24	70
60.0	152.4	75
64.0	162.56	80
72.0	182.88	90
80.0	203.2	100
88.0	223.52	110
100.0	254	125
112.0	284.48	140
124.0	314.96	155
140.0	355.6	175
160.0	406.4	200
180.0	457.2	225
200.0	508	250

（续）

长度代号	节线长/mm	齿数XXL	长度代号	节线长/mm	齿数XXL
B40	127	40	B104	330.2	104
B48	152.4	48	B112	355.6	112
B56	177.8	56	B120	381	120
B64	203.2	64	B128	406.4	128
B72	228.6	72	B144	457.2	144
B80	254	80	B160	508	160
B88	279.4	88	B176	558	176
B96	304.80	96			

注：带型即节距代号：MXL—最轻型；XXL—超轻型；XL—特轻型；L—轻型；H—重型；XH—特重型；XXH—超重型。

8.3.5 液压气动用 O 形橡胶密封圈（GB/T 3452.1—2005）

（1）用途

用于气动或液压系统中的各种元件、管路的密封

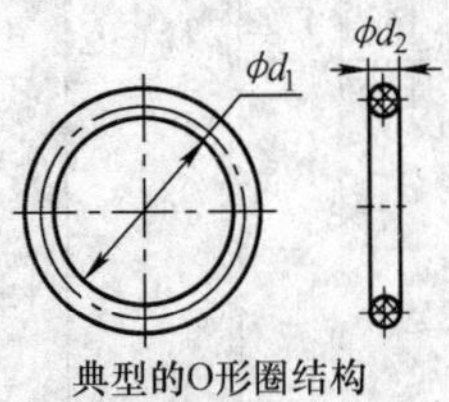

典型的O形圈结构

（续）

（2）G 系列液压气动 O 形密封圈规格尺寸

d_1 和 d_2 对应的规格/mm	
d_2	d_1
1.8 ±0.08	1.8 ±0.13 ~50 ±0.48
2.65 ±0.09	10.6 ±0.19 ~150 ±1.16
3.55 ±0.10	18 ±0.25 ~200 ±1.49
5.3 ±0.13	40 ±0.41 ~400 ±2.78
7 ±0.15	109 ±0.89 ~670 ±4.47

d_1 的尺寸系列/mm			
1.8 ±0.13	6 ±0.16	11.8 ±0.20	22.4 ±0.28
2 ±0.13	6.3 ±0.16	12.1 ±0.21	23 ±0.29
2.24 ±0.13	6.7 ±0.16	12.5 ±0.21	23.6 ±0.29
2.5 ±0.13	6.9 ±0.16	12.8 ±0.21	24.3 ±0.30
2.8 ±0.13	7.1 ±0.16	13.2 ±0.21	25 ±0.30
3.15 ±0.14	7.5 ±0.17	14 ±0.22	25.8 ±0.31
3.55 ±0.14	8 ±0.17	14.5 ±0.22	26.5 ±0.31
3.75 ±0.14	8.5 ±0.17	15 ±0.22	27.3 ±0.32
4 ±0.14	8.75 ±0.18	15.5 ±0.23	28 ±0.32
4.5 ±0.15	9 ±0.18	16 ±0.23	29 ±0.33
4.75 ±0.15	9.5 ±0.18	17 ±0.24	30 ±0.34
4.87 ±0.15	9.75 ±0.18	18 ±0.25	31.5 ±0.35
5 ±0.15	10 ±0.19	19 ±0.25	32.5 ±0.36
5.15 ±0.15	10.6 ±0.19	20 ±0.26	33.5 ±0.36
5.3 ±0.15	11.2 ±0.19	20.6 ±0.26	34.5 ±0.37
5.6 ±0.16	11.6 ±0.20	21.2 ±0.27	35.5 ±0.38

（续）

d_1 的尺寸系列/mm			
36.5 ±0.38	80 ±0.69	157.5 ±1.21	254 ±1.84
37.5 ±0.39	82.5 ±0.71	160 ±1.23	258 ±1.87
38.7 ±0.40	85 ±0.72	162.5 ±1.24	261 ±1.89
40 ±0.41	87.5 ±0.74	165 ±1.26	265 ±1.91
41.2 ±0.42	90 ±0.76	167.5 ±1.28	268 ±1.92
42.5 ±0.43	92.5 ±0.77	170 ±1.29	272 ±1.96
43.7 ±0.44	95 ±0.79	172.5 ±1.31	276 ±1.98
45 ±0.44	97.5 ±0.81	175 ±1.33	280 ±2.01
46.2 ±0.45	100 ±0.82	177.5 ±1.34	283 ±2.03
47.5 ±0.46	103 ±0.85	180 ±1.36	286 ±2.05
48.7 ±0.47	106 ±0.87	182.5 ±1.38	290 ±2.08
50 ±0.48	109 ±0.89	185 ±1.39	295 ±2.11
51.5 ±0.49	112 ±0.91	187.5 ±1.41	300 ±2.14
53 ±0.50	115 ±0.93	190 ±1.43	303 ±2.16
54.5 ±0.51	118 ±0.95	195 ±1.46	307 ±2.19
56 ±0.52	122 ±0.97	200 ±1.49	311 ±2.21
58 ±0.54	125 ±0.99	203 ±1.51	315 ±2.24
60 ±0.55	128 ±1.01	206 ±1.53	320 ±2.27
61.5 ±0.56	132 ±1.04	212 ±1.57	325 ±2.30
63 ±0.57	136 ±1.07	218 ±1.61	330 ±2.33
65 ±0.58	140 ±1.09	224 ±1.65	335 ±2.36
67 ±0.60	142.5 ±1.11	227 ±1.67	340 ±2.40
69 ±0.61	145 ±1.13	230 ±1.69	345 ±2.43
71 ±0.63	147.5 ±1.14	236 ±1.73	350 ±2.46
73 ±0.64	150 ±1.16	239 ±1.75	355 ±2.49
75 ±0.65	152.5 ±1.18	243 ±1.77	360 ±2.52
77.5 ±0.67	155 ±1.19	250 ±1.82	365 ±2.56

（续）

d_1 的尺寸系列/mm			
370 ±2.59	429 ±2.96	487 ±3.33	580 ±3.91
375 ±2.62	433 ±2.99	493 ±3.36	590 ±3.97
379 ±2.64	437 ±3.01	500 ±3.41	600 ±4.03
383 ±2.67	443 ±3.05	508 ±3.46	608 ±4.08
387 ±2.70	450 ±3.09	515 ±3.50	615 ±4.12
391 ±2.72	456 ±3.13	523 ±3.55	623 ±4.17
395 ±2.75	462 ±3.17	530 ±3.60	630 ±4.22
400 ±2.78	466 ±3.19	538 ±3.65	640 ±4.28
406 ±2.82	470 ±3.22	545 ±3.69	650 ±4.34
412 ±2.85	475 ±3.25	553 ±3.74	660 ±4.40
418 ±2.89	479 ±3.28	560 ±3.78	670 ±4.47
425 ±2.93	483 ±3.30	570 ±3.85	—

8.3.6 V_D 形橡胶密封圈（JB/T 6994—2007）

（1）用途

用于工作介质为油、水、空气的回转轴端面的密封和防尘作用。要求回转轴圆周速度不大于 19m/s

（2）规格尺寸

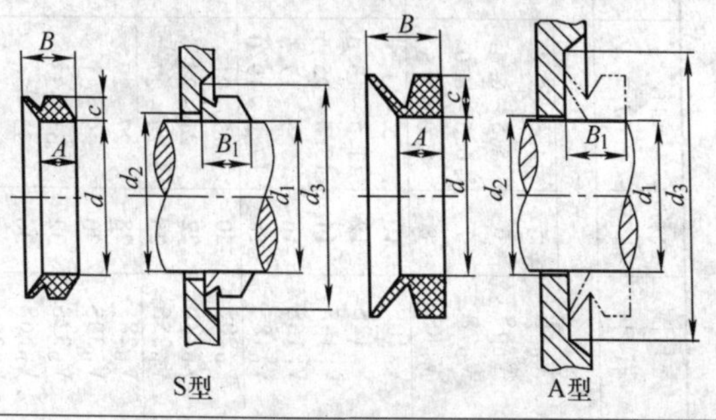

（续）

密封圈代号	公称轴径	轴径 d_1	d	c	A	B	d_{2max}	d_{3min}	安装宽度 B_1
S 型密封圈主要尺寸/mm									
V_D5S	5	4.5～5.5	4	2	3.9	5.2	d_1+1	d_1+6	4.5±0.4
V_D6S	6	5.5～6.5	5						
V_D7S	7	6.5～8.0	6						
V_D8S	8	8.0～9.5	7						
V_D10S	10	9.5～11.5	9	3	5.6	7.7	d_1+2	d_1+9	6.7±0.6
V_D12S	12	11.5～13.5	10.5						
V_D14S	14	13.5～15.5	12.5						
V_D16S	16	15.5～17.5	14						
V_D18S	18	17.5～19.0	16						
V_D20S	20	19～21	18	4	7.9	10.5		d_1+12	9.0±0.8
V_D22S	22	21～24	20						
V_D25S	25	24～27	22						
V_D28S	28	27～29	25				d_1+3		
V_D30S	30	29～31	27						
V_D32S	32	31～33	29						
V_D36S	36	33～36	31						
V_D38S	38	36～38	34						

（续）

密封圈代号	公称轴径	轴径 d_1	d	c	A	B	d_{2max}	d_{3min}	安装宽度 B_1
S 型密封圈主要尺寸/mm									
V_D40S	40	38 ~ 43	36	5	9.5	13.0	d_1 +3	d_1 +15	11.0 ±1.0
V_D45S	45	43 ~ 48	40						
V_D50S	50	48 ~ 53	45						
V_D56S	56	53 ~ 58	49						
V_D60S	60	58 ~ 63	54						
V_D63S	63	63 ~ 68	58						
V_D71S	71	68 ~ 73	63	6	11.3	15.5	d_1 +4	d_1 +18	13.5 ±1.2
V_D75S	75	73 ~ 78	67						
V_D80S	80	78 ~ 83	72						
V_D85S	85	83 ~ 88	76						
V_D90S	90	88 ~ 93	81						
V_D95S	95	93 ~ 98	85						
V_D100S	100	98 ~ 105	90						
V_D110S	110	105 ~ 115	99	7	13.1	18.0		d_1 +21	15.5 ±1.5
V_D120S	120	115 ~ 125	108						
V_D130S	130	125 ~ 135	117						
V_D140S	140	135 ~ 145	126						
V_D150S	150	145 ~ 155	135						

（续）

密封圈代号	公称轴径	轴径 d_1	d	c	A	B	d_{2max}	d_{3min}	安装宽度 B_1
S 型密封圈主要尺寸/mm									
V_D160S	160	155 ~ 165	144						
V_D170S	170	165 ~ 175	153						
V_D180S	180	175 ~ 185	162	8	15.0	20.5	d_1+5	d_1+24	18.0 ±1.8
V_D190S	190	185 ~ 195	171						
V_D200S	200	195 ~ 210	180						
A 型密封圈主要尺寸/mm									
V_D3A	3	2.7 ~ 3.5	2.5	1.5	2.1	3.0		d_1+4	2.5 ±0.3
V_D4A	4	3.5 ~ 4.5	3.2						
V_D5A	5	4.5 ~ 5.5	4						
V_D6A	6	5.5 ~ 6.5	5	2	2.4	3.7	d_1+1	d_1+6	3.0 ±0.4
V_D7A	7	6.5 ~ 8.0	6						
V_D8A	8	8.0 ~ 9.5	7						
V_D10A	10	9.5 ~ 11.5	9						
V_D12A	12	11.5 ~ 12.5	10.5						
V_D13A	13	12.5 ~ 12.5	11.7						
V_D14A	14	13.5 ~ 15.5	12.5	3	3.4	5.5	d_1+2	d_1+9	4.5 ±0.6
V_D16A	16	15.5 ~ 17.5	14						
V_D18A	18	17.5 ~ 19	16						

（续）

密封圈代号	公称轴径	轴径 d_1	d	c	A	B	$d_{2\max}$	$d_{3\min}$	安装宽度 B_1
A 型密封圈主要尺寸/mm									
V_D20A	20	19 ~ 21	18	4	4.7	7.5	d_1 +2	d_1 +12	6.0 ±0.8
V_D22A	22	21 ~ 24	20						
V_D25A	25	24 ~ 27	22						
V_D28A	28	27 ~ 29	25				d_1 +3		
V_D30A	30	29 ~ 31	27						
V_D32A	32	31 ~ 33	29						
V_D36A	36	33 ~ 36	31						
V_D38A	38	36 ~ 38	34						
V_D40A	40	38 ~ 43	36	5	5.5	9.0		d_1 +15	7.0 ±1.0
V_D45A	45	43 ~ 48	40						
V_D50A	50	48 ~ 53	45						
V_D56A	56	53 ~ 58	49						
V_D60A	60	58 ~ 63	54						
V_D63A	63	63 ~ 68	58						

（续）

密封圈代号	公称轴径	轴径 d_1	d	c	A	B	d_{2max}	d_{3min}	安装宽度 B_1
A 型密封圈主要尺寸/mm									
V_D71A	71	68 ~ 73	63						
V_D75A	75	73 ~ 78	67						
V_D80A	80	78 ~ 83	72						
V_D85A	85	83 ~ 88	76	6	6.8	11.0		d_1 +18	9.0 ±1.2
V_D90A	90	88 ~ 93	81						
V_D95A	95	93 ~ 98	85						
V_D100A	100	98 ~ 105	90				d_1 +4		
V_D110A	110	105 ~ 115	99						
V_D120A	120	115 ~ 125	108						
V_D130A	130	125 ~ 135	117	7	7.9	12.8		d_1 +21	10.5 ±1.5
V_D140A	140	135 ~ 145	126						
V_D150A	150	145 ~ 155	135						
V_D160A	160	155 ~ 165	144						
V_D170A	170	165 ~ 175	153	8	9.0	14.5	d_1 +5	d_1 +24	12.0 ±1.8
V_D180A	180	175 ~ 185	162						
V_D190A	190	185 ~ 195	171						

（续）

密封圈代号	轴径 d_1	d	密封圈代号	轴径 d_1	d	密封圈代号	轴径 d_1	d
V_D200A	195 ~ 210	180	V_D560A	530 ~ 580	495	V_D1060A	1015 ~ 1065	955
V_D224A	210 ~ 235	198	V_D600A	580 ~ 630	540	V_D1120A	1115 ~ 1165	1045
V_D250A	235 ~ 265	225	V_D630A	630 ~ 665	600	V_D1250A	1215 ~ 1270	1135
V_D280A	265 ~ 290	247	V_D670A	665 ~ 705	630	V_D1320A	1270 ~ 1320	1180
V_D300A	290 ~ 310	270	V_D710A	705 ~ 745	670	V_D1400A	1370 ~ 1420	1270
V_D320A	310 ~ 335	292	V_D750A	745 ~ 785	705	V_D1500A	1470 ~ 1520	1360
V_D355A	335 ~ 365	315	V_D800A	785 ~ 830	745	V_D1600A	1570 ~ 1620	1450
V_D375A	365 ~ 390	337	V_D850A	830 ~ 875	785	V_D1700A	1670 ~ 1720	1540
V_D400A	390 ~ 430	360	V_D900A	875 ~ 920	825	V_D1800A	1770 ~ 1820	1630
V_D450A	430 ~ 480	405	V_D950A	920 ~ 965	865	V_D1900A	1870 ~ 1920	1720
V_D500A	480 ~ 530	450	V_D1000A	965 ~ 1015	910	V_D2000A	1970 ~ 2020	1810

注：V_D200A ~ V_D2000A：公称轴径即密封圈代号中的数字（单位毫米）；$c = 15mm$；$A = 14.3mm$；$B = 25mm$；$d_{2max} = d_1 + 10$（mm），$d_{3min} = d_1 + 45$（mm）；$B_1 = 20.0 \pm 4.0mm$。

8.3.7 无骨架橡胶油封（HG4—338—66、HG4—339—66）

（1）用途

用于旋转轴承座部位，对润滑脂和润滑油等介质密封

（2）规格尺寸 （单位：mm）

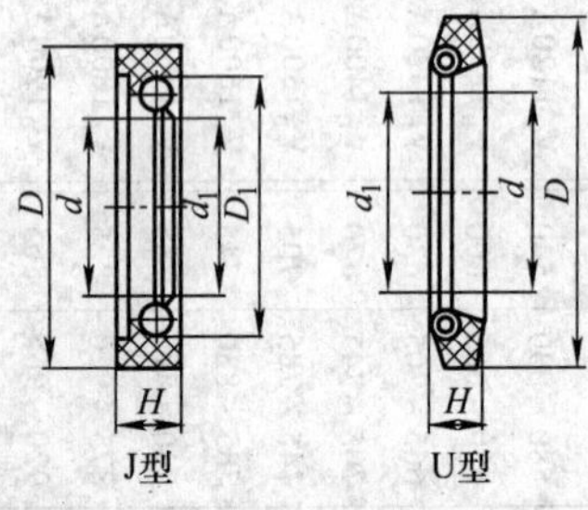

轴径 d	D	H		d_1	D_1
		J 型	U 型		
30	55	12	12.5	29	46
35	60			34	51
40	65			39	56
45	70			44	61
50	75			49	66
55	80			54	71
60	85			59	75
65	90			64	81
70	95			69	86

（续）

轴径 d	D	H		d_1	D_1
		J 型	U 型		
75	100	16	14	74	91
80	105			79	96
85	110			84	101
90	115			89	106
95	120			94	111
100	130			99	120
110	140			109	130
120	150			119	140
130	160			129	150
140	170			139	160
150	180	18	16	149	170
160	190			159	180
170	200			169	190
180	215			179	200
190	225			189	210
200	235			199	220
210	245			209	230
220	255			219	240
230	265			229	250
240	275			239	260
250	285			249	270

（续）

轴径 d	D	H		d_1	D_1
		J 型	U 型		
260	300	20	18	259	280
270	310			269	290
280	320			279	300
290	330			289	310
300	340			299	320
310	350			309	330
320	360			319	340
330	370			329	350
340	380			339	360
350	390			349	370
360	400			359	380
370	410			369	390
380	420			379	400
390	430			389	410
400	440			399	420
410	460	25	22. 5	409	430
420	470			419	442
430	480			429	452
440	490			439	462
450	500			449	472
460	510			459	482
470	520			469	492
480	530			479	502
490	540			489	512

（续）

轴径 d	D	H		d_1	D_1
		J 型	U 型		
500	550			499	522
510	560			509	532
520	570			519	542
530	580			529	552
540	590		22.5	539	562
550	600			549	572
560	610	25		559	582
570	620			569	592
580	630			579	602
590	640			589	612
600	650		—	599	622
630	680		—	629	652
710	760		—	709	732
800	850		—	799	822

8.3.8 工业用橡胶板（GB/T 5574—2008）

（1）用途

用于制作橡胶垫圈、密封衬垫、缓冲零件及铺设地板、工作台。另外，耐酸、碱、耐油和耐热橡胶板，用于稀酸碱溶液、油类和蒸汽、热空气等介质中

（续）

(2) 橡胶板性能分类及代号与尺寸规格

耐油性能	A 类：不耐油，B 类：中等耐油，C 类：耐油									
拉伸强度/MPa	≥	3	4	5	7	10	14	17		
	代号	03	04	05	07	10	14	17		
拉断伸长率(%)	≥	100	150	200	250	300	350	400	500	600
	代号	1	1.5	2	2.5	3	3.5	4	5	6
国际橡胶硬度(IRHD)	H3：30，H4：40，H5：50，H6：60，H7：70，H8：80，H9：90（注：也可以按邵尔 A 硬度分类）									

厚度/mm：0.5，1，1.5，2，2.5，3，4，5，6，10，12，14，16，18，20，22，25，30，40，50；宽度（mm）：500 ~ 2000①

注：橡胶板尚有按"耐热空气老化性能（代号 Ar）"分类：Ar1（70℃ ×72h），Ar2（100℃ ×72h）。老化后，其拉伸强度降低率分别≤25%和≤20%；扯断伸长率降低率分别≤35%和≤50%。B 类和 C 类橡胶板必须符合 Ar2 要求；如不能满足需要，由供需双方商定。

① 均为公称尺寸。

（续）

（3）常用橡胶板品种及用途

品种	代号	应用举例
普通橡胶板	1704 1804	硬度较高，物理力学性能一般，可在压力不大，温度为 -30 ~ 60℃ 的空气中工作；用于冲制密封垫圈和铺设地板、工作台等
	1608 1708	中等硬度，物理力学性能较好，可在压力不大，温度为 -30 ~ 60℃ 的空气中工作；用于冲制各种密封缓冲胶圈、胶垫、门窗密封条和铺设工作台及地板
	1613	硬度中等，有较好的耐磨性和弹性，能在较高压力，温度为 -35 ~ 60℃ 空气中工作；用于冲制具有耐磨、耐冲击及缓冲性能的垫圈、门窗密封条和垫板
	1615	低硬度，高弹性，能在较高压力，温度为 -35 ~ 60℃ 空气中工作；用于冲制耐冲击、密封性能好的垫圈和垫板
耐酸碱橡胶板	2707 2807	硬度较高，耐酸碱，可在温度为 -30 ~ 60℃ 的 20% 的酸碱液体介质中工作；用于冲制各种形状的垫圈及铺盖机械设备
	2709	硬度中等，耐酸碱，可在温度为 -30 ~ 60℃ 的 20% 的酸碱液体介质中工作；用于冲制密封性能较好的垫圈

（续）

品种	代号	应用举例
耐油橡胶板	3707 3807	硬度较高，具有较好的耐溶剂、介质膨胀性能，可在温度为 -30 ~ 100℃的机油、变压器油、汽油等介质中工作；用于冲制各种形状的垫圈
	3709 3809	硬度较高，具有耐溶剂、介质膨胀性能，可在温度为 -30 ~ 80℃的机油、润滑油、汽油等介质中工作；用于冲制各种形状的垫圈
耐热橡胶板	4708 4808	硬度较高，具有耐热性，可在温度为 -30 ~ 100℃、压力不大的蒸汽、热空气介质中工作；用于冲制各种垫圈和隔热垫板
	4710	硬度中等，具有耐热性，可在温度为 -30 ~ 100℃、压力不大的蒸汽和热空气介质中工作；用于冲制各种垫圈和隔热垫板
	4604	低硬度，具有优良的耐热老化、耐臭氧等性能，可在温度为 -60 ~ 250℃条件下的介质中工作；供冲制各种密封垫圈、垫板等用

代号中，左起第1位数字，表示橡胶板品种；第2位数字的10倍，表示橡胶板硬度值；第3、4位数字，表示橡胶板拉伸强度（MPa）。

第9章 木材与胶合板

9.1 常用树种木材性能与应用

名称	性能特点	应用举例
红松木材	木质较松软，耐水、耐腐蚀性能好；切削加工容易，且剖开面较光滑；较易干燥、干燥后收缩小，不开裂，不变形。加工制品时粘接性好，握钉力中等不出裂纹、易油漆	多用于建材、铸造模型，家具、车辆、船舶、造纸、枕木及运动器械和文具
落叶松木材	木质较重，耐湿性、耐腐蚀性好；加工切削较难；不易干燥、干燥时收缩大，且易出现裂纹。由于其木质较硬，所以较耐磨损；加工时粘接性差，容易油漆；握钉力强，但容易出现裂纹	用做线路杆、桅杆、桩木桥梁、机械配件、包装材料、和纺织器材等
马尾松木材	木质较硬、不耐腐，容易受白蚁侵害；树脂较多，干燥后有翘裂现象；容易切削加工，剖开面光滑；加工时握钉力强，但粘接和油漆性能差	用于胶合板材、火柴、包装箱、造纸、建筑等。经防腐处理后，可作电杆桩木和坑木等

（续）

名称	性能特点	应用举例
云杉木材	木质松软，细密，纹理直；干燥易出现裂纹；加工方便，握钉力中等	用于制作铸造木模、船板、包装及钢琴音板
冷杉木材	木质轻而软，干燥后不容易开裂；锯切容易，剖切面粗糙；可粘接、表面可油漆；握钉力弱，容易出现裂纹	用于建筑、包装、火柴杆、水桶及乐器等
杉木材	木质松软，耐久性强，干燥后不翘裂，收缩小；容易锯切，方便加工粘接性好；握钉力弱、会沿木纹劈裂	用于建筑、车辆、桥梁、桩木电杆、农具及家具用材
柏木材	木质致密，干燥缓慢，有时会出现翘曲；耐腐性强；韧性和耐磨性好；容易加工，粘接性能好	用于制作高档家具、木模、木尺雕刻和建筑等细木工制品
樟木材	是一种名贵木材，木质较轻、耐久性强，干燥后易翘曲；不易虫蛀和腐朽；加工方便，容易锯切，且剖面光滑；握钉力强，粘接和油漆性能好	用于制作高档家具、衣箱、书柜、雕刻、漆器和工艺品等

（续）

名称	性能特点	应用举例
榉木材	花纹美、木质好而坚硬；耐磨和耐腐性能好；不易锯切加工，但粘接性和油漆性较好	是一种优质家具木材，又可用于室内装修、运动器材、车辆、船舶及建筑用材
水曲柳木材	木质坚韧、硬、有些重，抗弯性能好；耐腐、耐水湿、耐磨损性能好；容易加工，粘接性好。不易干燥，握钉力虽强，但易劈裂	用于制作胶合板、高级家具、室内装修、地板、运动器械、农具和工具手柄等
柚木材	木质致密，力学性能好，但有脆性；遇湿胀力小、干燥后变形小；耐磨损，且有极强的耐腐性；容易加工、切面光滑色泽好；握钉性、粘接性和油漆性均佳	用于造船、地板、高级家具、室内装饰和桥梁、码头建筑材料。还可用于装饰胶合板或贴面板
榆木材	木质粗糙，干燥缓慢，容易变形开裂；不容易加工，锯切面起毛；容易粘接和油漆；握钉力强，但易劈裂	可供家具、车辆、船舶、农具、坑木、桩木，胶合板和工具用材

（续）

名称	性能特点	应用举例
柞木材	木质坚韧，有弹性；湿材干燥缓慢，会出现翘曲开裂；不容易锯切，握钉力强；易油漆，粘接性差	用于运输器械、车辆、地板、胶合板、纺织器材、军工用材、农具、建筑和家具等
栎木材	木质硬，强度大，不易加工；耐腐、耐磨；不易干燥，易翘裂；不易钉入，但握钉力强，不开裂	用于坑木、家具、室内装修、农具、木桶、工具手柄、车辆、船舶等
色木材	木质硬，强度高，弹性大、耐磨损；湿材干燥缓慢，易开裂；锯切难但容易车旋；握钉力强，但粘接性差	用于制作高档家具、室内装饰、纺织及运动器械和胶合板等
桦木材	木质软有弹性，干燥时容易开裂变形，加工容易，不耐腐	用于制作胶合板、造纸、车辆和化学纤维等
椴木材	木质较轻，干燥不开裂，不耐腐、容易加工、握钉力大，易油漆，粘接性好	用于制作胶合板、雕刻、仪表盒、绘图板、食品包装箱和牙签材

（续）

名称	性能特点	应用举例
杨树木材	木质很轻，强度低、易干燥、干燥后易开裂、不耐磨损，容易加工、但加工光面难，易油漆，粘接性好	用于造纸、火柴杆盒、牙签、低档家具和胶合板等用材

9.2 常用树种木材堆密度（仅供参考）

树种名称	堆密度/(kg/m³)	树种名称	堆密度/(kg/m³)	树种名称	堆密度/(kg/m³)
柳　杉	355	泡　桐	283	黄菠萝	560
杉　木	376	杨　木	410	樟　木	580
红　松	440	枫　杨	467	香　椿	586
鱼鳞松	451	椴　木	493	桦　木	607
樟子松	462	刺　楸	510	楠　木	610
云　杉	470	臭　椿	540	柞　木	870
银　杏	480	桑　木	680	栓皮栎	890
马尾松	525	水曲柳	636	黄　檀	927
铁　杉	550	板　栗	689	榆　木	640
柏　木	600	色　木	709	枣　木	650
落叶松	641	槐　木	712	核　桃	670

9.3 锯材材积的计算

(1) 计算公式

$$V = 10^{-6} a \cdot b \cdot \delta \quad (m^3)$$

式中 V—锯材材积(m^3);

a—材长(m);

b—材宽(mm);

δ—材厚(mm)。

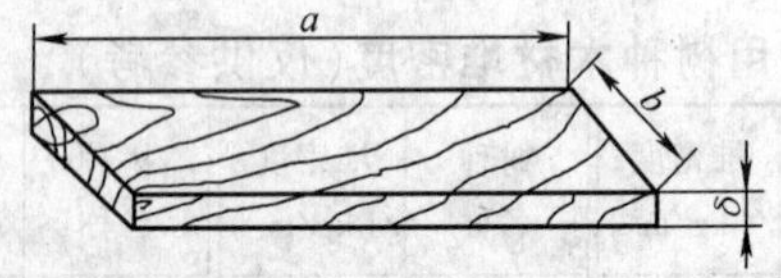

(2) 锯材材积计算例

材长1m、宽100mm、厚50mm,其材积为:

$$V = 10^{-6} \times 1 \times 100 \times 50 = 0.005 m^3$$

9.4 木材应用选择(仅供参考)

用途	应用木材条件要求	选择木材
建筑施工用材	木材的强度和韧性要求高,重量应轻、吸水性小,不易变形和出现裂纹、握钉力强、板材应表面光滑	落叶松、云杉、冷杉、松木、杉木、杨木、桉木等
普通家具用材	应具有较好的抗弯、抗劈裂和抗压强度,胀缩性小、不易变形;有适当的硬度和韧性	一般阔叶树木材均可用(要求木质硬度中等,不宜过重)

（续）

用途	应用木材条件要求	选择木材
高档家具用材	除应具备普通家具用材条件外，还要求木质细密均匀、花纹美、色泽好、不易虫蛀、无腐朽；方便加工、粘接性和油漆性好	樟木、核桃木、水曲柳、梨木、椴木、黄波罗、槭木、栎木、槐木、柏木、松柏、银杏、柚木、楠木、桑木、山枣、黄连木、楝木、悬铃木、黄杞、白蜡木、白青冈、红豆杉等
建筑工程用材	强度高；纹理通直，加工性好，收缩小，不易变形不易开裂，耐光性好	1）多用红松、云杉、冷杉、落叶松、松木、水曲柳、桦木、榆木、杉木、柏木等做承重构件 2）用红松、云杉、松木、落叶松、杉木、槐木、榆木、红椎、柏木等做门窗装饰材 3）用硬松木、水曲柳、桦木、榆木、槐木、椆木、白蜡木、槭木等做地板

（续）

用途	应用木材条件要求	选择木材
小型农具用材	木质坚韧，弯曲弹性模量及冲击韧度大，横纹抗压的比例极限及硬度略大，切削面应光洁	1）用柞木、水曲柳、白蜡木、桑木、榉木、枣木、黄连木、榆木做把柄、扁担 2）用桑木、槐木、麻栎、红椎、青冈等做犁 3）耙用杉木、马尾松制作
火车的客车车厢支架用材	要求抗弯强度、横纹抗压的比例极限及冲击韧度较高，变形小不翘裂；还应有硬度高和耐腐性能	红松、落叶松、铁杉、柏木、水曲柳、桦木、柞木、柚木、鸡毛松、楠木
客车的内部装修用材	要求木材的色泽好，花纹美，耐腐、耐磨损、油漆性能好	红松、落叶松、柏木、桦木、水曲柳、柞木、柚木、楠木、鸡毛松、铁杉、槭木等

（续）

用途	应用木材条件要求	选择木材
火车的货车车厢用木材	抗弯强度、横纹抗压的比例极限、冲击韧性和硬度均应较高；握钉力强、不易劈裂、耐磨损、耐虫蛀	铁杉、杉木、落叶松、榆木、黄连木、红椎、栎木属
船用骨架	冲击韧性及抗弯强度要好；另外还应具备适当的硬度、抗劈裂强度及顺纹抗压强度和变形要小等性能	松木、红松、云杉、落叶松、柏木、铁杉、水曲柳、槐木、榆木、黄连木、山枣、黄樟、白桉、红椎、梓木等
船用桅杆	外形应高大、通直，木质应强韧，有较好的弹性；强重比要大	云杉、冷杉、红杉、油杉、杉木、五针松、落叶松、松木、柏木、白桉、侧柏、木麻黄等
船壳体	抗弯强度和冲击韧性要好，胀缩性和渗透性要小；另外，还应耐腐朽、耐虫蛀，有适当的硬度、不易劈裂和好的油漆性能	杉木、松木、柏木、水曲柳、五叶松、槐木、榆木、柚木、楠木、桑木、广东松红椎、梓木等

（续）

用途	应用木材条件要求	选择木材
船用舵、橹、桨及首尾柱	木质应坚韧，有一定的硬度，耐腐、耐磨损，不变形；同时，还应有较高的抗弯强度和冲击韧性及剪切强度	红杉、落叶松、杉木、梓木、槐木、榆木、水曲柳、柚木、香椿、白蜡木、麻栎等
铸造木模用材	木材应纹理直、结构均匀，没有扭曲纹和交错纹、没有过多的树节和树脂含量；木质有一定强度、坚韧、耐磨；易锯切加工、表面光滑；吸湿性低、容易干燥、不变形、不易开裂；握钉力强，可胶接、榫接和油漆。干燥处理后的木材含水率应符合有关标准的规定	重要木型模用柚木、银杏、楠木、樟木、梓木、黄波罗等；通常多用红松、松木、白皮松、广东松、五针松、云杉、冷杉、黄杉、泡桐、枫香、枫杨等做木模
船甲板、隔仓板、仓盖板、船底板	抗弯强度、冲击韧性和硬度要高；耐磨、耐腐、耐酸碱；要有较好的抗劈裂强度，胀缩性小	红松、松木、落叶松、云杉、铁杉、水松、柏木、榆木、梓木、槐木、红椿、楠木、枫香、黄杞、红椎等

（续）

用途	应用木材条件要求	选择木材
动力机械基础垫木	木质应坚韧，横纹，抗压弹性模量应大于490MPa；抗劈裂强度大、纹理直、变形小	松木、杉木、水曲柳、黄连木、榆木、荔枝、金丝李及一些阔叶树材等
雕刻用材	木质应致密，结构均匀，色泽一致，锯切面光滑、不开裂变形	银杏、柏木、紫杉、榧树、椴木、黄杨木、李树、柚木、枣树、香樟、楠木、山茶、连香树等

9.5 人造板材的性能与应用(仅供参考)

名称	性能特点	应用举例
胶合板	应用广泛，表面平整、光滑，有美丽的自然木纹、易加工、强度较好、收缩性小，不易变形，不易产生裂纹	多用于室内的各种装修中、如门面板、顶板、隔墙罩面和家具等
纤维板	板的结构和强度较均匀一致，有一定的耐磨、抗弯和隔热性能；在室内一般不胀缩，不翘曲变形，不会出现腐朽和裂纹现象	硬质纤维板的强度好、表面密度大（约为 $800kg/m^3$），可代替木板做室内壁板、门板、复合地板和家具等

（续）

名称	性能特点	应用举例
刨花板	板的纵、横向强度接近，具有挺实质轻、隔声、保温、防虫蛀等特点	用于室内墙面、隔断、顶棚等处的装饰用基面板
细木工板	在室内可代替木板用，具有体轻、隔热、隔声、容易加工和胀缩率小等特点	由于该种板质地较坚硬，有一定的强度，且表面花纹美，适合用于家具、护墙板、隔断、吊顶、窗台板、船舶车厢等装饰
竹编胶合板	具有质量轻、耐磨损、耐腐蚀、耐虫蛀和不怕潮湿等特点，表面平整，有一定的刚性和较好的强度	用于制作室内墙板、天花板、家具面板，包装箱板和建筑用板等
浸渍胶膜纸饰面人造板	色泽艳丽，花纹图案多，耐磨，不怕潮湿，耐热、方便清洗	用于室内墙面、墙裙、顶棚和台面等部位的装饰
印刷木纹装饰板	印刷的木纹高雅、艳美，酷似珍贵木板纹。具有耐磨、耐温、耐污染、不怕水和附着力强等特点	用于室内装饰、门和家具贴面等，也可用于火车和船内部装饰

9.6 胶合板

(1) 胶合板(GB/T 9846.1～8—2004)

(2) 难燃胶合板(GB/T 18101—2000)

宽度/mm	长度/mm					厚度/mm
	915	1220	1830	2135	2440	
915	915	1220	1830	2135	—	2.7，3，3.5，4，5，5.5，6。自6mm起按1mm递增
1220	—	1220	1830	2135	2440	

(3) 航空用桦木胶合板(LY/T1417—2011)

宽度/mm	长度/mm	厚度/mm
750，915，1220，1525	915，1220，1525，1830	1.0，1.5，2.0，2.5，3.0，4.0，5.0，6.0，8.0，10.0，12.0，20.0

(4) 铁路客车用胶合板(LY/T 1364—2006)

宽度/mm	长度/mm			厚度/mm
915	1830	2135	—	3，5，10，15，20，25，30
1220	1830	2135	2440	

(5) 集装箱底板用胶合板(GB/T 19536—2004)

宽度/mm	长度/mm	厚度/mm
1160，1141	2400，1388，1010	28

（续）

（6）竹编胶合板（GB/T 13123—2003）		
宽度/mm	长度/mm	厚度/mm
915	1830	2，3，4，5，6，7，9，11，13，15 等
1000	2135	
915	2135	
1220	2440	

（7）硬质纤维板（GB/T 12626.1～9—1990）

宽度/mm×长度/mm	厚度/mm
610×1220，915×1830，1000×2000，915×2135，1220×1830，1220×2440	2.5，3.0，3.2，4.0，5.0

注：密度 >0.80g/cm³。

（8）中密度纤维板（GB/T 11718—2009）

宽度/mm	长度/mm	厚度/mm
1220（1830）	2440	≤12，>12

注：密度 450～880kg/m³

（9）轻质纤维板（LY/T 1718—2007）

宽度/mm×长度/mm	厚度/mm
915×1830，1220×1830，1220×2440	6，8，10，12，16，18，20，25，30

（10）刨花板（GB/T 4897.1～7—2003）

宽度/mm×长度/mm	厚度/mm
1220×2440	4，6，8，10，12，14，16，19，22，25，30 等

（续）

（11）定向刨花板（LY/T 1580—2000）

宽度/mm	长度/mm	厚度/mm
1220	2440	6、8、10、12、14、16、19、22、25 等

（12）细木工板（GB/T 5849—2006）

宽度/mm	长度/mm					厚度/mm
915	915	—	1830	2135	—	12、14、16、19、22、25
1220	—	1220	1830	2135	2400	

（13）浸渍胶膜纸饰面人造板（GB/T 15102—2006）

宽度/mm	长度/mm	厚度/mm
1220	2440	6 ~ 30 等
1525	2440	
1830	2440	
2070	2610	
2070	2700	

（14）装饰单板贴面人造板（GB/T 15104—2006）

宽度/mm	长度/mm					厚度/mm
915	915	1220	1830	2135	—	<4，4 ~ 7，7 ~ 20，>20
1220	—	1220	1830	2135	2440	

（续）

（15）聚氯乙烯薄膜饰面人造板（LY/T 1279—2008）

宽度/mm	长度/mm	厚度/mm
915	1830	<4.0，4.0～7.0，7.0～20.0，20以上
1000	2000	
915	2135	
1220	2440	

（16）直接印刷人造板（LY/T 1658—2006）

宽度/mm	长度/mm	厚度/mm
2070,1220,1000,915	2620,2440,2135,2000,1830	直接印刷刨花板:4,6,8,9,10,12,14,16,19,22,25,30等 直接印刷纤维板:2.5,3,9,12,15,16,18,19,21,24,25等 直接印刷胶合板:2.5,2.7,2.8,3.1,3.6,4.1,5.1,6.1,自6.1起,按1递增

（17）电工层压木板（LY/T 1278—1998）

宽度/mm	长度/mm	厚度/mm
1500	3000	10,15,20,25,30,35,40,45,50,60,70,80,100
1200	2400	
1000	2000	

（18）纺织用木质层压板（LY/T 1416—1999）

宽度/mm	长度/mm	厚度/mm
500,750	700,750,780,800,830,850,870,900,960,1000	18,20,22,24,26,37,55

9.7 胶合板1m³张数

(1) 1m³ 胶合板的体积张数计算

$$1\text{m}^3\text{ 张数}=\frac{1}{\text{板长}\times\text{板厚}\times\text{板宽}}$$

(2) 计算举例

厚5mm、宽1220mm、长1830mm的胶合板、1m³中有多少张?

$$1\text{m}^3\text{ 胶合板张数}=\frac{1}{0.005\times1.22\times1.83}=90\text{ 张}$$

(3) 胶合板1m³中张数

幅面/mm(宽×长)	面积/m²	每立方米张数							
		三层			五层		七层	九层	十一层
		厚度/mm							
		3	3.5	4	5	6	7	9	11
915×915	0.837	398	345	303	239	199	172	135	109
915×1220	1.116	294	256	222	179	147	128	96	81
915×1830	1.675	199	171	149	119	100	85	67	54
915×2135	1.953	171	147	128	102	85	73	56	46
1220×1830	2.233	149	128	112	90	75	64	50	41
1220×2135	2.605	128	109	96	77	64	55	43	35
1525×1830	2.791	119	102	90	72	60	51	40	33
1220×2440	2.977	112	96	84	67	56	48	37	30
1525×2135	3.256	102	88	77	61	51	44	34	28
1525×2440	3.721	90	76	66	53	45	38	30	24

第10章　水　泥

10.1　水泥的性能与应用

名称	性能特点	应用举例
硅酸盐水泥	标号高，抗冻性好，早期强度、耐磨性、抗渗透性好，水化热高，耐热性仅次于矿渣水泥，抗水性、耐蚀性差	用于要求强度高、快硬、可在低温环境中施工的混凝土工程中，不适合大体积混凝土工程
普通水泥	其早期强度增进率、抗冻性、耐磨性、水化热等性能与硅酸盐水泥相比略低，但抗硫酸盐性能有所增强，低温凝结时间要长些	适应性较强，应用范围广，无特殊要求的工程均可使用
矿渣水泥	耐热性、抗水性和抗硫酸盐性能好，早期强度低，水化热低，蒸汽养护效果好。低温凝结硬化慢，抗冻性、保水性差	多用于地面、地下、水工及海工工程，大体积混凝土工程及高温车间建筑等。不适宜用在要求早期强度、干湿交换及冻融循环和冬季施工

（续）

名称	性能特点	应用举例
火山灰水泥	保水、抗水、抗渗、抗硫酸盐性能好，早期强度低、水化热低，对养护温度敏感，需水量、干缩性大，抗冻性差	适合用于地下、水中、潮湿环境和大体积混凝土工程中，不宜用在受冻、干燥环境和要求早期强度工程
粉煤灰水泥	抗裂性好，耐蚀性较好，水化热低、干缩性小，强度早期发展较慢，后期增进率大，抗冻性差	适合用于大体积混凝土及地下、海港工程，一般工业和民用建筑工程等，不宜用在受冻，干燥环境和要求早期强度的工程
复合水泥	抗渗、抗硫酸盐性能较好，水化热较低，其标准规定的强度指标与普通水泥接近	按掺混合材料的种类及数量，酌情选择用途
白水泥	与普通水泥性能相同，其特点是颜色白净	用于建筑物的装饰、雕塑及制造彩色水泥
快硬水泥	性能特点突出表现在早期强度高、硬化快，按3d强度定标号	用于紧急抢修，要求早期强度和冬期施工的混凝土工程

（续）

名称	性能特点	应用举例
低热微膨胀水泥	水化热低，抗渗性、抗裂性较好，硬化初期微膨胀	用于水工大体积，大仓面浇筑的混凝土工程
膨胀水泥	硬化过程中体积有较小的膨胀值	加固修补构件接缝和接头，配制防水砂浆及混凝土
自应力水泥	硬化过程中体积有较大膨胀	补灌构件接缝、接头，配制自应力钢筋混凝土等
矿渣大坝水泥	水化热很低，抗水性、抗硫酸盐侵蚀的能力较强，抗冻和耐磨性较差	用于大坝或大体积建筑物内部及水下工程中
抗硫酸盐水泥	抗硫酸盐侵蚀性强，抗冻性较好，水化热较低	用于受硫酸盐和冻融作用的水利、港口及地下，基础工程中
高铝水泥	有较高的抗渗、抗冻和抗侵蚀性能，硬化快、早期强度高，按3d强度定标号	多用于抢建、抢修，抗硫酸盐侵蚀和冬季工程中；用于特殊用途，如配制不定形耐火材料、石膏矾土膨胀水泥和自应力水泥等

10.2 水泥应用选择

工程要求条件	水泥选择顺序
一般地上土建工程	1）硅酸盐水泥、普通硅酸盐水泥、混合硅酸盐水泥； 2）矿渣硅酸盐水泥、火山灰质硅酸盐水泥、粉煤灰硅酸盐水泥
气候干热地区工程	1）硅酸盐水泥、普通硅酸盐水泥； 2）矿渣硅酸盐水泥； 3）火山灰质硅酸盐水泥、粉煤灰硅酸盐水泥
严寒地区工程	1）高标号普通硅酸盐水泥、快硬硅酸盐水泥、特快硬硅酸盐水泥 2）矿渣硅酸盐水泥、矾土水泥 3）火山灰质硅酸盐水泥、粉煤灰硅酸盐水泥
严寒地区水位升降范围内的混凝土工程	1）高标号普通硅酸盐水泥、快硬硅酸盐水泥、抗硫酸盐硅酸水泥； 2）矾土水泥； 3）矿渣硅酸盐水泥、火山灰质硅酸盐水泥、粉煤灰硅酸盐水泥
大体积混凝土工程	1）硅酸盐大坝水泥、矿渣硅酸盐大坝水泥、低热微膨胀水泥； 2）矿渣硅酸盐水泥、火山灰质硅酸盐水泥、粉煤灰硅酸盐水泥； 3）矾土水泥

（续）

工程要求条件	水泥选择顺序
需蒸气养护的工程	1）矿渣硅酸盐水泥、火山灰质硅酸盐水泥、粉煤灰硅酸盐水泥 2）硅酸盐水泥、普通硅酸盐水泥
有耐磨性要求的混凝土工程	1）高标号硅酸盐水泥、高标号普通硅酸盐水泥 2）矿渣硅酸盐水泥； 3）火山灰质硅酸盐水泥、粉煤灰硅酸盐水泥
地下、水中的混凝土工程	1）矿渣硅酸盐水泥、火山灰质硅酸盐水泥、抗硫酸盐硅酸盐水泥 2）硅酸盐水泥、普通硅酸盐水泥
受海水及含硫酸盐类溶液侵蚀的工程	1）抗硫酸盐硅酸盐水泥、火山灰质硅酸盐水泥、粉煤灰硅酸盐水泥； 2）硅酸盐大坝水泥、矿渣硅酸盐大坝水泥、矾土水泥； 3）硅酸盐膨胀水泥
先期强度要求较高的工程	1）高标号硅酸盐水泥、快硬硅酸盐水泥、特快硬硅酸盐水泥； 2）高级水泥、矾土水泥、高标号普通硅酸盐水泥； 3）矿渣硅酸盐水泥、火山灰质硅酸盐水泥、粉煤灰硅酸盐水泥、混合硅酸盐水泥

（续）

工程要求条件	水泥选择顺序
超过 500 号的混凝土工程	1）高级水泥、浇筑水泥、高标号硅酸盐水泥； 2）快硬硅酸盐水泥、特快硬硅酸盐水泥、高标号普通硅酸盐水泥； 3）矿渣硅酸盐水泥、火山灰质硅酸盐水泥、粉煤灰硅酸盐水泥、混合硅酸盐水泥
耐酸防腐蚀工程	1）水玻璃型耐酸水泥； 2）硫磺耐酸水泥； 3）耐铵聚合物胶凝材料
耐铵防腐蚀工程	1）耐铵聚合物胶凝材料； 2）水玻璃型耐酸水泥、硫磺耐酸水泥
耐火混凝土工程	1）低钙铝酸盐耐火水泥、铝酸盐耐火水泥； 2）矾土水泥、矿渣硅酸盐水泥； 3）硅酸盐水泥、普通硅酸盐水泥
防水、防渗工程	1）硅酸盐膨胀水泥、石膏矾土膨胀水泥； 2）自应力水泥、硅酸盐水泥、普通硅酸盐水泥、火山灰质硅酸盐水泥； 3）矿渣硅酸盐水泥
防潮工程	① 防潮硅酸盐水泥

（续）

工程要求条件	水泥选择顺序
紧急抢修和加固工程	1）高级水泥、浇筑水泥、快硬硅酸盐水泥、特快硬硅酸盐水泥； 2）矾土水泥、硅酸盐水泥、硅酸盐膨胀水泥、石膏矾土膨胀水泥； 3）矿渣硅酸盐水泥、火山灰质硅酸盐水泥、粉煤灰硅酸盐水泥、混合硅酸盐水泥
混凝土预制构件拼装锚固工程	1）高级水泥、浇筑水泥、快硬硅酸盐水泥、特快硬硅酸盐水泥； 2）硅酸盐膨胀水泥、石膏矾土膨胀水泥； 3）普通硅酸盐水泥
保温隔热工程	1）矿渣硅酸盐水泥、硅酸盐水泥、普通硅酸盐水泥； 2）低钙铝酸盐耐火水泥、铝酸盐耐火水泥
装饰工程	1）白色硅酸盐水泥、彩色硅酸盐水泥； 2）普通硅酸盐水泥、火山灰质硅酸盐水泥
小机件、精密接缝工程	① 磷酸锌胶凝材料

注：表中1)为优先选用水泥；2)为可以应用的水泥；3)为不能使用的水泥。

10.3 水泥受潮的鉴别与使用

受潮程度	外观状态	使用条件	对工程强度影响
轻微开始受潮	水泥有流动性、肉眼观察细粉中有少量球粒，但易散成粉末；用手捏碾无硬粒	可正常使用，或用于工程要求不严格的部位	强度降低不超过15%
受潮加重	水泥细度变粗，有较多的球粒和松块；用手捏碾球粒成粉末、无硬粒	用前把松块压成粉末、标号降低，用于要求不严格的工程部位	强度降低15%～20%
受潮较重	水泥结成粒块，有少量硬块，但硬块容易击碎；用手捏碾粒块不能成粉末、有硬粒	过筛清除水泥中的硬粒、块，降低半标号，用于较低质的工程部位	强度降低30%～50%
受潮严重	水泥中有大量硬粒、硬块，用手捏碾不动、难以压碎	需把硬粒粉碎、进行恢复强度处理，然后按一定比例掺到新鲜水泥中使用	强度降低50%以上

10.4 水泥不同龄期强度

10.4.1 通用硅酸盐水泥(GB/T 175—2007)

<table>
<tr><th rowspan="2">品种</th><th rowspan="2">强度
等级</th><th colspan="2">抗压强度
/MPa
≥</th><th colspan="2">抗折强度
/MPa
≥</th></tr>
<tr><th>3d</th><th>28d</th><th>3d</th><th>28d</th></tr>
<tr><td rowspan="6">硅酸盐水泥</td><td>42.5</td><td>≥17.0</td><td rowspan="2">≥42.5</td><td>≥3.5</td><td rowspan="2">≥6.5</td></tr>
<tr><td>42.5R</td><td>≥22.0</td><td>≥4.0</td></tr>
<tr><td>52.5</td><td>≥23.0</td><td rowspan="2">≥52.5</td><td>≥4.0</td><td rowspan="2">≥7.0</td></tr>
<tr><td>52.5R</td><td>≥27.0</td><td>≥5.0</td></tr>
<tr><td>62.5</td><td>≥28.0</td><td rowspan="2">≥62.5</td><td>≥5.0</td><td rowspan="2">≥8.0</td></tr>
<tr><td>62.5R</td><td>≥32.0</td><td>≥5.5</td></tr>
<tr><td rowspan="4">普通硅
酸盐水泥</td><td>42.5</td><td>≥17.0</td><td rowspan="2">≥42.5</td><td>≥3.5</td><td rowspan="2">≥6.5</td></tr>
<tr><td>42.5R</td><td>≥22.0</td><td>≥4.0</td></tr>
<tr><td>52.5</td><td>≥23.0</td><td rowspan="2">≥52.5</td><td>≥4.0</td><td rowspan="2">≥7.0</td></tr>
<tr><td>52.5R</td><td>≥27.0</td><td>≥5.0</td></tr>
<tr><td rowspan="6">矿渣硅酸盐水泥
火山灰质硅酸盐水泥
粉煤灰硅酸盐水泥
复合硅酸盐水泥</td><td>32.5</td><td>≥10.0</td><td rowspan="2">≥32.5</td><td>≥2.5</td><td rowspan="2">≥5.5</td></tr>
<tr><td>32.5R</td><td>≥15.0</td><td>≥3.5</td></tr>
<tr><td>42.5</td><td>≥15.0</td><td rowspan="2">≥42.5</td><td>≥3.5</td><td rowspan="2">≥6.5</td></tr>
<tr><td>42.5R</td><td>≥19.0</td><td>≥4.0</td></tr>
<tr><td>52.5</td><td>≥21.0</td><td rowspan="2">≥52.5</td><td>≥4.0</td><td rowspan="2">≥7.0</td></tr>
<tr><td>52.5R</td><td>≥23.0</td><td>≥4.5</td></tr>
</table>

10.4.2 钢渣硅酸盐水泥(GB 13590—2006)

强度等级	抗压强度/MPa ≥		抗折强度/MPa ≥	
	3d	28d	3d	28d
32.5	10.0	32.5	2.5	5.5
42.5	15.0	42.5	3.5	6.5

10.4.3 砌筑水泥(GB/T 3183—2003)

水泥等级	抗压强度/MPa ≥		抗折强度/MPa ≥	
	7d	28d	7d	28d
12.5	7.0	12.5	1.5	3.0
22.5	10.0	22.5	2.0	4.0

10.4.4 钢渣砌筑水泥(JC/T 1090—2008)

水泥等级	抗压强度/MPa≥		抗折强度/MPa≥	
	7d	28d	7d	28d
17.5	7.0	17.5	1.5	3.0
22.5	10.0	22.5	2.0	4.0
27.5	12.5	27.5	2.5	5.0

10.4.5 道路硅酸盐水泥(GB 13693—2005)

强度等级	抗压强度/MPa≥		抗折强度/MPa≥	
	3d	28d	3d	28d
32.5	3.5	6.5	16.0	32.5
42.5	4.0	7.0	21.0	42.5
52.5	5.0	7.5	26.0	52.5

10.4.6 钢渣道路水泥(JC/T 1087—2008)

强度等级	抗压强度/MPa≥		抗折强度/MPa≥	
	3d	28d	3d	28d
32.5	16.0	32.5	3.5	6.5
42.5	21.0	42.5	4.0	7.0

10.4.7 白色硅酸盐水泥(GB/T 2015—2005)

强度等级	抗压强度/MPa≥		抗折强度/MPa≥	
	3d	28d	3d	28d
32.5	12.0	32.5	3.0	6.0
42.5	17.0	42.5	3.5	6.5
52.5	22.0	52.5	4.0	7.0

10.4.8 中热硅酸盐水泥、低热硅酸盐水泥和低热矿渣硅酸盐水泥(GB 200—2003)

水泥的强度等级与各龄期强度

品种	强度等级	抗压强度/MPa≥			抗折强度/MPa≥		
		3d	7d	28d	3d	7d	28d
中热水泥	42.5	12.0	22.0	42.5	3.0	4.5	6.5
低热水泥	42.5	—	13.0	42.5	—	3.5	6.5
低热矿渣水泥	32.5	—	12.0	32.5	—	3.0	5.5

水泥强度等级的各龄期水化热

品种	强度等级	水化热/(kJ/kg)≤	
		3d	7d
中热水泥	42.5	251	293
低热水泥	42.5	230	260
低热矿渣水泥	32.5	197	230

10.4.9 低热钢渣硅酸盐水泥(JC/T 1082—2008)

(1) 水泥的强度等级与各龄期强度

强度等级	抗压强度/MPa ≥		抗折强度/MPa ≥	
	7d	28d	7d	28d
32.5	12.0	32.5	3.0	5.5
42.5	13.0	42.5	3.5	6.5

(2) 水泥强度等级的各龄期水化热

强度等级	水化热/(kJ/kg)≤	
	3d	7d
32.5	197	230
42.5	230	260

10.4.10 低热微膨胀水泥(GB 2938—2008)

(1) 水泥的强度等级与各龄期强度

强度等级	抗折强度/MPa≥		抗压强度/MPa≥	
	7d	28d	7d	28d
32.5	5.0	7.0	18.0	32.5

(2) 水泥强度等级的各龄期水化热

强度等级	水化热/(kJ/kg)≤	
	3d	7d
32.5	185	220

10.4.11 硫铝酸盐水泥(GB/T 20472—2006)

(1) 快硬硫铝酸盐水泥各强度等级

强度等级	抗压强度/MPa≥			抗折强度/MPa≥		
	1d	3d	28d	1d	3d	28d
42.5	30.0	42.5	45.0	6.0	6.5	7.0
52.5	40.0	52.5	55.0	6.5	7.0	7.5
62.5	50.0	62.5	65.0	7.0	7.5	8.0
72.5	55.0	72.5	75.0	7.5	8.0	8.5

(2) 低碱度硫铝酸盐水泥各强度等级

强度等级	抗压强度/MPa≥		抗折强度/MPa≥	
	1d	7d	1d	7d
32.5	25.0	32.5	3.5	5.0
42.5	30.0	42.5	4.0	5.5
52.5	40.0	52.5	4.5	6.0

注：自应力硫铝酸盐水泥所有自应力等级的水泥抗压强度7d不小于32.5MPa，28d不小于42.5MPa。

(3) 自应力硫铝酸盐水泥各级别各龄期自应力值

(单位：MPa)

级别	7d	28d	
	≥	≥	≤
3.0	2.0	3.0	4.0
3.5	2.5	3.5	4.5
4.0	3.0	4.0	5.0
4.5	3.5	4.5	5.5

10.4.12 明矾石膨胀水泥(JC/T 311—2004)

强度等级	抗压强度/MPa≥			抗折强度/MPa≥		
	3d	7d	28d	3d	7d	28d
32.5	13.0	21.0	32.5	3.0	4.0	6.0
42.5	17.0	27.0	42.5	3.5	5.0	7.5
52.5	23.0	33.0	52.5	4.0	5.5	8.5

10.4.13 自应力铁铝酸盐水泥不同龄期的自应力值(JC/T 437—2010)

(单位：MPa)

等级	7d	28d	
	≥	≥	≤
3.0	2.0	3.0	4.0
3.5	2.5	3.5	4.5
4.0	3.0	4.0	5.0
4.5	3.5	4.5	5.5

10.4.14 抗硫酸盐硅酸盐水泥(GB 748—2005)

分类	强度等级	抗压强度/MPa≥		抗折强度/MPa≥	
		3d	28d	3d	28d
中抗硫酸盐水泥、高抗硫酸盐水泥	32.5	10.0	32.5	2.5	6.0
	42.5	15.0	42.5	3.0	6.5

10.4.15 铝酸盐水泥(GB 201—2000)

水泥类型	抗压强度/MPa				抗折强度/MPa			
	6h	1d	3d	28d	6h	1d	3d	28d
CA-50	20①	40	50	—	3.0①	5.5	6.5	—
CA-60	—	20	45	85	—	2.5	5.0	10.0
CA-70	—	30	40	—	—	5.0	6.0	—
CA-80	—	25	30	—	—	4.0	5.0	—

① 当用户需要时，生产厂应提供结果。

第11章 玻 璃

11.1 玻璃的性能与应用

名称	性能特点	应用举例
平板玻璃 GB11614—2009	表面光滑平整，厚度均匀、光学畸变小、物像质点高；透光性好、透光率为85%左右；有一定的机械强度，有一定的隔声、保温作用。质脆、抗冲击性能差	用于居室的门窗采光，室内隔断橱窗、橱柜、展台等。也可作为钢化、夹层、中空等玻璃的原片玻璃
阳光控制镀膜玻璃 GB/T18915.1—2002	颜色品种多，遮阳，可使室内光线柔和，能过滤紫外线，大量反射红外线，有较好的隔热性能，热透射率低，又具有单向透视特点，白天可看到玻璃前景色，但看不到室内饰物	适合制作建筑门窗、幕墙及制作热反射中空玻璃、车船玻璃等

（续）

名称	性能特点	应用举例
低辐射镀膜玻璃 GB/T18915.2—2002	热辐射性很低，室内温热很难通过这种玻璃辐射出去，所以保温效果好。还有较强的阻止紫外线透射功能，可有效阻止室内饰物及家具等受紫外线照射产生老化、褪色等现象	多与普通平板玻璃、钢化玻璃配合使用制成高性能的中空玻璃；用于寒冷地区的建筑门窗，有良好的太阳光取暖效果和保持室内温度效果
压花玻璃 JC/T511—2002	具有透光不透视的特点，可使室内光线柔和，有较好的装饰效果	可用于各种房间的门、窗、隔断和屏风等需要采光，但又要遮挡视线的场所，也可加工成灯具等
中空玻璃 GB/T11944—2002	有较好的保温、隔热、控光、隔声性能，如在两层玻璃之间充入各种漫射材料或介质等，则会得到更好的声控、光控、隔热效果。可节能20% ~ 50% 隔声降低30dB	用于宾馆、候机厅、轮船、纺织印染车间等需要采光，但又要隔热、保温、隔声无结露的门窗、可明显降低冬季取暖、夏季制冷费用

（续）

名称	性能特点	应用举例
钢化玻璃 GB15763.2—2005	弹性及热稳定性好，冲击韧性高，透明、光洁，在遇强冲击时，碎片呈分散小颗粒状，不易伤人	可用于各种建筑物、车、船、护栏及电话亭的门窗
夹层玻璃 GB15763.3—2009	由于衬片的粘合作用，玻璃受剧烈振动或撞击时，仅产生辐射状裂纹，不落碎片、不致伤人，具有防弹、防振、防爆性能	用于高层建筑门窗，商店银行、珠宝店的橱窗、隔断等一些有特殊安全要求的门窗及一些水下工程等
夹丝玻璃 JC/T433—1996	有一定的冲击强度和耐火性能，有均匀的内应力，当受到强裂冲击引起破裂时，其碎片仍连在一起，这样不致伤人，有安全作用	用于高层建筑，天窗、仓库门窗、防火门窗、地下采光窗、振动较大的厂房及一些要求安全、防振、防盗、防火的门窗等
防火玻璃 GB15763.1—2009	性能与夹层玻璃相同。起火时可看清玻璃窗室内的起火部位和状况。当温度升高时，防火玻璃上的透明塑料因温度升高发泡膨胀，并碳化成很厚的不透明的泡沫层，起到隔热、隔火、防火的作用	适合用于高级宾馆、饭店、图书馆、展览馆、博物馆、高层建筑及防火等级要求较高的建筑门窗、隔断等

（续）

名称	性能特点	应用举例
建筑装饰用微晶玻璃 JC/T872—2000	是一种性能特殊、色泽美观、外观华丽、永不磨损、不怕腐蚀的玻璃。结晶体在玻璃表面构成一种柔和的花纹，在灯光照射下猛一看像一幅流云图	用于高级宾馆、银行、商店、博物馆、展览馆、候机楼等室内外墙面、柱面、地面等装饰处
光栅玻璃 JC/T510—1993	光栅玻璃，又称镭射玻璃、激光玻璃。其基本花型在光源照射下，具有彩虹、钻石般的质感；在漫射光条件下，红、黑、蓝、白基本图案，具有名贵石材王妃红、黑珍珠、孔雀蓝、汉白玉般高贵、典雅的质感	用于宾馆、酒店、各种商业、文化娱乐设施的内外墙面、地面、柱面、吧台等处；也可用来制作家具，招牌、灯饰、喷水池等装饰场所
磨砂、喷砂、玻璃	由于磨砂或喷砂后的玻璃表面粗糙，使透过光线产生漫射，使其透光不透视，结果室内光线柔和，不眩目、不刺眼	用于办公室、卫生间、浴室等处的门、窗及隔断，也可做黑板面、灯箱和灯罩

（续）

名称	性能特点	应用举例
磨花或喷花玻璃	具有部分透光不透视的特点，是一种图案清晰、典雅美观装饰玻璃	用于室内外门窗、隔断、屏风桌面、家具等部位
防弹玻璃	具有很高的强度和抗冲击能力，耐热、耐寒性能好	用于飞机、坦克、装甲车、防爆车、舰船、工程车等一些有特殊安全防护要求的设施
石英玻璃	耐热性能高，化学稳定性好，绝缘性好，能透光紫外线和红外线。是一种坚硬、强度比普通玻璃高、具有多种优异性能的玻璃。还有较好的耐辐照性能，但抗冲击性能和普通玻璃一样差	用于耐高压、高温、耐强酸及对热稳定性等有一定要求的玻璃制品。如视镜光学零件、高温炉衬、坩埚、烧嘴、化工设备、仪器和电气绝缘材料等
防盗玻璃	既有夹层玻璃破裂不落碎片的特点，又可及时发出声、光警报信号	用于银行门窗，金、银首饰店柜台，展窗文物陈列窗等，既采光透明，又防盗

（续）

名称	性能特点	应用举例
电热玻璃	是一种透光、隔声、隔热、表面不结霜冻的玻璃	用于建筑、化工、船舶、汽车、火车、电车，在严寒条件下做挡风玻璃

11.2 普通平板玻璃

幅面尺寸（长×宽）/mm		厚度/mm	幅面尺寸（长×宽）/mm		厚度/mm
公制/mm	英制/in		公制/mm	英制/in	
900×600	36×24	2、3	1300×1000	52×40	3、4、5
1000×600	40×24	2、3	1300×1200	52×48	4、5
1000×800	40×32	3、4	1350×900	54×36	5、6
1000×900	40×36	2、3、4	1400×1000	56×40	3、5
1100×600	44×24	2、3	1500×750	60×30	3、4、5
1100×900	44×36	3	1500×900	60×36	3、4、5、6
1100×1000	44×40	3	1500×1000	60×40	3、4、5、6
1150×950	46×38	3	1500×1200	60×48	4、5、6
1200×500	48×20	2、3	1800×900	72×36	4、5、6
1200×600	48×24	2、3、5	1800×1000	72×40	4、5、6
1200×700	48×28	2、3	1800×1200	72×48	4、5、6
1200×800	48×32	2、3、4	1800×1350	72×54	5、6
1200×900	48×36	2、3、4、5	2000×1200	80×48	5、6
1200×1000	48×40	3、4、5、6	2000×1300	80×52	5、6
1250×1000	50×40	3、4、5	2000×1500	80×60	5、6
1300×900	52×36	3、4、5	2400×1200	96×48	5、6

11.3 普通平板玻璃计量方式

(1) 重量箱

一个重量箱等于 2mm 厚的平板玻璃 $10m^2$ 时重约 50kg。不同玻璃厚度 $10m^2$ 时的质量及折合重量箱数见下表

玻璃厚度/mm	重量箱		重量箱折算系数	每重量箱玻璃的平方米数/m^2
	每 $10m^2$ 玻璃质量/kg	折合重量箱数/箱		
2	50	1	1.0	10.00
3	75	1.5	1.5	6.667
4	100	2	2.0	5.00
5	125	2.5	2.5	4.00
6	150	3	3.0	3.333
8	200	4	4.0	2.50
10	250	5	5.0	2.00
12	300	6	6.0	1.667

例：4mm 厚的普通平板玻璃 $30m^2$，折合重量箱为：重量箱 $=\frac{30}{10}\times 2=6$ 箱

(2) 平板玻璃质量

厚度/mm	面积/m^2									
	1	2	3	4	5	6	7	8	9	10
	质量/kg									
2	5.0	10.0	15.0	20.0	25.0	30.0	35.0	40.0	45.0	50.0
3	7.5	15.0	22.5	30.0	37.5	45.0	52.5	60.0	67.5	75.0
4	10.0	20.0	30.0	40.0	50.0	60.0	70.0	80.0	90.0	100.0
5	12.5	25.0	37.5	50.0	62.5	75.0	87.5	100.0	112.5	125.0
6	15.0	30.0	45.0	60.0	75.0	90.0	105.0	120.0	135.0	150.0

注：质量按密度 $2.5g/cm^3$ 计算。

11.4 玻璃厚度

名　　称	厚度/mm
平板玻璃 GB11614—2009	建筑级:2、3、4、5、6、8、10、12、15、19
	汽车级:2、3、4、5、6、
	制镜级:2、3、5、6
压花玻璃 JC/T511—2002	3、4、5、6、8
夹丝玻璃 JC/T433—1991(1996)	6、7、10
夹层玻璃 GB15763.3—2009	总厚度<24
防火玻璃 GB15763.1—2009	总厚度5~24
钢化玻璃 GB15763.2—2005	3、4、5、6、8、10、12、15、19
化学钢化玻璃 JC/T977—2005	2、3、4、5、6、8、10、12
船用钢化安全玻璃 GB11946—2001	6、8、10、12、15、19
船用矩形窗电加温玻璃 GB14681—2006	A类　两层玻璃:13、15、17、20、24
	B类　三层玻璃:18、20、22、25、29
铁道车辆用安全玻璃 GB18045—2000	钢化玻璃:4、5、6、8、10、12、15、19
	夹层玻璃:7~13
	安全中空玻璃:17~22

第12章 耐火材料

12.1 常用耐火砖的性能特点与应用

名称	性能特点	应用
耐火粘土砖	是一种酸性耐火材料，热震稳定性较好，并随料及其粗颗粒含量的增加而提高。与硅砖相比，其荷重软化温度比耐火度低	用于加热炉、热处理炉、冲天炉、干燥炉等，应用最为广泛
高铝砖	是一种偏酸性的耐火材料，抗渣性能好。热震稳定性较好；其耐火度及荷重软化温度比耐火粘土砖高	用于电阻炉和电弧炉、炉盖等
刚玉砖	硬度大，耐磨性好，抵抗酸性渣和碱性渣的侵蚀能力强，热震稳定性好，耐火度和荷重软化温度高。但如烧成温度偏低，使用时会有较大的重烧收缩	用于电阻炉和钼丝炉等
硅砖	是一种典型的酸性耐火材料，荷重软化温度高，与耐火度接近。高温体积稳定性差	用于酸性电弧炉和连续式加热炉炉顶

（续）

名称	性能特点	应　用
半硅砖	是一种酸性耐火材料，高温体积稳定	用于加热炉炉顶、冲天炉及各种炉的炉底和烟道等
镁砖	是一种碱性耐火材料，耐火度可达2000℃以上；荷重软化温度不高，其软化开始温度与终了温度接近；高温耐磨性好、常温抗压强度高，热震稳定性不好。此种砖受潮后发生水化。注意：使用时必须干砌	用于碱性电弧炉和加热炉的炉顶等
镁铬砖	属于偏碱性耐火材料，抗碱性渣侵蚀性强。耐火度高，高温结构强度好、热震稳定性好、在高温时具有固定的体积	用于电弧炉和加热炉的炉底等
镁铝砖	此砖的热震稳定性比镁砖的热稳定性好，高温结构强度略高些，抗渣性好	用于电弧炉和加热炉的炉底等
白云石砖	为碱性耐火材料，荷重软化温度高，热震稳定性好。抗水性差，不宜长时间存放	用于碱性电弧炉和冲天炉等

（续）

名称	性能特点	应　用
碳化硅砖	有高的耐火度和荷重软化温度，抗压强度大，耐磨性、导热性好，热震稳定性较好。对酸性渣有较好抵抗性，但碱性渣能使其破坏	用于热处理炉的炉底板和马弗罐、高温导轨，加热炉的预热器等
碳砖	耐火度和荷重软化温度很高，有较好的热震稳定性和高温体积稳定性，其耐磨性、导热性和导电性均好，而热膨胀系数却小。碳砖的抗渣性好，但在氧化气氛中则易燃烧；水能降低砖的强度	用于冲天炉等
锆英石砖	属酸性耐火材料。耐火度和荷重软化温度高，热震稳定性好，抗侵蚀性强，耐磨强度大，但抗浸透性差	盛钢桶、感应炉和盐浴炉等
轻质耐火砖	具有多孔结构和高的隔热性。不足之处是：组织疏松，抗渣性差，抗压（拉）强度低，耐磨性差，热震稳定性不好	工业炉的隔热层、内衬或保温层
漂球砖	该砖的使用温度为1000℃以下。这种砖热导率小，隔热性能好	多用在工业炉的保温层如电阻炉内衬用

（续）

名称	性能特点	应　用
熔铸耐火制品	与普通烧结法成型砖比较，具有制品致密气孔少、体积质量大；机械强度高；高温结构强度大；导热性好、抗渣性好	用于电炉和感应炉等

12.2　常用耐火砖的性能参数（仅供参考）

名称	体积密度/（kg/m³）	耐火度/℃ ≥	荷重软化度/℃	耐渣性能	
				碱性	酸性
耐火粘土砖	2100～2200	1610	1250	尚好	良好
高铝砖	2300～2750	1750	1420	良好	良好
刚玉砖	2500～3600	1950	1770	好	好
硅砖	1900～1950	1690	1620	不好	优良
半硅砖	2000～2300	1670	1250	—	良好
镁砖	2600～3300	1670	1440	良好	—
镁铝砖	2850～3000	1670	—	—	—
镁铝砖	2800～3300	1700	—	优良	尚好

名称	体积密度/（kg/m³）	耐火度/℃ ≥	荷重软化度/℃	耐渣性能	
				碱性渣	酸性渣
白云石砖	3000～3200	1400	—	好	—
碳化硅砖	2300～2850	1300	—	不好	好
碳砖	>1500	1400	—	优良	优良
锆英石砖	3300～4000	1650	—	—	良好

12.3 工业炉用耐火材料

工业炉名称	炉工作条件	选耐火材料条件		
		炉内用料部位	材料名称	条件要求
燃煤炉	工作温度为1300℃，炉渣侵蚀及冲击振动为中等，无磨损	全部砌砖	粘土质耐火砖	形状为标准型
半连续式煤气炉	工作温度为1300℃，无磨损，无炉渣侵蚀，冲击振动为中等	炉顶，炉墙	粘土质耐火砖	形状为标准型
	工作温度为1400℃，冲击振动较大，炉渣侵蚀中等，无磨损	烧嘴	粘土质耐火砖，高铝砖	应有较正确的几何形异型砖
	工作温度为1300℃，炉渣侵蚀及磨损严重，冲击振动为中等	炉底	镁砖、镁铬砖、镁铝砖	选用耐磨性好的标准型砖，全部易侵蚀更换
煤气转炉	工作温度1300℃，无炉渣侵蚀和磨损，中等冲击振动	炉顶	粘土质耐火砖	标准型耐火砖
	工作温度1300℃，无磨损，炉渣侵蚀和冲击振动为中等	炉壁，炉底	粘土质耐火砖	标准型耐火砖

（续）

工业炉名称	炉工作条件	选耐火材料条件		
		炉内用料部位	材料名称	条件要求
煤气转炉	工作温度1400℃，无磨损，炉渣侵蚀中等，有较大振动	烧嘴	粘土质耐火砖高铝砖	要求有较正确几何形状的异型砖
台车式油炉	工作温度1300℃，无磨损，无炉渣侵蚀，中等冲击振动	炉顶，炉墙	粘土质耐火砖	标准型
	工作温度1400℃，无磨损，炉渣侵蚀中等，冲击振动大	喷嘴	粘土质耐火砖、高铝砖	异型砖要求有正确的几何形状
	工作温度1300℃，炉渣侵蚀，冲击振动为中等，无磨损	台车	粘土质耐火砖	标准型
电阻炉	工作温度1000℃，无特殊要求	全部炉体	粘土耐火砖或耐火纤维毡	标准型
	工作温度1100℃，无特殊要求	搁砖	高铝砖、刚玉砖	用含铁量低的异型砖
	工作温度1000℃，无特殊要求	引出管	高铝砖	异型砖

（续）

工业炉名称	炉工作条件	选耐火材料条件		
		炉内用料部位	材料名称	条件要求
电阻炉（硅碳棒式）	工作温度 1300℃，无特殊要求	全部炉体	高铝砖	标准型
	工作温度 1400℃，无特殊要求	引出砖	高铝砖、刚玉砖	异型砖，要求几何形状正确，荷重软化点高
	工作温度 1300℃，冲击振动大，炉渣侵蚀，磨损为中等	炉底板	碳火硅板	异型、应是高温强度好导热性好
箱式多用炉	工作温度 1000℃，炉渣侵蚀严重、无磨损，无振动	炉内衬	重质高铝抗渗砖	标准型砖 $w(Fe_2O_3) < 1.0\%$
	工作温度 700℃，炉渣侵蚀严重	绝热保温层	轻质抗渗碳	
	工作温度 1000℃，炉渣侵蚀严重	炉门	重质抗渗碳砖	

（续）

工业炉名称	炉工作条件	选耐火材料条件		
		炉内用料部位	材料名称	条件要求
燃料振底炉	工作温度1000℃，有些冲击振动	炉内衬	粘土质耐火砖	标准型
	工作温度1100℃，冲击振动严重，炉渣侵蚀中等	喷嘴	粘土质耐火砖、高铝砖	用有正确几何形状异型砖
	工作温度1000℃，有严重的冲击振动和磨损，炉渣侵蚀中等	振底	粘土质耐火浇注料	—
钼丝炉	工作温度1600℃	炉内衬	刚玉砖	异型
	工作温度1000℃	绝热保温层	刚玉砖	标准型
	工作温度1600℃，磨损严重，炉渣侵蚀中等	炉膛	刚玉砖	异型砖应荷重软化点高
电极盐浴炉	工作温度1300℃，冲击振动严重，整个内壁炉渣侵蚀	坩埚内膛	粘土质耐火砖、高铝砖或浇注料	异型，外形尺寸正确

（续）

工业炉名称	炉工作条件	选耐火材料条件		
		炉内用料部位	材料名称	条件要求
感应炉	工作温度1650℃，冲击振动严重，磨损中等，炉渣侵蚀整个炉衬	坩埚炉内衬	硅砂或镁砂料	纯度要高，组合颗料均匀
	工作温度1650℃，冲击振动严重，炉渣侵蚀和磨损为中等	炉嘴	料中适当多加结合剂	
	工作温度1500℃，有中等冲击振动	炉口	料中适当多加些结合剂	
酸性电弧炉	工作温度1700℃，炉渣侵蚀严重，冲击振动中等	炉顶	硅砖、高铝砖（异型）	要求电极砖的结构尺寸准确
	工作温度1600℃，炉渣侵蚀严重，冲击振动中等	炉墙	标准型硅砖、高铝砖	
	工作温度1700℃，炉渣会侵蚀全部位、有严重的冲击振动，有磨损现象	炉坡、炉地	硅砂料	抗炉渣性强

（续）

工业炉名称	炉工作条件	选耐火材料条件		
		炉内用料部位	材料名称	条件要求
酸性电弧炉	工作温度1500℃，有中等冲击振动	炉底	硅砖、硅砂料	标准型
	工作温度1650℃，有严重的冲击振动和炉渣侵蚀作用，中等磨损	出钢槽	硅砂料、耐火浇注料	—
冲天炉	工作温度1400℃，有中等的炉渣侵蚀和冲击	前炉	粘土质耐火砖	标准型
	工作温度1500℃，炉渣侵蚀严重，有中等冲击振动	炉缸	粘土质耐火材料	—
	工作温度1600℃，炉渣侵蚀严重，磨损中等	熔化带	粘土质耐火料	—
	工作温度1000℃，磨损严重，有较大的冲击振动	预热带	粘土质耐火砖	标准型

（续）

工业炉名称	炉工作条件	选耐火材料条件		
		炉内用料部位	材料名称	条件要求
冲天炉	工作温度600℃，受较大的冲击振动，有中等程度的炉渣侵蚀和磨损	风口	粘土质耐火砖	用热震稳定性好的异型砖
	工作温度1400℃，冲击振动大，中等炉渣侵蚀和磨损	出铁口	粘土质耐火砖	异型
	工作温度1400℃，冲击振动大，中等磨损	出渣口	高铝砖	要求抗渣性强
碱性电弧炉	工作温度1700℃，炉渣侵蚀严重，冲击振动中等	炉顶	高铝砖、镁铬砖	异型，电极砖外形尺寸正确
	工作温度1600℃，炉渣侵蚀严重，冲击振动中等	炉墙	镁砖，镁质捣打料	标准型
	工作温度1700℃，有大的冲击振动，中等磨损	炉坡、熔池	镁质捣打料	抗渣性强

（续）

工业炉名称	炉工作条件	选耐火材料条件		
		炉内用料部位	材料名称	条件要求
碱性电弧炉	工作温度 1500℃，中等冲击振动	炉底	镁砖、镁质捣打料	标准型砖
	工作温度 1650℃，炉渣侵蚀、严重，冲击振动大，中等磨损	出钢槽	镁质捣打料 耐火浇注料	—
干燥炉	工作温度 400℃，中等冲击振动	整个炉体	粘土质耐火砖	标准型
	工作温度 1000℃，炉渣侵蚀和振动为中等	燃烧室	粘土质耐火砖	标准型

12.4 耐火砖

12.4.1 通用耐火砖形状尺寸（GB/T 2992.1—2011）

（1）长方体砖的形状尺寸

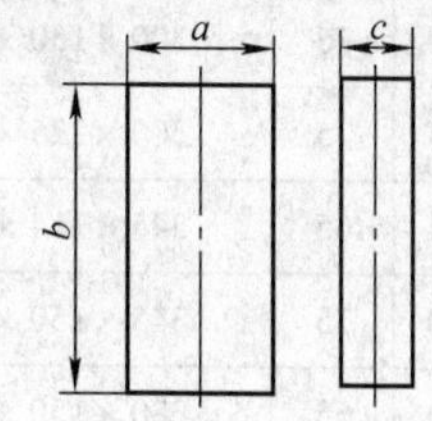

序号	尺寸/mm			规格尺寸/mm	体积/cm^3
	b	*a*	*c*		
T-1	172	114	65	172×114×65	1274.5
T-2	230	114	32	230×114×32	839.0
T-3	230	114	65	230×114×65	1704.3
T-4	230	172	65	230×172×65	2571.4
T-5	172	114	75	172×114×75	1470.6
T-6	230	114	75	230×114×75	1966.5
T-7	230	150	75	230×150×75	2587.5
T-8	230	172	75	230×172×75	2967.0
T-9	300	150	65	300×150×65	2925.0

（续）

序号	尺寸/mm			规格尺寸 /mm	体积 /cm³
	b	a	c		
T-10	300	150	75	300×150×75	3375.0
T-11	300	225	75	300×225×75	5062.5
T-12	345	114	65	345×114×65	2556.5
T-13	345	150	75	345×150×75	3881.3
T-14	380	150	65	380×150×65	3705.0
T-15	380	150	75	380×150×75	4275.0
T-16	380	225	75	380×225×75	6412.5
T-17	460	150	65	460×150×65	4485.0
T-18	460	150	75	460×150×75	5175.0
T-19	460	225	75	460×225×75	7762.5

（2）侧厚楔形砖形状尺寸

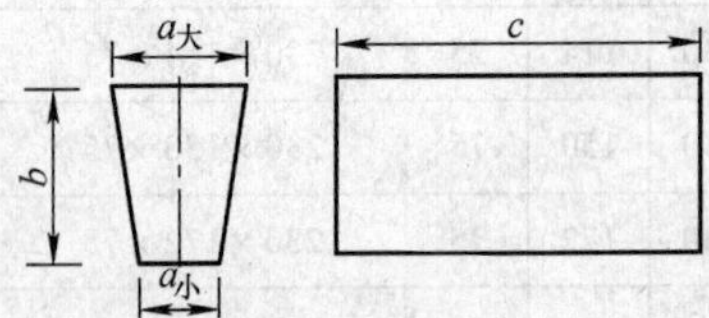

（续）

砖号	尺　寸/mm			规格尺寸/mm	体积/cm^3
	b	$a_{大}/a_{小}$	c		
T-21	114	65/35	230	114×(65/35)×230	1311.0
T-22	114	65/45	230	114×(65/45)×230	1442.1
T-23	114	65/55	230	114×(65/55)×230	1573.2
T-24	114	75/45	230	114×(75/45)×230	1573.2
T-25	114	75/55	230	114×(75/55)×230	1704.3
T-26	114	75/65	230	114×(75/65)×230	1835.4
T-27	150	65/35	300	150×(65/35)×300	2250.0
T-28	150	65/45	300	150×(65/45)×300	2475.0
T-29	150	65/55	300	150×(65/55)×300	2700.0
T-30	150	75/45	300	150×(75/45)×300	2700.0
T-31	150	75/55	300	150×(75/55)×300	2925.0
T-32	150	75/65	300	150×(75/65)×300	3150.0

（续）

（3）竖厚楔形砖形状尺寸

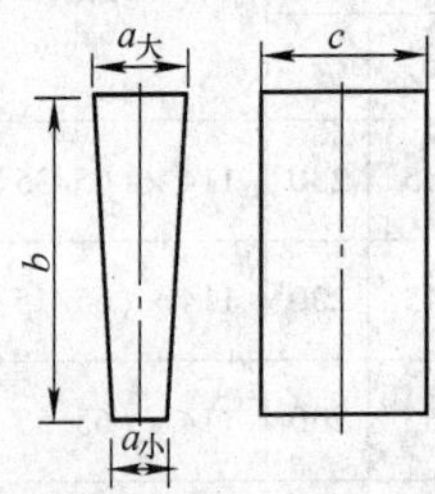

砖号	尺　寸/mm			规格尺寸/mm	体积/cm^3
	b	$a_大/a_小$	c		
T-41	230	65/35	114	230×(65/35)×114	1311.0
T-42	230	65/45	114	230×(65/45)×114	1442.1
T-43	230	65/55	114	230×(65/55)×114	1573.2
T-44	230	65/60	114	230×(65/60)×114	1638.8
T-45	230	65/35	172	230×(65/35)×172	1978.0
T-46	230	65/45	172	230×(65/45)×172	2175.8
T-47	230	65/55	172	230×(65/55)×172	2373.6
T-48	230	75/45	114	230×(75/45)×114	1573.6
T-49	230	75/55	114	230×(75/55)×114	1704.3
T-50	230	75/65	114	230×(75/65)×114	1835.4

（续）

砖号	尺　寸/mm			规格尺寸 /mm	体积 /cm^3
	b	$a_{大}/a_{小}$	c		
T-51	230	75/70	114	230×(75/70)×114	1901.0
T-52	230	75/45	172	230×(75/45)×172	2373.6
T-53	230	75/55	172	230×(75/55)×172	2571.4
T-54	230	75/65	172	230×(75/65)×172	2769.2
T-55	230	90/60*	114	230×(90/60)×114	1966.5
T-56	230	85/65*	114	230×(85/65)×114	1966.5
T-57	230	80/70*	114	230×(80/70)×114	1966.5
T-58	230	90/60*	172	230×(90/60)×172	2967.0
T-59	230	85/65*	172	230×(85/65)×172	2967.0
T-60	230	80/70*	172	230×(80/70)×172	2967.0
T-61	300	65/35	150	300×(65/35)×150	2250.0
T-62	300	65/45	150	300×(65/45)×150	2475.0
T-63	300	65/55	150	300×(65/55)×150	2700.0
T-64	300	65/60	150	300×(65/60)×150	2812.5
T-65	300	65/35	225	300×(65/35)×225	3375.0
T-66	300	65/45	225	300×(65/45)×225	3712.5
T-67	300	65/55	225	300×(65/55)×225	4050.0

（续）

砖号	尺寸/mm			规格尺寸/mm	体积/cm³
	b	$a_大/a_小$	c		
T-68	300	75/45	150	300×(75/45)×150	2700.0
T-69	300	75/55	150	300×(75/55)×150	2925.0
T-70	300	75/65	150	300×(75/65)×150	3150.0
T-71	300	75/70	150	300×(75/70)×150	3262.5
T-72	300	75/45	225	300×(75/45)×225	4050.0
T-73	300	75/55	225	300×(75/55)×225	4387.5
T-74	300	75/65	225	300×(75/65)×225	4725.0
T-75	300	90/60*	150	300×(90/60)×150	3375.0
T-76	300	85/65*	150	300×(85/65)×150	3375.5
T-77	300	80/70*	150	300×(80/70)×150	3375.0
T-78	300	90/60*	225	300×(90/60)×225	5062.5
T-79	300	85/65*	225	300×(85/65)×225	5062.5
T-80	300	80/70*	225	300×(80/70)×225	5062.5
T-81	380	80/50	150	380×(80/50)×150	3705.0
T-82	380	80/60	150	380×(80/60)×150	3990.0
T-83	380	80/70*	150	380×(80/70)×150	4275.0
T-84	380	80/75	150	380×(80/75)×150	4417.5
T-85	380	70/60	150	380×(70/60)×150	3705.0

（续）

砖号	尺　寸/mm			规格尺寸/mm	体积/cm^3
	b	$a_{大}/a_{小}$	c		
T-86	380	80/50	225	380×(80/50)×225	5557.5
T-87	380	80/60	225	380×(80/60)×225	5985.0
T-88	380	80/70*	225	380×(80/70)×225	6412.5
T-89	380	90/60*	150	380×(90/60)×150	4275.0
T-90	380	85/65*	150	380×(85/65)×150	4275.0
T-91	380	90/60*	225	380×(90/60)×225	6412.5
T-92	380	85/65*	225	380×(85/65)×225	6412.5
T-93	460	90/60*	150	460×(90/60)×150	5175.0
T-94	460	80/60	150	460×(80/60)×150	4830.0
T-95	460	80/70*	150	460×(80/70)×150	5175.0
T-96	460	80/75	150	460×(80/75)×150	5347.5
T-97	460	70/60	150	460×(70/60)×150	4485.0
T-98	460	90/60*	225	460×(90/60)×225	7762.5
T-99	460	80/60	225	460×(80/60)×225	7245.0
T-100	460	80/70*	225	460×(80/70)×225	7762.5
T-101	460	85/65*	150	460×(85/65)×150	5175.0
T-102	460	85/65*	225	460×(85/65)×225	7762.5

注：带“*”号者为中间尺寸。

（续）

（4）竖宽楔形砖的形状尺寸

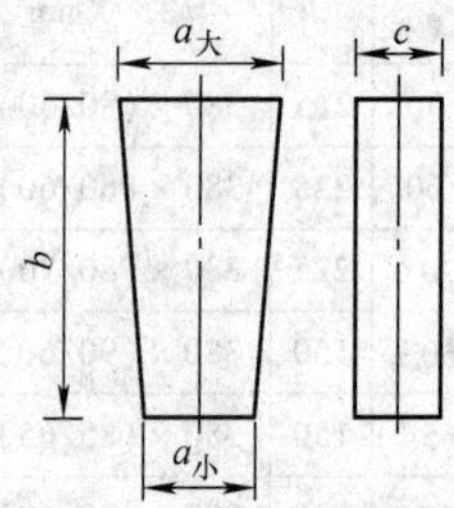

砖号	尺寸/mm			规格尺寸/mm	体积/cm³
	b	$a_大/a_小$	c		
T-111	230	114/74	65	230×(114/74)×65	1405.3
T-112	230	114/94	65	230×(114/94)×65	1554.8
T-113	230	111/104	65	230×(114/104)×65	1629.6
T-114	230	150/135	65	230×(150/135)×65	2130.4
T-115	345	114/69	65	345×(114/69)×65	2051.9
T-116	345	114/84	65	345×(114/84)×65	2220.1
T-117	345	114/99	65	345×(114/99)×65	2388.3
T-118	345	150/130	65	345×(150/130)×65	3139.5
T-119	230	150/90	75	230×(150/90)×75	2070.0
T-120	230	150/120	75	230×(150/120)×75	2328.8
T-121	230	150/135	75	230×(150/135)×75	2458.1

（续）

砖号	尺 寸/mm			规格尺寸 /mm	体积 /cm^3
	b	$a_{大}/a_{小}$	c		
T-122	230	114/104	75	230 ×（114/104）×75	1880.3
T-123	345	150/90	75	345 ×（150/90）×75	3105.0
T-124	345	150/110	75	345 ×（150/110）×75	3363.8
T-125	345	150/130	75	345 ×（150/130）×75	3622.5
T-126	345	114/99	75	345 ×（114/99）×75	2755.7

（5）拱脚砖的形状尺寸

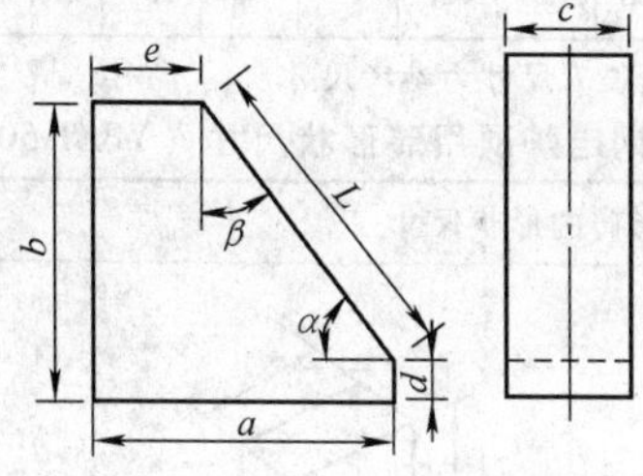

砖号	尺 寸/mm						倾斜角 (α/β) /（°）	体积 /cm^3
	L①	a	b	c	d	e		
T-131	230	199	266	114	67	84	60/30	4730.0
T-132	230	199	266	114	90	51	50/40	4549.7

（续）

砖号	尺寸/mm						倾斜角(α/β)/(°)	体积/cm³
	L①	a	b	c	d	e		
T-133	300	199	333	73	73	49	60/30	3414.0
T-134	300	266	333	73	103	73	50/40	4846.0
T-135	380	266	400	73	71	76	60/30	5485.6
T-136	380	333	333	73	42	89	50/40	5503.0
T-137	460	333	467	73	69	103	60/30	8011.1
T-138	460	400	400	73	48	104	50/40	7877.0

① 斜面长 L 尺寸为参考尺寸。

12.4.2 炼钢电炉顶用砖形状尺寸（YB/T 5018—1993）

（1）直形砖的形状尺寸

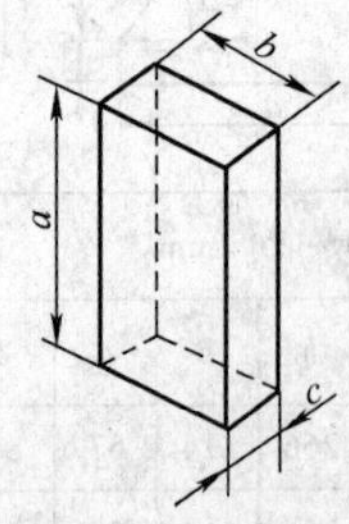

（续）

砖 号	尺 寸/mm			体积/cm^3 ≈
	a	*b*	*c*	
D-1	230	113	65	1690
D-2	300	150	65	2925
D-3	300	100	65	1950

注：砖的质量 = 体积 × 体积密度（下同）。

（2）厚楔形砖的形状尺寸

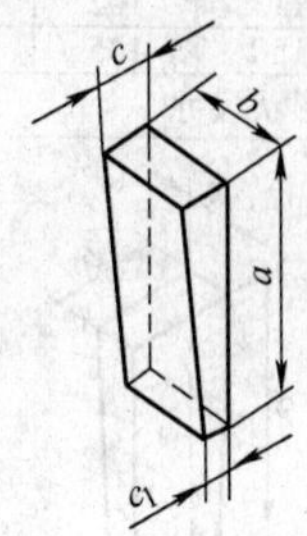

砖 号	尺 寸/mm				体积/cm^3 ≈
	a	*b*	*c*	c_1	
D-4	230	113	65	55	1560
D-5	300	150	65	55	2700

（续）

（3）宽楔形砖的形状尺寸

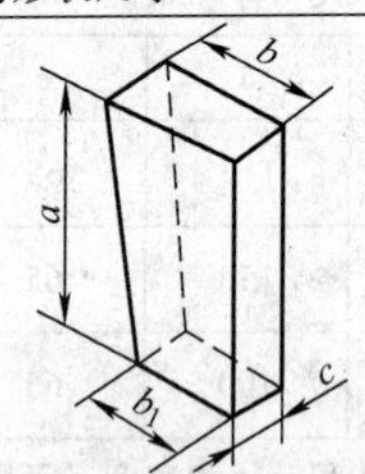

砖　号	尺　寸/mm				体积/cm^3
	a	b	b_1	c	≈
D-6	230	113	102	65	1600
D-7	300	150	135	65	2780

（4）锥楔形砖的形状尺寸

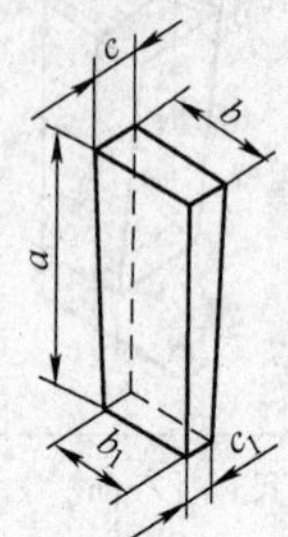

砖　号	尺　寸/mm					体积/cm^3
	a	b	b_1	c	c_1	≈
D-8	230	113	102	65	55	1480
D-9	300	150	135	65	55	2565

（续）

（5）电极孔砖的形状尺寸

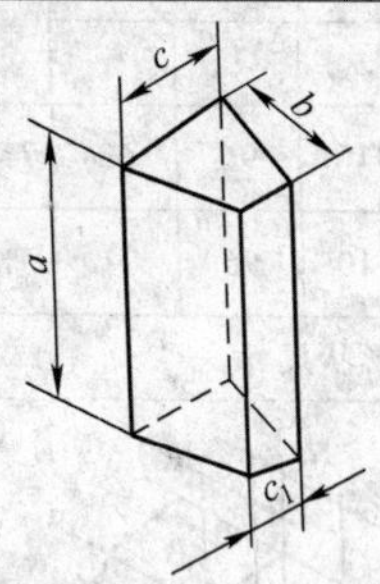

砖　号	尺　寸/mm				体积/cm^3
	a	b	c	c_1	≈
D-10	230	100	82	47	1485
D-11	230	100	88	62	1725
D-12	300	110	96	63	2620
D-13	300	110	96	71	2760

（6）电极孔外环用砖的形状尺寸

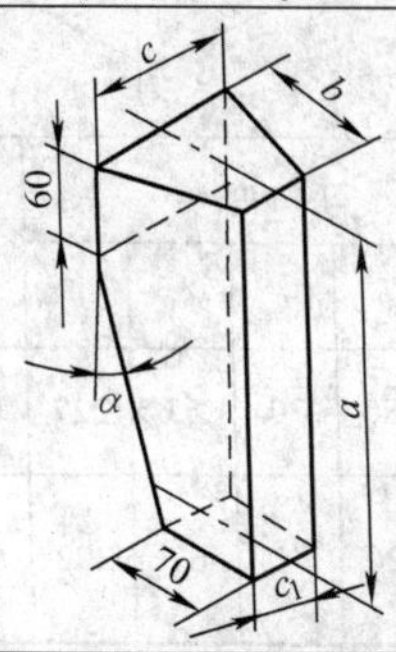

（续）

砖　号	尺　寸/mm				α	体积/cm^3 ≈
	a	b	c	c_1		
D-14	360	110	96	63	7°36′	2596
D-15	360	110	96	71	7°36′	2749

（7）拱脚砖的形状尺寸

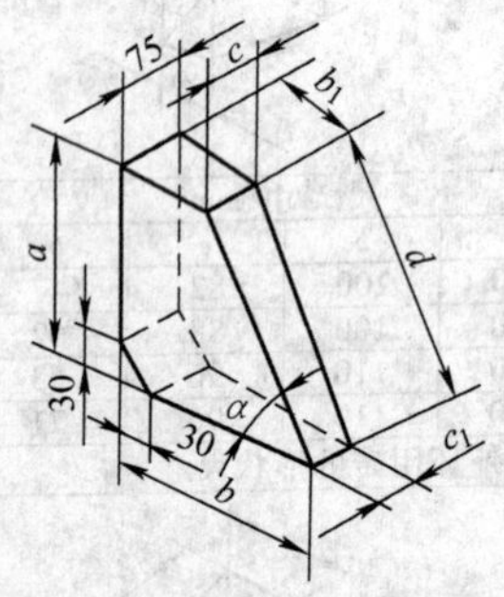

砖号	尺　寸/mm						α	体积/cm^3 ≈
	a	b_1	b	c	c_1	d		
D-16	210	93	180	70	65	227	67°30′	2005
D-17	270	108	220	71	67	292	67°30′	3145

12.4.3 电炉用球顶砖形状尺寸（YB/T 2217—1999（2009））

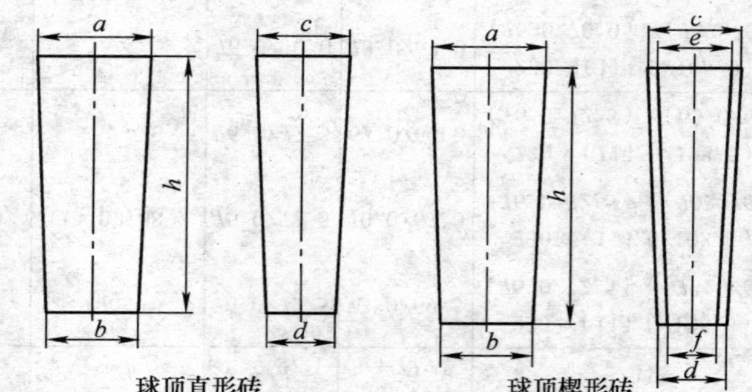

球顶直形砖　　球顶楔形砖

（续）

（1）双楔形砖砌法电炉用球顶楔形砖

砖号	尺寸/mm				规格尺寸/mm	体积/cm³
	h	a/b	c/d	e/f		
HX2	230	114.0/108.5	76.0/72.5	73.0/69.5	230×(114.0/108.5)×(76.0/72.5)×(73.0/69.5)	1861.5
HX3			76.0/72.5	70.0/67.0	230×(114.0/108.5)×(76.0/72.5)×(70.0/67.0)	1826.3
HX4			76.0/72.5	63.0/60.0	230×(114.0/108.5)×(76.0/72.5)×(63.0/60.0)	1736.8
HW2	230	114.0/105.0	76.0/70.0	73.0/67.0	230×(114.0/105.0)×(76.0/70.0)×(73.0/67.0)	1800.7
HW3			76.0/70.0	70.0/64.5	230×(114.0/105.0)×(76.0/70.0)×(70.0/64.5)	1766.4
HW4			76.0/70.0	63.0/58.0	230×(114.0/105.0)×(76.0/70.0)×(63.0/58.0)	1681.1

（续）

砖号	尺　寸/mm				规格尺寸/mm	体积/cm³
	h	a/b	c/d	e/f		
JZ1	250	114. 0/110. 5	76. 0/73. 5	74. 0/71. 5	250 ×（114. 0/110. 5）×（76. 0/73. 5）×（74. 0/71. 5）	2069. 6
JZ2			76. 0/73. 5	73. 0/70. 5	250 ×（114. 0/110. 5）×（76. 0/73. 5）×（73. 0/70. 5）	2055. 6
JZ3			76. 0/73. 5	70. 0/67. 5	250 ×（114. 0/110. 5）×（76. 0/73. 5）×（70. 0/67. 5）	2013. 5
JZ4			76. 0/73. 5	63. 0/61. 0	250 ×（114. 0/110. 5）×（76. 0/73. 5）×（63. 0/61. 0）	1918. 8
JY1	250	114. 0/109. 5	76. 0/73. 0	74. 0/71. 0	250 ×（114. 0/109. 5）×（76. 0/73. 0）×（74. 0/71. 0）	2053. 4
JY2			76. 0/73. 0	73. 0/70. 0	250 ×（114. 0/109. 5）×（76. 0/73. 0）×（73. 0/70. 0）	2039. 4
JY3			76. 0/73. 0	70. 0/67. 0	250 ×（114. 0/109. 5）×（76. 0/73. 0）×（70. 0/67. 0）	1997. 5
JY4			76. 0/73. 0	63. 0/60. 5	250 ×（114. 0/109. 5）×（76. 0/73. 0）×（63. 0/60. 5）	1894. 7

（续）

砖号	尺　寸/mm				规格尺寸/mm	体积/cm^3
	h	a/b	c/d	e/f		
KZ1	300	114.0/110.0	76.0/73.5	74.0/71.5	300×(114.0/110.0)×(76.0/73.5)×(74.0/71.5)	2478.0
KZ2			76.0/73.5	73.0/70.5	300×(114.0/110.0)×(76.0/73.5)×(73.0/70.5)	2461.2
KZ3			76.0/73.5	70.0/67.5	300×(114.0/110.0)×(76.0/73.5)×(70.0/67.5)	2410.8
KZ4			76.0/73.5	63.0/61.0	300×(114.0/110.0)×(76.0/73.5)×(63.0/61.0)	2297.4
KY1	300	114.0/109.0	76.0/72.5	74.0/70.5	300×(114.0/109.0)×(76.0/72.5)×(74.0/70.5)	2450.2
KY2			76.0/72.5	73.0/69.5	300×(114.0/109.0)×(76.0/72.5)×(73.0/69.5)	2443.5
KY3			76.0/72.5	70.0/67.0	300×(114.0/109.0)×(76.0/72.5)×(70.0/67.0)	2387.5
KY4			76.0/72.5	63.0/60.0	300×(114.0/109.0)×(76.0/72.5)×(63.0/60.0)	2270.1

（续）

（2）混合砌法电炉用球顶楔形砖和球顶直形砖

砖号	尺寸/mm				规格尺寸/mm	体积/cm^3
	h	a/b	c/d	e/f		
KR20	200	132. 0/120. 0	93. 0/85. 0	71. 0/65. 0	200 ×（132. 0/120. 0）×（93. 0/85. 0）×（71. 0/65. 0）	1978. 2
R20			82. 5/75. 0	—	200 ×（132. 0/120. 0）×（82. 5/75. 0）	1984. 5
KR30	200	128. 0/120. 0	89. 0/83. 5	71. 5/67. 0	200 ×（128. 0/120. 0）×（89. 0/83. 5）×（71. 5/67. 0）	1928. 2
R30			80. 0/75. 0	—	200 ×（128. 0/120. 0）×（80. 0/75. 0）	1922. 0
KR32	250	130. 0/120. 0	90. 5/83. 5	72. 5/67. 0	250 ×（130. 0/120. 0）×（90. 5/83. 5）×（72. 5/67. 0）	2449. 2
R32			81. 0/75. 0	—	250 ×（130. 0/120. 0）×（81. 0/75. 0）	2437. 5

（续）

砖号	尺　寸/mm				规格尺寸 /mm	体积 /cm^3
	h	a/b	c/d	e/f		
KR42	250	128. 0/120. 0	87. 0/82. 0	72. 0/68. 0	250 ×（128. 0/120. 0）×（87. 0/82. 0）×（72. 0/68. 0）	2394. 8
R42			80. 0/75. 0	—	250 ×（128. 0/120. 0）×（80. 0/75. 0）	2402. 5
KR52	250	126. 0/120. 0	86. 0/82. 0	72. 0/68. 0	250 ×（126. 0/120. 0）×（86. 0/82. 0）×（72. 0/68. 0）	2367. 8
R52			79. 0/75. 0	—	250 ×（126. 0/120. 0）×（79. 0/75. 0）	
KR62	250	125. 0/120. 0	85. 5/82. 0	71. 0/68. 0	250 ×（125. 0/120. 0）×（85. 5/82. 0）×（71. 0/68. 0）	2346. 6
R62			78. 5/75. 0	—	250 ×（125. 0/120. 0）×（78. 5/75. 0）	2350. 5

（续）

砖号	尺　寸/mm				规格尺寸 /mm	体积 /cm^3
	h	a/b	c/d	e/f		
KR72	250	124.5/120.0	85.0/82.0	71.0/68.0	250×(124.5/120.0)×(85.0/82.0)×(71.0/68.0)	2338.0
R72			78.0/75.0	—	250×(124.5/120.0)×(78.0/75.0)	
KR43	300	129.0/120.0	88.0/82.0	73.0/68.0	300×(129.0/120.0)×(88.0/82.0)×(73.0/68.0)	2904.0
R43			81.0/75.0	—	300×(129.0/120.0)×(81.0/75.0)	2913.3
KR53	300	127.0/120.0	87.0/82.0	72.0/68.0	300×(127.0/120.0)×(87.0/82.0)×(72.0/68.0)	2862.1
R53			80.0/75.0	—	300×(127.0/120.0)×(80.0/75.0)	2871.4

（续）

砖号	尺　寸/mm				规格尺寸 /mm	体积 /cm^3
	h	a/b	c/d	e/f		
KR63	300	126.0/120.0	86.0/82.0	71.5/68.0	300×(126.0/120.0)×(86.0/82.0)×(71.5/68.0)	2836.7
R63			79.0/75.0	—	300×(126.0/120.0)×(79.0/75.0)	2841.3
KR73	300	125.0/120.0	85.5/82.0	71.0/68.0	300×(125.0/120.0)×(85.5/82.0)×(71.0/68.0)	2816.0
R73			78.0/75.0	—	300×(125.0/120.0)×(78.0/75.0)	2811.4
KR93	300	124.0/120.0	85.0/82.0	70.5/68.0	300×(124.0/120.0)×(85.0/82.0)×(70.5/68.0)	2795.3
R93			77.5/75.0	—	300×(124.0/120.0)×(77.5/75.0)	2790.8

（续）

（3）混合-双楔形砖砌法电炉用球顶楔形砖和球顶直形砖

砖号	尺寸/mm				规格尺寸/mm	体积/cm^3
	h	a/b	c/d	e/f		
2202	200	132. 0/120. 0	93. 5/85. 0	71. 5/65. 0	200 ×（132. 0/120. 0）×（93. 5/85. 0）×（71. 5/65. 0）	1984. 5
2201			88. 0/80. 0	77. 0/70. 0	200 ×（132. 0/120. 0）×（88. 0/80. 0）×（77. 0/70. 0）	
2200			82. 5/75. 0	—	200 ×（132. 0/120. 0）×（82. 5/75. 0）	
3202	200	128. 0/120. 0	90. 5/85. 0	69. 5/65. 0	200 ×（128. 0/120. 0）×（90. 5/85. 0）×（69. 5/65. 0）	1922. 0
3201			85. 5/80. 0	74. 5/70. 0	200 ×（128. 0/120. 0）×（85. 5/80. 0）×（74. 5/70. 0）	
3200			80. 0/75. 0	—	200 ×（128. 0/120. 0）×（80. 0/75. 0）	

（续）

砖号	尺　寸/mm				规格尺寸 /mm	体积 /cm^3
	h	a/b	c/d	e/f		
3252	250	130.0/120.0	92.0/85.0	70.5/65.0	250×(130.0/120.0)×(92.0/85.0)×(70.5/65.0)	2441.4
3251	250	130.0/120.0	86.5/80.0	76.0/70.0	250×(130.0/120.0)×(86.5/80.0)×(76.0/70.0)	2441.4
3250	250	130.0/120.0	81.0/75.0	—	250×(130.0/120.0)×(81.0/75.0)	2437.5
4252	250	127.5/120.0	90.5/85.0	69.0/65.0	250×(127.5/120.0)×(90.0/85.0)×(69.0/65.0)	2393.8
4251	250	127.5/120.0	85.0/80.0	74.5/70.0	250×(127.5/120.0)×(85.0/80.0)×(74.5/70.0)	2393.8
4250	250	127.5/120.0	79.5/75.0	—	250×(127.5/120.0)×(79.5/75.0)	2389.9

（续）

砖号	尺　寸/mm				规格尺寸/mm	体积/cm^3
	h	a/b	c/d	e/f		
5252	250	126. 0/120. 0	89. 5/85. 0	68. 5/65. 0	250 ×（126. 0/120. 0）×（89. 5/85. 0）×（68. 5/65. 0）	2367. 8
5251			84. 0/80. 0	73. 5/70. 0	250 ×（126. 0/120. 0）×（84. 0/80. 0）×（73. 5/70. 0）	2363. 9
5250			79. 0/75. 0	—	250 ×（126. 0/120. 0）×（79. 0/75. 0）	2367. 8
6252	250	125. 0/120. 0	88. 5/85. 0	67. 5/65. 0	250 ×（125. 0/120. 0）×（88. 5/85. 0）×（67. 5/65. 0）	2342. 8
6251			83. 5/80. 0	73. 0/70. 0	250 ×（125. 0/120. 0）×（83. 5/80. 0）×（73. 0/70. 0）	2346. 6
6250			78. 0/75. 0	—	250 ×（125. 0/120. 0）×（78. 0/75. 0）	2342. 8

（续）

砖号	尺寸/mm				规格尺寸/mm	体积/cm^3
	h	a/b	c/d	e/f		
8252			88.0/85.0	67.0/65.0	250×(124.0/120.0)×(88.0/85.0)×(67.0/65.0)	
8251	250	124.0/120.0	82.5/80.0	72.5/70.0	250×(124.0/120.0)×(82.5/80.0)×(72.5/70.0)	2325.6
8250			77.5/75.0	—	250×(124.0/120.0)×(77.5/75.0)	
4302			91.5/85.0	70.0/65.0	300×(129.0/120.0)×(91.5/85.0)×(70.0/65.0)	2908.6
4301	300	129.0/120.0	86.0/80.0	75.5/70.0	300×(129.0/120.0)×(86.0/80.0)×(75.5/70.0)	2908.6
4300			80.5/75.0	—	300×(129.0/120.0)×(80.5/75.0)	2904.0

（续）

砖号	尺寸/mm				规格尺寸/mm	体积/cm^3
	h	a/b	c/d	e/f		
5302			90. 0/85. 0	69. 0/65. 0	300 ×（127. 0/120. 0）×（90. 0/85. 0）×（69. 0/65. 0）	2862. 1
5301	300	127. 0/120. 0	84. 5/80. 0	74. 0/70. 0	300 ×（127. 0/120. 0）×（84. 5/80. 0）×（74. 0/70. 0）	2857. 5
5300			79. 5/75. 0	—	300 ×（127. 0/120. 0）×（79. 5/75. 0）	2862. 1
6302			89. 0/85. 0	68. 0/65. 0	300 ×（126. 0/120. 0）×（89. 0/85. 0）×（68. 0/65. 0）	2832. 1
6301	300	126. 0/120. 0	84. 0/80. 0	73. 5/70. 0	300 ×（126. 0/120. 0）×（84. 0/80. 0）×（73. 5/70. 0）	2836. 7
6300			78. 5/75. 0	—	300 ×（126. 0/120. 0）×（78. 5/75. 0）	2832. 1

（续）

砖号	尺　寸/mm				规格尺寸/mm	体积/cm^3
	h	a/b	c/d	e/f		
7302			88.5/85.0	67.5/65.0	300×(125.0/120.0)×(88.5/85.0)×(67.5/65.0)	2811.4
7301	300	125.0/120.0	83.5/80.0	73.0/70.0	300×(125.0/120.0)×(83.5/80.0)×(73.0/70.0)	2816.0
7300			78.0/85.0	—	300×(125.0/120.0)×(78.0/75.0)	2811.4
9302			88.0/85.0	67.0/65.0	300×(124.0/120.0)×(88.0/85.0)×(67.0/65.0)	
9301	300	124.0/120.0	82.5/80.0	72.5/70.0	300×(124.0/120.0)×(82.5/80.0)×(72.5/70.0)	2790.8
9300			77.5/75.0	—	300×(124.0/120.0)×(77.5/75.0)	

12.4.4 冲天炉用耐火粘土砖及半硅砖形状尺寸

（1）侧厚楔形砖的形状尺寸

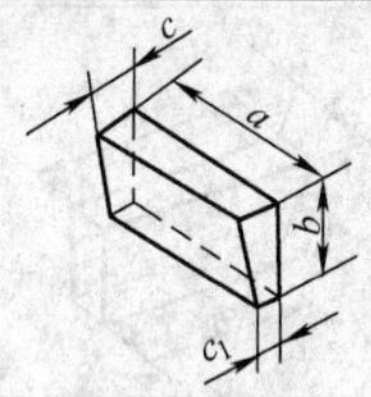

砖号	尺寸/mm				体积/cm^3	质量/kg
	a	b	c	c_1		
H-1	230	113	65	45	1430	3.1
H-2	230	113	65	55	1560	3.4

（2）直形砖的形状尺寸

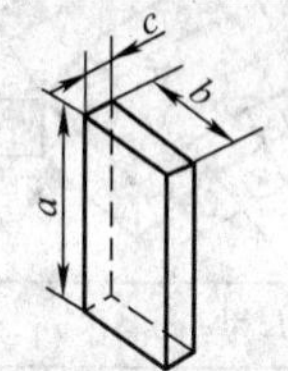

砖号	尺寸/mm			体积/cm^3	质量/kg
	a	b	c		
H-3	230	113	65	1690	3.6

（续）

（3）辐射砖的形状尺寸

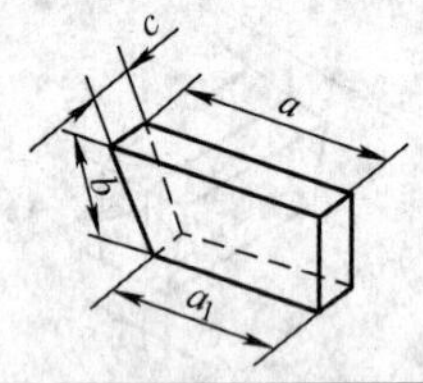

砖号	尺寸/mm				体积/cm^3	质量/kg
	a	a_1	b	c		
H-4	230	195	125	75	1990	4.3
H-5	210	170	125	75	1780	3.8

（4）弧形砖的形状尺寸

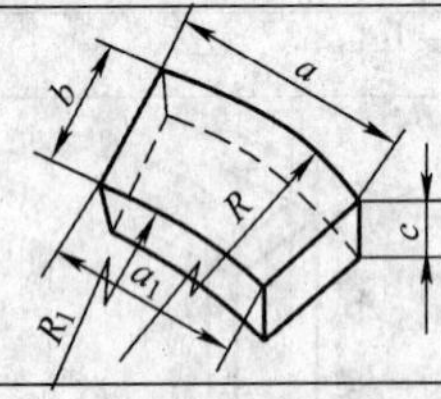

砖号	尺寸/mm						体积/cm^3	质量/kg
	a	a_1	b	c	R	R_1		
H-6	311	276	98	120	900	802	3520	7.6
H-7	276	224	150	120	800	650	2720	5.8
H-8	298	233	250	100	1150	900	6700	14.4

（续）

砖号	尺寸/mm						体积/cm^3	质量/kg
	a	a_1	b	c	R	R_1		
H-9	337	298	148	100	1300	1152	4740	10.2
H-10	311	282	118	100	1200	1082	3400	7.3
H-11	298	272	98	100	1150	1052	2780	6.0
H-12	282	235	180	100	1080	900	4830	10.4

第4篇 辅助材料

第13章 石油产品

13.1 常用润滑油的性能与应用

名称	黏度等级	运动黏度/$mm^2 \cdot s^{-1}$		黏度指数	闪点/℃（开口）	凝固点/℃	主要用途
		40℃	100℃				
L-AN全损耗系统用油（GB 443—1989）	5	4.14~5.06			80	-10	用于一般中小型、重型机床、电动机、农业机械无特殊要求的轴承、齿轮、离心泵、蒸汽机的传动部分等。其中以32、
	7	6.12~7.48			110		
	10	9.00~11.00			130		
	15	13.5~16.50			150	-15	
	22	19.8~24.2			150		
	32	28.2~35.2			150		
	46	41.4~50.6			160	-10	

（续）

名称		黏度等级	运动黏度/$mm^2 \cdot s^{-1}$		黏度指数	闪点/℃（开口）	凝固点/℃	主要用途
			40℃	100℃				
L-AN 全损耗系统用油（GB 443—1989）		68	61.2～74.8			160	-10	46、68 黏度等级应用为最多
		100	90.0～110			180	0	
		150	135～165			180		
空气压缩机油（GB 12691—1990）	L-DAA	32	28.8～35.2			175	-9/倾点	用于轻负荷或中负荷的空气压缩机（往复式或回转滴油式）的润滑
		46	41.6～50.6			185		
		68	61.2～74.8			195		
		100	90.0～110			205		
		150	135～165			215	-3/倾点	
	L-DAB	32	28.8～35.2			175	-9/倾点	用于中负荷或重负荷的空气压缩机的润滑
		46	41.6～50.6			185		
		68	61.2～74.8			195		
		100	90.0～110			205		
		150	135～165			215	-3/倾点	

（续）

名称		黏度等级	运动黏度/$mm^2 \cdot s^{-1}$		黏度指数	闪点/℃（开口）	凝固点/℃	主要用途
			40℃	100℃				
轴承油（SH/T 0017—1990（1998））	L-FC	2	1.98～2.42				-18	主要用于锭子和油膜轴承（静压轴承），其中高黏度油可用于轧钢机等的静压滑动轴承
		3	2.88～3.52					
		5	4.14～5.06					
		7	6.12～7.48			115		
		10	9.00～11.0			140		
		15	13.5～16.5				-12	
		22	19.8～24.2					
		32	28.8～35.2			160		
	L-FC	46	41.4～50.6			180	-12	L-FC 油主要用于锭子和油膜轴承（静压轴承），其中高黏度油可用于轧钢厂轧机等静压滑动轴承
		68	61.2～74.8					
		100	90.0～110				-6	

（续）

名称		黏度等级	运动黏度/$mm^2 \cdot s^{-1}$		黏度指数	闪点/℃（开口）	凝固点/℃	主要用途
			40℃	100℃				
轴承油（SH/T 0017—1990（1998））	L-FD	2	1.98～2.42			70（闭口）	－12	L-FD 油主要用于精密机床主轴轴承，也可用于仪表轴承和其他精密机械润滑
		3	2.88～3.52			80（闭口）		
		5	4.14～5.06			90（闭口）		
		7	6.12～7.48			115		
		10	9.00～11.0			140		
		15	13.5～16.50					
		22	19.8～24.2					
工业闭式齿轮油（GB 5903—1995）	L-CKB	100	90～110		90	180	－8	在轻负荷下运转的齿轮
		150	135～165			200		
		220	198～242					
		320	288～352					
	L-CKC	68	61.2～74.8		90	180	－8	保持在正常或中等恒温和重负荷下运转的齿轮
		100	90～110					
		150	135～165			200		

（续）

名称		黏度等级	运动黏度/mm²·s⁻¹		黏度指数	闪点/℃（开口）	凝固点/℃	主要用途
			40℃	100℃				
工业闭式齿轮油（GB 5903—1995）	L-CKC	220	198～242		90	200	-8	保持在正常或中等恒温和重负荷下运转的齿轮
		320	288～352					
		460	414～506					
		680	612～748				-5	
	L-CKD	100	90～110		90	180	-8	在高的恒定油温和重负荷下运转的齿轮
		150	135～165			200		
		220	198～242					
		320	288～352					
		460	414～506					
		680	612～748				-5	

（续）

名称	黏度等级	运动黏度/$mm^2 \cdot s^{-1}$ 40℃	运动黏度/$mm^2 \cdot s^{-1}$ 100℃	黏度指数	闪点/℃（开口）	凝固点/℃	主要用途
导轨油（SH/T 0361—1998）	32	28.8～35.2		≥70	170	-10	各种精密机床导轨及冲击振动（或负荷）润滑摩擦点，特别适用于工作台导轨，在低速运动时能减少其“爬行”滑动现象
	68	61.2～74.8			190		
	100	90～110			190		
	150	135～165			190	-5	
普通开式齿轮油（SH/T 0363—1992（1998））	68	（最大无卡咬负荷 P_B 不小于 686N）	60～75		200		适用于开式、半闭式齿轮箱、低速重负荷齿轮装置及链传动的润滑
	100		90～110				
	150		135～165				
	220		200～245		210		
	320		290～350				

（续）

名称		黏度等级	运动黏度 /mm² · s⁻¹		黏度指数 ≥	闪点（开口）/℃ ≥	倾点 /℃ ≤	凝固点/℃ ≤	主要用途
			40℃	100℃					
蜗轮蜗杆油（SH/T 0094—1991（1998））	L-CKE	220	198 ~ 242		90		-6		复合型蜗轮蜗杆油，主要用于铜-钢配对的圆柱型和双包络等类型的承受轻负荷、传动中平稳无冲击的蜗杆副，包括该设备的齿轮及滑动轴承、气缸、离合器等部件的润滑，及在潮湿环境下工作的其他机械设备的润滑，在使用过程中应防止局部过热和油温在 100℃ 以上时长期工作
		320	288 ~ 352						
		460	414 ~ 506						
		680	612 ~ 748						
		1000	900 ~ 1100						

（续）

名称		黏度等级	运动黏度/$mm^2 \cdot s^{-1}$		黏度指数 ≥	闪点（开口）/℃ ≥	倾点/℃ ≤	凝固点/℃ ≤	主要用途
			40℃	100℃					
蜗轮蜗杆油（SH/T 0094—1991（1998））	L-CKE/P	220	198～242		90		-6		极压型蜗轮蜗杆油，主要用于铜-钢配对的圆柱型承受重负荷，传动中有振动和冲击的蜗轮蜗杆副，包括该设备的齿轮和直齿圆柱齿轮等部件的润滑，及其他机械设备的润滑
		320	288～352						
		460	414～506						
		680	612～748						
		1000	900～1100						

（续）

名称		黏度等级	运动黏度 /$mm^2 \cdot s^{-1}$		黏度指数 ≥	闪点（开口）/℃ ≥	倾点 /℃ ≤	凝固点/℃ ≤	主要用途
			40℃	100℃					
矿物油型液压油（GB/1118.1—1994）	L-HL	15	13.5 ~ 16.5		95	140	-12		主要适用于机床和其他设备的低压齿轮泵，也可用于使用其他抗氧防锈型润滑油的机械设备（如齿轮和轴承等）
		22	19.8 ~ 24.2		95	140	-9		
		32	28.8 ~ 35.2		95	160	-6		
		46	41.4 ~ 50.6		95	180	-6		
		68	61.2 ~ 74.8		95	180	-6		
		100	90 ~ 100		90	180	-6		

（续）

名称		黏度等级	运动黏度/$mm^2 \cdot s^{-1}$		黏度指数 ≥	闪点（开口）/℃ ≥	倾点/℃ ≤	凝固点/℃ ≤	主要用途
			40℃	100℃					
矿物油型液压油（GB/1118.1—1994）	L-HM	15	13.5～16.5		95	140	-18		主要适用于钢-钢摩擦副的液压油泵
		22	19.8～24.2		95	140	-15		
		32	28.8～35.2		95	160	-15		
		46	41.4～50.6		95	180	-9		
		68	61.2～74.8		95	180	-9		
	L-HG	32	28.8～35.2		95	160	-6		主要适用于各种机床液压和导轨合用的润滑系统或机床导轨润滑系统及机床液压系统
		68	61.2～74.8			180			

（续）

名称		黏度等级	运动黏度/$mm^2 \cdot s^{-1}$		黏度指数 ≥	闪点（开口）/℃ ≥	倾点/℃ ≤	凝固点/℃ ≤	主要用途
			40℃	100℃					
蒸汽汽缸油（GB 447—1994）		680	748	20~30	—	240	18		主要适用于蒸汽机汽缸及蒸汽接触的滑动部件的润滑，也适用于其他高温、低转速机械部位的润滑
		1000	1100	34~40		260	20		
		1500（矿油型）	1650	40~50		280	22		
		1500（合成型）	1650	60~72	110	320	—		
汽油机油（GB 11121—2006）	SE、SF	0W-20		5.6~<9.3			-40		适用于在各种操作条件下使用的汽车四冲程汽油发动机，如轿车、轻型卡车、货车和发动机的润滑
		0W-30		9.3~<12.5					
		5W-20		5.6~<9.3					

（续）

名称		黏度等级	运动黏度 /$mm^2 \cdot s^{-1}$		黏度指数 ≥	闪点（开口）/℃ ≥	倾点/℃ ≤	凝固点/℃ ≤	主要用途
			40℃	100℃					
汽油机油（GB 11121—2006）	SE、SF	5W-30		9.3 ~ <12.5			-35		适用于在各种操作条件下使用的汽车四冲程汽油发动机，如轿车、轻型卡车、货车和发动机的润滑
		5W-40		12.5 ~ <16.3					
		5W-50		16.3 ~ <21.9					
		10W-30		9.3 ~ <12.5			-30		
		10W-40		12.5 ~ <16.3					
		10W-50		16.3 ~ <21.9					
		15W-30		9.3 ~ <12.5			-23		

（续）

名称		黏度等级	运动黏度 /$mm^2 \cdot s^{-1}$		黏度指数 ≥	闪点（开口）/℃ ≥	倾点/℃ ≤	凝固点/℃ ≤	主要用途
			40℃	100℃					
汽油机油（GB 11121—2006）	SE、SF	15W-40		12.5 ~ <16.3			-23		适用于在各种操作条件下使用的汽车四冲程汽油发动机，如轿车、轻型卡车、货车和发动机的润滑
		15W-50		16.3 ~ <21.9					
		20W-40		12.5 ~ <16.3			-18		
		20W-50		16.3 ~ <21.9					
		30		9.3 ~ <12.5	75		-15		
		40		12.5 ~ <16.3	80		-10		
		50		16.3 ~ <21.9	80		-5		

（续）

名称		黏度等级	运动黏度/$mm^2 \cdot s^{-1}$		黏度指数 ≥	闪点（开口）/℃ ≥	倾点/℃ ≤	凝固点/℃ ≤	主要用途
			40℃	100℃					
汽油机油（GB 11121—2006）	SG、SH、GF-1*、SJ、GF-2[b]、SL、GF-3	0W-20		5.6～<9.3			-40		适用于在各种操作条件下使用的汽车四冲程汽油发动机，如轿车、轻型卡车、货车和发动机的润滑
		0W-30		9.3～<12.5					
		5W-20		5.6～<9.3			-35		
		5W-30		9.3～<12.5					
		5W-40		12.5～<16.3					
		5W-50		16.3～<21.9					

（续）

名称		黏度等级	运动黏度 /mm^2·s^{-1}		黏度指数 ≥	闪点（开口）/℃ ≥	倾点/℃ ≤	凝固点/℃ ≤	主要用途
			40℃	100℃					
汽油机油（GB 11121—2006）	SG、SH、GF-1*、SJ、GF-2^b、SL、GF-3	10W-30		9.3 ~ <12.5			-30		适用于在各种操作条件下使用的汽车四冲程汽油发动机，如轿车、轻型卡车、货车和发动机的润滑
		10W-40		12.5 ~ <16.3					
		10W-50		16.3 ~ <21.9					
		15W-30		9.3 ~ <12.5			-25		
		15W-40		12.5 ~ <16.3					
		15W-50		16.3 ~ <21.9					
		20W-40		12.5 ~ <16.3			-20		

(续)

名称		黏度等级	运动黏度/$mm^2 \cdot s^{-1}$		黏度指数 ≥	闪点(开口)/℃ ≥	倾点/℃ ≤	凝固点/℃ ≤	主要用途
			40℃	100℃					
汽油机油(GB 11121—2006)	SG、SH、GF-1*、SJ、GF-2[b]、SL、GF-3	20W-50		16.3 ~ <21.9			-20		适用于在各种操作条件下使用的汽车四冲程汽油发动机，如轿车、轻型卡车、货车和发动机的润滑
		30		9.3 ~ <12.5	75		-15		
		40		12.5 ~ <16.3	80		-10		
		50		16.3 ~ <21.9	80		-5		
二冲程汽油发动机油(GB/T 20420—2006)	EGB			6.5		(闭口)70	-20		适用于具有曲轴箱扫气系统的二冲程点燃式汽油发动机并用于运输、休闲和其他相关机具，如:摩托车、雪撬和链锯等的润滑
	EGC								
	EGD								

（续）

名称		黏度等级	运动黏度/$mm^2 \cdot s^{-1}$		黏度指数 ≥	闪点（开口）/℃ ≥	倾点/℃ ≤	凝固点/℃ ≤	主要用途
			40℃	100℃					
二冲程汽油发动机油（GB/T 20420—2006）	CC、CD	0W-20		5.6 ~ <9.3					适用于以柴油为燃料的四冲程柴油发动机，如载货汽车、客车和货车柴油发动机、农业用、工业用和建设用柴油发动机的润滑
		0W-30		9.3 ~ <12.5					
		0W-40		12.5 ~ <16.3					
		5W-20		5.6 ~ <9.3					
		5W-30		9.3 ~ <12.5					
		5W-40		12.5 ~ <16.3					
		5W-50		16.3 ~ <21.9					
		10W-30		9.3 ~ <12.5					

（续）

名称		黏度等级	运动黏度/$mm^2 \cdot s^{-1}$		黏度指数 ≥	闪点（开口）/℃ ≥	倾点/℃ ≤	凝固点/℃ ≤	主要用途
			40℃	100℃					
二冲程汽油发动机油（GB/T 20420—2006）	CC、CD	10W-40		12.5 ~ <16.3					适用于以柴油为燃料的四冲程柴油发动机，如载货汽车、客车和货车柴油发动机、农业用、工业用和建设用柴油发动机的润滑
		10W-50		16.3 ~ <21.9					
		15W-30		9.3 ~ <12.5					
		15W-40		12.5 ~ <16.3					
		15W-50		16.3 ~ <21.9					
		20W-40		12.5 ~ <16.3					
		20W-50		16.3 ~ <21.9					
		20W-60		21.9 ~ <26.1					

（续）

名称		黏度等级	运动黏度/$mm^2 \cdot s^{-1}$ 40℃	运动黏度/$mm^2 \cdot s^{-1}$ 100℃	黏度指数 ≥	闪点（开口）/℃ ≥	倾点/℃ ≤	凝固点/℃ ≤	主要用途
二冲程汽油发动机油（GB/T 20420—2006）	CC、CD	30		9.3 ~ <12.5					适用于以柴油为燃料的四冲程柴油发动机，如载货汽车、客车和货车柴油发动机、农业用、工业用和建设用柴油发动机的润滑
		40		12.5 ~ <16.3					
		50		16.3 ~ <21.9					
		60		21.9 ~ <26.1					
	CF、CF-4、CH-4、CI-4 *	0W-20		5.6 ~ <9.3					
		0W-30		9.3 ~ <12.5					
		0W-40		12.5 ~ <16.3					
		5W-20		5.6 ~ <9.3					

（续）

名称		黏度等级	运动黏度/$mm^2 \cdot s^{-1}$		黏度指数 ≥	闪点（开口）/℃ ≥	倾点/℃ ≤	凝固点/℃ ≤	主要用途
			40℃	100℃					
二冲程汽油发动机油（GB/T 20420—2006）	CF、CF-4、CH-4、CI-4 *	5W-30		9.3 ~ <12.5					适用于以柴油为燃料的四冲程柴油发动机，如载货汽车、客车和货车柴油发动机、农业用、工业用和建设用柴油发动机的润滑
		5W-40		12.5 ~ <16.3					
		5W-50		16.3 ~ <21.9					
		10W-30		9.3 ~ <12.5					
		10W-40		12.5 ~ <16.3					
		10W-50		16.3 ~ <21.9					
		15W-30		9.3 ~ <12.5					
		15W-40		12.5 ~ <16.3					

（续）

名称		黏度等级	运动黏度/$mm^2 \cdot s^{-1}$		黏度指数 ≥	闪点（开口）/℃ ≥	倾点/℃ ≤	凝固点/℃ ≤	主要用途
			40℃	100℃					
二冲程汽油发动机油（GB/T 20420—2006）	CF、CF-4、CH-4、CI-4 *	15W-50		16.3 ~ <21.9					适用于以柴油为燃料的四冲程柴油发动机，如载货汽车、客车和货车柴油发动机、农业用、工业用和建设用柴油发动机的润滑
		20W-40		12.5 ~ <16.3					
		20W-50		16.3 ~ <21.9					
		20W-60		21.9 ~ <26.1					
		30		9.3 ~ <12.5					
		40		12.5 ~ <16.3					
		50		16.3 ~ <21.9					
		60		21.9 ~ <26.1					

（续）

名称		黏度等级	运动黏度/$mm^2 \cdot s^{-1}$		黏度指数 ≥	闪点（开口）/℃ ≥	倾点/℃ ≤	凝固点/℃ ≤	主要用途
			40℃	100℃					
10号仪表油（SH/T 0138—1994（2005））			9～11			（闭口）130（一等品）125（合格品）	-52（一等品）-50（合格品）		适用于控制测量仪表（包括低温下操作）的润滑
车轴油（SH/T 0139—1995（2005））			31～36（通用）		95	165		-40	适用于铁路车辆和蒸汽机车滑动轴承的润滑
冷冻机油（GB/T 16630—1996）	L-DRA/A	15	13.5～16.5		—	150	-35		主要适用于以氨、CFCs（氟氯烃类，如R12）和HCFCs（含氢氟氯烃类，如R22）为制冷剂的制冷
		22	19.8～24.2			150	-35		
		32	28.8～35.2			160	-30		

（续）

名称		黏度等级	运动黏度 /$mm^2 \cdot s^{-1}$		黏度指数 ≥	闪点（开口）/℃ ≥	倾点/℃ ≤	凝固点/℃ ≤	主要用途
			40℃	100℃					
冷冻机油（GB/T 16630—1996）	L-DRA/A	46	41.4 ~ 50.6		—	160	-30		压缩机，不适用于 HFCs（含氢氟代轻类，如 R134a）为制冷剂的制冷压缩机
		68	61.2 ~ 74.8			170	-25		
	L-DRA/B	15	13.5 ~ 16.5		报告	150	-35		
		22	19.8 ~ 24.2			150	-35		
		32	28.8 ~ 35.2			160	-30		
		46	41.4 ~ 50.6			160	-30		
		68	61.2 ~ 74.8			170	-25		

（续）

名称		黏度等级	运动黏度 /$mm^2 \cdot s^{-1}$		黏度指数 ≥	闪点（开口）/℃ ≥	倾点 /℃ ≤	凝固点/℃ ≤	主要用途
			40℃	100℃					
冷冻机油（GB/T 16630—1996）	L-DRA/B	100	90 ~ 110		—	170	-20		主要适用于以氨、CFCs（氟氯烃类，如 R12）和 HCFCs（含氢氟氯烃类，如 R22）为制冷剂的制冷压缩机，不适用于 HFCs（含氢氟代烃类，如 R134a）为制冷剂的制冷压缩机
		150	135 ~ 165			210	-10		
		220	198 ~ 242			225	-10		
		320	288 ~ 352			225	-10		
	L-DRB/A	15	13.5 ~ 16.5		报告	150	-42		
		22	19.8 ~ 24.2			160	-42		
		32	28.8 ~ 35.2			165	-39		

（续）

名称		黏度等级	运动黏度/$mm^2 \cdot s^{-1}$		黏度指数 ≥	闪点（开口）/℃ ≥	倾点/℃ ≤	凝固点/℃ ≤	主要用途
			40℃	100℃					
冷冻机油（GB/T 16630—1996）	L-DRB/A	46	41.4～50.6		—	170	-33		主要适用于以氨、CFCs（氟氯烃类，如R12）和HCFCs（含氢氟氯烃类，如R22）为制冷剂的制冷压缩机，不适用于HFCs（含氢氟代烃类，如R134a）为制冷剂的制冷压缩机
		68	61.2～74.8			175	-27		
	L-DRB/B	15	13.5～16.5			150	-45		
		22	19.8～24.2			160	-45		
		32	28.8～35.2			165	-42		
		46	41.4～50.6			170	-39		
		68	61.2～74.8			175	-36		

（续）

名称	黏度等级	运动黏度/$mm^2 \cdot s^{-1}$ 40℃	运动黏度/$mm^2 \cdot s^{-1}$ 100℃	黏度指数 ≥	闪点（开口）/℃ ≥	倾点/℃ ≤	凝固点/℃ ≤	主要用途
L-TSA 汽轮机油（GB 11120—1989）	32	28.8 ~ 35.2		90	180	-7		适用于电力、工业、船舶及其他工业汽轮机组、水汽轮机组的润滑和密封
	46	41.4 ~ 50.6			180			
	68	61.2 ~ 74.8			195			
	100	90.0 ~ 110.0			195			
内燃机车柴油机油（GB/T 17038—1997）	40（三代）		14 ~ 16	90	225	-5		适用于铁路内燃机车柴油机的润滑，其中含锌油仅适用于非银轴承内燃机车柴油机的润滑
	四代 含锌 20W/40		14 ~ 16		215	-18		
	四代 含锌 40		14 ~ 16	90	225	-5		
	四代 非锌 20W/40		14 ~ 16		215	-18		
	四代 非锌 40		14 ~ 16	90	225	-5		

13.2 润滑脂的性能与应用

名称	牌号（或代号）	滴点/℃ ≥	工作锥入度 /0.1mm	应　用
钙基润滑脂（GB/T 491—2008）	1号	80	310～340	适用于冶金、纺织等机械设备和拖拉机等农用机械的润滑与防护。使用温度范围为－10～60℃
	2号	85	265～295	
	3号	90	220～250	
	4号	95	175～205	
石墨钙基润滑脂（SH/T 0369—1992）		80		适用于压延机的人字齿轮，汽车弹簧，起重机齿轮转盘，矿山机械，绞车和钢丝绳等高负荷、低转速的粗糙机械的润滑
合成钙基润滑脂（SH/T 0372—1992）	ZG-2H	80	265～310	适用于工业、农业、交通运输等机械设备的润滑，使用温度小于60℃
	ZG-3H	90	220～265	
钠基润滑脂（GB 492—1989）	2号	140	265～295	适用于－10～110℃温度范围内一般中等负荷机械设备的润滑；不适用于与水相接触的润滑部位
	3号	140	220～250	

（续）

名称	牌号（或代号）	滴点/℃ ≥	工作锥入度 /0.1mm	应　用
钠基润滑脂（GB 492—1989）	4号	150	175～205	用于工作温度不超过130℃，重负荷机械的润滑，注意此脂耐水性差
通用锂基润滑脂（GB/T 7324—2010）	1号	170	310～340	适用于工作温度在－20～120℃范围的各种机械设备的滚动轴承和滑动轴承及其他摩擦部位的润滑
	2号	175	265～295	
	3号	180	220～250	
极压锂基润滑脂（GB/T 7323—2008）	0号	170	355～385	适用于工作温度在－20～120℃范围的高负荷机械设备轴承及齿轮的润滑，也可用于集中润滑系统
	1号	175	310～340	
	2号	175	265～295	
二硫化钼复合钙基润滑脂	1号	180	310～340	适用于高温（150～200℃）、潮湿条件下，冶金、矿山、化工等重负荷设备摩擦部位的润滑
	2号	200	265～295	
	3号	220	220～250	
	4号	240	175～205	

（续）

名称	牌号（或代号）	滴点/℃ ≥	工作锥入度/0.1mm	应　用
膨润土润滑脂（SH/T 0536—1993(2003)）	1 号	310 ~ 340	270	适合用在高温、高湿、高压条件下工作的机械传动中、如汽车底盘、万向节、水泵等，工作允许温度为 0 ~ 160℃
	2 号	265 ~ 295	270	
	3 号	220 ~ 250	270	
汽车通用锂基润滑脂 GB/T 5671—1995		265 ~ 295	180	适用于工作温度在 -30 ~ 120℃ 范围的汽车轮毂轴承、底盘，水泵和发电机等摩擦部位的润滑
精密机床主轴润滑脂（SH/T 0382—1992(2003)）	2 号	180	265 ~ 295	适用于精密机床和磨床的高速磨头主轴的长期润滑
	3 号	180	220 ~ 250	
压延机用润滑脂（SH/T 0113—1992(2003)）	1 号	80	310 ~ 355	适用于在集中输送润滑剂的压延机轴上使用
	2 号	85	250 ~ 295	

（续）

名称	牌号（或代号）	滴点/℃ ≥	工作锥入度/0.1mm	应　用
食品机械润滑脂（GB 15179—1994）		135	265～295	用于与食品接触的加工、包装、运输设备的润滑，最高使用温度为100℃
铁路制动缸润滑脂（SH 0377—1992）		100	280～320	使用温度为-50～80℃，适用于铁路机车车辆制动缸的润滑
铁道润滑脂（SH/T 0373—1992（2003））	ZN42-9	100	20～35（25℃）	用于机车大轴的摩擦部分，及其他高速高压的摩擦界面的润滑
	ZN42-8	180	35～45（25℃）	
3号仪表润滑脂（SH 0385—1992）		60	230～265	用于各种仪器仪表的润滑，使用温度为-60～55℃
7407号齿轮润滑脂（SH/T 0469—1994）		160	（1/4锥入度/0.1mm）75～90	用于线速度小于4.5mm/s的中、重负荷齿轮链轮和联轴节等部位的润滑，最高使用温度为120℃，（注：本脂不能与其他油脂混用）

（续）

名称	牌号（或代号）	滴点/℃ ≥	工作锥入度 /0.1mm	应　用
7903 号耐油密封润滑脂（SH/T 0011～1990）		250	（1/4 锥入度/0.1mm）（不工作）55～70	使用温度 -10～150℃，用于机床、变速箱、管路、阀门及飞机燃油过滤器等与燃料油、润滑油、天然气、水或乙醇等介质接触的装配贴合面、轴封、螺纹接头、阀芯等部位的静密封面和低速下滑动转动的动密封面的密封和润滑
7017—1 号高低温润滑脂（SH 0431—1992（1998））		300	（1/4 锥入度/0.1mm）65～80	用于低温及高温下工作的滚动和滚柱轴承的润滑。使用温度范围为 -60～250℃
特 221 号润滑脂（SH 0459—1992（1998））		200	（1/4 锥入度/0.1mm）64～84	用于与腐蚀介质接触的摩擦组合件的润滑和密封，也可用于滚动轴承的润滑，使用温度范围 -60～150℃
钢丝绳表面脂（SH/T 0387—1992（2005））		58		用于钢丝绳的封存，也具有润滑作用

13.3 石油产品的体积与质量

13.3.1 常用石油产品的体积与质量换算

名　称	每升折合/kg	每立方米折合/t	每吨折合/桶	每吨折合/L
汽　油	0.742	0.7428	6.7358	1347.16
煤　油	0.814	0.814	6.1415	1228.30
轻柴油	0.831	0.8434	6.200	1240.00
中柴油	0.839	—	5.960	1192.00
重柴油	0.880	0.9320	5.680	1136.00
燃料油	0.947	1.0404	5.5472	1109.44
润滑油	0.910	—		

13.3.2 石油产品在桶中的装油量

（单位：kg）

油品名称	200L 大桶		100L 中桶	30L 扁桶	19L 方听
	夏季	冬季			
汽油	135	140	68	21	13
120 号溶剂油	130	135	65	20	12
200 号溶剂油	140	145	70	21	13
工业汽油	135	140	68	21	13
灯用煤油	155	160	78	24	15
轻柴油	155	160	80	24	15

（续）

油品名称	200L大桶		100L中桶	30L扁桶	19L方听
	夏季	冬季			
润滑油(机械用)	160～170		80～85	25～26	16～17
齿轮油、汽缸油	170～175		85～87	26～27	16～17
内燃机油	170		85	25	16～17
汽车制动液	165		82	25	16
变压器油	165		82	25	16
皂化油	175		87	26	17
润滑脂	180		90	—	18
凡士林	180		90	—	18

13.3.3 铁路油罐车最大装油量

吨位 / 车型 / 装油量/t / 油名	30t	50t						60t	
	500型	4型	600型	601型	602型	604型	605型	662型	[G18]
汽油	22	35.5	37	36	35.5	38	37	44	42.5
120号溶剂油	20.5	34.5	36	35	34.5	36.5	36	42.5	41.5
200号溶剂油	23	38.5	40	39	38.5	40.5	40	47	46
灯用煤油	23.5	39.5	40.5	40	39.5	41.5	41	48	46.5

（续）

吨位 / 车型 / 装油量/t / 油名	30t	50t						60t	
	500型	4型	600型	601型	602型	604型	605型	662型	[C18]
轻柴油	24	41	42.5	41.5	41	43	42.5	50	49
变压器油	25	42	43.5	42.5	42	44	43.5	53	51
仪表油	25	42	43.5	42.5	42	44	43.5	53	51
液压油	26.5	44	45.5	44	44	46	45.5	54.5	52.5
（通用型工业）润滑油	26.5	43	45	44	43	46	45	54.5	52.5
车轴油	26.5	44	45	44	44	45.5	45	54.5	52.5
真空泵油	26.5	44	45.5	44.5	44	46	45.5	54.5	52.5
内燃机油	27	45	46	45	45	46.5	46	55.5	53.5
汽轮机油	26.5	44	45.5	44.5	44	46	45.5	54.5	52.5
冷冻机油	26.5	44	45.5	44.5	44	46	45.5	54.5	52.5
压缩机油	27.5	45	46	45.5	45	46.5	46	56	54
气缸油	28	46	47	46.5	46	47.5	47	57	55.5
齿轮油	28	46	47	46.5	46	47.5	47	57	55.5

注：此表没有考虑温差变化，仅供参考。

第14章 涂　　料

14.1 涂料的性能与应用

名称	性能特点	应用
油脂漆（Y）	价格便宜，有较好的耐候性、涂刷性和渗透性。但这种漆的力学性能差，不耐碱，不能打磨抛光，膜面软，干燥慢，水膨胀性较大	一般建筑工程中、对质量无特殊要求时使用，也可用于一些制品的表面涂饰
天然树脂漆（T）	有较大毒性，涂漆表面干燥比油脂漆快，干后漆面坚硬、耐磨、光泽好，但力学性能差。长油度的漆面柔韧，耐候性较好，但不能打磨抛光；短油度的漆面硬，好打光，但耐候性差	室内物品宜用短油度作涂层，室外宜用长油度作涂层
酚醛树脂漆（F）	漆膜表面干燥后硬，且耐水，有良好的耐化学腐蚀性和绝缘强度，附着力强。但漆面较脆，易变色、变深、易粉化，不能制白漆或浅色漆	用途广泛，多用在木器、建筑、船舶、机械，电器及防化学腐蚀等方面

（续）

名称	性能特点	应用
沥青漆（L）	价格便宜，有较好的耐化学腐蚀性，耐水性好，黑度好，有一定的绝缘强度。但对日光不稳定，有渗透性，干燥性差，不能制白漆或浅色漆	在自行车、缝纫机及五金件中广泛应用，还可用于绝缘制品
醇酸漆（C）	可用刷、烘、喷方法涂装制品表面，附着力较好，但干燥慢不能打磨，干燥后光泽、亮。但漆面较软，耐水、耐碱性差	用于机床、农业机械、工程机械及木制品门窗等
氨基漆（A）	此种漆需高温烘烤才固化（但注意烘烤不可过度，否则漆膜变脆），膜面坚硬，光泽亮丽，附着力强，色浅、不易泛黄、也可打磨抛光；有一定的耐热、耐水性	在五金零件、仪器仪表和电器设备中广泛应用
硝基漆（Q）	漆膜干燥快，耐油，坚韧，可打磨抛光。但清漆不耐紫外线，易燃，使用温度应低于60℃	适用于金属、木材、皮革、织物等的涂饰

（续）

名称	性能特点	应用
聚酯漆（Z）	此漆施工工艺较复杂，干燥性不易控制；固体分离，能耐一定的温度，耐磨、可抛光，有较好的绝缘性；但对金属附着力差	用于木器、防化学腐蚀设备及金属、砖石、电气绝缘件的涂装
聚氨酯漆（S）	有较好的耐水、耐热、耐磨耐溶剂性；附着力强，耐化学和石油腐蚀，绝缘性良好。但涂膜易粉化泛黄，对酸、碱、盐水等敏感，有一定毒性施工工艺条件高	是一种金属防腐蚀漆，广泛用于石油、化工设备、海洋船舶、机电设备等；也适用于木器、水泥、皮革、塑料、橡胶等材料的涂装
有机硅漆（W）	漆膜需要烘烤干燥，膜硬且较脆，其耐高温性、耐水性、耐候性好；有良好的绝缘性。但耐汽油性差，附着力较差	多用在涂装耐高温的机械设备
橡胶漆（J）	耐水性好，耐磨、耐化学腐蚀性良好，易变色、清漆不耐紫外线、耐溶剂性差	多用于化工设备、橡胶制品、水泥、船壳及水线部位，以及道路标志等的涂装

（续）

名称	性能特点	应用
环氧漆（H）	漆膜坚韧、耐碱、耐溶剂、绝缘性良好、附着力强；保光性差、色泽较深、外观较差，室外日光晒易粉化	适于做底漆和内用防腐蚀涂料
纤维素漆（M）	漆膜可打磨抛光，耐候性和保色性好，有些品种耐热，耐碱性和绝缘性也较好，附着力和耐潮性差、价格高	多用于金属、木材、皮革、塑料和混凝土等的涂覆
过氯乙烯漆（G）	是一种固体分低、只能在低于70℃环境中使用的漆。漆膜耐候性、耐化学腐蚀性优良，耐水、耐油性好，但附着力和打磨抛光性差	用于化工厂的厂房建筑、机械设备的防护及木材、水泥表面涂饰
乙烯树脂漆（X）	固体分低，漆面有一定的柔韧性，耐化学腐蚀性较好，耐水性好；耐溶剂性差、高温时碳化、清漆不耐紫外线	用于织物防水、化工设备防腐、玻璃、纸张、电缆、船底防锈、防污用涂层
丙烯酸漆（B）	是一种色浅、耐候性和保光性良好、耐热性较好、有一定耐化学腐蚀能力的漆；耐溶剂性差	用于汽车、仪表、高级木器、轻工产品和湿热地区的机械设备等的涂饰

14.2 清漆和调合漆的性能与应用

名称	性能特点	应用
硝基清漆（HG/T 2592—1994（2009））	漆膜光泽性好、干燥得快、耐久性好。品种分Ⅰ、Ⅱ型	Ⅰ型清漆用于室内木制品表面涂饰；Ⅱ型清漆用于室外木制品和金属表面的涂饰
丙烯酸清漆（HG/T 2593—1994（2009））	透明性极好，能充分显示材质的花纹和光泽、耐候性好、附着力较好	适合用于经阳极化处理的铝合金或其他金属表面的装饰与保护
S01-4聚氨酯清漆（HG/T 2240—1991）	有很好的硬度和光泽，附着力强	用于木器罩光、金属保护及木船外壳保护
醇酸清漆（HG/T 2453—1993（2009））	产量大、通用性能和耐久性好，附着力强	主要用于室内外木材、金属的涂饰或涂层的罩光
A01-1、A01-2氨基烘干清漆（HG/T 2237—1991（2009））	物理性能优良，漆膜坚硬、发亮、附着力强；两种型号中的A01-1色泽较深，氨基含量略低，柔韧性好	用于金属表面涂过各色氨基烘漆和环氧烘漆后的罩光

（续）

名称	性能特点	应用
F01-1 酚醛清漆（HG/T 2238—1991（2009））	漆膜光亮，耐水性好，但易发黄	多用于木器制品的涂饰，也可用于油性色漆的罩光
溶剂型聚氨酯涂料（双组分）（HG/T 2454—2006）	是一种常温固化型涂料，分Ⅰ型和Ⅱ型。Ⅰ型为室内木器用涂料，Ⅱ型为金属表面用涂料	涂料中又分为底漆和内用面漆及外用面漆。内用面漆用于五金制品、金属家具、室内管道；外用面漆用在金属设备、桥梁及化工设备等表面装饰和保护
各色醇酸调合漆（HG/T 2455—1993（2009））	漆膜附着力好，可自干，膜面光泽	多用于一般金属、木质制品及建筑物表面、起保护和装饰作用

14.3 磁漆的性能与应用

名称	性能特点	应用
各色酚醛磁漆（HG/T 3349—2003（2009））	漆膜附着力较好，干燥后膜面坚硬、光泽、但耐候性差	用于建筑工程、交通工具、机械设备等室内木材和金属表面的涂覆，起保护装饰作用

（续）

名称	性能特点	应用
各色氨基烘干磁漆（HG/T 2594—1994（2009））	漆膜附着力强、膜面坚硬光亮、机械强度高，耐水、耐油、耐候性良好	用于金属表面的保护性涂装。其中：Ⅰ型用于室外车辆，照明设备；Ⅱ型用于室内家用电器，钢制家具、照明设备；Ⅲ型用于室内外耐湿性金属设备等涂装
各色硝基外用磁漆（HG/T 2277—1992（2009））	漆膜干燥快，膜面光亮、耐候性好、为延长漆膜使用寿命，可采用砂、蜡打磨保养漆面	用于各种车辆、机床和工具的保护装饰
各色醇酸磁漆（HG/T 2576—1994（2009））	漆膜可自然干燥、也可低温烘干、膜面光泽、强度好，还有较好的耐候性	用于木制品及金属件表面保护及装饰性涂装
各色过氯乙烯磁漆（HG/T 2596—1994（2009））	漆膜在60℃烘烤1～3h，可增强其附着力、膜面平整、能打磨、耐化学腐蚀性、耐候性较好	适合用于车辆、电器、机床，医疗器械及农业机械等设备配件的表面作保护装饰用

14.4 底漆及腻子的性能与应用

名称	性能特点	应用
C06-1 铁红醇酸底漆（HG/T 2009—1991（2009））	与硝基、醇酸等面漆结合力好，漆膜有一定的防锈性能和良好附着力。在一般气候条件下耐久性好，但在潮湿条件下耐久性差	多用于各种车辆、机器、仪器及一些黑色金属表面做打底防锈用
各色硝基底漆（HG/T 3355—2003（2009））	涂匀的漆膜层干燥快、易打磨	主要用于铸件、车辆表面的涂覆及各种硝基漆用配套底漆
云铁酚醛防锈漆（HG/T 3369—2003（2009））	该漆涂层干燥快、防锈性能好，遮盖力及附着力强，无铅毒	多用于桥梁、铁塔、车辆船舶、油罐等户外钢铁结构件，做防锈打底之用
各色醇酸腻子（HG/T 3352—2003（2009））	方便涂刮，涂层坚硬，附着力强	主要用于填平木制品及金属表面
各色环氧酯腻子（HG/T 3354—2003（2009））	涂层膜面坚硬，耐潮性好，打磨后表面光洁，与底漆有较好的结合力	用于预先涂有底漆的金属表面
各色硝基腻子（HG/T 3356—2003（2009））	腻子涂层附着力好，干燥快，容易打磨	用于涂有底漆的木制品及金属表面，做填平细孔或隙缝用

（续）

名称	性能特点	应用
各色过氯乙烯腻子（HG/T 3357—2003（2009））	腻子涂层干燥快	用于钢铁或木质已涂有醇酸底漆或过氯乙烯底漆的各种车辆，机床等，填平底漆面
各色酚醛防锈漆（HG/T 3345—1999）	漆的涂层附着力好，干燥快，防锈效果好	用于黑色金属和建筑物表面打底防锈，可用红丹、铁红防锈漆；轻金属表面防锈用锌黄底漆
红丹醇酸防锈漆（HG/T 3346—1999）	漆的涂层附着力强，干燥快，防锈效果好	适用于钢结构件表面防锈打底涂装
H06-2 铁红、锌黄、铁黑环氧酯底漆（HG/T 2239—1991）	漆层附着力好，坚韧耐久，若与磷化底漆配套使用能提高其耐潮、耐盐雾和防锈性能	适合沿海及湿热带气候的金属表面打底。铁红、铁黑环氧酯底漆适合黑色金属表面；锌黄适合于轻金属面
X06-1 乙烯磷化底漆（HG/T 3347—1987（2009））	是一种有色及黑色金属底层的表面处理剂，能起磷化作用，可增加有机涂层和金属表面的附着力	适合涂覆各种船舶、桥梁、仪表及各种金属构件和器材表面

14.5 涂料的应用选择

涂料名称	起重机、拖拉机、柴油机	载货用汽车、火车	各种金属切削机床	摩托车轿车	仪表、仪器	建筑用钢架水塔水管	砖、水泥墙	本质门窗地板	洗衣机、冰箱	自行车、缝纫机	高档家具、收音机、乐器	耐化学腐蚀用	
												大型化工设备及建筑物	小型管路、蓄电池、仪表
油脂漆	○					○	○	○					
酯胶漆	○						○	○					
酚醛树脂漆	○		○		○	○	○	○					○
沥青漆						○				○		○	○
醇酸漆	○	○	○		○	○		○					
氨基漆		○	○	○	○				○	○	○		○
硝基漆	○	○	○	○	○				○		○		
过氯乙烯漆	○	○	○	○	○	○	○					○	
乙烯树脂漆												○	
丙烯酸漆				○									

（续）

涂料名称	起重机、拖拉机、柴油机	载货用汽车、火车	各种金属切削机床	摩托车轿车	仪表、仪器	建筑用钢架水塔水管	砖、水泥墙	本质门窗地板	洗衣机、冰箱	自行车、缝纫机	高档家具、收音机、乐器	耐化学腐蚀用	
												大型化工设备及建筑物	小型管路、蓄电池、仪表
环氧漆			○	○	○				○	○		○	○
虫胶漆								○			○		
有机硅漆													○
聚氨酯漆			○					○			○	○	
乙基纤维漆												○	
氯化橡胶漆							○					○	
聚酯漆								○			○		
氯乙烯醋酸乙烯漆												○	
氯磺化聚乙烯漆												○	

注：标注“○”为选用漆。

第 15 章　其他材料

15.1　石棉制品

15.1.1　石棉绳（JC/T 222—2009）

（1）分类

石棉绳按结构的不同，可分为石棉扭绳、石棉圆绳、石棉方绳和石棉松绳

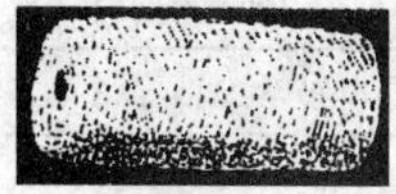

石棉扭绳

石棉圆绳

石棉方绳

石棉松绳

（2）用途

石棉方绳用作密封填料，其余三种石棉绳主要用作保温隔热材料。其中的石棉松绳主要用于振动和多弯曲的热管道上

（3）代号、制造方法及规格

石棉扭绳（SN）	用石棉纱、线扭合而成；直径（mm）：3，5，6，8，10

（续）

石棉圆绳（SY）	用石棉纱、线编结成圆形的绳；直径（mm）：6，8，10，13，16，19，22，25，28，32，35，38，42，45，50
石棉方绳（SF）	用石棉纱、线编结成方形的绳；边长（mm）：4，5，6，8，10，13，16，19，22，25，28，32，35，38，42，45，50
石棉松绳（SC）	用石棉绒作芯，以石棉纱、线编织菱形网状外皮的松软的圆形绳 { 直径（mm）：13，16，19 直径（mm）：22，25，32 直径（mm）：38，45，50

15.1.2 石棉布带（JC/T 210—2009）

（1）用途

石棉布是由石棉纱：线经机织而成。多用在各种高温、发热设备上，起到隔热、保温，防护作用

（2）分类

1）按所用石棉纱线加工工艺分

代号 SB—由干法工艺生产的石棉纱线织成的；

代号 WSB—由湿法工艺生产的石棉纱线织成的

2）按原料组成分

1 类—未夹有增强物的石棉纱线织成的；

2 类—夹有金属增强丝（铜、铅、锌或其他金属丝及合金丝的石棉纱线织成的；

3 类—夹有有机增强丝（棉、尼龙、人造丝等）的石棉纱线织成的；

（续）

4类—夹有非金属无机增强丝（玻璃丝、陶瓷纤维等）的石棉纱线织成的；

5类—用1~4类中的两种或两种以上的石棉纱线织成的

3）按石棉的烧失量分

分级代号	4A级	3A级	2A级	A级	B级	S级
烧失量（%）≤	16.0	19.0	24.0	28.0	32.0	35.0

（3）规格

种类		SB						
宽度/mm		1000，1200，1500						
厚度/mm		0.8	1.0	1.5	2.0	2.5	3.0	3.0*
密度	经线≥	80	75	72	64	60	52	84
	纬线≥	40	38	36	32	30	26	60
种类		WSB						
宽度/mm		800，1000，1200，1500						
厚度/mm		0.6	0.8	1.0	1.5	2.0	2.5	3.0
密度	经线≥	140	132	120	72	64	60	48
	纬线≥	70	66	60	36	32	30	24

注：① 夹有增强丝的石棉布，在石棉布代号后面加注增强丝代号：其中金属丝用化学符号表示，如铜（Cu）、锌（Zn）…；其他增强丝如玻璃丝（B）、陶瓷纤维（T）、棉（M）、尼龙（N）、人造丝（R）…。

② 经线、纬线密度单位：根/100mm。

（续）

（4）石棉布断裂强度（≥）

厚度/mm	4A、3A级				2A、A级			
	常温		加热后		常温		加热后	
	经向	纬向	经向	纬向	经向	纬向	经向	纬向
SB种石棉布								
0.8	294	147	147	78	245	137	137	68
1.0	392	196	196	98	412	176	147	68
1.5	490	245	245	127	441	196	157	68
2.0	588	294	294	147	461	216	167	78
2.5	686	343	343	176	490	245	176	88
3.0	784	392	392	196	588	294	206	108
3.0*	882	441	441	245	784	392	274	157
WSB种石棉布								
0.6	294	147	147	74	245	123	123	62
0.8	392	196	196	98	294	147	147	74
1.0	490	245	245	123	392	196	196	98
1.5	590	295	295	147	490	245	245	100
2.0	690	345	345	172	580	255	255	105
2.5	785	392	392	196	685	275	275	110
3.0	850	425	425	213	750	290	295	115

（续）

B、S级				单位面积质量/（kg/m^2）
常温		加热后		
经向	纬向	经向	纬向	
SB种石棉布				
196	98	98	59	0.60
294	147	137	59	0.75
441	196	137	59	1.10
461	216	137	69	1.50
490	215	147	78	1.90
588	294	176	88	2.30
784	392	235	137	2.40
WSB种石棉布				
—	—	—	—	0.45
—	—	—	—	0.55
—	—	—	—	0.75
—	—	—	—	1.00
—	—	—	—	1.20
—	—	—	—	1.40
—	—	—	—	1.70

注：1. 石棉布的断裂强力指1类石棉布。含其他金属丝或其增强纤维石棉布的断裂强力由供需双方商定。

2. 表中的单位面积质量不适用于夹金属丝石棉布。

3. 石棉布的产品标记由种、类和分级代号以及厚度和标准号组成。

例1：SB种2类3A级2mm石棉铜丝布的标记：

SB_2（Cu）3A2mm　JC/T 210—2000

例2：WSB种4类2A级2mm玻璃丝布的标记：

WSB_4（B）2A2mm　JC/T 210—2000

15.1.3 石棉纸板（JC/T 69—2009）

（1）性能

石棉纸板由石棉纤维、植物纤维和粘结剂混合制成，具有电绝缘、绝热、保温隔声、密封等性能

（2）用途

Ⅰ号电绝缘石棉纸能承受较高电压，可作大型电机磁极线圈匝间绝缘；Ⅱ号电绝缘石棉纸能承受较低电压，可作电器开关、仪表隔弧绝缘材料。热绝缘石棉纸用于电机工业、铝浇铸工艺及电器罩壳等隔热保温材料。衬垫石棉纸板用于内燃机气缸垫及化工管道上的连接处密封衬垫

（3）规格

品种		电绝缘石棉纸(JC/T 41—1996)							
厚度/mm		Ⅰ号				Ⅱ号			
		0.2	0.3	0.4	0.6	0.2	0.3	0.4	0.5
密度/(g/cm^3)		1.2	1.1			1.1			
含水量(%)		<3.5							
烧失量(%)		<25				<23			
抗张强度/MPa	纵向	0.20	0.25	0.28	0.32	0.16	0.20	0.22	0.25
	横向	0.06	0.08	0.12	0.14	0.04	0.06	0.08	0.10
击穿电压/V		1200	1400	1700	2000	500	500	1000	1000

（续）

<table>
<tr><td colspan="2">品种</td><td colspan="5">热绝缘石棉纸
（JC/T 42—1996）</td><td>衬垫石棉纸板
（JC/T 69—1996）</td></tr>
<tr><td colspan="2">厚度
/mm</td><td>0.2</td><td>0.3</td><td>0.5</td><td>0.8</td><td>1.0</td><td>0.8,0.9,1.0,1.2
1.4,1.5,1.6,2.0</td></tr>
<tr><td colspan="2">密度
/(g/cm³)</td><td colspan="3">1.1</td><td colspan="2">1.25</td><td>1.1～1.5</td></tr>
<tr><td colspan="2">含水量
（%）</td><td colspan="5">≤3.5</td><td>≤3</td></tr>
<tr><td colspan="2">烧失量(%)</td><td colspan="5">≤18</td><td>≤18</td></tr>
<tr><td rowspan="2">抗张
强度
/MPa</td><td>纵向</td><td>0.08</td><td>0.10</td><td>0.20</td><td>0.28</td><td>0.35</td><td>≤25</td></tr>
<tr><td>横向</td><td>0.03</td><td>0.05</td><td>0.08</td><td>0.17</td><td>0.22</td><td>≤23</td></tr>
</table>

15.1.4 石棉橡胶板

（1）用途

用于介质为水、蒸汽、空气、煤气、惰性气体、氨、碱液（温度不超过450℃、压力6MPa以下）等设备及管道法兰连接处的密封衬垫材料。耐油橡胶板用于石油、溶剂及碱液的设备及管道的密封。

（2）规格

（续）

<table>
<tr><th rowspan="2">牌号</th><th colspan="3">尺寸/mm</th><th colspan="2">适用范围</th></tr>
<tr><th>厚度</th><th>宽度</th><th>长度</th><th>温度
/℃</th><th>压力
/MPa</th></tr>
<tr><td colspan="6">石棉橡胶板（GB/T 3985—2008）</td></tr>
<tr><td>XB450
（紫色）</td><td>0.5，1，1.5，2，2.5，3</td><td rowspan="3">500
620
1200
1260
1500</td><td>500
620
1260</td><td>≤450</td><td>≤6</td></tr>
<tr><td>XB350
（红色）</td><td rowspan="2">0.8，1，1.5，2，2.5，3，3.5，4，4.5，5，5.5，6</td><td rowspan="2">1000
1260
1350
1500
4000</td><td>≤350</td><td>≤4</td></tr>
<tr><td>XB200
（灰色）</td><td>≤200</td><td>≤1.5</td></tr>
<tr><td colspan="6">耐油石棉橡胶板（GB/T 539—2008）</td></tr>
<tr><td>NY150
（灰色）</td><td rowspan="3">0.4，0.5，0.6，0.8，1，1.1，1.2，1.5，2，2.5，3</td><td rowspan="3">500，
620，
1200，
1260，
1500</td><td rowspan="3">500，
620，
1000，
1260，
1350，
1500</td><td>≤150</td><td rowspan="3">1.6～2.0</td></tr>
<tr><td>NY250
（浅黄）</td><td>≤250</td></tr>
<tr><td>NY400
（石墨）</td><td>≤400</td></tr>
</table>

15.1.5 石棉密封填料（JC/T 1019—2006）

(1) 用途

适用于压力为8MPa以下，温度为550℃以下的蒸汽机、往复泵的活塞和阀门杆上的橡胶石棉密封填料，压力为4.5MPa以下，温度为350℃以下，介质为蒸汽、空气、工业用水、重质石油产品的回转轴、往复泵的活塞和阀门杆上的油浸石棉密封填料；压力为12MPa以下、温度为-100～250℃的管道阀门、活塞杆上的聚四氟乙烯石棉密封填料

(2) 分类

密封填料	牌号	适用范围	牌号	适用范围
橡胶石棉	XS 550A	适用于介质温度≤550℃，压力≤8MPa	XS 350A	适用于介质温度≤350℃，压力≤4.5MPa
	XS 550B	适用于介质温度≤550℃，压力≤8MPa	XS 350B	适用于介质温度≤350℃，压力≤4.5MPa
	XS 450A	适用于介质温度≤450℃，压力≤6MPa	XS 250A	适用于介质温度≤250℃，压力≤4.5MPa
	XS 450B	适用于介质温度≤450℃，压力≤6MPa	XS 250B	适用于介质温度≤250℃，压力≤4.5MPa

（续）

密封填料	牌号	适用范围	牌号	适用范围
油浸石棉	YS 350F	适用于介质温度≤350℃，压力≤4.5MPa	YS 250F	适用于介质温度≤250℃，压力≤4.5MPa
	YS 350Y	适用于介质温度≤350℃，压力≤4.5MPa	YS 250Y	适用于介质温度≤250℃，压力≤4.5MPa
	YS 350N	适用于介质温度≤350℃，压力≤4.5MPa	YS 250N	适用于介质温度≤250℃，压力≤4.5MPa

注：1. 夹金属丝的，在牌号后面以金属丝的化学元素符号加括弧注明。

2. A—编织；B—卷制；F—方形，Y—圆形；N—圆形扭制。

（3）规格和公差

（单位：mm）

规格	公差	规格	公差
3.0，4.0，5.0	±0.3	19.0，22.0，25.0	±0.8
6.0，8.0，10.0	±0.4	28.0，32.0，35.0，38.0，42.0，45.0，50.0	±1.0
13.0，16.0	±0.6		

注：其他规格可供需双方商定。

（续）

（4）性能指标

1）橡胶石棉密封填料性能指标

项目		牌号							
		XS 550 A	XS 550 B	XS 450 A	XS 450 B	XS 350 A	XS 350B	XS 250 A	XS 250 B
体积密度（g/cm^3）	夹金属丝	≥1.1							
	无金属丝	≥0.9							
烧失量（%）		≤24		≤27		≤32		≤40	
所用石棉布/线的烧失量(%)		≤19		≤21		≤24		≤32	
耐湿失量%	夹金属丝	≤10	/	≤15	/	≤15	≤20	≤20	≤22
	无金属丝	/	/	/	/	≤17	≤20	≤20	≤22

（续）

项目	牌号							
	XS 550 A	XS 550 B	XS 450 A	XS 450 B	XS 350 A	XS 350B	XS 250 A	XS 250 B
压缩率（%）	20～45							
回弹率（%）	≥30							
摩擦因数	≤0.50							
磨损量/g	≤0.30							

2）油浸密封石棉密封填料的性能指标

项目		牌号					
		YS 350 F	YS 350 Y	YS 350 N	YS 250 F	YS 250 Y	YS 250 X
体积密度/(g/cm^3)	夹金属丝	≥1.1					
	无金属丝	≥0.9					
所用石棉线支数、支		≥4					
所用石棉线拉伸强度/MPa		见 JC/T 221—94 表 5					

（续）

项目	牌号					
	YS 350 F	YS 350 Y	YS 350 N	YS 250 F	YS 250 Y	YS 250 X
除去浸渍剂的石棉线烧失量(%)	≤24			≤32		
所用润滑油闪点/℃	300			240		
浸渍剂含量(%)	25～45					

3）聚四氟乙烯石棉密封填料的性能指标

项目	指标
体积密度/(g/cm^3)	≥1.1
酸失量(%)	≤25
压缩率(%)	15～45
回弹率(%)	≥25
摩擦因数	≤0.40
磨损量(g)	≤0.10

15.2 金属丝网

15.2.1 镀锌低碳钢丝编织网（QB/T 1925.1—1993(2009)）

(1)用途
用于筛选干的颗粒状物、如粮食、面粉、矿砂等

(2) 规格

网孔尺寸	钢丝直径	净孔尺寸	网的宽度	相当英制目数
/mm				
0.50	0.20	0.30	914	50
0.55		0.35		46
0.60		0.40		42
0.64		0.44		40
0.66		0.46		38
0.70		0.50		36
0.75	0.25	0.50		34
0.80		0.55		32
0.85		0.60		30
0.90		0.65		28
0.95		0.70		26
1.05		0.80		24
1.15	0.30	0.85		22
1.30		1.00		20
1.40		1.10		18

（续）

网孔尺寸	钢丝直径	净孔尺寸	网的宽度	相当英制目数
/mm				
1.60	0.30	1.25	1000	16
1.80	0.35	1.45		14
2.10	0.45	1.65		12
2.55		2.05		10
2.80	0.55	2.25		9
3.20		2.65		8
3.60		3.05		7
3.90		3.35		6.5
4.25	0.70	3.55		6
4.60		3.90		5.5
5.10		4.40		5
5.65	0.90	4.75		4.5
6.35		5.45		4
7.25		6.35		3.5
8.46	1.20	7.26	1200	3
10.20		9.00		2.5
12.70		11.50		2

注：1. 一般用途镀锌低碳钢丝编织方孔网的代号为FW，后面加注镀锌方式代号；电镀锌网代号为D，热镀锌网代号为R。例：FWR。

2. 每匹长度为30m。

15.2.2 不锈钢丝网

（1）用途

用 1Cr18Ni9Ti 不锈钢丝编织成。强度高、耐酸、碱、用于化工、医药、轻工、石油等工业中的液体、气体或颗粒物质的选筛、过滤及传送带

（2）规格

每 25.4mm 长度目数	钢丝直径 /mm	孔宽近似值 /mm	每 25.4mm 长度目数	钢丝直径 /mm	孔宽近似值 /mm
4	1.00	5.35	26	0.27	0.71
5	1.00	4.08	28	0.23	0.68
6	0.71	3.52	30	0.23	0.62
8	0.56	2.62	32	0.23	0.56
10	0.56	1.98	36	0.23	0.48
12	0.50	1.61	38	0.21	0.45
14	0.46	1.35	40	0.19	0.45
16	0.38	1.21	50	0.15	0.35
18	0.315	1.10	60	0.12	0.30
20	0.315	0.96	80	0.10	0.21
22	0.27	0.88	100	0.08	0.17
24	0.27	0.79	120	0.08	0.13

注：门幅宽度一般为 1000mm，每匹长度一般为 30m。

15.2.3 镀锌电焊网(QB/T 3897—1999(2009))

(1) 用途

用低碳钢丝点焊成方形网状,然后镀锌而成。多用于建筑、种植、养殖、围栏等用途的镀锌电焊网。

(2) 规格

<table>
<tr><th>网号</th><th>网孔尺寸
经向×纬向/mm</th><th>钢丝直径
/mm</th><th>网边露头长
/mm</th><th>网宽
/m</th><th>网长
/m</th></tr>
<tr><td>20×20</td><td>50.80×50.80</td><td rowspan="3">2.5～
1.80</td><td rowspan="3">≤2.5</td><td rowspan="8">0.914</td><td rowspan="8">30
30.48</td></tr>
<tr><td>10×20</td><td>25.40×50.80</td></tr>
<tr><td>10×10</td><td>25.40×25.40</td></tr>
<tr><td>04×10</td><td>12.70×25.40</td><td rowspan="2">1.80～
1.00</td><td rowspan="2">≤2</td></tr>
<tr><td>06×06</td><td>19.05×19.05</td></tr>
<tr><td>04×04</td><td>12.70×12.70</td><td rowspan="3">0.90～
0.50</td><td rowspan="3">≤1.5</td></tr>
<tr><td>03×03</td><td>9.53×9.53</td></tr>
<tr><td>02×02</td><td>6.35×6.35</td></tr>
</table>

15.2.4 铜丝编织方孔网(QB/T 2031—1994(2009))

(1) 分类

按编织网纹的不同,可分为平纹、斜纹、珠丽纹编织网三种类型。

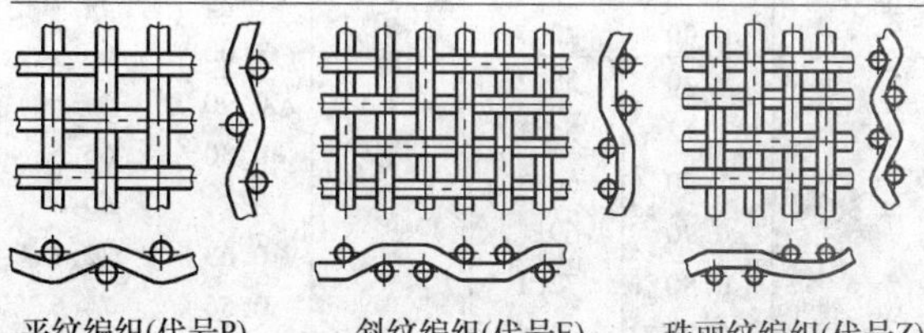

平纹编织(代号P)　　斜纹编织(代号E)　　珠丽纹编织(代号Z)

（续）

（2）用途

用于筛选面粉、粮食、颗粒状的化工原料、粉状物质、过滤溶液、油脂等。其中，黄铜丝网应用广、但不耐腐蚀、不宜用于空气中含有二氧化硫和氨气较多的场合。纯铜丝网耐蚀性较好，但质软、强度低。锡青铜丝网强度和弹性均较好，多用于造纸行业。

（3）规格

网孔尺寸 W /mm	金属丝直径 d /mm	筛分面积（%）
5.00①	1.60	57.4
	1.25	64.0
	1.12	66.7
	1.00	69.4
	0.90	71.8
4.75②	1.60	56.0
	1.25	62.7
	1.12	65.5
	1.00	68.2
	0.90	70.7
4.50②	1.40	58.2
	1.12	64.1
	1.00	66.9
	0.90	69.4
	0.80	72.1
	0.71	74.6
4.0①	1.40	54.9
	1.25	58.0
	1.12	61.0
	1.00	64.0
	0.90	66.6
	0.71	72.1
3.55②	1.25	54.7
	1.00	60.9
	0.90	63.6
	0.80	66.6
	0.71	69.4
	0.63	72.1
	0.56	74.6

（续）

网孔尺寸 W /mm	金属丝直径 d /mm	筛分面积 (%)	网孔尺寸 W /mm	金属丝直径 d /mm	筛分面积 (%)
3.35③	1.25	53.0	2.36③	1.00	49.3
	0.90	62.1		0.80	55.8
	0.80	65.2		0.63	62.3
	0.71	68.1		0.56	65.3
	0.63	70.8		0.50	68.1
	0.56	73.4		0.45	70.5
3.15①	1.25	51.3	2.24②	0.90	50.9
	1.12	54.4		0.63	60.9
	0.80	63.6		0.56	64.0
	0.71	66.6		0.50	66.8
	0.63	69.4		0.45	69.3
	0.56	72.1	2.00①	0.90	47.6
	0.50	74.5		0.63	57.8
2.80②	1.12	51.0		0.56	61.0
	0.80	60.6		0.50	64.0
	0.71	63.6		0.45	66.6
	0.63	66.6		0.40	69.4
	0.56	69.4	1.80②	0.80	47.9
2.50①	1.00	51.0		0.56	58.2
	0.71	60.7		0.50	61.2
	0.63	63.8		0.45	64.0
	0.56	66.7		0.40	66.9
	0.50	69.4			

(续)

网孔尺寸 W	金属丝直径 d	筛分面积
/mm		(%)
1.70③	0.80	46.2
	0.63	53.2
	0.50	59.7
	0.45	62.5
	0.40	65.5
1.60①	0.80	44.4
	0.56	54.9
	0.50	58.0
	0.45	60.9
	0.40	64.0
1.40②	0.71	44.0
	0.56	51.0
	0.50	54.3
	0.45	57.3
	0.40	60.5
	0.355	63.5
1.25①	0.63	44.2
	0.56	47.7
	0.50	51.0
	0.40	57.4
	0.355	60.7
	0.315	63.8
1.18③	0.63	42.5
	0.50	49.3
	0.45	52.4
	0.40	55.8
	0.355	59.1
	0.315	62.3
1.12②	0.56	44.2
	0.45	50.9
	0.40	54.3
	0.355	57.6
	0.315	60.9
	0.28	64.0
1.00①	0.56	41.1
	0.50	44.4
	0.40	51.0
	0.355	54.5
	0.315	57.8
	0.28	61.0
	0.25	64

（续）

网孔尺寸 W /mm	金属丝直径 d /mm	筛分面积（%）	网孔尺寸 W /mm	金属丝直径 d /mm	筛分面积（%）
0.90②	0.50	41.3	0.71②	0.280	51.4
	0.45	44.4		0.25	54.7
	0.355	51.4		0.20	60.9
	0.315	54.9	0.63①	0.40	37.4
	0.25	61.2		0.315	44.4
	0.224	64.1		0.28	47.9
0.85③	0.50	39.6		0.25	51.3
	0.45	42.8		0.224	54.4
	0.355	49.8		0.20	57.6
	0.315	53.2	0.60③	0.40	36.0
	0.28	56.6		0.315	43.0
	0.25	59.7		0.28	46.5
	0.224	62.6		0.25	49.8
0.80①	0.45	41.0		0.20	56.3
	0.355	48.0		0.18	59.2
	0.315	51.5	0.56②	0.355	37.5
	0.28	54.9		0.28	44.4
	0.25	58.0		0.25	47.8
	0.20	64.0		0.224	51.0
0.71②	0.45	37.5		0.18	57.3
	0.355	44.4			
	0.315	48.0			

（续）

网孔尺寸 W	金属丝直径 d	筛分面积
/mm		(%)
0.50①	0.315	37.6
	0.25	44.4
	0.224	47.2
	0.22	51.0
	0.16	57.4
0.45②	0.28	38.0
	0.25	41.3
	0.20	47.9
	0.18	51.0
	0.16	54.4
	0.14	58.2
0.425③	0.28	36.3
	0.224	42.1
	0.20	46.2
	0.18	49.3
	0.16	52.8
	0.14	56.6
0.40①	0.25	37.9
	0.224	41.1
	0.20	44.4
	0.18	47.6
	0.16	51.0
	0.14	54.9
0.355①	0.224	37.6
	0.20	40.9
	0.18	44.0
	0.14	51.4
	0.125	54.7
0.315①	0.20	37.4
	0.18	40.5
	0.16	44.0
	0.14	47.9
	0.125	51.3
0.30③	0.20	36.0
	0.18	39.1
	0.16	42.5
	0.14	46.5
	0.125	49.8
	0.112	53.0
0.28②	0.18	37.1
	0.16	40.5
	0.14	44.4
	0.112	51.0

（续）

网孔尺寸 W	金属丝直径 d	筛分面积	网孔尺寸 W	金属丝直径 d	筛分面积
/mm		(%)	/mm		(%)
0.25[①]	0.16	37.2	0.18[②]	0.125	34.8
	0.14	41.4		0.112	38.0
	0.125	44.4		0.10	41.3
	0.112	47.7		0.09	44.4
	0.10	51.0		0.08	47.9
				0.071	51.4
0.224[②]	0.16	34.0	0.16[①]	0.112	34.6
	0.125	41.2		0.10	37.9
	0.10	47.8		0.09	41.0
	0.09	50.9		0.08	44.4
0.212[③]	0.14	36.3		0.071	48.0
	0.125	39.6		0.063	51.5
	0.112	42.8	0.15[③]	0.10	36.0
	0.10	46.2		0.09	39.1
	0.09	49.3		0.08	42.5
				0.071	46.1
				0.063	49.6
0.20[①]	0.14	34.6	0.14[②]	0.10	34.0
	0.125	37.9		0.09	37.1
	0.112	41.1		0.071	44.0
	0.09	47.6		0.063	47.6
	0.08	51.0		0.056	51.0

（续）

网孔尺寸 W /mm	金属丝直径 d /mm	筛分面积（%）
0.125①	0.09	33.8
	0.08	37.2
	0.071	40.7
	0.063	44.2
	0.056	47.7
	0.05	51.0
0.112②	0.08	34.0
	0.071	37.5
	0.063	41.0
	0.056	44.4
	0.05	47.8
0.106③	0.08	32.5
	0.071	35.9
	0.063	39.3
	0.056	42.8
	0.05	46.2
0.10①	0.08	30.9
	0.071	34.2
	0.063	37.6
	0.056	41.1
	0.05	44.4
0.09②	0.071	31.2
	0.063	34.6
	0.056	38.0
	0.05	41.3
	0.045	44.4
0.08①	0.063	31.3
	0.056	34.6
	0.05	37.9
	0.045	41.0
	0.04	44.4
0.075③	0.063	29.5
	0.056	32.8
	0.05	36.0
	0.045	39.1
	0.040	42.5
0.071②	0.056	31.3
	0.05	34.4
	0.045	37.5
	0.04	40.9
0.063①	0.05	31.1
	0.045	34.0
	0.040	37.4
	0.036	40.5

（续）

网孔尺寸 W	金属丝直径 d	筛分面积	网孔尺寸 W	金属丝直径 d	筛分面积
/mm		(%)	/mm		(%)
0.056②	0.045	30.7	0.045②	0.036	30.9
	0.040	34.0		0.032	34.2
	0.036	37.1		0.028	38.0
	0.032	40.5	0.04①	0.032	30.9
0.053③	0.04	32.5		0.03	32.7
	0.036	35.5		0.025	37.9
	0.032	38.9	0.038③	0.032	29.5
0.050①	0.04	30.9		0.03	31.2
	0.036	33.8		0.025	36.4
	0.032	37.2	0.036②	0.03	29.8
	0.030	39.1		0.028	31.6
				0.022	38.5

网孔尺寸 W(mm)	≤0.075	0.080 ~ 0.125	0.140 ~ 0.180	0.200 ~ 0.300	≥0.315
每卷网段数量≤	5	5	4	3	3
最小网段长度(m)	2.5	2.5	6	5	5

注：1. 网孔尺寸(W)：标有①符号的为主要网孔尺寸，属R10系列；标有②、③符号的为补充网孔尺寸，分别属R20②，R40/3③系列。

2. 网的宽度有914和1000mm两种，长度为30m。

3. 铜丝编织方孔网的代号为TW。后面加注网的材料代号和编织型式代号。例：TWQP。

4. 网的材料及代号：铜丝为T，牌号有T2、T3；黄铜丝为H，牌号有H80、H68、H65；锡青铜丝为Q，牌号有QSn6.5-0.1、QSn6.5-0.4。W≥0.40mm，有T、H、Q三种；W=0.063 ~ 0.355mm（d≥0.05mm），有H、Q两种；W≤0.09mm（d≤0.045mm），只有Q一种。

15.2.5 镀锌低碳钢丝编织波纹方孔网（QB/T 1925.3—1993（2009））

（1）用途

多用在矿山、冶金、建筑及农业生产中，对固体颗粒筛选及液体和泥浆的过滤，也可作防护网等

（2）分类

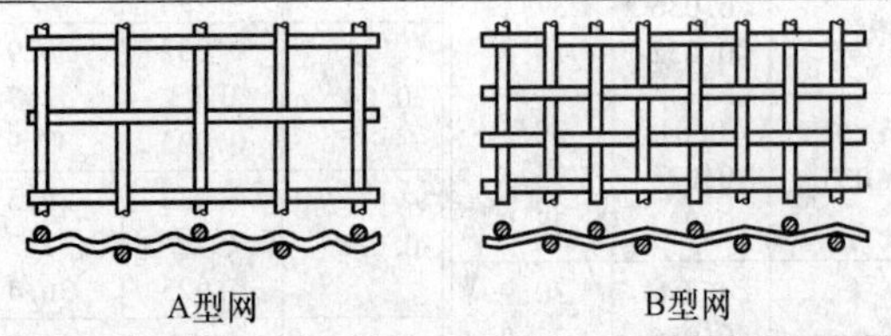

A型网　　　　B型网

（3）制作方式

把镀锌低碳钢丝预先弯成波纹状，再以平纹编织而成。这种网能保证网孔尺寸和形状稳定不变形

（4）规格

分类	按编织型式分		按编织网的钢丝镀锌方式分	
	A 型	B 型	热镀锌钢丝	电镀锌钢丝
代号	A	B	R	D

钢丝直径 *d*	网孔尺寸			
	A 型		B 型	
	Ⅰ系	Ⅱ系	Ⅰ系	Ⅱ系
(mm)				
0.70	—	—	1.5	—
			2.0	

钢丝直径 *d*	网孔尺寸			
	A 型		B 型	
	Ⅰ系	Ⅱ系	Ⅰ系	Ⅱ系
(mm)				
0.90	—	—	2.5	—
1.2	6	8	—	—

（续）

钢丝直径 d	网孔尺寸			
	A 型		B 型	
	Ⅰ系	Ⅱ系	Ⅰ系	Ⅱ系
(mm)				
1.6	8 10	12	3	5
2.2	12	15 20	4	6
2.8	15 20	25	6	10 12
3.5	20 25	30	6	8 10 15
4.0	20 25	30	6 8	12 16

钢丝直径 d	网孔尺寸			
	A 型		B 型	
	Ⅰ系	Ⅱ系	Ⅰ系	Ⅱ系
(mm)				
5.0	25 30	28 36	20	22
6.0	30 40 50	28 35 45	20 25	18 22
8.0	40 50	45	30	35
10.0	80 100 125	70 90 110	—	—

网的宽度（m）	片网	0.9	1	1.5	卷网	2
网的长度（m）		<1	1~5	>5~10		10~30

注：1. 网孔尺寸系列：Ⅰ系为优先选用规格，Ⅱ系为一般规格。

2. 一般用途镀锌低碳钢丝编织波纹方孔网代号为BW。

15.2.6 钢板网(QB/T 2959—2008)

(1)用途

主要用于工业与民用建筑、装备制造业、水利及市政工程，做围栏及护网

(2)常用结构

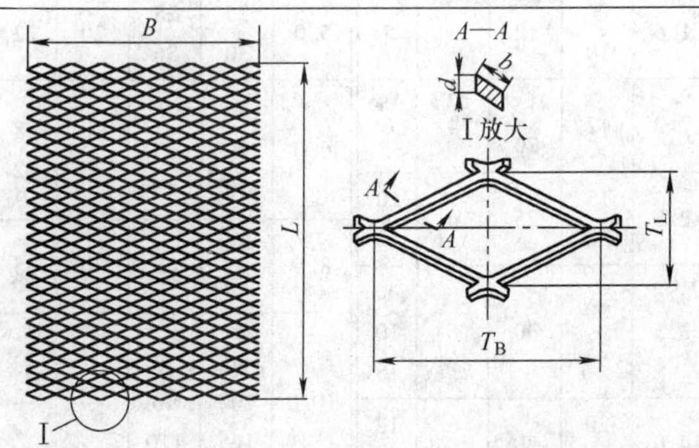

(3)普通钢板网的基本尺寸规格

d/mm	网格尺寸/mm			网面尺寸/mm		钢板网理论质量/(kg/m²)
	T_L	T_B	b	B	L	
0.3	2	3	0.3	100~500	—	0.71
	3	4.5	0.4	500		0.63
0.4	2	3	0.4			1.26
	3	4.5	0.5			1.05

（续）

d /mm	网格尺寸/mm			网面尺寸/mm		钢板网理论质量 /(kg/m²)
	T_L	T_B	b	B	L	
0.5	2.5	4.5	0.5	500	—	1.57
	5	12.5	1.11	1000		1.74
	10	25	0.96	2000	600～4000	0.75
0.8	8	16	0.8	1000	600～5000	1.26
	10	20	1.0			1.26
	10	25	0.96	2000		1.21
1.0	10	25	1.10		600～5000	1.73
	15	40	1.68		4000～5000	1.76
1.2	10	25	1.13			2.13
	15	30	1.35			1.7
	15	40	1.68			2.11
1.5	15	40	1.69			2.65
	18	50	2.03			2.66
	24	60	2.47			2.42
2.0	12	25	2			5.23
	18	50	2.03			3.54
	24	60	2.47			3.23
3.0	24	60	3.0	2000	4800～5000	5.89
	40	100	4.05		3000～3500	4.77

（续）

d /mm	网格尺寸/mm			网面尺寸/mm		钢板网理论质量 /(kg/m²)
	T_L	T_B	b	B	L	
3.0	46	120	4.95	2000	5600 ~ 6000	5.07
	55	150	4.99		3300 ~ 3500	4.27
4.0	24	60	4.5		3200 ~ 3500	11.77
	32	80	5.0		3850 ~ 4000	9.81
	40	100	6.0		4000 ~ 4500	9.42
5.0	24	60	6.0		2400 ~ 3000	19.62
	32	80	6.0		3200 ~ 3500	14.72
	40	100	6.0		4000 ~ 4500	11.78
	56	150	6.0		5600 ~ 6000	8.41
6.0	24	60	6.0		2900 ~ 3500	23.55
	32	80	7.0		3300 ~ 3500	20.60
	40	100			4150 ~ 4500	16.49
	56	150			5800 ~ 6000	11.77
8.0	40	100	8.0		3650 ~ 4000	25.12
			9.0		3250 ~ 3500	28.26
	60	150			4850 ~ 5000	18.84
10.0	45	100	10.0	1000	4000	34.89

注：d 为 0.3 ~ 0.5mm 一般长度为卷网。钢板网长度根据市场可供钢板作调整。

15.2.7 铝板网

(1) 用途

多用在仪表、仪器、设备及建筑物的通风、防护和装饰中

(2) 结构

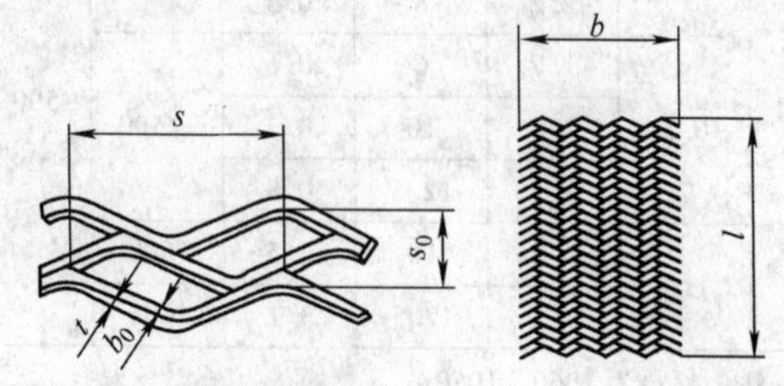

(3) 铝板网的基本尺寸 （单位：mm）

种类	板厚 t	短节距 s_0	长节距 s	丝梗宽 b_0	宽度 b	长度 l
铝板网	0.3	1.1	3	0.4	≤500	500~2000
		1.5	4	0.5		
		3	6	0.6		
	0.4	1.5	4	0.5		
		2.3	6	0.6		
	0.5	3	8	0.7	≥400	
		5	10	0.8		
	1.0	4		1.1		
		5	12.5	1.2		

（续）

<table>
<tr><th>种类</th><th>板厚 t</th><th>短节距 s_0</th><th>长节距 s</th><th>丝梗宽 b_0</th><th>宽度 b</th><th>长度 l</th></tr>
<tr><td rowspan="7">人字形铝板网</td><td rowspan="2">0.4</td><td>1.7</td><td>6</td><td>0.5</td><td rowspan="2">≤400</td><td rowspan="7">500 ~ 2000</td></tr>
<tr><td>2.2</td><td>8</td><td>0.5</td></tr>
<tr><td rowspan="3">0.5</td><td>1.7</td><td>6</td><td>0.6</td><td rowspan="3">≤500</td></tr>
<tr><td>2.8</td><td>10</td><td>0.7</td></tr>
<tr><td>3.5</td><td>12.5</td><td>0.8</td></tr>
<tr><td rowspan="2">1.0</td><td>2.8</td><td>10</td><td>2.5</td><td>1000</td></tr>
<tr><td>3.5</td><td>12.5</td><td>3.1</td><td>2000</td></tr>
</table>

注：材料为 1060、1050A。

15.3 焊条

15.3.1 焊条分类、对应国家标准号及焊条牌号

<table>
<tr><th rowspan="2">焊条分类</th><th rowspan="2">国家标准号</th><th colspan="2">焊条牌号</th></tr>
<tr><th>按用途分类</th><th>代号</th></tr>
<tr><td>碳钢焊条</td><td>GB/T 5117—1995</td><td>结构钢焊条</td><td>结(J)</td></tr>
<tr><td rowspan="2">低合金钢焊条</td><td rowspan="2">GB/T 5118—1995</td><td>钼及铬钼耐热钢焊条</td><td>热(R)</td></tr>
<tr><td>低温钢焊条</td><td>温(W)</td></tr>
<tr><td rowspan="2">不锈钢焊条</td><td rowspan="2">GB/T 983—1995</td><td>铬不锈钢焊条</td><td>铬(G)</td></tr>
<tr><td>铬镍不锈钢焊条</td><td>奥(A)</td></tr>
</table>

（续）

焊条分类	国家标准号	焊条牌号	
		按用途分类	代号
堆焊焊条	GB/T 984—2001	堆焊焊条	堆(D)
铸铁焊条	GB/T 10044—2006	铸铁焊条	铸(Z)
镍及镍合金焊条	GB/T 13814—2008	镍及镍合金焊条	镍(Ni)
铜及铜合金焊条	GB/T 3670—1995	铜及铜合金焊条	铜(T)
铝及铝合金焊条	GB/T 3669—2001	铝及铝合金焊条	铝(L)
—	—	特殊用途焊条	特(TS)

15.3.2 焊条牌号的表示及含义

1. 牌号的表示

代号	1	2	3	补充代号

牌号中各单元表示方法：

代号——用字母（旧用汉字）表示焊条的大类（主要用途）。

第1、2位——用数学表示电焊条的强度等级、具体用途或焊缝金属主要化学成分组成等级。

第3位——用数字表示电焊条的药皮类型和适用电源。

补充代号 ——用字母(旧用汉字)和数字表示焊条的性能补充说明。

注：在各种焊条的国家标准中，规定了焊条的型号。但焊条行业在焊条产品样本、目录或说明书中，仍习惯采用牌号表示，另用“符合国标型号××××”表示。

2. 牌号中1、2位数字的含义

焊条分类名称	第1、2位数字的含义
结构钢焊条	表示焊缝处金属的抗拉强度等级。各牌号表示的抗拉强度等级/屈服强度等级(单位为MPa)如下 J42—420/330、J50—490/410、J55—540/440、J60—590/530、J70—690/590、J75—740/640、J80—780/690、J85—830/740、J90—880/780、J10—980/880
钼及铬钼耐热钢焊条	第1位数字表示焊缝处金属的主要化学成分组成等级、第2位数字表示同一焊缝金属主要化学成分组成等级，其不同牌号(%)的含义如下 R1X - Mo≈0.5；R2X - Cr≈0.5；Mo≈0.5；R3X - Cr≈1～2、Mo≈0.5～1.0；R4X - Cr≈2.5、Mo≈1；R5X - Cr≈5、Mo≈0.5；R6X - Cr≈7、Mo≈1；R7X - Cr≈9、Mo≈1；R8X - Cr≈11、Mo≈1

（续）

焊条分类名称	第 1、2 位数字的含义
不锈钢焊条	所含内容与上述耐热钢焊条相同、各牌号表示内容如下(%) G2X－Cr≈13、G3X－Cr≈17；A0X－C≤0.04、Cr≈19、Ni≈10～24；A1X－Cr≈19、Ni≈9；A2X－Cr≈18、Ni≈12；A3X－Cr≈23、Ni≈13；A4X－Cr≈26、Ni≈21；A5X－Cr≈16、Ni≈25；A6X－Cr≈15、Ni≈35；A7X－Cr≈17、Mn≈13；A8X－Cr≈19、Ni≈18；A9X－Cr≈20、Ni≈34
低温钢焊条	表示焊缝处用焊条的工作等级，各牌号焊条件最低工作温度如下，W60 为－60℃、W70 为－70℃、W80 为－80℃、W90 为－90℃、W10 为－100℃
堆焊焊条	第 1 位数表示焊条的用途、组织或焊缝金属主要化学成分等级、第 2 位数表示与第 1 位数相同条件金属的不同牌号，所含内容如下： D0X—不规定，D1X—常温不同硬度用，D2X—常温高锰钢用，D3X—刀具与工具用，D4X—刀具与工具用，D5X—阀门用，D6X—合金铸铁型，D7X—碳化钨型，D8X—钴基合金型，D9X—(待发展)

（续）

焊条分类名称	第1、2位数字的含义
铸铁焊条	表示方法与上述耐热钢焊条相同，各牌号数字含义如下： Z1X—碳钢或高钒钢型，Z2X—铸铁（包括球墨铸铁）型，Z3X—纯镍型，Z4X—镍铁型，Z5X—镍铜型，Z6X—铜铁型，Z7X—（待发展）
镍及镍合金焊条，铜及铜合金焊条，铝及铝合金焊条	表示方法与上述耐热钢焊条相同，各牌号数字含义如下： Ni1X—纯镍型，Ni3X—镍铬型，T1X—纯铜型，T2X—青铜型，L1X—纯铝型，L2X—铝硅型，Ni2X—镍铜型，Ni4X—（待发展），T3X—白铜型，T4X—（待发展），L3X—铝锰型，L4X—铝镁型
特殊用途焊条	第1位数表示焊条的用途，第2位数表示同一用途中的不同牌号，各牌号含义如下： TS2X—水下焊接用，TS3X—水下切割用，TS4X—铸铁件焊补前开坡口用，TS5X—电渣焊用管状焊条，TS6X—铁锰铝焊条，TSXX—特细焊条

3. 牌号中第 3 位数字的含义

第 3 位数字	药皮类型	适合用电源	药皮性能及用途
1	氧化钛型	直流、交流	药中含氧化钛较多(大于 35%)。焊接工艺性能良好电弧稳定，熔深较浅、飞溅极小、脱渣容易。适合各种方位焊接；焊波细密平整、特别适合用于薄板焊接；但焊缝塑性及抗裂性较差
2	氧化钛钙型	直流、交流	这种焊条是目前应用最广泛的一种，适合各种方位焊接。焊条的药皮中氧化钛含量大于 35%，钙、镁的硫酸盐含量 20% 以下；工艺性能良好电弧稳定、熔渣流动性好、熔深一般、成型好、脱渣方便
3	钛铁矿型	交流、直流	药皮中铁钛矿含量大于 30%；熔化速度快、流动性好、熔深略深、电弧稳定；平焊、平角焊工艺性能好，立焊略差些，但抗裂性能较好
4	钛化铁型	交流、直流	适合用于中厚板焊接和在野外的焊接，但立焊、仰焊难度大。药皮中含有较多氧化铁和锰铁脱氧剂；熔化速度快、熔深大、电弧稳定、再引弧方便、生产效率较高；焊缝抗热裂性能好

（续）

第3位数字	药皮类型	适合用电源	药皮性能及用途
5	纤维素型	交流、直流	药皮中有机物含量大于15%、约30%的氧化钛。可用于立向下焊、深熔焊单面焊、双面成形焊、也可用于其他方位焊接及薄板、油箱、管道和车辆壳体焊接。焊接工艺性好，电弧稳定，熔渣少、熔深大，易脱渣
6	低氢钾型	交流、直流	按药皮中稳弧剂量、铁粉量和粘结剂量的不同、焊条分低氢钠型、低氢钾型和铁粉低氢型等。药皮中以碳酸、盐矿和萤石为主，使用前需进行干燥；熔渣呈碱性、流动性好，焊接工艺性能一般，可用于多方位焊接、焊缝抗裂性和力学性能良好。多用于重要结构件的焊接
7	低氢钠型	直流	
8	石墨型	交流、直流	药皮中含石墨量较大，多用在铸铁焊条和堆焊焊条上。适合采用平焊，用低碳钢焊芯时，焊接工艺性能较差、飞溅较多、烟雾较大，熔渣较少

（续）

第3位数字	药皮类型	适合用电源	药皮性能及用途
9	盐基型	直流	药皮中含有较多的氯化物和氟化物，主要用在铝和铝合金焊条上。药皮吸水性强，焊接前需进行干燥处理；药皮熔点低、熔化速度快、焊接工艺性能差；熔渣有腐蚀性，焊后应用热水清洗焊缝
0	特殊型	不规定	在某些焊条中采用氧化锆、金红石碱性型等，目前尚未形成系列

15.3.3 碳钢焊条（GB/T 5117—1995）

（1）焊条规格/mm

焊条直径	1.6	2.0，2.5（或2.4，2.6）	3.2（或3.0）4.0，5.0（或4.8）	5.6，6.0（或 5.8），6.4，8.0
焊条长度	200～250	250～350	350～450	450～700

（续）

（2）焊条的型号、性能及用途

焊条牌号	符合国际标准型号	药皮类型	焊接位置	电流种类	抗拉强度 R_m/MPa	性能与用途
J420G	E4300	特殊型	各种方位	交、直流	≥420	焊接碳钢，管道，温度 < 450℃，压力 < 18MPa
J421	E4313	高钛钾型 氧化钛型	各种方位	交、直流	≥420	工艺性能好，再引弧容易，适合焊接低碳钢薄板结构件，表面光洁
J422	E4303	氧化钛钙型	各种方位	交、直流	≥420	工艺性能好，电弧稳定，焊接较重要的低碳钢结构件和强度等级低的低合金钢
J422Fe13	E4323	铁粉钛钙型	平焊、平角焊	交、直流	≥420	适合较重要的低碳钢结构件，工作效率高

（续）

焊条牌号	符合国际标准型号	药皮类型	焊接位置	电流种类	抗拉强度 R_m/MPa	性能与用途
J423	E4301	钛铁矿型	平焊、平角焊	交、直流	≥420	焊接较重要的低碳钢构件，也可进行立焊
J426	E4316	低氢钾型	各种方位	交、直流	≥420	力学性能和抗裂性能良好，用于焊接重要的低碳钢和低合金钢件
J427	E4315	低氢钠型	各种方位	直流	≥420	焊缝的塑性、韧性及抗裂性优良，用途与J426相同
J502	E5003	氧化钛钙型	各种方位	交、直流	≥490	主要用于Q345（16Mn）等低合金钢结构件的焊接
J506	E5016	低氢钾型	各种方位	交、直流	≥490	用于中碳钢和某些低合金高强度钢的焊接

（续）

焊条牌号	符合国际标准型号	药皮类型	焊接位置	电流种类	抗拉强度 R_m/MPa	性能与用途
J506Fe	E5018	铁粉低氢钾型	各种方位	交、直流	≥490	用途与 J506 相同
J506X	E5016	低氢钾型	立向下焊专用	交、直流	≥490	用于船体结构的向下立角焊缝焊接
J507	E5015	低氢钠型	各种方位	直流	≥490	用于中碳钢及某些低合金高强度钢焊接，如 Q345、Q295 钢
J507X	E5015	低氢钠型	立向下焊	直流	≥490	用于造船、建筑、车辆、机械结构等角接和搭接。脱渣好、焊缝成形美
J507CuP	E5015-G	低氢钠型		直流		焊接铜磷系统抗大气、耐海水腐蚀的低合金钢结构

（续）

焊条牌号	符合国际标准型号	药皮类型	焊接位置	电流种类	抗拉强度 R_m/MPa	性能与用途
J505	E5011	高纤维素钾型	向下立焊专用	交流、直流	≥490	焊接效率高，熔深大，用于碳钢和低合金高强度钢（Q345（16Mn），Q420（15MnVN））等管道的焊接
J501Fe	E5014	铁粉钛型	各种方位	交流、直流	≥490	用于碳钢、合金钢（16Mn）等车辆、船舶焊接
J502Fe18	E5023	钛钙型	平焊、平角焊	交流、直流	≥490	用于碳钢和相应强度等级钢的焊接
J501Fe15	E5024	铁粉钛型	平焊、平角焊	交流、直流	≥490	电弧稳定，飞溅小，用于车辆、锅炉焊接

（续）

焊条牌号	符合国际标准型号	药皮类型	焊接位置	电流种类	抗拉强度 R_m/MPa	性能与用途
J504Fe14	E5027	氧化铁型	平焊、平角焊	交流、直流	≥490	电弧稳定、熔化速度快，熔深大，抗热裂性好。焊接重要碳钢、低合金钢结构件
J506Fe18	E5028	低氢钾型	平焊、平角焊	交流、直流	≥490	用于碳钢、低合金钢件焊接

15.3.4 低合金耐热钢焊条

焊条牌号	符合国际标准型号	电流种类	抗拉强度 R_m/MPa≥	屈服强度 $\sigma_{0.2}$/MPa≥	性能与用途
R107	E5015-A1	交流、直流	490	390	焊前预热至90～110℃，焊接工作温度≤510℃，用于焊接锅炉管道或一般低合金高强度钢

（续）

焊条牌号	符合国际标准型号	电流种类	抗拉强度 R_m/MPa≥	屈服强度 $\sigma_{0.2}$/MPa≥	性能与用途
R200	E5500-B1	交流、直流	—	—	有良好的抗气孔及冷弯塑性，能满足高压管道焊接各种技术要求，焊前预热至160～200℃，工作温度≤510℃
R307	E5515-B2	直流	540	440	焊前预热至160～250℃，工作温度≤520℃。用于焊接锅炉管道、高压容器、石化设备等，也可焊接30CrMnSi铸钢件
R316Fe	E5518-B2-V	交流、直流	—	—	焊前预热至250～300℃，工作温度≤580℃。焊接、蒸汽管道、石油裂化设备、高温合成化工设备
R317	E5515-B2-V	直流	540	440	工作条件和工艺要求同R316Fe焊条

（续）

焊条牌号	符合国际标准型号	电流种类	抗拉强度 R_m/MPa≥	屈服强度 $\sigma_{0.2}$/MPa≥	性能与用途
R327	E5515-B2-VW	直流	540	440	焊前预热至250～300℃，工作温度≤570℃，用于焊接15铬钼钒钢
R337	E5515-B2-VNb	直流	540	440	工艺及工作条件同R327焊条
R347	E5515-B3-VWB	直流	540	440	焊前预热至320～360℃，焊接工作温度≤620℃锅炉管道、高温高压汽轮发电机组等
R407	E6015-B3	直流	590	530	焊前预热至200～300℃，焊接工作温度≤550℃，用于焊接高压、管道、石油裂化设备、合成化工机械设备
R417Fe	E5515-B3-VNb	交流、直流	540	440	焊接预热温度为160～200℃，用于工作温度≤550℃的高压、管道、石油裂化设备等的焊接

（续）

焊条牌号	符合国际标准型号	电流种类	抗拉强度 R_m/MPa≥	屈服强度 $\sigma_{0.2}$/MPa≥	性能与用途
R507	E5MoV-15	直流	540	440	焊前预热温度至300~400℃（焊接过程中一直保持此温度），焊接400℃高温耐氢腐蚀管道
R707	E9Mo-15	直流	—	—	焊前预热至300~400℃、用于焊接耐热钢及过热蒸汽管道等
R807	E11MoVNi-15	交流、直流	—	—	焊前焊件应预热至350~400℃，用于工作温度≤565℃的耐热钢（如高压汽轮机的变速级叶片等）的焊接
R817	E11MoVNiW-15	直流	—	—	焊前焊件应预热至350~450℃，用于工作温度≤580℃的热强钢过热器及蒸汽管道的焊接

15.3.5 不锈钢焊条(GB/T 983—1995)

(1)焊条的规格/mm

焊条直径	1.6、2.0	2.5	3.2(或3.0)	4.0，5.0，6.0(或5.8)
焊条长度	220~260	230~350	300~460	340~460

(2)焊条的型号、性能及用途

焊条牌号	符合国际标准型号	电流种类	抗拉强度 R_m/MPa≥	性能与用途
G202	E410-16	交流、直流	450	用于06Cr13、12Cr13钢的焊接，也可用于耐蚀、耐磨钢的表面堆焊
G207	E410-15	直流	450	可用于各种方位的焊接，用途与G202相同
G217	E410-15	直流	450	可用于各种方位的焊接。焊前焊件预热至300~350℃、焊后经680~760℃回火处理。用途与G202、G207相同，也可用于20Cr13

（续）

焊条牌号	符合国际标准型号	电流种类	抗拉强度 R_m/MPa≥	性能与用途
G302	E430-16	交流、直流	450	用于耐硝酸腐蚀，耐热的 10Cr17 等不锈钢件焊接
G307	E430-16	交流、直流	450	用途与 G302 相同
A002	E308L-16	交流、直流	520	工艺性能好。用于超低碳 022Cr19Ni10 钢和工作温度≤300℃耐腐蚀不锈钢的焊接。如用于合成纤维、化肥等设备焊接
A022Si	E316L-16	交流、直流	—	工艺性能极好，用于焊接冶金设备中的衬板或管材
A022L	E316L-16	交流、直流	—	工艺性能好；耐热、耐蚀和抗裂性好。用于核安全一级铬镍奥氏体不锈钢管道、容器构件及尿素、合成纤维等和焊后不热处理的铬不锈钢、异种钢的焊接

（续）

焊条牌号	符合国际标准型号	电流种类	抗拉强度 R_m/MPa≥	性能与用途
A102	E308-16	交流、直流	550	工艺性能极好，用于工作温度≤300℃的耐蚀不锈钢件的焊接
A107	E308-15	直流	550	可用于各种方位焊接，用于工作温度≤300℃耐蚀不锈钢焊接或表面堆焊
A132	E347-16	交流、直流	520	工艺性能优异，用于重要耐腐蚀含钛稳定化学元素不锈钢的焊接
A137	E347-15	直流	520	可用于各种方位焊接、用途与A132相同
A232、 A237	E318V-16 E318V-15		540 540	焊接具有一定耐热和一定耐腐蚀性的06Cr19Ni10和06Cr17Ni12Mo2不锈钢件

（续）

焊条牌号	符合国际标准型号	电流种类	抗拉强度 R_m/MPa≥	性能与用途
A302 A307	E309-16 E309-15		550	焊接同类型不锈钢、异种钢、高铬钢、高锰钢等
A312	E309Mo-16		550	焊接耐硫酸介质腐蚀的同类型不锈钢容器，也可用于不锈钢衬里、复合钢板的焊接
A402 A407	E310-16 E310-15		550	焊接同类型耐热不锈钢，或硬化性大的铬钢和异种钢
A412	E310Mo-16		550	焊接耐热不锈钢；或不锈钢衬里、异种钢焊接淬硬性高的碳钢，低合金钢时韧性极好
A502	E16-25MoN-16		610	焊接淬火状态下的低、中合金钢、异种钢和相应的热强钢、如30CrMnSi
A507	E16-25MoN-15		610	

15.3.6 堆焊焊条（GB/T 984—2001）

焊条规格尺寸 /mm	焊芯直径	3.2	4、5	6、7、8
	焊芯长度	300、350	350、400、450	400、450

焊条的型号与用途

牌号	符合国际标准型号	堆焊层硬度 HRC≥	性能与用途
D107	EDPMn2-15	22	用于堆焊常温低硬度磨损零件的表面
D112	EDPCrMn-Al-03	22	
D127	EDPMn4-15	28	用于堆焊常温中等硬度的磨损零件的表面
D132	EDPCrMo-A2-03	30	
D167	EDPMn6-15	50	用于堆焊常温高硬度的磨损零件的表面
D172	EDPCrMo-A3-03	40	用于堆焊常温中高硬度的磨损零件表面
D212	EDPCrMo-A4-03	50	用于堆焊常温高硬度磨损机械零件表面

（续）

焊条的型号与用途			
牌号	符合国际标准型号	堆焊层硬度 HRC≥	性能与用途
D256	EDPMn-A-16	HBW≥170	高锰钢堆焊用
D266	EDPMn-B-16	HBW≥170	
D276	EDPCrMn-B16	20	用于堆焊耐气蚀和高锰钢
D307	EDD-D-15	55	用于堆焊中碳钢刀具毛坯、堆焊高速钢刃口用
D322	EDRCrMoWV-Al-03	55	用于对冷冲模及切削刀具的堆焊
D337	EDRCrW-15	48	用于堆焊锻造模具
D397	EDRCrMnMo-15	40	
D502	EDCr-Al-03	40	用于碳钢或合金钢的轴、阀门的堆焊，工作温度≤450℃
D507	EDCr-Al-15	40	

（续）

焊条的型号与用途			
牌号	符合国际标准型号	堆焊层硬度 HRC≥	性能与用途
D507Mo	EDCr-A2-15	37	堆焊高压截止阀的密封面，工作温度≤510℃
D512	EDCr-B-03	45	与 D502、D507 相同，但堆焊层硬度较高
D517	EDCr-B-15	45	
D557	EDCrNi-C-15	37	堆焊高压阀门的密封面，工作温度≤600℃
D667	EDZCr-C-15	48	用于有强烈腐蚀和汽蚀处的表面堆焊
D802	EDCoCr-A-03	40	堆焊高压阀门、热剪切机刀刃部位，工作温度≤650℃
D812	EDCoCr-B-03	44	

15.3.7 低温钢焊条

（1）用途　用于手工电弧焊接在低温下工作的液压气体等用的压力容器、管道和设备等，均可全方位焊接	
（2）焊条规格　焊芯直径/mm：2、2.5、3.2、4、5。焊芯长度参考碳钢焊条规定	
（3）焊条牌号与用途	
牌号	用　途
W707	用于焊接 -70℃工作的低温钢结构，如 9Mn2V、Q345 等
W707Ni	用于焊接 -70℃工作的低温钢结构，如 9Mn2V 等
W907Ni	用于焊接 -90℃工作的含 Ni3.5% 的低温用低合金结构钢
W107Ni	用于焊接 -100℃工作的含 Ni3.5% 低温钢结构

15.3.8 铸铁焊条（GB/T 10044—2006）

牌号	符合国际标准型号	焊芯材质	焊芯直径/mm	熔敷金属主要成分	主要用途
Z100	EZFe-2	低碳钢	3.2~5	碳钢	焊补灰铸铁件的非加工面及钢锭模

（续）

牌号	符合国际标准型号	焊芯材质	焊芯直径/mm	熔敷金属主要成分	主要用途
Z122Fe	EZFe-2	低碳钢	3.2、4	碳钢	焊补灰铸铁件的非加工面
Z208	EZC	低碳钢	3.2～5	灰铸铁	焊补一般灰铸铁件
Z238	EZCQ	低碳钢	3.2～5	球墨铸铁	焊补球墨铸铁件
Z248	EZC	铸铁	4～10	灰铸铁	焊补较大灰铸铁件
Z308	EZNi-1	纯镍	2.5～4	纯镍	焊补灰铸铁薄壁件和加工面
Z408	EZNiFe-1	镍铁合金	3.2～5	镍铁合金	焊补重要高强度灰铸铁件和球墨铸铁件
Z408A	EZNiFeCu	镍铁铜合金	3.2～5	镍铁铜合金	用途与Z408相同，但操作工艺好，焊条与母材熔合好

（续）

<table>
<tr><td>牌号</td><td>符合国际标准型号</td><td>焊芯材质</td><td>焊芯直径/mm</td><td colspan="2">熔敷金属主要成分</td><td colspan="3">主要用途</td></tr>
<tr><td>Z508</td><td>EZNiCu-1</td><td>镍铜合金</td><td>3.2~5</td><td colspan="2">镍铜合金</td><td colspan="3">焊补强度要求不高的灰铸铁件</td></tr>
<tr><td>Z607</td><td>—</td><td>纯铜</td><td>3.2~5</td><td colspan="2">铜铁混合</td><td colspan="3">焊补一般灰铸铁件的非加工表面</td></tr>
<tr><td rowspan="4">焊条规格尺寸/mm</td><td rowspan="2">冷拔焊芯</td><td>直径</td><td colspan="2">2.5</td><td colspan="3">3.2、4、5</td><td>6</td></tr>
<tr><td>长度</td><td colspan="2">200~300</td><td colspan="3">300~450</td><td>400~500</td></tr>
<tr><td rowspan="2">铸造焊芯</td><td>直径</td><td colspan="4">4</td><td colspan="2">5、6、8、10</td></tr>
<tr><td>长度</td><td colspan="4">350~400</td><td colspan="2">350~500</td></tr>
</table>

15.3.9 有色金属焊条

焊条种类	牌号	符合国际标准型号	规格/mm	焊芯材质	抗拉强度/MPa	主要用途
镍及镍合金焊条	Ni112	ENi-0	直径：2.5，3.2，4 长度：345～355	纯镍	≈410	焊接镍基合金和双金属
	Ni307	ENiCrMo-0		镍铬合金	≥620	用于有耐热耐蚀要求的镍基合金或异种钢的焊接
	Ni307B	ENiCrFe-3		镍铬合金	≥550	用途与 Ni307 相同
	Ni337			镍铬合金	实测值 495	用于核反应堆压力容器密封面堆焊或异种钢焊接
	Ni347	ENiCrFe-0		镍铬合金	实测值 690	焊接核电站稳压器、蒸发器管板接头

（续）

焊条种类	牌号	符合国际标准型号	规格/mm	焊芯材质	抗拉强度/MPa	主要用途
铜及铜合金焊条	T107	ECu	直径：2.5，3.2，4 长度：345～355	纯铜	≥170	主要用于焊接铜零件，也可堆焊耐海水腐蚀的碳钢零件
	T207	ECuSi-B		硅青铜	≥270	主要焊接铜、硅青铜和黄铜零件，也可堆焊化工机械、管道内衬
	T227	ECuSn-B		锡磷青铜	≥270	主要焊接铜、磷青铜、黄铜及异种金属，或堆焊磷青铜轴衬等零件
	T237	ECuAl-C		铝锰青铜	≥390	焊接铝青铜、其他铜合金、铜合金和钢，焊补铸铁件等

（续）

焊条种类	牌号	符合国际标准型号	规格/mm	焊芯材质	抗拉强度/MPa	主要用途
铜及铜合金焊条	T307	ECuNi-B	直径：2.5，3.2，4 长度：345～355	铜镍合金	≥350	焊接导电铜排、铜热交换器，等，或堆焊耐海水腐蚀钢制零件及焊接有耐腐蚀要求的镍基合金
铝及铝合金焊条	L109	E1100	直径：3.2，4，5 长度：345～355	纯铝	≥64	用于纯铝板，纯铝容器的焊接
	L209	E4043		铝硅合金	≥118	用于铝板、铝硅铸件焊接，及一般铝合金、锻铝和硬铝的焊接
	L309	E3003		铝锰合金	≥118	用于纯铝、铝锰合金及其他铝合金的焊接

注：此表内容摘自 GB/T 13814—2008 镍及镍合金焊条。GB/T 3670—1995 铜及铜合金焊条。GB/T 3669—2001 铝及铝合金焊条。

15.4 焊丝

15.4.1 实心焊丝

(1) 牌号表示方式 代号 1 2 3

(2)牌号中各单元表示内容说明

① 代号—用字母 HS(也有用 S)表示实心焊丝

② 第 1 位数字—表示实心焊丝类型(按焊丝主要化学成分分类)

③ 第 2 位数字—表示同一类型实心焊丝类型的细分类

④ 第 3 位数字—表示同一细分类实心焊丝中的不同牌号

(3) 牌号中第 1 位数字表示内容

HS1 × ×—硬质合金焊丝、HS2 × ×—铜及铜合金焊丝、HS3 × ×—铝及铝合金焊丝、HS5 × ×—低碳钢及低合金钢焊丝、HS6 × ×—铬钼耐热钢焊丝、HS7 × ×—铬不锈钢焊丝、HS8 × ×—铬镍不锈钢焊丝

15.4.2 硬质合金堆焊焊丝

(1) 用途

用于耐磨、抗氧化、耐汽蚀和耐热机件表面的堆焊、(多采用氧-乙炔焰、也可用气、电焊)

(2) 规格

直径(mm) 3.2、4、5、6；长度 250 ~ 350(mm)

（续）

（3）牌号、性能与应用

牌号	堆焊层硬度		性能与应用
	（常温）HRC	$\frac{HV}{高温/℃}\approx$	
HS101	48～54	$\frac{483}{300}$ $\frac{473}{400}$ $\frac{460}{500}$ $\frac{289}{600}$	堆焊层工作温度不宜超过500℃，此处需用硬质合金刀切削加工。如堆焊铲斗齿、泵套、柴油机气门、排气叶片等
HS103	58～64	$\frac{857}{300}$ $\frac{848}{400}$ $\frac{798}{500}$ $\frac{520}{600}$	堆焊部位抗冲击性差，用硬质合金刀具也难加工，只能研磨。用于要求高度耐磨损机件的堆焊，如牙轮钻头小轴、煤孔挖掘器、破碎机辊、泵框筒、混合叶片等
HS111	40～45	$\frac{365}{500}$ $\frac{310}{600}$ $\frac{274}{700}$ $\frac{250}{800}$	是一种铸造低碳钴、铬、钨合金，堆焊层能承受冷、热条件的冲击，不易产生裂纹。在650℃高温中仍能保持耐蚀、耐热和耐磨损性能，可用硬质合金刀具加工。用于堆焊高温高压阀门、热剪切刀刃、热锻模等机件

（续）

牌号	堆焊层硬度		性能与应用
	（常温）HRC	$\frac{HV}{高温/℃}$ ≈	
HS112	40～45	$\frac{410}{500}$ $\frac{390}{600}$ $\frac{360}{700}$ $\frac{295}{800}$	是一种中碳钴、铬、钨合金，耐磨性比 HS111 好，但塑性差、在 650℃ 高温中仍保持耐蚀、耐磨、耐热性能，可用硬质合金刀具加工。用于高压阀门、内燃机阀、化纤剪切刃口、高压泵的轴套筒、热轧孔型的堆焊
HS113	55～60	$\frac{623}{500}$ $\frac{550}{600}$ $\frac{485}{700}$ $\frac{320}{800}$	是一种铸造高碳钴、铬、钨合金，堆焊层硬度高，耐磨性极好，但冲击韧度较差，容易产生裂纹，在高于 600℃ 环境中仍具有耐蚀、耐热、耐磨性能。用在粉碎机刀口、牙轮钻头轴承、锅炉的旋转叶片和螺旋送料机等磨损件的堆焊
HS114	≥50	$\frac{623}{500}$ $\frac{530}{600}$ $\frac{485}{700}$ $\frac{300}{800}$	是一种铸造高碳钴、铬、钼、钒合金，性能和用途与 HS113 相同。用硬质合金刀也不易加工

15.4.3 铜及铜合金焊丝(GB/T 9460—2008)

(1)用途

用于氧乙炔焊、氩弧焊或焊条电弧焊铜及铜合金，其中黄铜焊丝也广泛用于钎焊铜、白铜、碳钢、铸铁及硬质合金刀具等。施焊时应配铜气焊熔剂

(2)焊丝尺寸规格

包装形式	焊丝直径/mm
直条 焊丝卷	1.6，1.8，2.0，2.4，2.5，2.8，3.0，3.2，4.0，4.8，5.0，6.0，6.4
直径100mm和200mm焊丝盘	0.8，0.9，1.0，1.2，1.4，1.6
直径270mm和300mm焊丝盘	0.5，0.8，0.9，1.0，1.2，1.4，1.6，2.0，2.4，2.5，2.8，3.0，3.2

(3)常用铜及铜合金焊丝的牌号、性能与应用

型号	对应牌号	焊丝名称	化学成分代号	焊前预热温度	性能及用途
SCu1898	HS201	纯铜焊丝	CuSn1	205～540℃	通常用于脱氧或电解韧铜的焊接。还可用来焊接质量要求不高的母材

（续）

<table>
<tr><th>型号</th><th>对应牌号</th><th>焊丝名称</th><th>化学成分代号</th><th>焊前预热温度</th><th>性能及用途</th></tr>
<tr><td>SCu4700</td><td>HS221</td><td>黄铜焊丝</td><td>CuZn40Sn</td><td>400～500℃</td><td>熔融金属具有良好的流动性，焊缝金属具有一定的强度和耐蚀性。可用于铜、铜镍合金的熔化极气体保护电弧焊和惰性气体保护弧焊</td></tr>
<tr><td>SCu6800</td><td>HS222</td><td rowspan="2">锡黄铜焊丝</td><td>CuZn40Ni</td><td rowspan="2">400～500℃</td><td rowspan="2">熔融金属流动性好，由于含有硅，可有效地抑制锌的蒸发。可用于铜、钢、铜镍合金、灰铸铁的熔化极气体保护电弧焊和惰性气体保护焊，以及镶嵌硬质合金刀具</td></tr>
<tr><td>SCu6810A</td><td>HS224</td><td>CuZn40—SnSi</td></tr>
</table>

注：焊丝型号由三部分组成。第1部分为字母“SCu”，表示铜及铜合金焊丝；第2部分为四位数字，表示焊丝型号；第3部分为可选部分，表示化学成分代号。

15.4.4 铝及铝合金焊丝(GB/T 10858—2008)

(1) 用途

用于氩弧焊、氧乙炔焊铝及铝合金。施焊时应配用气焊熔剂

(2) 焊丝尺寸规格

圆形焊丝尺寸/mm

直条	1.6, 1.8, 2.0, 2.4, 2.5, 2.8, 3.0, 3.2, 4.0, 4.8, 5.0, 6.0, 6.4
焊丝卷	
直径 100mm 和 200mm 焊丝盘	0.8, 0.9, 1.0, 1.2, 1.4, 1.6
直径 270mm 和 300mm 焊丝盘	0.8, 0.9, 1.0, 1.2, 1.4, 1.6, 2.0, 2.4, 2.5, 2.8, 3.0, 3.2

扁平焊丝尺寸/mm

当量直径	1.6	2.0	2.4	2.5	3.2	4.0	4.8	5.0	6.4
厚度	1.2	1.5	1.8	1.9	2.4	2.9	3.6	3.8	4.8
宽度	1.8	2.1	2.7	2.6	3.6	4.4	5.3	5.2	7.1

注：焊丝型号由三部分组成。第1部分为字母“SAl”，表示铝及铝合金焊丝；第2部分为四位数字，表示焊丝型号；第3部分为可选部分，表示化学成分代号。

（续）

型号	对应牌号	焊丝名称	化学成分代号	性能及用途
SAl1450	HS301	纯铝焊丝	Al99.5Ti	焊接性和耐蚀性，以及塑性和韧性均良好，但强度较低；适用于焊接纯铝，以及对接头性能要求不高的铝合金
SAl4043	HS311	铝硅合金焊丝	AlSiS	通用性较大，焊缝的抗热裂能力优良，并能保证一定的力学性能，但在进行阳极化处理的场合，熔敷金属与母材颜色不同；适用焊接除铝镁合金以外的铝合金机件和铸件
SAl3103	HS321	铝锰合金焊丝	AlMn1	焊缝的耐蚀性，焊接性和塑性均较好，并能保证一定的力学性能；适用于焊接铝锰合金及其他铝合金
SAl5556C	HS331	铝镁合金焊丝	AlMg5Mn1—Ti	合金中尚含有少量钛（0.05%～0.20%），耐蚀性、抗热裂性良好，强度高；适用于焊接铝锌镁合金和焊补铝镁合金铸件

15.4.5 铸铁焊丝(GB/T 10044—2006)

(1) 用途

用于氧乙炔补焊或堆焊灰铸铁件、球墨铸铁件或高强度灰铸铁件和可锻铸铁件的缺陷，焊接时要配用铸铁气焊熔剂

(2) 型号与规格

型号	相应牌号	焊丝名称
RZC—1		灰铸铁填充焊丝
RZC—2	HS401	
RZCH		合金铸铁填充焊丝
RZCQ—1		球墨铸铁填充焊丝
RZCQ—2	HS402	

填充焊丝尺寸/mm				
	焊丝横截面尺寸	3.2	4.5，5.0，6.0，8.0，10.0	12.0
	焊丝长度	400~500	450~550	550~650

注：1. 铁基填充焊丝型号：字母“R”表示填充焊丝，字母“Z”表示用于铸铁焊接，字母“C”表示焊丝的熔敷金属类型为铸铁，后面字母表示焊丝主要化学元素符号或金属类型代号(H—合金化元素，Q—球铁)。再细分时用数字表示。

2. 填充焊丝，允许制造截面为圆形或方形。

15.4.6 自动焊丝

自动焊丝分为气体保护电弧焊用碳钢焊丝和埋弧焊用碳钢焊丝两种。

1. 气体保护电弧焊用碳钢焊丝

(1) 应用特点
用 CO_2 作为保护气体的电弧焊丝，其特点是效率高，成本低，可用于全方位焊接、并容易实现机械化和自动化焊接

(2) 规格

焊丝直径/mm	0.5，0.6，0.8，0.9，1.0，1.2，1.4，1.6，2.0，2.4，2.5，2.8，3.0，3.2，4.0，4.8
供货形式	直条，1.2~4.8mm；焊丝卷，0.8~3.2mm；焊丝筒，0.9~3.2mm；焊丝盘，0.5~3.2mm

(3) 型号、性能与用途

型号	性能与用途	R_m	$R_{p0.2}$	A (%)
		MPa		
ER50—4 MG50—4	具有优良的焊接工艺性能，焊接时电弧稳定，飞溅较小，在小电流规范下，电弧仍很稳定，并可以进行立向下焊，采用混合气体保护，熔敷金属强度略有提高；适用于碳钢的焊接，也可用于薄板、管子的高速焊接	500	420	22

（续）

型号	性能与用途	R_m	$R_{p0.2}$	A (%)
		MPa		
ER50—6 / MG50—6	具有优良的焊接工艺性能，焊丝熔化速度快，熔敷效率高，电弧稳定，焊接飞溅极小，焊缝成形美观，并且抗氧化锈蚀能力强，熔敷金属气孔敏感性小，全方位施焊工艺性好；适用于碳钢及500MPa级强度钢的车辆、建筑、造船、桥梁等结构的焊接，也可用于薄板、管子的高速焊接	500	420	22

注：1. 碳钢焊丝的其他型号及低合金钢焊丝型号参见GB/T 8110—2008中规定。

2. 焊丝型号由三部分组成。第一部分用字母“ER”表示焊丝；第二部分两位数字表示焊丝熔敷金属的最低抗拉强度；第三部分为短划“—”后的字母或数字，表示焊丝化学成分代号。牌号的表示方法与型号表示方法基本相同，只是用字母“MG”表示气体保护焊丝。

3. 表中：R_m—抗拉强度；$R_{p0.2}$—屈服强度；A—伸长率。

2. 埋弧焊用碳钢焊丝

(1) 应用特点

埋弧焊用焊丝。焊接时，需配用相应的焊剂。其特点是：电弧在焊剂层下燃烧，无弧光，保护完善，能量损失少，一般为自动或半自动焊接，生产率高，焊缝光滑和美观，接头力学性能高，但只能在平焊位置施焊。广泛应用于锅炉、压力容器、造船等工业部门

(2) 规格

焊丝直径/mm：1.6，2.0，2.5，3.2，4.0，5.0，6.0

(3) 型号、性能与用途

型号	性能与用途	力学性能		
		R_m	σ_s	A_e
		MPa		(%)
H08A	配合焊剂 HJ430、HJ431 *、HJ433 等焊接低碳钢及某些低合金钢（如16Mn）结构，是埋弧焊中用量最大的焊剂	410 ~ 550	330	22
H08MnA	配合焊剂 HJ431 * 等焊接低碳钢及某些低合金钢（如16Mn）锅炉、压力容器等	410 ~ 550	300	22

（续）

型号	性能与用途	力学性能		
		R_m	σ_s	A_e (%)
		MPa		
H10Mn2	镀铜焊丝，配合焊剂 HJ130、HJ330、HJ350*、HJ360 等焊接碳钢和低合金钢（如16Mn、14MnNb）结构	410～550	300	22

注：1. 三种牌号铜含量≤0.20%。

2. 焊丝的熔敷金属力学性能，是配合带＊符号焊剂的保证值。R_m—抗拉强度，σ_s—屈服强度；A_e—断后伸长率。

第 16 章　管件与阀门

16.1　管件

16.1.1　管件材料、螺纹、工作条件及标记

(1) 材料

管件制造材料为可锻铸铁

(2) 螺纹型式代号

圆锥外螺纹为 R、圆柱内螺纹为 R_P，圆锥内螺纹为 R_C

(3) 设计符号

A、B、C、D

(4) 表面处理标记

镀锌处理代号为 Zn、管件表面不处理代号为 Fe

(5) 管件工作温度范围为 -20 ~ 300℃。温度为 -20 ~ 120℃时，允许工作压力为 2.5MPa，温度为 300℃时，允许工作压力为 2MPa

(6) 管件标记说明：

[1]　[2]　[3]—[4]—[5]—[6]

其中：1——管件名称；2——管件标准（GB/T 3287）；3——管件代号；4——管件规格；5——管件表面热处理方式[见(4)]

例：弯头 GB/T 3287 Al—3/4—Zn—C。表示弯头的规格为 3/4″，表面为热镀锌、设计符号为 C。

16.1.2 管件规格

管件规格	1/8	1/4	3/8	1/2	3/4	1	1¼
公称通径/mm	6	8	10	15	20	25	32
管件规格	1½	2	2½	3	4	5	6
公称通径/mm	40	50	65	80	100	125	150

16.1.3 管件型式、符号(代号)及用途(GB/T 3287—2000)

型式	符号(代号)及用途
弯头(A)	A1(90) 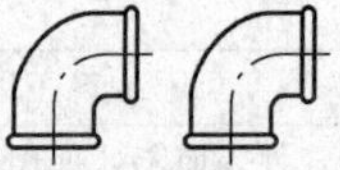　A1/45°(120)  A4(92) 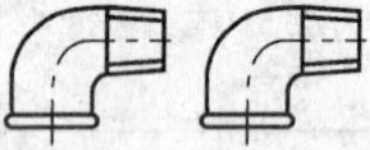　A4/45°(121)  ① 90°弯头—用来连接两根公称通径相同的管子，使管路作90°转弯 ② 异径弯头—用来连接两根公称通径不同的管子，使通径缩小、管路作90°转弯 ③ 45°弯头—用来连接两根公称通径相同的管子、使管路作45°转弯

(续)

型式	符号(代号)及用途
三通 (B)	B1(130) 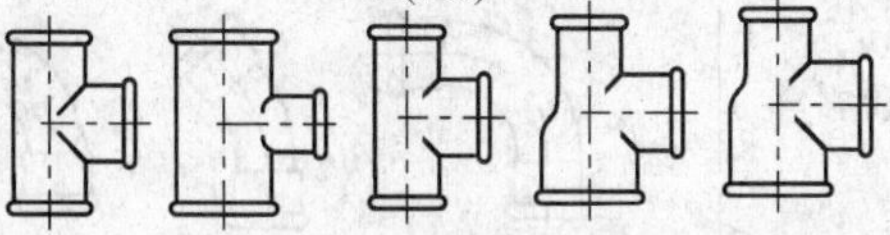 ① 三通—使由直管中接出支管用，连接的三根管的公称通径相同 ② 中小异径三通—与三通相似，但从中间接出的管子的公称通径小于从两端接出的管子公称通径 ③ 中大异径三通—与三通相似，但从中间接出的管子公称通径大于从两端接出的管子公称通径
四通 (C)	C1(180) 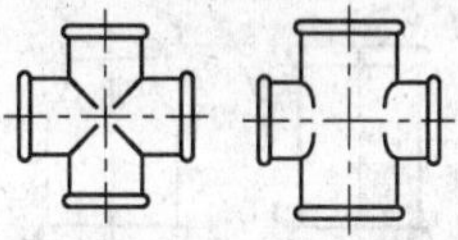 ① 四通—连接四根公称通径相同，并成垂直相交的管子 ② 异径四通—与四通相似，相对的两根管子公称通径相同，但其中一对管子的公称通径小于另一对管子的公称通径

（续）

型式	符号（代号）及用途
长月弯（G）	G1(2)　G1/45°(41)　G4(1) 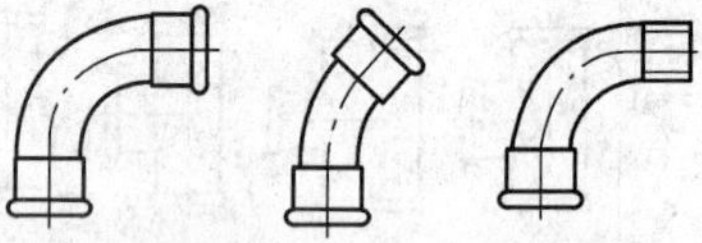　G4/45°(40)　G8(3)  与弯头相同、主要用在弯曲半径较大的管路上。外丝月弯（G8）须与外接头配合使用，供货时，通常附一个外接头
外接头（M）	M2(270)　M2R—L(271)　M2(240)　M4(529a)　M4(246) 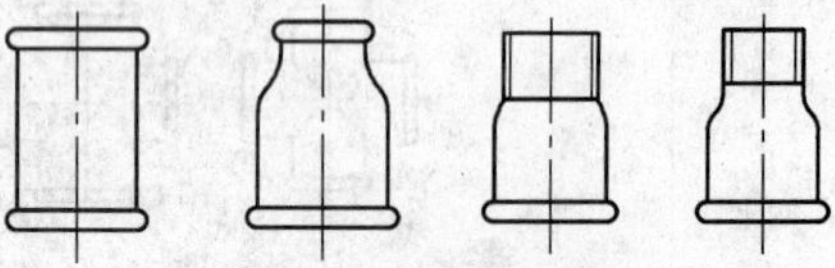 ① 外接头—外接头（不通丝外接头）用来连接两根公称通径相同的管子。通丝外接头常与锁紧螺母和短管子配合，用于时常需要装卸的管路上 ② 异径外接头—用来连接两根公称通径不同的管子，使管通径缩小

（续）

型式	符号（代号）及用途
内外螺钉内接头（N）	N4(241) 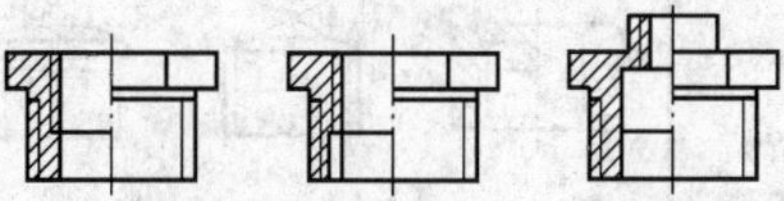 N8(280) N8R—L(281) 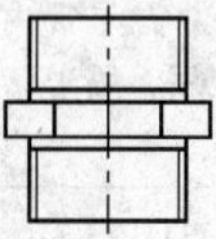 N8(245) 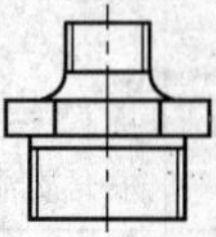 ① 内外螺纹—外螺纹一端，配合外接头与大通径管子或内螺纹管件连接；内螺纹一端，直接与小通径管子连接，使管路通径缩小 ② 内接头—用来连接两个公称通径相同的内螺纹管件或阀门
锁紧螺母（P）	P4(310)  锁紧螺母装在管路上的通丝外接头或其他管件

（续）

型式	符号（代号）及用途
管帽 管堵 （T）	T1(300)　T8(291)　T9(290)　T11(596) 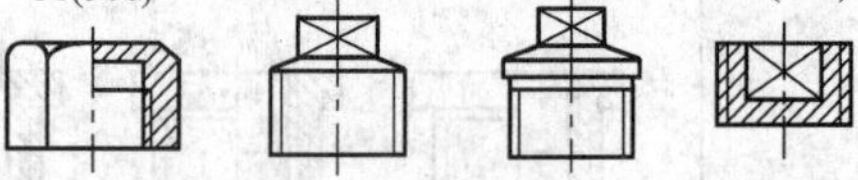 ① 管帽—管帽可直接旋在管子上、以阻止管路中介质泄漏、不需要其他管件配合 ② 管堵—通常需与带内螺纹的管件（如外接头、三通）配合使用，用来堵塞管路，以阻止管路中介质泄漏
活接头 （U）	U1(330)　U2(331)　U11(340)　U12(341) 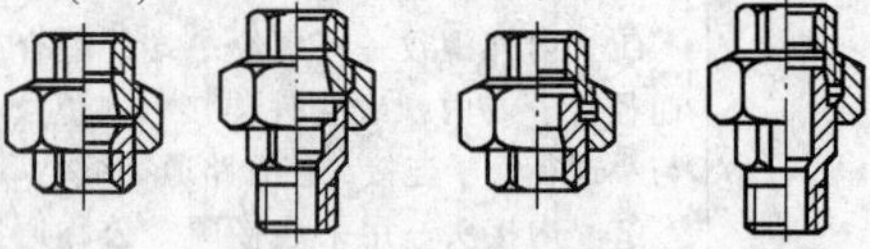 用途与通丝外接头相同，但此接头比较方便拆卸和安装，多用在需要经常拆装的管路上。按密封面形式分平座（代号 U1）和锥形座（代号 U11）两种
型式	其他品种管件符号（代号）
短月弯 （D）	D1(2a)　D4(1a) 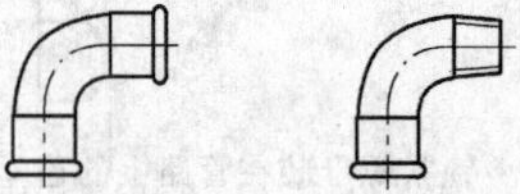

（续）

型式	其他品种管件符号(代号)
单弯三通及双弯弯头(E)	E1(131) 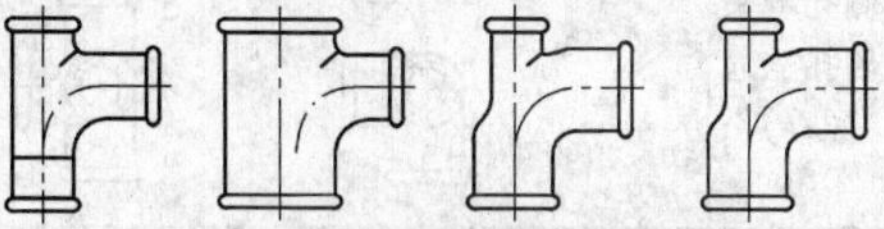 E2(132) 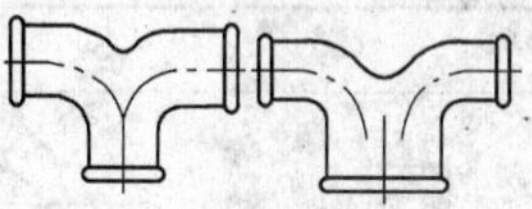
活接弯头(UA)	UA1(95) 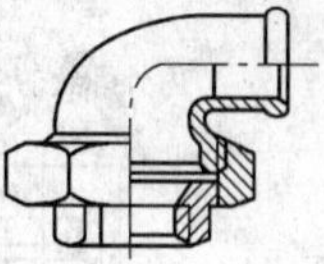 UA2(97) 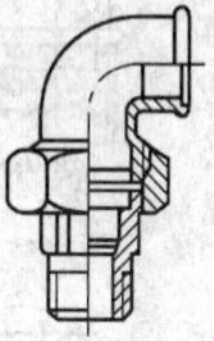 UA11(96) 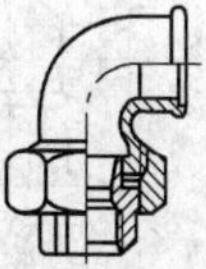 UA12(98) 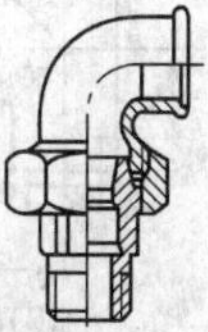

（续）

型式	其他品种管件符号(代号)
侧孔弯头 侧孔三通 （Za）	Za1(221)　Za2(223)

16.1.4　弯头、三通和四通

（1）结构

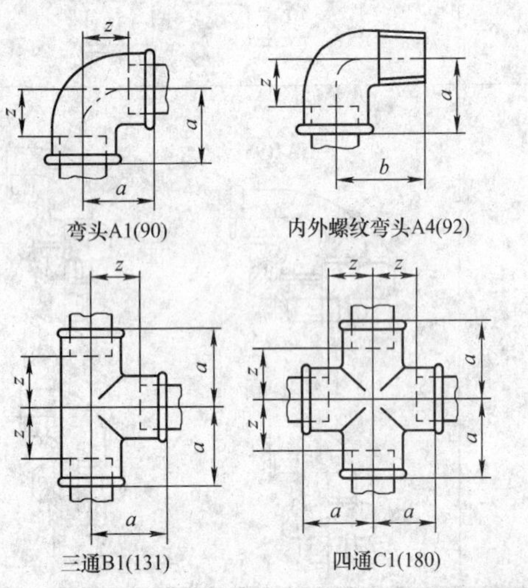

弯头A1(90)　内外螺纹弯头A4(92)

三通B1(131)　四通C1(180)

（续）

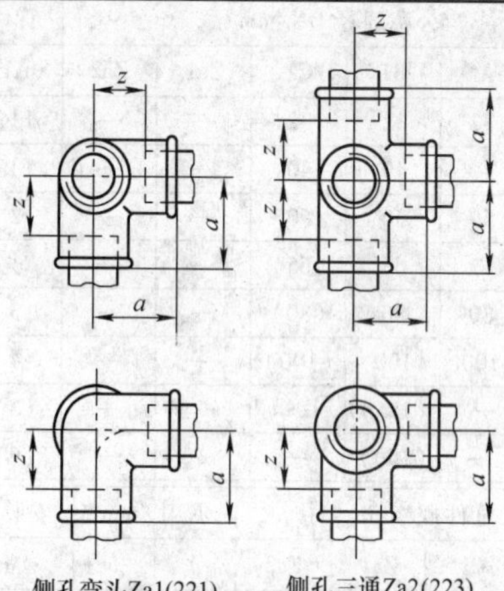

侧孔弯头Za1(221)　侧孔三通Za2(223)

（2）弯头、三通和四通的基本尺寸（GB/T 3287—2000）

公称通径 DN/mm						管件规格/in	
A1	A4	B1	C1	Za1	Za2	A1	A4
6	6	6	—	—	—	1/8	1/8
8	8	8	(8)	—	—	1/4	1/4
10	10	10	10	(10)	(10)	3/8	3/8
15	15	15	15	15	(15)	1/2	1/2
20	20	20	20	20	(20)	3/4	3/4
25	25	25	25	(25)	(25)	1	1

（续）

公称通径 DN/mm						管件规格/in	
A1	A4	B1	C1	Za1	Za2	A1	A4
32	32	32	32	—	—	1¼	1¼
40	40	40	40	—	—	1½	1½
50	50	50	50	—	—	2	2
65	65	65	(65)	—	—	2½	2½
80	80	80	(80)	—	—	3	3
100	100	100	(100)	—	—	4	4
(125)	—	(125)	—	—	—	(5)	—
(150)	—	(150)	—	—	—	(6)	—

管件规格/in				尺寸/mm		安装长度/mm
B1	C1	Za1	Za2	*a*	*b*	*z*
1/8	—	—	—	19	25	12
1/4	(1/4)	—	—	21	28	11
3/8	3/8	(3/8)	(3/8)	25	32	15
1/2	1/2	1/2	(1/2)	28	37	15
3/4	3/4	3/4	(3/4)	33	43	18
1	1	(1)	(1)	38	52	21
1¼	1¼	—	—	45	60	26
1½	1½	—	—	50	65	31
2	2	—	—	58	74	34
2½	(2½)	—	—	69	88	42

（续）

管件规格/in				尺寸/mm		安装长度/mm
B1	C1	Za1	Za2	*a*	*b*	*z*
3	（3）	—	—	78	98	48
4	（4）	—	—	96	118	60
（5）	—	—	—	115	—	75
（6）	—	—	—	131	—	91

注：尽量不采用括号内的规格。

16.1.5 异径弯头

（1）结构

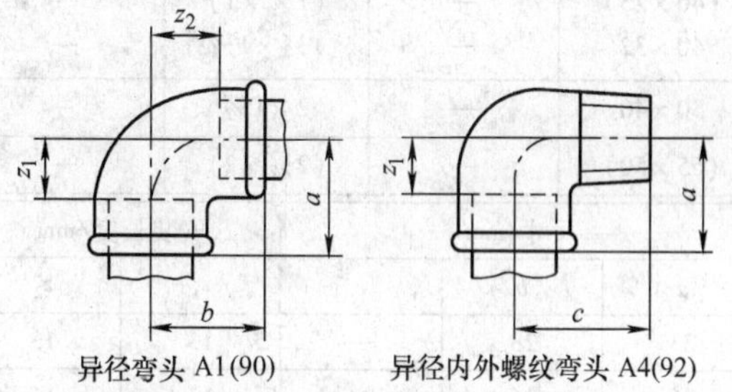

异径弯头 A1(90)　　异径内外螺纹弯头 A4(92)

（2）基本尺寸（GB/T 3287—2000）

公称通径 DN/mm		管件规格/in	
A1	A4	A1	A4
10×8	—	（3/8×1/4）	—

（续）

公称通径 DN/mm		管件规格/in	
A1	A4	A1	A4
15×10	15×10	1/2×3/8	1/2×3/8
(20×10) 20×15	— 20×15	(3/4×3/8) 3/4×1/2	— 3/4×1/2
25×15 25×20	— 25×20	1×1/2 1×3/4	— 1×3/4
32×20 32×25	— 32×25	1¼×3/4 1¼×1	— 1¼×1
(40×25) 40×32	— —	(1½×1) 1½×1¼	— —
50×40	—	2×1½	—
(65×50)	—	(2½×2)	—

尺寸/mm			安装长度/mm	
a	b	c	z_1	z_2
23	23	—	13	13
26	26	33	13	16
28 30	28 31	— 40	13 15	18 18
32 35	34 36	— 46	15 18	21 21

（续）

尺寸/mm			安装长度/mm	
a	b	c	z_1	z_2
36 40	41 42	— 56	17 21	26 25
42 46	46 48	— —	23 27	29 29
52	56	—	28	36
61	66	—	34	42

注：尽量不采用括号内的规格。

16.1.6 45°弯头

（1）结构

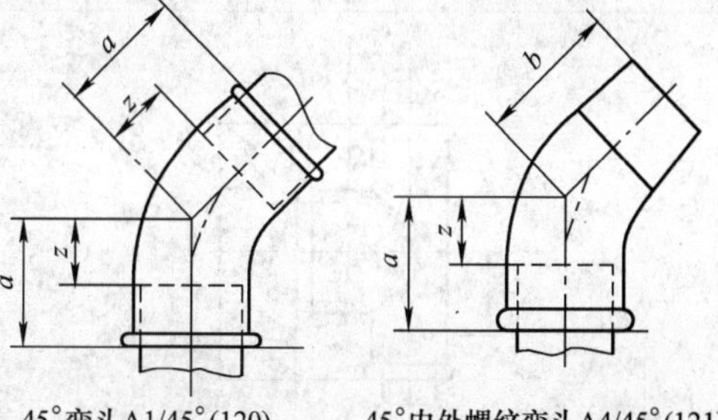

45°弯头A1/45°(120)　　45°内外螺纹弯头A4/45°(121)

（续）

（2）基本尺寸（GB/T 3287—2000）

公称通径 DN /mm		管件规格/in		尺寸/mm		安装长度 /mm
A1/45°	A4/45°	A1/45°	A4/45°	*a*	*b*	*z*
10	10	3/8	3/8	20	25	10
15	15	1/2	1/2	22	28	9
20	20	3/4	3/4	25	32	10
25	25	1	1	28	37	11
32	32	1¼	1¼	33	43	14
40	40	1½	1½	36	46	17
50	50	2	2	43	55	19

16.1.7 中大异径三通

（1）结构

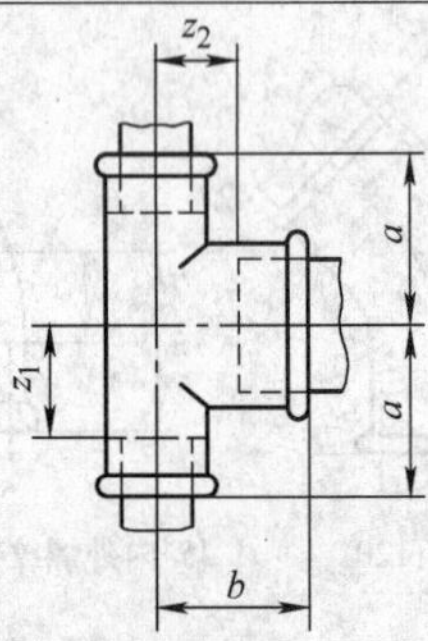

（续）

（2）基本尺寸（GB/T 3287—2000）

公称通径 DN /mm	管件规格/in	尺寸/mm		安装长度/mm	
		a	b	z_1	z_2
10×15	3/8×1/2	26	26	16	13
15×20	1/2×3/4	31	30	18	15
(15×25)	(1/2×1)	34	32	21	15
20×25	3/4×1	36	35	21	18
(20×32)	(3/4×1¼)	41	36	26	17
25×32	1×1¼	42	40	25	21
(25×40)	(1×1½)	46	42	29	23
32×40	1¼×1½	48	46	29	27
(32×50)	(1¼×2)	54	48	35	24
40×50	1½×2	55	52	36	28

注：尽量不采用括号内规格。

16.1.8 中小异径三通

（1）结构

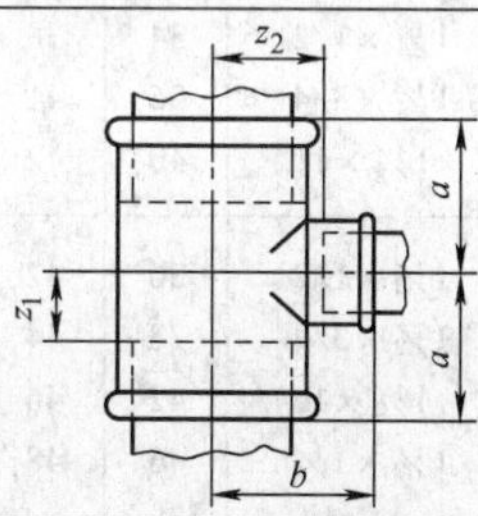

（续）

（2）基本尺寸（GB/T 3287—2000）

公称通径 DN /mm	管件规格/in	尺寸/mm		安装长度/mm	
		a	b	z_1	z_2
10×8	3/8×1/4	23	23	13	13
15×8	1/2×1/4	24	24	11	14
15×10	1/2×3/8	26	26	13	16
（20×8）	（3/4×1/4）	26	27	11	17
20×10	3/4×3/8	28	28	13	18
20×15	3/4×1/2	30	31	15	18
（25×8）	（1×1/4）	28	31	11	21
25×10	1×3/8	30	32	13	22
25×15	1×1/2	32	34	15	21
25×20	1×3/4	35	36	18	21
（32×10）	（1¼×3/8）	32	36	13	26
32×15	1¼×1/2	34	38	15	25
32×20	1¼×3/4	36	41	17	26
32×25	1¼×1	40	42	21	25
40×15	1½×1/2	36	42	17	29
40×20	1½×3/4	38	44	19	29
40×25	1½×1	42	46	23	29
40×32	1½×1¼	46	48	27	29

（续）

公称通径 DN /mm	管件规格/in	尺寸/mm		安装长度/mm	
		a	b	z_1	z_2
50×15	2×1/2	38	48	14	35
50×20	2×3/4	40	50	16	35
50×25	2×1	44	52	20	35
50×32	2×1¼	48	54	24	35
50×40	2×1½	52	55	28	36
65×25	2½×1	47	60	20	43
65×32	2½×1¼	52	62	25	43
65×40	2½×1½	55	63	28	44
65×50	2½×2	61	66	34	42
80×25	3×1	51	67	21	50
(80×32)	(3×1¼)	55	70	25	51
80×40	3×1½	58	71	28	52
80×50	3×2	64	73	34	49
80×65	3×2½	72	76	42	49
100×50	4×2	70	86	34	62
100×80	4×3	84	92	48	62

注：尽量不采用括号内的规格。

16.1.9 异径三通

(1) 结构

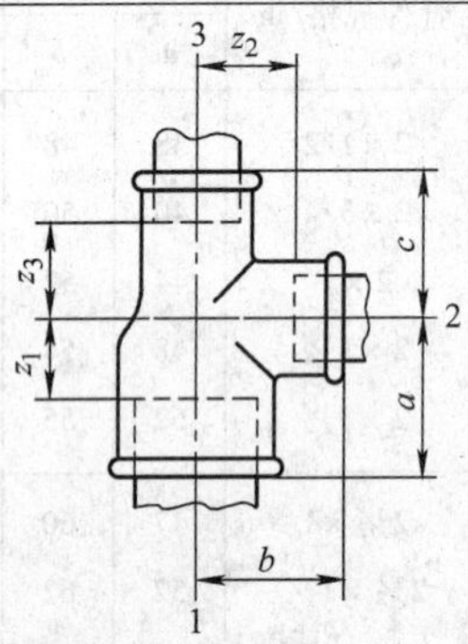

(2) 基本尺寸(GB/T 3287—2000)

公称通径 DN /mm	管件规格/in	尺寸/mm			安装长度 /mm		
1 2 3	1 2 3	a	b	c	z_1	z_2	z_3
15×10×10	1/2×3/8×3/8	26	26	25	13	16	15
20×10×15	3/4×3/8×1/2	28	28	26	13	18	13
20×15×10	3/4×1/2×3/8	30	31	26	15	18	16
20×15×15	3/4×1/2×1/2	30	31	28	15	18	15
25×15×15	1×1/2×1/2	32	34	28	15	21	15
25×15×20	1×1/2×3/4	32	34	30	15	21	15
25×20×15	1×3/4×1/2	35	36	31	18	21	18
25×20×20	1×3/4×3/4	35	36	33	18	21	18

（续）

公称通径 DN /mm	管件规格/in	尺寸/mm			安装长度 /mm		
1　2　3	1　2　3	*a*	*b*	*c*	z_1	z_2	z_3
32×15×25	1¼×1/2×1	34	38	32	15	25	15
32×20×20	1¼×3/4×3/4	36	41	33	17	26	18
32×20×25	1¼×3/4×1	36	41	35	17	26	18
32×25×20	1¼×1×3/4	40	42	36	21	25	21
32×25×25	1¼×1×1	40	42	38	21	25	21
40×15×32	1½×1/2×1¼	36	42	34	17	29	15
40×20×32	1½×3/4×1¼	38	44	36	19	29	17
40×25×25	1½×1×1	42	46	38	23	29	21
40×25×32	1½×1×1¼	42	46	40	23	29	21
(40×32×25)	(1½×1¼×1)	46	48	42	27	29	25
40×32×32	1½×1¼×1¼	46	48	45	27	29	26
50×20×40	2×3/4×1½	40	50	39	16	35	19
50×25×40	2×1×1½	44	52	42	20	35	23
50×32×32	2×1¼×1¼	48	54	45	24	35	26
50×32×40	2×1¼×1½	48	54	46	24	35	27
(50×40×32)	(2×1½×1¼)	52	55	48	28	36	29
50×40×40	2×1½×1½	52	55	50	28	36	31

注：尽量不采用括号内规格。

16.1.10 侧小异径三通

(1) 结构

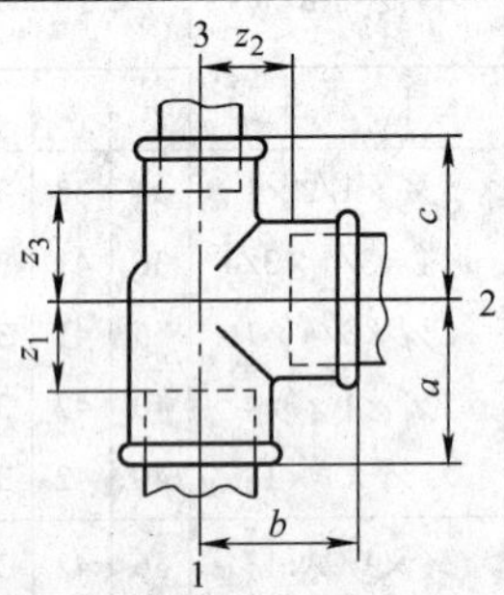

(2) 基本尺寸(GB/T 3287—2000)

公称通径 DN /mm	管件规格/in	尺寸/mm			安装长度 /mm		
1 2 3	1 2 3	a	b	c	z_1	z_2	z_3
15×15×10	1/2×1/2×3/8	28	28	26	15	15	16
20×20×10	3/4×3/4×3/8	28	33	28	18	18	18
20×20×15	3/4×3/4×1/2	33	33	31	18	18	18
(25×25×10)	(1×1×3/8)	38	38	32	21	21	22
25×25×15	1×1×1/2	38	38	34	21	21	21
25×25×20	1×1×3/4	38	38	36	21	21	21
32×32×15	1¼×1¼×1/2	45	45	38	26	26	25
32×32×20	1¼×1¼×3/4	45	45	41	26	26	26
32×32×25	1¼×1¼×1	45	45	42	26	26	25

（续）

公称通径 DN /mm	管件规格/in	尺寸/mm			安装长度 /mm		
1　2　3	1　2　3	a	b	c	z_1	z_2	z_3
40×40×15	1½×1½×1/2	50	50	42	31	31	19
40×40×20	1½×1½×3/4	50	50	44	31	31	29
40×40×25	1½×1½×1	50	50	46	31	31	29
40×40×32	1½×1½×1¼	50	50	48	31	31	29
50×50×20	2×2×3/4	58	58	50	34	34	35
50×50×25	2×2×1	58	58	52	34	34	35
50×50×32	2×2×1¼	58	58	54	34	34	35
50×50×40	2×2×1½	58	58	55	34	34	36

注：尽量不采用括号内的规格。

16.1.11　异径四通

（1）结构

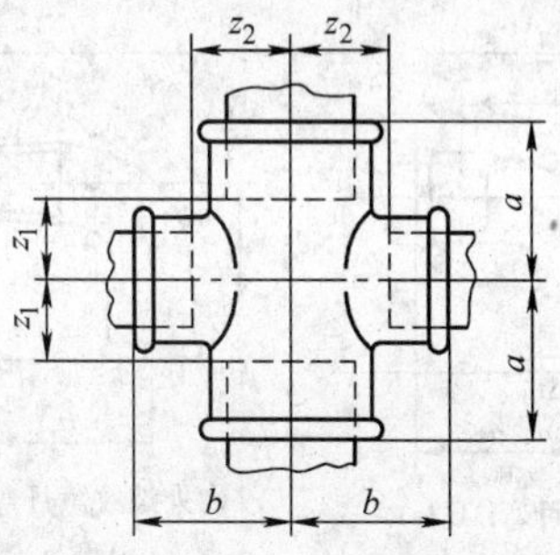

（续）

（2）基本尺寸（GB/T 3287—2000）

公称通径 DN /mm	管件规格/in	尺寸/mm		安装长度/mm	
		a	b	z_1	z_2
（15×10）	（1/2×3/8）	26	26	13	16
20×15	3/4×1/2	30	31	15	18
25×15	1×1/2	32	34	15	21
25×20	1×3/4	35	36	18	21
（32×20）	（1¼×3/4）	36	41	17	26
32×25	1¼×1	40	42	21	25
（40×25）	（1½×1）	42	46	23	29

注：尽量不采用括号内的规格。

16.1.12 短月弯、单弯三通和双弯弯头

（1）结构

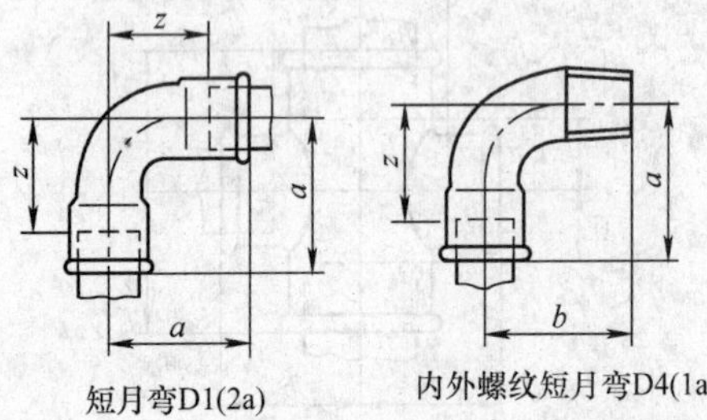

短月弯D1(2a)　　内外螺纹短月弯D4(1a)

（续）

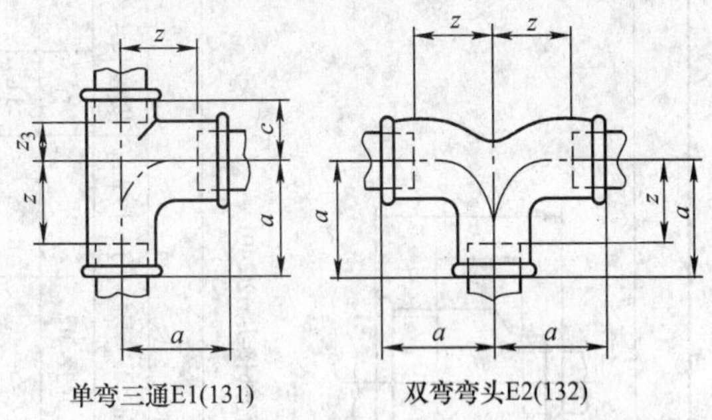

单弯三通E1(131)　　双弯弯头E2(132)

（2）基本尺寸（GB/T 3287—2000）

公称通径 DN /mm				管件规格/in				尺寸/mm		安装长度 /mm	
D1	D4	E1	E2	D1	D4	E1	E2	$a=b$	c	z	z_3
8	8	—	—	1/4	1/4	—	—	30	—	20	—
10	10	10	10	3/8	3/8	3/8	3/8	36	19	26	9
15	15	15	15	1/2	1/2	1/2	1/2	45	24	32	11
20	20	20	20	3/4	3/4	3/4	3/4	50	28	35	13
25	25	25	25	1	1	1	1	63	33	46	16
32	32	32	32	1¼	1¼	1¼	1¼	76	40	57	21
40	40	40	40	1½	1½	1½	1½	85	43	66	24
50	50	50	50	2	2	2	2	102	53	78	29

16.1.13 外接头

（1）结构

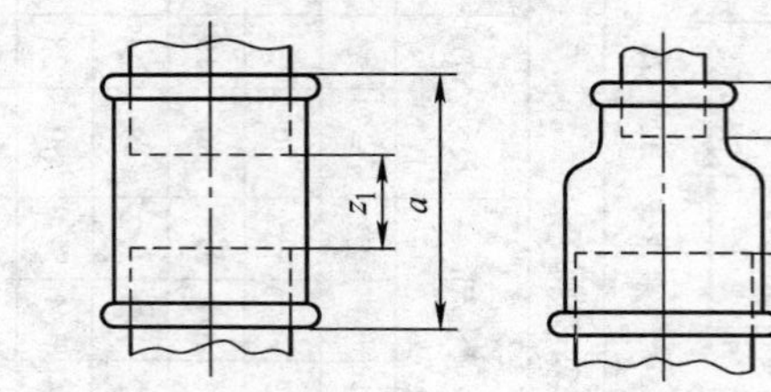

外接头M2(270)
左右旋外接头M2R-L(271)

异径外接头M2(240)

（2）基本尺寸（GB/T 3287—2000）

公称通径 DN/mm			管件规格/in			尺寸/mm	安装长度/mm	
M2	M2R-L	异径 M2	M2	M2R-L	异径 M2	a	z_1	z_2
6	—	—	1/8	—	—	25	11	—

（续）

公称通径 DN/mm			管件规格/in			尺寸/mm	安装长度/mm	
M2	M2R-L	异径 M2	M2	M2R-L	异径 M2	a	z_1	z_2
8	—	8×6	1/4	—	1/4×1/8	27	7	10
10	10	（10×6） 10×8	3/8	3/8	（3/8×1/8） 3/8×1/4	30	10	13 10
15	15	15×8 15×10	1/2	1/2	1/2×1/4 1/2×3/8	36	10	13 13
20	20	（20×8） 20×10 20×15	3/4	3/4	（3/4×1/4） 3/4×3/8 3/4×1/2	39	9	14 14 11
25	25	25×10 25×15 25×20	1	1	1×3/8 1×1/2 1×3/4	45	11	18 15 13

（续）

公称通径 DN/mm			管件规格/in			尺寸/mm	安装长度/mm	
M2	M2R-L	异径 M2	M2	M2R-L	异径 M2	a	z_1	z_2
32	32	32×15 32×20 32×25	1¼	1¼	1¼×1/2 1¼×3/4 1¼×1	50	12	18 16 14
40	40	(40×15) 40×20 40×25 40×32	1½	1½	(1½×1/2) 1½×3/4 1½×1 1½×1¼	55	17	23 21 19 17
(50)	(50)	(50×15) (50×20) 50×25 50×32 50×40	(2)	(2)	(2×1/2) (2×3/4) 2×1 2×1¼ 2×1½	65	17	28 26 24 22 22

（续）

公称通径 DN/mm			管件规格/in			尺寸/mm	安装长度/mm	
M2	M2R-L	异径 M2	M2	M2R-L	异径 M2	a	z_1	z_2
(65)	—	(65×32) (65×40) (65×50)	(2½)	—	(2½×1¼) (2½×1½) (2½×2)	74	20	28 28 23
(80)	—	(80×40) (80×50) (80×65)	(3)	—	(3×1½) (3×2) (3×2½)	80	20	31 26 23
(100)	—	(100×50) (100×65) (100×80)	(4)	—	(4×2) (4×2½) (4×3)	94	22	34 31 28
(125)	—	—	(5)	—	—	109	29	—
(150)	—	—	(6)	—	—	120	40	—

注：尽量不采用括号内的规格。

16.1.14 内外丝接头

(1) 结构

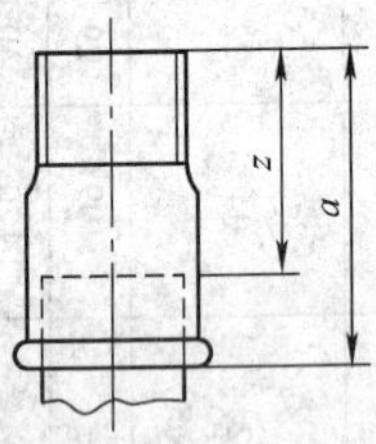

内外丝接头M4(529a)

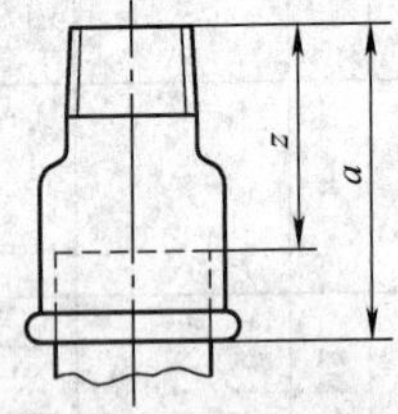

异径内外丝接头M4(246)

(2) 基本尺寸(GB/T 3287—2000)

公称通径 DN/mm		管件规格/in		尺寸/mm	安装长度/mm
M4	异径 M4	M4	异径 M4	a	z
10	10×8	3/8	3/8×1/4	35	25
15	15×8 15×10	1/2	1/2×1/4 1/2×3/8	43	30
20	(20×10) 20×15	3/4	(3/4×3/8) 3/4×1/2	48	33
25	25×15 25×20	1	1×1/2 1×3/4	55	38
32	32×20 32×25	1¼	1¼×3/4 1¼×1	60	41

（续）

公称通径 DN/mm		管件规格/in		尺寸/mm	安装长度/mm
M4	异径 M4	M4	异径 M4	a	z
—	40×25 40×32	—	$1\frac{1}{2}\times1$ $1\frac{1}{2}\times1\frac{1}{4}$	63	44
—	(50×32) (50×40)	—	$(2\times1\frac{1}{4})$ $(2\times1\frac{1}{2})$	70	46

注：尽量不采用括号内的规格。

6.1.15 内外螺钉

（1）结构

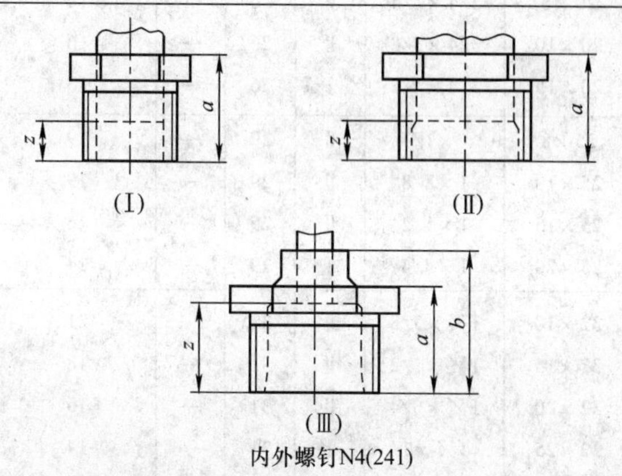

内外螺钉N4(241)

（续）

（2）基本尺寸（GB/T 3287—2000）

公称通径 DN/mm	管件规格/in	类型	尺寸/mm		安装长度/mm
			a	b	z
8×6	1/4×1/8	Ⅰ	20	—	13
10×6	3/8×1/8	Ⅱ	20	—	13
10×8	3/8×1/4	Ⅰ	20	—	10
15×6	1/2×1/8	Ⅱ	24	—	17
15×8	1/2×1/4	Ⅱ	24	—	14
15×10	1/2×3/8	Ⅰ	24	—	14
20×8	3/4×1/4	Ⅱ	26	—	16
20×10	3/4×3/8	Ⅱ	26	—	16
20×15	3/4×1/2	Ⅰ	26	—	13
25×8	1×1/4	Ⅱ	29	—	19
25×10	1×3/8	Ⅱ	29	—	19
25×15	1×1/2	Ⅱ	29	—	16
25×20	1×3/4	Ⅰ	29	—	14
32×10	1¼×3/8	Ⅱ	31	—	21
32×15	1¼×1/2	Ⅱ	31	—	18
32×20	1¼×3/4	Ⅱ	31	—	16
32×25	1¼×1	Ⅰ	31	—	14

（续）

公称通径 DN/mm	管件规格/in	类型	尺寸/mm		安装长度/mm
			a	*b*	*z*
(40×10)	(1½×3/8)	Ⅱ	31	—	21
40×15	1½×1/2	Ⅱ	31	—	18
40×20	1½×3/4	Ⅱ	31	—	16
40×25	1½×1	Ⅱ	31	—	14
40×32	1½×1¼	Ⅰ	31	—	12
50×15	2×1/2	Ⅲ	35	48	35
50×20	2×3/4	Ⅲ	35	48	33
50×25	2×1	Ⅱ	35	—	18
50×32	2×1¼	Ⅱ	35	—	16
50×40	2×1½	Ⅱ	35	—	16
65×25	2½×1	Ⅲ	40	54	37
65×32	2½×1¼	Ⅲ	40	54	35
65×40	2½×1½	Ⅱ	40	—	21
65×50	2½×2	Ⅱ	40	—	16
80×25	3×1	Ⅲ	44	59	42
80×32	3×1¼	Ⅲ	44	59	40
80×40	3×1½	Ⅲ	44	59	40
80×50	3×2	Ⅱ	44	—	20
80×65	3×2½	Ⅱ	44	—	17
100×50	4×2	Ⅲ	51	69	45
100×65	4×2½	Ⅲ	51	69	42
100×80	4×3	Ⅱ	51	—	21

注：尽量不采用括号内的规格。

16.1.16 内接头

（1）结构

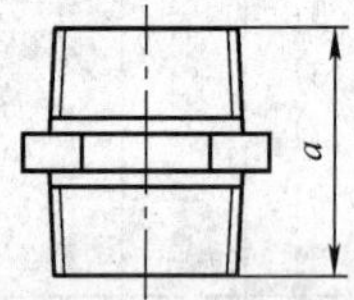

内接头N8(280)
左右旋内接头N8R-L(281)

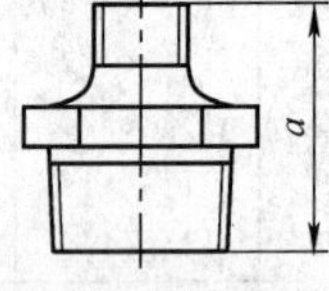

异径内接头N8(245)

（2）基本尺寸（GB/T 3287—2000）

公称通径 DN/mm			管件规格/in			尺寸/mm
N8	N8R-L	异径 N8	N8	N8R-L	异径 N8	*a*
6	—	—	1/8	—	—	29
8	—	—	1/4	—	—	36
10	—	10×8	3×8	—	3/8×1/4	38
15	15	15×8 15×10	1/2	1/2	1/2×1/4 1/2×3/8	44
20	20	20×10 20×15	3/4	3/4	3/4×3/8 3/4×1/2	47

（续）

公称通径 DN/mm			管件规格/in			尺寸/mm
N8	N8R-L	异径 N8	N8	N8R-L	异径 N8	*a*
25	(25)	25×15 25×20	1	(1)	1×1/2 1×3/4	53
	—	(32×15) 32×20 32×25	1¼	—	(1¼×1/2) 1¼×3/4 1¼×1	57
40	—	(40×20) 40×25 40×32	1½	—	(1½×3/4) 1½×1 1½×1¼	59
50	—	(50×25) 50×32 50×40	2	—	(2×1) 2×1¼ 2×1½	68
65	—	65×50	2½	—	(2½×2)	75
80	—	(80×50) (80×65)	3	—	(3×2) (3×2½)	83
100	—	—	4	—	—	95

注：尽量不采用括号内的规格。

16.1.17 锁紧螺母

（1）结构

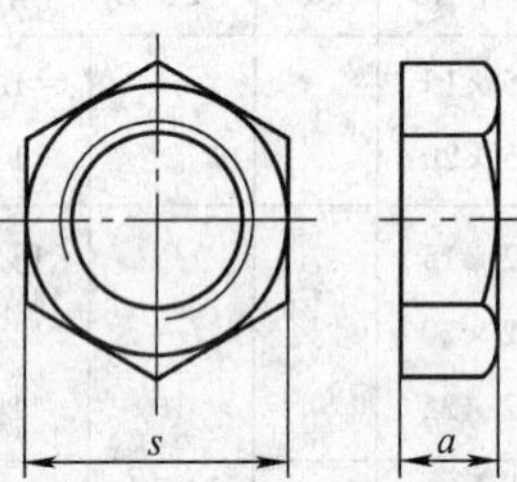

（2）基本尺寸（GB/T 3287—2000）

公称通径 DN/mm	管件规格 /in	a/mm ≥	公称通径 DN/mm	管件规格 /in	a/mm ≥
6	1/4	6	32	1¼	11
10	3/8	7	40	1½	12
15	1/2	8	50	2	13
20	3/4	9	65	2½	16
25	1	10	80	3	19

16.1.18 管帽和管堵

（1）结构

管帽T1(300)

外方管堵T8(291)

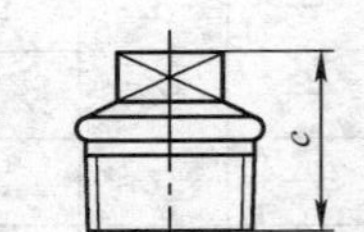

带边外方管堵T9(290)

内方管堵T11(596)

（2）基本尺寸（GB/T 3287—2000）

公称通径 DN/mm				管件规格/in				尺寸/mm			
T1	T8	T9	T11	T1	T8	T9	T11	a_{min}	b_{min}	c_{min}	d_{min}
（6）	6	6	—	（1/8）	1/8	1/8	—	13	11	20	—
8	8	8	—	1/4	1/4	1/4	—	15	14	22	—
10	10	10	（10）	3/8	3/8	3/8	（3/8）	17	15	24	11

（续）

公称通径 DN/mm				管件规格/in				尺寸/mm			
T1	T8	T9	T11	T1	T8	T9	T11	a_{min}	b_{min}	c_{min}	d_{min}
15	15	15	(15)	1/2	1/2	1/2	(1/2)	19	18	26	15
20	20	20	(20)	3/4	3/4	3/4	(3/4)	22	20	32	16
25	25	25	(25)	1	1	1	(1)	24	23	36	19
32	32	32	—	1¼	1¼	1¼	—	27	29	39	—
40	40	40	—	1½	1½	1½	—	27	30	41	—
50	50	50	—	2	2	2	—	32	36	48	—
65	65	65	—	2½	2½	2½	—	35	39	54	—
80	80	80	—	3	3	3	—	38	44	60	—
100	100	100	—	4	4	4	—	45	58	70	—

注：尽量不采用括号内的规格。

16. 1. 19　活接头

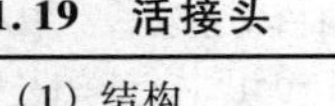

（1）结构

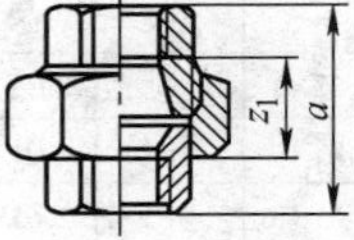

平座活接头U1(330)

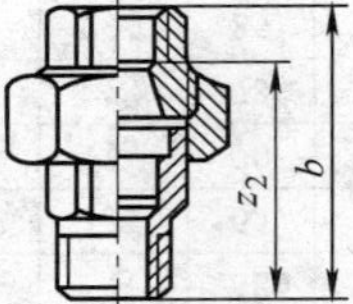

内外螺纹平座活接头U2(331)

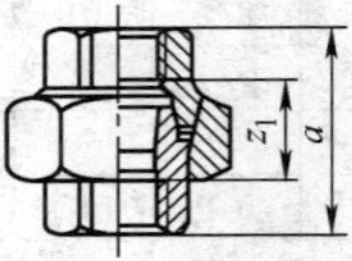

锥座活接头U11(340)

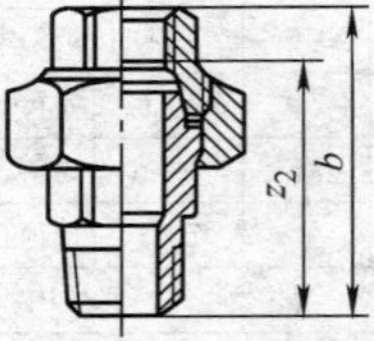

内外螺纹锥座活接头U12(341)

（续）

（2）基本尺寸（GB/T 3287—2000）

公称通径 DN/mm				管件规格/in				尺寸/mm		安装长度/mm	
U1	U2	U11	U12	U1	U2	U11	U12	a	b	z_1	z_2
—	—	（6）	—	—	—	（1/8）	—	38	—	24	—
8	8	8	8	1/4	1/4	1/4	1/4	42	55	22	45
10	10	10	10	3/8	3/8	3/8	3/8	45	58	25	48
15	15	15	15	1/2	1/2	1/2	1/2	48	66	22	53
20	20	20	20	3/4	3/4	3/4	3/4	52	72	22	57
25	25	25	25	1	1	1	1	58	80	24	63
32	32	32	32	1¼	1¼	1¼	1¼	65	90	27	71
40	40	40	40	1½	1½	1½	1½	70	95	32	76
50	50	50	50	2	2	2	2	78	106	30	82
65	—	65	65	2½	—	2½	2½	85	118	31	91
80	—	80	80	3	—	3	3	95	130	35	100
—	—	100	—	—	—	4	—	100	—	38	—

注：尽量不采用括号内的规格。

16.1.20　活接弯头

（1）结构

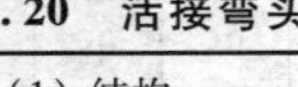

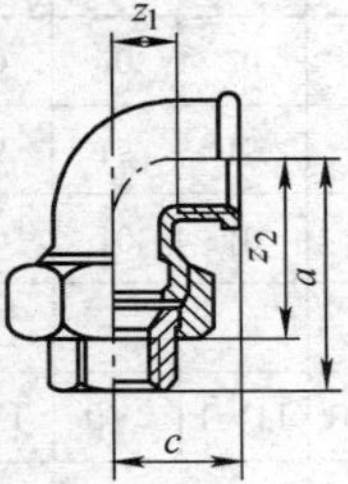

平座活接弯头UA1(95) 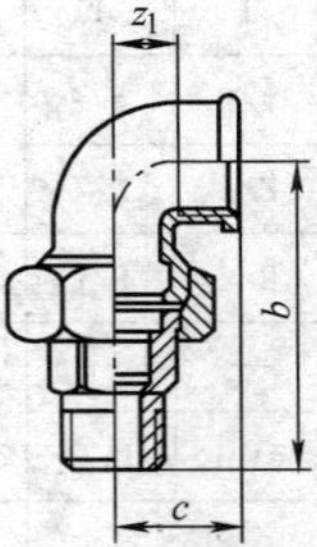　　内外螺纹平座活接弯头UA2(97) 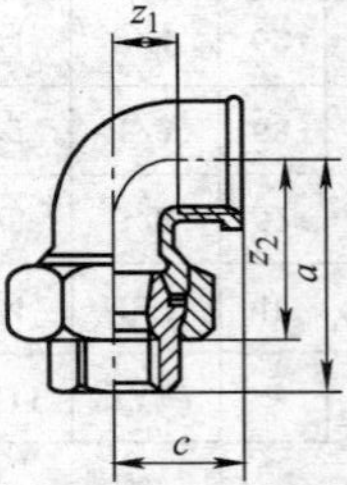　　锥座活接弯头UA11(96) 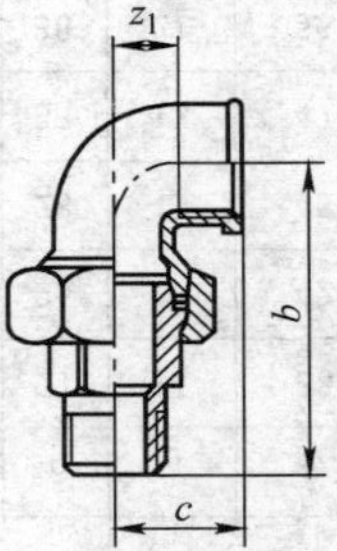　　内外螺纹锥座活接弯头UA12(98)

（续）

（2）基本尺寸（GB/T 3287—2000）

公称通径 DN/mm				管件规格/in				尺寸/mm			安装长度/mm	
UA1	UA2	UA11	UA12	UA1	UA2	UA11	UA12	a	b	c	z_1	z_2
—	—	8	8	—	—	1/4	1/4	48	61	21	11	38
10	10	10	10	3/8	3/8	3/8	3/8	52	65	25	15	42
15	15	15	15	1/2	1/2	1/2	1/2	58	76	28	15	45
20	20	20	20	3/4	3/4	3/4	3/4	62	82	33	18	47
25	25	25	25	1	1	1	1	72	94	38	21	55
32	32	32	32	1¼	1¼	1¼	1¼	82	107	45	26	63
40	40	40	40	1½	1½	1½	1½	90	115	50	31	71
50	50	50	50	2	2	2	2	100	128	58	34	76

16.2 铜合金管路连接件

16.2.1 铜合金管件类型、代号及标记（CJ/T 117—2000）

（1）管件的类型及代号

品种		类型	代号
45°弯头		A 型	A45E
		B 型	B45E
90°弯头		A 型	A90E
		B 型	B90E
等径	三通接头	—	T（S）
异径		—	T（R）
异径接头		—	R
套管接头		—	S
管帽		—	C

注：1. A 型接口两端均为承口。

2. B 型接口一端为承口，另一端为插口。

（2）管件基本参数

代号	公称通径 DN/mm	公称压力 PN /（N/mm^2）
T(S)、T(R)、A45E、B45E、A90E、B90E、R、S	6 ~ 200	1.0、1.6
C	6 ~ 50	1.6

（续）

（3）管件标记说明

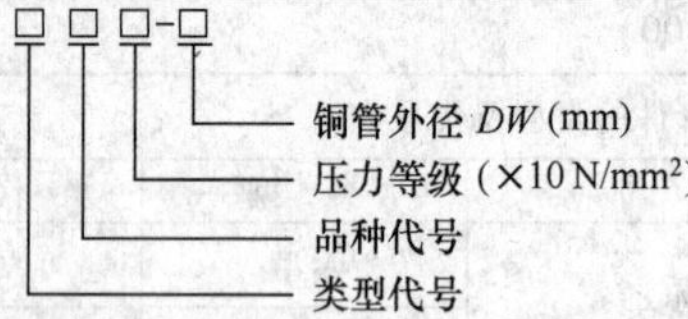

16.2.2 铜管等径三通接头

（1）结构

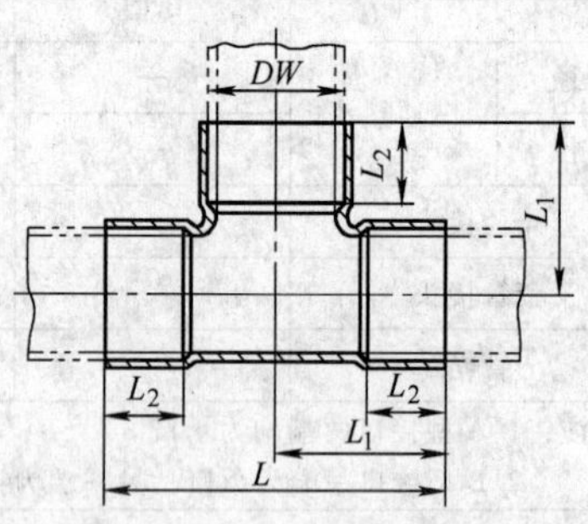

（2）基本尺寸（CJ/T 117—2000）

公称通径 DN/mm	铜管外径 DW/mm	结构尺寸/mm			质量/kg	
		L	L_1	L_2	PN = 1.0N/mm²	PN = 1.6N/mm²
6	8	28	14	7	0.01	
8	10	30	15			

（续）

<table>
<tr><th rowspan="2">公称通径 DN/mm</th><th rowspan="2">铜管外径 DW/mm</th><th colspan="3">结构尺寸/mm</th><th colspan="2">质量/kg</th></tr>
<tr><th>L</th><th>L_1</th><th>L_2</th><th>PN = 1.0N/mm²</th><th>PN = 1.6N/mm²</th></tr>
<tr><td>10</td><td>12</td><td>36</td><td>18</td><td>9</td><td colspan="2">0.01</td></tr>
<tr><td>15</td><td>16</td><td>46</td><td>23</td><td>11</td><td colspan="2">0.02</td></tr>
<tr><td>20</td><td>22</td><td>64</td><td>32</td><td>15</td><td colspan="2">0.04</td></tr>
<tr><td>25</td><td>28</td><td>74</td><td>37</td><td>17</td><td colspan="2">0.07</td></tr>
<tr><td>32</td><td>35</td><td>88</td><td>44</td><td>20</td><td colspan="2">0.12</td></tr>
<tr><td>40</td><td>44</td><td>104</td><td>52</td><td>22</td><td>0.19</td><td>0.28</td></tr>
<tr><td>50</td><td>55</td><td>122</td><td>61</td><td>25</td><td>0.27</td><td>0.41</td></tr>
<tr><td>65</td><td>70</td><td>146</td><td>73</td><td>28</td><td>0.57</td><td>0.75</td></tr>
<tr><td>80</td><td>85</td><td>170</td><td>85</td><td>32</td><td>0.67</td><td>1.08</td></tr>
<tr><td rowspan="2">100</td><td>105</td><td rowspan="2">198</td><td rowspan="2">99</td><td rowspan="2">36</td><td>1.34</td><td>1.94</td></tr>
<tr><td>(108)</td><td>1.38</td><td>2.02</td></tr>
<tr><td>125</td><td>133</td><td>230</td><td>115</td><td>38</td><td>2.49</td><td>3.69</td></tr>
<tr><td>150</td><td>159</td><td>268</td><td>134</td><td>42</td><td>3.76</td><td>5.59</td></tr>
<tr><td>200</td><td>219</td><td>342</td><td>171</td><td>45</td><td>9.51</td><td>14.18</td></tr>
</table>

注：尽量不采用括号内的规格。

16.2.3 铜管异径三通接头

（1）结构

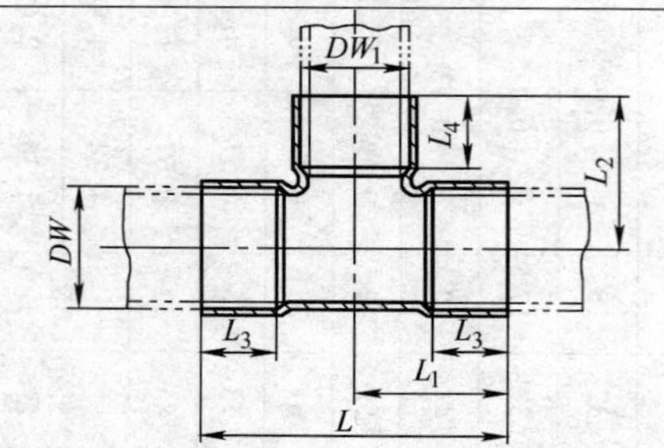

（2）基本尺寸（CJ/T 117—2000）

公称通径 (DN/DN_1) /mm	铜管外径 (DW/DW_1) /mm	结构尺寸/mm					质量/kg	
		L	L_1	L_2	L_3	L_4	$PN=1.0N/mm^2$	$PN=1.6N/mm^2$
8/6	10/8	32	16	16	7	7	0.01	
10/8	12/10	38	19	17	9			
15/8	16/10	50	25	21	11		0.02	

（续）

公称通径 (DN/DN_1) /mm	铜管外径 (DW/DW_1) /mm	结构尺寸/mm					质量/kg	
		L	L_1	L_2	L_3	L_4	$PN=1.0\text{N/mm}^2$	$PN=1.6\text{N/mm}^2$
15/10	16/12	50	25		11	9	0.03	
20/10	22/12	56	28	26	15	11	0.04	
20/15	22/16	60	30	28			0.05	
25/15	28/16	68	34	28	17		0.06	
25/20	28/22			35		15		
32/15	35/16	74	37	31	20	11	0.08	
32/20	35/22	80	40	35		15	0.09	
32/25	35/28	82	41	40		16	0.10	
40/15	44/16	84	42	38	22	11	0.12	
40/20	44/22	90	45	40		15	0.13	
40/25	44/28	96	48	41		16		

（续）

<table>
<tr><th rowspan="2">公称通径（DN/DN_1）/mm</th><th rowspan="2">铜管外径（DW/DW_1）/mm</th><th colspan="5">结构尺寸/mm</th><th colspan="2">质量/kg</th></tr>
<tr><th>L</th><th>L_1</th><th>L_2</th><th>L_3</th><th>L_4</th><th>$PN=1.0N/mm^2$</th><th>$PN=1.6N/mm^2$</th></tr>
<tr><td>40/32</td><td>44/35</td><td>98</td><td>49</td><td>48</td><td>22</td><td>18</td><td colspan="2">0.14</td></tr>
<tr><td>50/20</td><td>55/22</td><td>96</td><td>48</td><td>46</td><td rowspan="4">25</td><td>15</td><td colspan="2">0.21</td></tr>
<tr><td>50/25</td><td>55/28</td><td>102</td><td>51</td><td>48</td><td>17</td><td colspan="2">0.22</td></tr>
<tr><td>50/32</td><td>55/35</td><td>108</td><td>54</td><td>51</td><td>20</td><td rowspan="2">0.23</td><td>0.23</td></tr>
<tr><td>50/40</td><td>55/44</td><td>114</td><td>57</td><td>58</td><td>22</td><td>0.24</td></tr>
<tr><td>65/25</td><td>70/28</td><td>112</td><td>56</td><td>56</td><td rowspan="4">28</td><td>17</td><td colspan="2" rowspan="2">0.40</td></tr>
<tr><td>65/32</td><td>70/35</td><td>120</td><td>60</td><td>59</td><td>20</td></tr>
<tr><td>65/40</td><td>70/44</td><td>128</td><td>64</td><td>61</td><td>22</td><td>0.45</td><td>0.46</td></tr>
<tr><td>65/50</td><td>70/55</td><td>134</td><td>67</td><td>70</td><td>25</td><td>0.46</td><td>0.49</td></tr>
<tr><td>80/32</td><td>85/35</td><td>124</td><td>62</td><td>66</td><td rowspan="2">32</td><td>20</td><td colspan="2">0.48</td></tr>
<tr><td>80/40</td><td>85/44</td><td>136</td><td>68</td><td>68</td><td>22</td><td>0.52</td><td>0.53</td></tr>
</table>

（续）

公称通径 (DN/DN_1) /mm	铜管外径 (DW/DW_1) /mm	结构尺寸/mm					质量/kg	
		L	L_1	L_2	L_3	L_4	$PN=1.0\mathrm{N/mm^2}$	$PN=1.6\mathrm{N/mm^2}$
80/50	85/55	148	74	71	32	25	0.64	0.66
80/65	85/70	158	79	81		28	0.68	0.71
100/50	105/55	156	78		36	25	0.98	1.01
100/65	105/70	170	85	84		28	1.13	1.15
100/80	105/85	186	93	88		32	1.22	1.30
125/80	133/85	190	95	102	38		1.83	1.90
125/100	133/105	210	105	109		36	2.15	2.30
150/100	159/105	224	112	120	42		3.21	3.30
150/125	159/133	252	126	122		38	3.87	4.16
200/100	219/105	240	120	152	45	36	6.50	6.65
200/125	219/133	260	134	154		38	7.56	7.82
200/150	219/159	294	147	158		42	8.62	8.99

16.2.4 铜管 45°弯头

（1）结构

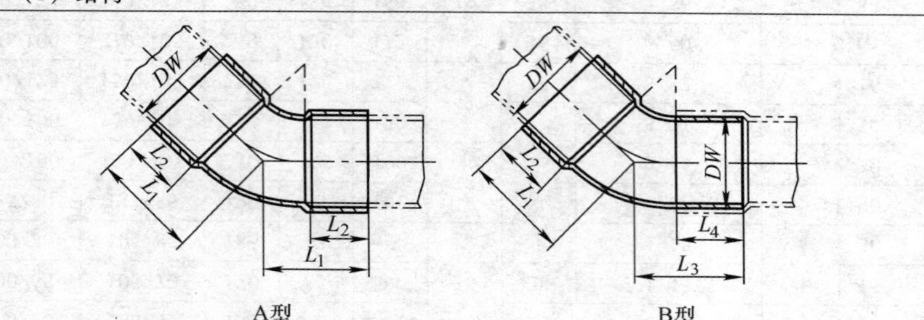

（2）基本尺寸（CJ/T 117—2000）

公称通径 DN/mm	铜管外径 DW/mm	结构尺寸/mm				质量/kg	
		L_1	L_2	L_3	L_4	$PN=1.0N/mm^2$	$PN=1.6N/mm^2$
6	8	12	7	12	9	0. 01	
8	10	13		13			
10	12	15	9	16	11		

（续）

公称通径 DN/mm	铜管外径 DW/mm	结构尺寸/mm				质量/kg	
		L_1	L_2	L_3	L_4	$PN=1.0\mathrm{N/mm^2}$	$PN=1.6\mathrm{N/mm^2}$
15	16	19	11	20	13	0.03	
20	22	26	15	26	17		
25	28	31	17	31	19		
32	35	37	20	36	22	0.09	
40	44	43	22	42	24	0.14	0.21
50	55	51	25	50	27	0.23	0.33
65	70	61	28	59	30	0.34	0.52
80	85	71	32	69	34	0.51	0.86
100	105	83	36	81	38	0.91	1.26
	（108）					0.76	1.12
125	133	97	38	95	41	1.76	2.57
150	159	112	42	111	45	2.43	4.26
200	219	141	45	139	48	5.52	9.89

注:尽量不采用括号内的规格。

16.2.5 铜管90°弯头

(1) 结构

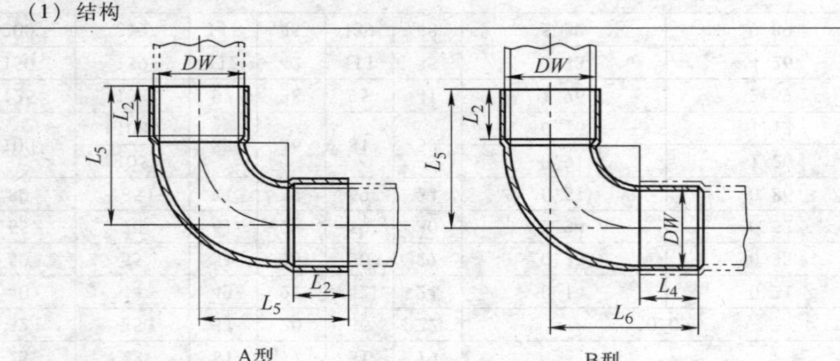

A型　　B型

(2) 基本尺寸（CJ/T 117—2000）

公称通径 DN/mm	铜管外径 DW/mm	结构尺寸/mm				质量/kg	
		L_2	L_4	L_5	L_6	$PN=1.0N/mm^2$	$PN=1.6N/mm^2$
6	8	7	9	14	15	0.01	
8	10			15	16		

（续）

公称通径	铜管外径	结构尺寸/mm				质量/kg	
DN/mm	DW/mm	L_2	L_4	L_5	L_6	$PN = 1.0\text{N/mm}^2$	$PN = 1.6\text{N/mm}^2$
10	12	9	11	19	19	0.01	
15	16	11	13	24	24	0.03	
20	22	15	17	32	32		
25	28	17	19	37	38		
32	35	20	22	45	45	0.09	
40	44	22	24	56	55	0.14	0.21
50	55	25	27	66	66	0.21	0.31
65	70	28	30	81	79	0.48	0.64
80	85	32	34	93	92	0.70	1.12
100	105	36	38	109	108	1.30	1.92
	（108）					1.16	1.71
125	133	38	41	133	131	2.62	4.18
150	159	42	45	158	156	4.26	6.22
200	219	45	48	204	201	10.99	14.72

注：尽量不采用括号内的规格。

16.2.6 铜管异径接头

（1）结构

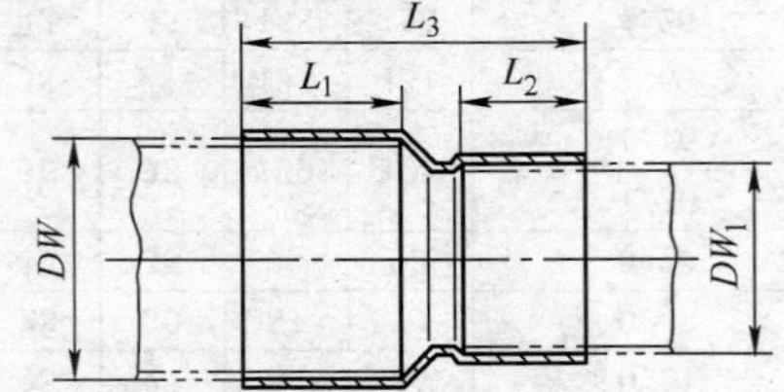

（2）基本尺寸（CJ/T 117—2000）

公称通径（DN/DN_1）/mm	铜管外径（DW/DW_1）/mm	结构尺寸/mm			质量/kg	
		L_1	L_2	L_3	$PN=1.0N/mm^2$	$PN=1.6N/mm^2$
8/6	10/8	7	7	22	0.01	
10/8	12/10	9		24		
15/8	16/10	11		27		
15/10	16/12		9	28		

（续）

<table>
<tr><th rowspan="2">公称通径
（DN/DN_1）
/mm</th><th rowspan="2">铜管外径
（DW/DW_1）
/mm</th><th colspan="3">结构尺寸/mm</th><th colspan="2">质量/kg</th></tr>
<tr><th>L_1</th><th>L_2</th><th>L_3</th><th>$PN=1.0N/mm^2$</th><th>$PN=1.6N/mm^2$</th></tr>
<tr><td>20/10</td><td>22/12</td><td rowspan="2">15</td><td>9</td><td rowspan="2">36</td><td colspan="2">0.02</td></tr>
<tr><td>20/15</td><td>22/16</td><td rowspan="2">11</td><td colspan="2" rowspan="5">0.03</td></tr>
<tr><td>25/15</td><td>28/16</td><td rowspan="2">17</td><td rowspan="2">44</td></tr>
<tr><td>25/20</td><td>28/22</td><td>15</td></tr>
<tr><td>32/15</td><td>35/16</td><td rowspan="3">20</td><td>11</td><td>50</td></tr>
<tr><td>32/20</td><td>35/22</td><td>15</td><td>51</td></tr>
<tr><td>32/25</td><td>35/28</td><td>17</td><td>50</td><td colspan="2" rowspan="2">0.04</td></tr>
<tr><td>40/15</td><td>44/16</td><td rowspan="4">22</td><td>11</td><td>57</td></tr>
<tr><td>40/20</td><td>44/22</td><td>15</td><td>58</td><td>0.05</td><td>0.06</td></tr>
<tr><td>40/25</td><td>44/28</td><td>17</td><td>57</td><td rowspan="2">0.07</td><td rowspan="2">0.08</td></tr>
<tr><td>40/32</td><td>44/35</td><td>20</td><td>56</td></tr>
</table>

（续）

<table>
<tr><th rowspan="2">公称通径（DN/DN_1）/mm</th><th rowspan="2">铜管外径（DW/DW_1）/mm</th><th colspan="3">结构尺寸/mm</th><th colspan="2">质量/kg</th></tr>
<tr><th>L_1</th><th>L_2</th><th>L_3</th><th>$PN=1.0N/mm^2$</th><th>$PN=1.6N/mm^2$</th></tr>
<tr><td>50/20</td><td>55/22</td><td rowspan="4">25</td><td>15</td><td>70</td><td>0.08</td><td>0.09</td></tr>
<tr><td>50/25</td><td>55/28</td><td>17</td><td>69</td><td colspan="2">0.11</td></tr>
<tr><td>50/32</td><td>55/35</td><td>20</td><td>68</td><td colspan="2">0.12</td></tr>
<tr><td>50/40</td><td>55/44</td><td>22</td><td>66</td><td>0.13</td><td>0.15</td></tr>
<tr><td>65/25</td><td>70/28</td><td rowspan="4">28</td><td>17</td><td rowspan="2">79</td><td colspan="2">0.16</td></tr>
<tr><td>65/32</td><td>70/35</td><td>20</td><td colspan="2">0.17</td></tr>
<tr><td>65/40</td><td>70/44</td><td>22</td><td>76</td><td>0.19</td><td rowspan="2">0.24</td></tr>
<tr><td>65/50</td><td>70/55</td><td>25</td><td>74</td><td>0.20</td></tr>
<tr><td>80/32</td><td>85/35</td><td rowspan="3">32</td><td>20</td><td>84</td><td>0.23</td><td>0.25</td></tr>
<tr><td>80/40</td><td>85/44</td><td>22</td><td>91</td><td>0.29</td><td>0.32</td></tr>
<tr><td>80/50</td><td>85/55</td><td>25</td><td>89</td><td>0.30</td><td>0.34</td></tr>
</table>

（续）

公称通径（DN/DN_1）/mm	铜管外径（DW/DW_1）/mm	结构尺寸/mm			质量/kg	
		L_1	L_2	L_3	$PN=1.0N/mm^2$	$PN=1.6N/mm^2$
80/65	85/70	32	28	84	0.38	0.43
100/50	105/55	36	25	103	0.48	0.50
100/65	105/70		28	98	0.57	0.60
100/80	105/85		32	95	0.65	0.78
125/80	133/85	38		111	1.10	1.25
125/100	133/105		36	105	1.20	1.42
150/100	159/105	42		125	1.76	2.02
150/125	159/133		38	113	1.91	2.36
200/100	219/105	45	36	161	3.05	4.52
200/125	219/133		38	153	3.07	4.60
200/150	219/159		42	144	3.70	4.33

16.2.7 铜管套管接头

（1）结构

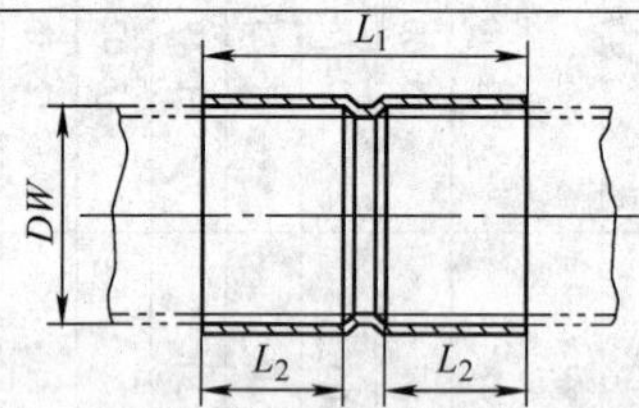

（2）基本尺寸（CJ/T 117—2000）

<table>
<tr><th rowspan="3">公称通径
DN/mm</th><th rowspan="3">铜管外径
DW/mm</th><th colspan="2">结构尺寸/mm</th><th colspan="2">质量/kg</th></tr>
<tr><th rowspan="2">L_1</th><th rowspan="2">L_2</th><th>PN =</th><th>PN =</th></tr>
<tr><th>1.0N/mm²</th><th>1.6N/mm²</th></tr>
<tr><td>6</td><td>8</td><td rowspan="2">21</td><td rowspan="2">7</td><td colspan="2" rowspan="3">0.01</td></tr>
<tr><td>8</td><td>10</td></tr>
<tr><td>10</td><td>12</td><td>25</td><td>9</td></tr>
<tr><td>15</td><td>16</td><td>30</td><td>11</td><td colspan="2" rowspan="2">0.02</td></tr>
<tr><td>20</td><td>22</td><td>39</td><td>15</td></tr>
<tr><td>25</td><td>28</td><td>45</td><td>17</td><td colspan="2">0.03</td></tr>
<tr><td>32</td><td>35</td><td>51</td><td>20</td><td colspan="2">0.05</td></tr>
<tr><td>40</td><td>44</td><td>58</td><td>22</td><td>0.08</td><td>0.13</td></tr>
<tr><td>50</td><td>55</td><td>64</td><td>25</td><td>0.13</td><td>0.18</td></tr>
<tr><td>65</td><td>70</td><td>74</td><td>28</td><td>0.25</td><td>0.30</td></tr>
<tr><td>80</td><td>85</td><td>82</td><td>32</td><td>0.28</td><td>0.46</td></tr>
<tr><td rowspan="2">100</td><td>105</td><td rowspan="2">90</td><td rowspan="2">36</td><td>0.48</td><td>0.72</td></tr>
<tr><td>(108)</td><td>0.50</td><td>0.74</td></tr>
<tr><td>125</td><td>133</td><td>94</td><td>38</td><td>0.79</td><td>1.31</td></tr>
</table>

（续）

公称通径 DN/mm	铜管外径 DW/mm	结构尺寸/mm		质量/kg	
		L_1	L_2	PN = 1.0N/mm²	PN = 1.6N/mm²
150	159	105	42	1.32	1.96
200	219	118	45	2.71	3.96

注:尽量不采用括号内的规格。

16.2.8 铜管管帽

(1) 结构

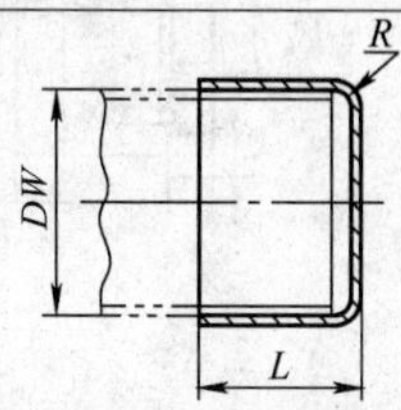

(2) 基本尺寸（CJ/T 117—2000）

公称通径 DN/mm	铜管外径 DW/mm	结构尺寸/mm		质量/kg
		L	R	
6	8	9	2	0.01
8	10			
10	12	11		
15	16	16	3	0.02
20	22	18		
25	28	21	4	0.03
32	35	24		0.04
40	44	26		0.05
50	55	29		0.10

16.3 法兰

16.3.1 平面、突面板式平焊钢制管法兰

它是用焊接方法，连接在钢管两端，与其他带法兰的钢管、阀门或管件连接。

（1）结构

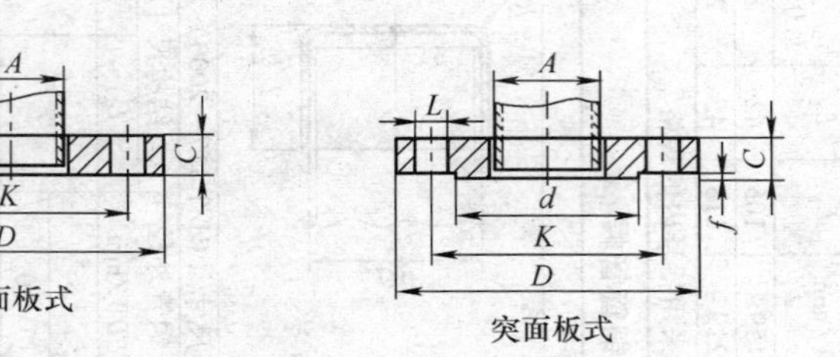

D——法兰外径　K—螺栓孔中心圆直径　L—螺栓孔直径　n—螺栓孔数量

d—突出密封面直径　f—密封面高度　C—法兰厚度　A—适用管子外径

（续）

（2）常用规格（GB/T 9119—2000）

法兰的连接及密封面尺寸/mm														
公称通径	公称压力 PN/MPa												各种 PN	
	≤0.6						1.0							
DN	D	K	L	n	d	c	D	K	L	n	d	c	f	A
10	75	50	11	4	33	12	90	60	14	4	41	14	2	17.2
15	80	55	11	4	38	12	95	65	14	4	46	14	2	21.3
20	90	65	11	4	48	14	105	75	14	4	56	16	2	26.9
25	100	75	11	4	58	14	115	85	14	4	65	16	2	33.7
32	120	90	14	4	69	16	140	100	18	4	76	18	2	42.4
40	130	100	14	4	78	16	150	110	18	4	84	18	2	48.3
50	140	110	14	4	88	16	165	125	18	4	99	20	2	60.3
65	160	130	14	4	108	16	185	145	18	4	118	20	2	76.1
80	190	150	18	4	124	18	200	160	18	8	132	20	2	88.9
100	210	170	18	4	144	18	220	180	18	8	156	22	2	114.3

（续）

公称通径 DN	法兰的连接及密封面尺寸/mm													
	公称压力 PN/MPa												各种 PN	
	≤0.6						1.0							
	D	K	L	n	d	c	D	K	L	n	d	c	f	A
125	240	200	18	8	174	20	250	210	18	8	184	22	2	139.7
150	265	225	18	8	199	20	285	240	22	8	211	24	2	168.3
200	320	280	18	8	254	22	340	295	22	8	266	24	2	219.1
250	375	335	18	12	309	24	395	350	22	12	319	26	2	273.0
300	440	395	22	12	363	24	445	400	22	12	370	28	2	232.9
350	490	445	22	12	413	26	505	460	22	16	420	30	2	355.6
400	540	495	22	16	463	28	565	515	26	16	480	32	2	406.4
450	595	550	22	16	518	30	615	565	26	20	530	35	2	457.0
500	645	600	22	20	568	32	370	620	26	20	582	38	2	508.0
600	755	705	22	20	667	36	780	725	30	20	682	42	2	610.0

（续）

公称通径 DN	法兰的连接及密封面尺寸/mm													
	公称压力 PN/MPa												各种 PN	
	1.6						2.5							
	D	K	L	n	d	c	D	K	L	n	d	c	f	A
10	90	60	14	4	41	14	90	60	14	4	41	14	2	17.2
15	95	65	14	4	46	14	95	65	14	4	46	14	2	21.3
20	105	75	14	4	56	16	105	75	14	4	56	16	2	26.9
25	115	85	14	4	65	16	115	85	14	4	65	16	2	33.7
32	140	100	18	4	76	18	140	100	18	4	76	18	2	42.4
40	150	110	18	4	84	18	150	110	18	4	84	18	2	48.3
50	165	125	18	4	99	20	165	125	18	4	99	20	2	60.3
65	185	145	18	4	118	20	185	145	18	8	118	22	2	76.1

（续）

公称通径 DN	法兰的连接及密封面尺寸/mm													
	公称压力 PN/MPa												各种 PN	
	1.6						2.5							
	D	K	L	n	d	c	D	K	L	n	d	c	f	A
80	200	160	18	8	132	20	200	160	18	8	132	24	2	88.9
100	220	180	18	8	156	22	235	190	22	8	156	26	2	114.3
125	250	210	18	8	184	22	270	220	26	8	184	28	2	139.7
150	285	240	22	8	211	24	300	250	26	8	211	30	2	168.3
200	340	295	22	12	266	26	360	310	26	12	274	32	2	219.1
250	405	355	26	12	319	28	425	370	30	12	330	35	2	373.0
300	460	410	26	12	370	32	485	430	30	16	389	38	2	323.9
350	520	470	26	16	429	35	555	490	33	16	448	42	2	355.6
400	580	525	30	16	480	38	620	550	36	16	503	46	2	406.4

（续）

法兰的连接及密封面尺寸/mm														
公称通径 DN	公称压力 PN/MPa												各种 PN	
	1.6						2.5							
	D	K	L	n	d	c	D	K	L	n	d	c	f	A
450	640	585	30	20	548	42	670	600	36	20	548	50	2	457.0
500	715	650	33	20	609	46	730	660	36	20	609	56	2	508.0
600	840	770	33	20	720	52	845	770	39	20	720	68	2	610.0

法兰的螺栓孔直径与螺栓公称直径关系/mm									
螺栓孔直径 L	11	14	18	22	26	30	33	36	39
螺栓公称直径	M10	M12	M16	M20	M24	M27	M30	M33	M36

注：1. 表中规定的平面、突面板式平焊钢制管法兰的连接及密封面尺寸（D、K、L、n、d、f、A），也适用于相同公称压力的其他钢制管法兰（如带颈平焊钢制管法兰、带颈螺纹钢制管法兰等）和钢制法兰盖。

2. PN0.25MPa（$DN \leqslant 600$mm）平面、突面板式平焊钢制管法兰的连接及密封面尺寸，与表中 PN0.6MPa 平面、突面板式平焊钢制管法兰相同。

16.3.2 平面、突面带颈平焊钢制管法兰

用途与平面、突面板式法兰相同。

（1）结构

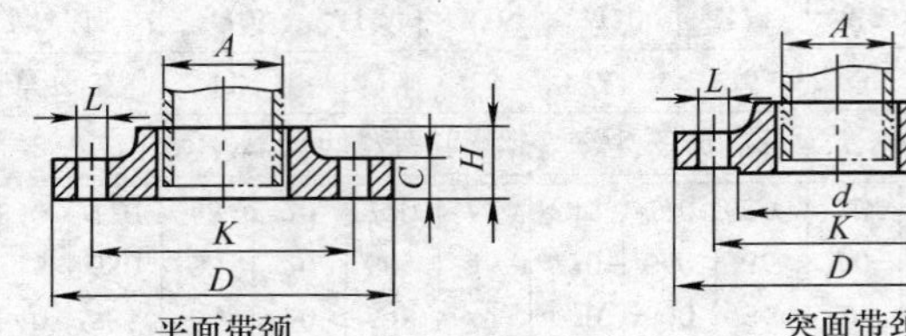

平面带颈

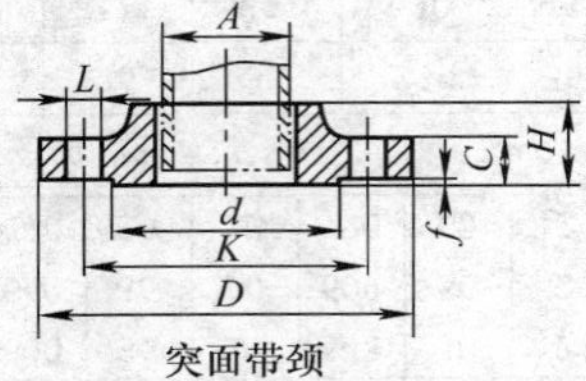

突面带颈

D—法兰外径　K—螺栓孔中心圆直径　L—螺栓孔直径

n—螺栓孔数量　d—突出密封面直径　f—密封面高度

C—法兰厚度　H—法兰高度　A—适用管子外径

（续）

（2）法兰的常用规格（GB/T 9116.1—2000）

法兰的连接及密封面尺寸/mm

公称通径 DN	公称压力 PN（MPa）						公称通径 DN	公称压力 PN（MPa）					
	1.0		1.6		2.5			1.0		1.6		2.5	
	C	*H*	*C*	*H*	*C*	*H*		*C*	*H*	*C*	*H*	*C*	*H*
10	14	22	14	22	14	22	125	22	44	22	44	26	48
15	14	22	14	22	14	22	150	24	44	24	44	28	52
20	16	26	16	26	16	26	200	24	44	24	44	30	52
25	16	28	16	28	16	28	250	26	46	26	46	32	60
32	18	30	18	30	18	30	300	26	46	28	53	34	67
40	18	32	18	32	18	32	350	26	53	30	57	38	72
50	20	34	20	34	20	34	400	26	57	32	63	40	78
65	20	32	20	32	22	38	450	28	63	40	68	46	84
80	20	34	20	34	24	40	500	28	67	44	73	48	90
100	22	40	22	40	24	44	600	34	75	54	83	58	100

注：法兰连接及密封面尺寸中的其他尺寸 *D*、*K*、*L*、*n*、*d*、*f*、*A* 和螺栓公称直径，参见平面、突面板式平焊钢制管法兰的常用规格”中的规定

16.3.3 突面带颈螺纹钢制管法兰

该种结构的法兰旋在两端带55°管螺纹的钢管上，以便与其他带法兰钢管或阀门、管件连接。

(1) 结构

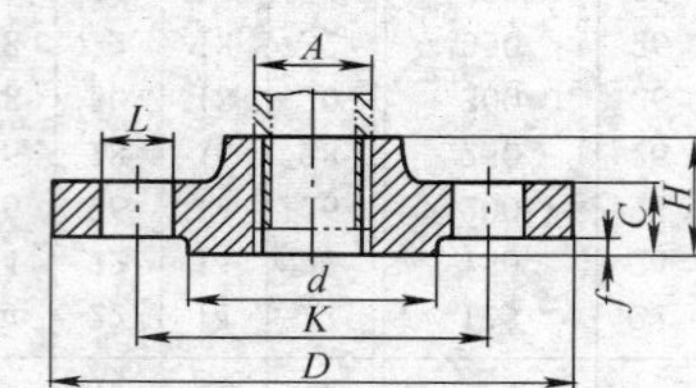

D—法兰外径　K—螺栓孔中心圆直径　L—螺栓孔直径
d—突出密封面直径　f—密封面高度　C—法兰厚度
H—法兰高度　A—适用管子外径

（续）

（2）法兰的连接及密封面尺寸/mm（GB/T 9114—2000）

公称通径 DN			10	15	20	25	32	40	50	65	80	100	125	150
管螺纹尺寸代号			3/8	1/2	3/4	1	1¼	1½	2	2½	3	4	5	6
公称压力/MPa	*PN*0.6	C	12	12	14	14	16	16	16	16	18	18	18	20
		H	20	20	24	24	26	26	28	32	34	40	44	44
	*PN*1.0	C	14	14	16	16	18	18	20	20	20	22	22	24
		H	22	22	26	28	30	32	34	32	34	40	44	44
	*PN*1.6	C	14	14	16	16	18	18	20	20	20	22	22	24
		H	22	22	26	28	30	32	34	32	34	40	44	44
	*PN*2.5	C	14	14	16	16	18	18	20	22	24	24	26	28
		H	22	22	26	28	30	32	34	38	40	44	48	52

注：法兰的连接及密封面尺寸中的其他尺寸 D、K、L、n、d、f、A 和螺栓公称直径，参见16.3.1中表（2）常用规格中的规定。

16.3.4 平面和突面钢制管法兰盖

法兰盖是用来封闭钢管、阀门或管件。

(1) 结构

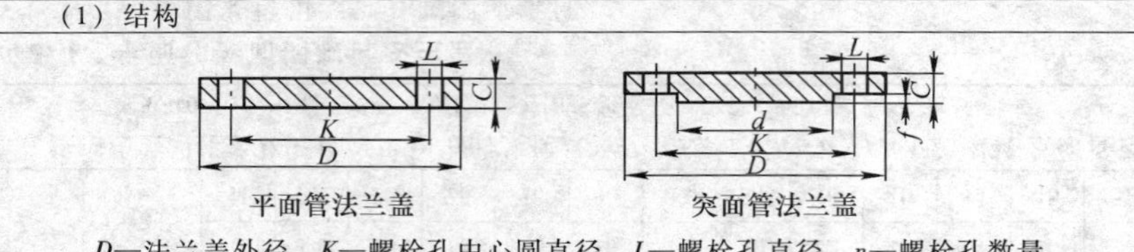

平面管法兰盖　　突面管法兰盖

D—法兰盖外径　K—螺栓孔中心圆直径　L—螺栓孔直径　n—螺栓孔数量

d—突出密封面直径　f—密封面高度　C—法兰盖厚度

(2) 法兰盖的连接及密封面尺寸

公称通径 DN/mm			10	15	20	25	32	40	50	65	80	100
公称压力 PN /MPa	≤0.6	法兰盖厚度 C /mm	12	12	14	14	16	16	16	16	18	18
	1.0		14	14	16	16	18	18	20	20	20	22
	1.6		14	14	16	16	18	18	20	20	20	22
	2.5		14	14	16	16	18	18	20	20	24	26
公称通径 DN/mm			125	150	200	250	300	350	400	450	500	600
公称压力 PN /MPa	≤0.6	法兰盖厚度 C /mm	20	20	22	24	24	26	28	30	32	36
	1.0		22	24	24	26	26	26	28	28	30	34
	1.6		22	24	26	26	28	30	32	36	40	44
	2.5		28	30	32	32	34	38	40	44	48	54

注：平面和突面钢制管法兰盖的连接和密封面的其他尺寸 D、K、L、n、d、f 和螺栓公称直径，参见表 16.3.2“平面、突面板式平焊钢制管法兰的常用规格”中的规定。

16.4 聚氯乙烯（PVC-U）管件

16.4.1 弯头、三通和接头

（1）结构

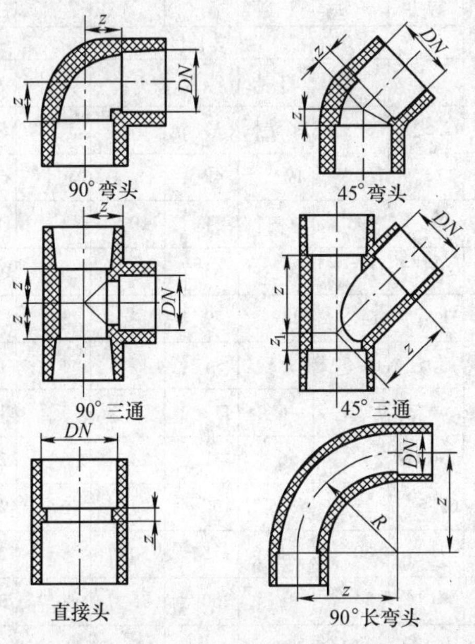

（续）

（2）弯头、三通和接头的安装尺寸（GB/T 10002.2—2003）　　（单位：mm）

公称通径 DN/mm	管件类型						
	90°弯头	45°弯头	90°三通	45°三通		直接头	90°长弯头
				z	z_1		
	安装长度 z						
20	11^{+1}_{-1}	5^{+1}_{-1}	11^{+1}_{-1}	27^{+3}_{-3}	6^{+2}_{-1}	3^{+1}_{-1}	40^{+1}_{-1}
25	$13.5^{+1.2}_{-1}$	$6^{+1.2}_{-1}$	$13.5^{+1.2}_{-1}$	33^{+3}_{-3}	7^{+2}_{-1}	$3^{+1.2}_{-1}$	$50^{+1.2}_{-1}$
32	$17^{+1.6}_{-1}$	$7.5^{+1.6}_{-1}$	$17^{+1.6}_{-1}$	42^{+4}_{-3}	8^{+2}_{-1}	$3^{+1.6}_{-1}$	$64^{+1.6}_{-1}$
40	21^{+2}_{-1}	9.5^{+2}_{-1}	21^{+2}_{-1}	51^{+5}_{-3}	10^{+2}_{-1}	3^{+2}_{-1}	80^{+2}_{-1}
50	$26^{+2.5}_{-1}$	$11.5^{+2.5}_{-1}$	$26^{+2.5}_{-1}$	63^{+6}_{-3}	12^{+2}_{-1}	3^{+2}_{-1}	$100^{+2.5}_{-1}$
63	$32.5^{+3.2}_{-1}$	$14^{+3.2}_{-1}$	$32.5^{+3.2}_{-1}$	79^{+7}_{-3}	14^{+2}_{-1}	3^{+2}_{-1}	$126^{+3.2}_{-1}$
75	38.5^{+4}_{-1}	16.5^{+4}_{-1}	38.5^{+4}_{-1}	94^{+9}_{-3}	17^{+2}_{-1}	4^{+2}_{-1}	150^{+4}_{-1}
90	46^{+5}_{-1}	19.5^{+5}_{-1}	46^{+5}_{-1}	112^{+11}_{-3}	20^{+3}_{-1}	5^{+2}_{-1}	180^{+5}_{-1}
110	56^{+6}_{-1}	23.5^{+6}_{-1}	56^{+6}_{-1}	137^{+13}_{-4}	24^{+3}_{-1}	6^{+3}_{-1}	220^{+6}_{-1}
125	63.5^{+6}_{-1}	27^{+6}_{-1}	63.5^{+6}_{-1}	157^{+15}_{-4}	27^{+3}_{-1}	6^{+3}_{-1}	250^{+5}_{-1}
140	71^{+7}_{-1}	30^{+7}_{-1}	71^{+7}_{-1}	175^{+17}_{-5}	30^{+4}_{-1}	8^{+3}_{-1}	280^{+7}_{-1}
160	81^{+8}_{-1}	34^{+8}_{-1}	81^{+8}_{-1}	200^{+20}_{-6}	35^{+4}_{-1}	8^{+4}_{-1}	320^{+8}_{-1}
200	101^{+9}_{-1}	43^{+9}_{-1}	101^{+9}_{-1}	—	—	8^{+5}_{-1}	—
225	114^{+10}_{-1}	48^{+10}_{-1}	114^{+10}_{-1}	—	—	10^{+5}_{-1}	—

16.4.2 长型变径接头

（1）结构

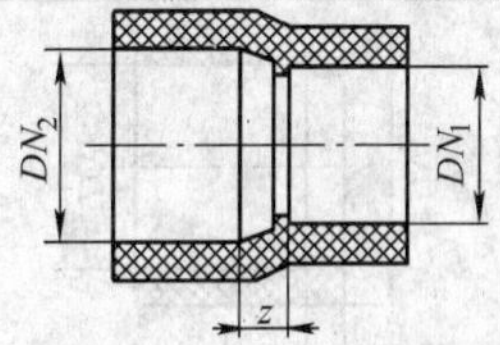

（2）长型变径接头的安装尺寸（GB/T 10002.2—2003）

（单位：mm）

公称通径 DN_1/mm	公称通径 DN_2										
	25	32	40	50	63	75	90	110	125	140	160
	安装长度 z										
	±1			±1.5				±2			
20	6.5	8	10	13							
25		8	10	12	16.5						
32			10	13	16.5	18.5					
40				13	16.5	18.5	23				
50					16.5	18.5	23	27			
63						18.5	23	27	31.5		
75							23	27	31.5	35	
90								27	31.5	35	40
110									31.5	35	40
125										35	40
140											40

16.4.3 短型变径接头

(1) 结构

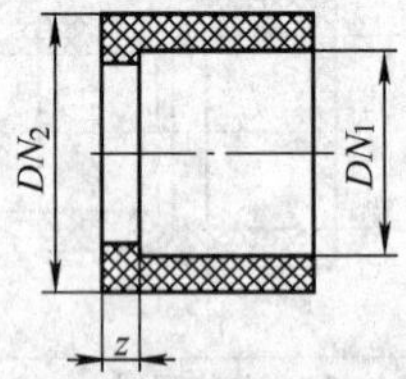

(2) 短型变径接头的安装尺寸（GB/T 10002.2—2003）

（单位：mm）

公称通径 DN_1 /mm	公称通径 DN_2											
	20	25	32	40	50	63	75	90	110	125	140	160
	安装长度 $z\pm1$											
20		2.5	6	10	15							
25			3.5	7.5	12.5	19						
32				4	9	15.5	21.5					
40					5	11.5	17.5	25				
50						6.5	12.5	20	30			
63							6	13.5	23.5	31		
75								7.5	17.5	25	32.5	
90									10	17.5	25	35
110										7.5	15	25
125											7.5	17.5
140												10

16.4.4 异径接头

（1）结构

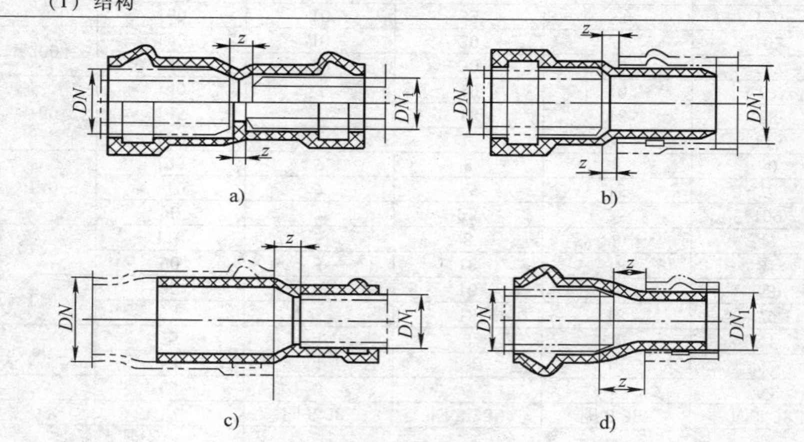

a）注塑双承口异径接头 b）注塑单承口异径接头
c）注塑内插单承口异径接头 d）管材加工而成的异径接头

（续）

（2）异径接头的安装尺寸（GB/T 10002.2—2003）（单位：mm）

公称通径		z_{min}			
DN	DN_1	图 8-38a	图 8-38b	图 8-38c	图 8-38d
75	63	3	6	6	34
90	63	4	14	14	62
	75	4	8	8	41
110	75	5	18	18	79
	90	5	10	10	53
（125）	90	5	18	18	81
	110	5	8	8	47
140	90	7	25	25	109
	110	7	15	15	76
	125	7	8	8	50
160	110	7	25	25	113
	125	7	18	18	88
	140	7	10	10	62
（200）	140	10	30	30	137
	160	10	20	20	103
225	160	10	33	33	150
	200	10	13	13	81

注：尽量不采用括号内的规格。

16.4.5 活接头

(1) 结构

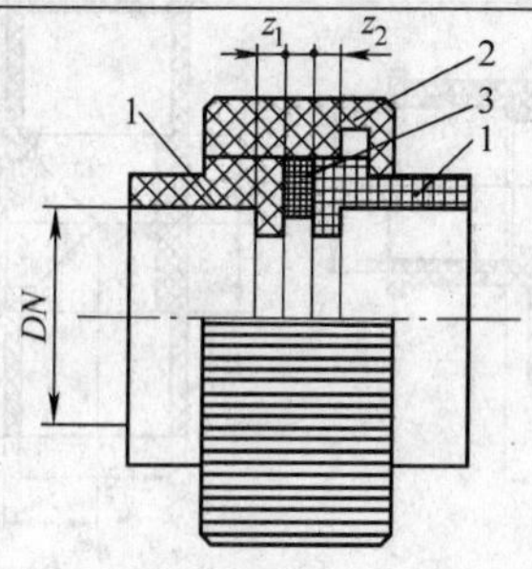

1—承口端　2—PVC 螺母　3—平密封垫圈

(2) 活接头的安装尺寸（GB/T 10002.2—2003）

公称通径 DN/mm	z_1/mm	z_2/mm	接头螺母/in①
20	8 ± 1	3 ± 1	1
25	$8^{+1.2}_{-1}$	3 ± 1	$1\frac{1}{4}$
32	$8^{+1.6}_{-1}$	3 ± 1	$1\frac{1}{2}$
40	10^{+2}_{-1}	3 ± 1	2
50	12^{+2}_{-1}	3 ± 1	$2\frac{1}{4}$
63	15^{+2}_{-1}	3 ± 1	$2\frac{3}{4}$

① 1in = 25.4mm。

16.4.6 90°弯头及三通

（1）结构

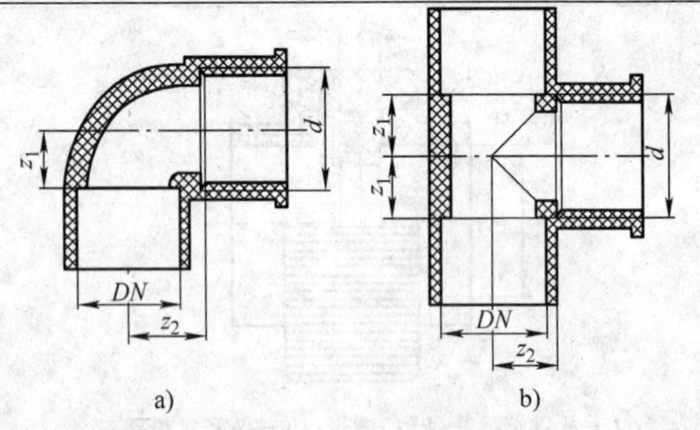

a）90°弯头　b）三通

（2）90°弯头及三通的安装尺寸（GB/T 10002.2—2003）

公称通径 DN/mm	螺纹尺寸 d/in①	z_1/mm	z_2/mm
20	RC $\frac{1}{2}$	11 ±1	14 ±1
25	RC $\frac{3}{4}$	$13.5^{+1.2}_{-1}$	$17^{+1.2}_{-1}$
32	RC1	$17^{+1.6}_{-1}$	$22^{+1.6}_{-1}$
40	RC1 $\frac{1}{4}$	21^{+2}_{-1}	28^{+2}_{-1}
50	RC1 $\frac{1}{2}$	$26^{+2.5}_{-1}$	$38^{+2.5}_{-1}$
63	RC2	$32.5^{+3.2}_{-1}$	$47^{+3.2}_{-1}$

① 1in = 25.4mm。

16.4.7 PVC 接头端和金属件接头

(1) 结构

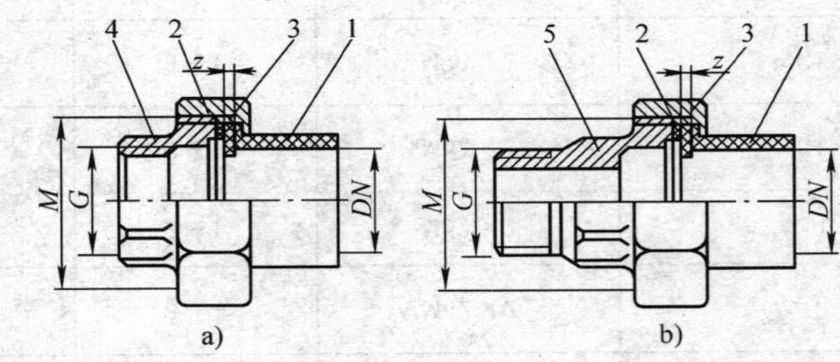

a) Ⅰ型（金属件上有外螺纹） b) Ⅱ型（金属件上有内螺纹）

1—接头端（PVC） 2—垫圈 3—接头螺母（金属）

4—接头端（金属内螺纹） 5—接头端（金属外螺纹）

（续）

(2) PVC 接头端和金属件接头的安装尺寸（GB/T 10002.2—2003）			
接头端（PVC）		接头螺母螺纹尺寸 M/mm	内或外螺纹接头端（金属）螺纹尺寸 G/in①
公称通径 DN/mm	z/mm		
20	3 ±1	M39 ×2	$G\frac{1}{2}$
25	3 ±1	M42 ×2	$G\frac{3}{4}$
32	3 ±1	M52 ×2	G1
40	3 ±1	M62 ×2	$G1\frac{1}{4}$
50	3 ±1	M72 ×2	$G1\frac{1}{2}$
63	3 ±1	M82 ×2	G3

① 1in = 25.4mm。

16.4.8 短型 PVC 接头端和活动金属螺母

（1）结构

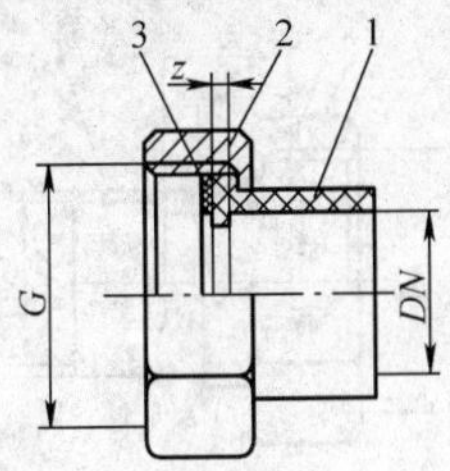

1—接头端（PVC） 2—金属螺母 3—平密封垫圈

（2）短型 PVC 接头端和活动金属螺母的安装尺寸（GB/T 10002.2—2003）

接头端（承口）		金属螺母螺纹尺寸
DN/mm	*z*/mm	*G*/in①
20	3 ± 1	G1
25	3 ± 1	G1 $\frac{1}{4}$
32	3 ± 1	G1 $\frac{1}{2}$
40	3 ± 1	G2
50	3 ± 1	G2 $\frac{1}{4}$
63	3 ± 1	G2 $\frac{3}{4}$

① 1in = 25.4mm。

16.4.9 长型 PVC 接头端和活动金属螺母

（1）结构

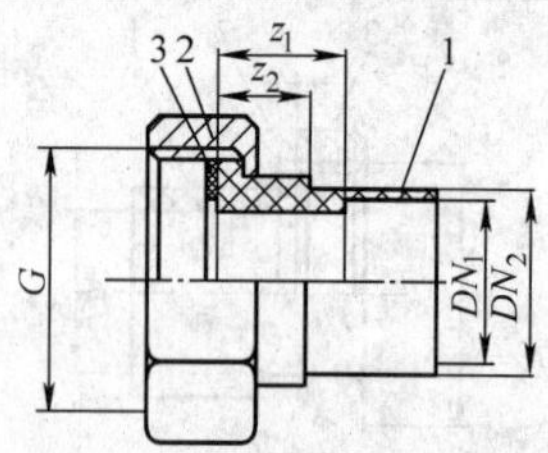

1—接头端（PVC）　2—金属螺母　3—平密封垫圈

（2）长型 PVC 接头端和活动金属螺母的安装尺寸（GB/T 10002.2—2003）

接头端（承口）		接头端（插口）		金属螺母螺纹尺寸 G/in①
DN_2/mm	z_2/mm	DN_1/mm	z_1/mm	
20	22^{+2}_{-1}	—	—	$G\frac{3}{4}$
25	23^{+2}_{-1}	20	26^{+3}_{-1}	G1
32	26^{+3}_{-1}	25	29^{+3}_{-1}	$G1\frac{1}{4}$
40	28^{+3}_{-1}	32	32^{+4}_{-1}	$G1\frac{1}{2}$
50	31^{+3}	40	36^{+4}_{-1}	G2

① 1in = 25.4mm。

16.5 阀门

16.5.1 阀门型号

(1) 型号组成内容说明

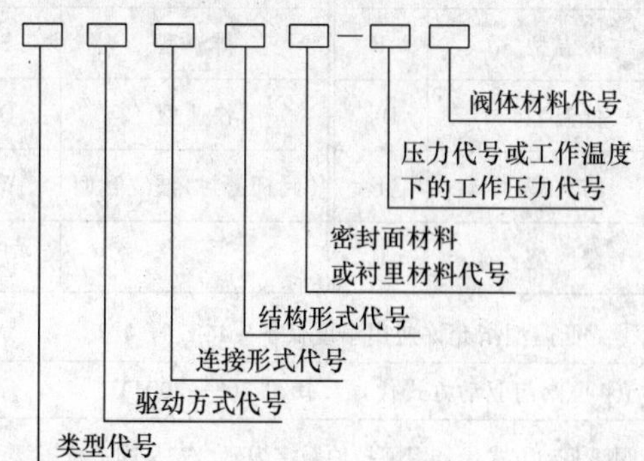

(2) 阀门类型代号 (JB/T 308—2004)

阀门类型	代号	阀门类型	代号
弹簧载荷安全阀	A	排污阀	P
蝶阀	D	球阀	Q
隔膜阀	G	蒸汽疏水阀	S
杠杆式安全阀	GA	柱塞阀	U
止回阀和底阀	H	旋塞阀	X
截止阀	J	减压阀	Y
节流阀	L	闸阀	Z

注：当阀门还具有其他功能或带有其他特异结构时，在阀门类型代号前再加一个汉语拼音字母见阀门特殊功能、结构、代号。

（续）

（3）阀门特殊功能、结构代号（JB/T 308—2004）

第二功能作用名称	代号	第二功能作用名称	代号
保温型	B	排渣型	P
低温型	D①	快速型	Q
防火型	F	（阀杆密封）波纹管型	W
缓闭型	H		

① 低温型指允许使用温度低于 -46℃ 的阀门。

（4）阀门驱动方式代号（JB/T 308—2004）

阀门驱动方式代号用阿拉伯数字表示。安全阀、减压阀、疏水阀、手轮直接连接阀杆操作结构形式的阀门，代号省略，不表示。对于气动或液动机构操作的阀门：常开式用 6K、7K 表示；常闭式用 6B、7B 表示。防爆电动装置的阀门用 9B 表示。

驱动方式	代　号	驱动方式	代　号
电磁动	0	锥齿轮	5
电磁-液动	1	气动	6
电-液动	2	液动	7
蜗轮	3	气-液动	8
直齿轮	4	电动	9

注：代号 1、代号 2 及代号 8 是用在阀门启闭时，需有两种动力源同时对阀门进行操作。

（续）

（5）阀门安装连接形式代号（JB/T 308—2004）

连接形式	代　　号	连接形式	代　　号
内螺纹	1	对夹	7
外螺纹	2	卡箍	8
法兰式	4	卡套	9
焊接式	6		

（6）阀门结构形式代号（JB/T 308—2004）

<table>
<tr><th colspan="4">结　构　形　式</th><th>代　号</th></tr>
<tr><td rowspan="5">阀杆升降式
（明杆）</td><td rowspan="3">楔式闸板</td><td colspan="2">弹性闸板</td><td>0</td></tr>
<tr><td rowspan="8">刚性闸板</td><td>单闸板</td><td>1</td></tr>
<tr><td>双闸板</td><td>2</td></tr>
<tr><td rowspan="2">平行式
闸板</td><td>单闸板</td><td>3</td></tr>
<tr><td>双闸板</td><td>4</td></tr>
<tr><td rowspan="4">阀杆非升降式
（暗杆）</td><td rowspan="2">楔式闸板</td><td>单闸板</td><td>5</td></tr>
<tr><td>双闸板</td><td>6</td></tr>
<tr><td rowspan="2">平行式
闸板</td><td>单闸板</td><td>7</td></tr>
<tr><td>双闸板</td><td>8</td></tr>
</table>

（续）

（7）截止阀，节流阀和柱塞阀结构形式代号（JB/T 308—2004）

<table>
<tr><th colspan="2">结构形式</th><th>代号</th><th colspan="2">结构形式</th><th>代号</th></tr>
<tr><td rowspan="5">阀瓣非平衡式</td><td>直通流道</td><td>1</td><td rowspan="5">阀瓣平衡式</td><td rowspan="3">直通流道</td><td rowspan="3">6</td></tr>
<tr><td>Z 形流道</td><td>2</td></tr>
<tr><td>三通流道</td><td>3</td></tr>
<tr><td>角式流道</td><td>4</td><td rowspan="2">角式流道</td><td rowspan="2">7</td></tr>
<tr><td>直流流道</td><td>5</td></tr>
</table>

（8）球阀结构形式代号（JB/T 308—2004）

<table>
<tr><th colspan="2">结构形式</th><th>代号</th><th colspan="2">结构形式</th><th>代 号</th></tr>
<tr><td rowspan="5">浮动球</td><td>直通流道</td><td>1</td><td rowspan="5">固定球</td><td>直通流道</td><td>7</td></tr>
<tr><td>Y 形三通流道</td><td>2</td><td>四通流道</td><td>6</td></tr>
<tr><td>L 形三通流道</td><td>4</td><td>T 形三通流道</td><td>8</td></tr>
<tr><td rowspan="2">T 形三通流道</td><td rowspan="2">5</td><td>L 形三通流道</td><td>9</td></tr>
<tr><td>半球直通</td><td>0</td></tr>
</table>

（9）蝶阀结构形式代号（JB/T 308—2004）

<table>
<tr><th colspan="2">结构形式</th><th>代号</th><th colspan="2">结构形式</th><th>代 号</th></tr>
<tr><td rowspan="5">密封型</td><td>单偏心</td><td>0</td><td rowspan="5">非密封型</td><td>单偏心</td><td>5</td></tr>
<tr><td>中心垂直板</td><td>1</td><td>中心垂直板</td><td>6</td></tr>
<tr><td>双偏心</td><td>2</td><td>双偏心</td><td>7</td></tr>
<tr><td>三偏心</td><td>3</td><td>三偏心</td><td>8</td></tr>
<tr><td>连杆机构</td><td>4</td><td>连杆机构</td><td>9</td></tr>
</table>

（续）

（10）隔膜阀结构形式代号（JB/T 308—2004）

结构形式	代号	结构形式	代号
屋脊流道	1	直通流道	6
直流流道	5	Y 形角式流道	8

（11）旋塞阀结构形式代号（JB/T 308—2004）

<table>
<tr><th colspan="2">结构形式</th><th>代号</th><th colspan="2">结构形式</th><th>代号</th></tr>
<tr><td rowspan="3">填料密封</td><td>直通流道</td><td>3</td><td rowspan="3">油密封</td><td rowspan="2">直通流道</td><td rowspan="2">7</td></tr>
<tr><td>T 形三通流道</td><td>4</td></tr>
<tr><td>四通流道</td><td>5</td><td>T 形三通流道</td><td>8</td></tr>
</table>

（12）止回阀结构形式代号（JB/T 308—2004）

<table>
<tr><th colspan="2">结构形式</th><th>代号</th><th colspan="2">结构形式</th><th>代号</th></tr>
<tr><td rowspan="3">升降式阀瓣</td><td>直通流道</td><td>1</td><td rowspan="3">旋启式阀瓣</td><td>单瓣结构</td><td>4</td></tr>
<tr><td>立式结构</td><td>2</td><td>多瓣结构</td><td>5</td></tr>
<tr><td rowspan="2">角式流道</td><td rowspan="2">3</td><td>双瓣结构</td><td>6</td></tr>
<tr><td colspan="2">蝶形止回式</td><td>7</td></tr>
</table>

（13）安全阀结构形式代号（JB/T 308—2004）

<table>
<tr><th colspan="2">结构形式</th><th>代号</th></tr>
<tr><td rowspan="4">弹簧载荷弹簧封闭结构</td><td>带散热片全启式</td><td>0</td></tr>
<tr><td>微启式</td><td>1</td></tr>
<tr><td>全启式</td><td>2</td></tr>
<tr><td>带扳手全启式</td><td>4</td></tr>
<tr><td rowspan="2">杠杆式</td><td>单杠杆</td><td>2</td></tr>
<tr><td>双杠杆</td><td>4</td></tr>
</table>

（续）

结构形式		代号
弹簧载荷弹簧不封闭且带扳手结构	微启式、双联阀	3
	微启式	7
	全启式	8
带控制机构全启式		6
脉冲式		9

（14）减压阀结构形式代号（JB/T 308—2004）

结构形式	代　号	结构形式	代　号
薄膜式	1	波纹管式	4
弹簧薄膜式	2	杠杆式	5
活塞式	3		

（15）蒸汽疏水阀结构形式代号（JB/T 308—2004）

结构形式	代号	结构形式	代号
浮球式	1	蒸汽压力式或膜盒式	6
浮桶式	3	双金属片式	7
液体或固体膨胀式	4	脉冲式	8
钟形浮子式	5	圆盘热动力式	9

（续）

(16) 排污阀结构形式代号（JB/T 308—2004）

结构形式		代号	结构形式		代号
液面连接排放	截止型直通式	1	液底间断排放	截止型直流式	5
				截止型直通式	6
	截止型角式	2		截止型角式	7
				浮动闸板型直通式	8

(17) 阀座密封面或衬里材料用代号（JB/T 308—2004）

密封面或衬里材料	代号	密封面或衬里材料	代号
锡基轴承合金（巴氏合金）	B	尼龙塑料	N
搪瓷	C	渗硼钢	P
渗氮钢	D	衬铅	Q
氟塑料	F	奥氏体不锈钢	R
陶瓷	G	塑料	S
Cr13 系不锈钢	H	铜合金	T
衬胶	J	橡胶	X
蒙乃尔合金	M	硬质合金	Y

（续）

（18）阀体材料代号（JB/T 308—2004）

阀体材料	代号	阀体材料	代号
碳钢	C	铬镍钼系不锈钢	R
Cr13 系不锈钢	H	塑料	S
铬钼系钢	I	铜及铜合金	T
可锻铸铁	K	钛及钛合金	Ti
铝合金	L	铬钼钒钢	V
铬镍系不锈钢	P	灰铸铁	Z
球墨铸铁	Q		

注：CF3、CF8、CF3M、CF8M 等材料牌号可直接标注在阀体上。

16.5.2 闸阀

（1）用途　闸阀装在管路上起开启、闭合作用，有法兰连接和内螺纹连接两大类，如图所示。

法兰连接

内螺纹连接

（续）

（2）常用闸阀的型号及主要技术参数

型　　号	公称压力 /(N/mm^2)	适用介质	适用温度 /℃ ≤	公称通径 /mm
Z42W-1	0.1	煤气	100	300~500
Z542W-1				600~1000
Z942W-1				600~1400
Z946T-2.5	0.25	水		1600、1800
Z945T-6	0.6			1200、1400
Z41T-10	1.0	蒸汽、水	200	50~450
Z41W-10		油品	100	50~450
Z941T-10		蒸汽、水	200	100~450
Z44T-10				50~400
Z44W-10		油品	100	50~400
Z741T-10		水		100~600
Z944T-10		蒸汽、水	200	100~400
Z944W-10		油品	100	100~400
Z45T-10		水		50~700
Z45W-10		油品		50~450
Z445T-10		水		800~1000
Z945T-10				100~1000
Z945W-10		油品		100~450

（续）

型　　号	公称压力/(N/mm²)	适用介质	适用温度/℃ ≤	公称通径/mm
Z40H-16C	1.6	油品、蒸汽、水	350	200 ~ 400
Z940H-16C				200 ~ 400
Z640H-16C				200 ~ 500
Z40H-16Q				65 ~ 200
Z940H-16Q				65 ~ 200
Z40W-16P		硝酸类	100	200 ~ 300
Z40W-16R		醋酸类		200 ~ 300
Z40Y-16I		油品	550	200 ~ 400
Z40H-25	2.5	油品、蒸汽、水	350	50 ~ 400
Z940H-25				50 ~ 400
Z640H-25				50 ~ 400
Z40H-25Q				50 ~ 200
Z940H-25Q				50 ~ 200
Z542H-25		蒸汽、水	300	300 ~ 500
Z942H-25				300 ~ 800
Z61Y-40	4.0	油品、蒸汽、水	425	15 ~ 40
Z41H-40				15 ~ 40
Z40H-40				50 ~ 250
Z440H-40				300 ~ 400

（续）

型　号	公称压力 /(N/mm²)	适用介质	适用温度 /℃ ≤	公称通径 /mm
Z940H-40	4.0	油品、蒸汽、水	425	50～400
Z640H-40				50～400
Z40H-40Q			350	50～200
Z940H-40Q				50～200
Z40Y-40P		硝酸类	100	200～250
Z440Y-40P				300～500
Z40Y-40I		油品	550	50～250
Z40H-64	6.4	油品、蒸汽、水	425	50～250
Z440H-64				300～400
Z940H-64				50～800
Z940Y-64I		油品	550	300～500
Z40Y-64I				50～250
Z40Y-100	10.0	油品、蒸汽、水	450	50～200
Z440Y-100				250～300
Z940Y-100				50～300
Z61Y-160	16.0	油品		15～40
Z41H-160				15～40
Z40Y-160				50～200
Z940Y-160				50～300
Z40Y-160I			550	50～200
Z940Y-160I				50～200

（续）

（3）常用内螺纹连接闸阀结构尺寸

1）结构

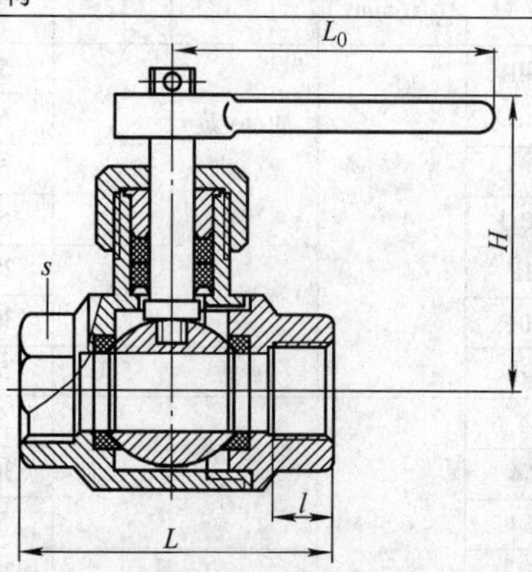

注：s 为六角对边宽度，下同。

2）公称压力为 1.0 N/mm² 铁制闸阀的基本尺寸

（单位：mm）

公称通径	$l_{有效}$ ≥	L		H	s	D_0
		A	B			
15	11	60	65	110	30	60
20	13	65	70	120	36	60
25	15	75	80	145	46	80
32	17	85	90	155	55	90
40	18	95	100	180	62	100
50	20	110	110	205	75	100
65	23	120	130	235	92	120

（续）

3）公称压力为1.0N/mm² 铜制闸阀的基本尺寸

（单位：mm）

公称通径	$l_{有效}$ ≥	L		H		D_0		s
		A	B	A	B	A	B	
15	9.2	50	42	131	75	55	55	27
20	10.0	60	45	143	80	55	55	33
25	11.4	65	52	157	90	65	65	40
32	11.5	75	55	162	110	75	65	50
40	11.7	85	60	166	120	100	70	55
50	13.2	95	70	205	140	115	80	70
65	14.6	115	82	236	170	135	100	90
80	15.1	130	90	298	200	210	110	100
100	17.1	145	110	320	240	240	130	125

注：H、D_0、s 为参考尺寸。

4）公称压力为1.6N/mm² 铜制闸阀的基本尺寸

（单位：mm）

公称通径	$l_{有效}$ ≥	L	H	D_0	s
8	8.5	40	60	45	18
10	9.0	42	60	45	21
15	9.2	50	80	55	27
20	10.0	60	90	65	33

（续）

公称通径	$l_{有效}$ ≥	L	H	D_0	s
25	11.4	65	110	65	40
32	11.5	75	120	70	50
40	11.7	85	140	80	55
50	13.2	95	170	100	70
65	14.6	115	200	110	90
80	15.1	130	240	130	100
100	17.1	145	240	130	124

注：H、D_0、s 为参考尺寸。

16.5.3 球阀

（1）用途　球阀装在管路上起开启、闭合作用，有法兰连接和内螺纹连接两大类，如图所示。其特点是操作快捷。

球阀

（续）

（2）常用球阀的型号及主要技术参数

<table>
<tr><th>型　号</th><th>公称压力
/（N/mm²）</th><th>适用介质</th><th>适用温度
/℃ ≤</th><th>公称通径
/mm</th></tr>
<tr><td>Q11F-16</td><td rowspan="7">1.6</td><td rowspan="3">油品、水</td><td rowspan="7">100</td><td>15 ~ 65</td></tr>
<tr><td>Q41F-16</td><td>32 ~ 150</td></tr>
<tr><td>Q941F-16</td><td>50 ~ 150</td></tr>
<tr><td>Q41F-16P</td><td>硝酸类</td><td>100 ~ 150</td></tr>
<tr><td>Q41F-16R</td><td>醋酸类</td><td>100 ~ 150</td></tr>
<tr><td>Q44F-16Q</td><td rowspan="6">油品、水</td><td>15 ~ 150</td></tr>
<tr><td>Q45F-16Q</td><td>15 ~ 150</td></tr>
<tr><td>Q347F-25</td><td rowspan="3">2.5</td><td rowspan="4">150</td><td>200 ~ 500</td></tr>
<tr><td>Q647F-25</td><td>200 ~ 500</td></tr>
<tr><td>Q947F-25</td><td>200 ~ 500</td></tr>
<tr><td>Q21F-40</td><td rowspan="8">4.0</td><td>10 ~ 25</td></tr>
<tr><td>Q21F-40P</td><td>硝酸类</td><td rowspan="2">100</td><td>10 ~ 25</td></tr>
<tr><td>Q21F-40R</td><td>醋酸类</td><td>10 ~ 25</td></tr>
<tr><td>Q41F-40Q</td><td>油品、水</td><td>150</td><td>32 ~ 100</td></tr>
<tr><td>Q41F-40P</td><td>硝酸类</td><td rowspan="2">100</td><td>32 ~ 200</td></tr>
<tr><td>Q41F-40R</td><td>醋酸类</td><td>32 ~ 200</td></tr>
<tr><td>Q641F-40Q</td><td rowspan="2">油品、水</td><td rowspan="2">150</td><td>50 ~ 100</td></tr>
<tr><td>Q941F-40Q</td><td>50 ~ 100</td></tr>
</table>

（续）

型　　号	公称压力 /(N/mm²)	适用介质	适用温度 /℃ ≤	公称通径 /mm
Q41N-64	6.4	油品、天然气	80	50～100
Q641N-64				50～100
Q941N-64				50～100
Q647F-64				125～200
Q947F-64				125～500
Q247F-64				125～500
Q847F-64				125～500
Q867F-64				400～700
Q267F-64				400～700

(3)常用内螺纹连接球阀

1)结构

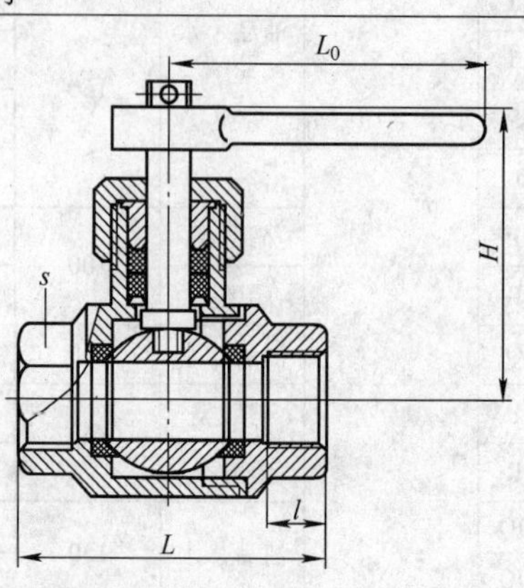

（续）

2）公称压力为1.6 N/mm² 铁制球阀的基本尺寸

（单位：mm）

公称通径	$l_{有效}$ ≥	L		H	s	L_0
		A	B			
15	11	65	90	65	30	110
20	13	75	100	74	36	110
25	15	90	115	87	46	130
32	17	105	130	92	55	130
40	18	120	150	108	62	180
50	20	140	180	114	75	180

注：H、s、L_0 为参考尺寸。

3）公称压力为1.0N/mm² 铜制球阀的基本尺寸

（单位：mm）

公称通径	$l_{有效}$ ≥	L	H	s	L_0
6	7	46	38	18	90
10	7.5	48	38	22	90
15	9.5	60	44	27	100
20	10.5	65	48	33	100
25	12	75	54	40	120
32	13.5	85	58	50	120
40	13.5	95	75	55	160
50	17	110	82	70	160

注：H、s、L_0 为参考尺寸。

(续)

4)公称压力为1.6N/mm² 铜制球阀的基本尺寸

(单位:mm)

公称通径	$l_{有效} \geqslant$	L	H	s	L_0
6	8.4	48	38	18	90
8	8.4	48	42	18	90
10	9.0	56	44	22	90
15	11.2	68	48	27	100
20	11.2	78	54	33	100
25	13.9	86	58	40	120
32	15.1	100	75	50	120
40	16.0	106	82	55	160
50	18.0	130	90	70	160

注:H、s、L_0 为参考尺寸。

16.5.4 截止阀

(1) 用途　截止阀装于管路或设备上，用以启闭管路中的介质，有法兰连接和内螺纹连接两大类，如图所示。

法兰连接

内螺纹连接

（续）

（2）常用截止阀的型号及主要技术参数

型　号	公称压力/（N/mm^2）	适用介质	适用温度/℃≤	公称通径/mm
J11W-16	1.6	油品	100	15～65
J11T-16		蒸汽、水	200	15～65
J41W-16		油品	100	25～150
J41T-16		蒸汽、水	200	25～150
J41W-16P		硝酸类	100	80～150
J41W-16R		醋酸类		80～150
J21W-25K	2.5	氨、氨液	-40～+150	6
J24W-25K				6
J21B-25K				10～25
J24B-25K				10～25
J41B-25Z				32～200
J44B-25Z				32～50
WJ41W-25P		硝酸类	100	25～150
J45W-25P				25～100
J21W-40	4.0	油品	200	6、10
J91W-40				6、10
J91H-40		油品、蒸汽、水	425	15～25
J94W-40		油品	200	6、10
J94H-40		油品、蒸汽、水	425	15～25
J21H-40		油品、蒸汽、水	425	15～25

（续）

型　号	公称压力 /(N/mm²)	适用介质	适用温度 /℃ ≤	公称通径 /mm
J24W-40	4.0	油品	200	6、10
J24H-40		油品、蒸汽、水	425	15~25
J21W-40P		硝酸类	100	6~25
J21W-40R		醋酸类		6~25
J24W-40P		硝酸类		6~25
J24W-40R		醋酸类		6~25
J61Y-40		油品、蒸汽、水	100	10~25
J41H-40		油品、蒸汽、水		10~150
J41W-40P		硝酸类		32~150
J41W-40R		醋酸类		32~150
J941H-40		油品、蒸汽、水	425	50~150
J41H-40Q			350	32~150
J44H-40			425	32~50
J41H-64	6.4			50~100
J941H-64				50~100
J41H-100	10.0		450	10~100
J941H-100				50~100
J44H-100				32~50
J61Y-160	16.0	油品		15~40
J41H-160				15~40
J41Y-160I			550	15~40
J21W-160			200	6、10

（续）

（3）常用内螺纹连接截止阀

1）结构

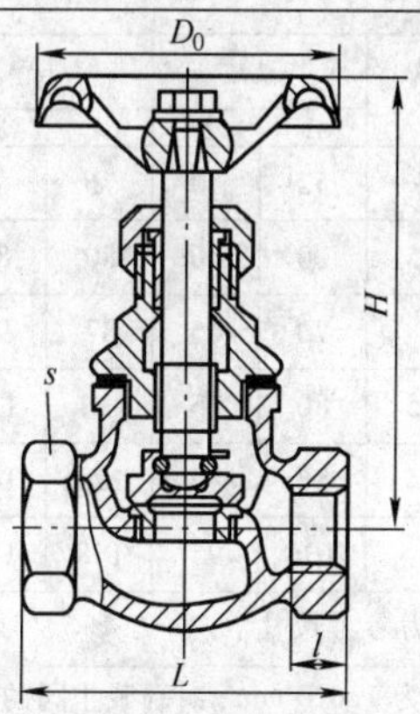

2）公称压力为1.6 N/mm^2 铁制截止阀的基本尺寸

（单位：mm）

公称通径	$l_{有效}$ ≥	L		H	s	D_0
		A	B			
15	11	65	90	86	30	60
20	13	75	100	104	36	60
25	15	90	120	120	46	80
32	17	105	140	130	55	90
40	18	120	170	150	62	100
50	20	140	200	165	75	100
65	23	165	260	200	90	120

注：H、s、D_0 为参考尺寸。

（续）

3)公称压力为1.0N/mm^2 铜制截止阀的基本尺寸

（单位：mm）

公称通径	$l_{有效}$ ≥	L		H		D_0	s
		A	B	A	B		
15	9.5	52	50	76	80	55	27
20	10.5	60	60	80	88	55	33
25	12	70	65	87	98	65	40
32	13.5	80	75	101	110	65	50
40	13.5	86	85	127	140	70	55
50	17	104	95	148	152	80	70

注：H、D_0、s 为参考尺寸。

4)公称压力为1.6N/mm^2 铜制截止阀的基本尺寸

（单位：mm）

公称通径	$l_{有效}$ ≥	L	D_0	H	s
15	9.5	56	55	88	27
20	11.0	67	65	98	33
25	13.7	78	65	110	40
32	14.0	88	70	140	50
40	14.6	104	80	155	55
50	19.0	120	100	170	70

注：D_0、H、s 为参考尺寸。

16.5.5 止回阀

（1）用途　止回阀装于水平管路中，阻止管路中的介质倒流，有内螺纹连接和法兰连接两种，如图所示。

内螺纹连接

法兰连接

（2）常用止回阀的型号及主要技术参数

<table>
<tr><th>型　　号</th><th>公称压力
/（N/mm²）</th><th>适用介质</th><th>适用温度
/℃ ≤</th><th>公称通径
/mm</th></tr>
<tr><td>H12X-2.5</td><td rowspan="4">0.25</td><td rowspan="7">水</td><td rowspan="7">50</td><td>50～80</td></tr>
<tr><td>H42X-2.5</td><td>50～300</td></tr>
<tr><td>H46X-2.5</td><td>350～500</td></tr>
<tr><td>H45X-2.5</td><td>1600～1800</td></tr>
<tr><td>H45X-6</td><td rowspan="2">0.6</td><td>1200～1400</td></tr>
<tr><td>H45X-10</td><td>700～1000</td></tr>
<tr><td>H44X-10</td><td rowspan="3">1.0</td><td>50～600</td></tr>
<tr><td>H44Y-10</td><td>蒸汽、水</td><td>200</td><td>50～600</td></tr>
<tr><td>H44W-10</td><td>油类</td><td>100</td><td>50～450</td></tr>
</table>

（续）

型　　号	公称压力/(N/mm²)	适用介质	适用温度/℃ ≤	公称通径/mm
H11T-16	1.6	蒸汽、水	200	15~65
H11W-16		油类	100	15~65
H41T-16		蒸汽、水	200	25~150
H41W-16		油类	100	25~150
H41W-16P		硝酸类	100	80~150
H41W-16R		醋酸类	100	80~150
H21B-25K	2.5	氨、氨液	-40~+150	15~25
H41B-25Z				32~50
H44H-25		油类、蒸汽、水	350	200~500
H41H-40	4.0		425	10~150
H41H-40Q			350	32~150
H44H-40			425	50~400
H44Y-40I		油类	550	50~250
H44W-40P		硝酸类	100	200~400
H21W-40P				15~25
H41W-40P				32~150
H41W-40R		醋酸类	100	32~150
H41H-64	6.4	油类、蒸汽、水	425	50~100
H44H-64		油类	550	50~500
H44Y-64I				

（续）

型　　号	公称压力 /(N/mm²)	适用介质	适用温度 /℃ ≤	公称通径 /mm
H41H-100	1.0	油类、蒸汽、水	450	10～100
H44H-100				50～200
H44H-160	16.0	油类、水		50～300
H44Y-160I		油类	550	50～200
H41H-160			450	15～40
H61Y-160				15～40

(3)常用内螺纹止回阀

1)结构

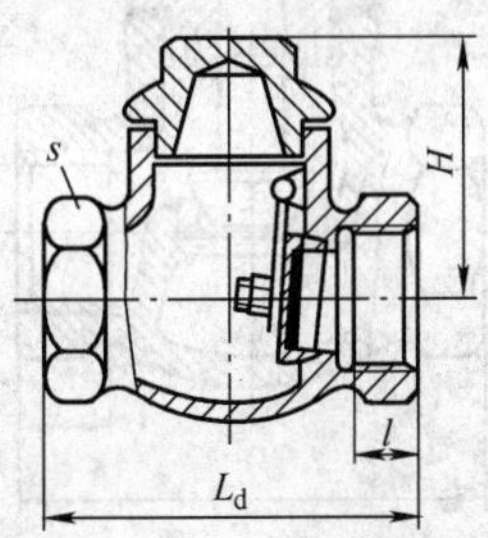

公称压力为1.6N/mm² 铁制止回阀

（续）

2）公称压力为 1.6 N/mm^2 铁制止回阀的基本尺寸

（单位:mm）

公称通径	$l_{有效} \geqslant$	L		H	s
		A	B		
15	11	65	90	46	30
20	13	75	100	52	36
25	15	90	120	60	46
32	17	105	140	70	55
40	18	120	170	78	62
50	20	140	200	86	75

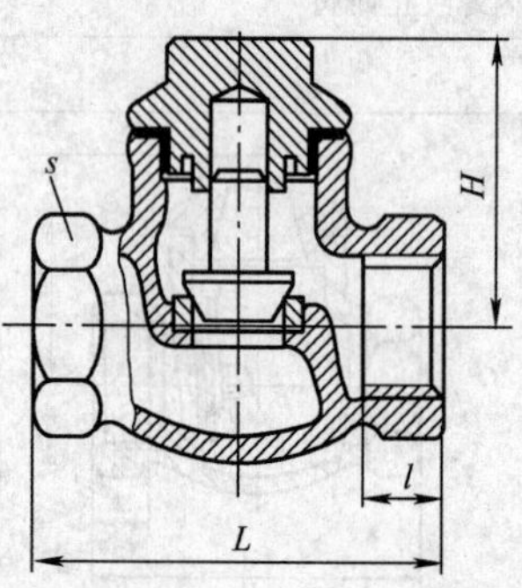

公称压力为 1.0N/mm^2 铜制止回阀

（续）

3)公称压力为 1.0 N/mm² 铜制止回阀的基本尺寸

（单位：mm）

公称通径	$l_{有效} \geqslant$	L		H	s
		A	B		
15	9.5	60	52	30	27
20	10.5	65	60	38	33
25	12	75	70	46	40
32	13.5	85	80	52	50
40	13.5	95	86	60	55
50	17	110	104	70	70

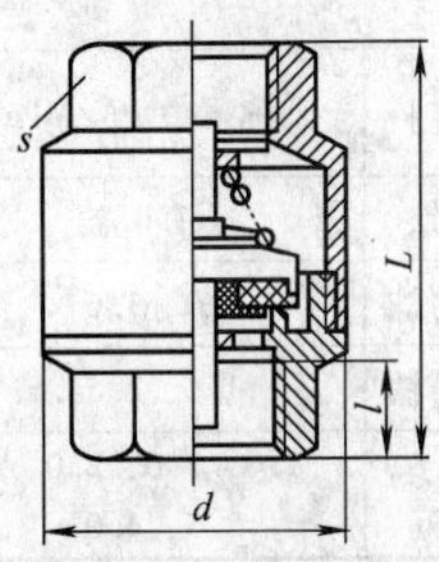

公称压力为 1.6N/mm² 铜制止回阀

（续）

4）公称压力为 1.6N/mm^2 铜制止回阀的基本尺寸

（单位：mm）

公称通径	$l_{有效}$ ≥	L			s	d
		A	B	C		
15	11.4	68	56	50	27	35
20	12.7	78	67	60	33	41
25	14.5	86	78	65	40	48
32	16.8	100	88	—	50	—
40	16.8	106	104		55	
50	21.1	130	120		70	

16.5.6 铁制和铜制螺纹连接阀门（GB/T 8464—2008）

（1）用途　安装在管路或设备上，用以控制管路中介质的启闭

（2）规格

名称	阀体材料	公称压力 *PN*/MPa	公称通径 *DN*/mm
铁制阀门	灰铸铁	1.0	15～100
	可锻铸铁	1.0，1.6	
	球墨铸铁	1.6，2.5	
铜制阀门	铜合金	1.0，1.6，2.0，2.5，4.0	6～100

注：1. 公称通径系列 *DN*（mm）：6，8，10，15，20，25，32，40，50，65，80，100。

2. 工作介质为水、非腐蚀性液体、空气、饱和蒸汽等。

16.5.7 疏水阀（GB/T 22654—2008）

（1）用途　装在加热器、散热器等的蒸汽管路中，能自动排出管路或设备中的冷凝水，并能防止蒸汽泄漏

（2）常用规格

型号	阀体材料	密封面材料	适用介质	适用温度/℃	公称压力 PN/MPa	公称通径 DN/mm
内螺纹钟形浮子式疏水阀						
S15H-16	灰铸铁	不锈钢	冷凝水	≤200	1.6	15~50
内螺纹热动力（圆盘）式疏水阀						
S19H-16	灰铸铁	不锈钢	冷凝水	≤200	1.6	15~50
内螺纹双金属片式疏水阀						
S17H-16	灰铸铁	不锈钢双金属片	冷凝水	≤200	1.6	15~50
浮球式疏水阀						
S41H-16	灰铸铁	不锈钢	冷凝水	≤200	1.6	15~50
S41H-16C	碳素钢	不锈钢	冷凝水	350	1.6	15~80

注：公称通径系列 *DN*（mm）：15，20，25，32，40，50，65，80。

（续）

（3）种类

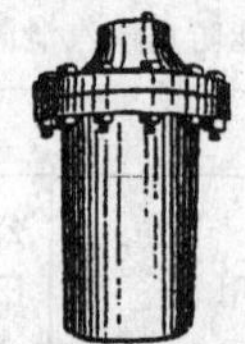

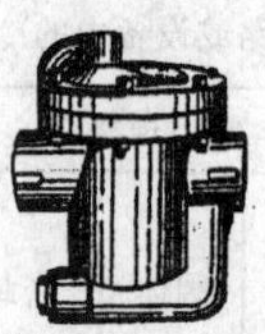

内螺纹钟形浮子式

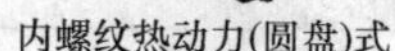

内螺纹热动力(圆盘)式　　内螺纹双金属片式

16.5.8　减压阀

（1）用途　用在蒸汽或空气管路上，能够自动将管路中介质的压力降到规定值，并保持恒压。

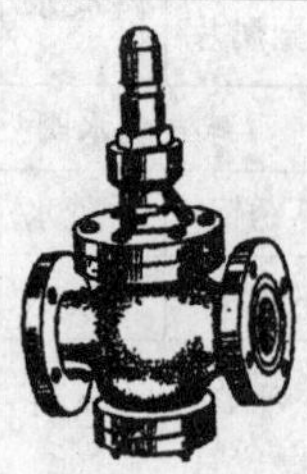

（续）

（2）常用规格

型　号	阀体材料	密封面材料	适用介质	适用温度/℃	公称压力 *PN*/MPa	公称通径 *DN*/mm
Y44T-10	灰铸铁	铜合金	蒸汽、空气	≤180	1.0	20～50
Y43X-16	灰铸铁	橡胶	空气、水	≤70	1.6	25～300
Y43H-16Q	球墨铸铁	不锈钢	蒸汽	≤200	1.6	20～200

注：公称通径系列 *DN*（mm）：20，25，32，40，50，65，80，100，125，150，200，250，300。

16.5.9　安全阀

（1）用途　安全阀是设备和管路的自动保险装置，装在蒸汽、水及空气等中性介质的锅炉、容器或管路上。当介质压力超过规定数值时，阀自动开启，以排除介质，从而使压力下降，而当压力降低到规定值时，阀即自动关闭，并保证密封，以保护设备安全运行。如当介质压力超过规定数值，而阀未能自动开启，可利用绳子等拉动阀上的扳手，以迫使阀开启减压。

（续）

（2）常用规格

型号	阀体材料	密封面材料	适用介质	适用温度/℃	公称压力 PN/MPa	公称通径 DN/mm
A27W-10T	铜合金	铜合金	蒸汽、水、空气	≤200	1.0	15~80
A27H-10K	可锻铸铁	不锈钢	蒸汽、水、空气	≤200	1.0	10~40
A47H-16	灰铸铁	不锈钢	蒸汽、水、空气	≤200	1.6	40~100

注：公称通径系列 *DN*（mm）：10，15，20，25，32，40，50，65，80，100。

16.5.10 旋塞阀

（1）用途　旋塞阀装于管路中，用以启闭管路中介质；三通旋塞阀装于T形管路上，除作为管路开关设备用外，并具有分配、换向作用；其特点是开关迅速。

（2）结构

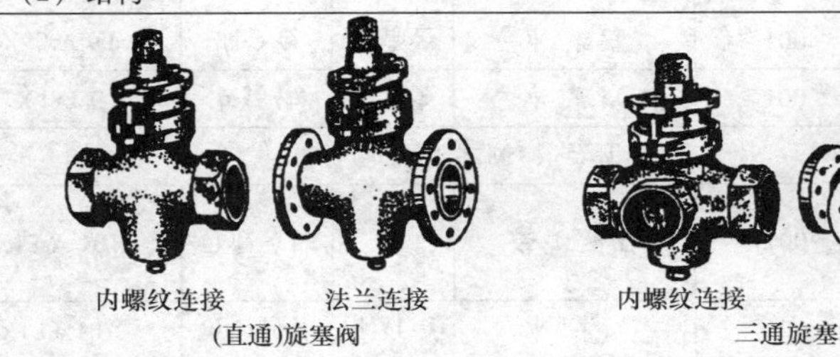

内螺纹连接　法兰连接

(直通)旋塞阀

内螺纹连接　法兰连接

三通旋塞阀

（3）常用规格

型　号	阀体材料	密封面材料	适用介质	适用温度/℃	公称压力 PN/MPa	公称通径 DN/mm
内螺纹旋塞阀						
X13W-10T	铜合金	铜合金	水、蒸汽	≤100	1.0	15~50
X13W-10	灰铸铁	灰铸铁	煤气、油品	≤100	1.0	15~50

（续）

型　　号	阀体材料	密封面材料	适用介质	适用温度/℃	公称压力 PN/MPa	公称通径 DN/mm
内螺纹旋塞阀						
X13T-10	灰铸铁	铜合金	水、蒸汽	≤100	1.0	15～50
X13T-10K	可锻铸铁	铜合金	水、蒸汽	≤100	1.0	15～65
X13W-10K	可锻铸铁	可锻铸铁	煤气、油品	≤100	1.0	15～65
旋塞阀(法兰连接)						
X43T-6	灰铸铁	铜合金	水、蒸汽	≤100	0.6	32～150
X43W-6T	铜合金	铜合金	水、蒸汽	≤100	0.6	32～150
X43W-6	灰铸铁	灰铸铁	煤气、油品	≤100	0.6	100～150
X43W-10	灰铸铁	灰铸铁	煤气、油品	≤100	1.0	25～200
X43T-10	灰铸铁	铜合金	水、蒸汽	≤100	1.0	25～200

（续）

型　　号	阀体材料	密封面材料	适用介质	适用温度/℃	公称压力 PN/MPa	公称通径 DN/mm
内螺纹三通旋塞阀						
X14W-6T	铜合金	铜合金	水、蒸汽	≤100	0.6	15～65
三通旋塞阀(法兰连接)						
X44W-6T	铜合金	铜合金	水、蒸汽	≤100	0.6	25～100
X44T-6	灰铸铁	铜合金	水、蒸汽	≤100	0.6	25～100
X44W-6	灰铸铁	灰铸铁	煤气、油品	≤100	0.6	25～100

注：公称通径系列 DN（mm）：15，20，25，32，40，50，65，80，100，125，150，200。

16.5.11　底阀

（1）用途　装于水泵进水管的进水口端，用以阻止水源中杂物进入进水管中和阻止进水管中的水倒流。是一种专用的止回阀。

（2）结构

（续）

内螺纹连接(升降式)　　法兰连接(升降式或旋启式)

（3）常用规格

型　　号	阀体材料	密封面材料	适用介质	适用温度/℃	公称压力 *PN*/MPa	公称通径 *DN*/mm
内螺纹升降式底阀						
H12X-2.5	灰铸铁	橡胶	水	≤50	0.25	50～80
升降式底阀						
H42X-2.5	灰铸铁	橡胶	水	≤50	0.25	50～200
旋启双瓣式底阀						
H46X-2.5	灰铸铁	橡胶	水	≤50	0.25	250～500

注：公称通径系列 *DN*（mm）：25，32，40，50，65，80，100，125，150，200，250，300，350，400，450，500。

参 考 文 献

[1] 杨广钧，常用材料计算手册[M]．北京：宇航出版社，1996.

[2] 祝燮权．实用五金手册[M]．7版．上海：上海科学技术出版社，2007.

[3] 方昆凡．工程材料手册[M]．北京：北京出版社，2002.

[4] 潘家祯．实用五金手册[M]．北京：化学工业出版社，2006.

[5] 李湘洲．建筑装饰装修材料手册[M]．北京：机械工业出版社，2009.

[6] 张灏．新编木材材积手册[M]．北京：金盾出版社，2009.

[7] 杨家斌．实用五金手册[M]．北京：机械工业出版社，2009.

[8] 曾正明．常用材料速查速算手册[M]．北京：机械工业出版社，2010.

[9] 申冰冰．等．新编实用五金手册[M]．北京：机械工业出版社，2011.

[10] 陈永，潘继民．新编五金手册[M]．北京：机械工业出版社，2010.

图书在版编目（CIP）数据

工程材料速查手册/周殿明主编．—北京：机械工业出版社，2012.6

ISBN 978-7-111-38121-1

Ⅰ.①工… Ⅱ.①周… Ⅲ.①工程材料-手册 Ⅳ.①TB3-62

中国版本图书馆 CIP 数据核字（2012）第 075911 号

机械工业出版社（北京市百万庄大街 22 号 邮政编码 100037）
策划编辑:孔 劲 责任编辑:孔 劲
版式设计:霍永明 责任校对:张 媛
责任印制：乔 宇
三河市宏达印刷有限公司印刷
2012 年 7 月第 1 版第 1 次印刷
101mm×140mm · 17.1875 印张 · 2 插页 · 713 千字
0001—4000 册
标准书号：ISBN 978-7-111-38121-1
定价：73.00 元

凡购本书,如有缺页、倒页、脱页,由本社发行部调换

电话服务　　　　　　　　　　策划编辑电话:88379772
社服务中心:(010)88361066　网络服务
销 售 一 部:(010)68326294　门户网:http://www.cmpbook.com
销 售 二 部:(010)88379649　教材网:http://www.cmpedu.com
读者购书热线:(010)88379203　封面无防伪标均为盗版

检 2